TRAITÉ

D'OPTIQUE PHYSIQUE.

PARIS. — IMPRIMERIE DE MALLET-BACHELIER,
rue du Jardinet, n° 12.

TRAITÉ

D'OPTIQUE PHYSIQUE,

PAR M. F. BILLET,

Professeur de Physique à la Faculté des Sicences de Dijon.

TOME PREMIER.

PARIS,

MALLET-BACHELIER, IMPRIMEUR-LIBRAIRE

DE L'ÉCOLE IMPÉRIALE POLYTECHNIQUE, DU BUREAU DES LONGITUDES,

Quai des Augustins, 55.

1858

TABLE DES MATIÈRES.

CHAPITRE Iᵉʳ.

NOTIONS FONDAMENTALES.

		Pages
§ 1.	— Sur les divers modes de communication du mouvement...	1
§ 2.	— Choc des billes élastiques	4
§ 3.	— Des mouvements vibratoires qui produisent et propagent le son	6
§ 4.	— La correction de Laplace	10
§ 5.	— Propagation du son. — Ondes sonores. — Longueurs d'ondulation	13
§ 6.	— Vitesse du son dans les liquides. — Formule de Laplace..	15
§ 7.	— L'énergie de l'oscillation est inverse avec la distance	16
§ 8.	— Hauteur. — Intensité. — Timbre	18
§ 9.	— Formules du mouvement d'une particule livrée à l'agitation sonore	19
§ 10.	— Propagation du son. — Représentation analytique	21
§ 11.	— Amplitude. — Retard. — Phase	22
§ 12.	— Mesure de l'intensité. — Elle devient illusoire quand il s'agit de sons de hauteurs diverses	23

CHAPITRE II.

DÉTERMINATION DES CONSTANTES FONDAMENTALES DE L'OPTIQUE.

ARTICLE Iᵉʳ. — *Mesure de la vitesse dans le vide et des λ dans l'air.*

§ 13.	— Principes théoriques sur lesquels nous appuierons l'optique	26
§ 14.	— Paramètres fondamentaux	27
§ 15.	— Vitesse de la lumière. — Méthode de Roëmer	28
§ 16.	— Méthode de Bradley	30
§ 17.	— Méthode de M. Fizeau	32
§ 18.	— Principe des interférences	34
§ 19.	— Principe d'Huyghens	34
§ 20.	— Expérience des deux trous de Young	36

Pages

§ 21. — Les deux miroirs de Fresnel. — Le biprisme 39
§ 22. — Micromètre de Fresnel. — Mesure des constantes b et d... 40
§ 23. — Franges des diverses couleurs. — La lumière blanche
     donne peu de franges............................. 42
§ 24. — Précautions qui assurent le succès des franges.......... 43
§ 25. — Tableaux numérique et graphique des longueurs d'ondula-
     tion.. 45
§ 26. — Une loi empirique de Newton...................... 49

ARTICLE II. — *Les vitesses dans les autres milieux.*

§ 27. — Le rayon de lumière dans la théorie des ondes 50
§ 28. — La loi des sinus.............................. 55
§ 29. — Les lois de la réflexion......................... 57
§ 30. — Équivalents optiques........................... 58
§ 31. — Les chemins décrits entre deux foyers conjugués sont équi-
     valents..................................... 58
§ 32. — Emploi des lentilles et des lames, en avant et en arrière
     des trous de Young............................ 60
§ 33. — Loi des sinus démontrée par Fermat................ 64
§ 34. — Transport des franges.......................... 66
§ 35. — Les demi-lentilles............................. 67
§ 36. — Vitesse de la lumière par les miroirs tournants.......... 68
§ 37. — Franges obtenues avec d'énormes retards.............. 72
§ 38. — La dispersion. — Son double aspect. — Coup d'œil sur
     sa cause.................................... 75

ARTICLE III. — *L'acoustique auxiliaire de l'optique.*

§ 39. — Mesure de T ou n en acoustique................... 78
§ 40. — Interférence d'un son direct avec un son réfléchi. — Ano-
     malies. — Leur interprétation par Seebeck........... 80
§ 41. — Le mouvement de l'oreille change la hauteur des sons 83
§ 42. — Altérations analogues, mais plus rapides, dues au mouve-
     ment du corps sonore.......................... 83
§ 43. — Le mouvement du milieu n'influe que sur la vitesse du son. 84
§ 44. — Mouvement du corps lumineux. — Il déclasse les raies.. 85
§ 45. — Mouvement de l'œil 85
§ 46. — Mouvement du milieu. — Expérience d'Arago.......... 86
§ 47. — Expérience de M. Fizeau 86
§ 48. — Les deux hypothèses de Fresnel. — Calcul de l'expérience
     de M. Fizeau................................ 87
§ 49. — Explication du résultat négatif de l'expérience d'Arago... 90
§ 50. — L'aberration d'une lunette indépendante du milieu qui
     remplit le tube.............................. 92
§ 51. — Curieuse expérience proposée par M. Fizeau............ 93

CHAPITRE III.

COMPOSITION DES MOUVEMENTS VIBRATOIRES.

§ 52. — Un cas de la composition de deux mouvements vibratoires. 95
§ 53. — Composition d'un nombre quelconque de rayons. — La méthode.................................... 101
§ 54. — Zones d'Huyghens 102
§ 55. — Multiplication de lumière par l'écran de Fresnel........ 104
§ 56. — Éclairement du centre de l'ombre d'un disque opaque.. 105
§ 57. — Obscurité au centre du cercle lumineux donné par un trou rond...................................... 105
§ 58. — Composition des mouvements vibratoires associés par la dérivation. — Le calcul........................... 106
§ 59. — Autre expression de la résultante 110
§ 60. — L'éclairement central de l'ombre du disque opaque, justifié par le calcul.................................. 113
§ 61. — Diffraction avec la lumière convergente............... 115
§ 62. — Construction des intégrales définies de la diffraction..... 118
§ 63. — Tranches de Fresnel.............................. 120
§ 64. — Composition des excursions........................ 123

CHAPITRE IV.

INTERFÉRENCE DE LA LUMIÈRE NON POLARISÉE.

ARTICLE Ier. — *Anneaux colorés des lames minces.*

§ 65. — Interférences. — Diffraction...................... 125
§ 66. — Anneaux réfléchis et transmis des lames minces......... 126
§ 67. — Explication théorique des anneaux colorés.............. 127
§ 68. — Dans la réflexion de − sur + il se perd $\frac{\lambda}{2}$............. 128
§ 69. — Lois des anneaux colorés.......................... 130
§ 70. — Anneaux de la lumière blanche..................... 132
§ 71. — Expérience d'Arago.............................. 134
§ 72. — Vérification des lois.............................. 134
§ 73. — Anneaux à centre blanc........................... 135
§ 74. — Effets d'un prisme............................... 135
§ 75. — Le prisme donne encore de la netteté................. 136
§ 76. — Nécessité des deux réflexions...................... 137
§ 77. — Les rayons de Poisson............................ 138
§ 78. — Accord de la théorie des tranches avec les anneaux réfléchis. 143
§ 79. — Désaccord avec les anneaux transmis................. 144
§ 80. — Perte spéciale de $\frac{\lambda}{4}$............................ 145

ARTICLE II. — *Franges des lames épaisses. — Scintillation.*

§ 81. — Anneaux de Newton. — De quoi dépend leur éclat..... 147
§ 82. — Leur théorie pour une lame plane..................... 148
§ 83. — Extension du calcul au miroir sphérique............... 151
§ 84. — Expérience de Newton modifiée par M. Stokes.......... 152
§ 85. — Anneaux du duc de Chaulnes....................... 153
§ 86. — Expérience de M. Pouillet............. 153
§ 87. — Franges de M. Quételet.............................. 154
§ 88. — Anneaux de M. Babinet............................. 155
§ 89. — Franges de M. Brewster............................. 156
§ 90. — Franges de M. Jamin................................ 157
§ 91. — On décrit la scintillation avec ou sans lunette.......... 158
§ 92. — Mesure de la scintillation........................... 159
§ 93. — Réfracteur interférentiel............................. 160
§ 94. — Expériences de M. Jamin............................ 162
§ 95. — Théorie de la scintillation........................... 163
§ 96. — Couleurs des lames mixtes.......................... 165
§ 97. — Principe de M. Babinet............................. 166

CHAPITRE V.

DIFFRACTION.

ARTICLE Iᵉʳ. — *Travaux de Fresnel.*

§ 98. — Caractère des phénomènes de diffraction............... 168
§ 99. — Calculs ou constructions auxquels ils conduisent........ 169
§ 100. — Séries de Cauchy.................................. 170
§ 101. — Franges du bord d'un écran rectiligne indéfini.......... 175
§ 102. — Inexactitude de la théorie de Young... 178
§ 103. — L'ombre géométrique n'a pas de franges............... 180
§ 104. — Franges d'un corps opaque étroit..................... 181
§ 105. — Diffraction. — Étude synthétique. — Franges d'un corps
       étroit... 182
§ 106. — Franges d'une petite ouverture...................... 184
§ 107. — Conditions pour que deux fentes donnent les mêmes fran-
       ges... 186
§ 108. — Invariabilité des franges d'un bord rectiligne........... 187
§ 109. — Franges avec une lentille........................... 188
§ 110. — Mélange de diffraction et d'interférences.............. 190

ARTICLE II. — *Les réseaux. — Travaux de Schwerd.*

§ 111. — Explication synthétique des spectres des réseaux....... 191
§ 112. — Les λ déterminés par les réseaux.................... 193

Pages.
§ 113. — Cas du réseau oblique...................................... 195
§ 114. — Sur quoi influe le rapport du plein au vide............ 196
§ 115. — Etude analytique du réseau............................... 197
§ 116. — Cas du rectangle allongé.................................. 198
§ 117. — Solution d'un certain cas discontinu................... 200
§ 118. — Discussion du rectangle................................... 201
§ 119. — Appareil qui donne les diffractions parallèle et conver-
          gente... 204
§ 120. — Cas du trapèze. — Première intégration................ 207
§ 121. — Deuxième intégration..................................... 211
§ 122. — Cas du parallélogramme.................................. 215
§ 123. — Discussion... 217
§ 124. — Cas du trapèze isocèle.................................... 220
§ 125. — Cas du cercle.. 221
§ 126. — Cas d'une série de $n+1$ ouvertures parallélogrammiques
          égales, équidistantes et placées dans le même plan de
          telle sorte que les points homologues soient en ligne
          droite.. 223
§ 127. — Influence de P. — Maxima et minima de diverses classes. 224
§ 128. — Justification par la synthèse............................ 225
§ 129. — Justification par l'analyse. — Construction des résultats. 227
§ 130. — Retour sur les réseaux................................... 229
§ 131. — Couronnes. Stéphanoscopes............................. 232
§ 132. — Expériences de Fraunhofer et de M. Verdet........... 233
§ 133. — Principe de M. Babinet.................................. 234
§ 134. — Théorie des couronnes................................... 235
§ 135. — Ériomètre... 237
§ 136. — Restrictions au principe de M. Babinet................ 237
§ 137. — Analogies de la chaleur et de la lumière............... 238

CHAPITRE VI:

DOUBLE RÉFRACTION UNIAXE.

ARTICLE Ier. — *Étude géométrique.*

§ 138. — But du chapitre.. 244
§ 139. — Constructions de la loi des sinus...................... 246
§ 140. — Ce qu'elle devient dans l'espace....................... 248
§ 141. — Son extension à tous les cas............................ 249
§ 142. — Première expérience..................................... 251
§ 143. — Deuxième expérience.................................... 251
§ 144. — Troisième expérience. — *Indice extraordinaire.*...... 252
§ 145. — *Onde extraordinaire.* — C'est un ellipsoïde de révolution. 254
§ 146. — On détermine expérimentalement la direction des rayons 254

Pages.

§ 147. — Confrontation de l'expérience avec la théorie. 256
§ 148. — On rend symétrique et réciproque la construction des
     rayons réfractés. 257
§ 149. — Justification de la règle. — 1°. Cas des ondes sphériques. 260
§ 150. — 2°. Cas idéal d'ondes non sphériques conduisant également
     à une construction plane. 260
§ 151. — 3°. Cas des ondes quelconques. 261
§ 152. — Deux conséquences curieuses. 263
§ 153. — Esquisse des cas réservés. 264
§ 154. — Double réfraction quand les faces sont perpendiculaires
     à l'axe. 265
§ 155. — Quand elles contiennent l'axe. 266
§ 156. — Dans une section principale quelconque. 267
§ 157. — Double réfraction par réflexion intérieure. 271
§ 158. — Cas où la réflexion intérieure n'engendre qu'un rayon. . . . 273
§ 159. — Moyen simple pour reconnaître un rayon ordinaire. 273
§ 160. — Cristaux répulsifs ou négatifs; — Attractifs ou positifs. . . 275
§ 161. — Écart maximum des rayons dans certaines sections. 276
§ 162. — Problèmes divers. 278
§ 163. — Expérience de Monge. 280
§ 164. — Projection des expériences de double réfraction. 281

ARTICLE II. — *Analyse.*

§ 165. — Équation de l'ellipsoïde d'Huyghens. 283
§ 166. — Calcul du rayon ordinaire. 285
§ 167. — Calcul du rayon extraordinaire. 288
§ 168. — Ce que serait le calcul de l'angle d'écart. 290
§ 169. — Cas où l'axe est dans le plan de la face. 291
§ 170. — Cas d'une section principale. 292
§ 171. — Un théorème dû à Huyghens. 294
§ 172. — Ce que sera le calcul pour les trois sections principales des
     biaxes. 295
§ 173. — Réflexion intérieure. — Règles de M. Biot. 295
§ 174. — Quelques exemples numériques. 299
§ 175. — Calcul des angles limites de droite et de gauche. 300
§ 176. — Singuliers cas d'indivision. 300
§ 177. — Calcul des deux extérieurs d'un même intérieur. 303
§ 178. — Loi des vitesses des rayons. 304
§ 179. — Loi des vitesses des ondes. 305
§ 180. — Appareil de M. Biot. 307
§ 181. — La différence des vitesses proportionnelle à l'écart. 309
§ 182. — Autre manière de vérifier les lois de la double réfraction
     uniaxe. 311

CHAPITRE VII.

POLARISATION RECTILIGNE.

ARTICLE Ier. — *Des diverses actions polarisatrices et polariscopiques.*

§ 183. — Production et caractères de la lumière polarisée........ 315
§ 184. — Polarisation par réflexion. — Réflexion polariscopique... 317
§ 185. — Loi de Brewster................................... 318
§ 186. — Polarisation par réfraction. — Réfraction polariscopique. 320
§ 187. — Plan de polarisation.............................. 321
§ 188. — Conséquences d'une loi d'Arago.................... 322
§ 189. — Pile de glaces................................... 323
§ 190 — La double réfraction polarisatrice et polariscopique...... 325
§ 191. — Les deux spaths croisés d'Huyghens................. 326
§ 192. — Découverte de la polarisation..................... 327
§ 193. — Propriétés de la tourmaline...................... 328
§ 194. — Prisme de Nicol................................ 329
§ 195. — Prisme de M. Foucault. — Phénomènes accessoires de ces
         deux prismes..................................... 332

ARTICLE II. — *Des prismes biréfringents et de leur usage.*

§ 196. — Organisation et calcul des prismes biréfringents......... 335
§ 197. — Biprisme de Rochon.............................. 338
§ 198. — Biprisme de Wollaston........................... 339
§ 199. — Il fournit une échelle de retards.................... 340
§ 200. — Duplication parallèle et croisée.................... 342
§ 201. — Autre biprisme, — Sensiblement réalisé par M. de Senar-
         mont.. 343
§ 202. — Sur le meilleur appareil de polarisation.............. 345
§ 203. — Dichroïsme. — Loupe dichroscopique................ 345
§ 204. — Applications des prismes biréfringents uniaxes. — Déter-
         mination du signe d'un cristal. — 1re méthode....... 347
§ 205. — Méthode de M. Soleil............................ 348
§ 206. — Le verre comprimé est négatif...................... 349
§ 207. — Le signe d'un uniaxe reconnu dans un cas plus général... 350
§ 208. — Lunette de Rochon.............................. 352
§ 209. — Modification d'Arago............................ 354

CHAPITRE VIII.

ÉTUDE DES APPAREILS DE L'OPTIQUE MODERNE FONDÉE SUR UN PRINCIPE NOUVEAU D'OPTIQUE GÉOMÉTRIQUE.

§ 210. — Analogies et différences entre les appareils de l'optique
         ancienne et ceux de l'optique nouvelle................ 356

Pages.

§ 211. — Diversité infinie des groupements d'un système de rayons. 358

§ 212. — Une expérience de M. Foucault interprétée par deux groupements. 359

§ 213. — Autre exemple. — La loupe de Fresnel. 360

§ 214. — Une foule de cas compris entre deux cas limites. 361

§ 215. — Premier cas. — Projection spontanée. — Lentille auxiliaire 362

§ 216. — Comment la lentille laisse indéterminée la position de l'œil. 363

§ 217. — L'impression variable dans un même cône. 363

§ 218. — Cas où l'œil intervient. 364

§ 219. — Les disperseurs. 364

§ 220. — Deuxième cas-limite. — Position de la lentille. — Lieu du phénomène. 365

§ 221. — Désignation de ces deux cas. 366

§ 222. — Appareil de M. Biot. 368

§ 223. — Appareil de M. Norremberg. 369

§ 224. — Microscope polarisant. — Lumière parallèle. 370

§ 225. — Lumière convergente. — Le collecteur. 372

§ 226. — Le disperseur. 373

§ 227. — Appareil de M. Soleil pour mesurer l'angle des axes optiques chez les biaxes. 374

§ 228. — Universalité de l'appareil Soleil. 377

§ 229. — Rôle de la lentille dans l'appareil Norremberg. 378

§ 230. — Double réfraction et polarisation de la chaleur. 378

CHAPITRE IX.

POLARISATION RECTILIGNE. — THÉORIE.

ARTICLE Iᵉʳ. — *Réflexion et réfraction de la lumière polarisée.*

§ 231. — Transversalité des vibrations lumineuses. 381

§ 232. — L'expérience de Young avec la lumière polarisée. 382

§ 233. — Inanité des ondes longitudinales en optique. 383

§ 234. — Le plan de polarisation normal à la vibration. 384

§ 235. — Comment se propagent les vibrations transversales ?. 386

§ 236. — Principe des couples inséparables. 387

§ 237. — Division du problème de la réflexion. 388

§ 238. — Réflexion et réfraction de la lumière polarisée dans le premier azimut. 390

§ 239. — Réflexion et réfraction de la lumière polarisée dans le deuxième azimut. 393

§ 240. — Réflexion et réfraction de la lumière polarisée dans un azimut quelconque. — Principe fondamental. 396

§ 241. — Rotation du plan de polarisation par réflexion. 398

§ 242. — Vérification des formules de réflexion. — Détermination de *n*. 400

Pages.

§ 243. — Rotation du plan de polarisation par réfraction.......... 402
§ 244. — Les plans de polarisation des rayons réfléchis et réfractés, rendus rectangulaires.................................... 403

ARTICLE II. — *Réflexion et réfraction de la lumière naturelle.*

§ 245. — La réflexion de la lumière naturelle, ramenée à celle de deux certains polarisés. — Incohérence.............. 404
§ 246. — Égalité des deux rayons fournis par un spath............ 407
§ 247. — Déduire de cette égalité les caractères des deux polarisés d'un naturel....................................... 408
§ 248. — Stabilité relative des vibrations....................... 410
§ 249. — Ce que sont nos dépolarisations........................ 411
§ 250. — Réflexion de la lumière naturelle. — Loi d'Arago....... 413
§ 251. — Piles de glaces. — Lumière polarisée................... 415
§ 252. — Piles de glaces. — Lumière naturelle.................. 419
§ 253. — Polarisation par réflexion normale..................... 420
§ 254. — Polarimètres. — Égalité de leur double puissance polarisatrice et dépolarisatrice.......................... 421
§ 255. — Graduation des polarimètres............................ 423
§ 256. — Les piles de glaces polarimètres. — Méthode de l'inclinaison... 424
§ 257. — Méthode des azimuts principaux........................ 424
§ 258. — Autre vérification des formules de Fresnel............ 426
§ 259. — L'œil polariscope. — Houppes d'Haidinger............. 427
§ 260. — Lumière polarisée dans les arcs-en-ciel et les halos..... 429
§ 261. — Polarisation par émission oblique...................... 430
§ 262. — Loi de MM. de la Provostaye et Desains................ 432

CHAPITRE X.

INTERFÉRENCES DE LA LUMIÈRE POLARISÉE OU POLARISATION COLORÉE.

ARTICLE Ier. — *Lumière parallèle.*

§ 263. — 1°. Les anneaux colorés avec la lumière polarisée dans le deuxième azimut.................................... 436
§ 264. — 2°. Les anneaux colorés avec la lumière polarisée dans le premier azimut et avec la lumière naturelle........ 439
§ 265. — 3°. Les anneaux colorés avec la lumière polarisée dans un azimut quelconque.................................... 440
§ 266. — Anneaux complémentaires des lames minces coercées par un spath... 442
§ 267. — Comment un quartz mince donne ou ne donne pas de franges... 443
§ 268. — Comment il peut donner deux et même trois systèmes de franges... 444

Pages

§ 269. — Deux systèmes complémentaires obtenus avec le concours
        d'un polarisateur et d'un polariscope 445
§ 270. — Particularités de ces nouvelles franges 447
§ 271. — On obtient six systèmes de franges 450
§ 272. — Énoncé des cinq généralités qui président à l'interférence
        des rayons polarisés 453
§ 273. — Calcul de la teinte plate d'une lame cristallisée 454
§ 274. — Discussion 456
§ 275. — Autre manière de présenter la discussion 463

ARTICLE II. — *Lumière convergente. — Calcul des courbes isochromatiques.*

§ 276. — De quoi dépend le retard? — Directions extrèmes 465
§ 277. — Expression générale du retard 467
§ 278. — Premier cas. — La lame est perpendiculaire à l'axe 469
§ 279. — Deuxième cas. Variation du retard dans la section princi-
        pale 472
§ 280. — Troisième cas. Retards dans le deuxième azimut 474
§ 281. — Quatrième cas. Cas de la lame parallèle à l'axe. — Les
        hyperboles 475
§ 282. — Elles sont d'un ordre très-élevé. — Comment on les rend
        visibles 476
§ 283. — Discussion. — Deux séries d'hyperboles 478
§ 284. — Leur disposition est la même chez les deux classes de
        cristaux 479
§ 285. — Effets pareils d'un accroissement d'épaisseur 480
§ 286. — Effets inverses d'une lame auxiliaire 481
§ 287. — Lois qui régissent indistinctement toutes ces hyperboles ... 481
§ 288. — Distribution inverse des couleurs dans les deux séries 482
§ 289. — Hyperboles équilatères des lames parallèles à l'axe croisées. 483
§ 290. — Transport de ces courbes. — Leurs dimensions absolues . 485
§ 291. — Quartz obliques. — Courbes mixtes 487

ARTICLE III. — *Applications de la polarisation colorée.*

§ 292. — Echelle chromatique de Newton 488
§ 293. — Détermination de la teinte. — De la section principale.... 491
§ 294. — Mesure du pouvoir biréfringent 492
§ 295. — Détermination d'un des deux indices d'un cristal uniaxe.. 493
§ 296. — Dire le signe d'un biréfringent uniaxe 493
§ 297. — Emploi du compensateur 494
§ 298. — La presse à comprimer est préférable 495
§ 299. — Teintes sensibles 497
§ 300. — Mesure des très-faibles pouvoirs biréfringents. — Polarisa-
        tion lamellaire 498
§ 301. — Bilame de M. Bravais 500

Pages.

§ 302. — Signe des cristaux uniaxes perpendiculaires à l'axe...... 500

§ 303. — Emploi exclusif de la teinte sensible. — Méthode différentielle.. 502

§ 304. — Avantages d'une lumière simple. — Loi de la double réfraction due à la compression....................... 502

§ 305. — La polarisation colorée appliquée à l'étude de l'élasticité.. 504

§ 306. — Projection des expériences de la polarisation colorée..... 504

§ 307. — Polariscopes composés............................... 506

§ 308. — Polarisation par dissémination atmosphérique........... 508

§ 309. — Dissémination chez les solides........................ 509

§ 310. — Diffusion de la lumière polarisée..................... 510

§ 311. — Dépolarisation par dissémination..................... 511

§ 312. — Polarisation dans la dissémination par transmission...... 511

§ 313. — Horloge polaire. — Ses divers usages................. 511

§ 314. — Couleurs spontanées des lames cristallisées............. 514

§ 315. — Objet des chapitres suivants......................... 515

NOTES.

NOTE A. — *Recherche des intégrales définies*.................... 517

NOTE B. — *On applique les formules de Cauchy au calcul de ces mêmes intégrales pour d'autres limites*...................... 520

NOTE C. — *Calculs numériques*............................... 522

§ 1. — Exemple du calcul numérique de ces mêmes intégrales : 1º par la méthode usuelle; 2º par la formule de Simpson; 3º par une première formule approximative de Fresnel; 4º par une deuxième formule plus exacte du même physicien; 5º par celle de Cauchy..................... 523

§ 2. — Table des intensités................................ 527

§ 3. — Recherche des quatorze maxima et minima. — Formule de Fresnel... 527

§ 4. — Calcul des quatorze intensités maxima et minima........ 530

§ 5. — Même calcul obtenu pour treize valeurs à l'aide d'une formule déduite par M. Quet de celle de Cauchy........... 531

§ 6. — Loi de M. Quet sur les franges d'un bord indéfini........ 532

§ 7. — Positions des franges. — Autre forme donnée à la loi de M. Quet... 533

§ 8. — Exemple d'un calcul de franges dans le cas d'une fente étroite... 534

§ 9. — Expériences de lord Brougham......................... 537

PLANCHES I, II, III, IV, V, VI, VII.

AVERTISSEMENT.

> Fresnel a fait une des grandes choses du
> siècle, et peut-être la plus grande.

Pour ne pas donner trop d'étendue à cet ouvrage,
nous avons cru devoir en exclure les quelques chapitres qui, pendant si longtemps, formaient à eux seuls
le domaine restreint de l'Optique. On n'y trouvera
donc ni la catoptrique, ni la dioptrique, ni l'étude des
instruments de l'ancienne optique, ni celle du spectre
et des deux aberrations. Nous admettons qu'avant d'a-
border ce Traité spécial, le lecteur aura acquis certaines connaissances de physique générale. Or il n'est
pas de Traité de Physique où ces matières ne soient
exposées avec soin.

On sait l'élan qui fut imprimé à l'étude physique de
la lumière par la découverte à jamais mémorable de
Malus. L'Optique, depuis longtemps stationnaire, et
presque réduite, malgré les importants travaux de
Newton, à une étude purement géométrique, s'enri-
chit alors, avec une rapidité sans exemple, de nombreux phénomènes aussi brillants qu'inattendus. Parmi
les noms des savants auxquels sont dus ces merveil-
leux progrès, et grâce auxquels l'Optique physique a
été sérieusement fondée, nous nous bornerons à citer
Young et Fresnel, Arago, MM. Biot et Brewster, Her-
schel et Babinet, et plus près de nous, MM. de Senarmont, Airy, Jamin, Fizeau, Léon Foucault, etc. Les
géomètres eux-mêmes prirent part à ce grand mouve-

1.   a

ment; aussi est-il juste d'adjoindre aux noms qui précèdent ceux d'Hamilton, Neumann, Mac-Cullagh, Plucker, Blanchet, etc., et celui du si regrettable Cauchy.

Par l'extrême variété des phénomènes, par le grand nombre des circonstances qui influent sur quelques-uns d'entre eux, et enfin par l'excessive complication que doivent présenter certaines lois, quand on leur donne leur expression algébrique, la science se trouvait menacée d'un double danger, à savoir l'encombrement que produit l'isolement des faits, et les fausses lueurs qu'amènent les lois empiriques. Si elle y a échappé, si la valeur relative des faits y a été tout de suite appréciée, si quelques erreurs y ont été reconnues sans retard, si enfin on a pu aller droit à des faits que l'expérience seule ne rencontrait pas, c'est que parmi les savants illustres qui ont concouru à l'envi à l'établissement de cette science nouvelle, il se trouvait un de ces génies privilégiés auxquels est largement dévolu le sentiment des harmonies du monde physique, un de ces grands promoteurs des sciences d'observation, chez qui l'intuition qui devine se trouvait alliée dans les plus heureuses proportions, et à l'art de combiner les expériences et à cette prudence qui recherche incessamment dans la confrontation des faits avec les idées la confirmation de ces dernières.

Cependant si l'Optique, après Fresnel, se trouva constituée, ce ne fut pas sans des discontinuités qui eurent leur cause, les unes dans la brièveté de sa carrière et les autres dans la puissance extraordinaire de son coup d'œil. Mort à la tâche et avant l'âge, Fresnel s'est souvent contenté de tracer les grandes lignes, et n'a pas eu le temps d'aborder les détails. Habitué à saisir intuitivement des rapports lointains, il a quelque-

fois usé d'un genre d'évidence qui n'est à la portée
que de quelques-uns, et qui cesse d'être démonstratif
pour le grand nombre. Pour réduire en Traité son œuvre
grandiose, il fallait donc rétablir les sous-entendus et
modifier au besoin la succession des idées.

Cette obligation d'amoindrir les difficultés était surtout impérieuse à l'égard de sa théorie de la *double
réfraction*, le plus grand effort de son incomparable
génie. Or il est arrivé qu'une fois les résultats connus
et le but à atteindre marqué, des physiciens et des
géomètres éminents se sont proposé d'y arriver à leur
manière, et y ont en effet réussi, grâce à un mélange
heureux d'analyse et de synthèse. En présence de ces
simplifications auxquelles il nous a été possible d'ajouter encore par nos efforts personnels, nous avons pensé
que le moment était venu de vulgariser, par une exposition simple et continue, ces belles matières.

Ce n'est toutefois qu'exceptionnellement, et pour
ainsi dire dans des cas de force majeure, que nous
nous sommes écarté de la route suivie par Fresnel.
Outre qu'on s'intéressera toujours aux moyens par lesquels a été fondée la théorie ondulatoire de la lumière,
il y a, dans cette marche primesautière, des ressources
remarquables pour une exposition simple; et l'on peut
croire que, longtemps encore, ce sera en prenant
comme Fresnel son sujet corps à corps que se feront
les découvertes ultérieures. Le physicien n'a aucun
intérêt à compliquer la difficulté inhérente aux idées,
d'une autre difficulté plus grande venant du calcul; il
doit donc s'attacher à un mode de faire qui laisse à ce
dernier un rôle de véritable auxiliaire.

Pour mieux caractériser d'ailleurs la marche relativement simple que nous avons suivie, nous dirons que

pendant longtemps notre ambition se bornait à préparer des lecteurs à l'ouvrage de pure théorie que l'illustre Cauchy avait promis sur l'Optique. On comprend donc que la part faite à l'expérience dans ce Traité soit considérable. Si, comme l'a dit Fourier, l'immortel auteur de la *Théorie de la chaleur*, l'étude approfondie de la nature est la source la plus féconde des découvertes mathématiques, les géomètres ont le plus grand intérêt à mener de front, avec la science du calcul, la curiosité de l'observateur. Outre qu'en s'isolant des faits qu'ils veulent interpréter ils risquent de s'égarer et de n'aboutir qu'à de vaines formules, ils renoncent encore ainsi à l'excitation féconde qu'exerce infailliblement, dans le domaine des idées, l'imprévu des recherches expérimentales. Dès qu'ils consentent à mettre au service de la physique leur admirable instrument, c'est l'avancement de cette science qui doit devenir le but principal de leurs efforts; et alors comment négliger les faits, ces manifestations sensibles des causes mises en jeu? Comment ne pas se pénétrer des méthodes expérimentales, qui déterminent ce que l'observation peut atteindre, et par suite la direction que doit prendre l'analyse pour aboutir à des vérifications, ou mieux encore à des faits nouveaux? Comment enfin rester indifférent au choix de l'idée théorique à laquelle sera subordonné le calcul? L'histoire des sciences ne manquera pas de s'étonner que les découvertes de Fresnel, qui jetteront sur le siècle où elles se sont produites et sur la France où il est né, un impérissable éclat, aient eu pour adversaires les plus célèbres des géomètres ses contemporains, et précisément ceux-là qui, par la nature de leurs travaux, avaient dû réfléchir souvent sur l'adaptation, en phy-

sique, d'un principe théorique à des faits. Quand elle
recherchera les causes d'une aussi singulière opposition, peut-être les trouvera-t-elle, en partie du moins,
dans le caractère purement géométrique de l'astronomie, science à laquelle jusqu'alors avaient été presque
exclusivement appliqués les efforts des mathémati-
ciens. Il semble en effet que les succès remarquables
obtenus dans l'étude de cet ordre de phénomènes
devaient leur inspirer, sur l'issue des efforts analogues
qu'ils pourraient tenter dans les autres branches de la
physique, une confiance exagérée, et leur faire mécon-
naître les conditions essentielles qui, dans ces voies
plus difficiles, étaient nécessaires au succès. Au reste,
s'il était utile de corroborer par d'autres exemples ces
considérations générales, nous citerions Gauss et Cauchy : Gauss qui, après s'être longtemps complu dans
les régions élevées des mathématiques les plus abs-
traites, a su, du jour où il vint demander au magnétisme l'aliment de son génie, devenir un physicien de
premier ordre, créateur de méthodes aussi ingénieuses
que précises; Cauchy qui, pour s'être privé de l'ini-
tiative expérimentale, n'a pas toujours su tirer de ses
formules, malgré sa grande pénétration, les trésors
qui y étaient enfouis; laissant ainsi à d'autres, MM. Jamin et Quet par exemple, l'occasion de découvertes
importantes.

Préparé depuis longtemps par des efforts solitaires,
ce Traité doit sa forme définitive à des leçons professées pour des jeunes gens chez lesquels un vif désir de
s'instruire était secondé par de fortes études mathématiques. Devant ces auditoires d'élite, j'ai pu, bien
des fois et à mon profit, constater combien la chaleur
de l'improvisation, et aussi, sans doute, la nécessité,

rendent l'esprit incisif et lui donnent, pour surmonter
des difficultés qui l'eussent arrêté dans le silence du
cabinet, une puissance inespérée. Mais la secousse in-
tellectuelle et la surexcitation qui accompagnent l'exposition spontanée d'un sujet difficile, ne sont, l'une
durable et l'autre féconde, qu'autant qu'avant de s'y
livrer on a pu tracer au moins une fidèle esquisse de
son sujet et en sentir profondément les difficultés. Pour
arriver à cet état d'imbibition préalable, il me suffisait
la plupart du temps d'en appeler à ce fonds de connaissances dont je dois faire remonter la première organisation aux savantes leçons professées sur ces matières, dès
1829 au Collége Saint-Louis, et quelques années plus tard
au Collége de France, par mon ancien maitre M. Babinet, et dont l'accroissement incessant est dû à quelques
lectures, à des méditations opiniàtres et à la libéralité
avec laquelle ce savant, digne héritier des traditions
scientifiques du grand Fresnel, s'est toujours prêté, sur
les points qui pouvaient m'arrèter, à des conférences
instructives. Dans certaines circonstances cependant,
j'ai puisé à des sources que je crois devoir signaler d'une
manière d'autant plus explicite, qu'elles sont loin d'a-
voir reçu toute la publicité qu'elles méritent. Il s'agit
des leçons lithographiées de M. Regnault et de celles,
conservées avec un soin religieux par les élèves de
l'École Normale, où M. Blanchet, et après lui M. Verdet, ont remanié divers travaux contemporains. Mais
même alors, ceux de mes lecteurs qui connaissent ces
précieuses ressources, s'apercevront, je l'espère, que,
dans le mode d'exposition auquel je me suis arrèté,
loin de reproduire servilement l'œuvre de ces grands
professeurs, j'ai pu, venant après eux, améliorer la
méthode et abaisser encore les difficultés.

Je ne me serais acquitté qu'imparfaitement des dettes de reconnaissance que m'a fait contracter la composition de cet ouvrage, si je ne disais que j'ai rencontré auprès de M. de Senarmont, si compétent pour ces matières, une bienveillance qui m'a soutenu, et une complaisance qui m'a souvent été profitable; et si je n'associais à ce témoignage de gratitude mon respectable prédécesseur, M. Guéneau d'Aumont, homme d'excellent conseil, qui a pris le plus vif intérêt à cette publication et m'a aussi suggéré diverses améliorations.

Le plan de cet ouvrage comportait un dernier chapitre consacré à la Photométrie. Aucun genre d'intérêt ne manque assurément à cette importante application de l'Optique qui utilise et met en jeu les ressources les plus variées. Cependant nous avons été conduit à la supprimer, et voici pourquoi. On sait comment, entre les mains d'un grand physicien dont les sciences déplorent la perte récente, cette branche de l'Optique s'est trouvée régénérée (étrange retour des choses d'ici-bas), par cette même polarisation qui avait trahi les nobles efforts de Bouguer. Mais ce qu'on ne sait pas moins, c'est comment le créateur de ces nouvelles et ingénieuses méthodes, jaloux sans doute de ne les produire au grand jour qu'amenées au terme de leur perfection et escortées d'un ensemble imposant d'applications de toutes sortes, ne s'est jamais trouvé le courage de s'en dessaisir. Il en est résulté que, malgré quelques accès d'indiscrétion et des demi-confidences suffisantes pour donner l'éveil à leur égard, et pour exciter chez les amis de l'Optique tous les aiguillons de la curiosité, d'hier seulement date la connaissance pleine et entière de ces nouveaux procédés.

Eh bien, dans l'état de fatigue que nous a causé la publication de cet ouvrage, les forces aussi bien que le temps nous manquaient pour remanier, en temps utile, au profit de ces précieuses nouveautés, le chapitre considérable qu'en dehors des découvertes d'Arago, nous avions déjà consacré à la Photométrie. Toutefois, quand nous aurons pu nous familiariser par une pratique personnelle avec les nouvelles méthodes et les nouveaux appareils, nous ne renonçons pas à reprendre cette étude et à en faire l'objet d'une publication spéciale.

TRAITÉ
D'OPTIQUE PHYSIQUE.

CHAPITRE IER.

NOTIONS FONDAMENTALES.

On caractérise les deux théories qui se disputent les agents de la physique. — Étude du mécanisme ondulatoire : 1° dans le choc des billes ; 2° dans la propagation du son. — Démonstration des formules de Newton et de Laplace. — Extension de cette démonstration aux liquides. — Représentation graphique des vitesses oscillatoires qui animent les tranches du milieu propagateur. — Onde. — Longueur d'ondulation. — Dans la propagation sphérique, l'échelle des vitesses oscillatoires est réduite dans le rapport inverse des distances. — Hauteur, intensité des sons. — Formules algébriques qui représentent soit le mouvement vibratoire du corps excitateur, soit celui du milieu excité. — Comment, en optique, un mouvement vibratoire se trouvera défini par deux paramètres. — Amplitude. — Double aspect du paramètre de non-simultanéité. — C'est une longueur appelée *retard*, ou un angle nommé *phase*. — Notion théorique de l'intensité d'un mouvement vibratoire. — Elle est proportionnelle au carré de l'amplitude.

---

§ 1. — Sur les divers modes de communication du mouvement.

Nous ne connaissons, pour le mouvement, que deux manières de se transporter d'un point A à un point B.

La première consiste dans un transport simultané et du mouvement et du corps qui en est dépositaire : c'est le mode le plus vulgaire, réalisé dans les projectiles et connu sous le nom de *transport matériel*.

Dans la deuxième, le mouvement seul circule du point A au point B, et cette circulation se fait à l'aide d'un milieu élastique nécessairement interposé. La chute d'une pierre

1.

dans un bassin y détermine une agitation qui se propage
par des rides circulaires et atteint bientôt la rive opposée :
chacun sait que les parties du liquide heurtées par la pierre
et primitivement imprégnées de son mouvement restent
en place et se débarrassent de leur mouvement au profit des
couches suivantes par une série d'excursions au-dessus et
au-dessous de leur niveau normal. Nous verrons que c'est
par le même mécanisme et à l'aide de petites excursions
autour de sa position d'équilibre que chaque tranche du
milieu élastique reçoit et cède à son tour le mouvement
qu'elle ne possède que passagèrement. C'est à cette particularité essentielle que sont empruntées, pour ce mode de
transmission, les dénominations de *vibratoire, ondulatoire*.

Or, de tout temps, on a supposé que dans les phénomènes
de *chaleur, son, lumière*, etc., quelque chose se transmet-
tait du corps *échauffé, sonore, lumineux*, à l'organe im-
pressionné.

Ce quelque chose était pour les uns une substance de
chaleur, une substance de son, une substance de lumière;
pour d'autres c'était un pur mouvement qui se propageait
vibratoirement au travers d'un milieu élastique interposé
entre le corps et l'organe.

La *matérialité* du son n'a jamais eu de défenseurs sérieux,
parce que, d'une part, ce sont nos corps matériels qui lui
servent de véhicule, et que de l'autre il s'établit, entre les
mouvements individuels des particules, une solidarité qui
les rend souvent appréciables à l'œil. Mais il n'en a pas été
de même à l'égard de la lumière et de la chaleur : là en effet
ces mouvements d'ensemble, ou bien manquent, ou plutôt
sont encore trop restreints pour être perceptibles; de plus
les milieux propagateurs de ces agents sont immatériels.

A un point de vue purement expérimental et par conséquent grossier, on peut avec certains physiciens appeler
matière ce qui pèse et est impénétrable; nos tentatives pour
constater l'*impénétrabilité* sont vaines, puisqu'elles se font

avec nos vases *poreux*. La *gravitation*, malgré son universalité, peut n'être que contingente et manquer dans certaines substances : bref, en dehors de nos corps matériels, il existerait des substances, des matières extrêmement raréfiées (§ 13), qui semblent pénétrables et sans poids. Dans les théories *matérielles* des agents de la physique, ces substances sont les *fluides* qu'on y emploie; dans les théories *vibratoires*, elles deviennent des milieux auxquels on a donné le nom générique d'*éther*.

En optique et en chaleur, il faut donc désespérer de trouver, pour établir la réalité de la théorie vibratoire, de ces preuves catégoriques qui abondent en acoustique; on ne pourra toucher du doigt ni les excursions des particules excitatrices ni celles des milieux propagateurs. Cependant l'étude attentive des faits, la rencontre de phénomènes *cruciaux* qui sont incompatibles avec la matérialité et découlent simplement du point de vue ondulatoire, ont réussi complétement à renverser la théorie matérielle de ces deux agents et à lui substituer la théorie vibratoire.

L'électricité et le magnétisme en sont encore au transport d'une substance; mais un si grand nombre de faits contrarie maintenant cette théorie, que l'on essaye chaque jour, et malheureusement sans succès, de leur adapter la théorie vibratoire. Y aurait-il d'autres modes de communication ignorés de l'esprit humain? On sera tenté de l'admettre tant qu'on n'aura pas fait entrer dans ce cercle étroit où la science a toujours tourné, et la relation mystérieuse des corps qui constitue la gravitation, et tant d'autres actions qui s'exercent à distance.

La difficulté très-réelle que présente la conception des mouvements vibratoires nous oblige de préluder à l'étude de ceux qui constituent la lumière, par l'étude successive des deux cas plus saisissables offerts par le choc des billes et par les phénomènes du son. L'analogie reportera sur les phénomènes de la lumière les résultats de ces investigations.

§ 2. -- Choc des billes élastiques.

Un choc brusque excité à l'origine d'une file de billes
égales (on l'obtient par un coup sec ou plutôt par la chute
de la première bille qu'on soulève et qu'on abandonne) y
circule inaperçu et ne devient sensible qu'à l'autre extrémité où il s'est transporté sans altération et avec une extrême
rapidité. S'il n'y a que deux billes, celle qui tombe reste
en repos et l'autre s'élève à la même hauteur. On peut
soumettre au calcul ce dernier phénomène, et déduire de là
l'explication minutieuse de la propagation vibratoire du
choc au sein de la file des billes égales.

Soient m, v la masse et la vitesse de la bille choquante,
et m' la masse de la bille choquée; la première pressera la
seconde et lui cédera de son mouvement jusqu'à ce qu'elles
aient une vitesse commune x donnée par l'équation

$$mv = (m + m') x.$$

S'il s'agit de corps durs qui ne se déforment pas ou de
corps mous dont les déformations soient persistantes, le
choc se termine là, et les deux corps restent en contact,
emportés désormais par un mouvement commun. S'ils sont
élastiques, ils continuent de réagir l'un sur l'autre en repre-
nant leur forme primitive : le corps choquant continue de
céder à l'autre et de perdre lui-même une partie du mouvement qui lui reste.

En admettant, comme définition de l'élasticité parfaite,
l'égalité entre les deux effets produits pendant les deux
phases du choc, pendant la période de compression et celle
de débandement, la vitesse finale U' de la bille choquée
doublera et sera

$$U' = v \frac{2\,m}{m + m'}.$$

Celle de la bille choquante, qui a déjà perdu

$$v - v\,\frac{m}{m + m'} = v\,\frac{m'}{m + m'},$$

éprouvera de nouveau cette diminution et sera

$$U = v - 2\,v\,\frac{m'}{m + m'} = v\,\frac{m - m'}{m + m'}.$$

On pourrait craindre que la bille choquée ne prît les devants avant la consommation du choc, ce qui abrégerait la deuxième période et la rendrait moins productive que la première. On comprend qu'il n'en soit rien, car la diffusion du mouvement dans la bille choquée est un phénomène analogue au choc et d'une durée sans doute égale. Cette bille reste donc immobile pendant tout le choc.

Les deux corps se sépareront après le choc. Si m est $> m'$, le corps choquant continue de se mouvoir dans le même sens; il retourne sur ses pas si m est $< m'$; sa vitesse est nulle si les deux billes sont égales. Dans le premier cas la bille choquée a une vitesse qui surpasse v et qui converge vers $2\,v$ à mesure que le rapport $\dfrac{m'}{m}$ devient moindre; dans le second sa vitesse est moindre que v; dans le dernier $U' = v$.

La première bille de la file, après avoir cédé, par une double étreinte, tout son mouvement à la seconde, est donc ramenée au repos; la deuxième cède par le même artifice ce mouvement à la troisième, qui le cédera à la suivante, etc.; la dernière seule, ne pouvant transmettre le mouvement qui lui est enfin communiqué, est emportée par lui. Ce travail intérieur de transmission successive n'est pas instantané : si l'on pouvait se procurer une file de billes assez longue, on constaterait qu'il s'écoule un certain temps entre le choc de la première et le départ de la dernière. La distance franchie pendant l'unité de temps par le mouvement est la *vitesse de propagation* du mouvement vibratoire.

Dans la réalité, comme le choc a une certaine durée, une bille n'a pas encore reçu tout le mouvement, qu'elle en cède déjà les premières portions, et un assez grand nombre de billes se trouve engagé à la fois dans cette communication. Mais cela ne change rien aux résultats qui précèdent.

§ 3. — Des mouvements vibratoires qui produisent et propagent le son.

> Ne dédaignons pas les démonstrations élémentaires, elles ont été souvent celles des inventeurs, et grâce à leur transparence on les retrouve sans effort.

Quand on soustrait un corps à l'action des forces étrangères qui modifiaient l'état normal de ses particules, il revient à sa forme première, sous l'influence des forces dites *moléculaires*, et à l'aide d'un mouvement de va-et-vient, d'oscillation, de vibration.

Si ce corps est plongé dans un milieu élastique, l'air par exemple, chacun de ses mouvements se transmet d'abord aux couches environnantes, et, de proche en proche, aux couches éloignées avec une vitesse indépendante de l'énergie variable qu'ils possèdent successivement.

Longtemps on a cru que cette vitesse de propagation ne dépendait que de la densité et de l'élasticité du milieu, et se trouvait liée à ces deux paramètres par une formule très-simple due à Newton. Il est probable qu'il en est ainsi en optique; du moins nous ne sommes pas en mesure d'y reconnaître l'insuffisance de cette formule. Mais en acoustique il a été facile de constater pour l'air un désaccord considérable entre la vitesse théorique et la vitesse expérimentale. Il y a plus : nos connaissances sur les gaz ont permis d'établir que cette vitessse dépendait encore de deux autres éléments, à savoir la chaleur de compression et la capacité calorifique, ou, ce qui revient au même, les deux capacités calorifiques du gaz. Comme la formule de Newton est fondamentale en optique, nous allons la démontrer.

Quand le volume A d'un gaz devient $A - A\alpha$, sa densité Δ devient rigoureusement

$$\Delta \frac{1}{1-\alpha} = \Delta + \Delta \frac{\alpha}{1-\alpha},$$

ainsi que le prouve l'équation

$$A\Delta = A(1-\alpha)(\Delta + z);$$

elle se trouve donc accrue d'une partie aliquote $\dfrac{\alpha}{1-\alpha}$ distincte de celle α qui exprime la réduction de volume. Mais si, faisant porter le coefficient de réduction sur le plus petit volume, on prenait pour volume primitif $A + A\alpha$, et pour volume réduit A, on aurait alors

$$A(1+\alpha)\Delta = A\Delta(1+z), \quad \text{d'où} \quad z = \alpha.$$

Dans ce cas la nouvelle densité vaut rigoureusement $\Delta + \Delta z$. L'élasticité E du gaz, grandissant strictement comme la densité, devient aussi rigoureusement $E + E\alpha$.

Nous admettrons que le corps vibrant dont le mouvement va se propager dans l'air, est un petit plan égal à la section du tube cylindrique, de rayon r, où se trouvera l'air ébranlé. Tous les points de ce plan auront des vitesses égales et parallèles, dont la direction commune sera l'axe du tube.

Pendant que le petit plan s'avance dans le temps τ de la quantité ε, il en résulte une perturbation qui s'étend dans le tube à la distance $V\tau$, si V est la vitesse de propagation d'une condensation dans le milieu. Le volume d'air $\pi r^2 (V\tau + \varepsilon)$ sera réduit de $\pi r^2 \varepsilon$, c'est-à-dire de la fraction $\dfrac{\varepsilon}{V\tau} = \alpha$. De là, pour cette masse d'air, un accroissement de force élastique $E \dfrac{\varepsilon}{V\tau}$ ou $E\alpha$, c'est-à-dire une force qui a les résultats suivants.

Grâce à cet excès $E\alpha$ d'élasticité, une portion de la colonne d'air troublée va se déverser sur les régions qui suivent : bientôt, par un mécanisme analogue à celui que nous ont offert les billes, la colonne troublée aura perdu son intumescence et l'aura communiquée aux couches suivantes; bref, après un nouveau temps τ, l'excès de densité $\Delta\alpha$ aura été transporté de $V\tau$, et ce sera une nouvelle colonne d'air égale et contiguë à la première qui possédera et l'excès de densité $\Delta\alpha$ et l'excès d'élasticité $E\alpha$.

On sait que la mesure *dynamique* des forces est donnée, quand elles agissent sur un même corps, par les vitesses qu'elles lui communiquent, et, quand les corps sont différents, par les produits mv, $m'v'$, ..., des masses par les vitesses. Ces vitesses sont d'ailleurs celles qu'engendreraient les forces si leur action initiale se continuait sans altération pendant l'unité de temps. Quand l'action constante ne dure, pour l'une des forces, que la fraction τ de l'unité de temps, la vitesse obtenue doit être agrandie dans le rapport de 1 à τ; d'où l'on voit que dans le cas le plus général la mesure d'une force est donnée par la combinaison $\dfrac{mv}{\tau}$ des trois paramètres m, v et τ.

On sait encore que la *masse* a pour représentant numérique le quotient invariable $\dfrac{P}{g}$ des poids P que revêt le corps aux divers points du globe, par les gravités g correspondantes.

Or ici la chose transportée est le prisme d'air $\pi r^2 \varepsilon$ qui pèse $\pi r^2 \varepsilon \Delta$, et dont la masse vaut $\dfrac{\pi r^2 \varepsilon \Delta}{g}$ (*). La force a donc pour mesure $\dfrac{\pi r^2 \varepsilon \Delta}{g} \dfrac{V}{\tau}$: mais $E\alpha$ exprime déjà la mesure

------

(*) On arrive au même résultat en considérant l'excès de densité $\Delta\alpha$ qui, déplacé par l'excès d'élasticité, passe successivement de la colonne $V\tau$ aux suivantes; car cet excès répond visiblement à la masse transportée

$$\pi r^2 V \tau \Delta \frac{1}{V\tau} \frac{1}{\varepsilon} = \tau r^2 \varepsilon \frac{\Delta}{g}.$$

statique de la force : on peut donc écrire, car deux mesures distinctes d'une même chose sont nécessairement proportionnelles,

$$\mathrm{E}\,\alpha = k\,\frac{\pi\, r^2\, e\, \Delta\, \mathrm{V}}{g\,\tau}.$$

Il y a plus : la relation $m = \dfrac{\mathrm{P}}{g}$ permet d'échanger contre une égalité la proportionnalité des deux mesures d'une force. En effet, si l'on évalue en poids la pression qui en est la mesure statique, les deux mesures contiendront chacune un poids et ne pourront plus différer (*). Si donc B est la hauteur barométrique et D la densité du mercure, la pression $\mathrm{E}\,\alpha$ vaudra $\pi r^2\,\mathrm{B}\,\dfrac{\varepsilon}{\mathrm{V}\,\tau}\,\mathrm{D}$, et on aura finalement

$$\frac{\mathrm{BD}}{\mathrm{V}} = \frac{\Delta\,\mathrm{V}}{g}, \quad \text{c'est-à-dire}, \quad \mathrm{V} = \sqrt{\frac{\mathrm{BD}\,g}{\Delta}}.$$

(*) Habituellement on rend égal à l'unité le coefficient k de proportionnalité en obtenant que toutes les grandeurs qui entrent dans l'équation deviennent simultanément égales à leurs unités respectives. Mais une telle correspondance, souvent impossible, n'est nullement indispensable. Ainsi dans l'équation

$$\mathrm{E} = k m v,$$

pour que $k = 1$, il suffit de choisir pour unité de pression E celle qu'engendre la force qui donnera $m v = 1$. Or une telle force sera ou celle qui communique la vitesse 1 à la masse 1, ou celle qui communique une vitesse g à la masse $\dfrac{1}{g}$, ou enfin, en général, celle qui communique à une masse quelconque une vitesse réciproque de cette masse. Arrêtons-nous à la seconde supposition, et prenons pour g la gravité du lieu. Puisque $m = \dfrac{\mathrm{P}}{g}$, la force en question sera celle qui donne à l'unité de poids la vitesse g caractéristique du lieu (à Paris 9.8088). Supposer $k = 1$ revient donc à choisir, pour unité d'action statique ou de pression, celle qu'exerce sur un obstacle le kilogramme. Bref, pour pouvoir user de la formule

$$\mathrm{E} = m v = \frac{\mathrm{P}}{g}\, e,$$

il faut exprimer le premier membre en kilogrammes du lieu et prendre dans le second pour g la gravité correspondante du lieu où l'on opère.

A la pression $0^m,76$ et à la température 0 degré, on a

$$\Delta = 0,001\ 293;$$

on a de plus

$$D = 13,5959;$$

d'ailleurs à la latitude de Paris, $g = 9,8088$; on en déduit

$$V = 279^m,98.$$

Si au lieu d'être à zéro l'air est à t degré, sa densité Δ, vaut $0,001\ 293\ \dfrac{1}{1 + \alpha t}$, et l'on a

$$V = \sqrt{\frac{BD\,g}{0,001\ 293}}\ \sqrt{1 + \alpha t};$$

plus généralement, Δ étant la densité tabulaire relative d'un gaz, on aura pour la vitesse du son dans ce gaz

$$V = \sqrt{\frac{BD\,g}{0,001\ 293 . \Delta}}\ \sqrt{1 + \alpha t}.$$

§ 4. — La correction de Laplace.

Le chiffre 280 mètres est de beaucoup inférieur à la vitesse réelle. Laplace en a trouvé la raison.

Les tranches comprimées sont échauffées par la chaleur de compression ; l'élasticité croît donc pour deux motifs : par la réduction de volume et par l'élévation de température. La loi de Mariotte est en défaut, ou, pour mieux dire, il y a intervention des deux lois de Mariotte et de Gay-Lussac. Outre l'accroissement faible $E z$ il y a un petit accroissement $E z$ d'élasticité qui provient de l'échauffement et qui, on le sait, peut, à cause de cette petitesse, se calculer à part.

Mais, dira-t-on, après la condensation, le petit plan rétrogradera et produira dans l'air dilatation et refroidissement. Ne pourrait-il pas y avoir annihilation des effets dus à cette chaleur et à ce froid, successivement produits dans les mêmes tranches?

Nullement : quand le froid de la dilatation paraît, l'accroissement occasionné par la chaleur, dans la vitesse de communication de la perturbation, est déjà effectué; et ce froid lui-même accélère la chute en arrière des couches d'air, et introduit dans la propagation de leur dilatation le même accroissement de vitesse obtenu dans la propagation de leur condensation.

Après avoir dégagé l'explication de Laplace de l'objection qu'elle semblait comporter, calculons l'accroissement partiel d'élasticité E z.

Cet accroissement est $E \dfrac{1}{273} \theta$, en appelant θ l'élévation de température produite. Si la température de l'air n'était pas o degré, mais t degré, ce serait

$$E \frac{1}{273 + t} \theta \; (^*).$$

Pour une réduction de volume égale au coefficient de dilatation $\dfrac{1}{273}$, on sait que l'élévation de température vaut

---

(*) Un gaz, suivant qu'il est libre ou coercé dans un vase, reçoit, quand la température s'élève, un accroissement de volume ou de ressort. L'accroissement de volume est d'après Gay-Lussac, pour chaque degré, une partie aliquote constante $\dfrac{1}{273}$ du volume à zéro. On démontre sans peine que l'accroissement de ressort est aussi partie aliquote constante, et précisément la même, du ressort à zéro. D'ailleurs la température zéro ne peut être privilégiée, et la loi de Gay-Lussac, sous sa double forme, doit convenir, avec un coefficient différent, à une température quelconque. Si l'on consent à mettre le coefficient de dilatation sous la forme $\dfrac{1}{N}$, le coefficient, à une température quelconque t, se déduit du coefficient tabulaire $\dfrac{1}{273}$ en ajoutant t au dénominateur.

$\dfrac{c-c'}{c'} = K$ (*); pour une réduction z, elle sera donnée par la proportion

$$\dfrac{1}{273} : \alpha :: K : \zeta, \quad \text{d'où} \quad \zeta = \dfrac{\alpha K}{\dfrac{1}{273}} = \alpha\,\dfrac{c-c'}{c'} \cdot 273.$$

L'accroissement $E.z$ vaut donc

$$E\,\dfrac{1}{273}\,\alpha\,\dfrac{c-c'}{c'} \cdot 273 ;$$

l'accroissement total est

$$E\,\alpha + E\,\alpha\,\dfrac{c-c'}{c'} = E\,\alpha\,\dfrac{c}{c'},$$

et le premier membre de l'équation (page 9) étant réformé en conséquence, on a

$$\dfrac{BD}{V}\,\dfrac{c}{c'} = \dfrac{\Delta V}{g} \quad \text{ou} \quad V^2 = \dfrac{c}{c'}\,\dfrac{BD\,g}{\Delta}.$$

En prenant pour $\dfrac{c}{c'}$ la valeur $1,419$ que lui assignent les récentes expériences de M. Masson, on obtient

$$V = 333^m,48.$$

L'expérience a donné pour la vitesse du son à o degré et à la latitude de Paris $332^m,3$.

Quand on ne se propose pas de calculer la valeur numérique de V, on peut voir dans le produit $BD\,g$ l'expression de l'élasticité E et donner à la formule de Newton la forme connue $V = \sqrt{\dfrac{E}{\Delta}}$ sous laquelle elle se produira toujours en optique.

(*) c capacité à pression constante; c' capacité à volume constant; K chaleur de compression, ou mieux élévation de température dont elle est capable. On a en effet

$$c = c' + Kc', \quad \text{d'où} \quad \dfrac{c}{c'} = 1 + K. \quad K = \dfrac{c-c'}{c'}.$$

§ 5. — Propagation du son. — Ondes sonores. — Longueurs d'ondulation.

Nous avons supposé pour notre petit plan un mouvement de translation uniforme; c'était le moyen d'avoir dans les diverses tranches troublées, uniformité dans le triple accroissement de densité, de température et d'élasticité. Dans la réalité, le plan vibrant parcourra l'espace avec une vitesse variable. Nulle au début, cette vitesse croît, atteint à l'époque $\frac{\tau}{2}$ son maximum, décroît ensuite et redevient nulle avant d'être dirigée en sens contraire. La perturbation totale se compose ainsi d'une foule de perturbations élémentaires d'intensités très-différentes. Mais il est aisé de voir qu'elles ont même vitesse.

En effet, aucune des quantités $\varepsilon, \tau, \vartheta$ qui caractérisent cette énergie n'entre dans la formule, aucune trace n'y reste soit de l'étendue ε du déplacement, soit de la durée. Un déplacement double donne bien une force motrice double, mais la masse d'air transportée devient en même temps double, et voilà pourquoi la vitesse reste la même.

Les diverses impulsions fortes ou faibles imprimées successivement par le plan à la tranche d'air adjacente se transmettront donc avec une même vitesse aux couchés suivantes; si elles sont équidistantes dans le temps, nous les retrouverons équidistantes dans l'espace. Représentons par les ordonnées d'une courbe telle que crc' ($fig.$ 1) l'ensemble des vitesses que le petit plan a eues entre ses deux positions extrêmes acb, $a'c'b'$; prenons ensuite dans le tube la longueur $c'd = V\tau$ de la colonne d'air troublée, les vitesses qui animent ses diverses tranches seront données par une courbe $c'R d$ obtenue en éparpillant sur la base plus grande $c'd$ les ordonnées de la courbe crc'.

Nous avons déjà remarqué qu'après le temps τ cette colonne sera rentrée dans le repos, et que les vitesses qui

animaient ses diverses tranches appartiendront sans altération aux tranches homologues de la colonne égale qui vient
à la suite. Après n fois ce temps, ce serait la $(n+1)^{ième}$
colonne qui posséderait transitoirement l'agitation. Pour
trouver aisément les tranches qui, à un moment donné, sont
dépositaires des diverses vitesses qui ont primitivement appartenu au plan, il suffit de supposer que la courbe $c'Rd$
se transporte uniformément dans le tube avec la vitesse de
propagation V. La position qu'elle occupe à cet instant détermine et les tranches exclusivement agitées et leur état
d'agitation.

Quand le plan revient sur ses pas, il reprend en sens
contraire les mêmes vitesses. Si l'on convient de prendre
en dessous les ordonnées proportionnelles aux vitesses dirigées de droite à gauche ou négatives, on aura pour cette
deuxième demi-vibration la courbe $c'r'c$ égale à crc' (*fig.* 2).
Après une vibration complète, la colonne d'air troublée
aura pour longueur $c'd = 2\,V\tau$, et les vitesses variables
de ses tranches seront désignées par la courbe complète $c'd'd$.

D'autres oscillations du plan n'ajoutent rien d'essentiel
au phénomène (*) : deux vibrations, par exemple, donnent
deux colonnes d'air égales à $c'R'd'Rd$ et affectées chacune
des mêmes modifications. On appelle *onde* en général, et
ici *onde sonore*, la masse d'air qui recèle l'ensemble complet des divers mouvements engendrés dans une oscillation.
On nomme *longueur d'ondulation* λ l'épaisseur de cette
masse qui dans la propagation libre est comprise entre

―――――――――――――

(*) Si l'étude des modifications qu'éprouve le milieu propagateur peut se
faire sur une seule onde, la production des phénomènes réclame au contraire des séries d'ondes. Pour ébranler l'organe, oreille ou œil, il faut,
comme pour mettre en branle une cloche pesante, une succession d'actions
similaires. Des ondes synchroniques qui se suivent en grand nombre offrent
précisément cette répétition nécessaire d'actions concordantes. Il est donc
convenu qu'en acoustique et surtout en optique nous considérerons toujours
des séries d'ondes très-nombreuses.

deux sphères concentriques. L'onde sonore se compose de deux demi-ondes, l'une *condensée*, l'autre *dilatée*. Les courbes qui représentent toutes les vitesses appartiennent à la famille des *trochoïdes*.

Une constitution analogue, une pareille succession de condensations et de dilatations se trouve dans tout milieu liquide ou solide qui propage le son. Aussi les géomètres ont-ils toujours rejeté les expériences qui niaient la compressibilité de l'eau. Aussi est-ce à leur profonde conviction sur ce point que sont dus ces raffinements d'expérience qui ont réussi à montrer la compressibilité de l'eau, du mercure, et de tous les corps, et ont donné raison à ce singulier adage : *l'eau conduit le son, donc elle est compressible.*

§ 6. — Vitesse du son dans les liquides. — Formule de Laplace.

Il est curieux que la démonstration précédente des formules de Newton et de Laplace s'applique sans changement aux liquides.

Soit un cylindre liquide indéfini : quand le petit plan se déplace de ε dans le temps τ, il imprime à la colonne $V\tau$ un excès de densité $\dfrac{\varepsilon}{V\tau} = \alpha$, et une réaction élastique $0^m,76\dfrac{\alpha}{\gamma}$ (γ étant le coefficient de compressibilité) ; les deux expressions de la force sont donc

$$\pi r^2\, 0,76\frac{\alpha}{\gamma}\, D \qquad \text{et} \qquad \pi r^2 \varepsilon \Delta \frac{1}{g} V \frac{1}{\tau} = \pi r^2 \frac{\Delta}{g} V . V \alpha ,$$

en les égalant on a

$$V^2 = \frac{0,76 . D\, g}{\gamma\, \Delta} ;$$

mais $\dfrac{\gamma}{0,76\dfrac{D}{\Delta}}$ exprime évidemment le raccourcissement que produirait dans une tige de liquide de 1 mètre de long une pression égale à son poids. Soit ρ ce raccourcissement, la formule prend la forme connue $V = \sqrt{\dfrac{g}{\rho}}.$

Tous les corps comprimés s'échauffent, on le sait : soit θ l'élévation de température produite par une réduction de volume, égale au coefficient de dilatation linéaire δ. Pour la fraction α il y aura l'élévation $\theta \dfrac{\alpha}{\delta}$: cette élévation de température produirait le volume $1 + \delta\theta \dfrac{\alpha}{\delta}$ et conséquemment l'expansion $\theta\alpha$.

L'expansion $\theta\alpha$ ne pouvant se produire, l'effet calorifique équivaudra à une compression du liquide évidemment mesurée par la même fraction $\theta\alpha$.

Bref, la colonne $V \div$ réagit à raison de deux réductions de volume, à savoir α réduction réelle, et $\theta\alpha$ réduction équivalente à l'échauffement ; c'est-à-dire en raison de la réduction totale $\alpha\,(\theta + 1)$. On a donc

$$V = \sqrt{1 + \theta}\,\sqrt{\frac{g}{\rho}}\,;$$

mais $\dfrac{1 + \theta}{1}$ est encore le rapport des deux capacités ; donc

$$V = \sqrt{\frac{c}{c'}}\,\sqrt{\frac{g}{\rho}}.$$

On sait que l'expérience s'accorde assez bien avec la formule

$$V = \sqrt{\frac{g}{\rho}}$$

pour qu'on soit autorisé à regarder comme insignifiante la chaleur dégagée dans les liquides par les compressions qu'ils éprouvent lors du passage du son.

§ 7. — L'énergie de l'oscillation est inverse avec la distance.

Dans la propagation libre, un même mouvement réside successivement dans des enveloppes sphériques dont l'épaisseur est constante, puisque la vitesse de propagation est invariable ; et dont la masse par conséquent s'accroîtra. On conçoit donc que les vitesses homologues dans les ondes successives, et par suite l'intensité du son, diminuent. Insistons sur cette dégradation avec la distance.

Dans le choc des deux corps élastiques m et m', si la masse m' vaut $m + dm$ on trouve (§ 2), pour les vitesses après le choc,

$$U = - v\,\frac{dm}{2\,m + dm}, \quad U' = \frac{2\,vm}{2\,m + dm},$$

c'est-à-dire, en s'en tenant aux infiniment petits du premier ordre,

$$U = - v\,\frac{dm}{2\,m}, \quad U' = v - v\,\frac{dm}{2\,m}.$$

On en conclut que la vitesse en arrière U reste nulle, et qu'ainsi le mouvement vibratoire ne revient pas en arrière dans un milieu homogène. La vitesse U' n'éprouve qu'une altération infiniment petite, mais cette altération, se répétant incessamment dans la transmission aux couches suivantes, formera bientôt un déchet fini et appréciable. On conçoit donc que les vitesses oscillatoires des couches diminuent et que les trochoïdes qui représentent les ondes successives aient des ordonnées décroissantes. Si v est la vitesse d'une tranche d'air située à une distance quelconque R du centre d'ébranlement, on a

$$U' - v = dv,$$

et conséquemment

$$dv = - \frac{v\,dm}{2\,m};$$

mais en appelant e l'épaisseur de la tranche, on a

$$m = 4\,\pi\,R^2\,e\,\frac{\Delta}{g}, \quad dm = 8\,\pi\,R\,\frac{\Delta\,e}{g}\,dR$$

L'équation différentielle devient

$$dv = - \frac{v}{2}\,\frac{2\,dR}{R}.$$

1.

2.

En intégrant, on trouve

$$\log v = - \log R + c.$$

Soit v_1 la vitesse à la distance $R = 1$, on aura

$$v = v_1 \frac{1}{R} :$$

ainsi les vitesses homologues d'une onde prise à des distances croissantes du centre d'ébranlement sont en raison inverse de ces distances (*).

§ 8. — Hauteur. — Intensité. — Timbre.

On a, entre la vitesse de propagation V, la durée T d'une vibration complète, et la longueur λ d'ondulation correspondante, la relation évidente $V = \frac{\lambda}{T}$. Si on désigne par n le nombre de vibrations par seconde, on a

$$T = \frac{1}{n},$$

et la relation précédente prend cette autre forme

$$V = n \lambda.$$

Suivant que le corps sonore vibre plus ou moins rapidement, les ondes sonores deviennent plus courtes ou plus longues.

Or, cette variation dans la durée T de l'oscillation ou dans la longueur λ d'ondulation, est ce qui produit la *hau-*

(*) $R = 0$ donne une vitesse oscillatoire infinie, et ce résultat devrait être accepté, s'il était possible que tout le mouvement se concentrât dans une masse infiniment petite, telle que la particule située au centre de l'ébranlement. Mais en réalité la force vive appartient, au début, à une certaine masse d'air qu'on ne doit pas réduire, et qui est répartie soit dans une certaine sphère, soit plutôt, en prenant pour corps excitateur une sphère dont le rayon varie périodiquement, dans une certaine enveloppe sphérique. De sorte que, s'il est des états ultérieurs où la masse imprégnée du mouvement grandisse, il n'en est pas d'antérieurs où elle diminue. C'est ainsi que, dans l'attraction d'une sphère, il se trouve une cause également physique qui impose à la formule une limite de distance en deçà de laquelle elle cesse d'être applicable.

teur des sons; les oscillations lentes répondent aux sons graves, et les rapides aux sons aigus : d'étroites limites comprennent d'ailleurs les ondes auxquelles l'oreille humaine est sensible.

Le plus ou le moins d'étendue des excursions isochrones, ou, ce qui revient au même, l'exhaussement et le surbaissement de la courbe des vitesses oscillatoires, se traduit dans l'organe de l'ouïe par une *intensité* plus ou moins grande.

Quant à la troisième particularité que l'oreille reconnaît encore dans les sons, à savoir le *timbre*, sa cause étant obscure et l'expérience n'ayant encore rien signalé d'analogue en optique, nous nous contenterons de la mentionner.

Nous allons compléter cette étude par la recherche des formules algébriques équivalentes aux constructions graphiques qui précèdent.

§ 9. — Formules du mouvement d'une particule livrée à l'agitation sonore.

Si l'on compte le temps à partir d'une position extrême du plan vibrant, celle de droite, par exemple, et si l'on caractérise chaque position de ce plan par un x compté de sa position d'équilibre, on voit que l'x a les allures du cosinus d'un arc proportionnel au temps, et la vitesse celles du sinus du même arc. Montrons que de telles formules sont réellement admissibles.

La force mise en jeu par un très-petit déplacement d'une particule, au sein d'un corps ou d'un milieu élastique, est dirigée vers sa position de repos et est, dans certaines limites, proportionnelle à l'écart x; il suit de là qu'on a pour les quatre configurations du problème la formule unique

$$-\frac{dv}{dt} = kx,$$

d'où

$$dv\frac{dx}{dt} = -kxdx, \quad vdv = -kxdx, \quad v^2 = -kx^2 + c.$$

Soit a l'écart maximum; on a à la fois

$$v = 0, \quad x = a:$$

donc

$$c = ka^2 \quad \text{et} \quad v^2 = k(a^2 - x^2).$$

Dans ce qui précède, les vitesses positives étaient dirigées dans le sens des x positifs; on aura donc

$$\frac{dx}{dt} = + \sqrt{k}\,\sqrt{a^2 - x^2},$$

ou

$$\frac{dx}{v} = + \sqrt{k}\,dt,$$

ou

$$\text{arc sin}\,\frac{x}{a} = \sqrt{k}\,t + c'.$$

Comptons le temps à partir de la position extrême de droite, quand $t = 0$, on aura

$$x = a \quad \text{et} \quad \text{arc sin}\,\frac{x}{a} = \frac{\pi}{2},$$

d'où

$$c' = \frac{\pi}{2}, \quad \text{arc sin}\,\frac{x}{a} = \sqrt{k}\,t + \frac{\pi}{2},$$

ou bien

$$x = a \sin\left(\sqrt{k}\,t + \frac{\pi}{2}\right) = a \cos \sqrt{k}\,t;$$

d'où l'on conclut

$$\frac{dx}{dt} = v = - a \sqrt{k}\,\sin \sqrt{k}\,t.$$

Or, on peut, dans le résultat, changer le sens des vitesses positives et les choisir de droite à gauche; cela donne à la seconde expression la forme usuelle

$$v = a \sqrt{k}\,\sin \sqrt{k}\,t.$$

En acoustique aussi bien qu'en optique, on aura affaire

à des myriades de particules vibrant simultanément ; entre ces particules il s'établira une solidarité et des mouvements d'ensemble qui seront souvent visibles dans les corps sonores. On conçoit que de tels mouvements d'ensemble acceptent la loi qui régit les mouvements élémentaires dont ils sont la résultante, et que les formules précédentes restent applicables. L'étude des phénomènes a fait voir qu'il en est ainsi en optique, et que, jusqu'à présent, on y est resté dans ces limites d'écart qui rendent la force, soit élémentaire, soit totale, proportionnelle à x, et permettent de négliger les autres termes de la série $kx + mx^2 + nx^3 + \ldots$, qui, de fait, doit en représenter rigoureusement l'énergie.

Le point de vue où nous nous sommes placé pour établir les formules

$$x = a \cos \sqrt{k}\,t, \quad v = a\sqrt{k}\sin\sqrt{k}\,t$$

y a introduit la force unitaire k. Il convient d'échanger ce paramètre contre la durée T de la période.

La période est comprise entre deux époques consécutives t et t' qui ramènent et pour x et pour v les mêmes valeurs ; il suit de là qu'on aura

$$\sqrt{k}\,t' = \sqrt{k}\,t + 2\pi, \quad \text{ou} \quad t' - t = T = \frac{2\pi}{\sqrt{k}}.$$

Les formules deviennent

$$x = a\cos\frac{2\pi t}{T}, \quad v = a\frac{2\pi}{T}\sin\frac{2\pi t}{T},$$

ou bien

$$v = b\sin 2\pi\frac{t}{T},$$

si l'on pose

$$a\frac{2\pi}{T} = b.$$

§ 10. — Propagation du son. — Représentation analytique.

Les mêmes formules donneront les excursions et les vitesses des particules du milieu, à la condition toutefois d'y introduire la différence d'époque; car le mouvement d'une tranche, quoique identique avec celui d'une autre tranche, ou avec celui du petit plan, n'arrive pas au même instant.

Soit δ la distance de la tranche, le mouvement qu'elle possède est celui que possédait le plan excitateur il y a $\frac{\delta}{V}$ unités de temps. Les formules appropriées au mouvement de cette tranche seront donc

$$x = a \cos \frac{2\pi}{T}\left(t - \frac{\delta}{V}\right), \quad v = b \sin \frac{2\pi}{T}\left(t - \frac{\delta}{V}\right),$$

ou bien, puisque $VT = \lambda$,

$$x = a \cos 2\pi\left(\frac{t}{T} - \frac{\delta}{\lambda}\right), \quad v = b \sin 2\pi\left(\frac{t}{T} - \frac{\delta}{\lambda}\right),$$

et on y retrouve bien leur double destination : quand δ est constant et t variable, elles peignent les agitations diverses qui se succèdent en un même point; quand au contraire c'est t qui est constant et δ variable, elles peignent les agitations simultanées des divers points. Il suffirait de remplacer b par $\frac{b}{\delta}$ pour tenir compte de l'amoindrissement qu'éprouvent dans la propagation libre les vitesses oscillatoires.

§ 11. — Amplitude. — Retard. — Phase.

Par suite d'impuissances expérimentales, dans une même question il n'y aura jamais en jeu que des mouvements vibratoires de même période. T et V seront donc des paramètres absolus, et puisque le coefficient de vitesse b vaut $a\,\frac{2\pi}{T}$ et ne forme pas un paramètre distinct, il suit qu'un mouvement vibratoire, considéré dans le milieu qui le propage, se trouve défini et caractérisé par les deux seuls paramètres a et δ.

Le premier s'appelle *amplitude*, son carré (§ 12) mesure *l'intensité* du mouvement vibratoire. Le second peut être

envisagé de deux manières qui lui ont fait donner deux
dénominations ; tel que nous l'avons considéré, il est une
distance et s'appelle *retard* : mais on pourrait aussi bien
prendre pour ce paramètre de *non-simultanéité* le pro-
duit $2\pi\frac{\partial}{\lambda}$; alors il devient un arc ou un angle et s'appelle
phase. La forme des théorèmes qui régissent les mouve-
ments vibratoires rend souvent l'emploi de la phase φ préférable à celui du retard ∂ ; d'ailleurs on passe aisément de
l'un à l'autre par la relation $\varphi = 2\pi\frac{\partial}{\lambda}$. On peut, sans altérer ni x ni ν, ôter dans $\frac{\partial}{\lambda}$ tous les entiers et ne garder que
la fraction excédante. On agira ordinairement ainsi ; de
sorte que le retard ∂ et la phase φ soient alors compris, le
retard entre o et λ, et la phase entre o et 2π.

§ 12. — Mesure de l'intensité. — Elle devient illusoire quand il s'agit de sons de hauteurs diverses.

Les géomètres et les physiciens s'accordent pour assimiler
à un véritable travail mécanique l'action des agents sur nos
organes et pour mesurer, par la moitié de la *force vive*, la
cause physique de la sensation produite. Dans les théories
matérielles, l'expression mv^2 de la force vive contiendrait
la masse m des corpuscules projetés. Dans les théories vibratoires, le mv^2 peut s'appliquer au milieu qui entoure
l'organe et lui transmet le mouvement vibratoire. Ce milieu
est l'air, en acoustique ; en optique, ce sera l'éther de l'humeur vitrée. Comme cet éther n'éprouve pas ces altérations
de densité auxquelles l'air est accessible, il s'ensuit qu'en
optique la masse m est constante, et que l'intensité de la lumière y dépend de la considération de la seule vitesse.

Les sensations de l'ouïe et de l'œil consistent sans doute
dans une excitation vibratoire de la partie nerveuse sensible. Ces deux sens sont organisés pour que les vitesses *appulsives* ne contribuent pas moins que les vitesses *impul-*

sives à les ébranler ; et voilà pourquoi la force vive qui ne
contient qu'une puissance paire de la vitesse promet une
mesure fidèle de la sensation. Mais ces vitesses étant incessamment variables, il s'ensuit que les éléments du travail
total accompli, pendant qu'une onde vient s'épuiser contre
la rétine, ont des valeurs différentes, et que ce travail total
sera donné par l'intégrale

$$\int_0^T b^2 \sin^2 2\pi \frac{t}{T} \, dt.$$

S'agit-il de vibrations de même durée, cette intégrale est
proportionnelle au travail incessamment produit ; s'agit-il
au contraire de sons de hauteurs différentes, ou bien (nous
le verrons bientôt) de rayons de couleurs différentes, il faut
tenir compte alors du plus ou moins grand nombre d'ondes
qui viennent dans le même temps battre l'organe et étendre
l'intégrale aux limites o et $n\,T$, $n\,T$ étant une durée constante.

On trouve

$$\int_0^T b^2 \sin^2 2\pi \frac{t}{T} \, dt = \frac{b^2 T}{2},$$

d'où l'on conclut que des rayons de même couleur sont
mesurés par le carré de b (*) ou, ce qui revient au même,
par le carré de l'amplitude a, puisque a et b ne diffèrent
que par le facteur $\frac{2\pi}{T}$ qui est alors constant.

$$\int_0^{nT} b^2 \sin^2 2\pi \frac{t}{T}$$ vaut évidemment $n\,\dfrac{b^2 T}{2}$, ou $\dfrac{b^2}{2}$, puisque

$n\,T$ est constant et égal à 1, par exemple ; et l'on voit que

____

(*) On pouvait prévoir ce résultat : en effet, pour des mouvements de
même durée, le facteur commun $\sin 2\pi \frac{t}{T}$ donne les mêmes vitesses successives, et le facteur variable b les agrandissant toutes de la même manière,
détermine l'échelle de leur grandeur.

l'intensité reste proportionnelle à b^2, quelle que soit la couleur; ce qui vide théoriquement la question si délicate de la mesure comparative des rayons de diverses couleurs. Mais, faute de pouvoir rendre b égal dans ces rayons, ou, ce qui revient au même, d'après la relation $b = a\dfrac{2\pi}{T}$, faute de pouvoir donner aux particules des excursions proportionnelles aux durées des vibrations, cette solution reste illusoire.

Si l'on rapproche cette proportionnalité entre l'intensité et le carré de b^2 de la proportionnalité inverse que nous avons établie (§ 7) entre les vitesses oscillatoires et les distances au centre d'ébranlement, on en conclura que, dans un milieu homogène, le son et la lumière varient en raison inverse du carré des distances.

CHAPITRE II.

DÉTERMINATION DES CONSTANTES FONDAMENTALES DE L'OPTIQUE.

ARTICLE Iᵉʳ.

MESURE DE LA VITESSE DANS LE VIDE ET DES λ DANS L'AIR.

Principes fondamentaux de l'optique posés sous forme de *postulata*. — Trois sortes de constantes fondamentales. — Relation qui les unit. — Vitesses de propagation de la lumière dans l'éther du vide et dans celui de l'air. — Méthodes astronomiques. — Roëmer. — Bradley. — Méthodes terrestres. — Galilée. — M. Fizeau. — Principe des interférences. — Principe d'Huyghens. — Détermination des longueurs d'ondulations dans l'air, pour les divers rayons simples, par l'expérience de Young; — Par les miroirs de Fresnel; — Par le biprisme. — Formule approximative. — Mesure de l'épaisseur des franges obtenue par le micromètre de Fresnel. — Petit nombre des franges. — Nécessité d'une origine commune pour les rayons interférents. — Nécessité d'un luminaire angulairement très-petit. — Tableau des longueurs d'ondes. — Spectre normal. — Il sera réalisé par les réseaux. — Relation numérique qui unirait suivant Newton les huit rayons simples placés à la limite des sept régions colorées du spectre.

§ 13. — Principes théoriques sur lesquels nous appuierons l'optique.

Nous aborderons l'*optique* en posant d'autorité et sous forme de *postulata* les principes fondamentaux de la théorie qui doit nous diriger.

Prise en elle-même et dans le corps lumineux, la lumière n'est autre chose qu'un mouvement vibratoire exécuté sans doute par des groupes de particules plus simples que dans l'excitation sonore, et doué d'une amplitude incomparablement moindre.

La propagation de ces mouvements vibratoires n'est plus confiée aux substances matérielles, mais à des milieux impondérables, à des *éthers* doués d'une subtilité bien supérieure à celle de nos gaz. L'éther par excellence est celui du vide, et il est probable que les divers éthers confinés dans les corps diaphanes n'ont pas une nature spéciale et ne sont que des parties du grand éther modifiées dans leurs propriétés par les forces qui émanent des particules de ces corps.

La variation dans la durée des vibrations ou dans la longueur des ondes lumineuses correspondantes engendre la diversité des couleurs : des limites encore plus étroites qu'en acoustique comprennent les vibrations auxquelles l'œil humain est sensible.

Notre but n'est pas de chercher immédiatement des preuves à ces diverses propositions. Leur exactitude ressortira *à posteriori* de l'étude des faits et de la facilité avec laquelle ces derniers en découleront ; cependant nous ajouterons dès à présent quelques mots sur l'éther du vide.

La réalité de cet éther semble attestée par les accélérations qu'on a reconnues dans la révolution des comètes périodiques. Si l'éther résiste, on doit en conclure qu'il n'est pas dépourvu d'impénétrabilité et qu'il n'est qu'une matière extrêmement raréfiée. On lui suppose donc une élasticité et une densité qui seraient, l'une très-grande et l'autre très-faible, et auxquelles la vitesse de propagation de la lumière serait liée par la formule

$$V = \sqrt{\frac{E}{\lambda}} \quad \text{(page 12)}.$$

Il est même permis d'espérer que l'étude ultérieure des modifications que sa présence introduit dans la révolution des comètes donnera un jour quelques indications sur la valeur de ces deux éléments.

§ 14. — Paramètres fondamentaux.

La nature vibratoire de l'acoustique et de l'optique étant ainsi établie ou admise, les vitesses de propagation dans les divers milieux, les durées des vibrations génératrices des divers sons et des diverses couleurs, les longueurs d'ondu-

lation qui propagent ces sons et ces couleurs dans les divers
milieux, deviennent les éléments véritablement fondamentaux de ces deux sciences, et l'on comprend que nous
fassions de leur détermination l'objet de notre première
étude.

Et tout d'abord, ces trois paramètres sont réductibles à
deux seuls distincts, puisqu'ils sont liés par la formule

$$V = \frac{\lambda}{T} \quad (\S\ 8)\ ;$$

cependant il convient de les considérer tous trois.

Si la science était parfaite et nos ressources moins bor-
nées, on parviendrait, en acoustique aussi bien qu'en optique,
à les déterminer tous trois, et l'on trouverait dans cette sur-
abondance une précieuse vérification. Mais il n'en est pas
ainsi ; c'est à peine si nous pouvons en déterminer deux, et il
arrive que, tandis que sur le terrain de l'optique nous réus-
sissons à obtenir les V et les λ, en acoustique ce sont les V
et les T qui sont surtout accessibles. Si donc le premier
chapitre de chacune de ces deux sciences est imparfait, leur
ensemble l'est beaucoup moins : l'acoustique complète en
quelque sorte l'optique. Aussi, tout en nous donnant désormais pour but essentiel l'étude de l'optique, ne renonçons-
nous pas à jeter au besoin, sur les procédés et les ressources
de l'acoustique, un coup d'œil auxiliaire.

§ 15. -- Vitesse de la lumière. · Méthode de Roëmer.

Le système solaire comprend un corps central qui a la
prépondérance de la masse et le privilége de l'incandescence,
et des corps secondaires appelés *planètes* qui tournent autour de lui dans des orbites sensiblement circulaires. Les planètes n'ont qu'une lumière d'emprunt ; elles promènent
donc derrière elles, du côté de leur hémisphère non éclairé,
une longue traînée d'ombre. Parmi ces corps se trouvent la
terre, et plus loin, à une distance du soleil plus que quin-

tuple, *Jupiter*. Autour de certaines planètes circulent des corps tertiaires dits *satellites*. Jupiter en possède quatre; nous n'aurons besoin que du plus rapproché, qu'on appelle le *premier satellite*.

Une des harmonies du système solaire consiste dans le peu d'écartement des divers plans où se meuvent, soit les planètes, soit les satellites. Par suite de cette *quasi-coïncidence*, le premier satellite, à chacune de ses révolutions, se plonge dans l'ombre de Jupiter et devient invisible, offrant le curieux spectacle d'une extinction sans cause apparente, puisqu'il est alors ordinairement loin du corps de la planète.

Cette disparition, que la petitesse du satellite et la rapidité de son mouvement rendent subite, constitue un phénomène périodique dont la durée parfaitement appréciable est constante. A toute époque, en toute saison, on trouve qu'il s'écoule entre deux *immersions* 42^h 22^m 35^s.

Supposons qu'on observe, à un moment donné, une immersion; on peut prédire qu'une autre immersion quelconque (la 10e par exemple, qui nous reporte à six mois de distance) aura lieu tel jour, à telle heure, telle minute, telle seconde. Or une telle prédiction peut n'avoir pas le succès habituel aux prédictions astronomiques. Si, aux deux époques, la terre se trouve à une même distance de Jupiter; si elle occupe (*fig.* 3) les deux positions T, T', celle de Jupiter (dont nous négligeons le faible déplacement) étant J, l'éclipse arrive à la seconde prédite. Si, au contraire, la terre, d'abord en T'', se retrouve ensuite en T''', l'éclipse est en retard de 16^m 36^s $= 996^s$; on aurait une avance de 996 secondes, au contraire, si la terre, d'abord *apojove*, était *périjove* à la deuxième observation.

La cause de tels désaccords est évidente. Si pendant les cent trois révolutions du satellite la terre était restée en T'', nul doute que l'immersion ne fût arrivée à la seconde prédite. Or si, à cet instant, produisant brusquement le résultat qu'engendre lentement le mouvement annuel, on recule la terre en T''', on oblige la lumière à parcourir, avant d'atteindre l'œil qui attend, environ 79 000 000 lieues de plus. Une distance aussi grande devait décider si la propagation de cet agent est ou n'est pas instantanée, et donner dans le dernier cas la vitesse. En divisant 79 000 000 par 996, on trouve environ 80 000 lieues de 4000 mètres par seconde.

§ 16. — Méthode de Bradley.

Soit un tube immobile, et, à sa base supérieure, un trou A (*fig.* 4); si on y reçoit un projectile dirigé suivant son axe, ou encore si, l'axe étant vertical, on lâche en A, sans vitesse latérale, un corps pesant, ce projectile, ce corps viendra frapper la base inférieure au centre C. Si le tube se meut dans le sens CD, le choc aura lieu en C'; ce serait quelque part en C″, si la vitesse était dirigée de gauche à droite.

Si l'observateur partage le mouvement du tube, il jugera que le corps a suivi la droite oblique AC', ou mieux sa parallèle A'C. Ce genre d'incorrection dans l'appréciation des directions constitue, quand il s'agit de rayons lumineux, *l'aberration de la lumière.* Quand le projectile et le tube ont chacun un mouvement uniforme, de vitesses V et V', l'angle α qui sépare la direction apparente AC' de la direction vraie AC dépend de l'équation

$$\tan \alpha = \frac{V'}{V}.$$

En astronomie, le rôle principal des lunettes consiste à déterminer des directions. On y arrive en faisant coïncider avec les directions dont on veut prendre possession, une certaine droite dite *axe optique,* représentée par deux points dont l'un, analogue au point A de notre tube, est le *centre optique* de l'objectif, tandis que l'autre, situé dans le plan focal de ce verre, est le point de croisement de deux fils très-fins.

Sur une terre immobile, la coïncidence entre la direction d'un astre et celle de l'axe optique s'effectuerait réellement. Mais sur notre terre, qui court sur son orbite avec une vitesse d'environ 8 lieues, cette coïncidence n'est qu'apparente : l'étoile que nous plaçons sur la voûte céleste dans la direction CA′ (*fig.* 5) devrait s'y rattacher par la droite CA. S'il s'agit d'une étoile normale au plan de l'orbite, on voit aisément que l'aberration groupera, dans une année, en cône droit, toutes ses positions apparentes. Toutes les étoiles présentent une aberration analogue; seulement le cône décrit annuellement autour de la direction vraie est en général elliptique et peut même dégénérer en ligne droite quand (et c'est le cas de la *fig.* 5) l'étoile est dans le plan de l'écliptique. Mais nous n'avons pas à faire l'étude astronomique de l'aberration; hâtons-nous de conclure.

Si donc on pouvait faire deux observations, l'une avec la terre arrêtée, et l'autre avec la terre en mouvement, on trouverait sur le limbe, entre les deux directions d'une même étoile, l'angle α tel que tang $\alpha = \dfrac{8^{\text{lieues}}}{V}$. On ne peut arrêter la terre, mais si on attend six mois, sa vitesse sera dirigée en sens contraire et la nouvelle direction apparente CA″ jetée de l'autre côté. On aura ainsi, entre les deux directions apparentes, l'angle $2\,\alpha$: on le trouve d'environ 40 secondes (*); on a donc

$$\text{tang } 20'', \qquad \text{ou bien} \qquad 20'' = \frac{8}{V}.$$

Mais l'angle d'une seconde vaut $\dfrac{1}{200\,000}$, et celui de 20 secondes $\dfrac{20}{200\,000}$; donc

$$\frac{2}{20\,000} = \frac{8}{V}, \qquad \text{d'où} \qquad V = 80\,000 \text{ lieues.}$$

(*) Les déterminations contemporaines ont élevé ce nombre à $40'',89$. Notre but étant ici d'établir nettement les méthodes, nous avons cru devoir rechercher, avant tout, la simplicité des calculs.

§ 17. — **Méthode de M. Fizeau.**

Quand on songe que la lumière ferait en une seconde huit fois le tour du globe, on trouve tout naturel que Galilée ait échoué quand il tenta d'appliquer à la lumière les procédés qui ont si bien réussi pour le son. M. Fizeau a repris de nos jours ces essais et a su mener à bonne fin la méthode terrestre que nous allons esquisser.

Imaginons un disque armé de sept cent vingt dents et offrant sur son contour une série de pleins et de vides d'égale largeur. S'il est immobile et qu'en face de lui on dispose parallèlement un miroir, un petit projectile lancé par une des ouvertures ira jusqu'au miroir, s'y réfléchira et, rebroussant chemin, viendra repasser par cette ouverture. Si le disque tourne, suivant sa vitesse de rotation, le projectile pourra rencontrer au retour un vide ou un plein, et ainsi passer ou ne point passer.

La sensibilité du procédé peut s'accroître par deux moyens, par l'éloignement du miroir et par une rotation plus rapide. Si la vitesse du projectile est de 80 000 lieues, un miroir mis à 2 lieues et un peu moins de 14 tours par seconde suffiront pour que le rayon, à son retour, rencontre un plein au lieu d'un vide. Car la lumière mettra, pour aller et revenir, $\dfrac{4^s}{80\,000} = \dfrac{1^s}{20\,000}$, et le disque fera $\dfrac{1}{1440}$ de tour en $\dfrac{1^s}{14 \cdot 1440} = \dfrac{1}{20160}$. Que le disque fasse 28 tours au lieu de 14, et le rayon passera de nouveau pour se trouver arrêté par 42 tours, etc.

Le difficile était de préserver la lumière contre la dégradation sphérique si rapide. On y arrive en recourant à l'artifice réalisé dans les phares; en la *parallélisant* pendant les deux longs trajets.

Soient aux deux stations, distantes de 2 lieues (*fig.* 6), deux lunettes à grands objectifs, dont les axes soient amenés en coïncidence parfaite. Entre l'oculaire et le plan focal de l'une, on dispose à 45 degrés sur l'axe un petit miroir *m* formé par une lame de verre non étamée, et, par une ouverture latérale, on fait tomber sur le miroir un faisceau conique (on l'emprunte soit au soleil, soit à une lampe puissante) doué d'une convergence telle, que son point de concours A, rabattu sur l'axe commun, soit distant de l'objectif, strictement de la distance focale principale. Ce point lumineux, *image*, sera évidemment invisible pour l'œil placé à l'oculaire. Les rayons qui s'y croisent sortiront parallèles et iront atteindre l'autre objectif sans autre affaiblissement que celui causé par l'imparfaite diaphanéité de l'air.

Cette seconde lunette, dont l'oculaire est enlevé, possède à son foyer principal un miroir opaque (métallique par exemple), normal à l'axe : les rayons qui s'étaient groupés en cône après avoir franchi son objectif, se réfléchiront au sommet du cône et, quoique échangeant deux à deux leurs routes, formeront, après réflexion, le même cône. Par suite, ils se retrouveront parallèles à l'axe dans leur second trajet entre les objectifs. Revenus au premier objectif, ils se résument dans leur premier cône et donnent une image A′ superposée au point A, et cette image est visible pour l'œil placé à l'oculaire.

Il suffit alors de disposer le disque de manière que son contour tombe sur le point A. Si le disque est au repos, on voit ou l'on ne voit pas le point lumineux final, suivant que le point lumineux initial tombe sur un vide ou sur un plein. Admettons le premier cas. Si le disque tourne lentement, on voit encore le point lumineux final, mais sa lumière s'affaiblit (*); pour 14 tours la première éclipse a été complète.

(*) Pendant que le disque tourne, le point lumineux A occupe toutes les positions possibles dans la fente : distinguons-en cent équidistantes. Quand la vitesse est de 28 tours, les cent cônes émis reviennent tous passer par l'ouverture suivante; pour une vitesse de 14 tours, ils viennent tous s'éteindre contre la paroi de la dent interposée. Si la vitesse est de

I.   3

La première méthode donne évidemment la vitesse de la lumière dans l'éther du vide. Avec la dernière, c'est la vitesse dans l'air, un peu moindre, qu'on obtient. La méthode de Bradley donne, comme celle de Roëmer, la vitesse dans le vide. Nous aurons occasion de revenir sur cette assertion, qu'on serait tenté de contester (§ **50**).

Quant aux vitesses de la lumière dans les autres milieux diaphanes, elles se déduisent de celle du vide à l'aide d'un théorème fondamental énoncé par Fermat et mis dans une entière évidence par la théorie des ondulations : *les vitesses sont en raison inverse des indices tabulaires :* nous le démontrerons un peu plus loin (§ **28**).

§ 18. — Principe des interférences.

La nature des mouvements vibratoires, leurs deux phases contraires, montrent que le concours de deux rayons lumineux ou sonores n'augmente pas nécessairement, soit la lumière, soit le son. L'énergie du mouvement résultant peut varier depuis la somme jusqu'à la différence des deux mouvements coexistants, ce qui donne une intensité comprise entre 0 et 4 dans le cas où les deux rayons sont égaux. *Interférence* est le nom donné par Young à cette action mutuelle des rayons. Au principe des interférences se rattachent ces singuliers et nombreux phénomènes [inexplicables dans les théories matérielles (*)] où l'on voit la lumière ajoutée à la lumière produire l'obscurité, et le son ajouté au son produire le silence.

§ 19. — Principe d'Huyghens.

Quand un mouvement vibratoire se propage, on pourrait admettre, suivant tous les rayons de la sphère, qui a

---

tours, les 50 premiers cônes passent seuls, etc. : telle est la cause de l'affaiblissement graduel. Mais l'éclat maximum donné périodiquement par les vitesses de 28,56 tours, n'est que moitié de celui qu'aurait l'image de retour A' sans le disque.

(*) Celle de l'optique porte le nom de théorie de l'émission.

pour centre le point vibrant, une propagation indépendante
analogue à celle qu'offriraient des files divergentes de billes
élastiques.

Mais la nature des milieux élastiques indique comme nécessaire, dans la communication du mouvement, une solidarité sur laquelle les phénomènes du son, et surtout la transmission des rides de l'eau, au delà d'un étranglement E,
jettent le plus grand jour (*fig.* 7).

En effet, dans ce dernier cas, au lieu des tronçons d'ondes
ab, *cd*, *ef*,..., que l'orifice épargne, on voit au delà se refor-
mer des ondes complètes. Chaque point de l'onde est donc
doué d'une activité pareille à celle d'un point lumineux, et
devient centre *secondaire* d'une onde *secondaire* sphérique
comme l'onde générale : l'onde lumineuse, prise dans une
position telle que P P' P''... (*fig.* 8), doit donc être considérée comme formée par le concours des ondes secondaires
excitées par les divers points p, p', p'',..., de cette onde
prise dans une position antérieure quelconque. L'agitation
en un point P de l'éther, au lieu de provenir exclusivement
de l'agitation du point p, est donc la résultante des agitations
innombrables qui lui arrivent simultanément dans une foule
de directions. Enfin, pour donner au principe d'Huyghens
son énoncé ordinaire : *Les vibrations d'une onde lumineuse,
dans chacun de ses points, peuvent être regardées comme
la résultante des mouvements élémentaires qu'y enver-
raient, au même instant, en agissant isolément, toutes
les parties de cette onde considérée dans une quelconque
de ses positions antérieures.*

Le principe d'Huyghens n'est pas sans soulever des difficultés. Comment concilier en effet ces ondes secondaires qui
reviennent vers le point lumineux, avec cette absence d'un
retour en arrière (§ 7) observée dans toute propagation
libre? Nous reviendrons (§ 28) sur ce point capital : qu'il
nous suffise, pour le moment, de dire que, par suite d'interférences, un onde secondaire ne jouit de son activité rétro-

3.

grade ou même latérale qu'autant qu'elle est débarrassée de
ses voisines ; que le concours de ces ondes éteint son activité,
hormis au point le plus éloigné du centre d'excitation. De
sorte que, dans la propagation libre, l'onde principale ou,
comme on l'appelle encore, la *grande onde*, *enveloppe* des
ondes secondaires, résume leurs portions seules actives, précisément comme s'il y avait eu, suivant chaque file de particules, insolidarité et propagation exclusive. La suite
montrera que, loin d'être le germe d'une étrange complication, le principe d'Huyghens engendre sans efforts une extrême variété de faits qui seraient impossibles et avec la
lumière *substance*, et avec le mécanisme ondulatoire s'il était
dépouillé de cette expansion latérale qui est au fond tout le
principe d'Huyghens.

Deux mots encore : les ondes secondaires se distinguent
des ondes principales par une inégalité d'intensité dans les
diverses directions (*fig. 7*). Cette dégradation avec l'obliquité est assurément très-variable dans les diverses espèces
de mouvements vibratoires : et si l'on s'en tient aux conditions usuelles des phénomènes, il semble même que le son
et la lumière en offrent comme les deux cas extrêmes. L'expérience de la carte (§ **27**) nous montrera cependant que la
différence qu'offrent à ce point de vue ces deux agents, porte
plutôt sur les conditions accessoires de l'expérience que
sur les essentielles ; et que, quand l'étroitesse de la fente
est en harmonie avec la brièveté des ondes lumineuses, la
lumière montre alors aussi une remarquable aptitude à
tourner les obstacles.

§ 20. — Expérience des deux trous de Young.

Jetons dans la chambre obscure le trait solaire sur une
lentille d'un foyer très-court (*fig. 9*) ; au delà et assez loin
disposons une plaque percée de deux petits trous. Alors, si les
distances sont convenables, l'œil, aidé surtout d'une loupe,
apercevra sur un écran OT (un verre dépoli par exemple),

placé au delà de la plaque, un curieux phénomène consistant
en deux séries de cercles concentriques colorés, séparés par
des espèces de hachures connues du nom de *franges*.

Si l'on use d'une lumière homogène, si l'on a interposé,
par exemple, un verre rouge monochromatique, ces franges,
qui seules vont nous occuper maintenant, seront rouges et
noires, et ainsi constituées par des alternatives de lumière
et d'ombre. En glissant sur la plaque une autre plaque, de
manière à recouvrir un des trous, les franges disparaissent,
et le lieu qu'elles occupaient prend un éclat uniforme ;
d'où il résulte que, là où il y avait une frange noire, le
concours des deux lumières produisait de l'obscurité.

Si la lumière envahit l'ombre géométrique et n'est pas
confinée dans deux petites taches rondes, cela est dû au
principe d'Huyghens, car les deux points de l'onde épargnés
par les deux trous, et débarrassés, par la plaque, des mouvements voisins, peuvent envoyer latéralement des mouvements dérivés. Si, au lieu d'un éclat uniforme, l'écran présente des franges, cela est dû au principe des interférences.

Supposons, dans ce qui va suivre, que les distances du
point lumineux C aux deux trous A, G soient égales, ou autrement que la droite Cp, qui va de C au milieu de AG, soit
normale à la plaque : les différences de route entre les
rayons issus des deux points A et G n'auront lieu qu'à partir de ces points, et si nous considérons le point O déterminé sur l'écran par le prolongement de Cp ; là les deux
rayons AO, GO ont décrit les mêmes chemins, et leurs
vitesses vibratoires sont constamment d'accord ; elles s'a-
joutent donc, et on a une frange brillante. A droite ou à
gauche, les deux rayons AP, GP acquièrent une différence
de route qui croît continûment et atteint inévitablement
en certains points P, Q, R, . . ., les valeurs $\frac{1}{2}\lambda$, λ, $\frac{3}{2}\lambda$,

2λ, . . . Là où l'on a $\frac{1}{2}\lambda$, $\frac{3}{2}\lambda$, . . ., les mouvements sont en désaccord complet, et l'on a des franges noires : intermédiai-

rement, pour les différences λ, 2λ, 3λ,..., en Q, S,..., on
a des franges brillantes.

Faisons $AG = b$, $pO = d$, $OP = f$. Si b est petit et si
d est grand, il arrive que d'insignifiantes différences de
route correspondent à des écarts OP, OQ,... beaucoup
plus grands, et que malgré la petitesse de $\frac{\lambda}{2}$, qui pour les
plus grandes ondes ne vaut guère que $\frac{1}{3}$ de millième de millimètre, on a des franges dont l'épaisseur peut atteindre et
dépasser 1 millimètre.

Il y a plus : les relations géométriques de la question
permettent de déduire les valeurs microscopiques de λ, des
épaisseurs des franges. On a l'équation

$$GP - AP = \frac{\lambda}{2} :$$

ou bien

$$\sqrt{d^2 + \left(\frac{b}{2} + f\right)^2} - \sqrt{d^2 + \left(\frac{b}{2} - f\right)^2} = \frac{\lambda}{2} :$$

or, quand α est petit, on sait que $\sqrt{A + \alpha}$ (*) vaut approximativement

$$\sqrt{A} + \frac{\alpha}{2\sqrt{A}}.$$

Extrayant, d'après cette règle, les deux radicaux, l'équation devient

$$d + \frac{\left(\frac{b}{2} + f\right)^2}{2d} - d - \frac{\left(\frac{b}{2} - f\right)^2}{2d} = \frac{\lambda}{2},$$

d'où, après réduction,

$$\lambda = \frac{2bf}{d},$$

(*) Le calcul exact réussit sans peine et donne, en posant $\frac{\lambda}{2} = \delta$, l'expression peu compliquée

$$f^2 = \frac{\delta^2 d^2}{b^2 - \delta^2} + \frac{\delta^2}{4}\cdots$$

On doit cependant préférer le calcul approximatif qui suffit aux confrontations expérimentales.

relation qu'on retrouve en décrivant du point P comme
centre, avec un rayon PA, l'arc de cercle AK ; car si l'on
néglige la courbure de AK, les deux triangles rectangles
AGK, p OP sont semblables et donnent

$$b : \frac{\lambda}{2} :: d : f_1,$$

ce qui montre que ces approximations géométriques équivalent les approximations algébriques de la première
méthode.

Si, comptant seulement les franges noires exclusivement
employées dans les mesures, on considère la $n^{ième}$, et que
f_n soit sa distance au point O, on aurait

$$(2n - 1)\frac{\lambda}{2} = \frac{bf_n}{d} \quad \text{ou} \quad f_n = (2n - 1)\frac{\lambda}{2}\frac{d}{b} = (2n - 1)f_1,$$

c'est-à-dire que, tant que les approximations précédentes
sont légitimes, les franges sont équidistantes et distantes
entre elles de $2f_1$. Cette propriété, qu'on vérifie aisément,
permet d'obtenir l'épaisseur d'une frange avec exactitude.
On en mesure dix, je suppose, et on prend le dixième de
l'épaisseur totale, ce qui réduit l'erreur d'une seule au
dixième.

Avant de passer aux mesures, échangeons cette expérience contre d'autres équivalentes et plus avantageuses.

§ 21. — Les deux miroirs de Fresnel. — Le biprisme.

L'intervention du principe d'Huyghens a le double inconvénient de donner peu de lumière et de mettre aux
prises des mouvements inégalement dérivés, et conséquemment d'inégale intensité. On gagnerait à en exonérer l'expérience et à réaliser l'interférence de rayons directs.

Miroirs de Fresnel. — Prenons deux miroirs FM, FN,
légèrement inclinés l'un sur l'autre, et exposés aux rayons
qui émanent de l'image C du soleil (*fig.* 10). Ils donneront, comme la plaque aux deux trous, deux points lumineux A, G dont les radiations peuvent être partiellement

superposées. Dans le champ commun FRS, les rayons offriront encore des alternatives d'accord ou de désaccord, et conséquemment des franges brillantes et noires : et ces franges auront assez d'intensité pour que, projetées sur un papier, elles soient visibles. Nous savons que les lignes brisées parcourues par les rayons à partir de C sont égales à d'autres lignes droites qui partiraient des images virtuelles A et G. Le phénomène rentre donc dans celui de Young, à la condition de prendre pour b la distance AG, et pour d la distance pO.

Le biprisme. — Le biprisme (*fig.* 11) est une lame de verre MFN, armée de deux biseaux très-aigus qui forment deux prismes d'angles très-petits. Les deux faisceaux, issus du point C, qui rencontrent ces deux prismes, sont jetés vers leurs bases et amenés en superposition partielle ; de là des franges. Nous verrons bientôt que les rayons deux fois réfractés sont comme si, émanés des derniers foyers virtuels A et G, ils étaient d'accord en ces deux points. On a donc encore affaire au même phénomène, AG et pO jouant le rôle de b et d.

§ 22. — Micromètre de Fresnel. — Mesure des constantes b et d.

On peut se passer du verre dépoli : les franges forment dans l'espace des surfaces hyperboliques qui ont pour foyers les deux points lumineux ; l'œil armé d'une loupe aperçoit les franges linéaires qui proviennent de l'intersection de ces surfaces par le plan focal de la loupe, sans qu'on ait besoin de signaler cette intersection par un écran. En mettant de côté l'écran, on a même cet avantage que le *myope* et le *presbyte* voient également bien, parce qu'ils ne voient pas les mêmes franges (*).

____

(*) En les recevant sur une lentille de court foyer, derrière laquelle est un écran, on en obtient, à toutes les distances, et pour les mêmes motifs, une image. Mais pour peu qu'elles soient agrandies, leur éclat est tellement affaibli, qu'elles deviennent invisibles. Une lentille cylindrique, n'éparpillant

La loupe est installée sur l'écrou d'une vis micrométrique dont le pas est de $\frac{1}{2}$ millimètre, et dont la tête est divisée en 50 parties. A la distance φ de cette loupe est placé un fil fin, ou mieux un trait fin fait au diamant sur une lame de verre. Le nombre de tours de la tête qui transporte le fil, du milieu d'une frange au milieu d'une autre, donne leur distance en centièmes de millimètre. Si le verre porte des traits équidistants très-rapprochés, la vis devient superflue, et l'on obtient par simple lecture la distance des franges. Cet appareil, qui se prête admirablement à l'étude de ces franges *aériennes* si fréquentes en optique, est connu sous le nom de *micromètre* de Fresnel.

L'œil qui s'aide d'une loupe pour voir un objet, peut se placer contre elle, et doit même s'y placer s'il veut avoir le champ le plus vaste. On sait qu'il n'en est plus de même s'il regarde l'image réelle d'un objet fournie par un objectif : sa place est alors en arrière de la loupe, en un lieu qu'on appelle le *cercle de Ramsden*, et qui n'est autre chose que le foyer conjugué de l'objectif. Or on saura qu'ici la loupe de Fresnel fonctionne, non pas comme une loupe isolée, mais comme oculaire d'une lunette astronomique fictive, dont l'objectif serait là où sont les deux images du biprisme ou des miroirs. Aussi l'œil doit-il se placer derrière elle, à une distance qui dépend de l'éloignement du plan dans lequel on observe les franges, et que Frèsnel déterminait par la règle expérimentale suivante. *Visez*, dit-il, *aux points lumineux de manière que, le foyer des rayons réunis par la loupe tombant au milieu de la prunelle, toute la surface du verre semble illuminée.*

la lumière que dans un sens, les donne plus vives. Mais une lentille formée par l'assemblage de deux surfaces cylindriques, dont les rayons de courbure sont inégaux et les axes rectangulaires, les donne parallèles à l'axe de la demi-lentille la plus énergique, et tellement vives, qu'on peut les voir de loin. On constate en effet que les faisceaux réfractés par une telle lentille sont confinés dans un espace restreint dans tous sens.

*et allez alors chercher les franges en conservant la même
position relative de l'œil et de la loupe.* Nous renvoyons à
un paragraphe ultérieur la justification et de cette règle
pratique et des considérations qui viennent d'en précéder
l'énoncé (§ 213).

Dans l'expérience de Young, b s'obtient très-rigoureusement au microscope; d se prend avec une règle sans
grandes précautions. Pour obtenir ces deux grandeurs
dans les expériences des deux miroirs et du biprisme, on
peut recourir à diverses méthodes, parmi lesquelles nous
décrirons seulement celle qu'employait Fresnel avec les
miroirs.

Plaçons dans la région commune aux deux faisceaux, un
petit disque opaque Q (*fig.* 10); il projettera sur le plan
focal deux ombres rondes, dont les centres q, q' sont signalés physiquement par un vif éclat (§ 56). On pourra donc
obtenir au micromètre la distance qq'. On peut d'ailleurs
mesurer et Qq, et QA qui est égal à QF + FC. Alors les
triangles semblables Qqq', QAG donnent

$$\text{AG ou } b : qq' :: \text{QA} : Qq.$$

Quant à d, il est égal à QO + Qp, qui ne diffère pas sensiblement de QA. Fresnel employait, au lieu d'un disque
opaque Q, une plaque percée d'un petit trou circulaire Q,
et s'arrangeait, par le choix du diamètre ou de la distance,
pour qu'aux deux centres des taches lumineuses il y eût
ces points noirs paradoxaux que nous étudierons dans un
autre chapitre (§ 57).

§ 23. — Franges des diverses couleurs. — La lumière blanche donne peu de franges.

En recevant sur la lentille D, successivement les diverses
couleurs du spectre, on reconnait que les franges se resserrent quand on passe du rouge au violet, et qu'ainsi la
longueur d'onde décroît quand croit la réfrangibilité.

Ce défaut de coïncidence des diverses franges est cause

qu'avec la lumière blanche, au lieu de franges blanches et
noires, on a des franges colorées. Comme les termes homologues de deux progressions arithmétiques qui ont même
point de départ, se débordent de plus en plus, à mesure que
leur ordre s'élève, il en résulte que tandis que la première frange reste blanche, on a bientôt, en chaque point,
un pêle-mêle de franges de diverses couleurs, et partant, lumière uniforme ou absence de franges. Dans les
expériences des deux miroirs et du biprisme, la petitesse
du champ commun aux deux faisceaux réduit le nombre
des franges, et ne permet guère de voir l'amélioration introduite par une épuration des rayons. Mais nous rencontrerons des phénomènes plus favorables (§ 75) qui
nous donneront, avec le verre rouge, un accroissement sensible dans le nombre des franges ; avec la lumière de l'alcool salé, un accroissement considérable, et enfin (§ 37)
avec des rayons solaires soumis à une exquise épuration,
un nombre tellement prodigieux, qu'il a été possible de
compter la frange noire dont le numéro d'ordre dépasse
8 000, et qui provient de deux rayons dont l'un est en
retard de plus de 16 000 demi-ondes. Un tel succès a
du prix, car il dissipe une exagération qui avait pris sa
source dans le petit nombre de franges auquel on a longtemps été réduit, et qui consistait à admettre, dans les
vibrations des corps lumineux, des perturbations incomparablement plus fréquentes que celles qui s'y produisent
réellement. Il établit que l'obstacle capital qu'il faut surmonter, pour observer des franges d'un ordre très-élevé,
réside surtout dans l'imparfaite homogénéité de la lumière
qu'on emploie.

§ 24. — Précautions qui assurent le succès des franges.

Ceci nous conduit à parler de deux précautions indispensables pour le succès d'une expérience quelconque d'interférences.

1°. Il faut que les divers rayons aient une origine commune, soient issus d'un même point lumineux. Avec deux luminaires indépendants on n'aurait pas de franges. Les oscillations des particules des corps sont beaucoup plus désordonnées dans l'excitation lumineuse que dans l'excitation sonore : on conçoit que l'éther, qui subit la résultante de mouvements élémentaires mal coordonnés, soit soumis dans tout rayon de lumière à des irrégularités ; que de temps en temps, par exemple, il y ait de sauté quelque fraction d'ondulation, qu'à d'autres instants le mouvement s'arrête. Pour avoir des franges permanentes, il faut que de pareils accidents arrivent dans les deux faisceaux. Nous ne connaissons qu'un moyen de les asservir aux mêmes irrégularités et de maintenir ainsi entre eux, malgré ces irrégularités, la *relation* que leur assignent les chemins décrits : c'est de les faire dériver par réflexion, par réfraction, par le principe d'Huyghens, etc., d'un même point lumineux primitif.

2°. Il faut employer un luminaire d'un très-petit diamètre apparent. Chaque point donne en effet son système de franges, et il ne faut pas un luminaire d'une grande étendue angulaire, pour que les franges brillantes de certains points tombent sur les franges noires de certains autres points. Si l'on veut que ces systèmes soient sensiblement superposés et conséquemment se renforcent, il faut que le luminaire ait de faibles dimensions angulaires. C'est dans ce but qu'on emploie la lentille **L** qui donne une image du soleil dont le diamètre apparent peut être aisément réduit par l'éloignement.

Les miroirs ont une supériorité bien marquée sur les deux autres manières de réaliser l'expérience de Young : on les verra reparaître quelquefois, dans la suite du cours, comme moyen d'étude. A cause de cela nous croyons devoir dire que cette expérience des miroirs est délicate ; que, pour y réussir, leur raccordement doit se faire exactement suivant les deux lignes qui terminent leurs surfaces. Si ces deux lignes se croisent ou si elles ne sont que parallèles, l'une des surfaces réfléchissantes étant en saillie sur l'autre, de suite on perd les franges. Sans insister sur ces points faciles, nous dirons que cette saillie a pour résultat de porter la droite de symétrie pO en dehors de la région commune aux deux faisceaux et d'enlever ainsi les premières franges. Au lieu d'une lentille sphérique, on peut employer une lentille cylindrique avec deux fentes en place des deux points. On a ainsi des franges plus vives (*), mais il en résulte une nouvelle obligation, à savoir qu'il y ait parallélisme entre la ligne lumineuse et l'intersection des miroirs. Toutes ces exigences, dans le dispositif, s'obtiennent aujourd'hui sans grande peine, grâce aux divers mouvements de rappel dont est muni l'un des miroirs ; mais néanmoins on fera bien de procéder à l'ajustement des miroirs, d'abord avec une lentille sphérique.

§ 25. — Tableaux numérique et graphique des longueurs d'ondulation.

Avant de donner le tableau des longueurs d'ondulation, nous ferons remarquer que le désir de perfectionner les constantes fondamentales de l'optique a produit de nombreuses tentatives pour approprier à leur détermination d'autres phénomènes, et que de ces efforts, il est sorti d'autres méthodes dont une au moins est préférable à celles

---

(*) Quand on passe des deux points éclairants aux deux fentes, les franges perdent leur courbure et deviennent des droites parallèles aux lignes éclairantes, mais elles cessent d'être rigoureusement noires. Élevons, en effet, au point P de la *fig.* 9 une perpendiculaire PP′ sur le plan de la figure. Pour un point P′ de cette ligne, chacun des carrés $\overline{GP'}^2$, $\overline{AP'}^2$ grandit de $\overline{PP'}^2 = h^2$; leur somme $\overline{GP'}^2 + \overline{AP'}^2$ grandit donc de $2h^2$ et la somme $GP' + AP'$ éprouve elle-même un certain accroissement. Mais la différence $\overline{GP'}^2 - \overline{AP'}^2$ n'ayant pas changé, si le facteur $GP' + AP'$ a grandi, l'autre $GP' - AP'$ a dû nécessairement diminuer : bref, la différence $GP' - AP'$ ne reste pas égale à

$$GP - AP = (2n + 1)\frac{\lambda}{2} .$$

Donc le point P reçoit de l'ensemble des points lumineux qui sont au-dessus ou au-dessous du plan AGP, un certain éclairement. Il en est de même de tous les points de la droite PP′, devenue frange.

qui précèdent. Il en sera question par la suite (§ **112**) et on insistera surtout sur celles qui se prêtent à donner les longueurs d'ondes de rayons bien définis, tels que les raies du spectre. Mais les précédentes pouvaient seules, grâce à leur simplicité, être exposées au début du cours.

DÉSIGNATION DU RAYON	Longueurs d'ondulation λ en millionièmes de millimètre.	Nombre de vibrations par seconde, en billions $n = \dfrac{80000\ 4000}{\lambda}$
Extrême d'après Frauenhoffer	750 ...	4 266 666
Raie B	688	
Raie C	656	
Rouge extrême de Newton	... 645	
Verre rouge de Fresnel. Maximum.	638	
Verre rouge de Biot. Maximum	628	
Limite du rouge et de l'orangé	... 596	
Raie D	589	
Flamme de l'alcool salé	588 ...	5 449 108
Limite de l'orangé et du jaune	... 572	
Longueur d'onde attribuable au blanc.	... 550	
Limite du jaune et du vert	... 532	
Raie E	526	
Limite du vert et du bleu	... 492	
Raie F	484	
Limite du bleu et de l'indigo	... 458	
Limite de l'indigo et du violet	... 439	
Raie G	429	
Violet extrême de Newton	... 406	
Raie H	393	
Extrême d'après Frauenhoffer	360 ...	8 888 888

K étant égal à $\dfrac{4\pi^2}{T^2}$ est énorme, mais n'oublions pas que K est la force fictive pour l'écart *un*. Les forces réelles sont bien moindres. Leur valeur maximum est K ε, ε étant l'écart réel maximum, inconnu d'ailleurs, de la particule. Le maximum de la vitesse dépend également de ε et vaut $\varepsilon \frac{2\pi}{T}$. Avec une seule particule oscillante, K n'aurait qu'une valeur et partant on n'aurait qu'une couleur. La multiplicité des valeurs de K ou T et la variété infinie des rayons de lumière tiennent à ce que les points vibrants sont innombrables, et à ce que le mouvement résultant est réductible à une foule de mouvements simples qui diffèrent par la durée.

On voit donc qu'en une seconde, les vibrations de durée moyenne s'élèvent à quelque chose comme 600 trillions : en un millionième de seconde elles atteignent encore 600 millions, et la remarque faite dans une note du § 5 se trouve justifiée. Or on sait que l'impression visuelle exige, pour se former, un certain temps variable avec l'intensité de la lumière : quoiqu'on n'ait pas sur ce temps de renseignements bien précis et qu'on sache même qu'il est, dans certains cas, très-petit ; cependant on peut affirmer qu'il est incomparablement supérieur à la durée d'une vibration. Ainsi les impressions visuelles, et surtout les impressions actives et réfléchies, correspondent à un nombre considérable de vibrations et nullement à chaque vibration individuelle, et ce qu'elles nous apportent, c'est une moyenne entre les états variés qui ont pu se succéder pendant la durée réclamée pour la formation de l'impression.

On a l'habitude de représenter graphiquement l'ensemble des rayons élémentaires et la position qu'occupent, au milieu d'eux, les raies. Mais on a le tort de demander cette représentation à un phénomène qui dénature leur mode de succession naturelle. La vraie méthode doit consister à prendre (*fig.* 12) sur un axe LM, à partir d'une origine, des grandeurs proportionnelles aux longueurs d'ondes. On obtient ainsi le spectre par excellence, et en le confrontant avec les spectres que donnent les divers prismes, on reconnaît qu'il n'en est aucun où cette action particulière du corps, qui constitue la dispersion, n'ait fortement altéré les intervalles normaux.

La *fig.* 12 donne ce spectre type ; au delà du dernier rayon rouge ($\lambda = 0,000\,750$) nous avons donné place à ces radiations calorifiques, invisibles pour l'œil humain, dont MM. Fizeau et Foucault ont poussé l'étude jusqu'à la limite $\lambda = 0,001\,940$. Si l'on songe que le maximum de chaleur est au delà du rouge, on concevra sans peine que les radiations calorifiques congénères des rayons lumineux ne soient, ainsi que l'ont établi des travaux contemporains, qu'une faible portion de l'ensemble complet des chaleurs rayonnantes. L'absence de données numériques ne nous a point permis de figurer, au delà du violet, ces autres radiations (*) qui, tout en cessant également d'impressionner l'œil, restent cependant capables d'agir chimiquement sur certaines substances.

Pour laisser aux rayons construits toute la largeur de la planche (260 millimètres), nous avons exclu l'origine qui serait à $59^{mm},2$ à droite du violet. Alors il est échu au spectre lumineux seulement $64^{mm},2$. L'oblique OP donne, par ses ordonnées, les longueurs d'ondes des divers rayons, à raison de 4 millimètres pour le premier rayon violet. Pour que le lecteur puisse juger des altérations produites dans les spectres prismatiques, nous avons figuré au-dessus du spectre type un des spectres de Frauenhoffer réduit à la grandeur de $64^{mm},2$; et nous donnons le tableau comparatif des distances qui séparent de l'extrémité violet les principales raies, dans le spectre type et dans le spectre altéré.

NOM DES RAIES.	Spectre type.	Spectre prismatique.	Distances des raies homonymes.
	mm	mm	mm
H	5.5	10,1	4.6
G	11.4	23.2	11.8
F	20.4	37,0	16.6
E	27,4	43,9	16.5
D	37.7	51,6	13.9
C	48,7	57.3	8.6
B	54.0	60,0	6,0

(*) Grâce aux travaux de M. E. Becquerel, et surtout à la transformation des rayons invisibles en rayons visibles opérée si heureusement par M. Stokes, ces déterminations sont devenues non-seulement possibles, mais faciles.

Nous verrons que les réseaux engendreront des spectres qui peuvent ne pas différer sensiblement du spectre type. Ainsi avec un réseau au cinquantième de millimètre, en ramenant toujours à la longueur de $64^{mm},2$ la portion lumineuse du spectre, les écarts des raies n'atteignent pas dans le premier spectre $0^{mm},1$. Dans le dixième spectre, ou, ce qui revient au même, dans le premier spectre d'un réseau au cinq-centième, l'écart maximum (il a lieu pour la raie E) n'est que de $1^{mm},5$ et peut même s'abaisser à $0^{mm},8$ (*).

§ 26. — Une loi empirique de Newton.

Y a-t-il des rapports numériques simples entre les longueurs d'ondes caractéristiques des principaux rayons déficients, ou bien entre celles des rayons placés soit au milieu, soit à la limite des sept groupes formés par Newton dans le spectre? Quoique les travaux ne manquent pas sur cette matière intéressante, nous nous bornerons à citer la relation numérique que Newton a déduite, pour les huit rayons délimitateurs des sept couleurs, de ses mesures sur les anneaux colorés (chapitre IV). Suivant ce célèbre physicien, les épaisseurs de la lame d'air génératrice des anneaux diversicolores, ou, ce qui est tout un, nos longueurs d'onde correspondantes seraient proportionnelles aux racines cubiques des carrés des nombres $1, \dfrac{8}{9}, \dfrac{5}{6}, \dfrac{3}{4}, \dfrac{2}{3}, \dfrac{3}{5}, \dfrac{9}{16}, \dfrac{1}{2}$, chers à l'acoustique. Ce sont en effet ceux de la gamme ordinaire dans laquelle on aurait remplacé $\dfrac{4}{5}$ par $\dfrac{5}{6}$ et $\dfrac{8}{15}$ par $\dfrac{9}{16}$, ou en d'autres termes dans laquelle on aurait remplacé : 1° le ton mineur et le demi-ton majeur qui relient la note *mi* à ses deux voisines par un demi-ton majeur et un ton mineur; 2° le ton mineur et le demi-ton majeur qui relient la note *si* à ses voisines par un demi-ton majeur et un ton mineur. Cette loi de Newton aurait bien plus de valeur si les limites des couleurs étaient à l'abri de toute contestation, et sur-

---

(*) A la rigueur la réfraction pourrait, à l'instar des réseaux, donner des spectres presque identiques avec le spectre type ; mais il faudrait que les indices tabulaires des divers rayons simples, indices qu'aucune loi connue ne régit, fussent réciproques avec leurs longueurs d'ondes. Nous laissons au lecteur le soin de vérifier cette assertion.

I.   4

tout si Newton avait pu lui faire embrasser la totalité du spectre
visible et n'en avait pas exclu deux régions extrêmes, dont l'une, la
région rouge, n'est nullement négligeable sous le double rapport
de l'étendue et de l'intensité. Quoi qu'il en soit, M. **Biot** lui a donné
une importance historique bien réelle, en en usant, pour calculer
les caractéristiques de ces rayons délimitateurs à l'aide d'une
seule mesure opérée sur l'un d'eux, dans des travaux (polarisation circulaire) qui se sont appuyés sur la division newtonienne
du spectre.

ARTICLE II.

LES VITESSES DANS LES AUTRES MILIEUX.

Le rayon de lumière dans la théorie des ondes. — Avantages offerts par la
consideration des ondes planes et d'un œil infiniment presbyte. — Démonstration théorique de la loi des sinus. — Leur rapport constant est
celui des vitesses de propagation dans les deux milieux. — La détermination des vitesses achevée par les indices. — Rôle des indices qui les a
fait nommer *équivalents optiques*. — Les chemins décrits par les divers
rayons, entre deux foyers conjugués, sont équivalents. — Cas des foyers virtuels. — Les franges de Young maintenues vives et larges malgré l'éloignement des trous. — Fermat et la loi des sinus. — Transport des franges.
— Les demi-lentilles. — Expérience d'Arago réalisée par M. Foucault. —
Franges obtenues avec d'énormes retards. — La dispersion considérée
tour à tour dans un milieu homogène et dans un milieu hétérogène. —
La dispersion de l'éther du vide est négligeable. — Signification théorique
de l'expression $n^2 - 1$.

§ 27.   Le rayon de lumière dans la théorie des ondes.

Nous avons avancé (§ 17) que les vitesses de propagation dans les divers milieux étaient en raison inverse de
leurs indices tabulaires, il s'agit actuellement de démontrer
cet important théorème. Comme sa démonstration ne diffère
pas au fond de celle de la deuxième loi de la réfraction, dite
loi des sinus ou de Descartes, nous devons nous y préparer
par l'étude délicate du rayon de lumière.

Le *rayon de lumière* est, dans toutes les théories, une direction. Dans celle de l'émission, c'est la trajectoire décrite par chacun des corpuscules lumineux qui se succèdent dans une même direction. Dans la théorie des ondes, la direction du rayon de lumière cesse d'être individuelle; nous avons dit en effet (§ 19) que le mouvement qui circule dans une file de particules éthérées tendait à en sortir et y réussissait quand cette file était privée de ses voisines. Pour qu'il y ait rayon, c'est-à-dire propagation d'une portion du mouvement vibratoire dans une seule direction, il faut donc le concours d'une foule de rayons que nous supposerons d'abord parallèles.

Remarquons d'ailleurs que notre œil et nos lunettes, cet organe et ces appareils à l'aide desquels s'apprécie la direction des rayons, sont en harmonie parfaite avec cette exigence : il leur faut, pour fonctionner, non pas un seul rayon, mais bien un faisceau de rayons lumineux.

Or, toutes les fois que dans un phénomène il y a plusieurs rayons en jeu, le scrupule suivant doit s'élever. Ces rayons sont-ils concordants ou discordants? ont-ils décrit des chemins égaux ou inégaux? donneront-ils enfin lumière ou obscurité? C'est à ce point de vue qu'on doit se placer pour obtenir dans la théorie des ondes une définition précise du rayon de lumière; il s'y trouve constitué par la condition de concordance entre tous les rayons du groupe employé, et a pour direction celle que prennent soit l'axe de l'œil, soit l'axe optique d'une lunette, pour que les divers rayons reçus apportent à la rétine ou au foyer de l'objectif des mouvements de même phase : mais il reste à prouver qu'une telle direction est unique et que, pour peu qu'on s'en écarte, on tombe sur des faisceaux dont les divers rayons s'entre-détruisent.

Nous démontrerons bientôt (§ 30) qu'un œil, qu'une lentille n'introduisent pas de différences de route entre les divers rayons qui les traversent pour concourir à la formation d'une image; que les chemins décrits entre deux

4.

foyers conjugués, sans avoir l'égalité géométrique, déterminent cependant pour tous le même nombre de vibrations, sont en d'autres termes équivalents. Qu'ainsi cette équivalence a lieu pour l'œil à partir d'un certain point B placé sur son axe à la distance de la vision distincte (*fig.* 13). Comme on peut ôter à ces chemins équivalents des quantités égales sans altérer leur équivalence, on peut dire qu'un œil n'introduit pas de différences de route à partir d'une sphère quelconque décrite du point B. Une pareille sphère en un même point de l'axe changera avec l'observateur, elle ne sera pas la même pour un *presbyte* et pour un *myope*. Le point où elle doit couper l'axe pourrait même être choisi de telle sorte, qu'elle eût pour le presbyte sa convexité tournée vers l'œil, et pour le myope sa concavité. De là un rôle variable de l'œil auquel on a dû se soustraire en convenant de n'employer dans l'étude des phénomènes qu'un œil constant. La supposition la plus simple, surtout pour les figures, est celle de l'œil infiniment presbyte qui voit nettement avec des rayons parallèles. C'est celle que nous adopterons : ainsi, à moins que nous ne prévenions du contraire, l'œil n'introduira pas de différences de route à partir d'un plan quelconque perpendiculaire à son axe.

Corrélativement à cette supposition, il convient d'en adopter une deuxième qui fasse pour le point lumineux ce que la première fait pour l'œil, qui place conséquemment le point à l'infini, en d'autres termes mette en jeu des ondes planes, de manière que les chemins décrits par les rayons du groupe puissent s'estimer, non plus à partir d'une sphère, mais à partir d'un quelconque des plans parallèles avec lesquels l'onde vient tour à tour coïncider.

Sous le bénéfice de ces deux suppositions, on voit que si l'axe de l'œil est normal au plan de l'onde, les deux plans entre lesquels s'opérera l'estimation des distances pourront être amenés en coïncidence ; ce qui montre que tous les rayons du faisceau reçu par la pupille seront d'accord sur la

rétine. Pour toute autre direction les deux plans normaux
cessent de coïncider et laissent entre eux (*fig.* 14) des intervalles ab, $a'b'$, ..., $a''b''$, qui expriment les retards
croissants des divers rayons du groupe.

La pupille est si grande par rapport à λ, qu'il suffit d'une
très-faible obliquité pour faire atteindre au retard maximum $a''b''$ cette valeur λ. Avec une pupille de 3 millimètres et la valeur moyenne de λ on trouve environ 30 secondes, c'est-à-dire la valeur de l'angle d'indistinction.
Or dans cette direction les rayons du faisceau peuvent se
grouper par *couples* qui deux à deux diffèrent de $\frac{1}{2}\lambda$ et se
détruisent complétement. On réobtiendrait, il est vrai, dans
une direction un peu plus oblique une lumière dont l'intensité serait le neuvième de celle obtenue dans la direction principale; mais, sans insister sur ces alternatives que
nous devons retrouver en diffraction (§ 106), nous concluons que c'est quand l'axe de l'œil est normal à une onde
plane, qu'il y a vive lumière, qu'ainsi cette direction est
celle des rayons constitués par l'onde plane.

Nous devons ajouter, pour être exact, que les rayons qui
délimitent le faisceau admis, n'ayant de voisins que d'un
côté, n'envoient pas tout leur mouvement au point focal sur
la rétine (*) et échappent partiellement aux avantages que
nous avons recherchés dans l'association d'une foule de
rayons. Mais de fait, en optique, ils ne forment qu'une
portion insignifiante du faisceau total, et tout en signalant
cette nouvelle cause perturbatrice, nous la considérons
comme n'ayant aucune influence sur l'appréciation de la direction des rayons.

Quand on ne suppose plus le point lumineux à l'infini, la
notion de direction change un peu. Les divers rayons du
faisceau ne pouvant plus avoir un accord parfait, elle est

(*) L'irradiation ne serait-elle pas due en partie à la dérivation de ces
rayons extrêmes?

donnée par la condition de la concordance la moins imparfaite, et on voit aisément que cela a lieu quand le plan normal à l'axe de l'œil infiniment presbyte est tangent à l'onde
sphérique (*fig.* 13) et laisse ainsi entre la sphère et lui les
moindres intervalles. Le rayon est donc, dans ce cas, la
ligne menée du centre optique de l'œil au point lumineux,
c'est-à-dire, en laissant actuellement l'œil de côté, toute
ligne qui part du point lumineux.

Pour résumer ces développements dont l'importance
fera excuser la longueur, et auxquels néanmoins il sera encore ajouté dans le chapitre de la double réfraction, nous
dirons que quand on parle d'un rayon de lumière, il faut
tacitement lui associer d'autres rayons qui aient même direction, ou qui soient groupés coniquement autour de lui
s'il ne s'agissait plus d'un œil infiniment presbyte ; qu'en
voulant par une fente étroite (un trait de canif donné dans
une carte) isoler un rayon et le toucher en quelque sorte
du doigt, on le voit se transformer en une foule de rayons
dirigés dans un hémisphère, comme le constate aisément un
œil placé contre la fente (*). Nous dirons qu'un rayon de
lumière est le lieu géométrique des points où le concours
d'autres rayons voisins confine un même mouvement ; que
les particules d'éther qui héritent ainsi d'un même mouvement sont en ligne droite tant qu'on reste dans le même
milieu ; qu'enfin si l'on tenait à définir individuellement un
rayon de lumière en l'isolant et en laissant au principe d'Huyghens tout son essor, on le pourrait encore, puisque ce serait
évidemment le lieu géométrique des points où les mouvements incessamment dérivés offriraient leur maximum absolu d'intensité.

(*) Cette expérience simple montre qu'un rayon isolé tourne très-bien les
obstacles. Quand il s'agit d'un faisceau de rayons, l'invasion de l'ombre
par la lumière n'est plus aussi marquée, et c'est alors que la lumière et le
son offrent la différence signalée § 19. Nous renvoyons pour plus de détails
au § 105.

§ 28. — La loi des sinus.

Supposons actuellement (*fig.* 13) qu'une onde plane *ab*, ou le faisceau de lumière A*a* B*b* qu'elle définit, vienne rencontrer suivant la ligne *ab'* la surface *ss'* de démarcation d'un nouveau milieu. Chaque point de cette ligne, successivement atteint par un des rayons du faisceau, deviendra centre d'ébranlement et, suivant le principe d'Huyghens, propagera, dans le premier aussi bien que dans le deuxième milieu, un ébranlement secondaire. L'un d'eux forme le mouvement ou le faisceau réfléchi ; l'autre, que nous allons d'abord considérer, constitue le mouvement ou l'onde réfractée.

A l'instant où le dernier point *b'* est atteint par le dernier rayon B*b'*, l'ébranlement excité en *a* réside sur une sphère dont le rayon *aa'* est donné par la proportion

$$\overline{aa'} : \overline{bb'} :: V' : V,$$

V, V' étant les vitesses de la lumière dans les deux milieux. Les ébranlements excités par les divers points *c*, *d*, *e*, . . ., résident sur une série de sphères, ou bien (en nous contentant ici d'une figure plane) sur une série de cercles dont les rayons décroissent depuis la valeur maximum *aa'* jusqu'à zéro. Or ces cercles ont pour enveloppe la tangente *b'a'* menée par *b'* à l'un quelconque d'entre eux, le premier par exemple.

En effet, par un point quelconque *e*, menons la droite *eε* parallèle à *ab* ; le rayon *r* de l'onde secondaire excité en ce point sera donné par la proportion

$$r : \overline{aa'} :: \overline{\varepsilon b'} : bb'$$

qui porte sur quatre espaces décrits deux à deux pendant le même temps dans les deux milieux. Mais *ee'* étant une parallèle à *aa'*, on a.

$$\overline{\varepsilon b'} : \overline{bb'} :: \overline{b'e'} : \overline{b'a'};$$

donc

$$r : \overline{aa'} :: \overline{b'e'} : \overline{b'a'},$$

c'est-à-dire que r ne diffère pas de la perpendiculaire ee' abaissée du point e sur la tangente $b'a'$ et que l'onde secondaire de e est touchée par cette droite. L'onde plane incidente a donc engendré une onde réfractée plane, et puisque nous venons d'établir que les rayons sont alors les normales à l'onde, nous devons en conclure que $aa',\ldots,ee',\ldots$, sont les rayons réfractés. Leur direction commune est donnée par la proportion

$$\overline{aa'} : \overline{bb'} :: V' : V,$$

ou bien

$$\left(\frac{\overline{aa'}}{ab'} = \sin n'aa'\right) : \left(\frac{bb'}{ab'} = \sin naA\right) :: V' : V,$$

ou enfin

$$\frac{\sin i}{\sin r} = \frac{V}{V'}.$$

Le rapport des sinus a donc pour valeur constante le rapport des deux vitesses de propagation dans les deux milieux.

Pour ne laisser aucun doute sur l'exactitude des raisonnements précédents, remarquons que tous les mouvements primitivement concordants sur la droite $a\,E\,b$ se retrouveront concordants sur la droite $a'e'b'$, car ils ont mis le même temps pour passer de l'une à l'autre. Cette égalité de temps ressort de ce qui précède, mais on peut encore l'établir *à posteriori* en faisant la somme $\dfrac{Ee}{V} + \dfrac{ee'}{V'}$ des deux temps partiels employés par un rayon quelconque pour décrire les deux parties de la ligne brisée $E\,ee'$. Si en effet on remplace $E\,e$ par $\overline{bb'}\dfrac{\overline{ac}}{ab'}$, ee' par $\overline{aa'}\dfrac{\overline{eb'}}{ab'}$, et si l'on tient compte de l'égalité $\dfrac{\overline{bb'}}{V} = \dfrac{\overline{aa'}}{V'}$, on trouve pour ce temps total la valeur invariable $\dfrac{\overline{aa'}}{V'}$. La droite $a'b'$ est donc l'onde réfractée. On prouverait d'ailleurs comme dans la *fig.* 14

que les mouvements dérivés parallèles reçus au même instant dans toute autre direction quelconque *am* ne sont plus contemporains et présentent par rapport à l'un d'eux une série de retards qui causent leur entre-destruction. Seulement, au lieu d'être compris entre deux droites, ces retards peuvent être comptés depuis la droite $b'a''$ perpendiculaire à la direction *am*, et suivant cette direction, jusqu'aux ondes secondaires décroissantes, qui viennent d'être tracées. Remarquons enfin que c'est par ces dernières considérations que l'on dissipe le scrupule soulevé au § 19.

§ 29. — Les lois de la réflexion.

Une démonstration analogue donne les lois connues de la réflexion. L'onde réfléchie est l'enveloppe de toutes les ondes secondaires que les divers points a, c, d, e,..., b', propagent dans le premier milieu avec une vitesse égale à celle de l'onde incidente (*fig.* 15), et cette enveloppe, pour une onde incidente plane, est la tangente b' A$'$ menée par b' à l'une d'elles, la première par exemple, dont le rayon a A$'$ égale bb'. Les deux triangles abb', a A$'$ b' sont donc égaux, et leur égalité entraîne celle des deux angles d'incidence et de réflexion. Si, au lieu d'une onde plane, on avait une onde sphérique issue d'un point lumineux P (*fig.* 16), on démontrerait aisément que l'enveloppe des ondes secondaires est un cercle qui a pour centre le point P$'$ symétrique de P. Mais dans ce cas général les ondes réfractées ont une enveloppe très-compliquée dont la recherche nous ferait aborder, du point de vue ondulatoire, la question des *diacaustiques*. C'est pour échapper à cette étude que nous avons supposé l'onde plane, et que, s'il en était autrement, nous supposerions le faisceau incident assez mince pour que la divergence des rayons réfractés qu'il engendre fût insignifiante, et que la portion d'enveloppe qui les concerne se confondît sensiblement avec une droite tangente à l'enveloppe complète.

§ 30. — Équivalents optiques.

Une conséquence du changement de vitesse qui accompagne le changement de milieu, est le changement de la longueur d'ondulation. L'onde réfractée est plus courte que l'onde incidente dans le rapport de 1 à n (*fig.* 17) (*). Pour deux milieux quelconques, d'indices n et n', le rapport est celui de n' à n. Pour contenir le même nombre d'ondes, deux chemins pris l'un dans le vide, l'autre dans le milieu n, doivent avoir des longueurs proportionnelles à n et à 1, ou encore un chemin 1 de ce milieu vaut un chemin n pris dans le vide. A ce dernier point de vue, n a été appelé l'*équivalent optique* de la substance : n est donc le facteur qui ramène à une évaluation commune (à savoir des chemins estimés dans l'éther du vide) les épaisseurs des éthers des divers milieux.

§ 31. — Les chemins décrits entre deux foyers conjugués sont équivalents.

Montrons maintenant, en nous bornant aux demi-lentilles, qu'entre deux foyers conjugués les divers rayons ont décrit des chemins équivalents. Soit C le centre de courbure de la surface de démarcation, R son rayon, P le point lumineux, P' son foyer conjugué (*fig.* 18), les chemins décrits par le rayon central PBP' et par le rayon quelconque PFP' valent

$$PB + n\overline{BP'} \quad \text{et} \quad PF + n\overline{FP'}.$$

Si nous détachons de ces deux routes des parties égales, à l'aide de deux arcs de cercle $\overline{BR}$, $\widetilde{FS}$ décrits de P et P' avec des rayons égaux à $PB = f$ et à $P'F$ peu différent de f', les chemins dont l'équivalence est à prouver se réduisent à RF et $n\overline{BS}$. RF vaut sensiblement sa projection R'F', c'est-à-dire la somme des deux sinus verses R'B, BF', qui ont pour valeur approximative

$$\frac{\overline{\text{arc RB}}}{2f} + \frac{\overline{\text{arc FB}}}{2r} .$$

(*) On trouvera au § 489, tome II, une manière de disposer l'expérience de Young, qui procure une vérification directe de cette proportionnalité.

$\overline{BS}$, différence de deux sinus verses, vaut

$$\frac{\overline{\text{arc FB}}^2}{2\,r} - \frac{\overline{\text{arc FS}}^2}{2\,f'}.$$

Si donc on se donnait pour définition du foyer conjugué P′ que là les deux rayons soient d'accord, sa position dépendrait de l'équation

$$\frac{\overline{\text{arc}}^2}{2f} + \frac{\overline{\text{arc}}^2}{2r} = n\left(\frac{\overline{\text{arc}}^2}{2R} - \frac{\overline{\text{arc}}^2}{2f'} \right),$$

laquelle (quand, usant d'approximations connues, on considère comme égaux les trois arcs qui y figurent) devient

$$\frac{1}{f} + \frac{n}{f'} = (n - 1)\frac{1}{R},$$

ce qui est l'équation d'une demi-lentille. Si au contraire on supposait établie cette formule, on en conclurait, comme on se l'était particulièrement proposé, l'équivalence approximative des chemins parcourus par tous les rayons. Ainsi la notion du foyer réside pour la théorie ondulatoire dans l'accord des rayons (*). En suivant une marche analogue à celle que nous venons de tracer, on obtiendrait pour les lentilles convexes et concaves, et pour les assemblages de lentilles, et pour les axes secondaires les équations de leurs distances focales conjuguées. Mais il convient de remarquer que quand un foyer est virtuel, au lieu de la somme, c'est la différence des chemins compris entre la surface réfringente et les deux foyers conjugués, qui est constante pour les divers rayons. Insistons sur ce cas que nous devons retrouver dans l'étude des anneaux des plaques épaisses.

(*) Quand on considère les rayons comme des lignes géométriques, on conçoit et l'existence de foyers parfaits et leur réalisation à l'aide de certains miroirs et de certaines lentilles dites *aplanétiques*. Au point de vue ondulatoire, au contraire, tout autour du point où l'accord est parfait, et avant de rencontrer une courbe de désaccord, s'interposent nécessairement avec continuité les états intermédiaires, c'est-à-dire qu'en aucun cas les foyers n'existent comme points mathématiques exclusivement lumineux.

Dire que P′ est le foyer conjugué (*fig.* 19), c'est admettre que les ondes secondaires excitées aux points B, H, F, E,..., par les divers rayons incidents PB, PH, PF,..., ont pour enveloppe un cercle décrit de P′ comme centre. Choisissons le cercle Eb dont le rayon est P′E. Il y aura, d'après la notion d'accord au foyer, équivalence entre les chemins PE, PFf, PHh,..., PBb, décrits jusqu'à ce cercle par les divers rayons. Ainsi en comparant au rayon central PB le rayon quelconque PF on a

$$n\,\overline{PF} + \overline{Ff} = n\,\overline{PB} + \overline{Bb};$$

retranchant P′f = P′b, il vient

$$n\,\overline{PF} + \overline{Ff} - \overline{P'f} = n\,\overline{Pb} + \overline{Bb} - \overline{P'b},$$

c'est-à-dire

$$n\,\overline{PF} - \overline{P'F} = n\,\overline{PB} - \overline{P'B}. \qquad \text{C. Q. F. D.}$$

§ 32. — Emploi des lentilles et des lames, en avant et en arrière des trous de Young.

Quand on veut répéter l'expérience de Young avec des trous très-écartés, la formule

$$f = \frac{\lambda}{2}\frac{d}{b} \quad (\S\ 20)$$

montre que pour conserver aux franges leur épaisseur, l'angle visuel $\frac{b}{d}$ doit garder une valeur constante. Il faut donc éloigner le micromètre et pouvoir disposer de vastes chambres obscures qui dans certains cas (§ 93) n'ont pas en moins de 40 mètres de longueur. Cependant les franges aériennes se formant à toute distance, il doit sembler plus simple de les prendre encore sur un plan rapproché, sauf à les grossir par l'emploi d'une forte loupe. Si cette loupe peut en effet grossir les franges et nous les rendre aussi larges qu'à 40 mètres, elles seront cependant beaucoup moins vives, parce que, dans ces conditions de grande proximité, elles proviendront de rayons dérivés bien plus

obliques par rapport aux mouvements directs (*). Le vrai
remède à cet affaiblissement consiste à mettre en jeu dans le
plan du micromètre (*fig.* 28 *bis, Pl. II*), à l'aide d'une lentille
convergente placée contre les trous (avant ou après *fig.* 28
et 29), ces mêmes rayons moins obliques qui formeraient
les franges à la distance de 40 mètres. Or il suffit pour cela
que les distances Cf, CF soient focales conjuguées. Car si
nous traçons du point F_1, comme centre, les deux arcs de
cercle AL , BK, le premier conduira au foyer f_1 par deux
chemins brisés $\mathrm{A}rsf_1$, $\mathrm{LB}tuf_1$, qui sont équivalents. Or si
le rayon de gauche décrit tout ce chemin depuis A, celui
de droite, à partir du point B correspondant, n'en décrit que
la portion $\mathrm{B}tuf_1$. Le rayon $\mathrm{A}f_1$ est donc en retard au point f_1
de $\mathrm{LB} = l\mathrm{B} = \mathrm{AK}$, c'est-à-dire de la même quantité que,
sans lentille, en F_1. Ce sont d'ailleurs les mêmes mouve-
ments dérivés que l'action de la lentille a rabattus en f_1.
Les franges que la lentille convergente nous donne en f,
$f_1, f_2, \ldots$, sont donc bien les franges $F, F_1, F_2, \ldots$, seulement elles sont moins larges dans le rapport $\dfrac{Cf}{CF}$ comme si
on les avait prises là sans lentille convergente. Une loupe
y pourvoira et l'on aura gagné un grand raccourcissement
de l'appareil sans sacrifier la vivacité.

Déplace-t-on le micromètre pour lui donner les posi-
tions $f' f'_1, \ldots, f'' f''_1, \ldots$, focales conjuguées d'autres plans
$F' F'_1, \ldots, F'' F''_1, \ldots$, on obtient tour à tour dans des conditions avantageuses les franges destinées à ces derniers plans.
En parcourant toutes les distances comprises entre la plaque AB et la distance focale principale de la lentille, le micromètre recueillera toute la série des franges réalisables

---

(*) A ce point de vue, la distance du point lumineux aux trous qui est
sans influence sur la position des franges en a une grande sur leur intensité ;
et on aurait intérêt à la prendre très-grande, infinie même, si cet éloignement n'amenait une dégradation rapide d'intensité (§ 12). Nous verrons
bientôt comment avec des lentilles on élude cette dégradation quoique la
distance devienne infinie et même négative.

sans lentille, depuis zéro jusqu'à l'infini. Il y a plus, la lentille permet de mettre aux prises des rayons dérivés *divergents* qui, sans elle, ne se rencontreraient que *virtuellement*, et donne ainsi des franges irréalisables directement : c'est ce qui a lieu visiblement quand on recule le micromètre au delà du foyer principal de la lentille.

Or, parmi ces positions nouvelles du micromètre, celle qui est focale conjuguée du point lumineux est des plus remarquables, puisqu'elle donnera une frange centrale constituée par l'interférence des rayons directs eux-mêmes, et que les autres franges y seront dues au concours des rayons à peine dérivés qui avoisinent le rayon direct.

Cet emploi des rayons directs et des premiers rayons dérivés est la condition par excellence, et on doit l'introduire dans toute expérience un peu délicate. Mais on peut avoir intérêt à confier ce nouveau rôle à une lentille spéciale. En pareil cas on aurait en avant des trous une première lentille qui par la longueur de son foyer ou parce qu'elle opérerait sur l'image d'une lentille antérieure, ferait concourir les rayons directs en F, par exemple à 40 mètres. Viendrait ensuite la lentille qui, comme nous l'avons développé, rapproche les franges sans nuire à leur vivacité.

Si les lentilles ne peuvent diminuer le resserrement des franges, il n'en est pas de même de deux lames parallèles de même épaisseur placées obliquement sur la route des rayons avec une inclinaison égale et contraire (*fig.* 28); ces lames substituent aux centres d'émanation A, B des mouvements dérivés, d'autres points *a*, *b* placés sensiblement dans le même plan et à partir desquels devront s'estimer les chemins des rayons interférents. Comme ils sont moins écartés, les franges se seront élargies.

On doit à Fresnel une remarque de laquelle ressortirait un dernier inconvénient et une nouvelle obligation apportés par un grand écartement des trous. Suivant ce grand physicien, le *synchronisme* des mouvements ne serait point

parfait dans l'onde sphérique entière, et, outre la condition
d'être issus du même luminaire, il y aurait intérêt à exiger
entre les deux rayons qu'on veut faire interférer un faible
écartement (*). Un système de lames obliques placées en
avant des trous (*fig.* 29) diminue visiblement l'angle des
pinceaux qui se dirigent vers eux. Mais le vrai moyen consiste dans l'emploi de cette lentille antérieure dont il vient
d'être question. Tandis que les deux autres doivent être
larges et d'autant plus larges que les trous sont plus écartés,
elle au contraire, d'après son rôle, doit être très-étroite et
d'un court foyer.

Nous trouverons (§§ 48 et 93) des expériences où les inconvénients d'un grand écartement des trous seront ainsi
dissipés par le concours de lentilles et de deux systèmes binaires de lames parallèles placées, l'un avant, et l'autre après
eux, et nous verrons comment les inégalités accidentelles
que ces verres introduisent dans les routes des deux rayons
sont, radicalement éludées dans l'appareil du § 48, et rigoureusement compensées dans celui du § 93. Mais en attendant ces occasions d'appliquer les importants principes
dont il vient d'être question, et pour nous résumer, nous
dirons que celui qui voudra réussir les franges de Young,
avec des fentes séparées par un intervalle inusité, devra
recevoir le trait solaire sur une première lentille de court
foyer qui ne recueillera, par sa petitesse, que des rayons voisins, puis sur une lentille, assez large pour que le faisceau,
rendu par elle convergent, atteigne les deux fentes. Le
point de concours de ces rayons sera très-loin, mais on rap-
prochera les vives franges qui seraient produites à cette
grande distance par une lentille également large placée derrière les fentes. Nous obtenons ainsi, dans des expériences
improvisées, des franges avec un écartement de 40 milli-

(*) Cette *incohérence* doit rendre la concentration des rayons opérée par
les grands objectifs, au foyer conjugué, d'autant moins efficace que le point
lumineux d'où ils émanent est plus rapproché.

mètres. Mais elles ont besoin d'être regardées avec un puissant oculaire. Un dernier progrès consisterait (tout en maintenant les dispositions précédentes) à les élargir, et on l'obtiendra en recourant soit aux lames parallèles de M. Fizeau, soit même à de vrais prismes. Le lecteur justifiera sans peine ces dernières assertions.

Enfin nous dirons que M. Jamin, qui s'est récemment occupé de cette question, a trouvé deux moyens nouveaux pour obtenir des franges avec des rayons très-écartés. L'un d'eux, d'une étonnante précision, sera étudié dans les §§ 90 et 94. L'autre, qui est une application du principe de l'égalité des chemins entre deux foyers conjugués, prend pour faisceaux interférents deux faisceaux issus d'un même point et réfléchis aux deux bords opposés d'un miroir concave un peu grand. Dans ses expériences le point lumineux était assez éloigné pour que les deux faisceaux, dans leur allée, fussent peu éloignés du parallélisme, malgré le grand écart linéaire (120 millimètres) qu'ils atteignaient sur le miroir. Après leur réflexion et leur réunion au foyer conjugué, ces faisceaux, redevenus divergents, étaient amenés, par l'action des miroirs de Fresnel, à se superposer en un lieu où les franges se produisaient.

§ 33. — Loi des sinus démontrée par Fermat.

Fermat, dans sa démonstration théorique de la loi des sinus, prend pour point de départ l'harmonie qui règne dans la création. Quand la lumière doit aller sans condition d'un point à un autre, elle va en ligne droite. Si on l'astreint à toucher une surface ou une ligne, à aller, par exemple, de A en B, en se réfléchissant sur la droite ss', elle choisit pour s'y réfléchir le point C (*fig.* 20) qui donne la ligne brisée AC + CB la plus courte, et dans ces deux cas l'économie porte sur le chemin décrit. Quand il y a changement de milieu, la route suivie n'étant plus la droite AB, il s'ensuit que l'économie doit porter sur autre chose que sur la longueur de la route. Fermat a trouvé juste en supposant qu'il y avait économie de temps, et en faisant consister la loi de la réfraction dans un minimum de l'expression

$$\frac{AC}{V} + \frac{CB}{V'}.$$

En effet, si l'on caractérise (*fig.* 21) la position des deux points A et B par les longueurs δ, h, h' de la distance ab et des perpendiculaires Aa, Bb, et celle du point inconnu C par $a\,C = x$, l'expression $\frac{AC}{V} + \frac{CB}{V'}$ devient

$$\frac{\sqrt{h^2 + x^2}}{V} + \frac{\sqrt{h'^2 + (\delta - x)^2}}{V'},$$

et l'équation du minimum

$$\frac{1}{V}\frac{x}{\sqrt{h^2 + x^2}} - \frac{1}{V'}\frac{\delta - x}{\sqrt{h'^2 + (\delta - x)^2}} = 0,$$

c'est-à-dire

$$\frac{V}{V'} = \frac{\dfrac{x}{\sqrt{h^2 + x^2}}}{\dfrac{\delta - x}{\sqrt{h'^2 + (\delta - x)^2}}} = \frac{\sin i}{\sin r}.$$

Le seul reproche qu'on puisse faire à la méthode employée par Fermat, est d'être la plupart du temps hors de la portée de l'intelligence humaine. Où a-t-il plu à Dieu de placer l'économie? Il n'est plus facile de le découvrir dès qu'on sort des cas simples où l'économie porte sur le chemin et sur le temps. Aussi, tout en applaudissant aux succès qu'obtiennent quelquefois dans cette voie, des intelligences supérieures, nous ne voyons dans la méthode des *causes finales* qu'un procédé scientifique exceptionnel. En général c'est *à posteriori*, c'est à la suite de recherches détournées et pénibles, et non pas par une sorte d'intuition, qu'il est donné à l'homme de comprendre l'infinie sagesse qui règne dans les œuvres du Créateur.

I.   5

Toujours est-il que Fermat et la théorie des ondes s'accordent pour trouver le rapport des sinus égal à celui des vitesses, et faire aller par conséquent la lumière moins vite dans l'eau que dans l'air. La théorie de l'émission donne, au contraire, une vitesse plus grande dans les milieux plus réfringents. On conçoit donc qu'on se soit attaché à trouver des expériences catégoriques pour décider une division aussi formelle. Arago a fourni les meilleures.

§ 34. — Transport des franges.

Reprenons l'expérience de Young, et plaçons devant le trou A (*fig.* 9) une lame mince de verre *vu*, d'indice n et d'épaisseur e. On prévoit un déplacement des franges. Si la lumière allait plus vite dans le verre que dans l'air, la frange centrale qui marque le point où les deux rayons ont battu le même nombre de vibrations, et avec elle tout l'ensemble des franges, serait jetée à droite; or c'est à gauche en T et du côté du trou masqué par la lame que le déplacement a lieu. Si le déplacement, très-mesurable au micromètre, est de μ franges, on a d'une part $\overline{GH} = \mu\lambda$, et de l'autre $\overline{GH}$ excès géométrique du chemin GT, égale $(n-1)e$ excès physique du chemin AT; d'où

$$\mu\lambda = (n-1)e.$$

Au lieu de cette forme donnée à l'équation du transport par les auteurs qui ont proposé de l'appliquer à la détermination de l'un des deux éléments de la lame, e ou n, nous préférons la suivante :

$$\frac{\mu\lambda + e}{\lambda} = \frac{e}{\lambda'},$$

qui exprime que, dans la lame et dans l'air excédant, il y a le même nombre d'ondulations. Elle donne $\lambda' = \lambda \dfrac{e}{e + \mu\lambda}$, et, pour ceux qui admettent la proportionnalité des vitesses et des longueurs d'onde, elle établit que λ' et par conséquent V' sont moindres que λ et V.

§ 35. — Les demi-lentilles.

Voici une variante de l'expérience de Young, qui offrira de grands avantages, toutes les fois qu'il s'agira, comme ici, d'introduire dans l'un des faisceaux interférents, à l'aide de l'interposition d'un corps, un retard physique.

Coupez en deux une lentille convergente, d'un foyer un peu long, un verre de lunettes de presbyte par exemple, et raccordez-en les deux moitiés de manière que leurs centres optiques respectifs soient distincts et légèrement séparés. Les rayons issus d'un point suffisamment éloigné formeront, au delà de ces demi-lentilles, deux faisceaux convergents qui se résumeront en deux points distincts c', c''. L'écartement de ces deux images pourra être poussé jusqu'à quelques millimètres sans que les faisceaux redevenus divergents cessent d'entrer, un peu plus loin, en superposition et, partant, d'engendrer des franges.

Or, ces images réelles constituant des défilés par lesquels passent tous les rayons, en couvrant l'une d'elles du corps retardateur, on atteint la totalité d'un des systèmes de rayons interférents, et comme le corps peut visiblement n'avoir que des dimensions insignifiantes, ou que, si on le suppose étendu, son action est circonscrite dans une région microscopique, toute difficulté provenant, de l'épaisseur qui doit être uniforme, de la pureté et de l'homogénéité qui doivent être parfaites, s'évanouira. Les deux trous seuls offriraient les mêmes avantages, mais la lumière y est trop faible. Avec les deux fentes, le corps agit déjà par une étendue notable : avec le biprisme, les miroirs et tous les appareils à foyer virtuels; la section minima des deux faisceaux est aisément grande. Il y a plus, les portions qui donneront l'interférence s'y trouvent, dès le début, dans un état de superposition tel, qu'il n'est pas facile de n'agir que sur l'un des systèmes.

Les *fig.* 199 et 231, tome II, se rapportent à des phé

5.

nomènes d'interférence ainsi engendrés avec les demi-lentilles.

§ 36. — Vitesse de la lumière par les miroirs tournants.

L'expérience suivante, imaginée encore par Arago, a sur la précédente l'avantage d'être affranchie de notions théoriques que l'on pourrait récuser.

Quand on fait tourner un miroir autour d'un axe situé dans son plan, on sait que l'image d'un point lumineux, vue dans ce miroir, s'anime d'une vitesse angulaire double et décrit, à chaque tour, deux fois le cercle qui a pour rayon la distance du point à l'axe. Les deux cercles consécutifs seront réellement décrits par l'image, si les deux surfaces du miroir sont polies, s'il est formé, par exemple, de deux miroirs égaux et adossés.

Un miroir tournant offre de grandes ressources pour l'étude des phénomènes qui ont une courte durée. Il dilate énergiquement dans l'espace ce qui est fortement serré dans le temps. Le point lumineux est-il formé de deux points qui se succèdent à court intervalle, on en verra deux images dont l'écart croîtra avec la vitesse de rotation.

Pour approprier cet appareil à la question qui nous occupe, supposons d'abord avec Arago qu'on se donne, au même instant, sur une parallèle à l'axe, deux points lumineux instantanés. En les regardant dans le miroir que nous supposerons vertical, on les verra alignés sur une même verticale. Il n'en sera plus de même, si l'on interpose entre l'un d'eux et l'œil une colonne d'eau. La lumière retardée, suivant notre théorie, par ce liquide, et accélérée dans sa marche suivant les émissionistes, rencontrera le miroir dans une position postérieure ou antérieure, et l'image de ce point sera jetée à droite ou à gauche de la verticale qui contient l'autre image.

La réalisation du plan que nous venons d'esquisser présentait plusieurs difficultés qui ont été éludées ou surmontées, presque au même moment et par des moyens analogues, d'un côté par M. Foucault, et de l'autre par MM. Fizeau et Bréguet. Nous nous bornerons à décrire l'expérience du premier de ces observateurs, auquel est échu le bénéfice de la priorité.

Soit (*fig.* 22) un point lumineux P, plus loin un objectif C, immédiatement après, le miroir mobile mOn, et enfin, en dehors de la ligne PCO, un miroir concave $m'\mu n'$, dont le centre de courbure soit mis en coïncidence avec le milieu O de l'axe de rotation, grâce au choix des deux distances PC et $CO + O\mu$ qui sont focales conjuguées, quand le cône convergent des rayons réfractés par l'objectif vient, après réflexion sur le miroir mobile, rencontrer le miroir fixe, la rencontre a lieu au sommet du cône; une seconde réflexion les renvoie donc au miroir mobile qui les reprend presque tous. Rendus par lui à l'objectif, ils forment une image de retour qui coïncide avec P, quand le miroir mn placé dans la position convenable y reste immobile.

En parcourant deux fois la distance $O\mu$, que nous supposerons de 4 mètres, les rayons éprouvent un retard qui s'élève à $\dfrac{1}{40\,000\,000}$ de seconde. Si le miroir tourne, ils ne le retrouvent plus dans sa première position; ils sont donc rendus à l'objectif dans une direction $p'C$, différente de pO, et l'image de retour, au lieu de coïncider avec P, est jetée quelque part en P′. Avec 500 tours par seconde (vitesse qui déguisera l'intermittence des retours de l'image), le miroir aura tourné de $\dfrac{500.360.60.60}{40\,000\,000} = 16,2$ secondes d'angle, et l'angle $p'Op$; ou bien PCP′ si nous supposons d'abord la distance CO négligeable; s'élèvera, d'après le principe fondamental du sextant, au double $32'',4$, ou à un peu plus d'une demi-minute. En admettant avec M. Foucault 3 mètres pour la distance de la mire P à l'objectif, l'écart linéaire pp', engendré par la déviation $32'',4$, s'élèvera à

$$\frac{32,4}{200\,000} \cdot 3000^{\text{mm}} = 0^{\text{mm}},486$$

La formule générale interprétative de l'expérience s'obtient aisément. Soient r, l', l, d les distances PC, CO, $O\mu = Op$ et PP', n le nombre de tours par seconde et ω l'angle dont a tourné le miroir mobile pendant le double trajet de la lumière entre les deux miroirs. Dans la formule

$$V = \frac{e}{t}$$

on aura

$$e = 2l, \quad t = \frac{l''}{n} \frac{\omega}{360°};$$

mais

$$\frac{\omega}{360°} = \frac{\frac{1}{2}\,\mathrm{arc}\,pp'}{2\pi l} = \frac{1}{4\pi}\,\frac{\widehat{pp'}}{l+l'} \cdot \frac{l+l'}{l} = \frac{1}{4\pi} \cdot \frac{d}{r} \cdot \frac{l+l'}{l} :$$

d'où t vaut

$$\frac{1}{n}\,\frac{d(l+l')}{4\pi rl} \quad \text{et} \quad V = \frac{8\pi nrl^2}{d(l+l')}.$$

Pour

$$l = 4^m; \quad l' = 1^m,18, \quad n = 500,$$

cette formule donne

$$d = 0^{mm},451,$$

et l'expérience a donné le chiffre bien rapproché $0^{mm},375$.

La méthode pourrait donc avoir la prétention de fournir une mesure absolue de la vitesse de la lumière, et à ce titre prendre place à la suite des méthodes développées dans la première partie de ce chapitre. Bornons-nous cependant, avec l'inventeur, à n'y voir qu'un moyen décisif de vider le débat qui nous occupe.

Disposons dans ce but un second miroir sphérique μ, à côté du premier; il donnera les mêmes résultats, c'est-à-dire une image de retour P'', coïncidente avec P, ou séparée de ce point, suivant que le miroir tournant sera immobilisé dans la position convenable, ou aura son mouvement.

Mais si l'on modifie la qualité physique du chemin $O\mu$, deux fois décrit, en interposant un tube plein d'eau, et compensant, par une lentille convenable L, l'allongement du foyer, on séparera P', image de retour de l'air, de P'', image de retour de l'eau, verdâtre et plus faible. Comme il est impossible que le tube d'eau remplisse exactement l'intervalle compris entre les deux miroirs, V_1, dans la formule

$$V_1 = \frac{8\pi n r l^2}{d(l + l')}$$

sera la vitesse moyenne de la lumière le long de l'espace mixte $2l$. Connaissant les longueurs R et S, dans lesquelles le trajet $O\mu_1$ se partage entre l'eau et l'air, on en déduirait sans peine par la formule évidente

$$\frac{R + S}{V_1} = \frac{R}{V'} + \frac{S}{V},$$

la valeur V' de la vitesse dans l'eau. Au point de vue qui nous suffit, on se bornera à constater que la déviation due à l'eau est, conformément à la théorie des ondes, la plus grande. Dans une expérience instituée dans les conditions numériques précédentes, M. Foucault avait

$$R = 3^m, \quad S = 1^m,$$

et obtenait un déplacement de la mire égal à $0^{mm},469$. La théorie donne $0,564$. Il est remarquable que la cause perturbatrice (peut-être une erreur dans l'estime du nombre n) qui a amoindri chacun des deux chiffres trouvés, ait respecté le rapport que leur assigne la théorie.

Le point lumineux P ne peut que gêner; l'œil a tout intérêt à ne pas le voir et à ne recevoir d'autre lumière que celle des deux faibles images de retour dont il doit apprécier la position relative. M. Foucault les rejetait sur le côté en Q', Q'' dans le plan focal d'une loupe L' (grossissement 10 à 20), à l'aide d'une lame de verre M épaisse, à faces parallèles, non étamée et présentée sous l'angle de 45 degrés.

L'emploi d'un miroir sphérique et la disposition que lui donne M. Foucault procurent deux avantages : 1° les images de retour, formées par la réflexion aux divers points $n'\ldots$, $u_1\ldots$, m', où le faisceau mobile le rencontre, sont rigoureusement coïncidentes, et à ce titre il joue le rôle d'amplificateur de l'intensité; 2° on peut prendre pour mire, au lieu d'un point lumineux, un petit carré vivement illuminé par le trait solaire et coupé en deux par un fil fin de platine. Si, à l'aide d'un écran armé d'une fente étroite, on réduit aux parties centrales la portion de l'image de la mire qui arrive au miroir μ, les deux bouts de l'image de retour du fil fin, procurée par le miroir μ_1, seront plus visibles que sa partie centrale, et l'on constatera sur ces deux bouts de l'image verdâtre un plus grand déplacement que sur la partie centrale de l'image de l'air. C'est ainsi que, sans recourir à la condition d'instantanéité de la mire posée dans le programme d'Arago, M. Foucault a montré nettement que la lumière était plus retardée par l'eau que par l'air.

§ 37. — Franges obtenues avec d'énormes retards.

Quelques physiciens contemporains ont introduit, comme nous le voyons, dans l'optique expérimentale une hardiesse couronnée du plus beau succès. Comme initiation plus profonde à ces nouvelles ressources, et pour justifier ce que nous avons dit (page 43) sur le nombre prodigieux des franges réalisables, nous allons faire connaître la méthode par laquelle MM. Fizeau et Foucault ont pu dans diverses expériences, celle des miroirs par exemple, conserver les franges avec des retards de plusieurs milliers d'ondes, et dissiper ce défaut d'homogénéité de la lumière que Fresnel, à plusieurs reprises, signale comme un obstacle capital à la production des franges d'un ordre élevé.

Reprenons (*fig.* 23) le dispositif de la *fig.* 10, à savoir un point lumineux et les miroirs; mais substituons à la loupe, pour recevoir les franges, un écran EE′ percé d'une fente étroite qui leur soit parallèle. Cette fente donnera passage aux deux faisceaux interférents, et les laissera passer avec leur divergence que l'on peut rendre très-faible. Une lentille placée au delà, à la distance focale principale, reçoit les deux faisceaux et les parallélise; un prisme et au besoin deux ou trois prismes consécutifs les reçoivent ensuite, et communiquent aux rayons élémentaires une séparation angulaire, près de laquelle l'écartement des rayons de même couleur, issus des deux points, est peu de chose. Enfin une lentille achromatique, recevant dans des directions diverses les paires de rayons homogènes auxquels les prismes ont laissé le parallélisme, les réunit dans son plan focal principal en une série de foyers qui forment un spectre RV très-dilaté.

Or ce spectre est la superposition sensiblement parfaite de deux spectres dus aux deux faisceaux interférents jetés sur la fente par les deux miroirs. Comme les prismes, pas plus que les lentilles § 31, n'ont introduit, entre ces rayons, de différences de routes, les rayons superposés se trouvent avoir tous une même différence de route qui dépend de la position de la fente. La fente coïncide-t-elle avec la frange centrale, les couples de rayons superposés sont d'accord, et le spectre résultant est un spectre normal dont les raies ont une grande netteté. La fente s'éloigne-t-elle de la fente centrale, un retard s'introduit entre les divers couples; quand ce retard vaudra le $\frac{\lambda}{2}$ du violet, cette couleur disparaîtra du spectre résultant. Un peu plus loin il vaudra le $\frac{\lambda}{2}$ du rouge, et la large frange noire, après avoir traversé le spectre, sortira par l'extrémité rouge. Quand la fente sera amenée là où le retard vaudra 17 fois le $\frac{\lambda}{2}$ du rouge moyen, cette couleur sera détruite dans le spectre et remplacée par une frange noire; en divisant 17 fois $\frac{620}{2} = 5270$ par $\frac{413}{2}$ demi-longueur d'onde du violet moyen, on trouve 25. Les deux rayons violets se détruiront donc aussi et donneront une autre frange noire. Entre ces deux rayons extrêmes, le quotient de 5270 par la demi-longueur d'onde des rayons interposés, passera, avec continuité, par toutes les valeurs intermédiaires à 17 et à 25. Les rayons qui donneront les quotients 19, 21 et 23 se détruiront. Bref, on aura un spectre rompu par cinq franges (*).

Au lieu de promener la fente, on la laisse immobile, et l'on détermine, entre les deux rayons qui la traversent, les retards croissants, en poussant parallèlement un des miroirs (le premier), et le faisant saillir de plus en plus. On ne tarde pas à perdre les franges sur la fente, parce que les rayons superposés ont des retards trop grands; mais ces grands retards deviennent efficaces quand les deux faisceaux qui les présentent ont été élaborés par les prismes. Au fur et à mesure que le miroir s'avance, arrivent du côté violet des franges de plus en plus serrées qui remplacent celles moins nombreuses que le spectre perd par l'extrémité rouge. Quand l'œil est aidé d'un puissant oculaire, le nombre de franges que l'on peut distinguer dans ces spectres *cannelés* est prodigieux.

Il est facile de compter le nombre m de franges comprises entre deux raies, E et F par exemple (**); or cela suffit pour qu'on puisse déterminer leur numéro d'ordre. Soient λ, λ' les longueurs d'ondulation des rayons caractérisés par les deux raies, ρ le retard du faisceau réfléchi par FN, n et n' les quotients de ρ par λ et λ', on a

$$\rho = n\lambda, \quad \rho = n'\lambda', \quad n\lambda = n'\lambda',$$

on a de plus

$$n' = n + m,$$

on en déduit

$$n = m\,\frac{\lambda'}{\lambda - \lambda'}, \quad n' = m\,\frac{\lambda}{\lambda - \lambda'};$$

ou bien, d'après les valeurs de λ et λ', comprises dans notre

(*) Quand on se propose simplement de voir ces franges, les lentilles sont superflues. Il suffit de placer près des miroirs, d'abord la fente, puis le prisme, de mettre la main au bouton du miroir et l'œil au prisme; dans ces conditions improvisées on les voit glisser de plus en plus nombreuses sur le spectre virtuel.

(**) On va supposer que les deux raies coïncident avec le milieu de deux franges brillantes

tableau (page 46),

$$n' = m \cdot 12,32.$$

Dans une expérience, on a eu

$$m = 141, \quad \text{d'où} \quad n' = 141 \cdot 12,32 = 1737.$$

Comme les franges étaient visibles dans le violet extrême, le retard s'y élevait à

$$1737 \frac{\lambda'}{406} = 2072 \text{ longueurs d'ondes,}$$

et la différence ρ, commune aux divers rayons du spectre, était, en millimètres, de $0^{mm},841$.

Dans les expériences ordinaires, on a une foule de franges de même couleur, et pour peu que la couleur pèche par défaut d'homogénéité, les divers systèmes de franges disparaissent bientôt par empiétement, et l'on doit monochromatiser la lumière si l'on veut avoir de nombreuses franges. Ici, où l'on n'a, à la fois, qu'une frange de chaque couleur, on doit prendre la lumière la plus complexe ; au lieu d'une foule de différences de route, on n'en n'a qu'une, et c'est successivement, dans le temps et non plus dans l'espace, qu'on obtient les diverses franges propres à une même couleur.

§ 38. — La dispersion. — Son double aspect. — Coup d'œil sur sa cause.

Le phénomène de la *dispersion* vient de ce que l'indice n varie dans un même milieu avec la couleur. Puisque, dans la théorie des ondes, l'indice est lié à la vitesse par la relation de proportionnalité inverse, il en résulte que les diverses ondes caractéristiques des diverses couleurs, contrairement aux indications données par la formule

$$v = \sqrt{\frac{e}{d}},$$

ne se propagent pas dans le même milieu avec la même vitesse, les plus longues moins réfractées allant plus vite, et les plus courtes ayant la moindre vitesse. La formule

$$v = \sqrt{\frac{e}{d}}$$

est donc incomplète, et doit être remplacée par une formule plus complexe qui contienne, outre d et e, et la longueur d'onde et sans doute aussi d'autres éléments caractéristiques du corps qui coerce l'*éther*. Mais on conçoit qu'il y ait deux cas distincts, celui des milieux *homogènes* et celui des milieux *hétérogènes*.

La vitesse de propagation mesure la rapidité avec laquelle s'opère ce travail intestin qui déplace une agitation dans un milieu élastique. Il arrive souvent (l'acoustique en offre un exemple) que les vitesses oscillatoires sont sans influence sur cette propagation ; mais une telle passivité ne saurait être absolue, et comme la vitesse moyenne vibratoire croît, à amplitude égale, avec la brièveté de l'onde, on conçoit qu'une onde plus courte puisse se mouvoir un peu plus vite qu'une onde plus longue, dans un milieu homogène. Les travaux importants de Cauchy sur l'optique confirment en effet la possibilité de cette singulière dispersion qui s'exercerait en sens inverse de la dispersion de nos corps réfringents. Mais, comme quelques observations dues à Arago (*) n'ont pu lui assigner de valeur appréciable, nous

---

(*) Si une étoile blanche était créée tout à coup, elle paraîtrait à un œil éloigné, colorée d'abord de la teinte élémentaire qui répond aux rayons les plus rapides, puis graduellement d'une série de teintes composées par lesquelles la couleur arriverait enfin au blanc. Si une telle étoile s'éteignait brusquement, elle passerait, avant de disparaître, mais en sens inverse, par la même série de colorations. La durée de cette période initiale ou finale serait proportionnelle à la distance de l'étoile et pourrait dès lors être considérable. Le ciel a offert à l'homme, à diverses époques, des apparitions ou des disparitions d'étoiles, mais les variations de teinte, s'il y en a eu, n'ont guère été étudiées et ont pu d'ailleurs provenir d'une modification réelle introduite, au début ou à la fin de la conflagration, dans la composition des rayons. A côté de ces étoiles qui naissent ou meurent à des époques non prévues, il en est d'autres qui passent périodiquement par des alternatives d'éclat très-prononcées. M. Arago s'est attaché à l'une d'elles, Algol de Per-

continuerons à admettre dans l'éther homogène du vide l'égalité de vitesse des diverses ondes.

La question est tout autre pour nos corps hétérogènes formés de particules éthérées et de particules matérielles d'une masse incomparablement plus grande. Il semble que ces dernières, incapables d'épouser franchement le mouvement vibratoire, doivent être considérées comme autant d'obstacles que ce mouvement doit incessamment contourner; et que, dans ces dérivations successives du mouvement vibratoire incessamment rompu et incessamment reconstitué, la dérivation soit plus oblique et l'allongement du chemin plus sensible pour les ondes les plus courtes. La puissante analyse de Cauchy a parfaitement concilié avec les principes de la mécanique rationnelle ces nouvelles inégalités de vitesse, et grâce à ses heureux efforts la dispersion ne peut plus être invoquée comme objection contre la théorie ondulatoire. Nous ne nous proposons pas d'insister davantage sur ce point délicat de la science, et nous prévenons que souvent dans ce Traité il sera fait abstraction de la dispersion; que dès lors la formule

$$V = \sqrt{\frac{e}{d}}$$

sera souvent consultée, et que même, pour préciser les idées, il nous arrivera d'attribuer exclusivement à un changement de densité la diversité des vitesses de propagation dans les divers milieux. À ce point de vue, la densité d'un éther est mesurée par n^2, et l'excès de cette densité sur celle de l'éther du vide qui baigne tous les corps, par l'expres-

---

sée, qui présente le double avantage d'une période courte, et d'un contraste considérable entre les maxima et les minima. On conçoit sans peine et l'on établit aisément, par un calcul qui ne diffère pas au fond de celui des courriers, que l'inégale vitesse des rayons doive produire, surtout aux époques où la variation d'éclat est la plus rapide, une coloration de la lumière. Or M. Arago n'a pu, dans des observations instituées dans ce but, constater aucune altération de couleur.

sion $n^2 - 1$. Dans la théorie de l'émission, cette différence jouait un rôle assez important pour qu'on lui ait donné une dénomination spéciale, celle de *puissance réfractive*.

Nous voilà parvenus au terme de notre premier effort; nous savons comment l'optique obtient ses constantes fondamentales. Jetons un coup d'œil auxiliaire sur la solution que reçoit en *acoustique* la même question.

ARTICLE III.

L'ACOUSTIQUE AUXILIAIRE DE L'OPTIQUE.

En acoustique les méthodes directes mesurent plutôt les durées des vibrations que les longueurs d'ondes. — Secteurs de M. Montigny. — Ventres et nœuds dus au concours d'un son direct et d'un son réfléchi. — Leur analogie avec certaines franges lumineuses. — Incorrections signalées par N. Savart dans la position de ces ventres. — Seebeck en trouve la cause. — Expériences simples qu'il institue pour trouver des ventres conformes à la théorie. — La vibration tourne avec le rayon sonore. — Influence qu'ont sur la valeur des sons et sur la couleur des rayons lumineux: — 1° le mouvement de la source; — 2° celui de l'organe; — 3° celui du milieu. — Expérience négative d'Arago sur la déviation d'un prisme diversement orienté par rapport au mouvement annuel de la terre. — Les deux hypothèses de Fresnel. — Leur vérification par l'expérience de M. Fizeau. — L'expérience d'Arago expliquée. — Retour sur la méthode de Bradley. — Comment le mouvement de translation du globe doit produire, à égale distance d'un corps lumineux, suivant l'orientation, des inégalités dans l'intensité lumineuse et calorifique.

> L'œil avec ses lentilles, ses images, son vaste champ et son éducation, possède comme un don d'ubiquité qui manque à l'organe de l'ouïe.

---

§ 39. — **Mesure de T ou n en acoustique.**

Si on voulait réaliser en acoustique l'expérience de Young, on serait gêné par l'aptitude universelle qu'ont les corps à propager le son. Là, en effet, tous les corps sont diaphanes; cependant comme ils le sont à des degrés très-différents, on doit pouvoir réussir, si l'on perce les deux ouvertures dans une paroi organisée pour amortir excessivement les mouvements vibratoires. Les franges bruyantes et silencieuses, ou, pour employer les termes consacrés, les *nœuds* et les *ventres*, garderaient de la puissance même à de grandes distances angulaires, puisque les mouvements dérivés sonores n'éprouvent avec l'obliquité qu'une faible dégradation. Mais, pour les percevoir, l'oreille devrait se transporter aux lieux que chacune occupe. Quoiqu'on doive à M. Despretz quelques expériences de ce genre et qu'on en ait d'autres où l'interférence avait lieu entre des ondes directes et réfléchies, cependant on ne leur a pas demandé la détermination des ondulations sonores. Pour l'air et pour l'eau, milieux auxquels nous ferons surtout allusion, les bonnes valeurs de ces longueurs s'obtiennent par le calcul à l'aide de la formule

$$ V = \frac{\lambda}{T} = n\lambda. $$

L'acoustique réussit donc à déterminer soit V et T, soit V et n. A l'égard du paramètre T ou n, le succès repose sur la grandeur relative de T qui ne descend pas au-dessous de $\dfrac{1}{50\,000}$ de seconde et surtout sur l'énergie et l'amplitude de ces mouvements d'ensemble auxquels prennent part des portions considérables du corps sonore et quelquefois le corps tout entier.

Grâce à cette énergie on peut confier au corps vibrant, une tige rigide, un léger pinceau, à l'aide desquels il inscrira sur un cadran ou sur un cylindre tournant, le nombre de ses vibrations. Grâce à cette amplitude, l'œil voit les vibrations et peut les compter, quel qu'en soit le nombre, si toutefois on vient à son aide par d'ingénieux artifices, parmi lesquels il faut citer en première *ligne* celui qui est dû à M. Montigny (*). Quant aux vitesses, ce que

---

(*) Moins connu que la sirène et que les méthodes d'inscription employées par MM. Duhamel et Wertheim, ce procédé consiste à animer le corps vibrant (une tige par exemple) d'un rapide mouvement de translation. Au milieu de chacune des demi-oscillations rétrogrades, le mouvement absolu de la tige, passant par un minimum de vitesse, l'impression visuelle se forme plus complète, et l'on voit autant d'images de la tige qu'il y a eu de vibrations. Pour qu'elles soient équidistantes, le mouvement de translation doit être uniforme : on lui donne cette qualité en le prenant circulaire. Qu'on se figure donc la tige vibrante encastrée par un bout dans un axe, de

nous en avons déjà dit montre qu'elles sont accessibles et théoriquement (§§ 5 et 6) et expérimentalement; et qu'outre la détermination expérimentale directe trop rarement réalisable, existent
des déterminations indirectes dont le point de départ est une des
manifestations variées de la propriété générale dont l'acoustique
entière n'est qu'un corollaire, c'est-à-dire l'*élasticité*.

§ 40. — Interférence d'un son direct avec un son réfléchi. — Anomalies. — Leur interprétation par Seebeck.

Quoique notre intention soit de nous borner à un simple aperçu,
et de ne pas nous laisser distraire par le détail des procédés variés
que l'acoustique a mis en jeu pour obtenir et contrôler ses constantes fondamentales, cependant nous ne pouvons nous dispenser
d'insister sur une expérience de N. Savart, attendu que Seebeck
en a fait jaillir un principe général de la théorie des ondes.

On peut en optique obtenir les franges à l'aide d'un seul miroir MN que l'on place (*fig.* 24) un peu en dehors de la ligne qui
joint l'œil et le point lumineux. L'œil reçoit deux faisceaux, l'un
direct, l'autre réfléchi, et comme, vu l'incidence rasante, le dernier n'est guère inférieur au premier, on a, d'un côté de la frange
centrale à demi visible, les franges connues (*). Des franges analogues dues au conflit d'un son direct et d'un son réfléchi s'obtiennent
aisément en acoustique : seulement au lieu de recourir à des ré-

---

manière à décrire, quand ce dernier tourne, un plan normal à l'axe, et rencontrant à chaque tour, par son bout libre, un obstacle qui lui restitue incessamment la même amplitude de vibration; si la vitesse est telle, que pendant un tour complet (un mécanisme en donne la durée) il y ait un nombre
exact de vibrations, les images immobiles diviseront le cercle en secteurs
égaux que l'on pourra compter. On y arrive plus aisément en mettant d'un
côté de la tige une lumière, et de l'autre un disque transparent sur lequel
on obtient des ombres portées permanentes. Une grande vitesse de rotation
a le double avantage : 1° de rendre la vitesse de translation supérieure à la
vitesse maxima de la vibration, et de ne donner dès lors qu'une seule image
pendant la demi-vibration rétrograde; 2° de donner aux images et aux ombres
portées la permanence qui résulte d'une sensation fréquemment renouvelée.

(*) Avec deux miroirs parallèles dont les prolongements passent, pour
l'un, à droite, et pour l'autre, à gauche du point lumineux, on obtient très-
aisément trois systèmes de franges, à savoir celles produites pour chaque
miroir entre les rayons directs et réfléchis, et au milieu un système de
franges plus fines dues aux deux faisceaux réfléchis.

flexions obliques, on peut sans inconvénient user d'une réflexion normale.

Dans ce cas les franges successives données par un même son, ou bien les franges de même ordre données par divers sons, s'échelonnent, non plus sur une droite transversale, mais sur la normale au plan réfléchissant qui est la direction commune des deux sons.

Pour concevoir la génération des franges, imaginons les trochoïdes du son incident, et supposons-les continuées au delà du plan réfléchissant (*fig.* 25) : la réflexion a pour effet de ramener en avant ces derniers mouvements. Mais comme le plan a plus de masse que l'air, on saura (sauf à y revenir plus loin § 68) que pour tenir compte de cette particularité il faut changer le signe des vitesses oscillatoires du mouvement réfléchi, les prendre appulsives ou impulsives suivant qu'elles étaient, dans le mouvement incident, impulsives ou appulsives, qu'en d'autres termes les demi-ondes réfléchies sont dilatées ou condensées suivant que les demi-ondes génératrices étaient condensées ou dilatées. Bref, on a les trochoïdes caractéristiques du mouvement réfléchi en rabattant les trochoïdes postérieures au plan, sur les trochoïdes antérieures, après les avoir retournées dans le plan et avoir mis à gauche les spires qui étaient à droite. Si nous négligeons l'atténuation d'intensité due à la réflexion ; on voit que le mouvement résultant sera donné par la courbe $c'\,d'\,e'$ facile à construire, puisque ses ordonnées sont la somme algébrique des deux ordonnées correspondantes des trochoïdes incidentes et réfléchies CDE, cde.

Sans qu'il soit nécessaire d'ajouter ici à la représentation graphique du phénomène les calculs équivalents, on voit aisément qu'au point d' les trochoïdes apportent et continuent d'apporter, malgré leur déplacement, des mouvements égaux et contraires, qu'ainsi ce point est un nœud permanent de vibration ; il en est de même du point c' où s'opère la réflexion. On trouve aisément d'autres nœuds équidistants et distants de la demi-longueur d'ondulation des deux sons qui interfèrent. Intermédiairement, c'est-à-dire à des distances du mur égales à $\frac{1}{4}$, $\frac{3}{4}$, $\frac{5}{4}$, ..., d'ondulation, se trouvent des ventres. Le son résultant du concours des deux sons, le direct et le réfléchi, a donc la même hauteur qu'eux ; il y

I.   6

a cette seule différence (outre celle d'intensité) que les nœuds et les ventres, mobiles dans les deux sons composants, sont fixes dans le son résultant. Ainsi la coexistence des deux mouvements donne à l'air l'organisation des corps sonores, et, sans lui enlever le rôle de propagateur, lui donne en même temps celui d'excitateur.

Quand plusieurs sons se réfléchiront à la fois, les ventres de leurs sons résultants se trouveront séparés, et on conçoit qu'une oreille exercée qui parcourra la normale, puisse les discerner. Tel est en effet le mode d'analyse à l'aide duquel Savart démêlait, dans le brouhaha confus d'une cité, divers sons.

Revenons au cas d'un son unique : N. Savart, qui l'a étudié avec soin, a trouvé que les nœuds et les ventres étaient en désaccord avec la théorie sous le double rapport de leur position et de leur écartement. Quand il s'agit de sons graves dont le λ est grand, le désaccord se réduit à un intervertissement à peu près exact des nœuds et des ventres. Seebeck a montré que ces discordances tenaient aux conditions complexes des expériences.

N. Savart, en effet, bouchait l'oreille la plus éloignée du mur. Le son direct n'arrivait à l'oreille libre qu'après avoir fait le tour de la tête et avoir subi ainsi, outre un accroissement de chemin, un infléchissement de 180 degrés. Seebeck remplace l'oreille par une petite membrane convenablement tendue sur un châssis circulaire et touchée au centre par un petit pendule. Vu sa petitesse, cette oreille artificielle ne gêne pas sensiblement le passage du son : mais son avantage est de pouvoir être attaquée des deux côtés, d'un côté par le son direct, et de l'autre par le son réfléchi. Eh bien, dans ces conditions simples, les repos et les mouvements du pendule accordent rigoureusement aux nœuds et aux ventres les places que leur assigne la théorie. Seebeck reprend ensuite les mêmes expériences en tendant la membrane sur l'orifice d'un vase fermé par l'autre bout, et en dirigeant vers la paroi réfléchissante la seule face attaquable de la membrane. Dans cette nouvelle série, qui reproduit les conditions adoptées par Savart (avec toutefois cet avantage que les sons, pour tourner autour du petit vase, n'éprouvent que de faibles et négligeables accroissements de chemin), les nœuds prennent la place des ventres, et réciproquement.

Il faut donc admettre que, dans l'inflexion, le rayon sonore em-

porte avec lui la vibration, sans que le sens de la vitesse change
par rapport à lui. Qu'ainsi un mouvement direct qui eût été antagoniste du mouvement réfléchi, prend, en tournant de 180 degrés,
la même direction que lui, et donne à la membrane qu'il eût im-
mobilisée une impulsion concordante. Fresnel n'a pas ignoré ce
principe important formulé nettement par Seebeck, et il y a eu
recours pour décider un point délicat de la théorie. Mais, à cause
de la rapide dégradation des ondes dérivées, il faut, en lumière, recourir à la réflexion (§ 80) pour produire, dans l'un des rayons,
une rotation de 180 degrés.

§ 41. — Le mouvement de l'oreille change la hauteur des sons.

Dans notre démonstration de la réflexion et de la réfraction ,
nous avons supposé miroir et prisme immobiles ; dans la pratique, ces appareils partagent le mouvement rapide qui emporte
notre terre. Outre ce mouvement inévitable, nous avons dû, dans
une expérience, imprimer à un miroir réfléchissant une grande
vitesse. Quelle peut être l'influence de tels mouvements sur la direction, la couleur,..., d'un rayon lumineux ? Nous entrerons dans
cette question délicate en examinant d'abord les phénomènes analogues offerts par le son.

Une oreille qui se meut vers un corps sonore reçoit dans le
même temps plus d'ondes sonores qu'au repos. Si sa vitesse est
celle de la propagation du son, 340 mètres, outre les ondes qui
seraient venues battre le lieu qu'elle occupait, elle ira rencontrer
un nombre égal d'ondes qui ne l'auraient atteinte que plus tard.
Si donc, et cela est, la hauteur du son dépend du nombre des
vibrations, plutôt que de la longueur d'ondulation, le son passera
à l'octave aiguë ; il passe à la quinte, quand le mouvement est
de 170 mètres.

§ 42. — Altérations analogues, mais plus rapides, dues au mouvement du corps sonore.

En imprimant le mouvement au corps sonore, on obtient dans
la hauteur des sons, des altérations analogues , bien appréciables
dans le sifflement de la balle qui vient vers vous et vous dépasse et dans le sifflet d'une locomotive. Sans en faire le calcul
complet, montrons la marche à suivre sur quelques cas particuliers.

6.

Supposons qu'on fasse éclore en un point S (*fig.* 26) des sons
brefs équidistants; une oreille placée à distance les percevra à
des intervalles égaux à ceux qui séparent leur production. Si ces
sons successifs sont produits en des points S, S′, S″,... équidistants,
il est visible qu'ils seront semés dans l'espace à de moindres distances et que, par suite de ce resserrement qui n'influe pas sur la
vitesse de leur propagation, le nombre des sons apportés dans le
même temps à l'oreille aura grandi. Si le corps sonore qui sème
ces sons se meut vers l'oreille avec une vitesse de 170 mètres, la
distance des deux tranches d'air dépositaires de deux sons consécutifs sera réduite à moitié. Si, au lieu de bruits intermittents,
nous supposons un corps sonore qui échelonne dans l'air, bout à
bout, toutes les agitations qui forment des ondes sonores, le résultat sera le même, et le son aura passé à l'octave; pour qu'il
passe à la quinte, il faudrait une vitesse de $113^m,33$. L'expérience
avoue parfaitement ces conséquences. Dans ce second cas, un
raccourcissement des ondes aériennes accompagne, comme d'habitude, l'élévation du son.

§ 43. — Le mouvement du milieu n'influe que sur la vitesse du son.

Quand le mouvement appartient au milieu propagateur, et non
plus au corps ou à l'organe, quand il s'agit, par exemple, de la
propagation du son dans un air agité, on voit aisément que la
vitesse du son s'accroîtra de celle du vent, si nous supposons qu'il
souffle dans la même direction. Les ondes sonores sont accrues;
mais dans ce troisième cas leur accroissement n'existe que temporairement dans les régions du milieu qui se meuvent. Les ondes
reprennent leur épaisseur normale, sitôt qu'elles se retrouvent
dans des tranches d'air immobiles.

L'optique doit nous offrir des résultats analogues. Là seulement la question s'agrandit. Puisque l'œil, mieux doué que l'o-
reille, outre des altérations dans la couleur, sait apprécier encore
des déviations; il nous faudra rechercher si l'état de mouvement
ne porte pas atteinte à la direction des rayons, il nous faudra, en
d'autres termes, reprendre et compléter l'étude physique de l'a-
berration,

La lumière se meut si vite, qu'on est porté à introduire d'abord

dans les expériences les grandes vitesses que présente l'astronomie.

§ 44. — **Mouvement du corps lumineux.   Il déclasse les raies.**

S'il y avait une étoile qui n'émît que des rayons extrêmes,
rouges par exemple, et qui décrivît une orbite avec une grande
rapidité, on conçoit que, quand son mouvement l'éloignerait de
nous, les ondes fussent assez allongées pour sortir des limites de
la sensibilité de l'œil humain, et qu'ainsi elle devînt invisible.
L'étoile envoie-t-elle un certain nombre de rayons simples, la
couleur de chacun, et par suite la couleur composée de l'étoile,
changera périodiquement. Si l'étoile envoie tous les rayons simples, sa lumière restera blanche, parce qu'elle reconquerra à un
bout du spectre les rayons qu'elle aura perdus à l'autre. Mais
comme les couleurs se seront dénaturées, comme par exemple le
vert sera devenu jaune, il en résultera un déplacement des raies
particulières à l'étoile. Il est fâcheux que les spectres des étoiles
soient trop faibles, pour qu'on puisse relever le système de leurs
raies à diverses époques.

Le mouvement du point lumineux influe-t-il sur la réfraction
et la dispersion des rayons? Évidemment non; car tant que le
mouvement du corps est inférieur à la vitesse de propagation , la
vitesse des ondes raccourcies et plus nombreuses reste la même
que s'il était en repos, et partant la réfraction, qui ne dépend que
des vitesses V et V', ne peut être modifiée. Le mouvement du point
lumineux peut donc, ainsi que nous venons de le voir, déclasser
les raies, mais il respecte leurs intervalles angulaires.

§ 45. — **Mouvement de l'œil.**

Relativement à la couleur, les résultats sont analogues aux précédents. Il y a cependant cette différence déjà signalée (§ 41), que
les longueurs des ondes extérieures à l'œil ne sont plus modifiées,
et il devient nécessaire de décider d'abord de laquelle de ces deux
circonstances, le nombre des ondes ou leur longueur extérieure ,
dépend la couleur. On peut résoudre cette difficulté autrement
que par l'expérience. En effet, ce n'est pas des ondes extérieures, mais de celles intérieures formées dans l'humeur vitrée

qu'il faut se préoccuper; or le mouvement de l'œil influe sur la longueur de ces dernières ondes. Mais il arrive que, quand elles deviennent plus nombreuses, elles sont en même temps raccourcies, et l'optique n'offre pas sur ce point la même division que l'acoustique. On n'oubliera pas, d'ailleurs, que l'influence du mouvement de l'œil est différente et moins active que la précédente. Quant à l'influence sur la direction, nous l'avons suffisamment étudiée sous le nom d'*aberration*.

§ 46. — Mouvement du milieu. — Expérience d'Arago.

On a sur cet important sujet : 1° quelques expériences négatives, parmi lesquelles nous choisirons celle d'Arago ; 2° une savante interprétation de cette expérience due à Fresnel, et 3° une expérience de M. Fizeau, qui (en attendant les démonstrations des géomètres) peut être considérée comme justifiant à postériori les deux postulata sur lesquels Fresnel appuie son interprétation.

Arago étudie les deux réfractions qu'exerce, à six mois de distance, un même prisme sur une étoile placée dans le plan de l'écliptique et dans le prolongement de l'élément décrit par la terre. Dans l'un des cas, le prisme va au-devant de la lumière avec une vitesse de 8 lieues ; dans l'autre, il fuit la lumière avec la même vitesse. Seize lieues étant loin d'être insignifiantes vis-à-vis de 80 000, on pouvait s'attendre à une différence dans les deux déviations minimum opérées par le prisme : il n'en a rien été ; mais cette expérience est complexe, l'œil partage le mouvement du prisme, et nous allons voir que l'aberration introduite par cette circonstance se trouve être égale et de signe contraire à l'aberration qu'engendre le prisme. Dans l'expérience de M. Fizeau, au contraire, l'œil reste étranger au mouvement qui emporte le milieu : il est vrai que ce mouvement est bien peu de chose, mais quoique sa vitesse n'ait été que de quelques mètres, M. Fizeau a su, par un heureux choix des phénomènes, en apprécier et même en mesurer les effets. Arrivons aux détails.

§ 47. — Expérience de M. Fizeau.

Puisque le mouvement du milieu modifie la vitesse de propagation, il ne devait pas être impossible d'obtenir, comme conséquence, un déplacement de franges ; il fallait interposer sur la route

de chacun des faisceaux interférents deux longs tubes pleins d'eau,
rigoureusement pareils, et produire dans l'une des deux colonnes
liquides un mouvement rapide. Les principales dispositions des
appareils avaient été tracées, il est vrai, dans un travail entrepris
jadis par Fresnel et Arago pour comparer les indices de l'air sec et
de l'air humide, mais l'expérience n'en offrait pas moins de grandes
difficultés. Les deux fentes devaient avoir un écartement inusité,
et il fallait que la colonne mobile, malgré les variations de température et de longueur que le mouvement rapide de l'eau devait
y amener, restât rigoureusement équivalente à l'autre. M. Fizeau
obvie au premier inconvénient par un jeu de lentilles, et par l'emploi de lames obliques L, L' à faces parallèles (§ 32); il obtient le
second résultat, en n'usant que d'une seule colonne d'eau pliée en
deux et traversée par les deux faisceaux, mais en sens contraire.

Les rayons (*fig.* 27) partent de P, se réfléchissent sur un petit
miroir non étamé, arrivent sur l'objectif O, comme s'ils partaient du
point P', situé au foyer principal. Rendus parallèles entre eux et
aux deux moitiés du tube, ils traversent d'abord les deux fentes,
puis chacun une moitié de la colonne d'eau en mouvement. Un
autre objectif O' les reprend, un miroir *m'* normal à l'axe des deux
objectifs les renvoie aux tubes; chacun parcourt la seconde moitié de la colonne liquide, et ils reviennent en P' former un système de franges fines qu'on observe avec un puissant oculaire. Si
l'eau se meut comme l'indiquent les flèches, on voit aisément, surtout en dépliant l'appareil et le reproduisant avec quatre lentilles
et quatre moitiés distinctes de tubes, que les franges seront jetées
vers le bas en P_1. Chaque lame parallèle agit forcément deux fois
dans l'appareil plié, mais il est visible sur l'appareil déplié, que
l'on pourrait se passer (sauf la remarque du § 32) du système des
lames parallèles placé près du point lumineux. Il en est de même
d'un des deux écrans E ou E_1, on pourrait ne garder dans l'appareil
déplié que celui qui avoisine l'œil. Enfin, dans ce dernier appareil,
s'il était réalisable, on pourrait encore supprimer les deux lentilles intermédiaires.

§ 48. — Les deux hypothèses de Fresnel. — Calcul de l'expérience de M. Fizeau.

Quand on veut appliquer la théorie à ce genre de phénomènes, le difficile est de savoir quelle relation existe entre le mouvement d'un corps et celui de l'éther qui y est confiné. Fresnel a admis :

1°. Que le corps n'entraînait que la portion de son éther qui constitue l'excès de sa densité sur celle de l'éther environnant, c'est-à-dire $n^2 - 1$ (§ 38);

2°. Que la vitesse de propagation, qui s'accroîtrait de toute celle du milieu si tout l'éther était emporté, ne s'accroissait que d'une partie de la vitesse, à savoir celle qui exprime le mouvement du centre de gravité de l'éther.

Le premier postulatum paraît assez plausible. En effet, l'éther aurait partout la même constitution si les corps ne réagissaient pas sur lui. Mais les corps produisent sur l'éther une altération qu'on peut évaluer en accroissement de densité. Cet excès accumulé sera dans une condition spéciale : on conçoit qu'il soit seul entraîné par le corps.

Relativement au second postulatum, on comprend que tout le milieu, la portion immobile aussi bien que celle qui se meut, contribuant à la propagation des ondes, leur vitesse se ressente de cette immobilité partielle. Fresnel, par quelques exemples, rend très-probable que le mouvement s'accroît de celui du centre de gravité du milieu.

Soient m la masse immobile, m' la masse qui se meut, g, g' les distances des centres de gravité de ces deux masses à un plan. La position du centre de gravité du corps $m + m'$ dépend de l'équation

$$mg + m'g' = (m + m')x.$$

Si l'on appelle v' la vitesse de m', on aura au bout du temps t

$$mg + m'(g' + v't) = (m + m')(x + y);$$

d'où

$$y = \frac{m'v't}{m + m'}.$$

La vitesse v_1 du centre de gravité est donc

$$v_1 = v'\frac{m'}{m + m'},$$

c'est-à-dire ici

$$v_1 = v'\frac{n^2 - 1}{n^2} = v'\frac{\lambda^2 - \lambda'^2}{\lambda^2}.$$

Donc dans le milieu en mouvement, la longueur d'onde λ' devient

$$\lambda' \pm v' \mathrm{T} \frac{\lambda^2 - \lambda'^2}{\lambda^2},$$

T étant la durée d'une vibration; ou encore

$$\lambda' + \varepsilon \frac{\lambda^2 - \lambda'^2}{\lambda^2},$$

si l'on représente par ε l'espace décrit par le milieu pendant la durée d'une vibration; ou enfin

$$\lambda' + \varepsilon k,$$

si l'on représente par k la fraction $\dfrac{\lambda^2 - \lambda'^2}{\lambda^2}$.

Dans une expérience de M. Fizeau, la vitesse de l'eau était de $7^m,07$; avec l'indice $\dfrac{4}{3}$ cela donne, pour la vitesse du centre de gravité de l'éther de l'eau,

$$7^m,07 \frac{16 - 9}{16} = 3^m,093.$$

Les deux tubes réunis ayant 3 mètres de long, il suit que l'un des rayons gagnait et que l'autre perdait un petit chemin z donné par la proportion

$$z : 3^m :: 3,093 : 80000.3000 \; (^*).$$

Comme on pouvait, par un jeu de robinets, changer le sens du mouvement et comparer les positions des deux systèmes de franges correspondantes aux deux circulations contraires, on doit prendre $4z$ pour la différence de route introduite par le mouvement de l'eau; mais $4z$ est une épaisseur du liquide, et il faut la multiplier par $\dfrac{4}{3}$. On trouve pour ce dernier produit $0^{mm},000\,206$, et si l'on suppose que dans ces expériences, faites avec la lumière blanche, on puisse employer la longueur d'onde moyenne $0^{mm},000\,500$, le déplacement total atteindrait $0,41\,\lambda$, c'est-à-

---

(*) La vitesse de la lumière dans l'eau est les $\dfrac{3}{4}$ de 80000.4000 mètres.

dire près d'une demi-frange. C'est parce que les expériences de
M. Fizeau ont donné sensiblement les déplacements calculés,
qu'on doit y voir une vérification des deux hypothèses de
Fresnel.

§ 49. — Explication du résultat négatif de l'expérience d'Arago.

Dans l'expérience d'Arago, c'est par un changement de réfraction que se traduit l'effet du mouvement. Soit un prisme (*fig.* 30)
dont le côté EF soit à la fois perpendiculaire et à l'écliptique et
aux rayons incidents; les rayons entrent sans se réfracter. Prenons l'onde dans la position ab. Le point de première arrivée a
commence à donner ses ondes dans l'air; celui de dernière arrivée b donnera les siennes, non plus à partir du point b', mais à
partir du point ε occupé par b', à l'instant où le mouvement
l'atteint. A la rigueur l'espace $b'\varepsilon$ doit être trouvé par le problème
des courriers; mais, comme la vitesse de la terre est petite auprès
de celle de la lumière, on peut prendre pour $b'\varepsilon$ l'espace ε que
parcourt la terre pendant que la lumière décrit bb' dans le verre.
Pour garder à ε la signification de la page précédente, nous supposons au faisceau parallèle une épaisseur telle que bb' vaille λ'.

Soit $\alpha a'$ la position qu'occuperait l'onde du point a si le prisme
était en repos, auquel cas le rayon réfracté serait aa' donné par
la tangente $b'a'$. Le rayon réfracté sera donné ici par une tan-
gente εa_1 menée du point ε à l'onde émanée de a. Or le rayon de
cette onde surpasse $aa' = \lambda$, puisque l'onde, ne prenant qu'une
partie du mouvement du prisme, se trouve plus retardée par l'allongement du chemin qu'accélérée par l'accroissement de vitesse.

On voit sans peine que ce rayon vaut $\lambda \dfrac{\lambda' + \varepsilon}{\lambda' + \varepsilon k}$ ou sensiblement

$$\lambda \left[1 + \frac{\varepsilon}{\lambda'}(1 - k) \right],$$ puisque ε et εk sont très-petits vis-à-vis de λ',

ou enfin $\lambda + \dfrac{\varepsilon \lambda'}{\lambda}$ puisque $1 - k = \dfrac{\lambda'^2}{\lambda^2}$.

Si, au lieu de construire le rayon réfracté, on veut calculer sa
position, en appelant i' et r' deux angles comptés avec la normale
à la nouvelle face $a\varepsilon$, on a

$$\frac{\sin i'}{\sin r'} = \frac{\lambda' + \varepsilon k}{\lambda} :$$

et l'angle $a, a\, a'$ des deux rayons réfractés a pour valeur

$$r + i' - i - r'.$$

En partant des deux formules

$$\frac{\sin i}{\sin r} = \frac{\lambda'}{\lambda}, \qquad \frac{\sin i'}{\sin r'} = \frac{\lambda' + \varepsilon k}{\lambda},$$

et s'aidant de la considération du triangle $b'6r$, on trouve sans peine

$$i' - i = \frac{\varepsilon}{\lambda} \sin i \cos i.$$

Un calcul un peu plus long (*), également simplifié par des approximations, donne

$$r - r' = (\cos^2 i - k) \frac{\varepsilon}{\lambda'} \frac{\sin r}{\cos r};$$

remplaçant k par sa valeur et ramenant l'angle r à l'angle i, on trouve finalement

$$i' - i + r - r' = \frac{\varepsilon}{\lambda'} \sin i \cos i - \frac{\varepsilon}{\lambda\lambda'} \sin i \sqrt{\lambda'^2 - \lambda^2 \sin^2 i}.$$

La direction du rayon réfracté a donc changé (**); en sera-t-il de même de sa direction apparente?

Le tube de la lunette qui sert à déterminer cette direction, est emporté par le mouvement commun, dans la direction Aa; il faudra donc (§ 16) lui donner une direction oblique LF, telle que, pendant que la lumière parcourt la distance LM, le point focal F ait

---

(*) On a

$$i' = i + i' - i = i + \frac{\varepsilon}{\lambda'} \sin i \cos i,$$

on en déduit $\sin i'$, puis $\sin r'$ et $\cos r'$. De là on peut former l'expression de

$$\sin(r - r') = \sin r \cos r' - \sin r' \cos r,$$

en ayant soin de négliger les termes qui contiennent ε^2 ou une puissance supérieure de ε.

(**) Pour

$$i = 30^\circ, \quad n = 1,7, \quad \lambda = 0,0005,$$

on trouve

$$a'\,aa_{,} = 16'' - 6'' = 10''.$$

le temps de venir en M, c'est-à-dire qu'on doit avoir

$$\sin \mathrm{FLM} : [\sin \mathrm{FML} = \sin (r - i)] :: \varepsilon : \lambda,$$

or

$$\sin (r - i) = \sin r \cos i - \sin i \cos r$$

$$= \lambda \left(\frac{1}{\lambda'} \sin i \cos i - \frac{1}{\lambda \lambda'} \sin i \sqrt{\lambda'^2 - \lambda^2 \sin^2 i} \right)$$

$$= \frac{\lambda}{\varepsilon} \sin (i' - i + r - r').$$

Donc l'angle FLM n'est autre que la déviation, et l'axe optique de la lunette indiquera sur le limbe la même direction que si prisme et limbe étaient immobiles. Le mouvement de notre globe est donc sans effet sur la réfraction apparente; il n'est pas difficile de démontrer qu'il en est de même de la réflexion, mais nous laisserons au lecteur le soin d'en arranger la démonstration. Quant au miroir mobile de l'expérience (§ 34), si sa vitesse angulaire est grande, sa vitesse absolue reste très-faible; et voilà comment, quoique l'œil reste étranger à ce mouvement, la réflexion n'est troublée par aucune aberration appréciable.

§ 50. — L'aberration d'une lunette indépendante du milieu qui remplit le tube.

Reportons-nous au § 16 et à la *fig.* 4, et supposons qu'on remplisse le tube d'eau, la lumière mettra à le franchir un temps plus long, le tube éprouvera dès lors un plus grand déplacement; donc au lieu de battre en C', le rayon atteindra un point C, situé plus à droite : partant l'aberration aura grandi. Cette argumentation, toute spécieuse qu'elle puisse paraître, est cependant incorrecte. Si l'éther du vide est immobile, il n'en est plus de même de l'éther de l'eau qui participe au mouvement de translation et emporte les ondes vers la gauche. Le déplacement effectif est donc la différence entre le déplacement de droite agrandi et ce nouveau déplacement qui intervient. Soient l la longueur du tube, V' la vitesse dans l'eau, et $\frac{l}{V'}$ le temps du trajet. La vitesse de la terre est

$$V \frac{i}{\lambda}. \qquad \text{d'où} \qquad CC_1 = \frac{V}{V'} l \frac{i}{i} = l \frac{i}{\lambda'} :$$

les ondes ayant pour vitesse $V \frac{\varepsilon}{\lambda} \frac{\lambda^2 - \lambda'^2}{\lambda^2}$ seront entraînées de

$$V \frac{\varepsilon}{\lambda} \frac{\lambda^2 - \lambda'^2}{\lambda^2} \frac{l}{V'} = \frac{l\varepsilon}{\lambda'} \frac{\lambda^2 - \lambda'^2}{\lambda^2},$$

différence $l \frac{\varepsilon}{\lambda'} \frac{\lambda'^2}{\lambda^2}$. Divisant par l, le quotient $\frac{\varepsilon\lambda'}{\lambda^2}$ exprime l'angle d'aberration intérieur au liquide. L'angle extérieur correspondant s'obtient en multipliant par $\frac{\lambda}{\lambda'}$: l'aberration du tube plein d'eau est donc $\frac{\varepsilon}{\lambda}$, c'est-à-dire le quotient des deux vitesses de la terre et de la lumière, comme si le tube était vide: et voilà pourquoi, ainsi que nous l'avions annoncé, la méthode de Bradley donne rigoureusement la même vitesse que celle de Roëmer. Toutefois, nous retrouvons ici, comme dans l'expérience d'Arago (§ 49), que les résultats diffèrent suivant qu'ils sont traduits en déplacements linéaires ou angulaires. C'est à ce dernier point de vue seulement que le mouvement du prisme et celui du tube plein d'eau ne produisent aucun effet.

§ 51. — Curieuse expérience proposée par M. Fizeau.

L'immobilité de l'éther du vide et de cette partie de l'éther des corps à travers laquelle ces derniers glissent sans lui communiquer une partie appréciable de leur vitesse, a suggéré à M. Fizeau une remarque extrêmement ingénieuse qui a été de suite convertie par lui en un projet d'expérience. Nous ne pouvons mieux clore ces considérations délicates qu'en jetant un coup d'œil sur cette conception qui doit apporter, si elle est couronnée de succès, une nouvelle preuve du mouvement de translation de notre globe.

Soient un point lumineux et un écran solidaire emportés l'un et l'autre par un mouvement commun très-rapide; puisque l'éther interposé est immobile, ou que tout au moins, quand il participe au mouvement, sa vitesse reste toujours inférieure à celle du milieu, il suit que l'écran, quand le mouvement est dirigé de lui vers le point lumineux, va au-devant des ondes, et les reçoit à une moins grande distance du centre d'ébranlement et partant moins atténuées. Si le sens du mouvement change, cela équivaudra,

au contraire, à un accroissement de distance : en passant d'un cas
à l'autre; c'est comme si la distance grandissait dans le rapport
$\dfrac{V + v}{V - v}$. La vitesse v de la terre $= \dfrac{1}{10000} V$; si nous la mettons
en jeu, le rapport des deux intensités sera

$$\left(\frac{1 + \frac{1}{10000}}{1 - \frac{1}{10000}} \right)^2 = \text{sensiblement } 1 + \frac{2}{10000} = 1 + \frac{1}{5000}.$$

La photométrie ne saurait sans doute apprécier une aussi faible
différence; mais on peut croire avec M. Fizeau qu'il n'en serait
pas de même de la thermométrie : on aurait donc une source de
chaleur placée entre deux piles très-sensibles, dont les sensations
seraient rigoureusement en équilibre sur un galvanomètre diffé-
rentiel très-délicat; par une rotation de 180 degrés, on passerait
d'une position à l'autre, et il s'agirait de constater un mouvement
de l'aiguille aimantée.

CHAPITRE III.

COMPOSITION DES MOUVEMENTS VIBRATOIRES.

Composition de deux mouvements vibratoires de même direction et de même
période. — Ce problème se confond avec celui de la composition de deux
forces concourantes. — Décomposition d'un mouvement vibratoire en deux.
— Composition d'un nombre quelconque de mouvements vibratoires. —
Zones d'Huyghens. — L'éclairement d'une onde libre, en un point, est le
quart de celui dû à la première zone. — Accroissement prodigieux de lumière donné par l'écran de Fresnel. — Éclat central de l'ombre d'un disque
circulaire opaque. — Obscurité paradoxale obtenue, à certaines distances,
dans la tache lumineuse du trou circulaire. — Diffraction avec la lumière
convergente. — Construction des fonctions et des intégrales qui s'introduisent dans le calcul des phénomènes précédents. — Tranches de Fresnel. — Cas où le rayon réfléchi est engendré dans la couche extrême. —
Cas où la réflexion s'opère dans toute la masse du corps. — Cas des milieux dits opaques — On peut résoudre le problème de la composition des mouvements vibratoires en considérant les seules excursions.

§ 52. — Un cas de la composition de deux mouvements vibratoires.

A propos de l'interférence de deux sons, l'un direct,
l'autre réfléchi, nous avons indiqué (§ 40) la construction
géométrique qui donnerait le son résultant et montrerait
qu'il a la même hauteur que les sons qui le forment. Dans
l'intérêt des chapitres suivants, nous allons traiter cette
question par le calcul.

Trois hypothèses restrictives, autorisées par l'état actuel
de l'optique expérimentale, sont introduites dans ce chapitre : les mouvements vibratoires dont on cherche la résultante sont parallèles, de même période et proviennent d'une
même source ; en d'autres termes, il ne sera question ici
que de rayons parallèles, de même couleur, issus d'un
même luminaire.

Ces divers rayons différeront par les chemins décrits. Si

$$\nu = b \sin 2\pi \frac{t}{T}$$

est la vitesse oscillatoire du point lumineux, les vitesses qu'ils apportent au même instant, à une même tranche d'éther, seront (§ 10)

$$\nu = b \, \sin 2\pi \left(\frac{t}{T} - \frac{\delta}{\lambda} \right),$$

$$\nu' = b' \sin 2\pi \left(\frac{t}{T} - \frac{\delta'}{\lambda} \right),$$

$$\nu'' = b'' \sin 2\pi \left(\frac{t}{T} - \frac{\delta''}{\lambda} \right), \cdots,$$

b, b', b'',... étant les coefficients que leur laissent les circonstances qui allongent leur route, et δ, δ', δ'' les chemins décrits. Si en place des retards on introduit les phases f, f', f'',... (§ 11), on a

$$\nu = b \sin \left(2\pi \frac{t}{T} - f \right), \quad \nu' = b' \sin \left(2\pi \frac{t}{T} - f' \right), \cdots$$

Nous supposerons toujours les rayons rangés de manière que f, f', f'',... aillent en croissant, et comme ce sont les différences de route et non les routes absolues qui nous intéressent, nous négligerons la partie commune à tous les rayons, à savoir δ si l'on garde les retards et f si l'on garde les phases, et nous partirons des équations

$$\nu = b \, \sin 2\pi \frac{t}{T},$$

$$\nu' = b' \sin \left(2\pi \frac{t}{T} - \varphi \right),$$

$$\nu'' = b'' \sin \left(2\pi \frac{t}{T} - \varphi' \right),$$

dans lesquelles φ, φ',... sont les différences $f'-f$, $f''-f$,...

des phases, différences qu'on appelle habituellement *anomalies* (*).

Ne considérons d'abord que deux rayons. La vitesse U du rayon résultant vaudra la somme algébrique des vitesses. On aura donc

$$U = b \sin 2\pi \frac{t}{T} + b' \sin\left(2\pi \frac{t}{T} - \varphi\right)$$

$$= (b + b' \cos\varphi) \sin 2\pi \frac{t}{T} - b' \sin\varphi \cos 2\pi \frac{t}{T},$$

$$= B \sin\left(2\pi \frac{t}{T} - \psi\right)$$

si l'on pose

$$b + b' \cos\varphi = B \cos\psi \quad \text{et} \quad b' \sin\varphi = B \sin\psi,$$

et si l'on remarque que ces deux équations de condition seront toujours admissibles, puisqu'elles conduisent aux valeurs

$$B = \sqrt{b^2 + b'^2 + 2bb' \cos\varphi}, \quad \text{tang }\psi = \frac{b' \sin\varphi}{b + b' \cos\varphi},$$

dont la première ne cesse pas d'être réelle, même quand $\cos\varphi$ vaut -1.

De ce que U a la forme

$$B \sin\left(2\pi \frac{t}{T} - \psi\right),$$

nous en concluons que le mouvement résultant est du même genre que les deux mouvements donnés, qu'il est

---

(*) Avec la forme

$$2\pi \frac{t}{T} - \varphi$$

que nous adoptons, les rayons qui sont en retard auront des anomalies positives. Une anomalie négative indiquera que le rayon qu'elle caractérise précède le rayon fondamental dont l'anomalie est zéro. Ce serait le contraire si nous partions de la forme

$$2\pi \frac{t}{T} + \varphi.$$

I.

soumis à la même période T et défini par les deux paramètres B et ψ.

Les deux équations de condition donnent

$$\sin(\varphi - \psi) = \frac{b + b'\cos\varphi}{B}\sin\gamma - \frac{b'\sin\gamma}{B}\cos\gamma,$$

c'est-à-dire

$$\sin(\varphi - \psi) = \frac{b}{B}\sin\varphi.$$

On a donc

$$b : b' : B :: \sin(\varphi - \psi) : \sin\psi : \sin\varphi;$$

de sorte qu'entre les trois coefficients et les trois différences
de phases $\varphi - \psi$, ψ, φ, on a les mêmes relations que dans
le problème de la composition de deux forces, entre les trois
forces et leurs angles d'assemblage. Ainsi le rayon résultant
est, par la phase, intermédiaire aux deux autres et son coefficient B est lié aux deux coefficients b, b' et à la différence
des phases φ, précisément comme si b, b' étaient des forces
et φ leur angle d'écartement. Tous les résultats, toutes les
constructions de la statique sur ce problème sont donc acquis à notre question d'optique. Assemblons (*fig.* 31) deux
droites sous l'angle φ, anomalie du dernier des deux rayons
donnés, prenons sur chacune, des quantités OA, OB proportionnelles à leurs coefficients b, b', construisons le paralé-
logramme, la diagonale OC sera l'amplitude du mouvement
résultant, et les deux tronçons COB, AOC de l'anomalie
AOB expriment ce dont le rayon résultant précède le dernier rayon et suit le premier.

Si du sommet O on décrit une circonférence, les trois
directions y déterminent trois arcs, mesureurs des trois
différences de phases. Si la circonférence avait pour lon-
gueur λ ou pour rayon $\dfrac{\lambda}{2\pi}$, les longueurs des trois arcs rec-
tifiés ne seraient autres que les trois retards.

Nous avons supposé, dans ce qui précède, l'anomalie φ
moindre que 360 degrés, mais la règle précédente est géné-

rale; seulement, quand l'anomalie surpasse une ou plusieurs circonférences, il faut prendre pour φ l'angle qui reste quand on en a retranché le plus grand multiple de quatre droits qui y est contenu.

Le problème inverse, qui consiste à substituer, à un mouvement vibratoire, deux autres mouvements de même période, est indéterminé. Mais quand on se donnera les deux différences φ_1, φ_2 comprises entre leurs phases et la sienne ψ, on connaîtra B, φ_1, φ_2 (φ_1 appartenant au rayon qui est en avance); dans ce cas le problème est déterminé et donne

$$b : B :: \sin\varphi_2 : \sin(\varphi_1 + \varphi_2),$$
$$b' : B :: \sin\varphi_1 : \sin(\varphi_1 + \varphi_2);$$

de sorte que les deux rayons seront

$$\upsilon = B\,\frac{\sin\varphi_2}{\sin(\varphi_1 + \varphi_2)}\sin\left(2\pi\frac{t}{T} - \psi + \varphi_1\right),$$
$$\upsilon' = B\,\frac{\sin\varphi_1}{\sin(\varphi_1 + \varphi_2)}\sin\left(2\pi\frac{t}{T} - \psi - \varphi_2\right).$$

Discussion. — Si dans le problème direct, $\varphi = 0$, on a

$$\psi = 0, \qquad B = b + b',$$

l'intensité B^2 surpasse donc de $2bb'$ la somme des deux intensités.

$\varphi = 180$ donne encore

$$\tan\psi \quad \text{ou} \quad \psi = 0 \quad \text{et} \quad B = b - b'.$$

Quand $\varphi = 90$ et que le retard du second rayon vaut $\frac{\lambda}{4}$, on a

$$\tan\psi = \frac{b'}{b} \quad \text{et} \quad B^2 = b^2 + b'^2,$$

et l'intensité du rayon résultant vaut alors la somme des intensités des deux composants. Ajoute-t-on la supposition $b = b'$, alors l'intensité est doublée dans le rayon résul-

7.

tant et la phase ψ, donnée par $\tang \psi = 1$, répondant à $\frac{\lambda}{8}$, le retard du rayon résultant sur le premier rayon est égal à son avance sur le second.

Dans le cas très-important où $\varphi = 90$, les équations de condition deviennent

$$b = B \cos \psi, \qquad b' = B \sin \psi.$$

On voit donc que si, passant au problème inverse, on se propose de remplacer un rayon $U = B \sin 2\pi \frac{t}{T}$ par deux autres qui diffèrent de $\frac{1}{4}\lambda$, l'un ayant l'avance ρ et l'autre le retard $\frac{1}{4}\lambda - \rho$, ce qui donne les anomalies

$$2\pi \frac{\rho}{\lambda} = \psi \qquad \text{et} \qquad \frac{\pi}{2} - \psi,$$

le premier composant serait

$$\upsilon = B \cos 2\pi \frac{\rho}{\lambda} \sin \left(2\pi \frac{t}{T} + 2\pi \frac{\rho}{\lambda} \right)$$

et le deuxième

$$\upsilon' = B \sin 2\pi \frac{\rho}{\lambda} \sin \left(2\pi \frac{t}{T} - \frac{\pi}{2} + \psi \right).$$

Si le rayon à décomposer avait été pris de la forme

$$U = B \sin \left(2\pi \frac{t}{T} - \psi \right),$$

ses deux composants seraient

$$\upsilon = B \cos 2\pi \frac{\rho}{\lambda} \sin 2\pi \frac{t}{T},$$

$$\upsilon' = B \sin 2\pi \frac{\rho}{\lambda} \sin \left(2\pi \frac{t}{T} - \frac{\pi}{2} \right) = - B \sin 2\pi \frac{\rho}{\lambda} \cos 2\pi \frac{t}{T}.$$

Toutes les fois qu'il ne sera question que d'intensités, on se bornera à considérer les facteurs

$$B \cos 2\pi \frac{\rho}{\lambda}, \qquad B \sin 2\pi \frac{\rho}{\lambda}.$$

§ 53. — Composition d'un nombre quelconque de rayons.
— La méthode.

On donnera à ce problème la tournure suivante, imitée de la statique :

On sait qu'en statique, ayant les forces P, P′, P″,…, dont la direction est définie par les angles α, α', α'',… comptés avec l'axe des X, on substitue d'abord à chaque force, ses deux composantes

$$\left\{ \begin{array}{l} \text{P}\cos\alpha, \\ \text{P}\sin\alpha, \end{array} \right. \quad \left\{ \begin{array}{l} \text{P}\cos\alpha', \\ \text{P}\sin\alpha', \end{array} \right. \quad \left\{ \begin{array}{l} \cdots \\ \cdots \end{array} \right. \quad \left\{ \cdots \right.$$

ce qui donne deux résultantes particielles

$$\Sigma\,\text{P}\cos\alpha, \qquad \Sigma\,\text{P}\sin\alpha,$$

et qu'ensuite on a la résultante totale

$$\text{R} = \sqrt{(\Sigma\,\text{P}\cos\alpha)^2 + (\Sigma\,\text{P}\sin\alpha)^2} :$$

ayant ici une foule de rayons, de coefficients b, b', b'',…, sachant qu'ils ont, par rapport au premier, les retards o, ρ', ρ'',… ou les anomalies o, $2\pi\dfrac{\rho'}{\lambda}$, $2\pi\dfrac{\rho''}{\lambda}$,…. Pour avoir les deux caractéristiques B et ψ de leur rayon résultant, nous remplaçons chacun d'eux par deux autres ayant pour retards o et $\dfrac{\lambda}{4}$, ou pour anomalies o et $\dfrac{\pi}{2}$: les coefficients des rayons du premier système seront

$$b, \qquad b'\cos 2\pi\frac{\rho'}{\lambda}, \qquad b''\cos 2\pi\frac{\rho''}{\lambda},\cdots,$$

et celles du second

$$\text{o}, \qquad b'\sin 2\pi\frac{\rho'}{\lambda}, \qquad b''\sin 2\pi\frac{\rho''}{\lambda},\cdots,$$

la phase étant la même pour les rayons de chacun de ces systèmes, les deux coefficients des résultantes partielles sont

$$\Sigma\,b\cos 2\pi\frac{\rho}{\lambda}, \qquad \Sigma\,b\sin 2\pi\frac{\rho}{\lambda},$$

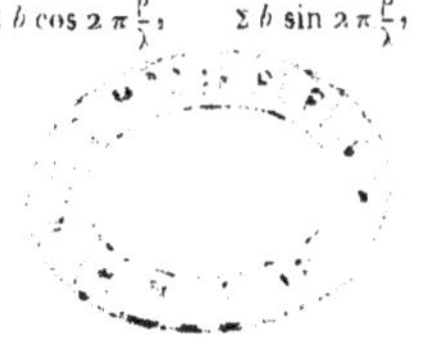

et celui de la résultante, d'après la formule particulière

$$B = \sqrt{b^2 + b'^2} \quad (\text{page } 99)$$

sera

$$B = \sqrt{\left(\Sigma\, b \cos 2\pi \frac{\rho}{\lambda}\right) + \left(\Sigma\, b \sin 2\pi \frac{\rho}{\lambda}\right)^2}.$$

Quant à l'anomalie de ce rayon résultant, d'après la formule particulière

$$\operatorname{tang} \psi = \frac{b'}{b},$$

elle dépend de l'équation

$$\operatorname{tang} \psi = \frac{\Sigma\, b \sin 2\pi \frac{\rho}{\lambda}}{\Sigma\, b \cos 2\pi \frac{\rho}{\lambda}}.$$

Pour trouver sans retard une occasion d'appliquer ces formules, et pour alléger le chapitre de la diffraction, nous allons compléter les développements que nous avons déjà donnés sur le principe d'Huyghens.

§ 54. — Zones d'Huyghens.

La lumière au point P est, avons-nous dit (§ 19), la résultante des ébranlements que lui envoient tous les points p, p', p'', ..., de l'onde prise dans une quelconque de ses positions antérieures. Supposons (*fig.* 32) que ces points soient définis par les équations

$$\mathrm{P}p' - \mathrm{P}p = \frac{\lambda}{2}, \qquad \mathrm{P}p'' = \mathrm{P}p' = \frac{\lambda}{2}, \ldots,$$

les lignes $\mathrm{P}p'$, $\mathrm{P}p''$ détermineront sur l'onde sphérique, en tournant autour de CP, un anneau central et des surfaces annulaires qu'on appelle les *zones* d'Huyghens.

Les divers rayons que les points de la calotte sphérique centrale envoient en P, ayant des retards moindres que $\frac{\lambda}{2}$, ajoutent quelque chose à l'effet du rayon CP. Il en est de même des divers mouvements envoyés par les points d'une même zone, ils ont entre eux tous les degrés de concordance imaginables depuis le plus parfait, jusqu'à celui qui inaugure la série des discordances. Mais les rayons de deux zones contiguës sont au contraire en discordance, et s'ils étaient en même nombre dans les deux zones, parallèles, et chacun à chacun de même énergie, ils s'entre-détruiraient rigoureusement. Mais cette triple équivalence, quoique bien approchée, n'a pas mathématiquement lieu : d'une part, l'étendue des zones, et avec elle le nombre de leurs rayons, décroît progressivement; de l'autre, l'énergie de leurs rayons dérivés s'affaiblit. Bref, si b, b', b'',..., sont les coefficients de vitesse de la résultante des mouvements que chacune envoie, B vaut

$$b - b' + b'' - b''' + \ldots$$

Avant de chercher cette série B à l'aide de nos formules, tâchons d'obtenir sur elle, par des moyens simples, quelques renseignements.

La petitesse de $\frac{\lambda}{2}$ fait que, dans les conditions de nos expériences, la triple dégradation que présentent les mouvements vibratoires des zones est lente et que deux anneaux contigus envoient presque la même lumière au point P. Cette équivalence est surtout admissible pour les dernières zones qui, en outre, par suite d'une grande obliquité, n'envoient plus qu'une lumière insignifiante. En tenant compte de cette faiblesse des derniers rayons et de leur meilleure compensation, on n'a plus à chercher si le nombre des zones est pair ou impair et on peut considérer la série

$$b - b' + b'' - b''' + \ldots,$$

comme allant à l'infini. Nous allons en conclure avec Fresnel que le mouvement de chaque zone est détruit par la moitié des mouvements des deux zones entre lesquelles elle se trouve : qu'ainsi, les mouvements épargnés et la lumière se réduisent, les uns à moitié de ceux du premier anneau, et l'autre au quart de b^2.

Soient en effet

$$s, \quad s - \overline{\Delta s}, \quad s - 2\overline{\Delta s} + \overline{\Delta^2 s}\ldots,$$
$$i, \quad i - \overline{\Delta i}, \quad i - 2\overline{\Delta i} + \overline{\Delta^2 i}\ldots,$$

les surfaces des zones d'Huyghens et les valeurs moyennes lentement décroissantes des coefficients de leurs vibrations, les vibrations résultantes seront proportionnelles aux produits

$$si \cdot \left(s - \overline{\Delta s}\right)\left(i - \overline{\Delta i}\right) \cdot \left(s - 2\overline{\Delta s} + \overline{\Delta^2 s}\right)\left(i - 2\overline{\Delta i} + \overline{\Delta^2 i}\right)\ldots,$$

la demi-somme du premier et du troisième vaut

$$si - \left(i\overline{\Delta s} + s\overline{\Delta i}\right) + \left(\frac{1}{2}s\overline{\Delta^2 i} + \frac{1}{2}i\overline{\Delta^2 s} - 2\overline{\Delta i}\,\overline{\Delta s}\right)\ldots,$$

le produit intermédiaire est

$$si - \left(i\overline{\Delta s} + s\overline{\Delta i}\right) + \overline{\Delta i}\,\overline{\Delta s}.$$

Leur différence est donc une quantité petite du second ordre. La somme des erreurs de ce genre obtenue de proche en proche, en très-grand nombre, ne montera qu'à une quantité petite du premier ordre et peut être négligée. Si au contraire on voulait réserver tout le mouvement b de la première zone et détruire b' par b'', b''' par b^{iv}, ..., les différences $b' - b''$, $b''' - b^{iv}$, ..., seraient petites du premier ordre et leur somme donnerait une erreur comparable à b.

§ 55. — Multiplication de lumière par l'écran de Fresnel.

Si on obstrue, par un écran construit avec soin, les zones $2, 4, 6, \ldots$, de manière à ne laisser parvenir en P que les mouvements concordants des zones $1, 3, 5, 7, \ldots$, on aura un accroissement prodigieux de lumière. Fresnel a fait construire un écran de ce genre. Pour notre salle, longue de 10 mètres, et pour des rayons rouges, la largeur de la deuxième zone (elle est maxima quand $Cp = p\,P$) atteint presque un demi-millimètre et nous avons pu l'exécuter : en la soutenant avec une petite tige ($fig.$ 33), on obtient au point P, d'abord toute la lumière de la première zone, puis le quart

de celle de la troisième, c'est-à-dire environ cinq fois plus
de lumière que sans l'écran.

§ 56. — Éclairement du centre de l'ombre d'un disque opaque.

Nous prévoyons de même, qu'au centre de l'ombre géométrique obtenue derrière un petit écran circulaire, on
aura sensiblement la même lumière que si l'écran n'existait
pas. En effet l'écran supprime un certain nombre de
zones, plus une fraction de zone; les mouvements qui
restent doivent être groupés en nouvelles zones dont la première est à demi épargnée. Or, si l'écran est assez petit
pour que cette première zone ne soit pas d'un rang élevé,
le quart de sa lumière ne différera sensiblement pas de $\frac{1}{4} b^2$.

§ 57. — Obscurité au centre du cercle lumineux donné par un trou rond.

Le centre de la tache lumineuse circulaire qu'on obtient,
quand on place devant un point lumineux un écran opaque
percé d'un trou rond, peut être parfaitement noir. Il suffit
pour cela que le bord du trou corresponde exactement à un
nombre pair de zones, c'est-à-dire que l'on ait ($fig.$ 32)

$$\mathrm{P}\omega' - \mathrm{P}p = 2\,n\,\frac{\lambda}{2}.$$

Derrière un trou quelconque on trouve toujours plusieurs
distances pour lesquelles cette condition est satisfaite. Si on
appelle α et 6 les deux distances $\mathrm{C}p$, $p\mathrm{P}$, la différence
$\mathrm{P}\omega - \mathrm{P}p$ vaudra à très-peu près les deux sinus verses $\omega\sigma$,
$\sigma\tau$, et l'équation précédente deviendra

$$\frac{r^2}{2\,\alpha} + \frac{r^2}{2\,6} = n\lambda.$$

En mesurant r, rayon de l'ouverture, et les distances α, 6,
et en partant d'une distance 6 assez grande pour ne pas
manquer la première tache noire, on connaîtra n et on
pourra tirer de l'équation précédente une bonne valeur de λ.

Sans nous arrêter à tirer simplement d'autres conséquences du principe d'Huyghens, arrivons aux calculs qui donnent, avec plus de précision, celles qui précèdent.

§ 58. — Composition des mouvements vibratoires associés par la dérivation. — Le calcul.

Puisque l'efficacité appartient surtout aux premières zones, puisque les zones d'un rang un peu élevé cessent de contribuer sensiblement à la lumière du point P, il suit que l'on peut considérer comme parallèles les rayons envoyés par l'onde et appliquer à leur composition les formules précédentes.

Associons (*fig.* 32) au rayon Cp, pris pour axe des z, deux axes rectangulaires pX, pY situés dans le plan tangent à l'onde menée par le point p, et soient x, y, z les coordonnées d'un élément ε de cette onde situé dans l'azimut CεP : pour des zones d'un rang aussi peu élevé, ε ne différera sensiblement pas de sa projection $dx\,dy$. Si donc on désigne par $f(\theta)$ la fonction suivant laquelle le mouvement dérivé s'atténue avec l'angle d'obliquité θ qui sépare sa direction εP de Cε, la vibration envoyée par l'élément ε en P sera déjà proportionnelle à $dx\,dy\,f(\theta)$. Si nous représentons par i le coefficient de vitesse sur la sphère de rayon 1, sur la sphère de rayon α il sera $\frac{1}{\alpha}$ (§ 7); mais le principe d'Huyghens, en faisant, de chaque point de l'onde, un centre d'émanation, autorise à étendre aux mouvements, dérivés dans une même direction, la même loi de dégradation : donc sur les sphères secondaires de rayon δ, le coefficient sera encore réduit dans le rapport $\frac{1}{\delta}$. Somme toute, la vibration en P issue de l'élément ε sera

$$dx\,dy\,f(\theta)\frac{1}{\alpha\delta}.$$

Son retard vaudra encore sensiblement la somme de deux sinus verses, que l'on pourra évaluer approximativement

en attribuant aux deux arcs une même valeur, à savoir la
corde $p\varepsilon = \sqrt{x^2 + y^2 + z^2}$ de l'un d'eux ; mais z est si petit, dans les conditions admises, qu'on peut le négliger et
adopter pour le retard l'expression

$$(x^2 + y^2)\,\frac{\alpha + \theta}{2\,\alpha\theta}.$$

L'anomalie de ce rayon sera donc

$$2\pi\,\frac{\alpha + \theta}{2\,\alpha\theta\lambda}\,(x^2 + y^2),$$

et si on le transforme en deux autres qui aient pour anomalies o et $\dfrac{\pi}{2}$, leurs coefficients seront

$$\frac{1}{\alpha\theta}\,dx\,dy\,f(\theta)\cos\pi\,\frac{\alpha + \theta}{\alpha\theta\lambda}\,(x^2 + y^2),$$

$$\frac{1}{\alpha\theta}\,dx\,dy\,f(\theta)\sin\pi\,\frac{\alpha + \theta}{\alpha\theta\lambda}\,(x^2 + y^2).$$

En étendant la même opération à tous les éléments de
l'onde, le carré de l'amplitude de la résultante générale de
tous les mouvements, c'est-à-dire l'intensité I de la lumière
en P sera

$$I = \frac{1}{\alpha^2\theta^2}\left[\iint dx\,dy\,f(\theta)\cos\pi\,\frac{\alpha + \theta}{\alpha\theta\lambda}\,(x^2 + y^2)\right]^2$$
$$+ \frac{1}{\alpha^2\theta^2}\left[\iint dx\,dy\,f(\theta)\sin\pi\,\frac{\alpha + \theta}{\alpha\theta\lambda}\,(x^2 + y^2)\right]^2;$$

l'anomalie du rayon résultant sera

$$\operatorname{tang}\psi = \frac{\displaystyle\iint dx\,dy\,f(\theta)\sin\pi\,\frac{\alpha + \theta}{\alpha\theta\lambda}\,(x^2 + y^2)}{\displaystyle\iint dx\,dy\,f(\theta)\cos\pi\,\frac{\alpha + \theta}{\alpha\theta\lambda}\,(x^2 + y^2)},$$

Pour les premiers rayons, l'atténuation due à l'obliquité
est insignifiante ; les mêmes motifs qui nous ont permis
d'étendre à tous, le parallélisme approximatif des plus influents, nous autorisent à négliger entièrement l'inégalité

introduite par la dérivation et à poser

$$f(0) = 1.$$

La solution du problème dépend alors des deux intégrales

$$\iint dx\, dy \cos \pi\, \frac{\alpha + 6}{2 6 \lambda}\, (x^2 + y^2),$$

$$\iint dx\, dy \sin \pi\, \frac{\alpha + 6}{\alpha 6 \lambda}\, (x^2 + y^2),$$

développant les lignes trigonométriques, la première donne

$$\iint dx\, dy \cos \pi\, \frac{\alpha + 6}{\alpha 6 \lambda}\, x^2 \cos \pi\, \frac{\alpha + 6}{\alpha 6 \lambda}\, y^2$$

$$- \iint dx\, dy \sin \pi\, \frac{\alpha + 6}{\alpha 6 \lambda}\, y^2 \sin \pi\, \frac{\alpha + 6}{\alpha 6 \lambda}\, y^2,$$

et la dernière

$$\iint dx\, dy \sin \pi\, \frac{\alpha + 6}{\alpha 6 \lambda}\, x^2 \cos \pi\, \frac{\alpha + 6}{\alpha 6 \lambda}\, y^2$$

$$+ \iint dx\, dy \sin \pi\, \frac{\alpha + 6}{\alpha 6 \lambda}\, y^2 \cos \pi\, \frac{\alpha + 6}{\alpha 6 \lambda}\, x^2,$$

remarquant que x et y sont séparés, et représentant par les lettres A, B, C, D chacune des intégrales simples, on a les expressions

$$\int dx \cos \pi\, \frac{\alpha + 6}{\alpha 6 \lambda}\, x^2 \int dy \cos \pi\, \frac{\alpha + 6}{\alpha 6 \lambda}\, y^2$$

$$- \int dx \sin \pi\, \frac{\alpha + 6}{\alpha 6 \lambda}\, x^2 \int dy \sin \pi\, \frac{\alpha + 6}{\alpha 6 \lambda}\, y^2 = AB - CD,$$

$$\int dx \sin \pi\, \frac{\alpha + 6}{\alpha 6 \lambda}\, x^2 \int dy \cos \pi\, \frac{\alpha + 6}{\alpha 6 \lambda}\, y^2$$

$$+ \int dx \cos \pi\, \frac{\alpha + 6}{\alpha 6 \lambda}\, x^2 \int dy \sin \pi\, \frac{\alpha + 6}{\alpha 6 \lambda}\, y^2 = CB + AD,$$

en élevant au carré pour obtenir l'intensité, les doubles produits se détruisent et il reste

$$I = A^2 B^2 + C^2 D^2 + C^2 B^2 + A^2 D^2.$$

Enfin, quand les limites seront les mêmes pour x et pour y, quand, par exemple, la portion de l'onde épargnée autour du rayon $C\,p$, sera un carré dont les côtés soient dirigés suivant les x et les y, ou encore quand il s'agira de l'onde entière, on aura $A = B$, $C = D$, et, par conséquent,

$$I = A^4 + C^4 + 2A^2 C^2.$$

Dans tous les cas, les intégrales en y portant sur les mêmes fonctions que celles en x, le problème se ramène à l'intégration des deux seules expressions

$$\int dx \cos \pi \, \frac{\alpha + \mathfrak{b}}{\alpha \mathfrak{b} \lambda} \, x^2, \qquad \int dx \sin \pi \, \frac{\alpha + \mathfrak{b}}{\alpha \mathfrak{b} \lambda} \, x^2.$$

Posons

$$x \sqrt{\pi \, \frac{\alpha + \mathfrak{b}}{\alpha \mathfrak{b} \lambda}} = v \sqrt{\frac{\pi}{2}}, \quad \text{d'où} \quad dx = dv \sqrt{\frac{\alpha \mathfrak{b} \lambda}{2 \, (\alpha + \mathfrak{b})}};$$

elles s'échangent contre les deux autres

$$\sqrt{\frac{\alpha \mathfrak{b} \lambda}{2 \, (\alpha + \mathfrak{b})}} \int dv \cos \frac{\pi}{2} v^2, \qquad \sqrt{\frac{\alpha \mathfrak{b} \lambda}{2 \, (\alpha + \mathfrak{b})}} \int dv \sin \frac{\pi}{2} v^2.$$

On ne connaît pas l'intégrale générale des expressions différentielles

$$dv \cos \frac{\pi}{2} v^2, \qquad dv \sin \frac{\pi}{2} v^2;$$

mais on a trouvé (note A) que, soit entre les limites o et ∞, soit entre les limites $-\infty$ et o, elles avaient toutes deux la valeur $\frac{1}{2}$, et, par conséquent, entre les limites $-\infty$ et $+\infty$ la valeur 1. Cette connaissance ne paraît guère devoir profiter à notre question, puisque, dans le cas le plus large, quand on prend l'onde entière, les limites s'arrêtent au cône enveloppe mené par le point P, et correspondent à des valeurs finies de x et de y. Cependant Fresnel remarquant qu'il n'y avait aucun inconvénient à étendre les zones d'Huyghens à l'infini, puisque une telle hypothèse n'introduisait dans l'intégrale, à la suite des éléments vrais, que des éléments égaux et de signe contraire qui ne modifiaient

pas dès lors la somme des premiers éléments, en a conclu
que pour avoir l'éclairement normal en P, il fallait prendre
les intégrales ci-dessus entre les limites $-\infty$ et $+\infty$,
c'est-à-dire poser

$$\int dx \cos \frac{\pi}{2} x^2 = 1, \qquad \int dx \sin \frac{\pi}{2} x^2 = 1.$$

L'intensité donnée par l'onde entière vaut donc

$$I = A^4 + C^4 + 2\,A^2 C^2 = 4\,A^4 = 4\left(\int_{-\infty}^{+\infty} dx \cos \pi \frac{\alpha + \delta}{\alpha \delta \lambda} x^2, \right)$$

puisque entre ces limites l'intégrale du sinus a la même
valeur que celle du cosinus : il vient

$$\frac{\alpha^2 \delta^2 \lambda^2}{(\alpha + \delta)^2}.$$

Et si l'on rétablit le facteur $\dfrac{1}{\alpha^2 \delta^2}$ on trouve enfin, pour J,
l'expression

$$\frac{\lambda^2}{(\alpha + \delta)^2}$$

qui est, comme on devait s'y attendre, indépendante aussi
bien du rayon α de la sphère sur laquelle il nous a plu d'appliquer le principe d'Huyghens, que de la distance supplémentaire δ, et qui ne dépend que de la somme $\alpha + \delta$, distance totale à laquelle elle reste liée par la même loi de la
raison inverse du carré. On a en outre

$$\operatorname{tang} \psi = \frac{CB + AD}{AB - CD} = \frac{A^2 + A^2}{A^2 - A^2} = \infty, \quad \text{c'est-à-dire} \quad \psi = \frac{\pi}{2}.$$

Ainsi *le rayon résultant a pour coefficient* $\dfrac{\lambda}{\alpha + \delta}$ *et il est en*

retard de $\dfrac{1}{4}\lambda$ *sur le premier rayon* CP.

§ 59. – Autre expression de la résultante.

On peut diriger autrement les calculs précédents et obtenir des formules précieuses pour le cas où la portion de
l'onde utilisée sera de révolution autour de CP.

Soit s la distance $\sqrt{x^2 + y^2}$ d'un point quelconque au point p : tous les mouvements de l'anneau $2\pi s\,ds$ ont le même retard

$$\frac{s^2}{2\,\alpha} + \frac{s^2}{2\,\delta},$$

ou la même anomalie $\pi s^2 \dfrac{\alpha + \delta}{\alpha\delta\lambda}$; il s'ensuit que l'intensité en P sera

$$\left(\int 2\pi s\,ds \cos \pi \frac{\alpha + \delta}{\alpha\delta\lambda} s^2 \right)^2 \frac{1}{x^2\delta^2} + \left(\int 2\pi s\,ds \sin \pi \frac{\alpha + \delta}{\alpha\delta\lambda} s^2 \right)^2 \frac{1}{x^2\delta^2}$$

et la phase du rayon résultant

$$\tan g\,\psi = \frac{\displaystyle\int 2\pi s\,ds \sin \pi \frac{\alpha + \delta}{\alpha\delta\lambda} s^2}{\displaystyle\int 2\pi s\,ds \cos \pi \frac{\alpha + \delta}{\alpha\delta\lambda} s^2} :$$

ici les intégrales s'effectuent et l'on a

$$\int 2\pi s\,ds \cos \pi \frac{\alpha + \delta}{\alpha\delta\lambda} s^2 = \frac{\alpha\delta\lambda}{\alpha + \delta} \sin \pi \frac{\alpha + \delta}{\alpha\delta\lambda} s^2 + c,$$

$$\int 2\pi s\,ds \sin \pi \frac{\alpha + \delta}{\alpha\delta\lambda} s^2 = -\frac{\alpha\delta\lambda}{\alpha + \delta} \cos \pi \frac{\alpha + \delta}{\alpha\delta\lambda} s^2 + c.$$

Pour avoir la lumière de la première zone d'Huyghens, les limites seront

$$s = 0 \qquad \text{et} \qquad s^2 \frac{\alpha + \delta}{2\,\alpha\delta} = \frac{\lambda}{2},$$

ce qui donne

$$I = \left(-\frac{\alpha\delta\lambda}{\alpha + \delta} - \frac{\alpha\delta\lambda}{\alpha + \delta} \right)^2 \frac{1}{x^2\delta^2} = 4 \frac{\lambda^2}{(\alpha + \delta)^2},$$

$$\tan g\,\psi = -\frac{2 \dfrac{\alpha\delta\lambda}{\alpha + \delta}}{0} = \infty,$$

c'est-à-dire que *le rayon résultant éclaire quatre fois plus que si l'onde était libre, et qu'il est encore en retard de* $\dfrac{\lambda}{4}$. On trouverait le même résultat en prenant trois zones ou, plus généralement, un nombre entier mais impair de zones.

On voit ici que cette moitié réservée de la première zone
d'Huyghens, qui constitue l'éclairement normal, doit se composer d'éléments uniformément disséminés dans la zone
entière.

Si le trou circulaire occupe juste les deux premières zones
ou plus généralement un nombre pair de zones, les limites
seront

$$s = 0, \qquad s^2 \frac{\alpha + \beta}{2\,\alpha\beta} = n\lambda\,;$$

on trouve alors $I = 0$.

Si au lieu de prendre ainsi pour s des valeurs particulières, nous le laissons quelconque, les limites seront $s = 0$,
$s = r$ et l'intensité vaudra

$$\frac{\lambda^2}{(\alpha + \beta)^2}\left[\left(\sin^2\pi\,\frac{\alpha + \beta}{\alpha\beta\lambda}\,r^2\right) + \left(-\cos\pi\,\frac{\alpha + \beta}{\alpha\beta\lambda}\,r^2 + 1\right)^2\right]$$

$$= 2\,\frac{\lambda^2}{(\alpha + \beta)^2}\left(1 - \cos\pi\,\frac{\alpha + \beta}{\alpha\beta\lambda}\,r^2\right) = 4\,\frac{\lambda^2}{(\alpha + \beta)^2}\sin^2\pi\,\frac{\alpha + \beta}{2\,\alpha\beta\lambda}\,r^2,$$

ou bien simplement

$$4\,\sin^2\pi\,\frac{\alpha + \beta}{2\,\alpha\beta\lambda}\,r^2,$$

si l'on ne prend que le rapport entre l'éclairement obtenu
et la lumière normale. On aura aussi

$$\tan\psi = \frac{-\cos\pi\,\dfrac{\alpha + \beta}{\alpha\beta\lambda}\,r^2 + 1}{\sin\pi\,\dfrac{\alpha + \beta}{\alpha\beta\lambda}\,r^2} = \tan\pi\,\frac{\alpha + \beta}{2\,\alpha\beta\lambda}\,r^2.$$

Si la lumière est blanche, la teinte s'obtiendra en faisant la
somme des expressions analogues données (α et β restant
les mêmes) par toutes les valeurs de λ; et elle sera représentée par le symbole

$$\sum \sin^2\pi\,\frac{\alpha + \beta}{2\,\alpha\beta\lambda}\,r^2.$$

On chercherait en vain à réobtenir, à l'aide de la nouvelle formule, l'éclairement normal, car les hypothèses
$s = \infty$, $s = -\infty$ donnent des valeurs indéterminées.

§ 60. — L'éclairement central de l'ombre du disque opaque, justifié par le calcul.

Pour avoir l'éclairement au centre de l'ombre du disque circulaire, il faut chercher le rayon qui, en se superposant au rayon résultant d'une ouverture égale, restituerait le rayon résultant de l'onde illimitée. Ce dernier a pour paramètres $\dfrac{\lambda}{\alpha + \beta}$ et $\dfrac{\pi}{2}$; l'amplitude de l'autre est

$$2\,\frac{\lambda}{\alpha + \beta}\,\sin\frac{\pi}{2}\,\frac{\alpha + \beta}{2\beta\lambda}\,r^2,$$

et sa phase

$$\frac{\pi}{2}\,\frac{\alpha + \beta}{\alpha\beta\lambda}\,r^2,$$

ce qui donne au premier rayon résultant l'anomalie

$$\frac{\pi}{2}\left(1 - \frac{\alpha + \beta}{\alpha\beta\lambda}\,r^2\right),$$

le problème qu'il s'agit de résoudre correspond à cet autre de statique : *Ayant une résultante* B_1, *une de ses composantes* b *et l'angle* φ *qui les sépare, trouver en grandeur et en position la deuxième composante.* Or on sait que cette dernière force est la résultante de B_1 et d'une force égale et opposée à b, de sorte qu'on l'obtient en posant

$$b = B_1, \qquad b' = b, \qquad \varphi = \pi - \varphi$$

dans les formules générales

$$B^2 = b^2 + b'^2 + 2\,b b' \cos\varphi, \qquad \sin\overline{B b'} = \frac{b}{B}\sin\varphi,$$

qui deviennent alors

$$B^2 = B_1^2 + b^2 - 2\,b B_1 \cos\varphi, \qquad \sin\overline{B B_1} = \sin\varphi\,\frac{b}{\sqrt{b^2 + B_1^2 - 2\,b B_1 \cos\varphi}}.$$

Ici, les analogues de b, B_1, φ sont

$$2\,\frac{\lambda}{\alpha + \beta}\,\sin\frac{\pi}{2}\,\frac{\alpha + \beta}{\alpha\beta\lambda}\,r^2, \quad \frac{\lambda}{\alpha + \beta} \qquad \text{et} \qquad \frac{\pi}{2}\left(1 - \frac{\alpha + \beta}{\alpha\beta\lambda}\,r^2\right):$$

I.   8

donc on a pour l'intensité du rayon cherché

$$B = \frac{\lambda^2}{(\alpha + \beta)^2}\left(4\sin^2\frac{\pi}{2}\frac{\alpha+\beta}{\alpha\beta\lambda}r^2 + 1 - 4\sin^2\frac{\pi}{2}\frac{\alpha+\beta}{\alpha\beta\lambda}r^2\right) = \frac{\lambda^2}{(\alpha+\beta)^2}.$$

Ainsi déjà *l'intensité de la lumière est la même que si le disque n'existait pas*, et ce résultat étant vrai pour chaque couleur, la tache lumineuse paradoxale sera blanche quand on usera de lumière blanche.

Puisque $B = B_1$, on a

$$\sin\overline{BB_1} = \frac{b}{B_1}\sin\varphi = \cos\frac{\pi}{2}\frac{\alpha+\beta}{\alpha\beta\lambda}r^2 \cdot 2\sin\frac{\pi}{2}\frac{\alpha+\beta}{\alpha\beta\lambda}r^2 = \sin\pi\frac{\alpha+\beta}{\alpha\beta\lambda}r^2,$$

d'où

$$\overline{BB_1} = \pi\frac{\alpha+\beta}{\alpha\beta\lambda}r^2.$$

La phase entière du rayon s'obtient en ajoutant $\frac{\pi}{2}$ et vaut

$$\pi\frac{\alpha+\beta}{\alpha\beta\lambda}r^2 + \frac{\pi}{2}.$$

Mais

$$\pi\frac{\alpha+\beta}{\alpha\beta\lambda}r^2$$

est le retard du rayon qui part du bord du disque ; on arrive donc à ceci que : *le rayon résultant est en retard sur les rayons qui partent du bord du disque de* $\frac{\lambda}{4}$: *c'est-à-dire qu'il part du milieu de la première des zones d'Huyghens formées depuis le bord du disque.*

On peut substituer à cette synthèse l'analyse suivante que nous nous contenterons d'esquisser. On a

$$1 = \left(\int_r^\infty 2\pi s\,ds \cos\pi\frac{\alpha+\beta}{\alpha\beta\lambda}s^2\right)^2\frac{1}{\alpha^2\beta^2}$$

$$+ \left(\int_r^\infty 2\pi s\,ds \sin\pi\frac{\alpha+\beta}{\alpha\beta\lambda}s^2\right)^2\frac{1}{\alpha^2\beta^2}.$$

Mais

$$\int_r^\infty = \int_0^\infty - \int_0^r ;$$

or $\int_0^\infty$, appartenant à l'onde entière, n'est autre chose que l'intégrale double intégrable

$$\int_{-\infty}^{+\infty} \int_{-\infty}^{+\infty} dx\,dy \cos \pi \frac{\alpha + \beta}{\alpha\beta\lambda} (x^2 + y^2) = AB - CD,$$

ou, à cause de l'identité des limites, $= A^2 - A^2$. On aura de même, en place de la deuxième intégrale simple en s, illusoire pour les limites o et ∞, l'intégrale double

$$CB + DA = 2\,A^2,$$

de sorte que

$$I = \left(-\int_0^r 2\,\pi\,s\,ds \cos \pi \frac{\alpha + \beta}{\alpha\beta\lambda} s^2 \right)^2 \frac{1}{\alpha^2\beta^2}$$

$$+ \left(2\,A^2 - \int_0^r 2\pi\,s\,ds \sin \pi \frac{\alpha + \beta}{\alpha\beta\lambda} s^2 \right)^2 \frac{1}{\alpha^2\beta^2}.$$

Effectuant les intégrales entre les limites o et r et se rappelant que A^2 vaut $\dfrac{\alpha\beta\lambda}{2\,(\alpha + \beta)}$, on trouve

$$I = \frac{\lambda^2}{(\alpha + \beta)^2} \left[\sin^2 + (1 - 1 + \cos)^2 \right]$$

$$= \frac{\lambda^2}{(\alpha + \beta)^2} (\sin^2 + \cos^2) = \frac{\lambda^2}{(\alpha + \beta)^2},$$

c'est-à-dire l'éclairement normal.

En procédant aux mêmes substitutions dans l'expression de tang ψ, on arrive sans peine à

$$\tan g\,\psi = - \cot \pi \frac{\alpha + \beta}{\alpha\beta\lambda} r^2, \quad \text{d'où} \quad \psi = \pi \frac{\alpha + \beta}{\alpha\beta\lambda} r^2 + \frac{\pi}{2},$$

comme ci-dessus.

§ 61. — Diffraction avec la lumière convergente.

Les phénomènes d'une petite ouverture circulaire peuvent s'obtenir avec une grande ouverture, mais à la condition qu'elle soit recouverte par une lentille convergente L d'un long foyer F, et que les diverses positions données à l'écran s'éloignent peu du foyer P vers lequel concourent les rayons rendus conver-

8.

gents (*fig.* 34). Considérons en effet le point E distant de P de la petite quantité ε, les divers mouvements, qui y arrivent d'après le principe d'Huyghens, cesseront d'y être d'accord : en décrivant des points P, E, deux circonférences Cm, Cn qui passent en C, et se rappelant (§ **31**) que les chemins dirigés vers P (ou sans erreur sensible vers E) et estimés, pour les divers rayons, depuis le point lumineux jusqu'à la circonférence mC, sont équivalents, on voit sans peine que le retard d'un **rayon** quelconque m_1 E sur le premier **rayon** CE est sensiblement $m_1 n_1$ ou sa projection $m'n'$. Pour l'anneau $2\pi s ds$ le retard est donc $Cn' - Cm'$, c'est-à-dire

$$\frac{s^2}{2\,(F-\varepsilon)} - \frac{s^2}{2\,F} = \frac{s^2}{2}\;\frac{\varepsilon}{F\,(F-\varepsilon)},$$

ou enfin $\dfrac{s^2 \varepsilon}{2\,F^2}$ puisque ε sera très-petit vis-à-vis de F.

Remplaçons encore le faisceau annulaire $2\pi s ds$ par deux rayons dont l'un soit d'accord avec CE et l'autre en retard de $\dfrac{\lambda}{4}$. L'intensité résultante vaudra

$$\left(\int 2\pi s ds \cos \frac{\pi\,s^2\varepsilon}{\lambda\,F^2} \right)^2 + \left(\int 2\pi s ds \sin \frac{\pi\,s^2\varepsilon}{\lambda\,F^2} \right)^2 :$$

effectuant les intégrations et passant aux limites o et r, il vient

$$I = \left(\frac{\lambda\,F^2}{\varepsilon} \sin \frac{\pi\,r^2\varepsilon}{\lambda\,F^2} \right)^2 + \frac{\lambda^2\,F^4}{\varepsilon^2} \left(\cos \frac{\pi\,r^2\varepsilon}{\lambda\,F^2} - 1 \right)^2$$

$$= \frac{2\,\lambda^2\,F^4}{\varepsilon^2} \left(1 - \cos \frac{\pi\,r^2\varepsilon}{\lambda\,F^2} \right) = \frac{4\,\lambda^2\,F^4}{\varepsilon^2} \sin^2 \frac{\pi\,r^2\varepsilon}{2\,\lambda\,F^2}.$$

On aura donc des points noirs pour les valeurs équidistantes de ε données par les équations

$$\frac{\pi\,r^2\varepsilon}{2\,\lambda\,F^2} = \pi = 2\pi = 3\pi = \ldots\,;$$

les valeurs intermédiaires

$$\varepsilon = \frac{1}{2}\,\frac{2\lambda\,F^2}{r^2} = \frac{3}{2}\,\frac{2\lambda\,F^2}{r^2} = \ldots\,,$$

donneront au contraire des maxima.

Les ouvertures des objectifs à long foyer, nécessaires à ces expériences, sont trop grandes, et l'expérience a montré qu'il fallait les réduire à ne pas dépasser 2 ou 3 centimètres, par des diaphragmes circulaires appliqués sur l'objectif. Avec cette réduction, les points obscurs deviennent suffisamment distancés, et le nombre des rayons est encore assez grand pour que les expériences réussissent bien avec une étoile. Quand on a mis l'astre au foyer de la lunette, il suffit d'enfoncer ou de tirer l'oculaire pour obtenir les alternatives d'éclat et d'obscurité. Autour du disque central noir ou brillant, on découvre d'ailleurs, comme avec la petite ouverture circulaire, des cercles alternativement obscurs et lumineux.

La position de l'écran qui donne centre obscur varie avec la longueur d'onde. Ainsi quand on se donne

$$F = 1000 \text{ millimètres}, \qquad r = 10 \text{ millimètres},$$

si on suppose tour à tour

$$\lambda = 0,0005, \qquad \lambda' = 0,0006,$$

on trouve

$$\varepsilon = 10 \text{ millimètres}, \qquad \varepsilon' = 12 \text{ millimètres}.$$

Avec le petit trou, l'achromatisme des taches obscures et brillantes est bien autrement imparfait. En effet, si nous nous reportons au § 57, nous voyons d'abord que l'ouverture qui donnerait à une distance $\delta = 1000$ millimètres le premier centre noir, aurait pour rayon (on suppose le point lumineux à l'infini)

$$r = \sqrt{2\,\delta\lambda} = \sqrt{2 . 1000 . 0,0005} = 1 \text{ millimètre}.$$

Si alors on suppose

$$\lambda = 0^{mm},0006,$$

et si l'on calcule la distance $\delta = \dfrac{r^2}{2\,\lambda}$ qui donne, avec cette ouverture et pour ce nouveau rayon, le premier centre obscur, on trouve

$$\delta = 833 \text{ millimètres},$$

de sorte que l'écran se sera rapproché de 167 millimètres au lieu de 2 millimètres.

Mais n'oublions pas que si la solution est complète, dans les deux cas du disque et de l'ouverture circulaires, cela n'a lieu que pour les points situés sur la ligne centrale CP. Dès qu'on s'en écarte, les limites cessent d'être un cercle concentrique au premier rayon et les calculs n'ont plus le même succès.

§ 62. — Construction des intégrales définies de la diffraction.

Nous terminerons cette longue étude en construisant (*fig.* 35) les expressions

$$(1) \qquad y = \cos \frac{\pi}{2} v^2,$$

$$(2) \qquad y = \sin \frac{\pi}{2} v^2,$$

$$(3) \qquad y = \int_0^{v} dv \cos \frac{\pi}{2} v^2,$$

$$(4) \qquad y = \int_0^{v} dv \sin \frac{\pi}{2} v^2,$$

$$(5) \qquad y = \left(\int_0^{v} dv \cos \frac{\pi}{2} v^2 \right)^2,$$

$$(6) \qquad y = \left(\int_0^{v} dv \sin \frac{\pi}{2} v^2 \right)^2.$$

et enfin l'expression

$$(7) \qquad \left(\frac{1}{2} + \int_0^{v} dv \cos \frac{\pi}{2} v^2 \right)^2 + \left(\frac{1}{2} + \int_0^{v} dv \sin \frac{\pi}{2} v^2 \right)^2,$$

que nous devons retrouver en diffraction, puisqu'elle y exprime l'intensité de la lumière dans divers phénomènes étudiés par Fresnel.

Les premières expressions sont les ordonnées de courbes serpentantes dont les spires se resserrent de plus en plus et dont les élongations constantes atteignent toujours les deux droites o'V′, o'' V″ parallèles à l'axe des v, menées aux distances $+1$ et -1. Ce qui rend ces courbes admirablement appropriées à la question, c'est que les surfaces comprises entre l'axe des V et les spires sont, comme les zones d'Huyghens, alternativement de signes contraires, et convergent comme elles non-seulement vers l'égalité, mais encore vers zéro.

Les expressions (3) et (4) sont des surfaces rapportées au carré $O o' D_1$ pris comme unité. Pour les construire comme les précédentes, par des courbes, on représente l'unité de surface par une ligne arbitraire. Nous avons pris la ligne OA qui est assez grande pour que ces nouvelles courbes ne se mêlent pas trop aux premières. On a des courbes serpentantes dont les plis se resserrent comme dans les courbes 1, 2, mais dont les élongations s'atténuent et qui tendent dès lors à se confondre avec une parallèle aux v menée à la distance $\frac{1}{2}\overline{\mathrm{AO}} = 0,5$.

Nous verrons en diffraction (§ 101) que la détermination numérique des expressions (3) et (4) est du plus haut intérêt. On pourrait les obtenir en relevant les surfaces comprises entre l'axe des v et les courbes 1, 2, à l'aide d'un réseau de petits carrés égaux qu'on placerait dessus ces courbes. On compterait le nombre de carrés exactement enfermés et on apprécierait les fractions incluses de ceux qui seraient simplement entamés.

Les expressions (5) et (6) reproduisent avec exagération les allures des précédentes. Leur maxima et leur minima répondent aux mêmes valeurs de v. Elles se rapprochent indéfiniment, leurs plis s'atténuant, de la parallèle aux v distante de $0,25$.

Enfin la courbe 7 se déduit des précédentes par la relation

$$y = \frac{1}{4} + \frac{1}{4} + \int_0^v dv \cos\frac{\pi}{2}v^2 + \int_0^v dv \sin\frac{\pi}{2}v^2$$
$$+ \left(\int_0^v dv \cos\frac{\pi}{2}v^2\right)^2 + \left(\int_0^v dv \sin\frac{\pi}{2}v^2\right)^2,$$

c'est-à-dire en ajoutant $\frac{1}{2}$ à la somme des quatre ordonnées correspondantes des courbes 3, 4, 5, 6. En la construisant, nous avons, pour abréger, tenu compte des valeurs assignées par Fresnel aux maxima et aux minima qu'elle présente. L'atténuation de ses spires la rapproche indéfiniment de la droite $y = 2$ qui représente l'éclairement normal.

Si l'on construisait une huitième courbe ayant pour équation

$$y = \left(\frac{1}{2} - \int_0^v dv \cos\frac{\pi}{2}v^2\right) + \left(\frac{1}{2} - \int_0^v dv \sin\frac{\pi}{2}v^2\right)^2,$$

on la trouverait dépourvue de maxima et de minima. Nous y ferons allusion (§ 103) quand nous étudierons l'invasion de la lumière, à l'intérieur de l'ombre d'un écran rectiligne.

Dans notre figure les courbes 1, 3, 5, sont en traits interrompus. Les courbes 2, 4, 6, ainsi que la courbe finale 7, sont formées d'un trait continu. On a écrit près de chaque courbe, en deux endroits différents, son numéro d'ordre. Le long de l'axe des v on trouve en caractères plus petits la série des chiffres 1, 2, 3, 4,..., qui indiquent des abscisses croissantes. Pour éviter une *figure* trop compliquée nous nous sommes arrêté à $v = 4$, au lieu de pousser nos constructions jusqu'à $v = 5,5$, limite à laquelle Fresnel a étendu ses calculs. Enfin le long de l'axe des y, on trouve d'autres chiffres qui indiquent des ordonnées croissant par dixièmes. Ils se rapportent à l'unité de surfaces représentée par $\overline{OA}$, et par conséquent aux y des cinq dernières courbes. Ils servent surtout à faire apprécier les valeurs extrêmes des y de la septième courbe.

§ 63. — Tranches de Fresnel.

Après avoir supposé longtemps que la réflexion de la lumière était produite exclusivement à la surface des corps, Fresnel a été conduit à admettre dans ce phénomène, le concours des particules placées à leur intérieur.

Quand le corps a une diaphanéité parfaite les particules peuvent sans doute, quelle que soit leur profondeur, prendre part à la réflexion ; mais le principe des interférences limite, comme il suit, la réflexion à une mince couche dont il est facile de trouver l'épaisseur.

Décomposons, en effet, le corps en tranches minces analogues aux zones d'Huyghens, et telles, que les rayons extrêmes d'une tranche aient la différence de route $\dfrac{\lambda}{2}$. Si les distances des particules sont assez petites vis-à-vis de $\dfrac{\lambda}{2}$ pour que, dans deux tranches consécutives, chaque particule ait son homologue, il est visible que les mouvements de ces tranches s'entre-détruiront et qu'il y aura lieu de chercher quelles portions des mouvements des tranches extrêmes seront épargnées.

Les tranches n'offrent plus, il est vrai, aucune des trois dégradations offertes par les zones d'Huyghens, mais elles n'en ont pas moins des énergies décroissantes, puisque le mouvement qui atteint de proche en proche les tranches éloignées s'affaiblit par la réflexion même : puisque, si le milieu n'a pas une diaphanéité absolue, il s'affaiblit encore par une extinction graduelle. Bref, il faut mettre en réserve la moitié de la première tranche. Le mouvement réfléchi est donc un mouvement résultant qui aura sur le premier mouvement élémentaire, réfléchi à la surface même, un retard qu'il s'agit de calculer.

Si nous considérons que le mouvement réfléchi par une particule située à la profondeur x est en retard, non pas de x mais de $2x$, nous voyons que, pour obtenir dans une tranche toute la série des retards comprise depuis zéro jusqu'à $\frac{\lambda}{2}$, il suffit de lui donner l'épaisseur $\frac{\lambda}{4}$. On prévoit de même que la résultante aura pour point de départ le milieu de la première tranche. Le calcul suivant met hors de doute cette assertion.

Le rayon réfléchi à une profondeur x aura l'intensité $b\,dx$ et le retard $2x$ ou l'anomalie $2\pi\frac{2x}{\lambda}$. Si on le remplace par deux rayons dont l'un parte de la surface, l'autre étant en retard de $\frac{\lambda}{4}$, leurs coefficients seront

$$b\,dx \cos\frac{4\pi x}{\lambda}, \qquad b\,dx \sin\frac{4\pi x}{\lambda},$$

l'intensité résultante de toutes les tranches élémentaires sera donc

$$1 = \left(\int b\,dx \cos\frac{4\pi x}{\lambda}\right)^2 + \left(\int b\,dx \sin\frac{4\pi x}{\lambda}\right)^2,$$

et la phase ψ sera donnée par l'équation

$$\operatorname{tang}\psi = \frac{\displaystyle\int b\,dx \sin\frac{4\pi x}{\lambda}}{\displaystyle\int b\,dx \cos\frac{4\pi x}{\lambda}}.$$

b est en général une fonction de x qui pourrait bien être une logarithmique. Ce qui est plus certain, c'est que les corps offrent les deux cas extrêmes de b sensiblement constant et de b rapidement variable. Attachons-nous d'abord au premier cas. En effectuant les intégrales et les prenant entre les limites o et x, on obtient

$$I = \frac{b^2 \lambda^2}{16 \pi^2} \left[\sin^2 \frac{4 \pi x}{\lambda} + \left(\cos \frac{4 \pi x}{\lambda} - 1 \right)^2 \right] = \frac{b^2 \lambda^2}{4 \pi^2} \sin^2 \frac{2 \pi x}{\lambda}.$$

$$\operatorname{tang} \psi = \frac{1 - \cos \dfrac{4 \pi x}{\lambda}}{\sin \dfrac{4 \pi x}{\lambda}} = \operatorname{tang} \frac{2 \pi x}{\lambda}.$$

Quand $x = \dfrac{\lambda}{4}$ il vient

$$I = \frac{b^2 \lambda^2}{4 \pi^2} \quad \text{et} \quad \operatorname{tang} \psi = \infty,$$

ψ vaut donc $\dfrac{\pi}{2}$, et le rayon résultant a un retard égal à l'épaisseur de la tranche : $x = \dfrac{\lambda}{2}$ donne au contraire une résultante nulle. La résultante part donc du milieu de la tranche et est en retard sur le premier mouvement, de deux fois la demi-épaisseur $\dfrac{\lambda}{8}$: elle est en avance de la même quantité, quand le milieu antérieur est le plus réfringent, car alors ce sera la dernière tranche de ce milieu qui gardera une partie de son mouvement. Les mouvements antagonistes de la première tranche du milieu postérieur diminuent, il est vrai, les mouvements épargnés et les réduisent à moins de moitié de ceux de la tranche, mais ils ont les mêmes centres d'émanation et leur résultante garde le même point de départ.

Ces idées de Fresnel consignées dans un Mémoire perdu et tardivement retrouvé ne sont pas sans importance. Nous y reviendrons pour les soumettre au contrôle de l'expérience et pour les compléter au besoin. Bornons-nous pour le moment aux remarques suivantes.

Si les distances des particules ne sont plus très-faibles vis-à-vis de $\dfrac{\lambda}{4}$, la réflexion d'une tranche ne sera plus strictement détruite par la demi-somme des réflexions opérées dans les tranches voisines. Alors, au lieu de ne réfléchir que dans le voisinage de sa surface, le corps réfléchira dans toute sa masse une lumière faible sans doute, mais qui deviendra sensible quand le milieu aura assez

de profondeur. La dissémination atmosphérique n'aurait pas
d'autre origine.

Si le milieu est d'une transparence imparfaite, d'une part la résultante des réflexions opérées dans une tranche aura un autre point
de départ que le milieu de la tranche, de l'autre la résultante générale des mouvements réfléchis s'obtiendra en composant les résultantes partielles obtenues dans chaque système de deux tranches
consécutives. Le retard du rayon réfléchi dépend alors de ce pouvoir extincteur du corps, dont Fresnel n'a pas ignoré l'influence et
auquel les travaux de Cauchy ont donné une si grande importance. La réflexion, surtout celle des métaux, nous offrira en effet
ces pertes de phase ; et nous verrons, comme on le prévoit déjà,
qu'elles changeront de valeurs avec l'incidence.

Il est peu probable que des influences aussi compliquées soient
constamment égales pour les divers rayons, et l'on doit s'attendre
à voir la réflexion imprimer à la lumière blanche une coloration.
Enfin la tranche efficace devenant plus épaisse quand λ s'accroît,
on conçoit que le pouvoir réfléchissant grandisse avec la longueur
d'onde, et l'on aurait ainsi la clef de ces réflexions énergiques
rencontrées dans l'étude de la chaleur rayonnante.

<h3 align="center">§ 64. — Composition des excursions.</h3>

Revenant au problème de la composition des mouvements
vibratoires, nous ferons remarquer que les caractéristiques
du mouvement résultant, ou celles des mouvements composants dans le problème inverse, s'obtiendraient encore si,
au lieu de composer les vitesses oscillatoires, on composait
les excursions. On aurait alors

$$X = a \cos 2\pi \frac{t}{T} + a' \cos \left(2\pi \frac{t}{T} - \varphi \right).$$

Cette expression se ramènerait encore, par les mêmes artifices, à la forme

$$X = A \cos \left(2\pi \frac{t}{T} - \psi \right);$$

ψ donné par l'équation

$$\operatorname{tang} \psi = \frac{a' \sin \varphi}{a + a' \cos \varphi}$$

aurait, vu la proportionnalité qui unit ($\S$ 11) les coefficients de vitesse b, b' avec les amplitudes a, a', la même valeur : A, donné par cette autre équation

$$A^2 = a^2 + a'^2 + 2aa' \cos \varphi$$

aurait avec a et a' les mêmes relations que B^2 avec b et b', et servirait de mesure à l'intensité, si, ce qui est légitime ($\S$ 12), on mesure les intensités par le carré des amplitudes.

CHAPITRE IV.

INTERFÉRENCE DE LA LUMIÈRE NON POLARISÉE.

ARTICLE I.ᵉʳ

ANNEAUX COLORÉS DES LAMES MINCES.

Deux sortes d'anneaux. — Comment on réalise les anneaux réfléchis sous l'incidence normale. — Ils sont dûs à l'interférence des rayons fournis par la réflexion aux deux surfaces. — Comment la condition d'origine commune est réalisée, sans qu'il faille recourir à un point lumineux comme source. — Règle de Young relative à la réflexion de *moins* sur *plus*. — Loi des diamètres. — Lois des anneaux homologues formés par les divers rayons ou par les divers milieux. — Accroissement des anneaux avec l'obliquité. — Loi du cosinus. — Anneaux de la lumière blanche. — Les anneaux transmis complémentaires des réfléchis. — Vérification des lois. — Anneaux à centre blanc. — Utilité des prismes, pour accroître la vivacité et le nombre des anneaux visibles. —Diverses manières de les employer.— Insuffisance des deux premiers rayons. — Participation d'une foule d'autres. — Expressions des résultantes. — Elles montrent comment les anneaux obscurs peuvent être noirs. — Les anneaux colorés expliqués par la théorie des tranches. — Perte de $\frac{\lambda}{2}$ produite par toute réflexion. — Expérience des trois miroirs de Fresnel qui justifie cette perte réclamée par les anneaux transmis, et qui contredit en même temps la théorie des éthers diversement denses.

---

§ 65. — Interférences. — Diffraction.

S'il a été précédemment question d'alternatives de lumière et d'obscurité produites par voie d'interférences, c'était auxiliairement, et dans le but étroit d'en déduire certaines constantes. On conçoit donc que nous soyons loin de connaître les conditions variées dans lesquelles de telles alternatives peuvent se produire, et qu'il y ait lieu de revenir d'une manière spéciale sur des phénomènes aussi fréquents.

Les deux chapitres qui vont suivre seront consacrés à cette étude : si nous formons deux chapitres, cela vient de ce que l'interférence, due en général au concours d'une infinité de rayons, est quelquefois produite par le jeu de deux seuls rayons. Les premiers phénomènes exigent, pour donner les quelques résultats qu'on y a découverts, le secours d'une analyse élevée ; on les connaît sous le nom de phénomènes de *diffraction :* les autres, plus simples, conservent le nom de phénomènes d'*interférence.* Ainsi nous aurons successivement le chapitre des interférences et le chapitre de la diffraction.

Les phénomènes les plus remarquables du premier de ces chapitres sont : 1° les franges des lames minces qu'on appelle encore *anneaux colorés,* parce qu'il est facile de rendre circulaires, dans le corps mince, les lignes d'égale épaisseur ; 2° les franges ou anneaux des lames épaisses. Nous le subdivisons en deux sections correspondantes à ces deux classes de phénomènes.

§ 66. — Anneaux des lames minces réfléchis et transmis.

Posons sur une glace plane une lentille dont les rayons de courbure soient très-grands et nous verrons autour du point de contact, qui est noir, une série d'anneaux colorés. Si l'œil est armé d'un verre rouge, les anneaux seront alternativement rouges et noirs. En mettant l'œil au-dessous des verres, ou, ce qui revient au même, en faisant venir la lumière d'en bas et regardant encore au point de contact, on verra d'autres anneaux qui seront à centre blanc si la lumière est blanche, et à centre rouge si l'on emploie des rayons monochromatiques rouges. Les premiers sont dits *anneaux réfléchis* et les derniers *anneaux transmis.* Pour voir les anneaux réfléchis, dans la direction normale, et réaliser ainsi un cas simple auquel on s'attache d'abord, il faut (*fig.* 36) diriger la lumière incidente, à l'aide d'une lame de verre, de manière que la tête de l'observateur ne soit plus un obstacle.

§ 67. — Explication théorique des anneaux colorés.

Pour celui qui admet la théorie des ondes, des franges
régulièrement espacées proviennent à coup sûr d'interférences; et pour expliquer leur génération, tout se réduit à
trouver, dans chaque direction, deux rayons qui satisfassent
toutefois à cette double condition; 1° d'être issus soit d'un
même point lumineux, soit, par dédoublement, d'un même
rayon (§ 24); 2° de ne présenter que de faibles différences
de route, puisqu'on sait que, dans les circonstances usuelles
et avec des rayons grossièrement homogènes, les franges
cessent d'être appréciables au delà de la dixième environ.

Or toute lame rencontrée par un rayon IA le dédouble
en rayon réfléchi AB et en rayon réfracté AC (*fig.* 37). Ce
dernier éprouve à la deuxième surface un nouveau partage
qui donne CD transmis et CE réfléchi. Au point E, nouvelle
bifurcation qui donne EF et EH. On aurait ensuite HK et
HL.. Quoique cette succession d'effets, en se continuant,
associe d'autres rayons et au système des deux rayons AB,
EF, et à celui des deux transmis CD, HK; arrêtons-nous là
pour le moment, et voyons ce que donneront, dans le cas
d'une lame mince, chacun de ces deux systèmes.

Si la lame a ses deux faces parallèles, les deux rayons de
chaque système sont rigoureusement parallèles. Ce parallélisme n'existe plus avec une lame comprise, soit entre deux
plans inclinés, soit entre une sphère et un plan; mais si la
lame est très-mince, il est suffisamment approché pour que
l'œil avec sa large pupille les reçoive tous deux et les fasse
converger en un même point de la rétine.

Les deux rayons de chaque système se trouvent avoir décrit des chemins qui diffèrent de deux fois l'épaisseur e de
la lame. Comme, entre la sphère et le plan, l'épaisseur croît
à partir de zéro avec continuité, on comprend que e atteigne
nécessairement les valeurs $\frac{\lambda}{4}$, $3\frac{\lambda}{4}$, $5\frac{\lambda}{4}$, ..., et qu'en ces

points, le retard étant

$$2\,\frac{\lambda}{4} = \frac{\lambda}{2} \cdot 3\,\frac{\lambda}{2} \cdot 5\,\frac{\lambda}{2} \cdots$$

il y ait destruction des deux rayons, tandis qu'intermédiairement, là où l'épaisseur vaut un multiple pair de $\frac{\lambda}{4}$, les rayons se renforcent et donnent un anneau rouge. La petitesse de $\frac{\lambda}{4}$ pourrait seulement faire craindre que les anneaux ne fussent trop étroits et trop serrés pour être aperçus. Mais la relation géométrique entre les épaisseurs et les diamètres est tellement avantageuse, que ces derniers, incomparablement plus grands, sont parfaitement visibles dès que le rayon de la sphère est un peu grand.

§ 68. — Dans la réflexion de — sur + il se perd $\frac{\lambda}{2}$.

La théorie précédente nous promet des anneaux réfléchis à centre blanc, car au point de contact les deux rayons n'ont pas de différence de route. Elle nous promet aussi des anneaux transmis identiques avec les anneaux réfléchis, car la différence de route est de part et d'autre égale à $2\,e$. Or l'expérience dément habituellement le premier point et constamment le second, en donnant le plus ordinairement des anneaux réfléchis à centre noir, et en donnant toujours des anneaux transmis complémentaires des anneaux réfléchis. Il convient, avant d'énoncer les lois qui les régissent, d'écarter ces contradictions.

Nous savons déjà qu'il y a quelques soins à prendre pour l'évaluation des chemins parcourus, que souvent (§ 30), outre leur longueur géométrique, il faut considérer leur qualité physique. Eh bien, il est d'autres circonstances qui influent encore (certaines réflexions par exemple) à la manière d'un retard, sur la relation de deux rayons.

Quand la bille m choque la bille m', nous avons vu (§ 2) qu'elle conservait la vitesse $v\,\dfrac{m-m'}{m+m'}$, qui est positive ou négative suivant que m est $>$ ou $<$ que m'. Young a pensé que deux cas analogues devaient se présenter dans la communication des mouvements vibratoires entre deux éthers de densités différentes ; et il a posé en principe que quand le deuxième éther était plus dense (*), ou, ce qui revient au même, le deuxième milieu plus réfringent, la vitesse oscillatoire du rayon réfléchi changeait de signe, devenait par exemple appulsive si elle était impulsive dans le rayon incident : qu'ainsi les trochoïdes du rayon réfléchi, au lieu d'occuper la position CDE, comme cela arrive dans la réflexion de plus réfringent sur moins réfringent, passaient à droite (*fig.* 25) et devenaient *cde*. Cette particularité mécanique revient évidemment à un accroissement de route de $\dfrac{\lambda}{2}$. On a donc la règle suivante : *Dans la réflexion de* — *sur* + *il se perd* $\dfrac{1}{2}\lambda$.

Quand la lame mince est une lame d'air comprise entre deux verres, les chemins comptés à partir du point d'incidence sont, pour les deux rayons du premier système,

$$o \quad\text{et}\quad c+\frac{\lambda}{2}+e = 2\,c+\frac{\lambda}{2} :$$

(*) La théorie de la réfraction donne

$$n' = \frac{V}{V'}, \quad n'' = \frac{V}{V''},$$

et conséquemment

$$\frac{V'}{V''} = \frac{n''}{n'}.$$

Mais on a, d'après la supposition faite au § 38,

$$V' = \sqrt{\frac{e}{d'}}, \quad V'' = \sqrt{\frac{e}{d''}}, \quad\text{d'où}\quad \frac{V'}{V''} = \sqrt{\frac{d''}{d'}} ;$$

on en conclut

$$\frac{n''}{n'} = \sqrt{\frac{d''}{d'}},$$

de sorte que les indices des milieux et les densités des éthers qui y sont confinés marchent bien dans le même sens.

I.

pour ceux du système transmis ils sont

$$c \quad \text{et} \quad c + \frac{\lambda}{2} + c + \frac{\lambda}{2} + c = 3c + \lambda,$$

et ce λ ajouté à la différence de route des deux rayons est sans influence : mais l'addition de $\frac{\lambda}{2}$ à l'un des rayons du système réfléchi donne opposition formelle au point de contact, et met les anneaux noirs là où se trouvaient les anneaux rouges.

§ 69. — Lois des anneaux colorés.

Ces lois peuvent se formuler de deux manières : on peut y introduire ou les diamètres d des anneaux ou les épaisseurs de la lame d'air. Nous nous attacherons de préférence aux épaisseurs ; mais comme la relation qui lie ces deux grandeurs et le rayon R est approximativement

$$\frac{1}{4} d^2 = 2\,c\,R,$$

on voit que, pour obtenir les énoncés donnés par les auteurs qui ont mieux aimé faire allusion aux expériences qu'à la théorie, il suffira de remplacer, dans les suivants, les épaisseurs par les quotients $\frac{d^2}{8R}$, ou simplement par les carrés des diamètres, si on se contentait dans ces lois d'énoncer des rapports.

Première loi. — Les anneaux $\left\{ \begin{array}{l} \text{réfléchis obscurs} \\ \text{transmis brillants} \end{array} \right.$ sont à centre $\left\{ \begin{array}{l} \text{noir} \\ \text{blanc} \end{array} \right.$ et se produisent là où l'épaisseur de la lame d'air a les valeurs o, $2\frac{\lambda}{4}$: $4\frac{\lambda}{4}$, ..., c'est-à-dire un multiple pair de $\frac{\lambda}{4}$; là où elle vaut un multiple impair, on a les points les plus $\left\{ \begin{array}{l} \text{vifs} \\ \text{obscurs} \end{array} \right.$ des anneaux $\left\{ \begin{array}{l} \text{réfléchis} \\ \text{transmis} \end{array} \right.$.

Deuxième loi. — Dans une même lame les anneaux

violets sont plus étroits; en général les épaisseurs génératrices d'un anneau de même ordre, et conséquemment les carrés des diamètres de ces anneaux sont comme les longueurs d'ondulation des rayons simples qui les produisent.

Quand on introduit entre les verres une goutte d'eau, la capillarité la pousse vers les régions les plus rapprochées, et si par une pression suffisante on maintient le contact, on aura des anneaux engendrés par une lame liquide de même épaisseur que la lame d'air précédente. Laissons de côté la différence énorme d'intensité de ces nouveaux anneaux (§ 238) pour ne nous occuper que de leur largeur, et nous aurons la loi suivante.

Troisième loi. — Les épaisseurs des divers corps qui engendrent un même anneau sont comme les longueurs d'ondulation d'une même lumière dans ces divers corps, c'est-à-dire en raison inverse des indices.

Quand l'incidence cesse d'être normale, les chemins décrits, depuis le point d'incidence A jusqu'au plan normal E′m (*fig.* 38), sont, pour l'un des rayons

$$n\,\overline{A\,a} + am,$$

et pour l'autre

$$AC + CE + n\,\overline{EE'},$$

ou bien

$$n\,\overline{A\,a} + 2\,\overline{AC},$$

puisqu'on a

$$\overline{A\,a} = EE' \quad \text{et} \quad AC = CE.$$

Mais en appelant i et r les angles d'incidence et de réfraction, on a

$$2\,\overline{AC} = \frac{2\,c}{\cos i} \quad \text{et} \quad \overline{am} = \overline{a\,E'}\sin i = 2\,c\,\text{tang}\,i\sin i,$$

puisque

$$\overline{a\,E'} = \overline{AE} = 2\,\overline{AH},$$

la différence géométrique des deux chemins est donc

$$\frac{2\,c}{\cos i}(1 - \sin^2 i) = 2\,c\cos i.$$

9.

De là une dernière loi que Newton avait, mal à propos, restreinte aux incidences moindres que 60 degrés, et que deux physiciens contemporains ont vérifiée jusqu'à 85 degrés, limite des incidences sous lesquelles ils ont pu voir les anneaux.

Quatrième loi. — Une lame mince traversée obliquement donne le même effet et la même couleur qu'une lame traversée normalement qui aurait une épaisseur plus faible dans le rapport de cos i à 1. C'est cette loi qui rend compte de l'accroissement rapide qu'éprouvent les anneaux, quand on les regarde sous des incidences croissantes.

§ 70. — Anneaux de la lumière blanche.

Avec la lumière blanche on obtient à la fois les innombrables systèmes d'anneaux engendrés par les innombrables rayons simples. Donc, excepté au centre qui devient blanc où reste noir, il y a altération du phénomène. Au lieu d'être blancs et noirs, les anneaux, par suite d'une superposition de plus en plus imparfaite des anneaux simples, présentent chacun un assemblage spécial de teintes composées que Newton a relevées avec le plus grand soin en s'aidant d'ingénieux artifices (il soulevait, par exemple, lentement le verre supérieur et amenait ainsi tour à tour chaque anneau au centre, là où la variation d'épaisseur est la plus lente) et dont il a fait une échelle chromatique qu'on retrouve dans d'autres phénomènes (§ 292).

Après huit ou dix anneaux, la lumière devient sensiblement blanche. la formule de l'intensité (§ 52) rend, comme il suit, compte de cet effet [déjà remarqué (§ 23)] de la superposition des divers anneaux. Soit ρ le retard commun aux diverses couleurs, $\dfrac{2\pi\rho}{\lambda}$, $\dfrac{2\pi\rho}{\lambda'}$, $\dfrac{2\pi\rho}{\lambda''}$,..., seront leurs phases. Les deux faisceaux interférents d'une couleur donneront

$$B^2 = b^2 + b'^2 + 2\,bb' \cos 2\pi\frac{\rho}{\lambda}$$

Ceux d'une autre couleur, en supposant les mêmes amplitudes b, b', aux deux faisceaux élémentaires de chaque couleur, donneront

$$B_1^2 = b^2 + b'^2 + 2\,bb'\cos 2\,\pi\,\frac{\rho}{\lambda'}\,,\ldots,$$

et ainsi de suite. Or les rayons de couleur différente étant indépendants les uns des autres, au lieu de composer tous ces rayons résultants comme on le fait pour des rayons homogènes, on doit ajouter les intensités. Ainsi l'intensité totale, au point où la différence de route est ρ, vaudra

$$2\,bb'\left(\cos 2\,\pi\,\frac{\rho}{\lambda}+\cos 2\,\pi\,\frac{\rho}{\lambda'}+\ldots\right)+\sum(b^2+b'^2).$$

Dès que les quotients $\frac{\rho}{\lambda}$, $\frac{\rho}{\lambda'}$, ..., sont assez grands pour que les cosinus revêtent un très-grand nombre de valeurs indifféremment distribuées entre $+1$ et -1, la parenthèse a une somme nulle, c'est-à-dire que l'intensité est constante aux divers points et partant la teinte uniforme. L'épaisseur pour laquelle cesse l'interférence dépend d'ailleurs de la complexité de la lumière employée et est évidemment d'autant plus grande que la lumière converge davantage vers un état de parfaite homogénéité (*).

____

(*) On résout d'une manière analogue la difficulté suivante : Deux mouvements vibratoires égaux et concordants donnent une intensité quadruple, et cependant deux lumières égales ne donnent qu'un éclairement double. Il s'agit de concilier ces deux résultats : rien n'est plus simple. Les deux lumières en effet, étant indépendantes et désordonnées, donnent, en chaque point du papier, une interférence tantôt additive et tantôt soustractive, c'est-à-dire si l'on ne considère que les cas extrêmes, tantôt 4 et tantôt zéro ; ou bien si l'on tient compte de toutes les nuances de l'accord et du désaccord, et si l'on admet, comme il est facile de le démontrer, que les nuances supérieures à 2 sont en même nombre que celles inférieures à 2 ; tantôt $4-\alpha$ et tantôt α, moyenne 2. Avec deux points issus d'une même source, l'accord et le désaccord affectent avec permanence les points différents, et la lumière n'est 4, en certains points favorisés, que parce qu'en d'autres points déshérités elle est constamment nulle.

§ 71. — Expérience d'Arago.

Arago établit d'un seul coup et l'égalité de diamètres et l'égalité d'intensité et l'état complémentaire des anneaux réfléchis et transmis. Il forme les anneaux entre deux verres égaux qu'il place de champ au milieu d'un papier dont les deux moitiés soient également éclairées. Quelle que soit la position de l'œil, on a, dans une même direction, et un système d'anneaux réfléchis et le système correspondant d'anneaux transmis. Le premier est produit par la lumière qui vient des parties antérieures, et l'autre par la lumière qu'envoie la moitié postérieure du papier. On peut à volonté rendre l'un ou l'autre prédominant en diminuant avec la main la lumière d'une des deux moitiés du papier. Mais si on leur laisse la même vivacité d'éclairement, on n'aperçoit plus trace d'anneaux.

§ 72. — Vérification des lois.

Pour vérifier par l'expérience les lois précédentes, il faut mesurer exactement les diamètres de la partie moyenne des anneaux. On a dans ces derniers temps exonéré ces mesures des altérations qu'y apportait le verre supérieur, et des corrections auxquelles il fallait recourir pour déduire les diamètres vrais des diamètres apparents. Ainsi M. Babinet a proposé de graver sur la surface intérieure de l'un des deux verres une échelle de traits fins et équidistants. Si l'on veut éloigner des anneaux toute chance d'irrégularité, il vaut mieux avec MM. de la Provostaye et Desains placer le système des deux verres sur l'écrou mobile d'une vis micrométrique et viser aux anneaux avec une lunette dont l'axe optique ne puisse se mouvoir que dans un plan perpendiculaire à l'axe de la vis. On amène successivement en coïncidence avec le point de croisement des fils de la lunette les milieux des anneaux brillants et obscurs, et, si l'on a eu soin de mettre la lentille en dessous et le verre plan par-dessus, la course de l'écrou donnera, au centième de millimètre, la distance des points successivement visés, et conséquemment les diamètres des anneaux réfléchis ou transmis. Ces mesures admettent assez de précision pour qu'on puisse en tirer, à l'aide des formules

$$d_n^2 = 8\mathrm{R}e, \qquad e = n\frac{\lambda}{4} \quad (*)$$

de bonnes valeurs des longueurs d'ondulation.

§ 73. — Anneaux à centre blanc.

Quand on choisit la lame mince et les deux milieux qui la coercent, de telle sorte que son indice n soit intermédiaire aux leurs, quand par exemple on interpose de l'huile de gérofle ($n = 1,54$) entre une lentille de flint ($n = 1,64$) et un plan de crown ($n = 1,50$), on obtient des anneaux réfléchis à centre blanc. On en voit aisément la raison. Si le flint est en dessus, les réflexions ont lieu de $+$ sur $-$ et la différence de route reste nulle au centre. Met-on le crown par-dessus, les deux réflexions ont lieu de $-$ sur $+$; chacun des deux rayons a donc perdu $\frac{1}{2}\lambda$ et partant ils restent d'accord. Mais pour que ces anneaux aient de l'intensité, il faut les regarder sous des incidences presque rasantes : on y arrive aisément en donnant au milieu supérieur la forme d'un prisme.

§ 74. — Effets d'un prisme.

Soit un prisme équilatéral de flint ($n = 1,64$, angle limite $= 37° 34'$) ; en le posant (*fig.* 39) sur un verre légèrement bombé, on verra des anneaux. Mais si la lame mince est d'air, les directions dans lesquelles l'œil devra se placer seront peu commodes. En effet, les rayons doivent entrer par la face AB et faire avec la normale à BC un angle moindre que 37° 34'. Cette double obligation rend inadmissible (nous raisonnons pour le point O centre des anneaux) tout

---

*) R s'obtient aisément par les méthodes connues

rayon qui fait avec AB et du côté du sommet A un angle
plus grand que $51^\circ 15'$. Les incidences des rayons admissibles, prises intérieurement en O, n'ont plus qu'un jeu
de $15^\circ 8'$ et sont comprises entre $37^\circ 34'$ et $22^\circ 26'$. Ces incidences étant celles qui avoisinent la réflexion totale donneront des rayons réfléchis intenses : mais comme l'œil doit
viser sur la face AC, suivant les mêmes directions qu'ont eues
sur la face d'entrée les rayons incidents, bientôt la tête de
l'observateur gênera ces derniers rayons, et les positions
d'où on pourra voir les anneaux seront très-restreintes (*).
En prenant un prisme surbaissé BA'C, on échappe à cet inconvénient et l'on conserve néanmoins cette vivacité d'éclat
que les anneaux doivent à la grande obliquité des rayons
sur la lame mince.

Mais quand on use d'huile de gérofle ($n = 1,54$) (*fig.* 40)
l'angle de 60 degrés convient parfaitement : l'angle limite
donné par la relation

$$\sin L = \frac{1,54}{1,64}$$

vaut en effet $69^\circ 54'$, les premiers rayons admissibles font
avec la normale et du côté de la base BC un angle de $16^\circ 22'$,
ils sont donc presque horizontaux.

§ 75. — Le prisme donne encore de la netteté.

L'emploi de prismes aussi ouverts semble promettre de

(*) Il n'est pas ici question de ces anneaux inattendus qu'on obtient avec
des rayons presque parallèles à la base. La lumière qui les forme, après
être entrée par la face AB, se réfléchit totalement sur AC, puis sur la lame
d'air, et ne sort par la face AC qu'après avoir subi sur la face d'entrée une
nouvelle réflexion totale. En étudiant la formation de ces anneaux, on reconnaît qu'ils restent possibles, et quand les rayons incidents s'élèvent vers
le sommet, et quand ils s'inclinent vers la base. Mais pour toutes ces incidences, l'angle en O sur la lame d'air reste compris entre 18 degrés et 30 degrés et est par conséquent très-inférieur à l'angle limite. Ces anneaux doivent
donc être très-faibles quand les deux réflexions subies sur les faces latérales
ne sont pas totales, et on ne les voit bien que pour le groupe d'incidences
(l'incidence horizontale en fait partie) qui rend totales ces réflexions intermédiaires.

vives colorations ; si une telle perturbation n'existe pas, cela vient de ce que les rayons éprouvent, en sortant du prisme, une nouvelle réfraction qui donne une action dispersive égale et contraire à celle qu'ils ont subie en y entrant. Cependant comme les incidences (*fig.* 40) sont plus grandes pour le violet que pour le rouge, l'accroissement que cette circonstance donne aux diamètres (il est très-rapide dans les grandes incidences) peut suffire pour rendre les anneaux violets égaux aux anneaux rouges. On remarque en effet que pour certaines positions les anneaux sont blancs et noirs et que leur nombre grandit comme si l'on usait d'une lumière monochromatique. Cette intervention favorable du prisme n'a lieu que si les rayons arrivent sur la face AB en dessus de la normale. Quand ils sont en dessous, le prisme tend à mieux séparer les anneaux rouges et violets et à les brouiller plus tôt.

Le prisme peut donc donner aux anneaux non-seulement de la vivacité, mais encore de la netteté. Pour obtenir ce dernier avantage, il n'est pas nécessaire que le prisme concoure à leur production. Regardons en effet les anneaux, à l'aide d'un prisme P (*fig.* 41) : dans leur moitié la plus éloignée, la plus grande réfraction des anneaux violets les rapproche des anneaux rouges, et partant en fait apercevoir un plus grand nombre. Mais cette amélioration n'existe plus ici pour la totalité des anneaux.

Le prisme, même employé après coup, est donc un auxiliaire utile : une bulle de savon montre plus tôt ses couleurs quand on la regarde à travers un prisme. Mais pour voir les anneaux prématurément et en voir à des épaisseurs inusitées, il n'est rien de tel que d'employer la flamme de l'alcool salé.

§ 76. — Nécessité des deux réflexions.

La production d'anneaux à centre blanc était un phénomène complétement inattendu pour les partisans de l'*émis-*

sion, on y rattachait leur production à des causes dont nous pouvons aujourd'hui apprécier l'inanité. Leur point de vue était si différent du nôtre, qu'une des deux réflexions aux deux surfaces restait étrangère au phénomène. On comprend que divers physiciens, Arago, Airy, se soient ingéniés pour prouver catégoriquement la nécessité des deux réflexions, et montrer qu'il n'y a plus d'anneaux dès qu'on rend nulle soit l'une, soit l'autre. Ils y ont réussi en renfermant la lame mince entre deux milieux différents, crown et flint par exemple, et en employant de la lumière polarisée. Nous verrons en effet que cette lumière refuse de se réfléchir, quand l'angle d'incidence atteint une certaine valeur qui change avec la substance. On peut donc annuler, par un choix convenable de l'incidence, ou la première, ou la deuxième réflexion ; on voit alors disparaître, après affaiblissement préalable, les anneaux qui reparaissent dès que, sans changer l'incidence, on dépolarise le faisceau incident. Puisque l'*émission* ne met en jeu qu'une réflexion, l'une de ces deux expériences est inconciliable avec cette théorie.

§ 77. — Les rayons de Poisson.

La pâleur des anneaux transmis s'explique par la différence d'intensité des deux faisceaux qui interfèrent. L'inégalité des deux rayons qui engendrent les anneaux réfléchis, quoique moins flagrante, devrait cependant y produire un résultat analogue, empêcher par exemple leur centre d'être parfaitement noir. Poisson, pour rendre compte de la complète obscurité des anneaux noirs, a eu l'idée de considérer les rayons d'intensité décroissante que les réflexions et les réfractions ultérieures ajoutent aux deux que nous avons exclusivement considérés. Traitons cette question pour une lame de verre placée dans un milieu moins réfringent, tel que l'air, et tout en prenant dans la *fig*. 42, pour la rendre plus instructive, une incidence oblique, supposons l'incidence normale.

Égalons à l'unité le coefficient b de la vitesse du rayon incident, et représentons par ρ et τ les fractions de la vitesse incidente qui expriment les vitesses oscillatoires des rayons réfléchis et réfrac-

tés (*) qui se forment successivement aux points A, C, E, H, L,....
Les tableaux suivants, faciles à former, contiennent les caractéristiques des divers rayons qui s'échappent en ces points pour aller
prendre part alternativement à la formation des anneaux réfléchis
et transmis.

Faisceau des anneaux réfléchis.

	Coefficient des vitesses.	Retard total.	Phase.
Réflexion en A	ρ	$\dfrac{\lambda}{2}$	π.
Transmission en E.	$\tau^2 \rho$	$2e$	$\dfrac{4\pi e}{\lambda}$.
Transmission en F..	$\tau^2 \rho^3$	$4e$	$\dfrac{8\pi e}{\lambda}$.
	$\tau^2 \rho^5$	$6e$	$\dfrac{12\pi e}{\lambda}$

. . . .

Faisceau des anneaux transmis.

		Retards comptés depuis C.	
Transmission en C.	τ^2	0	0.
Transmission en H.	$\tau^2 \rho^2$	$2e$	$4\pi\dfrac{e}{\lambda}$.
Transmission en H.	$\tau^2 \rho^4$	$4e$	$8\pi\dfrac{e}{\lambda}$.

. . . .

(*) Il y a deux sortes de réflexions, les intérieures et les extérieures : la
transmission présente deux cas analogues. On devrait donc, dans le calcul,
leur accorder des coefficients différents ρ, ρ_1, τ, τ_1. La théorie nous montrera
plus loin (§ **238**) qu'on a

1° $\qquad\qquad \rho_1 = -\rho \quad$ et par suite $\quad \rho_1^2 = \rho^2$;

2° $\qquad\qquad\qquad \tau\tau_1 = 1 - \rho^2$

et 3°, dans une certaine supposition,

$$1 = \rho^2 + \tau^2.$$

C'est en nous inspirant de ces résultats et en remarquant qu'il y a toujours
deux transmissions pour chacun des rayons successifs, que nous avons cru
pouvoir conduire le calcul, comme si les mêmes coefficients présidaient et
aux deux réflexions et aux deux transmissions.

La résultante générale des rayons réfléchis, donnée par la formule (§ 55), sera

$$R = \sqrt{\rho^2\left(-1+\tau^2\cos\frac{4\pi e}{\lambda}+\tau^2\rho^2\cos\frac{8\pi e}{\lambda}+\tau^2\rho^4\cos\frac{12\pi e}{\lambda}+\ldots\right)^2+\rho^2\tau^4\left(\sin\frac{4\pi e}{\lambda}+\rho^2\sin\frac{8\pi e}{\lambda}+\ldots\right)^2},$$

et celle des rayons transmis $\left(\text{on pose }\dfrac{4\pi e}{\lambda}=\alpha\right)$

$$T = \sqrt{\tau^4\left(1+\rho^2\cos\alpha+\rho^4\cos 2\alpha+\ldots\right)^2+\rho^2\tau^4\left(\sin\alpha+\rho^2\sin 2\alpha+\ldots\right)^2},$$

les formules connues

$$\cos\alpha = \frac{1}{2}\left(e^{\alpha\sqrt{-1}}+e^{-\alpha\sqrt{-1}}\right)$$

$$\sin\alpha = \frac{1}{2\sqrt{-1}}\left(e^{\alpha\sqrt{-1}}-e^{-\alpha\sqrt{-1}}\right)$$

permettent d'opérer d'importantes réductions, dans les quantités sous-radicales qui expriment les intensités des deux faisceaux. On a

$$\cos\alpha+\rho^2\cos 2\alpha+\rho^4\cos 3\alpha+\ldots$$

$$=\frac{1}{2}\left(\begin{array}{l}e^{\alpha\sqrt{-1}}+\rho^2 e^{2\alpha\sqrt{-1}}+\rho^4 e^{3\alpha\sqrt{-1}}+\ldots\\[4pt]+e^{-\alpha\sqrt{-1}}+\rho^2 e^{-2\alpha\sqrt{-1}}+\rho^4 e^{-3\alpha\sqrt{-1}}+\ldots\end{array}\right)$$

$$=\frac{1}{2}\left(\frac{e^{\alpha\sqrt{-1}}}{1-\rho^2 e^{\alpha\sqrt{-1}}}+\frac{e^{-\alpha\sqrt{-1}}}{1-\rho^2 e^{-\alpha\sqrt{-1}}}\right)$$

$$=\frac{1}{2}\frac{e^{\alpha\sqrt{-1}}+e^{-\alpha\sqrt{-1}}-2\rho^2}{1+\rho^4-\rho^2\left(e^{\alpha\sqrt{-1}}+e^{-\alpha\sqrt{-1}}\right)}=\frac{\cos\alpha-\rho^2}{1+\rho^4-2\rho^2\cos\alpha}.$$

Un calcul analogue donne

$$\sin\alpha+\rho^2\sin 2\alpha+\rho^4\sin 3\alpha+\ldots$$

$$=\frac{1}{2\sqrt{-1}}\left(\frac{e^{\alpha\sqrt{-1}}}{1-\rho^2 e^{\alpha\sqrt{-1}}}-\frac{e^{-\alpha\sqrt{-1}}}{1-\rho^2 e^{-\alpha\sqrt{-1}}}\right)$$

$$=\frac{\sin\alpha}{1+\rho^4-2\rho^2\cos\alpha}=\frac{\sin\alpha}{D}.$$

Substituons dans R^2, aux deux séries, ces valeurs réduites, rendons,

dans la première parenthèse, le dénominateur D commun, et tenons compte de la relation

$$1 = \tau^2 + \rho^2 :$$

il viendra

$$\frac{R^2}{\rho^2} = \frac{[- D + \tau^2 (\cos \alpha - \rho^2)]^2 + \tau^4 \sin^2 \alpha}{D^2},$$

le coefficient de τ^4 sera

$$\cos^2 \alpha - 2 \rho^2 \cos \alpha + \rho^4 + \sin^2 \alpha = D ;$$

D est donc facteur commun; supprimons-le, on aura

$$\frac{R^2}{\rho^2} = \frac{D - 2\tau^2 \cos \alpha + 2\tau^2\rho^2 + \tau^4}{D}$$

$$= \frac{1 + \rho^4 + \tau^4 + 2\tau^2\rho^2 - 2 (\rho^2 + \tau^2) \cos \alpha}{D}$$

$$= \frac{1 + 1 - 2 \cos \alpha}{D},$$

c'est-à-dire finalement

$$R^2 = \frac{4 \rho^2 \sin^2 \frac{\alpha}{2}}{D} = \frac{4 \rho^2 \sin^2 \frac{2 \pi e}{\lambda}}{(1 - \rho^2)^2 + 4 \rho^2 \sin^2 \frac{2 \pi e}{\lambda}},$$

expression qui est bien nulle quand e vaut o, $\dfrac{\lambda}{2}$, λ, $3 \dfrac{\lambda}{2}$, $\ldots$,

c'est-à-dire un multiple pair de $\dfrac{\lambda}{4}$.

En ne considérant que les deux premiers rayons, l'intensité résultante serait

$$R_1^2 = \rho^2 \left[\rho^4 + 4 (1 - \rho^2) \sin^2 \frac{2 \pi e}{\lambda} \right]$$

ce qui donne, quand $e = $ o et dans l'hypothèse $\rho^2 = $ o,o4,

$$R_1^2 = \text{o,oooo64}.$$

Comme le maximum $\Big($ il correspond visiblement aux valeurs de e

multiples impairs de $\frac{\lambda}{4}$) est alors $0,153664$, on voit que le rapport des intensités extrêmes s'élève à 2401 (*).

En différentiant R^2 on trouve d'abord que les maxima continuent de répondre aux mêmes épaisseurs de la lame mince, mais leur énergie, moindre que dans le cas de deux rayons, n'atteint que $0,147$. Cela vient de ce que, aux maxima, si les deux premiers rayons sont concordants, le troisième leur est discordant et que tous ceux qui suivent sont alternativement en antagonisme. Aux minima au contraire tous les rayons qui suivent le premier sont d'accord entre eux et réussissent par leur concours à éteindre le premier. Il va sans dire, du reste, que dans la pratique, l'œil avec sa pupille étroite ne recevra pas la série infinie des rayons de Poisson et que pour ce motif, au moins théoriquement, les intensités apparentes différeront de celles qui viennent d'être établies.

En remplaçant les séries dans l'expression de T^2, on trouve, comme on pouvait s'y attendre,

$$T^2 = \frac{(1 - \rho^2)^2}{(1 - \rho^2)^2 + 4\rho^2 \sin^2 \frac{2\pi e}{\lambda}}.$$

Nous engageons le lecteur à appliquer au cas des anneaux à centre blanc et les calculs qui précèdent et les considérations diverses dont nous les avons accompagnés.

Si la lumière est blanche, la présence de $\sin^2 2\pi \frac{e}{\lambda}$ au dénominateur rend la teinte différente de celle donnée (§ 59) au centre d'une ouverture circulaire. Si cependant, ainsi qu'il arrive avec

(*) Ce rapport diminue quand ρ grandit, et alors les rayons de Poisson deviennent indispensables pour expliquer l'obscurité bien réelle des anneaux noirs. Ainsi quand $\rho = 0,5$ les éclairements minimum et maximum n'ont plus que le rapport de 1 à 17. Il est vrai que les substances qui sous l'incidence normale pourraient réfléchir moitié de la lumière incidente ont droit à un indice ou tellement petit, $0,172$, ou tellement grand, $5,8$, que dans le premier cas elles n'existent pas et que dans le second elles n'existent que dans un état d'opacité qui doit modifier profondément à leur égard, les résultats précédents. Mais en prenant les substances diaphanes sous de grandes incidences, ρ grandit, atteint et dépasse $\frac{1}{2}$ (§ 250), et la remarque qui fait l'objet de cette note aboutit parfaitement.

les verres ordinaires, ρ^2 est assez petit pour qu'on puisse négliger $4\,\rho^2\sin^2 2\pi\frac{c}{\lambda}$ vis-à-vis de $(1-\rho^2)^2$ et se borner à la formule approximative

$$R^2 = \frac{4\,\rho^2}{(1-\rho^2)^2}\sin^2 2\pi\frac{c}{\lambda},$$

alors l'ouverture et la lame mince donnent la même teinte, l'épaisseur de cette dernière étant donnée par l'équation

$$2\,e = \frac{\alpha + \beta}{2\,\alpha\beta}\,r^2.$$

Un dernier mot : chaque observateur, quelle que soit sa vue, voit les anneaux, au même lieu, entre les deux verres. Un résultat pareil se retrouvera souvent, nous le justifierons à l'aide d'un principe d'optique géométrique qui sera développé plus tard (chapitre VIII).

§ 78. — Accord de la théorie des franges avec les anneaux réfléchis.

Revenons aux tranches de Fresnel (§ 65), et voyons comment elles se tireront de l'interprétation des anneaux colorés. Mais insistons d'abord sur l'extrême différence qui existe entre la théorie précédente et la théorie des tranches.

La première (§ 58) résume l'action des particules des corps, dans un accroissement de la densité de l'éther qui y est coercé ; de là le point de vue simple du partage d'un mouvement vibratoire entre deux milieux homogènes contigus. Il est vrai que pour apprécier le mouvement conservé par le premier milieu, il faut distinguer deux cas, mais ces deux cas sont liés par une règle simple devinée par Young (§ 68) et démontrée rigoureusement par Poisson.

La seconde, au contraire, n'admet plus de modifications appréciables dans la densité des éthers enfermés dans les corps. Leurs particules matérielles interviennent directement et incessamment, et leur participation effective dans les phénomènes n'est limitée que par le concours du principe des interférences et des lois de l'extinction propres au milieu. On est alors privé de la distinction si utile offerte par la réflexion de — sur +, mais on retrouve d'autres causes de retard, et notre but actuel est précisément de voir si ces retards surajoutés se plieront aux diverses exigences des cas nombreux des anneaux colorés.

Pour une lame d'air entre deux verres, le premier rayon, partant du milieu de la dernière tranche du verre supérieur, est en avance de $\dfrac{\lambda}{4}$ sur le rayon réfléchi à la surface même. Outre le retard $2c$, le second rayon éprouve un retard $\dfrac{\lambda}{4}$ dans la première tranche du verre inférieur. La différence de route est donc $2c + \dfrac{\lambda}{2}$ et on a bien antagonisme et centre noir là où l'épaisseur est nulle. La lame est-elle plus réfringente que les deux milieux, le premier rayon est en retard de $\dfrac{\lambda}{4}$ et le second de $2c - \dfrac{\lambda}{4}$, différence $2c - \dfrac{\lambda}{2}$. Enfin quand la lame est d'un indice intermédiaire à ceux des deux milieux qui la coercent (§ 73), le premier rayon est en $\begin{cases} \text{retard} \\ \text{avance} \end{cases}$ de $\dfrac{\lambda}{4}$, et le second en $\begin{cases} \text{retard} \\ \text{avance} \end{cases}$ de la même quantité suivant que le milieu supérieur a le $\begin{cases} \text{moindre} \\ \text{plus grand} \end{cases}$ des trois indices, c'est-à-dire que la différence de route est $2c$ et que l'on a bien les centres blancs. Les anneaux réfléchis s'expliquent donc d'une manière très-satisfaisante dans la théorie des tranches. Passons aux anneaux transmis.

§ 79. — Désaccord avec les anneaux transmis

Le deuxième rayon transmis est en retard de

$$\frac{\lambda}{4} + c + \frac{\lambda}{4} + c = 2c + \frac{\lambda}{2},$$

et, s'il s'agit de la lame mince de verre, de

$$-\frac{\lambda}{4} + c - \frac{\lambda}{4} + c = 2c - \frac{\lambda}{2}.$$

Enfin, dans le troisième cas il garde encore le retard des deux réfléchis, c'est-à-dire que les anneaux transmis seraient identiques avec les anneaux réfléchis.

§ 80. — Perte spéciale de $\frac{\lambda}{4}$.

Pour échapper à ce désaccord, Fresnel a supposé que dans toute réflexion il se perdait $\frac{\lambda}{4}$: cette perte spéciale ne trouble en rien la différence de route qui vient d'être trouvée dans le système réfléchi, puisque chacun des deux rayons qui le composent éprouve une réflexion, mais elle ajoute $2\frac{\lambda}{4}$ à la route du dernier rayon transmis qui seul éprouve deux réflexions, et rend ainsi les anneaux transmis complémentaires de leurs congénères. A l'appui de son hypothèse hardie, Fresnel invoque : 1° cette remarque ingénieuse que l'indépendance de deux mouvements vibratoires, dans une même particule, n'est assurée que si l'on est dans le cas particulier qui donne

$$B^2 = b^2 + b'^2 \text{ (page 99)};$$

2° l'expérience suivante :

Quand une réflexion de — sur + rend appulsif un mouvement qui était impulsif, le changement est relatif à la direction du rayon réfléchi. Si donc la réflexion est oblique, les deux directions de l'impulsif et de l'appulsif font entre elles, comme les deux rayons incident et réfléchi, l'angle $2i$. On en conclut sans peine que si, pour devenir parallèle à son incident, le rayon emploie dix réflexions, ces réflexions, au lieu de produire dix fois la perte $\frac{\lambda}{2}$, auront simplement mis le mouvement réfléchi en contradiction avec le mouvement incident, tout comme l'eût fait une seule réflexion normale : ou bien encore que si l'on fait tourner du même angle, deux incidents par des nombres inégaux de réflexions, une pour l'un et deux pour l'autre par exemple, les deux réfléchis parallèles seront d'accord et donneront par leur interférence des franges à centre blanc.

Dans la théorie des tranches il ne s'agit plus d'un retournement relatif du mouvement, mais d'un véritable retard qui vaut chaque fois deux fois $\frac{\lambda}{4}$, à savoir le $\frac{\lambda}{4}$ de la dernière tranche et le $\frac{\lambda}{4}$ hypothétique de Fresnel, et qui se répète inévitablement à chaque ré-

I.

flexion. Si donc on fait interférer deux rayons primitivement parallèles et issus d'un même luminaire, après les avoir amenés dans une autre direction commune à l'aide de deux réflexions pour l'un et d'une pour l'autre, ils différeront de $\frac{\lambda}{2}$ et donneront une frange centrale noire.

Nous avons supposé jusqu'ici que ces réflexions inégalement nombreuses s'opéraient sur place, sans chemins décrits d'un miroir à l'autre. Il n'en saurait être ainsi, les chemins décrits ne seront pas les mêmes pour les rayons diversement réfléchis ; mais il suffit qu'ils soient égaux, et Fresnel obtenait comme il suit cette égalité.

Soient M, M' (*fig.* 43) les deux miroirs sur lesquels l'un des rayons, AB, se réfléchira deux fois, et M'' le miroir sur lequel l'autre rayon interférent EF éprouvera réflexion unique. Il faut d'une part que les deux réfléchis CD, FG soient parallèles, et de l'autre que les deux chemins BC et RF + FS soient égaux.

Condition de la direction finale commune. — Si nous admettons une égale inclinaison α des deux miroirs M et M' sur M'', et le parallélisme de BC avec M'', la déviation du premier rayon sera

$$2\alpha + 2\alpha = 4\alpha;$$

celle du second sera 2β, ce qui donne

$$\beta = 2\alpha.$$

Condition des chemins égaux. — Soit la première condition satisfaite, on voit aisément que si le point de rencontre des deux miroirs M et M' tombe sur M'' (*fig.* 44), les chemins parcourus seront égaux. Car alors FR dans le triangle BFR = BL dans le triangle BFL. Et, pour un autre rayon quelconque ab, on aura de même $Fr = bl$, c'est-à-dire (en reportant pour le rayon quelconque les chemins entre les deux positions de l'onde, BR et CS) que tous les rayons du faisceau réfléchi dans la direction de la frange centrale auront décrit, depuis la surface BR jusqu'à la surface CS, les mêmes chemins. Bref, nous arrivons à ces trois exigences : 1° symétrie des deux miroirs M, M' par rapport à M'' ; 2° $\beta = 2\alpha$; 3° rencontre des deux miroirs M et M' sur M''.

Pour réaliser ces conditions, Fresnel en traçait l'épure sur un carton, et, après avoir installé ses miroirs conformément à l'épure, il se laissait la possibilité de parfaire le dispositif, par une vis de rappel qui déplaçait M′ parallèlement à lui-même. Comme il a toujours obtenu dans diverses expériences où α a varié de 7 à 40 degrés, une bande centrale noire, il faut en conclure qu'un rayon deux fois réfléchi offre, indépendamment des chemins parcourus, un retard de $\frac{\lambda}{2}$ sur celui qui n'a subi qu'une réflexion, et qu'ainsi une réflexion amène un *vrai* retard de $\frac{\lambda}{2}$; qu'ainsi le retard $\frac{\lambda}{2}$, mi-partie espace, mi-partie temps réclamé par la théorie des tranches, est avoué par l'expérience.

L'insuffisance de la théorie des éthers homogènes diversement denses, déjà manifestée par la dispersion (§ 38), est donc mise également en évidence par la réflexion. Cependant nous y aurons encore recours, mais on devra n'y voir qu'un levier quelquefois heureux et qu'un premier moyen d'étude. La théorie des tranches est autrement féconde, et l'on peut penser qu'elle permettra un jour d'exposer simplement les travaux remarquables menés à bonne fin, sur la théorie ondulatoire, par un illustre géomètre.

———

ARTICLE II.

FRANGES DES LAMES ÉPAISSES. — SCINTILLATION.

Expérience de Newton. — Son explication dans la théorie des ondes. — Formule qui donne les diverses lois auxquelles Newton et d'autres physiciens étaient arrivés. — Formes diverses données à l'expérience de Newton. — Par M. Stokes; — le duc de Chaulnes; — M. Pouillet; — M. Quételet.— Anneaux de M. Babinet. — Franges de Brewster et de M. Jamin. — Scintillation, — sa mesure, — sa théorie. — Réfracteur interférentiel, — de Fresnel et Arago, — de M. Jamin. — Couleurs des lames mixtes. — Soleil rouge et soleil bleu. — Relation entre l'efficacité des obstacles et la longueur d'onde.

§ 81. — **Anneaux de Newton.** — **De quoi dépend leur éclat.**

A Newton remonte l'observation du premier de ces phénomènes aujourd'hui si nombreux. Un miroir concave assez épais, à surfaces parallèles, recevant normalement

10.

un mince faisceau de lumière, lui donna sur un écran percé, placé aux environs de son centre de courbure, une série de cercles colorés (*fig*. 45). Celui qui s'avisa de ternir le miroir, par la vapeur de l'haleine, par une légère couche de lait mêlé d'eau, etc., rendit les cercles tellement vifs, que le phénomène devint l'un des plus brillants de l'optique.

A part la grandeur et la vivacité, ces cercles, qui se mesurent par simple lecture quand on les reçoit sur un écran divisé, ont entre eux les rapports de grandeur et les teintes des anneaux transmis des lames minces d'air. Ainsi, les carrés des diamètres des cercles brillants donnés par une lumière simple suivent la série 0, 2, 4,..., et ceux des cercles obscurs la série 1, 3, 5, 7,...; ainsi, d'une couleur à l'autre, les carrés des diamètres d'un même anneau varient comme les longueurs d'onde.

Guidé par la théorie des interférences, et par les conditions accessoires qui améliorent le phénomène, nous allons aisément rendre compte de ces lois et de quelques autres que Newton a su y démêler avec une rare sagacité.

§ 82. — Leur théorie pour une lame plane.

L'expérience ne laisse aucun doute sur l'intervention des deux surfaces dans la production des anneaux. Il y a concours de la première surface et ce concours consiste dans une dissémination, témoin l'extrême vivacité due à une poussière (*) et à un ternissement quelconque. Il y a concours de la deuxième et elle agit par réflexion régulière, car les anneaux s'affaiblissent par l'enlèvement du tain et disparaissent si on la recouvre d'un vernis noir qui annule la réflexion.

Le faisceau OA (*fig*.46) donne, au point A, un rayon AF

(*) Que la poussière projetée soit irrégulière, car une poudre régulière, telle que le lycopode, introduirait, par voie de diffraction (§ 131), des anneaux d'une autre espèce, variables avec les dimensions des globules réguliers.

transmis régulièrement et un faisceau hémisphérique disséminé intérieurement. Un quelconque de ces rayons disséminés, AB par exemple, se réfléchit sur la deuxième surface, est rendu à la surface antérieure, se réfracte en C et
atteint le point P de l'écran. Outre cela, le rayon transmis
AF revient par réflexion normale au point A et envoie au
même point P, par dissémination extérieure, un deuxième
rayon AP. On voit donc qu'un point quelconque P de l'écran
reçoit deux rayons issus d'un même rayon, que ces deux
rayons ont subi chacun, mais dans un ordre différent, une
dissémination, une réflexion et une réfraction, et qu'ainsi
ils peuvent avoir sensiblement la même intensité. La géométrie fait le reste en montrant que pour obtenir, entre ces
deux rayons, de faibles retards, le point P doit s'éloigner
considérablement de O et s'en éloigne précisément des quantités données par l'expérience.

Soit e l'épaisseur du miroir, n son indice, d la distance OA, y la distance OP. La route du premier rayon est,
à partir de A,

$$2\,n\,\overline{AB} + \overline{CP},$$

ou bien, si A′ est le symétrique de A,

$$n\,\overline{A'C} + \overline{CP}.$$

Celle du deuxième rayon est

$$2\,n\,\overline{AF} + AP,$$

ou bien

$$n\,\overline{AA'} + AP.$$

Prolongeons PC jusqu'en D. A′ et D sont deux foyers conjugués et ils donneront (§ 31)

$$n\,\overline{AA'} - \overline{DA} = n\,\overline{A'C} - DC\,;$$

si nous ajoutons et si nous retranchons DC du premier
chemin, il devient

$$n\,\overline{A'C} - DC + DC + CP.$$

Par un artifice pareil le deuxième peut s'écrire

$$n\overline{AA'} - DA + DA + AP.$$

Or l'équation du $r^{ième}$ anneau exprime que l'excès du plus grand chemin sur le plus petit vaut $r\frac{\lambda}{2}$. Elle sera donc, en omettant les quantités égales,

$$r\frac{\lambda}{2} = DA + AP - DP;$$

la formule connue

$$\frac{1}{f} + \frac{n}{\varphi} = (n-1)\frac{1}{\rho},$$

qui devient ici, où $\rho = \infty$,

$$\frac{1}{2c} - \frac{1}{n\overline{AD}} = 0,$$

donne

$$AD = \frac{2c}{n}.$$

On a

$$AP = \sqrt{d^2 + y^2}, \qquad DP = \sqrt{\left(d + \frac{2c}{n}\right)^2 + y^2},$$

et l'équation devient

$$r\frac{\lambda}{2} = \frac{2c}{n} + \sqrt{d^2 + y^2} - \sqrt{\left(d + \frac{2c}{n}\right)^2 + y^2}.$$

Comme y est petit vis-à-vis et de $d + \frac{2c}{n}$ et de d, on a approximativement

$$r\frac{\lambda}{2} = \frac{2c}{n} + d + \frac{y^2}{2d} - d - \frac{2c}{n} - \frac{y^2}{2\left(d + \frac{2c}{n}\right)},$$

ou bien

$$\frac{y^2}{2}\left(d + \frac{2c}{n} - d\right) = r\frac{\lambda}{2}d\left(d + \frac{2c}{n}\right),$$

c'est-à-dire

$$y^2 = \frac{r\lambda d}{2c}(nd + 2c),$$

ou enfin

$$y^1 = \frac{r \lambda n}{2 e} d^2,$$

puisque dans ces expériences $2e$ est moindre que y et est conséquemment négligeable auprès de nd.

Notre *figure* suppose un seul rayon et une lame à faces parallèles : voyons ce que devient le phénomène quand il y a une foule de rayons et que les faces prennent de la courbure.

§ 83. — Extension du calcul au miroir sphérique.

Un second rayon $O_1 A_1$ donnera comme OA son système de franges : entre les franges homologues il y aura une distance PP' sensiblement égale à celle des deux rayons. On comprend donc que si le pinceau est étroit, ces anneaux soient presque en superposition et que le phénomène y gagne de l'intensité. Mais la superposition est bien plus parfaite si le miroir est sphérique et si le carton est au centre de courbure.

Si le rayon ωA arrivait au point A avec une légère inclinaison sur la normale, des calculs analogues aux précédents, mais étendus à l'espace, montrent que :

Les régions où les deux rayons issus de ωA ont décrit des chemins égaux, au lieu de se réduire au seul point O, forment une courbe sensiblement circulaire dont le diamètre est la distance $\omega\omega'$ des points où l'écran est coupé par le rayon arrivant et par le rayon réfléchi $A\omega'$;

Les courbes d'égal retard sont sensiblement des cercles concentriques au même point O ;

Les rayons des cercles de même retard ne diffèrent guère de ceux que donne l'incidence normale.

En profitant de ces résultats, que nous engageons le lecteur à vérifier, on voit que si l'écran est au centre de courbure d'un miroir concave (*fig.* 47), l'axe des anneaux fournis par le rayon excentrique $O'A'$ sera OA' ; et puisque ces anneaux, pris dans le plan normal à cet axe, diffèrent peu du système fourni par le rayon central, projetés sur le plan de ce système, ils donneront, vu la très-faible obliquité des deux plans, leurs anneaux aux mêmes endroits. En éloignant ou en rapprochant l'écran, on sépare les centres des divers systèmes et on amène, d'abord de la confusion, puis la disparition des anneaux.

Si, au lieu d'un faisceau parallèle, on prend un faisceau conique de rayons qui divergent du centre de courbure O, les anneaux restent très-beaux quoique le miroir soit couvert par les rayons incidents et que toute sa surface concoure au phénomène. Dans ce cas chaque rayon incident donne rigoureusement le même système d'anneaux, et la seule cause qui compromette leur coïncidence exacte vient de ce que le plan du tableau coupe, avec une obliquité variable, les cônes égaux sur lesquels ils résident et se propagent ; mais dans les limites d'angles qu'offrent les miroirs, ces diverses intersections diffèrent peu.

Il résulte de ces développements que la formule

$$y^2 = \frac{r\lambda d}{2e} (nd + 2e)$$

est applicable au phénomène de Newton, à la seule condition que d y exprime le rayon du miroir. Outre les lois énoncées (§ 69), cette formule en contient d'autres que l'expérience a également vérifiées. Nous nous bornerons à signaler la proportionnalité inverse, reconnue par Newton entre les diamètres des anneaux et les racines carrées des épaisseurs des miroirs.

§ 84. — Expérience de Newton modifiée par M. Stokes.

Ternissez la première surface d'un miroir concave étamé, avec du lait étendu de trois à quatre parties d'eau, et laissez sécher ; placez devant le miroir une bougie dans une position telle, qu'elle coïncide avec son image renversée. En vous plaçant au delà du centre, à la distance de la bonne vision, vous verrez de magnifiques anneaux aériens. Ils sont assez vifs pour qu'en usant d'une lentille et masquant à la lentille la lumière par un écran placé près de cette dernière et réduit aux moindres dimensions possible, on puisse les projeter sur un écran.

Avant de quitter les anneaux de Newton, nous remarquerons que quand le faisceau parallèle tombe obliquement, auquel cas le premier anneau brillant passe par les deux rayons incident et réfléchi, on retrouve à l'intérieur de ce cercle des chemins inégaux et par conséquent interférence. Mais pour ces anneaux intérieurs la plus longue route appartient au rayon qui, en dehors du cercle, arrivait le premier.

§ 85. — **Anneaux du duc de Chaulnes.**

Ce physicien prend un miroir métallique concave dont le centre de courbure coïncide encore avec l'ouverture de l'écran, et il dispose au-devant une lame mince parallèle de verre, de mica,…, dont une face soit ternie avec du lait. L'épaisseur du miroir est ici la couche d'air comprise entre la lame et le miroir, et l'on doit faire $n = 1$ dans la formule. La surface antérieure disséminante est plane, mais le mince pinceau utilise une trop faible portion de cette surface pour qu'il s'introduise entre ces anneaux et ceux de Newton une différence essentielle. Il n'en serait plus de même si, au lieu d'un mince pinceau, on couvrait tout le miroir d'un large faisceau conique dont le centre de divergence fût au centre de courbure.

§ 86. — **Expérience de M. Pouillet.**

Ce physicien a disposé devant le miroir métallique, en place de la lame disséminante, un écran opaque percé d'une ouverture quelconque, et il a vu que les anneaux restaient. Les bords de l'ouverture font alors fonction du corps disséminant. S'ils sont polis et arrondis, les rayons y éprouvent une véritable réflexion; mais cette réflexion, grâce à la forme arrondie, peut donner, comme la dissémination, une direction quelconque. L'interférence a donc lieu entre un rayon réfléchi sur le bord, puis sur le miroir, et un rayon qui, rasant le bord de l'écran, revient sur ses pas, atteint le bord et s'y réfléchit de nouveau de manière à venir tomber au point de l'écran qui a reçu le premier rayon. On devine que l'emploi d'un point radieux qui coïncide avec le centre de courbure doit être préférable au mince pinceau parallèle. Comme les deux rayons subissent chacun deux réflexions semblables, il n'y a pas lieu de tenir compte des pertes qu'elles introduisent. On obtient des demi-anneaux très-appréciables avec un simple bord rectiligne, et on le conçoit, car chacun des rayons du faisceau parallèle ou conique donnant, dans les conditions de l'expérience, sensiblement les mêmes anneaux, il doit être indifférent de n'employer qu'un certain nombre de ces rayons, quel que soit leur mode d'alignement.

§ 57. — Franges de M. Quételet.

Après avoir déposé par le souffle un voile d'humidité sur une glace, éloignons-nous-en à quelques pieds, une chandelle à la main. Si la chandelle est mise près de l'œil, presque sur la ligne qui le joint à l'image réfléchie, on aperçoit autour de cette image, que nous supposons correspondre à la portion ternie, de belles franges. Ces franges, véritables fragments d'anneaux, ne diffèrent de celles de Newton qu'en ce que les deux rayons interférents, au lieu d'être convergents, sont divergents, ou simplement parallèles s'il s'agit d'un œil infiniment presbyte. Cette particularité ne change rien à la formule. Ces deux rayons parallèles envoyés par l'incident OA dans la direction θ (*fig.* 48) ont pour différence de route $AD + A\alpha — DC$; on a

$$A\alpha = AC \sin \theta, \quad AC = \frac{2\,e}{n} \tan \theta, \quad CD = \frac{2\,e}{n \cos \theta},$$

et l'équation de l'anneau de rang r sera

$$r\frac{\lambda}{2} = \frac{2\,e}{n}\left(1 + \sin\theta\,\tan\theta - \frac{1}{\cos\theta}\right) = \frac{2\,e}{n}(1 - \cos\theta).$$

Si l'on veut introduire le diamètre y de l'anneau et sa distance d à la glace, on a approximativement

$$\sin\theta = \frac{y}{d}, \quad \cos\theta = \sqrt{1 - \frac{y^2}{d^2}},$$

et par suite

$$r\frac{\lambda}{2} = \frac{2\,e}{n}\left(1 - 1 + \frac{y^2}{2\,d^2}\right),$$

c'est-à-dire

$$y = d\sqrt{\frac{rn\lambda}{2\,e}}.$$

Les expériences précédentes ne sont que des variantes de celle de Newton, il n'en est plus de même des deux qui suivent, de la dernière surtout.

§ 88. — Anneaux de M. Babinet.

Soit (*fig.* 49) un point lumineux en face d'une lentille, et sur le trajet du faisceau rendu convergent une lame dont les deux faces soient légèrement ternies, ou encore deux lames minces de mica maintenues à distance. Autour du foyer Q chaque point P recevra deux rayons, l'un ABP disséminé par la première surface et transmis régulièrement par la seconde, l'autre au contraire AFP transmis à l'entrée et disséminé à la sortie. La différence de route est

$$n\overline{AF} - FD + FD + FP - (n\overline{AB} - BD + BD + BP),$$

c'est-à-dire

$$FD + FP - DP \;;$$

on a donc

$$r\frac{\lambda}{2} = \frac{e}{n} + \sqrt{d^2 + y^2} - \sqrt{\left(d + \frac{e}{n}\right)^2 + y^2}$$

et à l'aide des réductions connues,

$$y^2 = \frac{rn\lambda}{e}\,d\left(d + \frac{e}{n}\right),$$

ou bien, en négligeant $\dfrac{c}{n}$ vis-à-vis de d,

$$y^2 = d' \frac{r\lambda n}{c},$$

formule qui ne diffère de celle des anneaux de Newton que par l'absence du facteur $\dfrac{1}{2}$: cela vient de ce que la lame n'est traversée qu'une fois par la lumière.

§ 89. — Franges de M. Brewster.

On les obtient à l'aide de deux lames de verre d'égale épaisseur, légèrement inclinées (*fig.* 50). Elles sont dues à l'interférence des deux rayons ABCDEFGH et BKLMNPQ, issus de chaque rayon incident OA. A partir du point de partage B, le premier a traversé deux fois la lame d'air, deux fois la lame supérieure et une fois l'inférieure ; et le dernier trois fois la lame inférieure et deux fois la lame d'air. Comme le dernier parcourt le verre dans des directions un peu différentes, et ne franchit pas la lame d'air aux mêmes endroits que l'autre, il en résulte des différences de route qui croissent graduellement avec l'inclinaison des lames, et partant, des franges parallèles à l'intersection des deux plans. On trouve aisément que leur déviation est la même et vaut deux fois l'angle α des plaques, et en calculant de proche en proche les diverses parties des deux chemins, on trouve (le calcul n'est que long et minutieux) une expression dont les deux premiers termes sont

$$2n(c - c') + c' \frac{\alpha^2}{n}.$$

Quand on suppose égales les deux épaisseurs c, c', elle se réduit à $c\dfrac{\alpha^2}{n}$. Nous ne dirons rien de la formule plus compliquée qu'on obtient quand l'incidence sur la première lame est oblique.

Pour bien voir ces faibles franges, il faut empêcher l'ac-

cès de la lumière étrangère dans la direction où on les aperçoit. On y arrive en plaçant à l'extrémité d'un tube un peu
long le système des deux verres, et à l'autre extrémité la plus
éloignée de l'œil un obturateur qui ne laisse arriver la lumière que par une fente rectangulaire. Un verrou et une
vis permettent de varier, l'un la largeur de la fente et l'autre
l'angle des plaques.

On peut introduire dans l'équation la distance des franges
en profitant de la relation

$$\frac{y}{d} = \tan 2\alpha = 2\alpha,$$

on obtient

$$y^2 = \frac{2\,rd^2 n\lambda}{e}.$$

En faisant successivement

$$r = p = p + 2,$$

il vient

$$y''^2 - y'^2 = \frac{4\,d^2 n\lambda}{e}.$$

Personne à notre connaissance n'a essayé de mesurer les
distances $y'' - y'$ des franges et d'y chercher une vérification
de cette formule.

Nous avons tracé sur la figure un deuxième système de
rayons qui n'ont traversé qu'une fois la lame d'air. On trouve
sans peine qu'il s'établit entre eux des différences de route
graduellement croissantes. Mais comme ces deux faisceaux
ne sont pas déviés, la lumière du faisceau directement transmis empêchera de voir leurs franges. Mais avec des lames
légèrement prismatiques ils se dégageraient et deviendraient
visibles.

§ 90. — Franges de M. Jamin.

Disposons les lames épaisses parallèlement et à distance (*fig.* 50 *bis*). Un rayon OA reçu obliquement par la
première y donnera : 1° un rayon AF immédiatement réflé-

chi; 2° un rayon ABCD deux fois transmis et réfléchi intérieurement. Les deux rayons AF, CD, parallèles et séparés
par un intervalle qui dépend de l'épaisseur de la lame et de
l'incidence, atteindront la deuxième lame et, y subissant
des modifications inverses, à savoir pour AF une réflexion
interne entre deux transmissions, et pour CD une seule
réflexion externe, fourniront au delà, deux rayons parallèles de même intensité.

Quand les lames égales sont établies avec un parallélisme
rigoureux, il y a pour ces derniers rayons et superposition
exacte et parfaite égalité de route : et comme la même compensation existe pour tout rayon qui atteint, comme OA,
les deux lames, le phénomène d'interférence réalisé est celui de la teinte plate. Quand elles font un petit angle, le
retard n'est plus le même pour tous les systèmes binaires et
l'on a des franges dont l'orientation dépend du sens dans
lequel penche l'une des lames. Comme, dans ce cas général,
les rayons interférents ne sont plus que parallèles, le
meilleur moyen de faire qu'ils ne manquent pas l'œil est de
le placer au foyer principal d'une large lentille mise près
de la dernière lame.

Ces franges ont une fixité remarquable pour un œil placé
derrière un petit trou; en disposant entre la lentille et l'œil
deux fils croisés, on peut se repérer sur l'une d'elles et apprécier avec une grande exactitude les déplacements qu'elles
peuvent subir. Nous ne tarderons pas à en tirer un excellent parti.

§ 91. — On décrit la scintillation avec ou sans lunette.

La *scintillation* consiste en des changements d'éclat des
étoiles très-souvent renouvelés et accompagnés presque toujours de variations de couleurs. Elle comprend encore ces
effets secondaires qui s'attachent à toute augmentation ou
diminution d'intensité, à savoir des altérations considérables
dans le diamètre apparent de ces astres et dans la longueur

des rayons divergents qui paraissent s'élancer de leur centre. Les beaux travaux d'Arago ont montré que la scintillation était un phénomène d'interférences dû au parcours de couches d'air très-épaisses et douées d'une très-légère différence de constitution.

On saura que la scintillation est parfaitement compatible avec l'emploi des lunettes, et qu'on la retrouve non moins belle dans les images formées au foyer de leurs objectifs. Il y a plus, ces instruments se prêtent à certaines manifestations de la scintillation dont nous ne tarderons pas à reconnaître tout le prix. Ainsi, qu'au lieu de mettre l'oculaire strictement à la distance convenable, on l'enfonce un peu, de manière à obtenir une image confuse et dilatée de l'étoile, le disque prend un tel genre de vacillation, qu'on croirait voir un certain nombre de disques diversement colorés passer successivement les uns devant les autres. Ainsi, que réduisant l'ouverture de l'objectif par un diaphragme convenable, on pousse l'oculaire jusqu'à donner au centre de l'image (§ 61) l'obscurité parfaite, la scintillation consistera alors dans l'apparition intermittente d'un petit point lumineux blanc au milieu de la tache noire. Enfin si, laissant l'oculaire à la distance normale et le supposant libre, on lui imprime des déplacements petits et rapides, ou si (ce qui revient au même) rendant à l'oculaire son union intime avec le corps de la lunette, on met ce corps en vibration à l'aide de petits chocs vivement répétés, on verra l'image de l'étoile danser dans le champ de la vision et former un ruban lumineux teint des plus vives couleurs, et l'on reconnaîtra aisément que l'image change de couleur un grand nombre de fois par seconde.

§ 92. — Mesure de la scintillation.

Comme on peut compter soit le nombre des images qui glissent dans un temps donné sur l'image confuse, soit le nombre des éclats que prend le centre obscur, soit enfin le nombre de changements de couleur (*), il suit que l'emploi d'une lunette permet de faire aboutir à un chiffre la vivacité de la scintillation et qu'on peut voir avec Arago, dans chacune des trois expériences précédentes, une méthode *scintillométrique*. On peut donc espérer de voir résoudre les nombreuses questions que l'infidélité de la scintillation à l'œil nu laisse indécises, et parmi lesquelles nous nous bornerons à citer les suivantes. Y a-t-il des pays, des saisons, où les étoiles ne scintillent pas? Quelle influence exercent sur ce phénomène, la hauteur du lieu, la hauteur de l'étoile, les changements prochains du temps?

§ 93. — Réfracteur interférentiel.

Comme prélude à la théorie de la scintillation, décrivons les expériences instituées par Fresnel et Arago, et dans ces derniers temps par M. Jamin, pour étudier les faibles différences de réfringence que présentent l'air froid et l'air chaud, l'air sec et l'air humide.

Fresnel et Arago interposaient sur le trajet des deux faisceaux destinés à une expérience de Young, un système de deux longs tubes fermés à leurs deux bouts par des plans de verre d'épaisseur uniforme, et séparés par une mince cloison. Pour masquer cette cloison, on donnait aux deux fentes un écart inusité et au point lumineux un éloignement considérable. Il en résultait un appareil incommode dont la longueur a été singulièrement réduite comme il suit, par Arago.

La lumière d'une lampe, tamisée (*fig.* 51) par une fente étroite F, est reçue par une lentille qui la rend parallèle à la cloison et procure les avantages signalés § 32; elle s'engage dans les deux tubes en franchissant la lame L qui leur

---

(*) Mais il faudrait dans ce dernier cas, par un mécanisme, rendre constant le petit déplacement et limiter sa durée à une fraction de seconde telle, que le nombre des changements opérés dans ce court instant pût toujours se compter.

sert de premier obturateur, et en sort en traversant la lame L'. L et L' sont les deux moitiés d'une lame parallèle qu'on a soin de disposer inversement pour compenser les inégalités d'épaisseur. Au sortir des tubes la lumière rencontre les deux fentes séparées par un fil de 3 millimètres, puis un système de deux lames l, l' formant ce qu'on appelle le *compensateur*, et enfin une lunette dont l'objectif agit conformément à ce qui a été développé (§ 32). L'observateur a sous la main : 1° le piston d'une petite pompe qui agit sur l'air de l'un des tubes; 2° des tringles de renvoi qui lui permettent de modifier à distance et la largeur de la fente F et l'inclinaison des lames l, l'.

Confiées à deux alidades qui courent le long d'un limbe horizontal, ces lames sont mobiles autour d'une charnière placée au centre du limbe. En les inclinant inégalement sur la route des rayons issus des deux fentes, on introduit entre eux des différences de route par lesquelles on peut compenser soit les différences accidentelles dues à l'installation, soit surtout celles qui sont dues aux modifications de l'air des tubes, de manière à maintenir les franges dans le champ de la lunette.

C'est donc dans le compensateur que se fera la mesure, si toutefois on commence par le graduer. Pour y arriver, poussons la lame l' vers son zéro et donnons à la lame l une position telle, que la frange centrale soit bissectée par le fil de l'oculaire. Une légère raréfaction de l'air opérera un déplacement des franges vers la droite; supposons-le de cinq franges. On le détruira en inclinant davantage l. Notons cette deuxième position. Opérons un nouveau déplacement de cinq franges et détruisons-le encore en rendant la lame l plus oblique. En continuant ainsi à déplacer les franges par de nouvelles raréfactions et à les ramener par des accroissements d'obliquité, on obtiendra visiblement une Table qui donnera les retards introduits par la lame l quand elle passe de sa première position à d'autres plus obliques.

I.   11

L'extrême proximité des tubes, la minceur de la cloison qui les sépare, font que ni l'appareil primitif, ni l'appareil simplifié par Arago ne se prêtent à toutes les recherches qu'on avait en vue. Ainsi il ne serait pas possible d'y constituer les colonnes d'air contiguës, à des températures différentes. On peut même craindre qu'il ne s'y trouve d'autres imperfections, puisque d'une part le dernier n'a fourni aucune détermination numérique, et que de l'autre il est inexact que la vapeur d'eau ait, à égale pression, une réfringence supérieure à celle de l'air, comme l'avaient cependant conclu Fresnel et Arago, d'expériences faites avec le premier appareil.

§ 94. — Expériences de M. Jamin.

Si l'on sait aujourd'hui qu'à ressort égal la vapeur d'eau est un peu moins réfringente que l'air, si l'on sait que l'abaissement introduit dans l'indice de ce gaz par la saturation atteint à peine, pour les températures atmosphériques, la sixième décimale et y est ainsi tout à fait négligeable, c'est aux remarquables travaux entrepris par M. Jamin, sur ce point difficile, qu'on le doit.

Le phénomène d'interférence auquel il a eu recours est celui du § 90. En prenant des lames très-épaisses (elles ont eu de 30 à 40 millimètres), et en adoptant l'incidence la plus avantageuse (elle dépend de l'équation

$$\sin^4 i - 2n^2 \sin^2 i + n^2 = 0),$$

l'écart des rayons peut s'élever à une trentaine de millimètres. Comme on est maître de la largeur des franges qu'on peut rendre aussi grandes qu'on le veut, de la longueur des tubes interposés (ils ont eu 4 mètres) qu'on peut accroître, sans nuire au phénomène, par le simple éloignement des lames, on conçoit qu'entre des mains habiles cet appareil ait produit en précision bien au delà de ce qu'on aurait pu raisonnablement imaginer. Qu'il nous suffise de dire que

de l'eau enfermée dans un tube long de 1 mètre manifeste
nettement les accroissements de réfringence occasionnés par
des accroissements de pression inférieurs à 1 millimètre de
mercure, et que M. Jamin a pu tirer, d'un déplacement de
franges mesuré dans un compensateur, un coefficient de
compressibilité de l'eau qui ne diffère pas de celui que
M. Grassi a obtenu avec les appareils et les méthodes de
M. Regnault. Quant aux précautions de détail qui assurent
le succès de ces belles expériences, aux mouvements lents
par lesquels il faut attaquer l'une des lames, aux moyens
d'éliminer l'effet des allongements qu'éprouve le tube où se
trouve l'eau comprimée, etc., nous renvoyons le lecteur aux
mémoires originaux.

§ 95. — Théorie de la scintillation.

L'accord des rayons au foyer d'une lentille (§ 31) suppose
que ces rayons, avant ou après avoir atteint la lentille, se
sont mus dans un même milieu. Or, dans leur trajet à travers les 15 lieues d'air qui forment l'épaisseur zénithale de
l'atmosphère, ou les 80 lieues qui en forment l'épaisseur
horizontale, il y a de grandes chances pour qu'une partie
des rayons destinés à l'objectif, la moitié de gauche, par
exemple, ait rencontré, comme dans le réfracteur interférentiel, des couches d'air légèrement différentes, par la densité, la température ou l'humidité, de celles qu'aura traversées l'autre moitié. Quand le retard sera tel, qu'il mette en
antagonisme les rayons rouges de ces deux moitiés, alors l'i-
mage résultante est verte. L'instant d'après, l'entre-destruction portera sur les rayons verts et l'image deviendra rouge.
Si deux portions du faisceau incident donnent du rouge et
deux autres du vert, l'image restera blanche et ne subira
qu'un changement d'intensité. L'œil ne différant d'une lunette que par la petitesse de son ouverture, des résultats
du même genre devront s'y produire; mais l'étroitesse du
faisceau atténuera pour lui les chances d'hétérogénéité, et

11.

y rendra la scintillation moins vive que dans les lunettes. A ce point de vue le *scintillomètre* fondé sur l'emploi d'un objectif réduit et sur la restauration passagère du point brillant serait préférable comme ayant une scintillation plus rapprochée de celle de l'œil. Mais aussi il serait le moins sensible des trois.

Cette théorie justifie la vivacité plus grande que, de tout temps, on a reconnue à la scintillation près de l'horizon. Elle permettrait de hasarder des réponses plausibles à la plupart des questions qu'on peut se proposer sur la scintillation. Elle explique pourquoi la scintillation, appréciable sur les planètes d'un faible diamètre apparent, l'est beaucoup moins sur Jupiter et Saturne, et pourquoi les petites images du soleil obtenues sur des boules polies deviennent très-scintillantes (*). En effet, quand un astre a un grand diamètre apparent, les faisceaux parallèles qui vont peindre au foyer l'image des divers points n'ont pas traversé les mêmes couches d'air et doivent au même moment se teindre de couleurs distinctes et recevoir des intensités différentes : or, puisque ces images ont un diamètre sensible, apparent ou réel, leur superposition devra donner (hormis peut-être aux bords) un état moyen, sous le double rapport de la couleur et de l'intensité, c'est-à-dire du blanc et une intensité constante. Quant à la scintillation des bords, la remarque suivante, due à M. Babinet, montre qu'elle doit être insignifiante. Sirius en effet avec son diamètre inférieur à $0'',1$ a le même éclat que Jupiter dont le diamètre atteint 40 secondes et dont la surface est 160 000 fois plus grande. La scintillation marginale doit donc y être 160 000 fois plus faible que chez Sirius, et voilà comment elle échappe à l'observation.

(*) Prenons des boules d'inégal diamètre et plaçons-les à des distances telles, que les petites images du soleil sous-tendent toutes le même angle : pour les plus rapprochées, les couches d'air traversées (les couches d'air antérieures à la réflexion sont inefficaces) seront moins nombreuses, et dès lors leur scintillation devra être moins vive.

§ 96. — Couleurs des lames mixtes.

Mettons sur un plan de verre quelques gouteletttes d'huile ou d'eau : en appliquant sur lui un deuxième plan, et en tournant l'un sur l'autre les deux verres, on arrive à diviser le liquide en petites lamelles séparées par des lames d'air. Si on a pris à la fois des gouttes d'huile et d'eau, on obtient un enchevêtrement de plaques hétérogènes d'huile et d'eau. Si l'on regarde à travers les deux verres ainsi préparés, une bougie, la lune, ou l'image affaiblie du soleil vu par réflexion sur l'eau, le luminaire prend une couleur uniforme rouge, bleue, violette, etc. Ces couleurs sont visiblement dues à l'interférence des rayons contigus qui ont traversé les deux sortes de milieux. Il en est de même des couleurs souvent très-vives obtenues à travers des lames de mica ou de gypse déchirées par échelons de manière à donner, dans des régions voisines, des épaisseurs légèrement différentes. A l'aide d'une expérience que nous allons indiquer, quoiqu'elle suppose des connaissances que nous n'acquerrons que plus loin, Arago a prouvé que ces couleurs ne rentraient pas dans celles des anneaux transmis par les lames minces. En effet, sous une transmission oblique elles sont polarisées par réfraction, tandis que ces dernières le sont (§ 264) dans le plan d'incidence. Les couleurs des lames mixtes ont donc la même origine que celles de la scintillation.

Quand on regarde le soleil à travers un jet de vapeur, en le prenant non pas à l'orifice où il est tout à-fait incolore, ni là où le jet est devenu complétement opaque et blanc comme un nuage, mais intermédiairement, là où la condensation partielle donne un mélange convenable de globules d'eau et de vapeur, l'astre prend une teinte rouge foncé semblable à celle d'un verre enfumé. M. Babinet n'hésite pas à voir dans cette coloration un phénomène de lames mixtes. Si la vapeur semi-condensée, au lieu d'avoir une

grande densité, était extrêmement raréfiée, comme il arrive
dans les hautes régions atmosphériques, il faudrait une
grande épaisseur du mélange d'air humide et d'eau pour
produire le phénomène. On est ainsi conduit à attribuer
à cette cause la teinte rouge que prennent souvent à l'horizon le ciel et le soleil. Cependant comment se fait-il qu'au
lieu d'obtenir, comme avec nos deux plans huilés, tour à
tour différentes couleurs, on n'obtienne, pour ainsi dire,
que du rouge orangé? Pourquoi les cas de *soleil bleu* signalés par quelques auteurs sont-ils si rares? Ces particularités
ont suggéré à M. Babinet l'idée qu'outre un effet de lames
mixtes il pouvait y avoir une autre cause en jeu dans la
production de ce phénomène météorologique.

§ 97.   Principe de M. Babinet.

Un même obstacle serait plus efficace pour les ondes
courtes que pour les ondes longues. Ainsi, en dispersion (§ 38), la vitesse de propagation est d'autant plus altérée que l'onde est plus courte. Ainsi les premiers rayons
réfléchis par un miroir qu'on essaye au fur et à mesure
qu'on avance dans son polissage, ou, ce qui revient au
même, les premiers rayons qui se réfléchissent sur un miroir, simplement douci, qu'on incline de plus en plus sur
les rayons incidents (*), sont rouges. Il en est de même de
la transmission à travers les milieux imparfaitement diaphanes. Exemple : le quartz enfumé qui suffisamment épais
devient rouge brun, et le verre noir opaque qui laisse pas-

(*) Pourquoi l'obliquité rend-elle la réflexion possible? Soit ε (*fig.* 52)
la hauteur *ah* d'une des aspérités de notre miroir, le chemin du rayon *ab*
engendré par rayonnement secondaire sur cette aspérité est abrégé de la différence

$$ac - ad = \frac{\varepsilon}{\cos i} - \frac{\varepsilon}{\cos i} \cos (180^\circ - 2i) = 2\varepsilon \cos i,$$

quantité qui vaut 2ε sous l'incidence normale, et qui décroît jusqu'à o
quand l'angle i grandit jusqu'à atteindre l'incidence rasante.

ser une abondante chaleur. Érigeons donc en principe avec
M. Babinet que les rayons à ondes courtes périssent les premiers en présence d'obstacles qui n'ont rien de spécifique,
et nous comprendrons pourquoi la couleur qui survit au
travers d'une épaisse masse d'air imparfaitement diaphane,
doit être ordinairement le rouge.

CHAPITRE V.

DIFFRACTION.

ARTICLE Ier.

TRAVAUX DE FRESNEL.

Détermination approximative des intégrales définies qui résolvent les divers cas de diffraction. — Méthode de Cauchy. — Comment on peut introduire des intégrales simples dans les divers cas étudiés par Fresnel. — Franges d'un bord rectiligne indéfini. — Théorie de Young. — La différence des deux théories résumée dans un facteur numérique. — Propagation hyperbolique et disposition invariable de ces franges. — Franges d'un corps opaque étroit et allongé. — D'une fente étroite. — Cas où les franges intérieures du corps étroit et extérieures de la fente étroite acceptent la formule des trous de Young. — Cas où les franges extérieures du corps étroit sont modifiées. — Comment la fente peut donner des franges intérieures. — Conditions qui rendent identiques les franges de deux ouvertures ou de deux corps opaques. — Comment la synthèse retrouve l'invariabilité des franges du bord rectiligne. — Comment l'emploi de la lumière convergente permet de donner à la fente étroite une largeur inusitée.

> Dans le choix d'un système on ne doit avoir égard qu'à la simplicité des hypothèses, celle des calculs ne peut être d'aucun poids dans la balance des probabilités. Dieu ne s'est pas embarrassé des difficultés d'analyse, il n'a évité que la complication des moyens.
>
> AUGUSTIN FRESNEL.

§ 98. — Caractère des phénomènes de diffraction.

Pour qu'il n'y ait superposition que de deux rayons dans un phénomène, il faut qu'il y ait eu intervention des actions régulières de la réflexion ou de la réfraction. Rarement le principe d'Huyghens est en jeu dans un phénomène de pure interférence. Cela n'arrive que quand les points épargnés de l'onde (expérience de Young) se réduisent à deux, auquel cas la dérivation ne peut superposer en chaque point de l'espace que deux rayons.

En *diffraction*, au contraire, le principe d'Huyghens est constamment, et nous pouvons dire exclusivement, en jeu, et comme les portions épargnées de l'onde ont une étendue finie, le nombre des rayons à composer est infini.

En se reportant à ces réflexions successives dont il nous a fallu tenir compte dans l'étude des anneaux colorés (§ 77), on trouve que la réflexion n'est pas absolument incapable de mettre aux prises une foule de rayons; mais de tels cas se distinguent de ceux dont traite la diffraction par la discontinuité des rayons, et par les particularités de calcul inhérentes à cette discontinuité. Nous concluons donc que la diffraction consiste dans l'étude de l'interférence de rayons amenés, en nombre infini et avec continuité, par le principe d'Huyghens, soit en un même point, soit plutôt dans une même direction, si nous nous en tenons à notre supposition d'un œil infiniment presbyte.

§ 99. — Calculs ou constructions auxquels ils conduisent.

L'étude de la diffraction va donc consister à approprier, aux limites propres aux divers phénomènes, l'intégrale

$$I = A^2B^2 + C^2D^2 + C^2B^2 + A^2D^2$$

du § 58. Cette appropriation ayant déjà été faite pour quelques cas, ceux où les intégrales s'obtiennent exactement, il nous reste à voir les cas où l'on doit se contenter de calculs approximatifs. S'il n'est plus ici question de la seconde formule qui donne $\tang \psi$, c'est qu'en diffraction on n'en est pas encore arrivé à faire porter sur la phase du rayon les confrontations expérimentales.

On obtiendrait les valeurs de I entre les limites données en s'en référant à des constructions analogues à celle du § 62. Quand il s'agit, en effet, de comparer à des valeurs théoriques les résultats nécessairement incorrects de l'expérience, on peut préférer l'approximation des méthodes graphiques à la rigueur des méthodes analytiques : il faut seulement avoir soin que les erreurs des constructions ne surpassent pas celles des expériences. Or, grâce aux perfectionnements introduits récemment dans le dessin des courbes empiriques, on peut croire que la méthode graphique suffirait largement aux études de la diffraction. Cependant, comme les courbes vraiment utiles supposent ici des quadratures, et qu'ainsi la méthode graphique se trouve en dehors des conditions habituellement rencontrées en physique, nous allons dire par quels calculs on obtiendrait et les valeurs des intégrales définies et les lieux où l'intensité acquiert une valeur extrême maxima ou minima.

§ 100.   Séries de Cauchy.

L'intégration par parties (*), répétée $2n$ fois, donne successivement

$$(1)\qquad \int dv \cos\frac{\pi}{2}v^2 = \frac{1}{\pi v}\sin\frac{\pi}{2}v^2 + \frac{1}{\pi}\int \frac{dv}{v^2}\sin\frac{\pi}{2}v^2,$$

$$(2)\qquad \int \frac{dv}{v^2}\sin\frac{\pi}{2}v^2 = \frac{1}{\pi v^3}\cos\frac{\pi}{2}v^2 - \frac{3}{\pi}\int \frac{dv}{v^4}\cos\frac{\pi}{2}v^2,$$

$$(3)\qquad \int \frac{dv}{v^4}\cos\frac{\pi}{2}v^2 = -\frac{1}{\pi v^5}\sin\frac{\pi}{2}v^2 + \frac{5}{\pi}\int \frac{dv}{v^6}\sin\frac{\pi}{2}v^2,$$

$$(4)\qquad \int \frac{dv}{v^6}\sin\frac{\pi}{2}v^2 = -\frac{1}{\pi v^7}\cos\frac{\pi}{2}v^2 - \frac{7}{\pi}\int \frac{dv}{v^8}\cos\frac{\pi}{2}v^2,$$

$$\dots\dots\dots\dots\dots\dots\dots\dots\dots\dots\dots\dots$$

$$(2n-1)\quad \int \frac{dv}{v^{4(n-1)}}\cos\frac{\pi}{2}v^2 = \frac{1}{\pi v^{4n-3}}\sin\frac{\pi}{2}v^2$$

$$+ \frac{4n-3}{\pi}\int \frac{dv}{v^{4n-2}}\sin\frac{\pi}{2}v^2,$$

$$(2n)\qquad \int \frac{dv}{v^{4n-2}}\sin\frac{\pi}{2}v^2 = -\frac{1}{\pi v^{4n-1}}\cos\frac{\pi}{2}v^2$$

$$- \frac{4n-1}{\pi}\int \frac{dv}{v^{4n}}\cos\frac{\pi}{2}v^2.$$

(*) Ce procédé d'intégration nous a été indiqué par notre collègue M. Despeyrous.

On en conclut

$$\int dv \cos\frac{\pi}{2} = \sin\frac{\pi}{2}v^2 \left\{ \begin{array}{l} \dfrac{1}{\pi v} - \dfrac{1.3}{\pi^3 v^5} + \dfrac{1.3.5.7}{\pi^5 v^9} - \dfrac{1.3.5.7.9.11}{\pi^7 v^{13}} + \ldots \\[2ex] \pm \dfrac{1.3.5.7\ldots(4n-5)}{\pi^{2n-1} v^{4n-3}} \end{array} \right\}$$

$$+ \cos\frac{\pi}{2}v^2 \left\{ \begin{array}{l} - \dfrac{1}{\pi^2 v^3} + \dfrac{1.3.5}{\pi^3 v^7} - \dfrac{1.3.5\ 7.9}{\pi^6 v^{11}} \\[2ex] + \dfrac{1.3.5.7.9.11.13}{\pi^8 v^{15}} - \ldots \mp \dfrac{1.3.5\ldots(4n-3)}{\pi^{2n} v^{4n-1}} \end{array} \right\}$$

$$\mp \frac{1.3.5.7\ldots(4n-3)(4n-1)}{\pi^{2n}} \int \frac{dv}{v^{4n}} \cos\frac{\pi}{2}v^2,$$

les signes $\left\{\begin{array}{l}\text{supérieur}\\\text{inférieur}\end{array}\right.$ correspondant aux deux cas de n $\left\{\begin{array}{l}\text{impair}\\\text{pair}\end{array}\right.$.

Passant à l'intégrale définie, on a

$$\int_0^m = \int_0^\infty - \int_m^\infty = \frac{1}{2} + \int_\infty^{,m} ;$$

mais pour $v = \infty$, les deux parenthèses s'annulent; pour $v = m$, elles prennent deux valeurs que nous représentons par M et N, en posant

$$M = \frac{1}{\pi m} - \frac{1.3}{\pi^3 m^3} + \frac{1.3.5.7}{\pi^5 m^9} - \ldots,$$

$$N = \frac{1}{\pi^2 m^3} - \frac{1.3.5}{\pi^4 m^7} + \frac{1.3.5.7.9}{\pi^6 m^{11}} - \ldots.$$

On a donc

$$\int_0^m dv \cos\frac{\pi}{2}v = \frac{1}{2} + M\sin\frac{\pi}{2}m^2 - N\cos\frac{\pi}{2}m^2$$

$$\mp \frac{1.3.5.7\ldots(4n-3)(4n-1)}{\pi^{2n}} \int_\infty^m \frac{dv}{v^{4n}} \cos\frac{\pi}{2}v^2.$$

Les deux séries M, N sont divergentes, ainsi qu'on le reconnaîtra sans peine; cependant leur emploi peut devenir utile, si, comme nous le faisons ici, on les limite à un certain nombre de termes, et si l'on peut trouver une limite supérieure du reste qui les compléterait; car il suffira que ce reste ne dépasse pas l'approximation à laquelle on désire s'arrêter dans leur calcul numérique. Or, si l'on suppose, sous le signe somme, $\cos\dfrac{\pi}{2}v^2$ constamment égal à l'unité, les éléments de l'intégrale, d'une part, seront tous accrus, et de l'autre seront tous amenés à avoir le même signe; donc on aura une valeur exagérée de l'intégrale. Mais cette valeur $\displaystyle\int_\infty^m \dfrac{dv}{v^{4n}}$ est égale à

$$\left[-\frac{1}{(4n-1)v^{4n-1}} \right]_\infty^m = -\frac{1}{(4n-1)m^{4n-1}},$$

on a donc le reste

$$R < \frac{1.3.5.7\ldots(4n-3)}{\pi^{2n}m^{4n-1}},$$

c'est-à-dire moindre que le terme auquel on s'est arrêté dans la série N. Si on avait intégré un nombre impair de fois, le dernier des termes utilisés eût appartenu à la série M, et eût à son tour servi de limite supérieure à l'erreur. Donc, en général, l'erreur commise par l'emploi des séries, quand on les limite à deux termes consécutifs, c'est-à-dire chez lesquels les indices de m ne diffèrent que de deux unités, est moindre que le dernier de ces deux termes.

Or il arrivera (*voir* la note B) que, dès que m atteint et dépasse 2, les séries offrent, après des premiers termes appréciables et avant le retour des termes énormes dus à la divergence, une sorte d'interrègne marqué par un certain nombre de termes insignifiants. Il suffira donc, pour avoir de bonnes valeurs des intégrales définies, d'arrêter les séries au premier de ces termes insignifiants; il y a plus, la valeur du dernier terme employé donnera, sinon le signe, au moins la valeur absolue de l'erreur commise.

On aura par des calculs analogues

$$(1) \qquad \int dv \sin \frac{\pi}{2} v^2 = -\frac{1}{\pi v} \cos \frac{\pi}{2} v^2 - \frac{1}{\pi} \int \frac{dv}{v^2} \cos \frac{\pi}{2} v^2,$$

$$(2) \qquad \int \frac{dv}{v^2} \cos \frac{\pi}{2} v^2 = \frac{1}{\pi v^3} \sin \frac{\pi}{2} v^2 + \frac{3}{\pi} \int \frac{dv}{v^4} \sin \frac{\pi}{2} v^2,$$

$$(3) \qquad \int \frac{dv}{v^4} \sin \frac{\pi}{2} v^2 = -\frac{1}{\pi v^5} \cos \frac{\pi}{2} v^2 - \frac{5}{\pi} \int \frac{dv}{v^6} \cos \frac{\pi}{2} v^2,$$

$$\cdots\cdots\cdots\cdots\cdots\cdots\cdots\cdots\cdots\cdots$$

$$(2n-1) \quad \int \frac{dv}{v^{4(n-1)}} \sin \frac{\pi}{2} v^2 = -\frac{1}{\pi v^{4n-3}} \cos \frac{\pi}{2} v^2$$
$$-\frac{4n-3}{\pi} \int \frac{dv}{v^{4n-2}} \cos \frac{\pi}{2} v^2,$$

$$(2n) \qquad \int \frac{dv}{v^{4n-2}} \cos \frac{\pi}{2} v^2 = \frac{1}{\pi v^{4n-1}} \sin \frac{\pi}{2} v^2$$
$$+\frac{4n-1}{\pi} \int \frac{dv}{v^{4n}} \sin \frac{\pi}{2} v^2;$$

d'où

$$\int dv \sin \frac{\pi}{2} v^2 = \cos \frac{\pi}{2} v^2 \left\{ \begin{array}{l} -\dfrac{1}{\pi v} + \dfrac{1.3}{\pi^3 v^5} - \dfrac{1.3.5.7}{\pi^5 v^9} + \cdots \\[2mm] \pm \dfrac{1.3.5.7 \ldots (4n-5)}{\pi^{2n-1} v^{4n-3}} \end{array} \right\}$$
$$+ \sin \frac{\pi}{2} v^2 \left\{ \begin{array}{l} -\dfrac{1}{\pi^2 v^3} + \dfrac{1.3.5}{\pi^4 v^7} - \dfrac{1.3.5.7.9}{\pi^6 v^{11}} + \cdots \\[2mm] \mp \dfrac{1\;3.5.7 \ldots (4n-3)}{\pi^{2n} v^{4n-1}} \end{array} \right\}$$
$$\mp \frac{1.3.5.7 \ldots (4n-3)(4n-1)}{\pi^{2n}} \int \frac{dv}{v^{4n}} \sin \frac{\pi}{2} v^2.$$

On a encore

$$\int_0^m = \int_0^\infty - \int_m^\infty = \frac{1}{2} + \int_\infty^m$$
$$= \frac{1}{2} - M \cos \frac{\pi}{2} m^2 - N \sin \frac{\pi}{2} m^2$$
$$\mp \frac{1.3.5 \ldots (4n-1)}{\pi^{2n}} \int_\infty^m \frac{dv}{v^{4n}} \sin \frac{\pi}{2} v^2.$$

Mais le dernier facteur du reste,

$$\int_{x}^{m} \frac{dv}{v^{1n}} \sin \frac{\pi}{2} v',$$

est moindre que

$$\int_{x}^{m} \frac{dv}{v^{1n}} = -\frac{1}{(4n-1)m^{1n-1}},$$

donc le reste est moindre que

$$\frac{1.3.5\ldots(4n-3)(4n-1)}{\pi^{2n}(4n-1)m^{4n-1}},$$

c'est-à-dire moindre encore que le dernier des termes employés dans celle des deux séries qui va le plus loin. C'est à notre ancien camarade d'école M. Quet, actuellement recteur à Grenoble, que nous devons cette manière aussi simple qu'élégante de trouver le reste des séries de Cauchy.

Fresnel a calculé les cinquante-quatre valeurs que prennent les deux intégrales qui précèdent, pour des valeurs de v croissant par dixièmes depuis $v = 0$ jusqu'à $v = 5,5$. En combinant ces valeurs numériques, conformément aux exigences de la formule qui représentera l'intensité, on obtiendra un nouveau tableau qui pourra révéler, malgré sa discontinuité, l'existence des maxima et des minima, si le phénomène doit en présenter, et pourra même en donner par l'interpolation arithmétique la situation approchée. Mais, comme les vérifications expérimentales rendent nécessaire leur détermination très-précise, Fresnel y arrivait par des méthodes d'interpolation plus savantes. Nous renvoyons à la note C le lecteur curieux de prendre une idée exacte de ces laborieux calculs. La note B lui montrera comment les formules de Cauchy, héroïques pour calculer les deux derniers tiers de la Table des intégrales définies, sont impuissantes quand il s'agit des premières valeurs; de sorte que, même aujourd'hui, la marche suivie par Fresnel ne peut être entièrement délaissée. Mais si ces nouvelles for-

mules ne peuvent régénérer que partiellement le calcul des
intégrales définies, elles introduisent, ainsi qu'on le verra,
une complète transformation dans la recherche des maxima
et des minima (note C, § 5).

§ 101. — Franges du bord d'un écran rectiligne indéfini.

Dans ce cas il est facile d'échanger la formule

$$I = A^2 B^2 + C^2 D^2 + C^2 B^2 + A^2 D^2 \quad (\S\ 58),$$

dans laquelle AB, CD, CB, AD sont au fond des intégrales
doubles, contre une autre qui n'ait que des intégrales
simples. Décomposons en effet l'onde en fuseaux infiniment
minces par des méridiens parallèles au bord rectiligne,
lesquels admettent, comme cercle équatorial, l'intersection AF de l'onde (*fig.* 53) par le plan CAF mené du
centre d'émanation normalement au bord rectiligne, et
considérons un quelconque de ces fuseaux caractérisé en
grandeur par l'arc ds suivant lequel il coupe cet équateur et
en position par l'arc $Am = s$ qui sépare l'élément ds du
bord rectiligne. Nous aurons la résultante partielle de ce
fuseau en supposant dans les formules générales du § 58
$x = s$ constant, et intégrant depuis $y = -\infty$ jusqu'à
$y = +\infty$. Il viendra, puisque

$$ds \cos \pi \frac{\alpha + \beta}{\alpha\beta\lambda} x^2, \quad ds \sin \pi \frac{\alpha + \beta}{\alpha\beta\lambda} x$$

sont des constantes,

$$I = \left(ds \cos \pi \frac{\alpha + \beta}{\alpha\beta\lambda} s^2 B - ds \sin \pi \frac{\alpha + \beta}{\alpha\beta\lambda} s^2 D \right)^2 \frac{1}{\alpha^2\beta^2}$$
$$+ \left(ds \sin \pi \frac{\alpha + \beta}{\alpha\beta\lambda} s^2 B + ds \cos \pi \frac{\alpha + \beta}{\alpha\beta\lambda} s^2 D \right)^2 \frac{1}{\alpha^2\beta^2}.$$

Mais entre les limites $-\infty$ et $+\infty$ on a

$$B = D = \sqrt{\frac{\alpha\beta\lambda}{2(\alpha + \beta)}},$$

donc

$$I = \frac{\alpha\beta\lambda \, ds^2}{2(\alpha + \beta)} \left(2 \cos^2 \pi \, \frac{\alpha + \beta}{\alpha\beta\lambda} \, s^2 + 2 \sin^2 \pi \, \frac{\alpha + \beta}{\alpha\beta\lambda} \, s^2 \right) \frac{1}{\alpha^2 \beta^2}$$
$$= \frac{\lambda \, ds^2}{\alpha\beta \, (\alpha + \beta)},$$

de sorte que déjà l'intensité est proportionnelle à ds^2, ou le coefficient de vitesse à ds.

Maintenant on a

$$\tan g \, \psi = \frac{\left(\sin \pi \, \dfrac{\alpha + \beta}{\alpha\beta\lambda} \, s^2 + \cos \pi \, \dfrac{\alpha + \beta}{\alpha\beta\lambda} \, s^4 \right)}{\left(\cos \pi \, \dfrac{\alpha + \beta}{\alpha\beta\lambda} \, s^2 - \sin \pi \, \dfrac{\alpha + \beta}{\alpha\beta\lambda} \, s^4 \right)};$$

or on sait que

$$\frac{\sin z + \cos z}{\cos z - \sin z} = \frac{\tan g \, z + 1}{1 - \tan g \, z} = \tan g \, (z + 45),$$

donc la phase du rayon résultant est

$$\pi \, \frac{\alpha + \beta}{\alpha\beta\lambda} \, s^2 + 45.$$

Mais $\pi \dfrac{\alpha + \beta}{\alpha\beta\lambda}$ est la phase de l'arc équatorial ds, donc *la résultante d'un fuseau a un coefficient proportionnel à son arc équatorial, et est en retard, sur la vibration qu'envoie cet arc, d'une quantité indépendante de l'épaisseur du fuseau et constamment égale à* $\dfrac{\lambda}{8}$. Donc enfin la composition des mouvements émanés des divers fuseaux se ramène à celle des mouvements qui émaneraient d'autant d'arcs correspondants, pris sur un cercle concentrique au cercle AF, et antérieur à cette onde circulaire de $\dfrac{\lambda}{8}$. Mais cet arc diffère si peu de AF, qu'on peut sans inconvénient opérer sur ce dernier. Ainsi tout repose sur le calcul des maxima et minima de l'expression

$$I = \left(\int_{-s}^{\infty} ds \cos \pi s^2 \frac{\alpha + \beta}{\alpha\beta\lambda} \right)^2 + \left(\int_{-s}^{\infty} ds \sin \pi s^2 \frac{\alpha + \beta}{\alpha\beta\lambda} \right)^2,$$

qui devient, quand on pose

$$\pi s^2 \frac{\alpha + \beta}{\alpha\beta\lambda} = \frac{\pi}{2} v^2,$$

$$\frac{\alpha\beta\lambda}{2(\alpha+\beta)}\left[\left(\int_{-s}^{\infty} dv \cos\frac{\pi}{2} v^2\right)^2 + \left(\int_{-s}^{\infty} dv \sin\frac{\pi}{2} v^2\right)^2\right];$$

comme ils correspondent aux mêmes valeurs de v que ceux de l'expression

$$\left(\int dv \cos\frac{\pi}{2} v^2\right)^2 + \left(\int dv \sin\frac{\pi}{2} v^2\right)^2,$$

les cinquante-quatre valeurs calculées suffisent amplement à cette étude, car elles contiennent sept maxima et autant de minima, nombre qui dépasse celui des franges appréciables (*).

Soit v_m une des valeurs de v qui donnent un minimum. La valeur correspondante de s, donnée par l'équation

$$\pi s^2 \frac{\alpha + \beta}{\alpha\beta\lambda} = \frac{\pi}{2} v^2$$

sera

$$s_m = v_m \sqrt{\frac{\alpha\beta\lambda}{2(\alpha+\beta)}},$$

et les deux triangles semblables CMA, CPT, donneront pour la distance $PT = X_m$ qui sépare cette frange du bord

(*) Pourquoi faut-il pousser jusqu'à des limites aussi étendues ($v = 5,5$) le calcul des intégrales définies? Cela tient à la relation

$$s = v\sqrt{\frac{\alpha\beta\lambda}{2(\alpha+\beta)}}.$$

En effet soit s_1 la valeur de s qui donne un retard de $\frac{1}{4}\lambda$, on aura

$$s_1^2\left(\frac{1}{2\alpha} - \frac{1}{2\beta}\right) = \frac{1}{4}\lambda, \quad \text{c'est-à-dire} \quad s_1^2 = \frac{\lambda\alpha\beta}{2(\alpha+\beta)},$$

c'est-à-dire que $s = v s_1$. On voit donc que, quoique v prenne des valeurs assez grandes, l'intégrale n'est cependant poussée que jusqu'à un arc s assez faible de l'ombre géométrique,

$$X_m = s_m \frac{\alpha + \epsilon}{\alpha} = v_m \sqrt{\frac{(\alpha + \epsilon)\,\epsilon\lambda}{2\,\alpha}}.$$

L'interpolation (§ 100) donne pour la première frange

$$v_m = 1,873,$$

on a donc

$$X = 1,873 \sqrt{\frac{(\alpha + \epsilon)\,\epsilon\lambda}{2\,\alpha}}.$$

En variant α, ϵ, les diverses valeurs de X, X',…, gardent un rapport constant marqué par celui des deux radicaux, de sorte que la disposition de ces franges est invariable.

§ 102. — Inexactitude de la théorie de Young.

Le célèbre Young avait attribué les franges qui nous occupent à l'interférence de deux rayons, l'un direct et l'autre réfléchi sur le bord de l'écran. Elles étaient ainsi identiques avec les franges belles et nombreuses dont nous avons parlé (§ 40). Cette théorie, que Fresnel avait d'abord adoptée, donne pour la première frange brillante la relation facile à trouver

$$x = 2 \sqrt{\frac{\epsilon\,(\alpha + \epsilon)\,\lambda}{2\,\alpha}} \quad (*).$$

(*) On a en effet

$$CP = \sqrt{(\alpha + \epsilon)^2 + x^2} = \text{approximativement } \alpha + \epsilon + \frac{x^2}{2\,(\alpha + \epsilon)},$$

$$CA + AP = \alpha + \sqrt{\epsilon^2 + x^2} = \alpha + \epsilon + \frac{x^2}{2\,\epsilon};$$

la différence des deux chemins vaudra $\frac{\lambda}{2}$, $3\,\frac{\lambda}{2}$,…, pour les franges brillantes, et 0, $2\,\frac{\lambda}{2}$, $4\,\frac{\lambda}{2}$,…, pour les obscures. On a donc pour la première frange obscure

$$2\,\frac{\lambda}{2} = \alpha + \epsilon + \frac{x^2}{2\,(\alpha + \epsilon)} - \alpha - \epsilon - \frac{x^2}{2\,\epsilon},$$

c'est-à-dire

$$x^2 = 2\,\frac{\epsilon\,(\alpha + \epsilon)}{2\,\alpha},$$

Mais si l'on tient compte de la perte de $\frac{1}{2}\lambda$ due à la réflexion, cette valeur de X appartient à la première frange
obscure : et comme elle diffère à peine de la valeur

$$1,873 \sqrt{\frac{\beta(\alpha+\beta)\lambda}{2\alpha}},$$

on pourrait croire ce genre de franges impuissant pour décider entre la théorie si simple de Young et celle de Fresnel.

Fresnel a été d'un autre avis. En prenant pour engendrer
deux systèmes pareils de franges extérieures, les deux bords
parallèles d'une fente un peu large (1 centimètre suffit dans
les conditions usuelles de distance pour assurer aux franges
la même organisation que si la fente était illimitée), on peut
par le calcul connaître exactement la distance qui sépare les
deux bords de l'ombre géométrique, dans le plan du micromètre. Si donc on retranche de la moitié de cette distance, la
demi-distance de deux franges homologues, on aura la distance X_m effective et par suite la différence $x_m - X_m$. Avec
un choix convenable de valeurs pour α et β, cette différence peut s'élever, pour la première frange, à plus
d'un sixième de millimètre $\left(\text{elle s'est élevée jusqu'à } \frac{17}{100} \text{ de}\right.$

millimètre $\left.\right)$; la différence entre les deux valeurs assignées
par les deux théories est alors tellement supérieure à l'erreur possible, que, même sur ce terrain si favorable à
Young, sa théorie a été démontrée inexacte par les nombreuses expériences de Fresnel.

A défaut des discordances numériques si concluantes, la
théorie de Young comportait d'ailleurs de nombreuses ob-
jections. Ainsi le dos d'un rasoir ne donne pas des franges
plus brillantes que le tranchant. Celles d'un écran de carton noirci qui ne réfléchit guère, même dans les incidences
rasantes, ne diffèrent pas de celles d'un métal poli. Ces in-
différences inattendues ont contribué à rendre suspecte à
Fresnel la théorie de Young et l'ont amené à rattacher ces

12.

ranges, avec tant d'autres, uniquement à la dérivation des mouvements vibratoires.

Quoi qu'il en soit, puisque la formule qui donne les franges du bord d'un écran rectiligne ne diffère de celle de Young que par un facteur numérique, on peut en conclure qu'une même frange se propage hyperboliquement dans l'espace (*) ; que les hyperboles des diverses franges, un peu plus aplaties que celles de Young, ont comme elles, pour foyers, le point lumineux c et le bord A de l'écran ; qu'ainsi l'ombre se trouve dilatée et surpasse l'ombre géométrique. Fresnel a eu soin de vérifier toutes ces conséquences.

§ 103. — L'ombre géométrique n'a pas de franges.

Il est visible que la dérivation doit jeter de la lumière dans l'ombre géométrique elle-même. Pour un point de l'ombre les limites des intégrales sont s et ∞. Fresnel a

---

(*) En faisant varier dans la formule

$$X_m = V_m \sqrt{\frac{\varepsilon(\alpha + \varepsilon)\lambda}{2\alpha}},$$

1°. X et ε, on a la courbe d'une frange, et c'est une hyperbole.

2°. X et λ, on a les abscisses d'une même frange pour les diverses couleurs.

3°. X et v_m (v_m étant des chiffres inférieurs à ceux de Young, soumis à une loi de variation très-compliquée et donnés ainsi que nous venons de le voir (§ **100**) par une Table laborieusement calculée), on a les abscisses des diverses franges pour une même distance ε entre l'écran et le tableau.

Changez les distances α et ε et vous aurez

$$\frac{X'}{X} = \sqrt{\frac{\varepsilon'(\alpha' + \varepsilon')\alpha}{\varepsilon(\alpha + \varepsilon)\alpha'}},$$

c'est-à-dire que les franges offrent toujours les mêmes rapports dans leurs intensités et dans les intervalles qui les séparent.

Nous avons déjà rencontré des hyperboles [franges de Young (§ **22**)], mais elles avaient un axe réel beaucoup plus petit que l'axe imaginaire et leur courbure était insignifiante. Ici au contraire l'axe réel surpasse beaucoup l'autre, de là une courbure très-prononcée que l'on constate aisément par des mesures qui doivent porter sur des portions voisines du sommet. Si dans ces épreuves expérimentales les hyperboles ont paru partir du bord A, cela tient à la très-faible distance qui sépare le sommet de ces hyperboles de leur foyer.

calculé les cinquante-cinq valeurs d'intensité correspondantes aux cinquante-cinq valeurs discontinues données par
les valeurs $v = 0 = 0,1 = 0,2 \ldots = 5,5$, et n'a trouvé dans
le tableau de ces intensités aucun indice de maximum (§ 62).
En effet, on ne distingue pas de franges à l'intérieur de
l'ombre : l'invasion de la lumière diffractée s'y fait avec une
dégradation rapide et progressive.

§ 104. — Franges d'un corps opaque étroit.

Quand le corps est assez étroit pour que la dérivation
qui s'effectue de chaque côté de ses bords atteigne et dépasse le centre de l'ombre géométrique, on voit apparaître
dans l'ombre, des franges dites *intérieures*. Si la largeur du
corps diminue, et si pour ce motif, ou pour d'autres équivalents, la dérivation s'étend au delà de l'ombre, alors les
franges extérieures perdent leur disposition invariable et
deviennent analogues aux franges intérieures, puisque,
comme elles, elles résultent de rayons venus des deux côtés
du corps.

Si le corps est suffisamment allongé, et si l'on cherche
les intensités de la lumière dans le plan mené par le point
lumineux perpendiculairement aux deux bords parallèles,
on peut éviter encore les intégrales en x et y, et recourir
à l'intégrale qui résout le cas précédent. Mais, comme les
deux limites de l'intégrale varieront d'un point à l'autre du
tableau, on ne peut plus obtenir de résultats généraux, et
il faut se contenter de solutions numériques calculées laborieusement pour chaque cas particulier. Fresnel s'est livré
à des calculs de ce genre, et a trouvé dans leurs résultats
des vérifications généralement satisfaisantes.

Ces remarques s'appliquent également au cas d'une fente
étroite ; il se traite par la même formule, mais avec des
limites complémentaires de celles du corps opaque.

Nous estimons d'ailleurs que les écarts notables qui,
pour quelques-unes des expériences étudiées dans ce para-

graphe, ont séparé les positions vraies des franges, de leurs positions théoriques, sont sans valeur contre cette théorie. En effet, si l'on se rappelle (§ 58) au prix de quelles suppositions approximatives les calculs ont pu aboutir, on admirera que les vérifications n'aient pas été plus sérieusement compromises par d'aussi grands écarts de la stricte réalité, et l'on comprendra que la méthode expérimentale étant à ce degré capable de donner une haute valeur à des calculs, qui n'en auraient guère au point de vue analytique, est bien une méthode indépendante, douée d'une puissance toute spéciale pour nous conduire à la vérité.

On voit donc que si tous ces cas de diffraction ressortent des mêmes formules, cependant l'imperfection des ressources qu'offre l'analyse, conduit à les diviser en trois groupes : 1° ceux où les intégrales réussissent et où l'on peut résumer dans des formules générales les lois des phénomènes ; 2° ceux où l'intégration ne réussissant qu'à demi, étant en d'autres termes comprise entre deux limites dont une seule est variable, on obtient encore quelques généralités; et enfin 3° ceux où l'on ne peut plus obtenir d'aperçus généraux. Fresnel a soumis au levier d'une synthèse habile et le phénomène (§ 101) qui forme à lui seul la deuxième catégorie et les principaux phénomènes compris dans la dernière. Ses heureux efforts l'ont conduit non-seulement à leur trouver un mode d'exposition élémentaire, mais encore à y démêler quelques lois.

§ 105. — Diffraction. — Étude synthétique. — Franges d'un corps étroit (fig. 55).

Prenons sur chacune des deux parties épargnées AF, GE de l'onde, et pour le point quelconque P du tableau, les arcs d'Huyghens. Chaque partie étant indéfinie donnera (§ 54) une résultante due à la moitié des premiers arcs AM et GN.

Nous avons pu trouver le retard du rayon résultant dans

quelques cas, ceux, par exemple, d'une zone circulaire finie et d'un fuseau infiniment mince et infiniment étendu dans un sens. Il était dans ce dernier cas de $\frac{1}{8}\lambda$ (§ 101); dans le premier, pour certaines zones, il était juste le double (§ 59). Mais avec un arc fini, la phase dépend de l'équation

$$\operatorname{tang}\psi = \frac{\displaystyle\int ds \sin \pi s^2 \frac{\alpha + \beta}{\alpha\beta\lambda}}{\displaystyle\int ds \cos \pi s^2 \frac{\alpha + \beta}{\alpha\beta\lambda}},$$

et ne peut plus s'obtenir d'une manière générale, même en supposant que le point P occupe la position symétrique p et soit sur la bissectrice de l'arc AM.

Eh bien, si le point P est assez intérieur à l'ombre, si les mouvements ont tous une assez grande obliquité, les arcs élémentaires, qui, dans l'arc total AM, correspondent à des retards égaux, seront sensiblement égaux : rechercher la phase du rayon résultant revient donc à chercher l'angle de situation de la résultante d'un système de petites forces égales et angulairement équidistantes. C'est-à-dire que le rayon résultant coïncide avec celui du milieu, et se trouve avoir sur le premier rayon AP un retard de $\frac{1}{4}\lambda$. Si nous revenons à notre petit corps opaque, nous aurons en P le conflit de deux résultantes dont la différence de route sera la même que celle des deux rayons qui partent des bords. Ainsi, tant que le point P est assez éloigné de la limite de l'ombre la plus rapprochée, on a les franges de Young légèrement hyperboliques, équidistantes et soumises à la formule connue

$$f_n = n\, \frac{\lambda}{2}\, \frac{\beta}{c},$$

dans laquelle c, distance des deux points lumineux, devient la largeur du petit corps. Mais quand il s'agit d'un point P_1

suffisamment rapproché du bord de l'ombre, les premiers
éléments de l'arc AM sont plus grands que les derniers,
il suit que le rayon résultant se rapproche d'eux et qu'il a
un retard moindre que $\frac{1}{4}\lambda$. On ne peut plus remplacer les
deux rayons résultants par deux autres issus des bords.
Là où ces deux derniers rayons donneraient une certaine
différence de route, les autres en donnent une plus grande,
c'est-à-dire que les franges cessent d'être équidistantes et
se resserrent. Les franges intérieures peuvent donc notablement différer de celles données par deux points lumineux. Nous en concluons que l'aspect du phénomène offert
par le petit corps opaque n'est pas unique. En faisant va-
rier les paramètres c, 6, α (car α influe dans le cas général),
on peut avoir une distribution différente des franges.

§ 106. — Franges d'une petite ouverture.

Si l'ouverture est très-étroite, il n'y a pas de franges, la
lumière envahit tout l'hémisphère postérieur avec un dé-
croissement rapide d'intensité qu'il faudra mesurer, quand
on voudra connaître ou vérifier la fonction $f(\theta)$ du § 58.

Quand la fente s'élargit, des franges apparaissent dans
l'ombre géométrique; supposons qu'elles n'ont pas encore
atteint la projection conique de l'ouverture, et même
qu'elles en soient assez éloignées. Si au point P, (*fig.* 56),
les deux rayons extrêmes ont pour différence de route λ,
comme la grande obliquité rend égaux les divers éléments
de l'onde, les rayons se détruiront deux à deux, et on
aura une frange noire. Il en sera de même pour tous les
points où les rayons extrêmes différeront d'un nombre entier de λ. Au contraire, on aura des franges brillantes là où
cette différence de route vaut un multiple impair de $\frac{\lambda}{2}$. Bref,
on a des franges dont l'éclat diminue, puisque les mouve-
ments réservés appartiennent successivement à des parties

aliquotes décroissantes $\frac{1}{3}$, $\frac{1}{5}$, $\frac{1}{7}$, $\cdots$ de l'ouverture, mais
qui acceptent encore la formule

$$f_n = n \frac{\lambda}{2} \frac{\delta}{c}.$$

Ces franges sont équidistantes à partir des deux premières
dont la distance (il s'agit des franges noires) est doublée.
La cause de cet écartement double tient à ce que, quand la
différence vaut ici $\frac{\lambda}{2}$, tous les rayons sont d'accord, tandis
que quand deux seuls rayons (expérience de Young) sont
en jeu, il y a désaccord. On a donc ici deux franges noires
de moins, ou mieux, à part la frange centrale qui reste brillante, il y a un intervertissement général de toutes les
franges. Ces résultats sont en contradiction si formelle avec
la théorie de Young (*), qu'ils ont eu une influence décisive
pour en détacher Fresnel.

Quand le point P_1 se rapproche du bord de l'ombre, alors
l'égalité des éléments de l'onde n'existe plus. Les éléments
qui sont du côté de la frange sont plus grands, et quand les
deux rayons extrêmes diffèrent de λ, l'antagonisme cesse
d'être exact et de plus n'est pas le meilleur. Dans quel sens
les franges obscures, qui ne sont plus que de simples minima, sont-elles déplacées? Nous ne nous arrêterons pas à
le deviner, en nous inspirant du contraste qu'ont offert les
deux coefficients $1,873$ et 2 (§ 102), et pour trouver leur
vraie place nous renverrons aux intégrales.

Les franges peuvent envahir la projection conique de
l'ouverture, et le centre peut même devenir le siége d'une
frange obscure. Cette dernière particularité, déjà rencontrée
dans le phénomène de la petite ouverture circulaire (§ 57),

(*) On ne comprend pas d'ailleurs qu'une réflexion sur le bord G puisse
envoyer un rayon en P_1.

a lieu sensiblement (*), quand la différence de route entre le premier rayon IO, et chacun des rayons extrèmes $\overline{AO}$, $\overline{GO}$, est

$$\lambda, \quad 2\lambda, \quad 3\lambda, \ldots$$

Il y a donc des franges intérieures; mais il n'y a pas lieu de les distinguer des extérieures, attendu que, quand elles ont lieu à la fois, les dernières ne sont que la continuation des premières, leur seule différence consiste en ce que, pour les unes, les mouvements qu'envoie l'ouverture viennent de part et d'autre du premier rayon, tandis que, si la frange est extérieure, le premier rayon GP_1 est l'un des deux rayons extrêmes.

Ici, en général, comme dans le cas du petit corps, la disposition des franges est variable; on comprend cependant que deux fentes c, c' puissent, pour certaines valeurs de α, β, α', β', donner à leurs franges les mêmes largeurs et les mêmes rapports d'intensité. Fresnel a pu, par la synthèse, trouver les conditions auxquelles doivent satisfaire les six paramètres α, β, c, α', β', c' pour qu'une telle identité ait lieu.

§ 107. — Conditions pour que deux fentes donnent les mêmes franges.

Si l'on veut qu'aux points O, O′ (*fig.* 56 et 57) la résultante se compose des mêmes éléments, il faut qu'en menant des centres O, O′ les arcs tangents KI, K′I′ les différences AK, A′K′ soient égales, c'est-à-dire que

$$\frac{1}{4} c^2 \frac{\alpha + \beta}{2\,\alpha\beta} = \frac{1}{4} c'^2 \frac{\alpha' + \beta'}{2\,\alpha'\beta'};$$

l'égalité des franges exige

$$PO = P'O' \quad \text{ou bien} \quad \overline{IM}\,\frac{\alpha + \beta}{\alpha} = \overline{I'M'}\,\frac{\alpha' + \beta'}{\alpha'};$$

(*) Avec la petite ouverture circulaire, on a pu, grâce à la possession d'une formule générale, trouver le lieu précis de ces obscurités. Ici l'inégalité des arcs d'Huyghens, sensible surtout sur les premiers, y met obstacle

mais si l'on veut que les deux ondes se présentent de la
même manière aux deux points P, P' et leur apportent,
ainsi qu'en O et O', des éléments similaires, il faut, comme
on s'en convaincra sans peine, cette troisième équation

$$\frac{IM}{AG} = \frac{I'M'}{A'G'},$$

c'est-à-dire

$$\frac{I'M'}{IM} = \frac{c'}{c},$$

qui, combinée avec la deuxième, fait disparaître les indéterminées IM, I'M', et réduit les équations de condition
aux deux suivantes :

$$c^2 \frac{\alpha + 6}{\alpha 6} = c'^2 \frac{\alpha' + 6'}{\alpha' 6'} \quad \text{et} \quad \frac{\alpha + 6}{\alpha\, c'} = \frac{\alpha' + 6'}{\alpha'\, c},$$

dont l'une peut être échangée contre cette autre

$$\frac{c}{c'} = \frac{6}{6'}.$$

Une des conditions consiste donc à rendre proportionnelles
aux ouvertures les distances qui les séparent des tableaux.
Fresnel a vérifié l'exactitude de ces relations qui résolvent
évidemment la même question pour deux petits corps
opaques.

§ 108. — Invariabilité des franges d'un bord rectiligne.

Nous savons qu'au contraire les bandes obscures et brillantes du bord d'un écran présentent toujours et sans condition (§ 101) les mêmes rapports dans leurs intensités et dans
leurs intervalles. Notre synthèse réussit à en donner la raison ; soumettons-la à cette épreuve. Soient (*fig.* 53 et 54)
deux points lumineux C, C', les deux écrans AG, A'G', les
deux tableaux TP, T'P' ; si, sur le premier, une frange a
lieu à la distance TP, prenons sur le deuxième un point P'
tel, que les différences A'K', AK soient égales ; en ces deux
points les mouvements élémentaires se présenteront sem-

blablement groupés, et P′ sera la frange homologue de P. L'égalité

$$AK = A'K'$$

donne

$$\overline{MA}^2\,\frac{\alpha + \beta}{2\,\alpha\beta} = \overline{m'A'}^2\,\frac{\alpha' + \beta'}{2\,\alpha'\beta'},$$

ou bien en introduisant

$$\overline{PT} = X \quad \text{et} \quad \overline{P'T'} = X', \quad \overline{PT}^2\frac{\alpha}{2\,\beta\,(\alpha + \beta)} = \overline{P'T'}^2\frac{\alpha'}{2\,\beta'(\alpha' + \beta')}.$$

Ainsi le rapport $\dfrac{X}{X'}$ est constant, c'est-à-dire que les franges se succèdent de la même manière, offrent les mêmes dégradations d'intensité et deviennent identiques si l'on éloigne convenablement l'écran P′T′. Si ∂ est la valeur de la différence AK qui donne un certain minimum, le premier par exemple, on passera du relatif à l'absolu, et l'on aura

$$\partial = \overline{TP}^2\,\frac{\alpha}{2\,\beta(\alpha + \beta)}$$

ou bien

$$\overline{TP} = \sqrt{\partial}\,\sqrt{\frac{2\,\beta\,(\alpha + \beta)}{\alpha}}.$$

La théorie de Young faisait la quantité

$$\sqrt{\partial} = 2\,\sqrt{\lambda};$$

celle de Fresnel la fait égale à

$$1{,}873\,\sqrt{\lambda}.$$

La différence entre les facteurs 1,873 et 2 a pour cause l'avantage de grandeur des premiers éléments; car la théorie de Fresnel néglige les deux autres avantages, ceux d'énergie intrinsèque et de direction.

§ 109. — Franges avec une lentille.

Nous savons que les franges d'une fente n'admettent la

formule simple

$$f_n = n\,\frac{\lambda 6}{2\,c}$$

que quand elle est très-étroite, et qu'une frange large (à moins
que α et 6 ne soient très-grands) donne des franges très-
compliquées, quand toutefois elle en donne. Cependant si
l'on place contre la fente une lentille d'un long foyer et si
l'on met le tableau au foyer de la lentille, la fente pourra
recevoir des largeurs inusitées, atteindre et dépasser 1 centimètre sans cesser de donner des franges et sans cesser
d'admettre pour leurs positions la formule

$$f_n = \frac{n\,\lambda 6}{2\,c}.$$

Cette expérience est intéressante, parce qu'elle donne des
franges vives que l'on peut rendre visibles à tout un auditoire
en les projetant sur le papier; elle ne l'est pas moins au
point de vue historique, puisque c'est à elle que Fresnel
demandait le λ du verre monochromatique dont il se servit
dans les nombreuses expériences de vérification qu'il a entreprises sur la diffraction.

Théorème auxiliaire. — Soient (*fig.* 58) un arc de cercle
AG décrit du centre O avec un rayon $\overline{OI} = r$, une perpendiculaire OP au rayon OI et, à une distance OP $= K$, un
point P sur cette transversale. Soit un second arc de cercle
AH décrit du point P avec le rayon PA $=$ R. Si l'on mène
les droites Pt, Pt_1, ..., il s'agit de prouver que les fragments st, $s_1 t_1$, ... laissés entre les deux circonférences,
sont entre eux, à très-peu près, comme les arcs At, At_1,
qu'ainsi ces arcs réalisent approximativement une proportionnalité qui serait rigoureuse pour deux droites qui diver-
geraient du point A. Appelons d et δ les deux angles IOA,
AOt, nous aurons, en tenant compte de la petitesse des
angles d, δ et les substituant aux sinus,

$$st = t\mathrm{P} - \mathrm{R} = \sqrt{r^2 + k^2 - 2\,rk\,(d - \delta)} - \mathrm{R}$$
$$= \sqrt{r^2 + k^2 - 2\,rkd + 2\,rk\delta} - \mathrm{R}.$$

Si l'on remarque que

$$\sqrt{r^2 + k^2 - 2\,r\,k\,\delta} = R$$

et si l'on extrait le radical approximativement, il vient

$$st = R + \frac{r k \delta}{R} - R = \frac{r k}{R}\,\delta,$$

c'est-à-dire que *st* est proportionnel à l'angle δ et par conséquent à l'arc $\overline{t\,A}$.

L'usage de ce théorème est manifeste, l'onde modifiée par la lentille est devenue (§ 31) concentrique au point O : au lieu de tourner sa convexité vers AH, elle lui tourne sa concavité. Si donc P répond à une différence $\overline{G\,P} - \overline{A\,P}$ qui vaille un nombre pair de $\frac{\lambda}{2}$, les arcs élémentaires seront soustraits à cette inégalité qui amenait la complication, les rayons se diviseront en groupes qui se détruiront exactement, et en P il y aura une frange noire. Il semble que ce théorème puisse également intervenir utilement dans l'étude du phénomène qui nous a occupé (§ 61).

§ 110. — Mélange de diffraction et d'interférences.

Les franges de diffraction se mêlent souvent aux franges d'interférence ; ainsi, dans l'expérience du § 40, les franges du bord d'un écran indéfini se juxtaposent à ces franges curieuses qui seules répondent à la théorie que Young voulait imposer à la diffraction (§ 102) ; mais on les reconnaît aisément à leur peu de vivacité, à leur petit nombre et à ce qu'elles restent invariables pendant qu'on rapproche du point lumineux son image. Cet exemple suffira pour prémunir l'expérimentateur contre de pareilles complications.

ARTICLE II.

LES RÉSEAUX. — TRAVAUX DE SCHWERD.

Étude synthétique du réseau. — Lois des spectres quand les rayons incidents ou les rayons diffractés sont normaux au plan du réseau. — Cas où
les deux faisceaux sont obliques sur le réseau. — Mesure de λ. — Influence
du rapport du plein au vide sur l'intensité des spectres. — Spectres ab-
sents. — Causes de la simplicité relative de la *diffraction parallèle*. — Cas
de la fente rectangulaire allongée. — Calcul et construction des franges
noires et brillantes. — Réalisation de la diffraction parallèle et convergente. — Diffraction d'un trapèze. — On en déduit le cas du parallélogramme. — Deux séries de lignes obscures. — Les espaces où se développent les spectres sont des parallélogrammes semblables à l'ouverture.
— Inégale intensité des divers spectres. — Cas du trapèze isocèle. — On
en déduit le cas du cercle. — Diffraction de $n+1$ ouvertures égales, équidistantes, et pareillement orientées. — Comment les effets d'une ouverture
se compliquent surtout par l'arrivée de deux nouvelles sortes de maxima
et d'une nouvelle série de lignes noires. — Construction de ces nouvelles
lignes. — Application aux réseaux. — Couronnes. — Stéphanoscopes. —
Stéphanomètres. — Principe de M. Babinet. — Théorie des couronnes. —
Exposé sommaire des analogies de la chaleur rayonnante et de la lumière.
— Théorie de l'identité des deux agents.

---

§ 111. — Explication synthétique des spectres des réseaux.

On appelle *réseau* un ensemble de petites ouvertures et
de petits intervalles opaques juxtaposés régulièrement. On
réalise aujourd'hui exclusivement les réseaux en traçant
sur un verre, avec une pointe très-fine de diamant, des
traits équidistants ; les lignes dépolies par le diamant sont
les intervalles opaques. Un réseau de cinquante traits par
millimètre nous suffira, quoique, dans l'intérêt des études
microscopiques, on ait dépassé mille traits par millimètre,
rendant ainsi ou les vides ou les pleins moindres que λ.

Un œil qui, placé près d'un réseau, regarde une lumière
au travers, voit, outre l'image directe inaltérée, une série
d'images latérales qui sont de vrais spectres dans lesquels
les couleurs extrêmes sont nettement séparées, le rouge
étant à l'extérieur et le violet, moins dévié, à l'intérieur.

L'étude complète du réseau exigerait qu'on intégrât les formules de la diffraction entre une série de limites; il est vrai que ces limites sont équidistantes, et qu'en se plaçant dans certaines conditions (§ 115), les calculs aboutissent; mais ce n'est pas sans une certaine complication. Aussi doit-on considérer comme une bonne fortune pour l'optique la solution synthétique à l'aide de laquelle M. Babinet atteint les principaux traits de ce curieux phénomène.

Groupons en faisceaux parallèles les milliers de rayons que chacun des points de chaque ouverture rayonne en qualité de centre secondaire, et comme l'expérience a montré que la position des spectres des réseaux ne dépendait ni de la largeur d'un vide, ni de celle d'un plein, mais uniquement de la somme s de ces deux largeurs, comprenons dans chaque groupe les rayons déficients qui correspondent aux traits opaques; enfin arrêtons-nous (*fig.* 59) à la direction pour laquelle la différence af des deux rayons extrêmes qui répondent à un plein et à un vide, vaut le λ d'une certaine couleur, le rouge par exemple.

S'il n'y avait pas de plein, les rayons d'un tel faisceau s'entre-détruiraient, et il y aurait obscurité dans cette direction oblique; mais le plein éteignant certains rayons, les rayons correspondants sont restaurés, et dès lors il y a lumière. Cette lumière est vive, parce que chaque ouverture donnant une régénération pareille, l'œil reçoit une somme de rayons.

Mais comment se fait-il que pour peu qu'on s'écarte de cette direction privilégiée, on cesse brusquement d'avoir du rouge? Pour le voir, nous remarquerons que là où la différence af vaut juste λ, les faisceaux parallèles des autres ouvertures ont, par rapport au premier, les retards exacts λ, 2λ, $3\lambda, \ldots, m\lambda$; ils sont donc en accord parfait. Mais, si nous passons à une direction voisine, telle que af' vaille

$$\lambda + \frac{1}{100}\,\lambda,$$

les rayons homologues des divers faisceaux parallèles, transmis par les diverses ouvertures, auront les retards

$$\lambda + 0.01\lambda, \quad 2\lambda + 0.02\lambda, \quad 3\lambda + 0.03\lambda, \ldots, \quad m\lambda + 0.0m\lambda.$$

Au 50e trait, le désaccord sera complet. Bref, si le réseau a 100 traits, les 50 faisceaux régénérés par les 50 premières ouvertures, seront rigoureusement détruits par les 50 derniers. Avec 1000 traits, cette destruction serait formelle pour un écart angulaire bien moindre, ce qui montre que les spectres des réseaux sont d'autant plus vifs et plus purs, que le nombre des traits est plus considérable. Quelques centaines sont bien suffisantes, pour qu'en s'aidant d'une lunette on y aperçoive nettement les raies du spectre; mais on voit en même temps de quelle importance est la parfaite équidistance de ces traits.

§ 112. — Les λ déterminés par les réseaux.

Quand l'onde incidente est plane, et qu'ainsi que le suppose la figure, elle coïncide avec la surface du réseau, les deux angles BaD, abf sont égaux, c'est-à-dire que

$$\sin \delta = \frac{\lambda}{s}.$$

Installons donc le réseau sur une plate-forme immobile située au centre d'un limbe, confions à une alidade une lunette d'un pouvoir grossissant suffisant. Si le réseau est disposé bien en face d'un point lumineux très-éloigné, ou, ce qui vaut mieux encore, si on lui envoie normalement un faisceau parallélisé par une lentille, la lunette pourra mesurer, à droite et à gauche, les angles d'écart sussessifs δ, δ', δ'', ... d'une même raie. Si la raie fait partie du premier spectre, on en déduira λ par la relation

$$\lambda = s \sin \delta.$$

Pour les 2e, 3e, ..., m^e spectres, on usera des formules

$$\lambda = \frac{1}{2}\, s \sin \delta' = \frac{1}{3}\, s \sin \delta'' \ldots = \frac{1}{m}\, s \sin \delta^{m-1}.$$

C'est ainsi qu'on a obtenu les longueurs d'onde des rayons principaux inscrites dans le tableau (§ 25). Le lecteur verra également sans peine comment, en passant des sinus aux tangentes, on effectue les calculs numériques sur lesquels reposent les assertions contenues dans le même numéro.

La formule

$$\sin \delta = \frac{m\lambda}{s}$$

montre que les sinus, ou bien les angles tant qu'il s'agit des premiers spectres, sont proportionnels et à λ et à m, et en raison inverse de s. Le violet est donc moins dévié que le rouge, et ce caractère distingue nettement les spectres dus à la diffraction de ceux qu'engendre la réfraction. Les écarts de chaque couleur, dans ses restaurations successives, étant en progression arithmétique, l'étendue des spectres successifs croîtra arithmétiquement. On conçoit donc qu'il y ait un certain intérêt à viser à des spectres d'un numéro élevé (*), et que pour voir les raies dans ces spectres, on n'ait plus besoin de porter à quelques centaines le nombre des traits du réseau. L'expérience avant la théorie avait découvert les lois précédentes.

Au lieu de mesurer l'angle de déviation, on peut (mais il faudra que la lumière soit bien vive) recevoir les spectres sur un carton DB placé à une distance $AD = \delta$ du réseau, mesurer avec une règle l'écart linéaire $DB = \varepsilon$. Les deux triangles semblables ahf, aDB donneront

$$\lambda = \frac{s\,\varepsilon}{\sqrt{\delta^2 + \varepsilon^2}},$$

(*) On n'oubliera pas que les spectres des ordres supérieurs ne tardent pas à se superposer partiellement.

ou simplement

$$\lambda = \frac{s\,\varepsilon}{\mathcal{C}},$$

si l'on remarque que pour les premiers spectres de notre réseau au cinquantième, ε est très-petit vis-à-vis de $\mathcal{C}$. Mais on préférera, avec M. Babinet, laisser l'œil près du réseau et déterminer l'écart linéaire apparent ε, sur un plan antérieur CB'. A cet effet, on place symétriquement dans le plan CB', situé à la distance $\mathcal{C}$, deux lumières, l'une à droite et l'autre à gauche, et on approche ou on éloigne le réseau jusqu'à ce qu'il y ait coïncidence de deux spectres issus, l'un de la lumière de droite, et l'autre de celle de gauche. Si l'un des spectres est le troisième et l'autre le second, l'écart ε sera le cinquième de la distance des deux lumières. Ces lumières consistent en deux fentes lumineuses étroites, pratiquées dans une plaque métallique et illuminées par deux flammes mises derrière. Il est vrai que les rayons arrivants ne sont plus normaux au réseau ; mais pour les premiers spectres, leur légère inclinaison est sans influence (§ 113). En plaçant derrière les fentes deux flammes d'alcool salé, on détermine en quelques instants le λ de cette précieuse flamme monochromatique.

§ 113. — Cas du réseau oblique.

Quand le plan du réseau est incliné sur celui de l'onde, de l'angle RTO $= \chi$ (*fig.* 60), on trouve sans peine, pour déterminer l'écart angulaire θ du premier spectre, l'équation

$$\lambda = OR - TV = s\,[\sin\chi - \sin(\chi - \theta)],$$

d'où

$$\sin(\chi - \theta) = -\frac{\lambda}{s} + \sin\chi,$$

ou bien approximativement, puisque θ est petit,

$$\theta = \frac{\lambda}{s\cos\chi};$$

c'est-à-dire que la déviation s'accroît avec l'obliquité, tout comme si s diminuait. Dans ce cas, les spectres de gauche ne sont plus symétriques de ceux de droite pour lesquels on a

$$\lambda = TV' - OR = s\,[\sin(\chi + \theta') - \sin\chi].$$

Quand les rayons diffractés sont normaux au réseau, on a $\theta = \chi$, la formule est

$$\lambda = s\sin\chi,$$

et l'on a les mêmes résultats que si, les rayons incidents étant normaux, l'inclinaison χ appartenait aux rayons diffractés. C'est précisément ce qui arrive dans la méthode expérimentale de M. Babinet.

Si dans cette étude synthétique, nous n'avons pas distingué les deux cas accoutumés, celui où les mouvements dérivés ont une très-grande obliquité, et celui où, l'obliquité étant faible, on aurait à tenir compte de la différence des arcs élémentaires, cela vient de ce que, n'eût-on pas le parallélisme des rayons, avec des réseaux à traits rapprochés et pour l'incidence normale, les premiers spectres sont déjà fortement déviés.

§ 114. — Sur quoi influe le rapport du plein au vide.

Le phénomène du réseau diffère essentiellement de celui d'une seule ouverture étroite. On le conçoit, puisqu'un réseau est aussi bien l'association de petits corps opaques que de petites ouvertures. Cependant, quand le plein est égal au vide, le réseau donne ses premiers spectres là où seraient les premières franges brillantes latérales d'une de ses ouvertures; mais la ressemblance s'arrête là, puisque les deuxièmes franges brillantes ne coïncident pas avec les deuxièmes spectres, mais bien avec les troisièmes.

Le rapport du plein au vide, qui n'influe pas sur la position des spectres, a une influence marquée sur leur intensité. Des pleins égaux aux vides donnent aux premiers spectres la plus grande intensité qu'ils puissent avoir, et aux seconds une intensité nulle. Quand l'ouverture vaut

$\frac{2}{3}s$, le premier spectre est formé par le tiers des rayons incidents, ou la moitié des rayons transmis; le deuxième par le quart des rayons transmis; le troisième est nul; le quatrième est formé par le huitième des rayons transmis. En général, si $\frac{1}{n-1}$ est le rapport du plein au vide, il y a disparition du $n^{ième}$ spectre. Dans notre réseau au $\frac{1}{50}$, le plein vaut à peu près $\frac{1}{5}s$; aussi est-ce le cinquième spectre qui s'évanouit.

Les spectres des réseaux sont les spectres par excellence. En effet, tandis que la cause qui produit les spectres prismatiques est d'une grande complication, ici la séparation des couleurs dépend, par une relation très-simple, de la différence des λ, et ne dépend que de cela. On comprend de suite pourquoi ces spectres, au lieu d'offrir, comme ceux des prismes, une constitution variable, ou, en d'autres termes, au lieu d'être irrationnels, présentent une distribution de couleurs invariable et sont semblables entre eux; du moins tant qu'on ne considère que les premiers spectres, et tant que les sinus peuvent être remplacés par les angles.

§ 115. — Étude analytique du réseau.

Quand on suppose en diffraction le point lumineux à une distance finie, et qu'on calcule la résultante pour un point placé également à une distance finie, la relation des quantités b, b', b'', ..., γ, γ', γ'', ... dans l'expression

$$B^2 = \left(\int b \cos \gamma \right)^2 + \left(\int b \sin \gamma \right)^2,$$

est assez compliquée. Si, par exemple, on prend, ainsi que nous l'avons fait (§ 101), les quantités b, b',..., égales entre elles et à ds, les retards successifs valent

$$ds^2 \frac{\alpha + \beta}{2\alpha\beta}, \quad 4 ds^2 \frac{\alpha + \beta}{2\alpha\beta}, \quad 9 ds^2 \frac{\alpha + \beta}{2\alpha\beta}, \cdots;$$

et l'on voit qu'ils croissent, comme les carrés 1, 4, 9, ...
de la série des nombres entiers. Il n'en est plus de même
quand, ainsi que nous avons eu déjà l'occasion de le supposer à diverses reprises (§§ 25, 27), et récemment encore
dans l'explication synthétique du réseau, le point lumineux
est à l'infini, et que les rayons diffractés s'adressent à un œil
infiniment presbyte. Dans ce cas, qui constitue ce que nous
nommerons la *diffraction parallèle,* les intégrales s'obtiennent pour certaines ouvertures, quoiqu'elles soient
finies et ne soient pas de révolution, comme au § 59.
Schwerd, auquel on doit cette extension, a traité ainsi.
d'abord le cas d'une fente rectangulaire très-allongée dans
un sens, puis celui d'un trapèze, et il a pu, en s'appuyant
sur ce dernier, traiter, approximativement il est vrai, mais
dans toutes les directions, le cas de l'ouverture circulaire
que le § 60 ne résout que pour le point central. Cet habile
physicien a cru devoir donner à ses calculs une forme dis-
continue, sans doute parce que les phénomènes des réseaux
qu'il désirait soumettre à ses formules sont empreints de
discontinuité. En traitant d'après lui ces divers cas, nous
croyons devoir adopter, dans l'établissement des deux formules fondamentales, les formes du calcul intégral.

§ 116. — Cas du rectangle allongé.

Ayant fait choix des directions des faisceaux incident et diffracté, et fixé ainsi les deux ondes correspondantes, nous diri-
gerons le grand côté du rectangle, le côté Y par exemple, parallèlement à l'intersection de leurs plans. Dans ces conditions
simples, une figure plane suffit pour l'étude du phénomène. Coupons, en effet, le tout, par un plan perpendiculaire au côté Y; ce
plan sera parallèle et au faisceau incident AaBb (*fig.* 61) et au
faisceau diffracté aCbD; la ligne ab, suivant laquelle il coupera
la fente, en sera la seconde dimension X. Abaissons des points b, a
les deux perpendiculaires bP, aQ, l'une aux rayons incidents et
l'autre aux rayons diffractés; soit χ et Φ leurs angles avec la fente ;
enfin caractérisons par une abscisse $ac = x$, comptée du point a,

les divers petits rectangles $y\,dx$ dont l'ensemble forme le rectangle, et qui comprennent chacun, des rayons de même phase. Entre les plans $b\,\mathrm{P}$, $a\,\mathrm{Q}$, le chemin du rayon $\mathrm{E}\,e$ sera

$$re + es = (\mathrm{X} - x)\sin\chi + x\sin\Phi.$$

Pour le premier rayon $\mathrm{A}\,a$, il est

$$\mathrm{P}\,a = \mathrm{X}\sin\chi,$$

différence

$$x(\sin\Phi - \sin\chi);$$

l'anomalie du rayon quelconque est donc

$$\frac{2\pi}{\lambda}(\sin\Phi - \sin\chi)x.$$

On trouve la même différence en remplaçant la perpendiculaire $b\,\mathrm{P}$ par $a\,\mathrm{P}_{\iota}$, et prenant la différence des deux chemins es, er dont le second est donné par le rayon incident prolongé. D'ailleurs, le coefficient de vitesse est proportionnel à $\mathrm{Y}\,dx$, la phase ψ et l'intensité B^2 du rayon résultant du rectangle, dépendront donc des deux intégrales

$$\int_0^{\mathrm{X}} dx \cos\left[\frac{2\pi}{\lambda}x(\sin\Phi - \sin\chi)\right],$$

$$\int_0^{\mathrm{X}} dx \sin\left[\frac{2\pi}{\lambda}x(\sin\Phi - \sin\chi)\right].$$

La première est, entre ces limites,

$$\frac{\lambda}{2\pi(\sin\Phi - \sin\chi)}\sin\left[\frac{2\pi}{\lambda}\mathrm{X}(\sin\Phi - \sin\chi)\right],$$

et la deuxième

$$\frac{\lambda}{2\pi(\sin\Phi - \sin\chi)}\left\{-\cos\left[\frac{2\pi}{\lambda}\mathrm{X}(\sin\Phi - \sin\chi)\right] + 1\right\}.$$

Le quotient de la deuxième par la première donne

$$\operatorname{tang}\psi = \operatorname{tang}\left[\frac{\pi}{\lambda}\mathrm{X}(\sin\Phi - \sin\chi)\right],$$

d'où

$$\psi = \frac{\pi}{\lambda}\mathrm{X}(\sin\Phi - \sin\chi);$$

c'est-à-dire que le rayon résultant a le même retard que le milieu
de l'ouverture. On aura B^2 en faisant la somme de leurs carrés et
en rétablissant le facteur omis Y, ce qui donne

$$B^2 = Y^2 \frac{\lambda^2}{4\pi^2 (\sin \Phi - \sin \chi)^2} \left\{ 2 - 2 \cos \left[\frac{2\pi}{\lambda} X (\sin \Phi - \sin \chi) \right] \right\}.$$

Remplaçant la parenthèse par quatre fois le carré du sinus de la
moitié de l'arc, B^2 devient un carré parfait, et l'on a, pour le
coefficient de vitesse du rayon résultant,

$$B = YX \frac{\sin \left[\frac{\pi}{\lambda} X (\sin \Phi - \sin \chi) \right]}{\frac{\pi}{\lambda} X (\sin \Phi - \sin \chi)}.$$

Le nombre des rayons incidents varie avec l'obliquité χ; il est
maximum quand l'incidence est normale; hors de là, la section
du faisceau admis au phénomène est réduite dans le rapport de
$\cos \chi$ à 1. Pour rendre la formule générale, il faut introduire
cette quantité maximum; si nous la mesurons par la surface
$S = XY$ de l'ouverture, il faut remplacer dans l'expression précédente XY par $S \cos \chi$, et alors on a

$$B^2 = S^2 \cos^2 \chi \left\{ \frac{\sin \left[\frac{\pi}{\lambda} X (\sin \Phi - \sin \chi) \right]}{\frac{\pi}{\lambda} X (\sin \Phi - \sin \chi)} \right\}^2.$$

Le facteur fractionnaire indique quelle fraction de la lumière incidente se propage dans la direction étudiée. Comme la déviation du
faisceau diffracté est $\Phi - \chi = 0$, pour être exact il faudrait introduire le facteur $f(\theta)$ du § 38; mais nous convenons encore de le
négliger dans cette étude.

§ 117. — Solution d'un certain cas discontinu.

Si nous décomposons l'ouverture en n rectangles égaux ayant
pour dimensions Y et $\frac{X}{n}$, la résultante générale pourra être considérée comme celle des n rayons résultants de ces rectangles.
Leurs coefficients de vitesse, égaux, et déduits de la formule pré-

cédente en y remplaçant S par $\dfrac{S}{n}$ et X par $\dfrac{X}{n}$, vaudront

$$B_1 = \frac{1}{n}\,XY\;\frac{\sin\left[\dfrac{\pi}{\lambda}\,\dfrac{X}{n}\,(\sin\Phi - \sin\chi)\right]}{\dfrac{\pi}{\lambda}\,\dfrac{X}{n}\,(\sin\Phi - \sin\chi)}.$$

Leurs phases ψ formeront une progression arithmétique dont le premier terme sera

$$\frac{\pi}{\lambda}\,\frac{X}{n}\,(\sin\Phi - \sin\chi)$$

et la raison

$$\frac{2\pi}{\lambda}\,\frac{X}{n}\,(\sin\Phi - \sin\chi);$$

c'est-à-dire que les formules précédentes résolvent encore le cas de la composition de rayons discontinus égaux, alignés le long d'une même droite et équidistants. A ce point de vue qui rappelle un cas analogue traité § **77**, nommons ε la différence de phase de deux rayons consécutifs, ce qui donne

$$\frac{\pi}{\lambda}\,X\,(\sin\Phi - \sin\chi) = \frac{n}{2}\,\varepsilon,$$

et exprimons B, que nous appellerons B_n, en fonction de B_1, alors la formule du précédent paragraphe s'écrira

$$B_n = n\,B_1\;\frac{\sin n\,\dfrac{\varepsilon}{2}}{n\sin\dfrac{\varepsilon}{2}}.$$

§ 118. — Discussion du rectangle.

L'expression de B^2 est périodique; ses minima, faciles à trouver et à construire, sont nuls et répondent aux valeurs déduites, pour la variable Φ, des équations

$$\pi\frac{X}{\lambda}\,(\sin\Phi - \sin\chi) = \pm\,m\pi \qquad \text{ou} \qquad \sin\Phi - \sin\chi = \pm\,m\,\frac{\lambda}{X},$$

qui ne diffère pas de celles du § **113**, et dans lesquelles m est un nombre entier quelconque. La fonction

$$\frac{\sin\left[\pi\dfrac{X}{\lambda}\,(\sin\Phi - \sin\chi)\right]}{\pi\dfrac{X}{\lambda}\,(\sin\Phi - \sin\chi)}$$

obtient un premier maximum égal à 1 pour $\Phi = \chi$, mais elle donne, par la méthode des maxima, une équation trop compliquée pour qu'on puisse en déduire les directions dans lesquelles ont lieu les autres maxima; d'ailleurs ils sont, comme les minima, en nombre limité; enfin, à cause de la présence d'un arc croissant au dénominateur, leurs valeurs sont changeantes et rapidement décroissantes.

Quand le faisceau incident est normal au plan de la fente, $\chi = 0$, le facteur variable de B devient

$$\frac{\sin\left(\pi\,\frac{X}{\lambda}\sin\Phi\right)}{\pi\,\frac{X}{\lambda}\sin\Phi};$$

il s'annule pour les valeurs $\Phi_1, \Phi_2, \Phi_3, \ldots$, qui donnent

$$\sin\Phi = \pm\, m\,\frac{\lambda}{X},$$

on les a construites dans la *fig.* 62. En y posant

$$\pi\,\frac{X}{\lambda}\sin\Phi = 10^{\circ} = 15^{\circ} = 20^{\circ} = \ldots,$$

il serait facile d'obtenir les valeurs numériques de l'expression B. Schwerd les a calculées de 15 en 15 degrés; en les élevant au carré, il obtient un tableau discontinu d'intensités dans lequel la position des maxima est indiquée. On y voit, par exemple, que le maximum qui suit celui de la lumière directe tombe entre 255 et 270 degrés, et en calculant quelques valeurs intermédiaires, il s'est assuré qu'il répond à $257^{\circ}30'$ et qu'il vaut $0{,}04719$; les autres maxima sont, comme celui-ci, plus rapprochés de l'image directe que s'ils étaient équidistants des minima; mais à mesure que leur ordre s'élève, cette différence est de moins en moins grande. Nous avons déjà rencontré de pareils écarts, dans le cas, moins simple il est vrai, du § 106, et, pour les interpréter, nous avons invoqué l'inégalité des éléments de l'onde. Une telle cause ne doit pas agir seule, puisqu'ici ces éléments sont égaux, il convient donc de montrer l'autre cause qui, entièrement ici et partiellement au § 106, produit ce rapprochement.

Ici, où nos éléments sont égaux, les rayons réalisent le cas de petites forces appliquées en un point, égales et angulairement équidistantes. Quand les retards partant de zéro vont jusqu'à λ, 2λ, ..., les forces correspondantes garnissent un nombre exact de circonférences, et alors, mais seulement alors, leur résultante est nulle. C'est le cas des minima. Comment se fait-il maintenant qu'elles ne donnent pas les plus grandes résultantes au moment précis où elles garnissent un nombre exact de demi-circonférences, trois, par exemple? Cela tient à ce que si, quand on les resserre un peu, ce qui s'obtient en changeant légèrement la direction du faisceau, il en reste moins pour former la résultante, la position de celles qui restent est plus avantageuse; mais quand le nombre des circonférences garnies devient grand, le resserrement s'étendant à toutes, enlève de suite tant de forces à la dernière demi-circonférence, qu'alors le retard capable du maximum cesse d'être sensiblement abaissé.

Voici la Table de Schwerd :

$\pi \dfrac{X}{\lambda} \sin \Phi.$	$\text{B} = \dfrac{\sin\left(\pi \dfrac{X}{\lambda} \sin \Phi\right)}{\pi \dfrac{X}{\lambda} \sin \Phi}$ Coefficient de vitesse	Intensité de la lumière $= \text{B}^2$.
$= \ 0°$	$+ 1,0000$	$1,0000$
15	$0,9889$	$0,9774$
30	$0,9546$	$0,9119$
45	$0,9003$	$0,8105$
60	$0,8270$	$0,6839$
75	$0,7379$	$0,5445$
90	$0,6366$	$0,4053$
105	$0,5271$	$0,2778$
120	$0,4135$	$0,1710$
135	$0,3001$	$0,0901$
150	$0,1910$	$0,0365$
165	$0,0899$	$0,0081$
180	$0,0000$	$0,0000$
195	$- 0,0760$	$0,0058$
210	$0,1364$	$0,0186$

$\pi\dfrac{X}{\lambda}\sin\Phi.$	Coefficient de vitesse $B = \dfrac{\sin\left(\pi\dfrac{X}{\lambda}\sin\Phi\right)}{\pi\dfrac{X}{\lambda}\sin\Phi}.$	Intensité de la lumière $= B'$
225	0,1801	0,0324
240	0,2067	0,0427
255	0,2170	0,0471
270	0,2122	0,0450
285	0,1942	0,0377
300	0,1654	0,0274
315	0,1286	0,0165
330	0,0868	0,0075
345	0,0430	0,0018
360	0,0000	0,0000

La Table précédente qu'on doit prolonger jusqu'à un nombre μ de degrés égal à $\pi\dfrac{X}{\lambda}$, sert pour toutes les ouvertures. Ayant la valeur

$$\mu^{\circ} = \pi\frac{X}{\lambda}\sin\Phi,$$

qui donne un maximum ou un minimum, on en déduit

$$\sin\Phi = \frac{\mu\lambda}{\pi X};$$

de sorte que les sinus des angles de déviation sont proportionnels à λ et inverses de X. Ainsi l'on retrouve les lois que Fraunhofer avait découvertes, en attribuant toutefois aux angles les relations qui doivent porter sur les sinus. Enfin, nous remarquons que χ et Φ entrant symétriquement dans la formule (page 200), l'effet, dans une direction, reste le même quand on échange entre elles les inclinaisons des faisceaux incidents et diffractés. Remarque déjà faite au § 113, mais pour un cas particulier.

§ 119. — Appareil qui donne les diffractions parallèle et convergente.

Les phénomènes de *diffraction parallèle* propres aux diverses directions, ne sont réalisables que sur la rétine d'un œil infiniment presbyte. Quand on veut les recevoir sur un écran, on n'y réussit pas, et l'on obtient, au lieu d'eux, des phénomènes de *diffraction convergente*. Quand l'étendue des faisceaux, limitée par celle des réseaux, est assez faible pour rendre peu marqués les empiétements qu'engendrent inévitablement, sur un écran dont la distance est finie, des systèmes continus de faisceaux parallèles, les phénomènes obtenus diffèrent peu, il est vrai, de ceux que nous étudions spécialement; mais il cesserait d'en être ainsi si, dans un intérêt quelconque, par exemple pour avoir plus d'intensité, on étendait les traits du réseau à de grandes surfaces. En pareil cas, l'étude des phénomènes, tels que les verrait un œil ordinaire, ou tels qu'ils apparaîtraient sur un écran, n'aurait plus de rapport avec les résultats du calcul, et l'on n'y pourrait plus chercher la vérification des formules : une disposition expérimentale qui, tout en faisant converger sur un même point d'un écran les rayons d'un faisceau incident parallèle, leur laisserait cependant les différences de route caractéristiques de la diffraction parallèle, aurait donc un grand intérêt. On y arrive comme il suit, en utilisant les propriétés des lentilles étudiées à la fin du § 31.

Mettons l'ouverture étroite ab contre l'objectif d'une lunette, perpendiculairement à son axe, et présentons-lui obliquement un faisceau incident parallèle (*fig.* 63). Si nous interrogeons, avec ou sans l'oculaire, le point F situé sur cet axe à la distance focale principale, le faisceau convergent $\alpha\delta F$ envoyé par voie de diffraction en F, se conjugue, au point de vue de la réfraction, avec un faisceau incident $\alpha\delta\gamma\delta$ parallèle à l'axe OF, et les chemins comptés depuis F jusqu'à une ligne quelconque, $\gamma\delta$, $\mu\nu$ ou $\alpha\delta$, normale à l'axe, sont équivalents pour tous les rayons du faisceau; de sorte que les rayons diffractés qui se sont rassemblés en F, après avoir subi l'action de la lentille, n'ont que les retards contractés jusqu'en $\alpha\delta$, retards compris entre l'onde arrivante $a\,t$ et la ligne $\alpha\delta$, et sont comme si, reçus normalement sur le réseau, ils s'en éloignaient dans la

direction oblique *x a*. En changeant la direction du faisceau
arrivant *ab x a*, on verrait se succéder au même point F les
effets de diffraction parallèle qu'une lumière incidente
normale produirait derrière la fente dans toutes les directions.

Si le point F donne les effets de diffraction pour l'un
des deux cas simples équivalents, $\chi = 0$, $\Phi = 0$, un autre
point quelconque E du champ de l'instrument résumera
ceux qui conviennent à une direction marquée par l'axe
secondaire EO. Traçons le faisceau parallèle extérieur *x6pσ*
qui engendrerait *6x*F par voie de réfraction, et menons
par *6* ou par *x* les droites *6p*, *xq* perpendiculaires à chacune des droites parallèles EO, *xσ*, *6ρ*. Les chemins
compris entre E et la parallèle *6p*, seront (§ 31) équivalents pour tous les rayons, et les différences dues à la
diffraction seront comprises entre les deux droites *6p*, *xτ*,
comme s'il s'agissait d'un faisceau parallèle arrivant dans
l'une des deux directions *ax*, *σx* et se diffractant dans
l'autre direction *xσ* ou *x a*. Si nous laissons de côté la supposition d'un changement de direction dans le faisceau
ab x6, ce qui donnerait au point F les cas de diffraction parallèle constitués par l'association de diverses valeurs de χ
avec une valeur constante de Φ, et si nous nous bornons à
considérer l'ensemble des phénomènes engendrés à la fois
aux divers points F, E, H,... par le seul faisceau *ab x6*,
nous en conclurons que le dessin grossi par l'oculaire, sera
rigoureusement le même pour tous les yeux, et correspondra au cas de χ constant et de Φ quelconque qui vient d'être
traité. D'ailleurs il va sans dire qu'en substituant, en avant
de l'objectif, au disque armé de la fente, un autre disque
porteur de l'un quelconque des réseaux qu'on peut imaginer, on réalisera pour ce réseau l'une des innombrables
conditions propres à la diffraction parallèle, à savoir la
diffraction normale, si le faisceau admis sur l'instrument
arrive suivant l'axe, et une diffraction parallèle plus ou

moins oblique, si le faisceau arrive de côté. C'est avec un appareil ainsi établi que Schwerd a observé les nombreux effets de diffraction parallèles qu'il a calculés.

Si l'on enfonce l'oculaire de manière à observer en F'E', on retombe sur la diffraction convergente étudiée au § 106, et pour laquelle les calculs ne peuvent aboutir exactement; mais pour se retrouver dans des conditions vraiment analogues, il faut supposer le faisceau arrivant, normal au réseau. Le lecteur qui voudrait approfondir les diffractions obtenues dans l'appareil de Schwerd, au delà comme en deçà du foyer principal, fera bien de se reporter d'abord au § 32, qui traite la même question pour les deux rayons de l'expérience de Young.

§ 120. — Cas du trapèze. — Première intégration.

Soit (*fig.* 64) NPQR le plan qui contient l'ouverture quadrangulaire ABCD, NPQ'R' le plan normal au faisceau parallèle incident, NPQ"R" un plan normal à la direction dans laquelle on veut estimer la lumière diffractée; NP, NP' les intersections des deux derniers plans avec le premier, et N le point commun aux trois plans. Si l'on abaisse, des quatre sommets A, B, C, D, des perpendiculaires p_1, p_2, p_3, p_4, q_1, q_2, q_3, q_4 sur les deux derniers plans, les différences $q_1 - p_1$, $q_2 - p_2$, $q_3 - p_3$, $q_4 - p_4$ exprimeront encore ce dont les chemins inégaux, décrits par les rayons des sommets, excéderont une partie commune. En appelant toujours χ et Φ les dièdres compris entre le plan de la fente et les deux plans normaux; p_1, p_2, ..., q_1, q_2, ... seront égaux aux produits de $\sin\chi$ ou $\sin\Phi$ par d'autres perpendiculaires abaissées des quatre sommets sur les intersections NP et NP'.

Soient a, b, c, d les quatre côtés du trapèze; σ, σ', φ, φ', ξ, ξ' les angles que font ces côtés avec les droites NP, NP'; soit de plus $AL = \varepsilon$, $AL' = \varepsilon'$, on aura

$$p_1 = \overline{AA'} \sin\chi = \varepsilon \sin\sigma \sin\chi,$$
$$p_2 = (\varepsilon + a) \sin\sigma \sin\chi,$$
$$p_3 = CC' \sin\chi = (BB' - B\gamma) \sin\chi = [(\varepsilon + a) \sin\sigma - b \sin\varphi] \sin\chi,$$
$$p_4 = DD' \sin\chi = (AA' - A\delta) \sin\chi = (\varepsilon \sin\sigma - d \sin\xi) \sin\chi,$$

$$q_1 = \overline{\mathrm{AA}''} \sin \Phi = \mathfrak{C}' \sin \sigma' \sin \Phi,$$
$$q_2 = (\mathfrak{C}' + a) \sin \sigma' \sin \Phi,$$
$$q_3 = [(\mathfrak{C}' + a) \sin \sigma' - b \sin \varphi'] \sin \Phi,$$
$$q_1 = (\mathfrak{C}' \sin \sigma' - d \sin \xi') \sin \Phi.$$

Pour l'intelligence de ce qui va suivre, nous signalons au lecteur les deux séries de trapèzes birectangulaires que forment, avec certaines lignes, communes aux deux séries, situées dans le plan du trapèze, et avec d'autres lignes situées dans les plans NPQ′R′, NP′Q″R″, les perpendiculaires p_1, p_2, ..., q_1, q_2, ..., et nous le prévenons que c'est par eux qu'il établira sans peine les diverses proportionnalités dont il va être question.

Prenons AD pour axe des x et AB pour axe des y, et soient xy les coordonnées d'un élément quelconque g du trapèze; il s'agit d'avoir sa phase et son coefficient de vitesse.

Pour A le retard est $q_1 - p_1$, pour D il vaut $q_1 - p_1$. Pour un point e pris sur AD à la distance $Ae = x$, les deux couples de triangles rectangles semblables, situés dans le plan des trapèzes $ADpp_1$, $ADqq_1$ et ayant pour hypoténuses AD, Ae, montrent qu'il faut ajouter à $q_1 - p_1$ une partie aliquote marquée par $\dfrac{x}{d}$ de la variation totale

$$q_1 - p_1 - (q_1 - p_1) = (q - p)_{1-1} \;(^*),$$

c'est-à-dire

$$\frac{x}{d}(q - p)_{1-1}.$$

Si nous multiplions par $\dfrac{2\pi}{\lambda}$, nous aurons, pour la phase du rayon diffracté qui passe en e,

$$\frac{2\pi}{\lambda}(q - p)_1 + \frac{2\pi}{\lambda}\frac{x}{d}(q - p)_{1-1}.$$

La ligne ef, menée par le point e parallèlement aux côtés a

(*) Nous convenons des notations suivantes :

$$(q_m - p_m) = (q - p)_m : q_m - p_m \pm (q_n - p_n) = q_m \pm q_n - (p_m \pm p_n$$
$$= (q - p)_{m \pm n} : (q - p)_m{}_n + (q - p)_{r-s} = (q - p)_{m+n+r+s}.$$

et c, vaut

$$a - (a - c)\frac{x}{d}.$$

Le retard du point f qui la termine, obtenu comme celui du point e, est

$$q_2 - p_2 + (q - p)_{3-2}\frac{f\mathrm{B}}{\mathrm{BC}} = (q - p)_2 + \frac{x}{d}(q - p)_{3-2}.$$

Le point g quelconque, pris sur cette ligne à une distance $eg = y$, aura pour retard celui de e, plus une fraction $\dfrac{y}{a - (a - c)\frac{x}{d}}$ de l'accroissement

$$(q - p)_2 - (q - p)_1 + \frac{x}{d}[(q - p)_{3-2} - (q - p)_{4-1}]$$

$$= (q - p)_{2-1} + \frac{x}{d}(q - p)_{3-1-4+1}$$

que subit le retard de e en f. Bref, si nous prenons l'excès de sa phase sur celle $\frac{2\pi}{\lambda}(q - p)_1$ du rayon qui est diffracté au sommet A, nous aurons pour son anomalie

$$\frac{2\pi}{\lambda}\left\{\frac{x}{d}(q-p)_{1-1} + \frac{y}{a - (a - c)\frac{x}{d}}\left[(q-p)_{2-1} + \frac{x}{d}(q-p)_{3-2-4+1}\right]\right\} = \varphi_1.$$

Le coefficient de vitesse est proportionnel à l'élément de la surface, lequel, avec nos coordonnées obliques, a la forme d'un parallélogramme et vaut

$$dx\,dy \sin \mathrm{DAB} = dx\,dy \sin \alpha,$$

en désignant par α l'angle A du trapèze. L'intensité et la phase de la résultante de tous les rayons transmis par le trapèze dépendent donc des deux intégrales doubles

$$\int dx\,dy \cos \varphi_1, \qquad \int dx\,dy \sin \varphi_1,$$

qu'il faut prendre d'abord entre les limites

$$y = 0, \quad y = a - (a - c)\frac{x}{d},$$

I.

puis de

$$x = 0 \quad \text{à} \quad x = d.$$

En posant

$$\frac{2\pi}{\lambda}\frac{x}{d}(q - p)_{i-1} = E, \qquad a - (a - c)\frac{x}{d} = F,$$

$$\frac{2\pi}{\lambda}\left[(q - p)_{i-1} + \frac{x}{d}(q - p)_{i-1-i+1}\right] = G,$$

les intégrales sont

$$\int dx \int dy \,\cos\left(E + \frac{G}{F}\,y\right),$$

$$\int dx \int dy \,\sin\left(E + \frac{G}{F}\,y\right),$$

et l'on a

$$\int dy \,\cos\left(E + \frac{G}{F}\,y\right) = C + \frac{F}{G}\,\sin\left(E + \frac{G}{F}\,y\right),$$

$$\int dy \,\sin\left(E + \frac{G}{F}\,y\right) = C - \frac{F}{G}\,\cos\left(E + \frac{G}{F}\,y\right).$$

$y = 0$ donne

$$C + \frac{F}{G}\,\sin E \quad \text{et} \quad C - \frac{F}{G}\,\cos E,$$

$$y = a - (a - c)\frac{x}{d} = F$$

donne

$$C + \frac{F}{G}\,\sin(E + G) \quad \text{et} \quad C - \frac{F}{G}\,\cos(E + G);$$

de sorte que les intégrales définies sont l'une une différence de sinus, et l'autre une différence de cosinus. Si l'on transforme ces différences en produits, il vient pour la première

$$(1) \qquad 2\,\frac{F}{G}\,\cos\left(E + \frac{G}{2}\right)\sin\frac{G}{2},$$

et pour la deuxième

$$(2) \qquad 2\,\frac{F}{G}\,\sin\left(E + \frac{G}{2}\right)\sin\frac{G}{2}.$$

SPECTRES LUMINEUX.

SPECTRES PRISMATIQUES ET EN LONGUEURS D'ONDES,
DESTINÉS AUX RECHERCHES DE CHIMIE MINÉRALE;

Par M. LECOQ DE BOISBAUDRAN.

UN VOLUME DE TEXTE GRAND IN-8 ET UN ATLAS, MÊME FORMAT, DE 29 PLANCHES GRAVÉES
SUR ACIER, CONTENANT 56 SPECTRES; 1874. — PRIX : 20 FRANCS.

Le spectroscope est maintenant l'auxiliaire indispensable de tous les
chimistes; cependant le grand nombre des raies contenues dans la plupart des spectres isolés et la fréquente superposition de plusieurs spectres
limitent beaucoup les applications de la nouvelle méthode analytique,
dès qu'on est privé de dessins représentant les images prismatiques des
principales substances chimiques. Il est vrai qu'on a publié d'excellentes
Cartes spectrales; mais elles ont été construites dans des conditions expérimentales qui me paraissent difficiles à réaliser dans la pratique usuelle.
Or, comme l'emploi qui a généralement été fait de puissantes sources
calorifiques modifie profondément la composition de la lumière émise, il
arrive qu'en opérant avec les appareils ordinaires on n'obtient pas toujours les spectres tels qu'ils sont décrits par les auteurs. Ainsi, pour ne
citer qu'un exemple, dans le travail si exact de M. Thalèn, le cœsium est
privé de ses deux raies bleues caractéristiques.

D'ailleurs, à l'époque où je fis, pour mon usage personnel, la plupart
de mes dessins de spectres, les publications de ce genre étaient rares. J'ai
revu ces anciens dessins, et j'en ai remesuré les raies avec plus d'exactitude, profitant des déterminations de longueurs d'ondes exécutées par
MM. Mascart, Thalèn, Ansgtröm, etc., pour établir les bases d'une meilleure graduation de mon spectroscope. J'ai l'espoir que les chimistes
trouveront quelque avantage dans la publication de ce travail fort long,
que tous ne peuvent entreprendre. C'est dans la même pensée que je fais
précéder la description des Planches de Remarques, notées pendant mes
recherches. Ces renseignements pourront paraître superflus aux spécia-
listes; mais les personnes peu versées dans l'usage du spectroscope y trouveront probablement quelques indications utiles sur l'emploi de cet instrument et sur une manière très-simple de le graduer.

Les mesures seules ne suffisent pas toujours pour identifier rapidement
les spectres, car des raies très-voisines peuvent appartenir à des sub-

stances différentes. La physionomie des spectres est d'une importance capitale, puisqu'on ne peut confondre une raie linéaire avec une bande nébuleuse, ni les bandes dégradées vers la gauche avec celles qui le sont vers la droite, non plus qu'avec d'autres bandes symétriquement ombrées à droite et à gauche. Dans plusieurs Ouvrages importants (Thalèn, Huggins), les raies ne sont cependant représentées que par de simples traits. Je me suis attaché, au contraire, à reproduire ce qu'on voit dans l'instrument : traits vifs, ombrés symétriques ou non, nébulosités, intensités variées, etc.; je n'indique les raies par de simples traits que sur une seconde échelle, divisée proportionnellement aux longueurs d'ondes, qu'on trouve ainsi rapidement sans avoir recours au texte.   **L. DE B.**

TABLE DES MATIÈRES.

I. But de l'Ouvrage. — II. Choix des instruments. — III. Description des Planches. — IV. Spectres propres aux sources calorifiques. — V. Remarques sur l'emploi du spectroscope et sur l'apparence des raies. — VI. Emploi du gaz. — VII. Étincelles. Observations générales. — VIII. Étincelle et solutions. — IX. Étincelle et sels fondus. — X. Étincelle et métaux. — XI. Spectres d'absorption. — XII. Graduation du spectroscope. — XIII Mesures. Remarques diverses. — XIV. Manière d'opérer les mesures. — XV. Degré d'exactitude des mesures.

PLANCHES : I. Étincelle moyenne; pôle positif. Étincelle moyenne; pôle négatif. — II. Étincelle longue. Étincelle très-courte et solution de H Cl. — III. Flamme bleue du gaz d'éclairage. Chlorure de Cœsium; dans le gaz. — IV. Chlorure de Rubidium; dans le gaz. Chlorure de Potassium; dans le gaz. — V. Sulfate de Potasse fondu; étincelle. Sulfate de Soude fondu; étincelle. — VI. Sels de Soude et de Lithine; dans le gaz. Sels de Soude; dans le gaz. Sels de Lithine; dans le gaz. Sels de Lithine en solution; étincelle. — VII. Chlorure de Baryum (ou BaO); dans le gaz. Chlorure de Baryum; dans le gaz chargé de H Cl. — VIII. Bromure de Baryum; dans le gaz chargé de Brome. Iodure de Baryum; dans le gaz chargé d'Iode. — IX. Chlorure de Baryum en solution; étincelle. Chlorure de Strontium en solution; étincelle. — X. Chlorure de Strontium; dans le gaz. Chlorure de Strontium; dans le gaz chargé de H Cl. — XI. Chlorure de Calcium; dans le gaz. Chlorure de Calcium; dans le gaz chargé de H Cl. — XII. Chlorure de Calcium en solution; étincelle. Chlorure de Magnésium en solution; étincelle. — XIII. Chlorure de Didyme en solution concentrée; absorption. Chlorure de Didyme en solution étendue; absorption. — XIV. Phosphate d'Erbine; émission. Erbine, émission. — XV. Chlorure d'Erbium en solution; absorption. Aluminium métallique; étincelle. — XVI. Sesquichlorure de Chrome en solution; étincelle. Permanganate de Potasse en solution; absorption. — XVII. Chlorure de Manganèse en solution; étincelle courte. Chlorure de Manganèse en solution; étincelle moyenne. — XVIII. Chlorure de Manganèse; dans le gaz. Perchlorure de Fer en solution; étincelle. — XIX. Chlorure de Cobalt; solution; étincelle. Chlorure de Nickel en solution; étincelle. — XX. Chlorure de Zinc en solution; étincelle. Chlorure de Cadmium en solution; étincelle. — XXI. Sels de Thallium; dans le gaz. Sels d'Indium en solution; étincelle. — XXII. Bichlorure d'Étain en solution; étincelle. Chlorure de Bismuth en solution; étincelle. — XXIII Plomb métallique; étincelle. Protochlorure d'Antimoine en solution; étincelle. — XXIV. Chlorure de Cuivre en solution; étincelle. Chlorure de Cuivre; dans le gaz. — XXV. Azotate d'Argent en solution; étincelle. Bichlorure de Mercure en solution; étincelle. — XXVI. Chlorure d'Or en solution; étincelle. Chlorure d'Or; dans le gaz. — XXVII. Chlorure de Platine en solution; étincelle. Chlorure de Palladium en solution; étincelle. — XXVIII. Hydrogène phosphoré. Acide borique; dans le gaz. — XXIX. Courbe représentant le rapport des longueurs d'ondes aux divisions de mon micromètre.

Table de conversion des divisions de mon micromètre en longueurs d'ondes.

1336   Paris. — Imprimerie de GAUTHIER-VILLARS, quai des Augustins, 55.

EXTRAIT DE LA TABLE DES MATIÈRES.

Ire SECTION. — Considérations générales sur les machines en mouvement.

I. NOTIONS ET PRINCIPES SUR LESQUELS SE FONDE LA SCIENCE DES MOTEURS ET DES MACHINES : *Travail des moteurs et des machines. Théorèmes relatifs à la quantité de mouvement et à la force vive.* — II. APPLICATION DU PRINCIPE DES FORCES VIVES AU MOUVEMENT DES MACHINES : *Conditions spéciales que présentent les machines. Équations générales du mouvement des machines. Discussion des équations générales.* — III. CIRCONSTANCES PRINCIPALES DU MOUVEMENT DES MACHINES : *Lois générales du mouvement. Moyens généraux de régulariser le mouvement des machines.* — IV. DE L'ÉTABLISSEMENT DES MACHINES INDUSTRIELLES : *Conditions du meilleur établissement des machines. Indications générales sur l'établissement des machines. Conditions pratiques de l'établissement des machines.*

IIe SECTION. — Des principaux moyens de régulariser l'action des forces sur les machines et de transmettre les vitesses dans des rapports déterminés.

I. DES MODÉRATEURS : *Des divers genres de modérateurs. Des freins. Des volants à ailettes.* — II. DES RÉGULATEURS : *Des divers genres de régulateurs. Des régulateurs à pompe et à flotteur. Du régulateur à force centrifuge. Nouveau régulateur à ressort et instantané.* — III. DES MANIVELLES : *Notions préliminaires sur les manivelles. Considérations dynamiques sur les effets des manivelles. Des manivelles conduisant des pièces à mouvement rectiligne alternatif. Des manivelles conduisant un balancier à mouvement alternatif. Du joint brisé ou universel.* — IV. APPLICATIONS PARTICULIÈRES DE LA THÉORIE DES VOLANTS : *Considérations générales sur l'emploi et sur la construction des volants. Calcul du volant des manivelles à simple ou à double effet dans les hypothèses les plus simples. Calcul du volant, en tenant compte du poids et de l'inertie des pièces oscillantes.* — V. MOYENS GÉOMÉTRIQUES DE TRANSMETTRE LES VITESSES DES PIÈCES DANS UN RAPPORT DONNÉ : *Communication du mouvement par simple contact des roues. Communication du mouvement par courroies ou par chaînes. Communication du mouvement par engrenages. Des cames.* — ADDITIONS RELATIVES AUX VALEURS DE DIVERS MOMENTS D'INERTIE : *Principes généraux. Moment d'inertie des lignes ou verges à section très-petite. Moment d'inertie des aires planes ou disques minces. Observations générales. Moments d'inertie des corps ou volumes à dimensions quelconques. Applications.*

IIIe SECTION. — Calcul des résistances passives dans les pièces à mouvement uniforme et soumises à des actions sensiblement invariables.

I. CONSIDÉRATIONS PRÉLIMINAIRES. — II. DES DIVERSES SORTES DE RÉSISTANCES : *De la résistance directe du frottement et de l'adhérence des corps en contact. Résistance due au roulement des corps. De la roideur des cordes et des courroies. Frottement des cordes et courroies autour des cylindres immobiles.* — III. APPLICATIONS AUX MACHINES SIMPLES : *Frottement d'un corps sur un plan incliné. Frottement du coin. Frottement des pièces maintenues dans une direction invariable, par des guides, des coulisses, etc. Frottement des tourillons des pièces de rotation. Frottement des pivots, des épaulements des axes. Résistance des roues et roulettes. Équilibre du treuil, en ayant égard au frottement et à la roideur des cordes. Calcul des résistances dans les poulies, le treuil des Chinois et le cabestan. Des treuils en arbres tournants conduits par des cordes et courroies sans fin. Des palans ou poulies mouflées. De la résistance des chaînes. Manière de tenir compte du poids des cordes et courroies dans les équations d'équilibre. Frottement de la vis à filets carrés. Frottement de la vis à filets triangulaires. Du frottement dans les engrenages.* — NOTES : I. *Sur la valeur approchée linéaire et rationnelle des radicaux de la forme* $\sqrt{a^2 + b^2}$, $\sqrt{a^2 - b^2}$,.... II. *Sur le moment total et le bras de levier moyen des résistances dans la vis à filets carrés ou triangulaires et les cônes de friction.*

IVe SECTION. — Influence des variations de la vitesse sur les résistances.

I. DES RÉSISTANCES DANS LES PIÈCES À MOUVEMENT VARIABLE PÉRIODIQUE OU PERMANENT. — II. INFLUENCE DES CHANGEMENTS BRUSQUES SUR LA VITESSE : *Principes généraux.* — III. APPLICATIONS : *Du choc des cames et des pilons. Du choc des cames et des marteaux. Des machines à percer, à découper, à étamper et à frapper les monnaies.*

Paris. — Imprimerie de GAUTHIER-VILLARS, quai des Augustins, 55.

1875

§ 121. — Deuxième intégration.

F et G contiennent x et semblent rendre impossible l'autre intégration; mais il n'en est rien, car $\dfrac{F}{G}$ est le quotient de la longueur d'une transversale cf du trapèze par la différence des phases aux deux bouts. Or on s'assurera sans peine que, dans toute l'étendue du trapèze, un pareil quotient est constant, et qu'il possède ainsi la valeur

$$\frac{a}{\dfrac{2\pi}{\lambda}(q-p)_{2-1}}.$$

que lui accorde la transversale particulière AB. Après cette substitution, l'intégrale en x réussit aisément, mais l'une des intégrales définies se trouve avoir quatre termes, et l'autre trois; il en résulte que la formation de leurs carrés, et surtout les réductions que comporte la somme de ces carrés, sont un peu longues et délicates. Pour échapper à cette complication, nous allons interpréter ces premières intégrales qui donnent l'anomalie et l'intensité de la résultante d'une bande transversale dont les dimensions sont cf et dx, et profiter de cette interprétation pour simplifier les deuxièmes intégrales.

On obtient $\operatorname{tang}\psi$ en divisant (2) par (1). ψ est donc égal à $E + \dfrac{G}{2}$, c'est-à-dire, d'après la signification des quantités E, G, à l'anomalie du point milieu de la bande. On obtient B en élevant (1) et (2) au carré, ajoutant ces carrés, rétablissant les facteurs omis; cela donne un carré parfait, à savoir celui de

$$2\,dx \sin\alpha \frac{F}{G} \sin\frac{G}{2}.$$

Cette quantité, qui vaut

$$2\,dx \sin\alpha \frac{a}{\dfrac{2\pi}{\lambda}(q-p)_{2-1}} \sin\frac{G}{2},$$

est donc le coefficient de vitesse de la résultante.

14.

Or $E + \dfrac{G}{2}$ se réduit et vaut

$$\frac{\pi}{\lambda}\left[(q-p)_{2-1} + \frac{x}{d}(q-p)_{3-2+1-1}\right];$$

mais $\dfrac{\pi}{\lambda}(q-p)_{2-1}$ est l'anomalie du milieu du côté **AB**. On peut donc convenir de soustraire cette quantité, des anomalies de toutes les bandes transversales, ce qui revient à prendre pour premier rayon celui qui part du milieu de ce côté. On a alors à chercher la résultante de rayons échelonnés le long de la ligne qui joint les milieux des deux bases du trapèze, rayons qui ont pour anomalies

$$\frac{\pi}{\lambda}\frac{x}{d}(q-p)_{3-2+1-1} = K\,r,$$

et dont les coefficients de vitesse, également dépendants de r, sont

$$2\,dx \sin\alpha\,\frac{F}{G}\,\sin\frac{G}{2};$$

$\sin\alpha$ et $\dfrac{F}{G}$ étant constants, l'anomalie ψ, et l'intensité B_1^2 de cette nouvelle résultante dépendent des deux intégrales

$$\int dx \sin\frac{G}{2}\cos K\,r, \qquad \int dx \sin\frac{G}{2}\sin K\,r,$$

que nous écrirons ainsi

$$\int dx \sin(L+M\,r)\cos K\,r, \qquad \int dx \sin(L+M\,r)\sin K\,r,$$

en posant dans G

$$\frac{\pi}{\lambda}(q-p)_{2-1} = L, \qquad \frac{\pi}{\lambda}\frac{1}{d}(q-p)_{3-2+1-1} = M.$$

L'intégration par parties donne sans peine

$$\int dx \sin(L+M\,x)\cos K\,x$$

$$= \frac{1}{K^2-M^2}\left[K\sin K\,x\sin(L+M\,x) + M\cos K\,x\cos(L+M\,x)\right].$$

$$\int dx \sin(L+M\,x)\sin K\,x$$

$$= \frac{1}{K^2-M^2}\left[-K\cos K\,x\sin(L+M\,x) + M\sin K\,r\cos(L+M\,x)\right].$$

Pour $x = 0$, la première devient

$$\frac{M \cos L}{K^2 - M^2},$$

et la seconde

$$\frac{- K \sin L}{K^2 - M^2}.$$

Pour $x = d$ il suffit de remplacer x par d, dans les expressions générales.

Les deux intégrales définies ont donc chacune trois termes; on évite, comme il suit, la complication qu'amènera leur élévation au carré. K et M sont l'un la somme et l'autre la différence des deux quantités

$$\frac{\pi}{\lambda}\,\frac{1}{d}\,(q - p)_{3-2} = R \qquad et \qquad \frac{\pi}{\lambda}\,\frac{1}{d}\,(q - p)_{1-1} = T;$$

en les dédoublant, on obtient, après des réductions évidentes, pour la parenthèse de la première intégrale définie,

$$(3) \quad \left\{ \begin{aligned} &- 2\,R \sin\left(L + \frac{M - K}{2}\,d\right) \sin\left(\frac{M - K}{2}\,d\right) \\ &+ 2\,T \sin\left(L + \frac{M + K}{2}\,d\right) \sin\left(\frac{M + K}{2}\,d\right), \end{aligned} \right.$$

et pour la parenthèse de la seconde,

$$(4) \quad \left\{ \begin{aligned} &- 2\,R \cos\left(L + \frac{M - K}{2}\,d\right) \sin\left(\frac{M - K}{2}\,d\right) \\ &- 2\,T \cos\left(L + \frac{M + K}{2}\,d\right) \sin\left(\frac{M + K}{2}\,d\right). \end{aligned} \right.$$

Laissons de côté leur quotient qui donnerait l'anomalie ψ_1, et occupons-nous seulement de l'intensité. Si nous négligeons d'abord le facteur commun $\dfrac{2}{K^2 - M^2}$, la somme des carrés, simplifiée par des réductions évidentes, sera

$$(5) \quad \left\{ \begin{aligned} &R^2 \sin^2\left(\frac{M - K}{2}\,d\right) + T^2 \sin^2\left(\frac{M + K}{2}\,d\right) \\ &+ 2\,T R \sin\left(\frac{M - K}{2}\,d\right) \sin\left(\frac{M + K}{2}\,d\right) \cos(2L + Md); \end{aligned} \right.$$

or on a

$$\frac{M - K}{2} d = -\frac{\pi}{\lambda} (q - p)_{1-1},$$

$$\frac{M + K}{2} d = \frac{\pi}{\lambda} (q - p)_{2-2},$$

$$2L + M d = \frac{\pi}{\lambda} (q - p)_{3+2-1-1},$$

$$K^2 - M^2 = (K - M)(K + M) = \left(2 \frac{1}{d} \frac{\pi}{\lambda}\right)^2 (q - p)_{1-1} (q - p)_{2-2}.$$

Il suffit maintenant de rétablir les facteurs

$$4 \sin\alpha \frac{a}{2 \frac{\pi}{\lambda} (q - p)_{2-1}}$$

omis à deux reprises, et de remplacer par leurs valeurs les lettres
R, T, M, K; mais avant d'écrire la valeur qui en résulte pour B^2,
nous ferons subir une transformation au facteur qui multiplie le
trinóme (5). Ce facteur, quand on aura réparti convenablement,
au-dessous des sinus du trinóme, les arcs correspondants, se
trouvera avoir pour expression

$$\frac{a^2 d^2 \sin^2 \alpha}{4 \frac{\pi^2}{\lambda^2} (q - p)^2_{2-1}}.$$

La surface S du trapèze est

$$\frac{a + c}{2} d \sin \alpha ;$$

or on a

$$\frac{a}{(q - p)_{2-1}} = \frac{c}{(q - p)_{3-1}} ;$$

d'où *componendo*

$$\frac{a + c}{a} = \frac{(q - p)_{2-1+3-1}}{(q - p)_{2-1}}.$$

Donc on a

$$S = \frac{ad \sin \alpha (q - p)_{2-1+3-1}}{2 (q - p)_{2-1}},$$

et, par suite, le facteur extérieur vaut

$$\left[\dfrac{S}{\dfrac{\pi}{\lambda}(q-p)_{3+2-1-1}} \right]^{2}.$$

Remplaçons enfin, comme au § 116, S par $S\cos\chi$, pour tenir compte de l'obliquité des rayons, nous aurons

$$B_1^2 = \left[\dfrac{S\cos\chi}{\dfrac{\pi}{\lambda}(q-p)_{3+2-1-1}} \right]^{2}$$

$$\times \left\{ \left[\dfrac{\sin\dfrac{\pi}{\lambda}(q-p)_{1-1}}{\dfrac{\pi}{\lambda}(q-p)_{1-1}} \right]^{2} + \left[\dfrac{\sin\dfrac{\pi}{\lambda}(q-p)_{3-2}}{\dfrac{\pi}{\lambda}(q-p)_{3-2}} \right]^{2} \right.$$

$$\left. - 2\,\dfrac{\sin\dfrac{\pi}{\lambda}(q-p)_{1-1}}{\dfrac{\pi}{\lambda}(q-p)_{1-1}}\;\dfrac{\sin\dfrac{\pi}{\lambda}(q-p)_{3-2}}{\dfrac{\pi}{\lambda}(q-p)_{3-2}}\;\cos\dfrac{\pi}{\lambda}(q-p)_{3+2-1-1} \right\}.$$

Pour introduire dans cette expression les paramètres primordiaux, il suffirait de remplacer les quantités p, $p_1,\ldots,$ q, $q_1,\ldots$ par leurs expressions données au précédent paragraphe. C'est ce que nous ferons bientôt pour quelques cas particuliers. Nous donnerons aussi, dans quelques-uns de ces cas, la phase du rayon résultant, dont la tangente s'obtiendra en divisant l'un par l'autre les polynômes (4) et (3).

Un dernier mot sur le caractère analytique du cas de composition des mouvements vibratoires qui vient d'être traité. En recourant, comme nous venons de le faire, au calcul intégral, on a, dans les expressions $\int b\cos\gamma$, $\int b\sin\gamma$ du § 118, des phases γ linéaires en x, et pour les coefficients b, des sinus d'arcs également linéaires en x; mais avec les rayons discontinus de Schwerd, et les phases et les arcs dont les sinus forment les coefficients b, varieraient en progression arithmétique.

§ 122. — Cas du parallélogramme.

En en appelant, comme nous l'avons déjà fait, aux trapèzes projetants et aux triangles qu'ils donnent, on voit sans calcul que pour cette figure on a

$$(q - p)_{3-1} = (q - p)_{1-1},$$
$$(q - p)_{3-2} = (q - p)_{1-1},$$
$$(q - p)_{3-1-1-1} = 2\,(q - p)_{2-1};$$

il en résulte que l'intensité devient, en écrivant B au lieu de B_1,

$$B^2 = \left[\frac{S\cos\chi}{2\frac{\pi}{\lambda}(q - p)_{1-1}}\right]^2 \left[\frac{\sin\frac{\pi}{\lambda}(q - p)_{3-2}}{\frac{\pi}{\lambda}(q - p)_{3-2}}\right]^2$$

$$\times \left[2 - 2\cos 2\frac{\pi}{\lambda}(q - p)_{2-1}\right],$$

$$B^2 = (S\cos\chi)^2 \left[\frac{\sin\frac{\pi}{\lambda}(q - p)_{3-2}}{\frac{\pi}{\lambda}(q - p)_{3-2}}\right]^2 \left[\frac{\sin\frac{\pi}{\lambda}(q - p)_{2-1}}{\frac{\pi}{\lambda}(q - p)_{2-1}}\right]^2.$$

Le parallélogramme donne

$$b = d, \qquad \varphi = \xi, \qquad \varphi' = \xi';$$

on trouve alors

$$(q - p)_{3-2} = b\,(\sin\varphi\sin\chi - \sin\varphi'\sin\Phi),$$
$$(q - p)_{2-1} = a\,(\sin\sigma'\sin\Phi - \sin\sigma\sin\chi),$$

et enfin

$$B^2 = (S\cos\chi)^2 \left\{\frac{\sin\left[\frac{\pi}{\lambda}a\,(\sin\sigma'\sin\Phi - \sin\sigma\sin\chi)\right]}{\frac{\pi}{\lambda}a\,(\sin\sigma'\sin\Phi - \sin\sigma\sin\chi)}\right\}^2$$

$$\times \left\{\frac{\sin\left[\frac{\pi}{\lambda}b\,(\sin\varphi\sin\chi - \sin\varphi'\sin\Phi)\right]}{\frac{\pi}{\lambda}b\,(\sin\varphi\sin\chi - \sin\varphi'\sin\Phi)}\right\}^2.$$

Si l'on forme le quotient des polynômes (4) et (3) du § **121**, on a

$$R = T.M - K = -(M + K),$$

et enfin

$$\psi = \frac{1}{2}(M + K)\,d = \frac{\pi}{\lambda}(q - p),\; .$$

Si l'on se rappelle que la phase est rapportée au milieu du côté a, on en conclura que la phase résultante est celle du rayon qui passe au point de croisement des diagonales.

§ 123. — Discussion.

Quand les rayons incidents sont normaux à l'ouverture, on a

$$B' = S^2 \left[\frac{\sin\left(\frac{\pi}{\lambda} a \sin \sigma' \sin \Phi\right)}{\frac{\pi}{\lambda} a \sin \sigma' \sin \Phi} \right]^2 \left[\frac{\sin\left(\frac{\pi}{\lambda} b \sin \varphi' \sin \Phi\right)}{\frac{\pi}{\lambda} b \sin \varphi' \sin \Phi} \right]^2 .$$

Cette expression, que nous allons discuter, est doublement périodique et est annulée pour toutes les directions Φ qui satisfont à l'une des deux conditions

$$\sin \sigma' \sin \Phi = \pm m \frac{\lambda}{a}, \qquad \sin \varphi' \sin \Phi = \pm m \frac{\lambda}{b}.$$

On peut aisément construire ces produits de sinus et arriver ainsi, comme au § 118, à une représentation géométrique du phénomène. Comme il ne s'agit ici que de directions, le point autour duquel on établit cette construction peut être quelconque. Nous choisirons le point N, intersection de nos trois plans.

Dans l'espace, la construction consisterait à décrire, autour de N, une sphère d'un rayon quelconque, égal à 1 par exemple (on peut y voir la surface de la rétine de l'œil infiniment presbyte), puis à déterminer sur elle les intersections des rayons vecteurs pour lesquels les relations précédentes sont satisfaites; mais il est visible qu'on peut échanger ces lieux géométriques dans l'espace contre d'autres lieux situés sur un plan, en les projetant orthogonalement sur un grand cercle de la sphère. Si le plan de ce grand cercle est celui de l'ouverture, nous allons voir que ces derniers lieux consistent en deux réseaux de droites parallèles dont les directions sont normales aux côtés du parallélogramme. Imaginons, en effet, le rayon vecteur $NT = 1$ normal au plan $NP'Q''R''$, il se projette sur le plan de l'ouverture, suivant NT' perpendiculaire à NP', et fait avec sa projection l'angle $90 - \Phi$, donnant dès lors

$$NT' = \sin \Phi.$$

Puisqu'elle est perpendiculaire à NP', cette projection fait avec une parallèle NA_1 au côté AB, l'angle $\sigma' - 90$. Si donc on la projette maintenant sur NA, on aura pour Na_1, longueur de cette deuxième projection,

$$N a_1 = \sin \Phi \sin \sigma' :$$

or il est visible que tous les rayons vecteurs dont la première projection se terminera sur la droite $a_1 T'$ auront la même deuxième projection Na_1; si donc on prend

$$N a_1 = m \frac{\lambda}{a},$$

on aura une première série de lieux plans obscurs, correspondants dans l'espace à d'autres lieux qui seraient les intersections de la sphère par les plans orthogonaux correspondants. Ne seront à considérer parmi ces parallèles, que celles qui tombent dans l'intérieur du grand cercle. Le second facteur donne de même sur la sphère une série de cercles obscurs qui se projettent sur le plan de l'ouverture, suivant un nombre limité de droites parallèles et équidistantes, normales aux deux autres côtés b et d du parallélogramme. Comme, entre deux minima, il y a nécessairement un maximum, il suit que les spectres seront contenus dans des parallélogrammes semblables à l'ouverture, mais orientés rectangulairement, et l'on peut ajouter inversement, puisque les facteurs $\frac{1}{a}$, $\frac{1}{b}$ rendent moindres les intervalles qui répondent au plus grand côté.

On peut échanger les distances $N a_1 = \frac{\lambda}{a}$, $N b_1 = \frac{\lambda}{b}$, caractéristiques des deux systèmes de parallèles, contre d'autres distances obliques $N a_2$, $N b_2$, comptées le long des droites NB_1, NA_1 respectivement perpendiculaires aux côtés; on aura

$$N a_1 = N a_2 \cos A, \; NB_1 = N a_2 \sin BAD.$$

Soit h' la distance des deux côtés b, d, on a (*fig.* 65)

$$h' = a \sin BAD ;$$

de sorte que $a \times \overline{N a_1}$, ou bien $a \sin \sigma' \sin \Phi$ vaut $h' \overline{N a_2}$. On peut de même échanger $b \sin \varphi' \sin \Phi$ contre $h \overline{N b_2}$; de sorte que, pour obtenir le réseau délimitateur des spectres, il suffit de porter, à partir du point N, sur les droites NA_1, NB_2, des quantités respectivement égales à $\pm \dfrac{\lambda}{h'} \pm 2 \dfrac{\lambda}{h'} \cdots$ pour l'une, et à $\pm \dfrac{\lambda}{h} \pm 2 \dfrac{\lambda}{h} \cdots$ pour l'autre, et de mener, par ces points, des parallèles, les unes à NA_2, les autres à NB_2. La *fig.* 66 donne le réseau des projections des lignes obscures pour un parallélogramme ABCD dans lequel les hauteurs h', h sont comme 2 et 1, et pour les cas où $\dfrac{\lambda}{h'}$ est environ $\dfrac{1}{7}$. Les parallélogrammes qui sont près de la circonférence, correspondant à des rayons très-déviés, la lumière qui éclaire leur intérieur sera très-affaiblie et les spectres qu'ils contiennent pourront n'être pas visibles. Pour obtenir, dans une direction quelconque correspondante à l'intérieur d'un parallélogramme, l'intensité et la couleur, il faudrait calculer pour chaque rayon, dans cette direction, la valeur numérique des deux facteurs variables. Comme ils sont tous deux formés par le rapport d'un sinus à son arc, on recourra à la Table du § 118.

On conçoit qu'il y ait de grandes différences dans l'intensité des spectres, même pour des parallélogrammes équidistants de celui $A'B'C'D'$ que remplit la lumière directe. Si, par exemple, l'ouverture est un rectangle, pour le milieu des spectres compris entre les côtés prolongés, l'un des facteurs, sous la forme $\dfrac{0}{0}$, prend sa valeur maximum 1 (*), et ces spectres sont beaucoup plus vifs que ceux qui sont dans les angles de la croix. Si le rectangle est très-allongé et dégénère en fente (§ 118), les spectres situés entre les grands côtés prolongés se rapprochent jusqu'à devenir inappréciables.

Quand l'incidence est quelconque, on peut, d'une manière ana-

---

(*) En effet, les rayons incidents étant toujours normaux, on a, pour l'un de ces azimuts
$$\sin \varphi' = 0,$$
et pour l'autre
$$\sin \sigma' = 0.$$

logue, trouver sur le plan de l'ouverture, des lignes qui représentent les binômes

$$\sin \sigma' \sin \Phi - \sin \sigma \sin \chi, \qquad (\sin \varphi \sin \chi - \sin \varphi' \sin \Phi),$$

mais nous laisserons au lecteur le soin de cette généralisation que Schwerd a développée.

§ 124. — Cas du trapèze isocèle.

Comme l'étude de ce cas n'a d'autre intérêt que de conduire à l'ouverture circulaire, nous supposerons l'intersection NP' perpendiculaire aux deux côtés parallèles; nous supposerons de plus $\chi = 0$, il en résulte

$$b = d, \quad p_1 = p_2 = p_3 = p_4 = 0, \quad \sigma' = \frac{\pi}{2}, \quad \zeta' = - \varphi',$$

$$(q - p)_{3-2} = q_{3-2}, \quad (q - p)_{3+2-1-1} = q_{3+2-1-1}, \dots$$

Si l'on supprime les accents devenus inutiles et si on opère les substitutions dans les formules des §§ **120** et **121**, on a

$$q_{3-2} = - b \sin \varphi \sin \Phi,$$
$$q_{3-1} = b \sin \varphi \sin \Phi,$$
$$q_{3+2-1-1} = 2 (a - b \sin \varphi) \sin \Phi;$$

il en résulte que dans B^2 les deux carrés deviennent égaux, et que, si l'on remplace le cosinus par le sinus de l'arc moitié, on a

$$B^2 = S^2 \left(\frac{\sin \frac{\pi}{\lambda} b \sin \varphi \sin \Phi}{\frac{\pi}{\lambda} b \sin \varphi \sin \Phi} \right)^2 \left(\frac{\sin \frac{\pi}{\lambda} (a - b \sin \varphi) \sin \Phi}{\frac{\pi}{\lambda} (a - b \sin \varphi) \sin \Phi} \right)^2,$$

Si l'on accommode pour ce cas le quotient $\dfrac{\int b \sin \gamma}{\int b \cos \gamma}$, on trouve sans peine

$$\operatorname{tang} \psi = \operatorname{tang} \frac{1}{2} \frac{\pi}{\lambda} q_{3+2+4+1}$$

d'où

$$\psi = \frac{1}{2} \frac{\pi}{\lambda} q_{3+2-1-1}$$

mais

$$q_{\ldots\ldots} = 2\,(a + 2b)\sin\Phi,$$

donc

$$\psi = \frac{\pi}{\lambda}\,(a + 2b)\sin\Phi.$$

Cette expression, comme celle de B, montre que le cas du cercle ne rentre pas dans les cas des §§ 120, 121 pour lesquels les calculs réussissent, et qu'il faudra se contenter d'approximation.

§ 125. — Cas du cercle (*fig.* 67).

Supposons notre trapèze isocèle inscrit dans une circonférence de diamètre D, de sorte que les deux côtés égaux puissent être supposés appartenir à un polynôme régulier, d'un nombre n de côtés. On a, entre les côtés b, a et le diamètre D, les relations

$$b = D\sin\frac{\pi}{n}, \quad a = D\cos\left(\varphi - \frac{\pi}{n}\right),$$

on a aussi

$$L'O = b + \frac{1}{2}\,a\,;$$

il en résulte

$$B = S\,\frac{\sin\left(\dfrac{\pi}{\lambda}D\sin\varphi\sin\dfrac{\pi}{n}\sin\Phi\right)}{\dfrac{\pi}{\lambda}D\sin\varphi\sin\dfrac{\pi}{n}\sin\Phi}\cdot\frac{\sin\left(\dfrac{\pi}{\lambda}D\cos\varphi\cos\dfrac{\pi}{n}\sin\Psi\right)}{\dfrac{\pi}{\lambda}D\cos\varphi\cos\dfrac{\pi}{n}\sin\Phi},$$

$$\psi = 2\,\frac{\pi}{\lambda}\,\overline{L'O}\sin\Phi.$$

La surface S du trapèze, exprimée à l'aide de ces nouveaux paramètres, est

$$S = \frac{1}{2}\left[D\cos\left(\varphi - \frac{\pi}{n}\right) + D\cos\left(\varphi + \frac{\pi}{n}\right)\right]D\sin\frac{\pi}{n}\cos\varphi$$

$$= D^2\cos^2\varphi\cos\frac{\pi}{n}\sin\frac{\pi}{n} = (s)\,\frac{\cos^2\varphi\cos\dfrac{\pi}{n}\sin\dfrac{\pi}{n}}{\dfrac{1}{4}\pi},$$

en désignant par (s) la surface du cercle vers laquelle doit con-

verger le polynôme formé par les trapèzes. Remplaçons S dans B,
par cette nouvelle valeur et nous aurons

$$B = (s)\ \frac{\cos\varphi \sin\dfrac{\pi}{n} \sin\left(\pi \dfrac{D}{\lambda} \cos\varphi \cos\dfrac{\pi}{n} \sin\Phi\right)}{\dfrac{1}{4}\pi^2 \dfrac{D}{\lambda} \sin\Phi}$$

$$\times \frac{\sin\left(\pi \dfrac{D}{\lambda} \sin\varphi \sin\dfrac{\pi}{n} \sin\Phi\right)}{\pi \dfrac{D}{\lambda} \sin\varphi \sin\dfrac{\pi}{n} \sin\Phi}.$$

Pour une direction donnée φ et pour un polygone déterminé,
celui de n côtés, 36o par exemple, il n'y a plus que la variable φ,
et il s'agira de déterminer les coefficients des 18o résultantes qui
proviennent de 18o trapèzes isocèles caractérisés par les va
leurs $\dfrac{1^o}{2}$, $\dfrac{3^o}{2}$, $\dfrac{5^o}{2}$,..., assignées à φ. L'expression

$$\psi = 2\frac{\pi}{\lambda} \overline{L'O} \sin\Phi$$

montre que toutes ces résultantes ont même phase, il suffira donc
de les ajouter pour avoir le coefficient du mouvement diffracté
dans cette direction par l'ouverture polygonale, ou encore par
l'ouverture circulaire, puisqu'elle différera très-peu d'un tel polygone. Dans le calcul de la lumière diffractée par un même polygone sous des obliquités variables, on peut, à cause de la symétrie circulaire du phénomène, garder la même intersection NP',
de manière que φ soit constant et que Φ soit seul variable. Quand
le polygone considéré a beaucoup de côtés, l'arc

$$\frac{\pi}{\lambda} D \sin\varphi \sin\frac{\pi}{n} \sin\Phi$$

est très-petit, et le dernier facteur a une valeur sensiblement constante et égale à l'unité; c'est le premier facteur qui produit dans B
les maxima et les minima. Les minima répondent aux valeurs de Φ
données par l'équation

$$\sin\Phi = \pm m \frac{\lambda}{D \cos\varphi};$$

c'est-à-dire que Φ est un peu plus grand qu'il ne l'était pour une fente étroite (§ 118). Il est vrai que φ variantavec le rang des trapèzes, chacun aura un angle Φ distinct; mais il suffit que tous soient supérieurs à ceux de la fente, pour que nous puissions affirmer que l'écartement des franges circulaires excédera celui des franges rectilignes données par une ouverture qui a pour largeur le diamètre du cercle; mais l'excès peut être peu de chose, attendu que les trapèzes pour lesquels $\cos \varphi$ est petit sont les moins influents. Enfin, chacun des angles Φ étant en raison inverse de D, l'angle résultant pour l'ensemble des trapèzes, variera, de cercle à cercle, comme $\dfrac{1}{D}$.

Les phénomènes de diffraction, obtenus au foyer des lunettes dont l'objectif est diaphragmé (§ 61) rentrent dans ceux-ci et n'en diffèrent que par la grandeur que peut atteindre le diamètre de l'ouverture. Néanmoins, dès qu'avec Arago l'on quitte le foyer, la diffraction est produite par de la lumière divergente ou convergente, et cesse d'accepter les formules de Schwerd qui n'atteignent que la diffraction parallèle.

§ 126. — Cas d'une série de $n+1$ ouvertures parallélogrammiques égales, équidistantes et placées dans le même plan de telle sorte que les points homologues soient en ligne droite.

Avec nos suppositions de rayons incidents parallèles et d'un œil infiniment presbyte, toutes les ouvertures donneront la même résultante. Avec la disposition admise pour les ouvertures, les rayons résultants des divers parallélogrammes seront en ligne droite et leurs retards varieront en progression arithmétique, nous serons donc dans les conditions du § 117. Ces points, faciles à vérifier, admis, soit e la distance entre deux points homologues de deux ouvertures consécutives, μ et μ' les angles que fait, avec les deux intersections NP, NP' (*fig.* 68), la ligne qui joint une série quelconque de points homologues; la raison s de la progression géométrique des retards vaudra, avec les données actuelles,

$$\varepsilon = 2e(\sin \Phi \sin \mu' - \sin \chi \sin \mu).$$

Le coefficient de vitesse B sera l'expression du § 122. Ainsi

$\dfrac{2\pi}{\lambda}\varepsilon$ et cette valeur de B devront être substituées à ε et à B, dans la formule du § **117**, laquelle deviendra pour nos $n + 1$ ouvertures

$$B_{n+1}^2 = (n + 1)^2 B^2 \left[\dfrac{\sin (n + 1)\dfrac{\pi}{\lambda}\varepsilon}{(n + 1)\sin \dfrac{\pi}{\lambda}\varepsilon} \right]^2 = (n + 1)^2 B^2 P^2,$$

en désignant par P la parenthèse. C'est-à-dire que l'intensité se compose de deux facteurs dont l'un $B^2 (n + 1)^2$ exprime l'intensité que donnerait une seule ouverture, si elle recevait les rayons de toutes; tandis que l'autre P ne dépend ni de la forme ni de la grandeur des ouvertures, mais seulement de leur nombre, de leur position, et conviendrait, par conséquent, à une série quelconque d'ouvertures égales, équidistantes et semblablement orientées. Ces deux facteurs produiront chacun leurs maxima et leurs minima : mais ils ne présentent plus, comme ceux du § **122**, la même composition. Ils auront donc chacun un mode spécial d'influence que nous allons étudier dans une discussion qui portera principalement sur le facteur nouveau P.

§ 127. — Influence de P. — Maxima et minima de diverses classes.

Le facteur P^2 nous donnera, comme le premier facteur, des séries de valeurs de Φ, les unes annulant l'expression B_{n+1}, et les autres la rendant maximum. De là sur la sphère un réseau de nouvelles lignes obscures et de nouvelles lignes brillantes, dont les projections sur le plan de l'écran s'enchevêtreront avec les lignes analogues données par le premier facteur; et comme ces dernières lignes ne diffèrent pas de celles d'une seule ouverture, on voit qu'il s'agit d'ajouter aux maxima amplifiés et aux minima d'une seule ouverture, ou, comme on les appelle, aux maxima et aux minima de *première classe*, de nouveaux minima et de nouveaux maxima. Or nous allons montrer que les nouveaux maxima seront de deux sortes : que 1° les uns, nommés *maxima de deuxième classe* ou *grands maxima*, auront des directions indépendantes

du nombre des ouvertures et une vivacité rapidement croissante
avec leur nombre; 2° que les autres, dits *maxima de troisième
classe*, ou *petits maxima*, ou encore *spectres intérieurs*, intercalés
entre les premiers, deviendront, dans les mêmes circonstances,
de plus en plus nombreux et de moins en moins vifs; 3° que les
nouveaux minima, dits de *deuxième classe*, plus nombreux également quand il y a plus d'ouvertures, s'interposent entre les
maxima de troisième classe, et sont, comme eux, destinés à devenir insensibles pour un nombre suffisamment grand d'ouvertures;
4° que les projections de ces trois nouvelles sortes de lignes, sur le
plan des ouvertures, seront encore des lignes droites, et qu'ainsi
le tableau complet de toutes ces lignes obscures et vives sera facile
à construire. On peut établir ces résultats, soit par une synthèse
analogue à celle de M. Babinet (§ 111), soit par la discussion algébrique du facteur P. Commençons par la synthèse.

§ 128. — Justification par la synthèse.

1°. Si la différence de route $\varepsilon_1 - \varepsilon_1$, pour deux points homologues de deux ouvertures consécutives, est un multiple exact
$m\lambda$ de la longueur d'onde, les $(n + 1)$ résultantes des ouvertures seront d'accord, leurs coefficients de vitesse s'ajoute-
ront, on aura les grands maxima. 2°. Si cette différence vaut
$\frac{1}{n+1}\lambda$, $\frac{2}{n+1}\lambda,\ldots$, ou, ce qui revient au même, si la différence
de route $\varepsilon_\omega - \varepsilon_\alpha = n(\varepsilon_1 - \varepsilon_1)$ des rayons extrêmes vaut (à une
division près) un nombre exact de λ, les résultantes, analogues à
des forces uniformément distribuées dans un nombre exact de
circonférences, s'entre-détruiront, et l'on aura les minima de
deuxième classe; ils seront bien plus nombreux que les grands
maxima, car, avec dix ouvertures, par exemple, les grands
maxima ayant lieu pour des différences $\varepsilon_\omega - \varepsilon_\alpha$ égales à 0, 10λ,
20$\lambda,\ldots$, entre deux grands maxima consécutifs, il s'en interca-
lera neuf petits. 3°. Les petits maxima ont lieu dans les directions
où $\varepsilon_\omega - \varepsilon_\alpha$ vaut un multiple (*) impair de $\frac{\lambda}{2}$. Ils sont inférieurs

(*) Cette règle serait exacte si les rayons parallèles se suivaient avec continuité, mais avec des rayons discontinus ce n'est plus en général aux in-

aux grands maxima; car, pour le premier, par exemple, s'il y a
concours des $n+1$ résultantes, ce n'est plus le concours parfait
de forces dirigées toutes dans le même sens, mais celui beaucoup
moins parfait de forces distribuées uniformément dans la demi-
circonférence. Ils sont inégaux entre eux, car, pour la formation
du deuxième, l'éparpillement ayant lieu dans une circonférence
et demie, les deux tiers s'entre-détruisent et il n'en reste qu'un
tiers d'actives. On verra même que si le nombre de ces maxima
est impair, neuf par exemple, au delà du cinquième qui est le
plus petit et qui ne surpasse guère l'éclat que donnerait une
seule ouverture, les résultantes partielles ont un groupement plus
avantageux, et donnent des maxima croissants comparables chacun à chacun aux quatre premiers. Quant à leur nombre, entre
deux grands maxima, il n'est que de $n+1-2$ (de huit pour
dix ouvertures), parce que les deux extrêmes, c'est-à-dire ceux

qui répondent à $\frac{1}{2}\lambda$ et à $\frac{19}{2}\lambda$ se confondent avec les deux grands

maxima dont ils ne sont séparés par aucun minimum; de sorte
qu'avec deux ouvertures il n'existe entre deux grands maxima
aucun petit maximum. Cette réunion de deux maxima de troisième ordre à chaque grand maximum rend ces derniers deux
fois plus larges que les premiers. D'ailleurs cette largeur diminue
quand le nombre des ouvertures s'accroît; si D est la distance

invariable de deux grands maxima, elle vaut $\dfrac{D}{n+1}$ pour les

uns, et par conséquent $\dfrac{2D}{n+1}$ pour les autres. Néanmoins, s'il

arrivait qu'un grand maximum se superposât à une ligne obscure
de première classe, et par conséquent fit défaut, alors les deux
maxima de troisième classe qu'il devait absorber reparaissent.

---

stants précis où la différence des deux rayons extrêmes vaut $(2k+1)\frac{\lambda}{2}$,
qu'on a la plus grande résultante, car en modifiant un peu cette différence
on peut faire passer une composante de plus dans le groupe qui donne la résultante et en accroître la grandeur, c'est le même motif qui vient de nous
faire dire (à une division près). Nous retrouverons plus loin cette distinction dans le calcul.

Quelques-uns de ces phénomènes ont été remarqués par Fraunhofer. Ce physicien a vu qu'en augmentant le nombre des ouvertures, les maxima de deuxième classe s'épuraient sans changer de place et que ceux de troisième classe se resserraient. Mais, d'une part, il avait cru que ces derniers abandonnaient les régions intermédiaires pour se rapprocher soit de la lumière directe, soit du premier spectre, et de l'autre il ne les avait pas aperçus entre les autres spectres. Schwerd, prévenu de leur existence, est parvenu à les distinguer entre les divers grands spectres. Quelques mots actuellement sur la discussion algébrique de P^2.

§ 129. — Justification par l'analyse. — Construction des résultats.

D'après les lois de l'accroissement des sinus, P ne peut surpasser 1. Il atteint cette valeur extrême quand ses deux termes (on le voit sans peine, en en prenant les dérivées) sont nuls, ou, ce qui revient au même, quand ε prend les valeurs données par l'équation

$$\frac{\pi}{\lambda}\varepsilon = \pm\, m\,\pi.$$

Dans les directions Φ correspondantes, les intensités d'une seule ouverture sont exagérées dans le rapport de $(n+1)^2$ à 1 : ce sont les grands maxima. Pour avoir les petits, cherchons, par la méthode connue, tous les autres maxima de **P**, nous trouverons l'équation

$$\operatorname{tang}(n+1)\,\pi\,\frac{\varepsilon}{\lambda} = (n+1)\operatorname{tang}\pi\,\frac{\varepsilon}{\lambda}.$$

On voit sans peine que la première valeur ν de $(n+1)\,\pi\,\frac{\varepsilon}{\lambda}$ qui y satisfera, sera un peu plus petite que $\frac{3}{2}\pi$, et cela confirme ce qui vient d'être dit dans une note. Un peu avant que $(n+1)\,\pi\,\frac{\varepsilon}{\lambda}$ vaille $\frac{5}{2}\pi$, on retrouvera un deuxième angle ν_1 tel, que sa tangente vaille, en grandeur et en signe, $n+1$ fois la tangente de sa $n^{\text{ième}}$ partie, et ainsi de suite. De là les maxima de troisième classe, dont l'expression est

$$B'^2_{n+1} = B^2 \left(\frac{\sin \nu}{\sin \dfrac{\nu}{n+1}} \right)^2,$$

ν étant un angle qui différera très-peu d'un multiple impair de $\dfrac{\pi}{2}$. On les appelle *petits*, parce qu'ils peuvent ne pas surpasser l'intensité B^2 d'une seule ouverture; et puisque le numérateur pour eux, diffère peu de l'unité, ce *minimum maximorum* aura lieu, en effet, quand $\dfrac{\nu}{n+1}$ s'écartera peu lui-même d'un multiple impair de $\dfrac{\pi}{2}$. On reconnaîtra sans peine que, conformément à ce qui a été avancé (**128**), cette circonstance est offerte par le maximum du milieu (ce serait par les deux du milieu si leur nombre était pair). Il y a plus : si l'on néglige la différence qui existe entre les valeurs ν, ν_1, ν_2,... et les multiples $\dfrac{\pi}{2}$, $3\dfrac{\pi}{2}$, $5\dfrac{\pi}{2}$,..., on peut dire alors que les petits maxima sont égaux deux à deux. En effet, dans le cas de dix ouvertures, on aura pour ν, par exemple, la valeur $\dfrac{5}{2}\pi$ et la valeur $\dfrac{15}{2}\pi$, et partant, pour $(n+1)P$, les deux valeurs

$$\frac{1}{\sin \dfrac{5}{20}\pi} \quad \text{et} \quad \frac{1}{\sin \dfrac{15}{20}\pi}$$

visiblement égales. Quant aux minima de deuxième classe, l'équation précédente ne peut les donner, parce qu'on a opéré sur P et non sur P^2; mais on les a directement et rigoureusement, en prenant les valeurs de ε qui annulent le numérateur seul, c'est-à-dire en posant

$$(n+1)\frac{\pi}{\lambda}\varepsilon = \pm m\pi,$$

et laissant de côté les valeurs de m, qui sont multiples de $n+1$, puisque, ainsi que nous l'avons vu, elles donnent les grands maxima. Ces résultats concordent avec ceux que nous avions obtenus par la synthèse.

Pour trouver les projections de ces lieux géométriques, nous

nous bornerons au cas particulier des rayons incidents normaux, pour lequel ε prend la valeur $e \sin \Phi \sin \mu'$. Si nous convenons encore (*fig.* 68) de grouper autour du point N, qui pourrait être quelconque, les directions qu'on veut caractériser, alors, pour les mêmes raisons qu'au § 123, $\sin \Phi \sin \mu'$ vaudra une certaine longueur $N l$ comptée depuis le point N sur une parallèle NL à la ligne A, A′, A″..., qui passe par un système de points homologues, et conservera la même valeur le long d'une perpendiculaire lR menée par l'extrémité l. Enfin, si l'on mène sur NL des perpendiculaires : 1° aux distances

$$N l_1 = \frac{\lambda}{\varepsilon}, \qquad N l_2 = 2 \frac{\lambda}{\varepsilon}, \qquad N l_3 = 3 \frac{\lambda}{\varepsilon}, \ldots,$$

on aura les projections des grands maxima ; 2° aux distances

$$\frac{\lambda}{(n+1)\varepsilon}, \qquad \frac{2\lambda}{(n+1)\varepsilon}, \ldots,$$

on aura les minima de deuxième classe ; 3° à des distances presque intermédiaires aux précédentes on aura les petits maxima. Quand un grand maximum se superpose à un minimum de première classe, il est comme non avenu ; de même on ne tracera pas, dans une série de petits maxima, soit le premier, soit le dernier, sauf toutefois le cas d'absence du grand maximum juxtaposé. Ces nouvelles lignes obscures et les deux séries particulières à une seule ouverture (§ 123) circonscriront des espaces qui ne seront plus tous des parallélogrammes et au sein desquels il y aura un développement graduel de lumière, c'est-à-dire des maxima ou spectres. Nous renvoyons au Mémoire de Schwerd pour ces curieuses figures.

§ 130. — Retour sur les réseaux.

Dans le cas des réseaux, la grandeur d'une des deux dimensions des ouvertures rectangulaires ne laisse d'appréciables que les maxima et les minima compris entre les deux petits côtés a prolongés, et les diverses sortes de directions sont représentées (nous continuons de les caractériser par les projections, sur le plan du réseau, des points où elles coupent une sphère de rayon 1) par des lignes parallèles entre elles et aux grands côtés des rectangles. Soit donc un réseau au 50ᵉ dont le vide occupe les $\frac{4}{5}$ de la somme c d'un plein et d'un vide, ce qui lui assigne la valeur 0ᵐᵐ,016. S'il n'y a qu'une ouverture en jeu, on aura des lignes obscures équidistantes de

$$\frac{\lambda}{0,016} = \frac{0,0005}{0,016} = \frac{1}{32}$$

et des lignes brillantes intermédiaires. Dès qu'on prend plus d'une ouverture, 20 par exemple, apparaissent trois nouveaux systèmes de parallèles, à savoir : 1° aux distances

$$\frac{0,0005}{0,02} = \frac{1}{40}, \quad \frac{2}{40}, \quad \frac{3}{40}, \quad \frac{4}{40}, \quad \frac{5}{40}, \ldots$$

des lignes le long desquelles l'intensité propre à une seule ouverture est rendue 400 fois plus grande et qui se détacheront plus ou moins vives, suivant qu'elles seront plus ou moins rapprochées des premiers maxima (*); 2° entre deux grands spectres consécutifs s'intercaleront 18 petits maxima équidistants entre eux, et qui se partageront les $\frac{18}{20}$ de l'intervalle $\frac{1}{40}$, de manière à laisser aux grands spectres une place double, et cette intercalation sera de 19 entre les grands spectres 4 et 5, aussi bien qu'entre 5 et 6, puisque le numéro 5 manque; 3° entre ces mêmes grands spectres et à des distances qui seront égales à $\frac{1}{20}$, $\frac{2}{20}$, ..., $\frac{19}{20}$ de leur distance, s'intercaleront des lignes obscures qui sépareront les petits maxima et éteindront, en ces régions, la lumière des maxima de première classe. Prend-on 100 ouvertures, les grands maxima, tout en restant au même lieu, se resserrent et deviennent dix fois moins larges pour recevoir 98 petits maxima. Ils se res-

---

(*) Ainsi $3 \times \frac{1}{40}$ étant à peu près également distant de $\frac{2}{32}$ et $\frac{3}{32}$, le troisième grand maximum est vif; le cinquième au contraire tombe sur la quatrième ligne obscure et est nul, résultat déjà trouvé (§ 114).

serrent davantage si l'on découvre les 250 traits du réseau, et leur lumière devient, dans ce dernier cas, 62 500 fois plus grande que celle d'une seule ouverture. C'est à cette réduction de l'espace angulaire occupé par les grands maxima qu'est due la formation de ces spectres à couleurs si bien isolées et à raies visibles. C'est à cet accroissement rapide de leur vivacité qu'est due l'inappréciation de l'éclairement que les petits spectres répandent dans leurs intervalles. En effet, quand, devenus très-nombreux et très-étroits, ces petits spectres cessent d'être distingués, ils éclairent les intervalles des grands spectres d'une lumière qui semble continue et qui décroît jusqu'au milieu de ces intervalles. Fraunhofer a parfaitement reconnu quelques-uns de ces résultats, et il exprimait ces effets de l'intervention d'un nombre croissant d'ouvertures en disant que les spectres de deuxième classe, d'abord imparfaits, devenaient parfaits. Comme les divers maxima de première classe s'affaiblissent, on conçoit que les grands spectres, qui exagèrent dans un rapport constant l'intensité qu'ils rencontrent, doivent s'affaiblir. Il en est de même des maxima de troisième classe intercalés; mais Schwerd, en calculant, non plus comme nous le faisons ici pour les cas extrêmes, mais pour une série systématique de cas quelconques les valeurs du facteur P^2, ou, ce qui revient au même, les altérations que ce facteur apporte, dans toutes les directions, aux effets d'une seule ouverture, a reconnu que les petits maxima amplifiaient l'éclat des régions où ils tombent, dans un rapport qui croissait avec l'ordre des grands spectres entre lesquels ils sont placés, ou, en d'autres termes, que leur éclat relatif ou l'éclairement continu qu'ils simulent, grandissait au fur et à mesure qu'on s'éloignait de la lumière directe.

Dans cette étude nouvelle du réseau, nous avons supposé que le plan d'incidence des rayons était perpendiculaire aux grands côtés des ouvertures rectangulaires; il en résulte

$$\mu' = \gamma = 90.$$

On a d'ailleurs

$$X = \prime\prime;$$

d'où

$$B^i_{n+1} = \left[s \cos \chi \, (n+1) \right]^2 \left\{ \frac{\sin\left[\pi \frac{a}{\lambda} (\sin \Phi - \sin \chi) \right]}{\pi \frac{a}{\lambda} (\sin \Phi - \sin \chi)} \right\}$$

$$\times \left\{ \frac{\sin\left[(n+1) \frac{\pi e}{\lambda} (\sin \Phi - \sin \chi) \right]}{(n+1) \pi \frac{e}{\lambda} (\sin \Phi - \sin \chi)} \right\}.$$

Les grands spectres ont lieu dans les directions où le dernier facteur vaut 1. Ils sont donc déterminés par la relation

$$\sin \Phi - \sin \chi = m \frac{\lambda}{e},$$

qui ne diffère pas de celle trouvée au § 102.

§ 131. — Couronnes. Stéphanoscopes.

On appelle couronnes des cercles colorés dont le diamètre angulaire ne dépasse pas quelques degrés, qui entourent quelquefois les disques du soleil et de la lune, présentant leurs couleurs dans l'ordre caractéristique des phénomènes de diffraction, le rouge en dehors et le violet en dedans.

On obtient artificiellement des couronnes en saupoudrant un verre, de globules dont le diamètre soit constant (le lycopode, la carie du blé, le pollen de certaines plantes trié avec soin, les globules du sang (*) conviennent parfaitement), et regardant une bougie au travers. On les obtient encore en disposant entre deux verres, des fibres bien égales, telles que des brins de soie, du poil de lièvre, etc.

Les circonstances de cette reproduction, jointes à cette

______

(*) Les couronnes qu'on voit souvent, autour des chandelles, le matin en se levant, sont dues à des globules de sang injectés dans la conjonctive pendant le sommeil.

remarque que les couronnes n'apparaissent que par un ciel vaporeux, autorisent à les attribuer à l'interposition de globules aqueux, d'un diamètre bien uniforme, disséminés dans l'atmosphère. On n'en saurait douter depuis que M. Delezenne, armant son œil d'un petit appareil qu'il a nommé *stéphanoscope* (*), a reconnu qu'il y avait formation de couronnes, pour ainsi dire chaque fois qu'un léger nuage passait sur le soleil.

§ 132. — Expériences de Fraunhofer et de M. Verdet.

On a fait longtemps fausse route dans l'explication des couronnes. On les assimilait aux spectres circulaires que donneraient des réseaux formés de traits circulaires équidistants; mais on ne savait où trouver cette constance de la somme d'un plein et d'un vide qui est une condition fondamentale des couleurs du réseau. Comme une distribution régulière des globules améliore le phénomène, on étudia cette distribution au microscope, et l'on reconnut qu'un globule était presque toujours en contact avec plusieurs autres. Cette circonstance assurant de la fixité aux intervalles laissés entre les globules, on fut affermi dans cette voie, et l'on crut que la question d'identification se réduisait à trouver l'épaisseur efficace de ces vides. On était même arrivé à ceci que l'interstice intercirculaire équivalait à un interstice régulier, d'épaisseur égale à la moitié du rayon des globules.

Cependant Fraunhofer avait suivi dans cette étude une

(*) Le stéphanoscope consiste dans une combinaison de deux ou trois verres colorés, collés à la térébenthine, qui ont ce double avantage de ne laisser passer que deux couleurs très-contrastantes, rouge et bleu par exemple, et de rendre inoffensif l'éclat de l'astre. Si une moitié d'un des verres est saupoudré intérieurement de lycopode, on peut voir d'un seul coup d'œil les couronnes de cette poussière et celles de l'astre et obtenir une évaluation du diamètre de ces dernières ; l'appareil devient un stéphanomètre. On peut sans peine imaginer d'autres stéphanomètres plus exacts, mais le précédent est simple et portatif.

marche excellente : il avait distribué irrégulièrement, entre deux verres, une foule de petits disques opaques égaux, et mesuré avec soin, à l'aide d'une lunette à grand objectif, les diamètres des couronnes. Malheureusement il usa de lumière blanche, et visant au rouge des couronnes composées, il prit les diamètres obtenus comme ceux des maxima d'intensité de cette couleur, tandis qu'ils répondent à ses minima. On peut juger du désarroi jeté dans les vérifications par une pareille méprise.

M. Verdet, interprétant convenablement les mesures de Fraunhofer et en réalisant lui-même d'autres avec une lumière homogène, a montré, comme il suit, que les couronnes se rattachaient, non pas aux réseaux, mais aux franges circulaires d'une petite ouverture.

§ 133. – Principe de M. Babinet.

Soit, en dehors de la ligne qui joint l'œil à un point lumineux, mais assez près de cette ligne, un petit corps opaque. Sans ce corps, il n'y aurait aucune lumière dans la direction qu'il détermine, et cette absence d'éclairement tient, nous le savons, à une destruction mutuelle des mouvements dérivés antagonistes venus, et de ce point de l'onde, et de ceux qui l'entourent. Sa présence éteint certains rayons et par conséquent en réhabilite un nombre égal, ce qui donne ce curieux théorème : *Un petit corps opaque produit autant d'illumination qu'il semblait devoir produire d'opacité.* Nous avons déjà usé de ce théorème (dans l'explication des réseaux, par exemple), mais sans l'énoncer aussi formellement. Il donne la clef des couleurs dont se teignent au soleil les fils d'araignée placés de côté, et les poussières qui voltigent dans la chambre obscure. Il explique également pourquoi, un peu avant que le soleil se lève derrière une colline couverte de broussailles, le spectateur placé dans l'ombre voit ces petites branches projetées sur le ciel, non pas opaques et noires, mais blanches comme l'argent mat,

Ce principe va nous permettre de substituer, à l'onde couverte de petits corps opaques, une onde opaque couverte d'autant de petites ouvertures qui auraient mêmes formes et occuperaient les mêmes places, et il s'agira de trouver la résultante des vibrations envoyées, soit à la pupille, soit à l'objectif (§ 119), par ces ouvertures. Il est vrai que la portion de l'onde de laquelle partent les divers cylindres de rayons reçus par l'objectif, dans les diverses directions, et, par suite, la disposition des ouvertures utilisées dans chaque direction, ne sont pas rigoureusement les mêmes. Mais comme cette portion reste constamment égale à l'étendue de l'objectif, tant que cette étendue sera très-grande vis-à-vis des petits corps opaques et tant qu'elle en comprendra un très-grand nombre, on peut supposer qu'elle ne change pas; et tout revient à calculer l'intensité des cylindres de rayons dérivés envoyés dans diverses directions, par les mêmes petites ouvertures.

§ 134. — Théorie des couronnes.

Soit $f(\theta) \sin 2\pi \dfrac{t}{T}$ la vibration envoyée par un élément quelconque d'une première ouverture. Les éléments homologues des $(m-1)$ autres ouvertures enverront dans la même direction les vibrations

$$f(\theta) \sin 2\pi \left(\frac{t}{T} - \frac{\delta_1}{\lambda} \right), \quad f(\theta) \sin 2\pi \left(\frac{t}{T} - \frac{\delta_2}{\lambda} \right)\ldots,$$

δ_1, δ_2,..., étant les retards de ces éléments homologues. Ils donneront donc la vitesse résultante

$$f(\theta) \left[\sin 2\pi \frac{t}{T} + \sin 2\pi \left(\frac{t}{T} - \frac{\delta_1}{\lambda} \right) + \sin 2\pi \left(\frac{t}{T} - \frac{\delta_2}{\lambda} \right) + \ldots \right],$$

et l'intensité

$$[f(\theta)]^2 \left[\left(1 + \cos 2\pi \frac{\delta_1}{\lambda} + \cos 2\pi \frac{\delta_2}{\lambda} + \ldots \right)^2 + \left(\sin 2\pi \frac{\delta_1}{\lambda} + \sin 2\pi \frac{\delta_2}{\lambda} + \ldots \right)^2 \right],$$

c'est-à-dire, en effectuant les calculs et réduisant les doubles
produits par la formule $\cos(a-b) = \cos a \cos b + \sin a \sin b$.

$$[F(\theta)]^2 \left\{ \begin{aligned} &m + 2\cos 2\pi \frac{\delta_1}{\lambda} + 2\cos 2\pi \frac{\delta_2}{\lambda} + \ldots \\ &+ 2\cos 2\pi \frac{\delta_1 - \delta_2}{\lambda} + 2\cos 2\pi \frac{\delta_1 - \delta_3}{\lambda} + \ldots \\ &+ 2\cos 2\pi \frac{\delta_2 - \delta_3}{\lambda} + 2\cos 2\pi \frac{\delta_2 - \delta_4}{\lambda} + \ldots \\ &+ \ldots \end{aligned} \right\}.$$

Les ouvertures étant distribuées irrégulièrement, les diffé-
rences de phase δ_1, δ_2,...., $\delta_1 - \delta_2$..., auront un très-grand
nombre de valeurs différentes ; de là pour les cosinus un
grand nombre de valeurs irrégulièrement distribuées entre
— 1 et + 1, et pour leur somme une valeur sensiblement
nulle et négligeable devant m. L'intensité de la résultante
de ces éléments vaut donc $m\,[f(\theta)]^2$.

Si les ouvertures sont bien égales, tous les éléments homologues formeront, sans résidu, un nombre exact de groupes analogues au précédent, chacun de ces groupes donnera
donc m fois l'intensité de l'élément de la première ouverture, c'est-à-dire que l'intensité passera, quand θ variera,
par les mêmes alternatives que celles de la lumière émise
par une seule ouverture, et l'on remarquera que pour avoir
ainsi un phénomène collectif, identique avec le phénomène
simple d'une seule ouverture, il n'est pas nécessaire que
ces ouvertures soient circulaires, il suffit qu'elles soient
égales et que le nombre m soit dès lors commun à tous les
groupes.

Nous sommes donc ramenés au phénomène d'une petite
ouverture circulaire que nous avons étudié (§ 125) ; les
calculs indiqués dans ce paragraphe ont été effectués, et ils
ont montré que les déviations des maxima étaient proportionnelles aux nombres

$$0, \quad 1475, \quad 2400, \quad 3325, \quad 4250, \ldots$$

et celles des minima aux nombres

$$1098, \quad 2009, \quad 2914, \quad 3816, \quad 4668, \ldots$$

M. Verdet trouve exactement conformes à ces rapports, et les déviations mesurées par Fraunhofer, et celles qu'il a obtenues lui-même.

§ 135. — Ériomètre.

Un système de fils étroits égaux donne aussi les mêmes franges qu'une fente rectiligne d'une largeur égale au diamètre des fils; seulement la diversité d'orientation des fibres transforme les franges en couronnes. Quand la fente n'est pas très-petite, les déviations des maxima cessent d'être sensiblement comme les nombres 0, 3, 5, 7,..., mais elles restent (page 204) inverses avec le diamètre des fibres. L'instrument proposé par Young sous le nom d'*ériomètre*, pour mesurer ces diamètres d'après la largeur de leurs couronnes, est donc exact. C'est par suite de la même relation qu'on pourrait déduire, de la mesure des couronnes, le diamètre des globules, et justifier le proverbe *petites couronnes, grosse pluie.*

§ 136. — Restrictions au principe de Babinet.

Le principe de M. Babinet a ses restrictions. Il est visible en effet que, pour les régions qui sont dans l'ombre d'un petit corps opaque, le phénomène diffère notablement de celui d'une ouverture égale à ce petit corps. Les mouvements de l'ouverture sont plus directs et donnent des arcs d'Huyghens plus grands que ceux réservés à droite et à gauche du corps opaque. Nous avons vu en effet que la fente étroite donne un phénomène bien différent de celui du petit corps. Il n'y a de pareil, dans ces deux phénomènes, que les franges très-déviées; aussi le principe de M. Babinet n'est-il applicable qu'à un ensemble de petits corps opaques assez nombreux pour que ceux qui sont peu éloignés de la ligne directe soient en grande minorité.

§ 137. — Analogies de la chaleur et de la lumière.

La chaleur rayonnante peut nous rendre, dans la suite du cours, les services que l'acoustique nous a rendus au début. Douée des mêmes propriétés, asservie aux mêmes lois que la lumière, elle en diffère surtout par la nature de ses manifestations. Ce n'est plus en effet par une action directe et physiologique, mais par des mouvements imprimés à certains corps, que nous jugeons de son apparition et que nous mesurons son intensité. Cette différence est considérable : elle suffira souvent pour imprimer à l'étude d'une propriété commune un cachet particulier (§ 51), et le vrai moyen de bien connaître toutes les ressources que la science possède pour traiter certaines questions, consiste à faire intervenir auxiliairement l'étude de la chaleur dans celle de la lumière. Pour nous préparer à cette utile réunion de questions analogues, nous allons terminer ce chapitre par l'exposition synthétique des principales ressemblances et dissemblances qui existent entre les deux agents.

On sait aujourd'hui :

Que la chaleur rayonnante émise par les diverses sources calorifiques est complexe et se compose, comme la lumière issue des divers luminaires, d'une infinité de rayons simples qui diffèrent entre eux, par leur réfrangibilité, par leur transmissibilité à travers certains milieux, et par leur aptitude à être disséminés par certaines surfaces.

Que les diverses sources sont loin d'émettre le même assortiment de ces radiations élémentaires, et que la source par excellence, qui en fournit l'ensemble le moins incomplet, est encore le soleil, quoique la série de ses radiations présente de nombreuses lacunes qui se manifestent, dans les spectres calorifiques, par autant de raies froides.

Que si les rayons calorifiques les plus réfrangibles paraissent se superposer aux rayons violets, il n'en est plus de même à l'autre extrémité du spectre ; là le spectre calorifique déborde considérablement (§ 25) le spectre lumineux, présentant ainsi une foule de rayons de chaleur qui n'ont pas leurs correspondants en lumière.

Que si cette plus grande abondance des flux calorifiques élémentaires rendait plus chanceuse l'existence d'un milieu qui eût, pour tous, la même transparence, cependant une telle substance nous est offerte par le sel gemme, ce véritable verre de la chaleur, auquel on doit recourir exclusivement pour former les prismes qui servent à analyser la chaleur.

On sait encore :

Que le même succès n'a pas couronné les recherches sur les sources productives d'une seule espèce de chaleur; qu'ainsi la flamme de l'alcool salé perd, en chaleur, le caractère monochromatique qu'elle présente en lumière; des rayons moins réfrangibles que le rouge s'associant aux rayons jaunes qu'elle produit exclusivement pour l'œil.

On serait arrivé, sur la composition hétérogène des flux émis par les diverses sources, à ce curieux résultat, que les flux les plus réfrangibles disparaissaient de plus en plus, au fur et à mesure que la température de la source baissait, de telle sorte que dans les flux des corps faiblement échauffés, il n'existerait plus que des rayons de cette chaleur, moins réfrangible que le rouge, à laquelle on donne le nom de chaleur obscure. Qu'ainsi la chaleur est soumise dans sa génération progressive à la même loi que la lumière, puisque Draper, en étudiant le spectre lumineux formé par un fil de platine qu'un courant voltaïque portait graduellement à des états d'incandescence de plus en plus vive, a vu également le spectre débuter par des rayons rouges, puis s'enrichir progressivement des couleurs qui les suivent, et ne se compléter, par l'adjonction des rayons violets, qu'aux températures les plus élevées.

En s'attaquant à ces rayons privilégiés de chaleur qui sont superposés à des rayons lumineux de même réfrangibilité, et les dosant incessamment les uns et les autres par

le concours des méthodes thermométriques et photométriques, MM. Masson et Jamin ont reconnu que chaleur et
lumière éprouvaient toujours la même altération, et l'identité des deux agents, soupçonnée depuis longtemps par
quelques physiciens, s'est trouvée démontrée.

Les rayons lumineux ne seraient donc que certains
rayons calorifiques qui, outre l'action universelle et homogène que tous les rayons de chaleur produisent sur le sens
du toucher et sur les thermoscopes, exerceraient encore sur
la rétine une action spéciale, variable de l'un à l'autre, et
dont l'énergie n'aurait aucun rapport nécessaire avec l'é-
nergie calorifique corrélative. Quant à l'insensibilité de
l'œil pour les autres rayons, elle proviendrait soit de ce
que, comme il arrive pour des sons trop graves, des mouvements à période trop lente cessent d'exciter efficacement
la rétine, soit plutôt de ce que les milieux qui remplissent
le globe de l'œil et précèdent la rétine sont opaques pour
ces radiations.

Comme un de ces liquides ne diffère pas sensiblement de
l'eau pure, et que les autres milieux de l'œil paraissent
jouir de propriétés analogues, ce que l'on sait sur l'intrans-
missibilité des radiations obscures à travers l'eau rend la
dernière explication bien plus probable, et l'on s'y ralliera
encore plus aisément si l'on remarque que les rayons de
chaleur invisible étant les plus intenses et les plus nombreux, cette opacité providentielle réduit à peu de chose
l'excitation calorifique qui accompagne, pour la rétine,
toute excitation lumineuse.

De ces notions fondamentales que nous croyons établies
d'une manière irréfragable, il résulte :

Que si l'on peut avoir de la chaleur sans lumière, l'inverse est impossible, et que les prétendues découvertes, si
favorables aux études microscopiques, de lumière sans chaleur sont autant d'erreurs qui tiennent sans doute à l'imperfection des moyens thermoscopiques mis en jeu, et qui

s'expliquent par cela, que ce sont les rayons les moins énergiques qui sont doués de la faculté d'arriver à la rétine.

Que la période où l'on a cru pouvoir attribuer aux deux agents une conformité dans l'ensemble et une divergence dans les détails est une période d'erreur. Qu'ainsi de ces deux assertions, la neige, blanche pour la lumière, ne l'est plus pour la chaleur ; les métaux colorés, tels que l'or, sont blancs pour la chaleur ; la première est toute naturelle et la seconde impossible : naturelle, car pourquoi la neige conserverait-elle, pour ces rayons nombreux qui précèdent le rouge, cette égalité d'action disséminante qu'elle possède à l'égard du petit groupe des radiations qui ont la double faculté calorifique et lumineuse? impossible, car si l'or dissémine une plus grande proportion de rayons lumineux jaunes, il doit également, si chaleur et lumière ne font qu'un, disséminer avec plus d'abondance la chaleur congénère du jaune. Seulement s'il arrive, et cela serait, qu'à l'égard de toute la partie invisible du spectre, l'or exerce une diffusion impartiale, la faible inégalité introduite par les rayons congénères du jaune échappera à nos moyens thermométriques limités, et la chaleur disséminée totale paraitra ne pas différer, par sa composition, de la chaleur incidente offerte à la dissémination.

Que de même, si tout corps diaphane est transcalescent, la réciproque n'est plus nécessaire ; un corps peut être opaque et diathermique, mais alors il est diathermique pour cette portion de rayons de chaleur qui sont dépourvus de la faculté lumineuse. Qu'encore, nos diaphanes incolores ne sont nécessairement transcalescents athermocroïques que pour la portion de chaleur qui répond au spectre. Arrêtons-nous ici : ce qui précède suffit largement au but que nous nous proposions, et nous pouvons renvoyer aux chapitres qui vont suivre, les curieuses remarques auxquelles on est conduit quand on songe que la lumière et la chaleur, ces deux manifestations, l'une contingente, accidentelle et

limitée, l'autre relativement imprescriptible et très-étendue.
tout en paraissant disparates et irréductibles, ne sont cependant que deux formes distinctes d'une seule et même activité. Il y a plus : tout porte à croire que l'activité chimique elle-même, si inégalement dévolue aux diverses parties du spectre, si capricieusement variable avec la nature des combinaisons qu'on lui fait produire ou détruire, n'est encore qu'un troisième aspect de la grande force qui, suivant les circonstances, se produit soit comme lumière et chaleur, soit simplement comme chaleur. La théorie vibratoire accepte sans embarras cette triple identification, sauf à en tirer cette conséquence, que si la chaleur et la lumière sont des mouvements de vibration, le caractère vibratoire ne disconvient aucunement aux mouvements intestins qui engendrent les réactions de la chimie. Elle ne s'étonne pas plus de voir la lumière faillir dans mille et une circonstances, et réduite ainsi à ses deux autres manifestations, que de voir, dans la belle expérience de Stokes, les rayons purement chimiques, situés au delà du violet, ressusciter à l'état de lumière quand on les reçoit sur certaines dissolutions, telles que celle de sulfate de quinine. Elle ne voit là qu'un nouvel exemple de ces remaniements de vibrations que divers physiciens invoquaient depuis longtemps pour expliquer les couleurs propres des corps; et elle s'attend à ce qu'un autre Stokes réussisse à transformer également en lumière, les radiations purement calorifiques qui forment à l'autre bout du spectre une région plus invisible encore.

Rétrospectivement, pour étendre aux chapitres précédents les rapprochements que nous nous proposons d'établir fréquemment par la suite, entre la chaleur et la lumière, nous dirons que l'expérience de Young et des miroirs, que les anneaux colorés et la diffraction, constituent un terrain délicat sur lequel ne se sont guère encore installés les physiciens qui, en France et ailleurs, se sont donné pour mission d'étendre à la chaleur tous les résultats obtenus avec la lumière. On ne peut cependant douter que la sensibilité des piles thermo-électriques ne suffise largement pour reconnaître en chaleur, ces anneaux des plaques épaisses si remarquables en optique par leur vivacité. On est beaucoup plus avancé à l'égard des rayons chimiques, car il y a longtemps qu'Arago et après lui M. Abria ont obtenu sur des enduits chimiques des actions intermittentes, c'est-à-dire de véritables franges.

16.

CHAPITRE VI.

DOUBLE RÉFRACTION UNIAXE.

ARTICLE IER.

ÉTUDE GÉOMÉTRIQUE.

Cristaux uniaxes et biaxes. — Ancienne construction de la loi de Descartes. — Nouvelle construction plus féconde. — On l'étend à l'espace. — Que faut-il pour qu'on ait la première loi de Descartes? — Que faut-il en outre pour qu'on ait la deuxième? — Le rayon ordinaire d'un biréfringent uniaxe se construit à l'aide d'une sphère; — et l'extraordinaire par un ellipsoïde. — Vérification expérimentale de cette loi due à Huyghens. — Imperfections de la nouvelle construction d'un rayon réfracté. — Construction plus parfaite et plus générale. — On démontre son exactitude. — Obliquité des rayons sur l'onde. — Coup d'œil anticipé sur la réfraction biaxe. — Ce que devient la construction générale pour une face perpendiculaire à l'axe. — Si l'incidence est normale, ou n'a qu'un rayon et ce rayon reste unique, même en sortant obliquement. — Avec d'autres faces d'entrée, le rayon qui ne se divise pas n'est plus le rayon normal. — Cas d'une face parallèle à l'axe. — L'indivision ne se maintient plus nécessairement à la sortie. — Cas des sections principales. — Face d'entrée qui donne, sous l'incidence normale, l'écart maximum. — Deux angles limites pour le rayon extraordinaire. — Prismes auxiliaires. — Réflexion intérieure. — Double réfraction du quartz. — Double réfraction *répulsive* ou *négative*, *attractive* ou *positive*. — Problèmes divers. — Expérience de Monge. — Projection des deux images d'un quartz parallèle.

§ 138. — But du chapitre.

Il existe entre la double réfraction et la polarisation des rapports tellement intimes, qu'une connaissance préalable de chacune de ces deux études est indispensable si on veut que l'autre ne soit pas trop incomplète. Cette dépendance mutuelle nous oblige à revenir à deux reprises sur la double réfraction, et à nous contenter d'abord d'une étude restreinte, subordonnée pour ainsi dire aux besoins de la polarisation. A un autre point de vue, une pareille division n'est pas moins nécessaire : en effet, la double réfraction est si riche en détails et comprend des parties tellement délicates, que, malgré l'extrême simplicité relative que des travaux récents permettent d'introduire dans son exposition, il est bon cependant de n'en aborder que tardivement les parties les plus difficiles.

Au point de vue historique, le phénomène fondamental de la double réfraction est la bifurcation qu'éprouve un rayon de lumière, transmis dans la chambre obscure, au travers d'une lame de *spath d'Islande* à faces parallèles ; ou, ce qui revient au même, la double image des objets obtenue par l'interposition de ce cristal. Quelles sont les lois qui rattachent au rayon incident les directions des deux rayons réfractés qui en sont issus ? Telle est la question que nous allons résoudre dans ce chapitre, en nous bornant cependant à la considération d'un cas particulier.

Pour donner une idée exacte du but restreint que nous nous proposons d'atteindre, nous dirons que la réfraction est simple quand la substance est amorphe, ou que, cristallisée, elle appartient au système régulier. Quand les cristaux rentrent dans l'un des cinq autres systèmes cristallins, ou quand on détruit par des actions mécaniques, l'homogénéité des corps *uniréfringents,* il y a *double réfraction*. Mais s'il s'agit de cristaux de l'un des deux systèmes, prisme à *base carrée* et *rhomboèdre* (doués, on le sait, de la symétrie par rapport à une droite), l'un des rayons, on l'appelle *ordinaire*, suit les deux lois de Descartes, l'autre seul s'en écarte, et notre principale étude va consister à rechercher quelles lois, à défaut de celles de Descartes, président à la marche de ce rayon qu'on appelle *extraordinaire*. De tels cristaux se nomment *biréfringents uniaxes*, parce qu'on a reconnu que la double réfraction y acceptait comme la cristallisation, la symétrie par rapport à une droite ; cette droite est encore l'axe minéralogique, mais, au point de vue de ces nouvelles fonctions, on l'appelle *axe optique*. Est-on au contraire dans le cas général de trois axes minéralogiques inégaux, il n'y a plus de rayon ordinaire ; les deux lois de Descartes sont aussi bien violées par l'un que par l'autre. Il y a plus : la route de chacun d'eux est entièrement distincte de celle du rayon extraordinaire d'un uniaxe. Ce sont ces substances fournies par les trois derniers systèmes cristallins dont nous réservons l'étude pour un deuxième chapitre. On les appelle *biréfringentes biaxes*, parce que les phénomènes ont une certaine symétrie par rapport à deux droites qui dépendent sans doute des axes minéralogiques, mais qui ne s'y rattachent pas d'une manière constante et se nomment encore *axes optiques*.

§ 139. Constructions de la loi des sinus.

Pour mettre en place un rayon soumis aux deux lois de Descartes, on sait, qu'il faut décrire du point d'incidence *a* comme centre, avec un rayon quelconque et dans le plan d'incidence, une circonférence (*fig.* 69), mener par le point A où elle est rencontrée par le rayon incident, la ligne AP perpendiculaire à la normale *a*N, chercher sur PA un point R qui donne PR:PA :: 1:*n*, mener RM parallèle à *a*N, et enfin joindre *a*M ; le prolongement *a*B de cette droite sera le rayon réfracté. Or ce *diagramme* constitue un point de vue infécond qui n'achemine aucunement vers les constructions qui conviendront à la double réfraction.

Il n'en est pas de même de cette autre construction, qui consiste à décrire encore une circonférence, d'un rayon quelconque R, puis à prendre, au delà du point d'incidence, sur la ligne de séparation des deux milieux, une distance $\overline{ad} = \dfrac{nR}{\sin i}$, et enfin à mener par le point *d*, à la demi-circonférence comprise dans le second milieu, la tangente db. Le point de contact est sur le rayon réfracté, qui se trouve dès lors déterminé, et satisfait, comme on s'en convaincra sans peine, à la loi $\sin r = \dfrac{\sin i}{n}$. Ordinairement, et nous nous en tiendrons à cette épure simplifiée, au lieu de prendre R quelconque, on pose $R = \dfrac{1}{n}$, ce qui rend la distance ad égale à $\dfrac{1}{\sin i}$.

L'avantage de cette deuxième construction lui vient de ce qu'elle ne fait que reproduire la figure de la démonstration ondulatoire des lois de la réfraction (§ 28). Associons en effet à notre rayon Aa une foule de rayons parallèles dont le dernier soit Dd, et détachons, par l'onde plane $a\partial$, les retards que les divers rayons contractent, vis-à-vis du premier, avant d'atteindre la surface SΥ. On aura

$$\overline{d\partial} = \overline{ad}\sin i = 1;$$

le rayon R qui vaut $\dfrac{1}{n}$ se trouve donc être le chemin que le premier rayon décrit dans le deuxième milieu, pendant que le dernier rayon arrive à la surface, c'est-à-dire que nous retrouvons la *fig.* 15, avec cette seule particularité, qu'au lieu de laisser au faisceau une épaisseur quelconque, les conventions admises l'astreignent à donner la différence $\overline{d\partial} = 1$.

On voit de suite comment cette construction pourra se prêter à tous les cas. On prévoit que les réfractions extraordinaires offertes par les milieux hétérogènes viendront de ce que les ébranlements ne se propageront plus avec la même vitesse dans toutes les directions, et cesseront de donner des ondes sphériques. Mais quelle que soit la forme de ces ondes, la réfraction consistera toujours en ce que, hormis pour des directions privilégiées, les mouvements dérivés, simultanément reçus par l'œil, s'entre-détruiront par voie d'interférence. Les mouvements épargnés ne cesseront pas d'être désignés et choisis, sur chaque onde élémentaire, par leur enveloppe qui sera encore l'onde réfractée; toujours ils devront de survivre, à ce qu'ils sont mouvements de *première arrivée,* et partant, mouvements contemporains. Or, quand l'onde incidente est plane, nous avons vu que le mode de décroissance des ondes élémentaires réfractées était tel, que leur enveloppe était un plan qui pouvait s'obtenir en ne gardant qu'un certain nombre de ces ondes et en se dispensant de considérer les autres. Nous sommes ainsi conduit à rendre à la construction qui nous occupe, son vrai caractère de construction dans l'espace, et à ne plus la restreindre à une figure plane.

§ 140. — Ce qu'elle devient dans l'espace.

Soit (*fig.* 70) un faisceau de rayons parallèles que nous délimitons par quatre plans, dont deux latéraux $A\,ad\,D$, $G\,geE$ seront parallèles, et les deux autres perpendiculaires, au plan d'incidence. Ils forment dans le premier milieu une onde plane $a\delta\varepsilon g$ qui heurtera la surface de démarcation du deuxième milieu suivant les divers points du rectangle $adeg$. A l'instant où la dernière tranche $DdEe$ des rayons incidents atteint la surface, le long de la ligne de, le mouvement que les autres rayons ont successivement excité dans le deuxième milieu réside sur certaines sphères décroissantes dont les plus grandes appartiennent à la tranche $A\,aGg$, et ont pour rayon $\overline{\delta d}\,\dfrac{v'}{v}$, ou bien $\dfrac{1}{n}$ si l'on suppose que le retard δd vaille 1, et si l'on se rappelle que $\dfrac{v}{v'} = n$.

Comme les mouvements des derniers rayons, confinés dans les divers points de la ligne de, ne se sont pas encore épanouis en sphères, cette ligne fait partie de l'enveloppe. Si nous menons par cette ligne un plan tangent à l'une des sphères engendrées par les premiers rayons, et si nous admettons (on s'en convaincra sans peine) que ce plan sera également tangent, non-seulement aux autres sphères de la tranche $A\,ag\,G$, mais encore aux sphères intermédiaires suscitées par les autres tranches de rayons, notre enveloppe se trouvera complétement déterminée par cette double condition : 1° *de passer par une ligne $\overline{de}$, située dans le plan de démarcation des deux milieux, à la distance $\dfrac{1}{\sin i}$ du point d'incidence, et normale au plan d'incidence; 2° de toucher une sphère décrite du point d'incidence avec le rayon $\dfrac{1}{n}$.* Ainsi, au lieu d'une tangente à une courbe, la vraie solution consiste à mener, par une droite, un plan tangent à une surface.

§ 141. — Son extension à tous les cas.

Quand les ondes élémentaires sont symétriques à droite et à gauche du plan d'incidence, qu'en d'autres termes ce plan est pour elles un *plan diamétral*, le point de contact caractéristique d'un quelconque des rayons réfractés, reste dans le plan d'incidence propre au rayon incident correspondant, et l'on peut déduire ce rayon réfracté de son rayon incident, par une construction plane, opérée dans le plan d'incidence qui coïncide alors avec celui de réfraction.

Tout revient en effet à mener par le point distant de $\dfrac{1}{\sin i}$ une tangente à la courbe diamétrale. Mais en dehors de ce cas, le plan de réfraction se sépare du plan d'incidence, et il n'y a plus de première loi de Descartes. Quant à la deuxième loi, elle ne s'isole (*) qu'autant que la première

---

(*) L'angle de réfraction extraordinaire r_e ou r', est en général dans une dépendance connexe de l'angle d'incidence i et de l'angle φ compris entre le plan d'incidence et celui de réfraction extraordinaire. Pour qu'il ne dépende que de i, il faut que φ soit nul ou droit.

est satisfaite, et alors elle dépend de la nature de la courbe diamétrale. Cette courbe est-elle un cercle, on a la loi des sinus. Cette circonstance a constamment lieu avec des ondes sphériques, et n'arrive plus qu'accidentellement avec des ondes d'une autre forme. Est-ce une ellipse, la loi se complique beaucoup, mais nous verrons (§ 144) que pour certaines orientations de l'ellipse, elle devient comme une loi de tangentes. Pour montrer dès à présent la fécondité du point de vue que nous ouvre cette construction, nous remarquerons qu'en dehors des ondes sphériques, la perpendicularité des rayons réfractés sur l'onde n'a plus lieu qu'accidentellement.

Mais tout ceci suppose qu'en effet l'enveloppe résume les portions seules actives des ondes élémentaires. Ceci a été déjà établi (§ 28) pour des ondes circulaires, et, tant que les ondes sont sphériques, on peut s'en référer à cette démonstration. Mais avec des ondes quelconques, cette démonstration est à reprendre, c'est ce que nous ferons plus loin (§§ 150, 151). Nous prévenons également que la construction sur laquelle nous venons d'insister tant, quoique constituant par rapport au diagramme primitif (§ 139) un immense progrès, n'est pas à l'abri de reproches fondés, et qu'il nous faudra la modifier : ce remaniement sera également opéré très-incessamment (§ 148).

Revenant à notre sujet, nous voyons que le rayon ordinaire d'un biréfringent uniaxe se construira par une *sphère*. Mais par quelle surface construire l'extraordinaire? Huyghens a fait voir il y a longtemps que c'était par un *ellipsoïde de révolution*. Comment est-il arrivé à cette découverte difficile? A défaut de renseignements sûrs à cet égard, nous supposerons qu'il y est arrivé comme il suit, en tirant habilement parti de quelques expériences peu nombreuses mais choisies, et en fécondant par une induction adroite, les lois particlles qu'elles révèlent. Pour ne pas nous distraire, nous énoncerons d'abord les résultats sans nous occuper des mesures qu'elles supposent; nous ne ferons connaître qu'ensuite (§ 146) la méthode expérimentale qui a été suivie, dans les meilleures vérifications entreprises sur la loi d'Huyghens.

§ 142. — Première expérience.

Prenons un spath avec les six faces naturelles du rhomboïde, en le plaçant sur une ligne très-fine et le faisant tourner, nous aurons en général deux images parallèles placées l'une à côté de l'autre et à des niveaux différents. Mais pour chaque face nous trouverons une situation du plan d'incidence qui met les images l'une au-dessus de l'autre et réalise, par conséquent, la première loi de Descartes. Il en sera de même avec des faces artificielles quelconques. Eh bien, on reconnaît que le plan d'incidence passe alors par l'axe *cristallographique* et se confond avec ce qu'on appelle la *section principale* (*) de la face.

§ 143. — Deuxième expérience.

Cette expérience accordant à l'axe un rôle important, abattons les deux sommets principaux du rhomboïde par deux plans perpendiculaires à l'axe, et regardons à travers ces faces un point très-fin. Si l'on vise normalement, on ne voit qu'une image; en visant dans des directions d'une obliquité croissante, on voit le point se dédoubler et fournir deux images dont l'écart et le dénivellement croissent. Mais si, sans déplacer l'œil, on fait tourner le cristal dans son plan, les images restent aux mêmes lieux, c'est-à-dire que si les rayons incidents sont groupés en cône droit autour de la normale, il en sera de même de chacune des

---

(*) On appelle *section principale* d'une face le plan déterminé par l'axe du cristal et la normale à la face. Chaque face a donc une section principale et rien qu'une, hormis cependant la face perpendiculaire à l'axe; car, pour elle, la normale et l'axe se confondant, la section principale est indéterminée, et il y en a autant que de plans normaux à la face, c'est-à-dire une infinité.

deux sortes de rayons réfractés fournis par le cône incident. Cette indifférence de la double réfraction, pour l'orientation du plan d'incidence, n'avait pas lieu dans le cas précédent; elle appartient exclusivement à ce système de faces terminales. Si l'on mesure les angles i et r, on trouvera que l'un des rayons, celui de l'image la plus relevée donne un rapport constant de sinus, à savoir 1,65. Quant à l'autre rayon, il n'accepte que la première loi de Descartes.

§ 144. — **Troisième expérience.** — *Indice extraordinaire.*

Taillons un spath sous la forme d'un parallélipipède rectangle (*fig.* 71), dont une arête AA' soit parallèle à l'axe. Si le rayon incident aA est reçu dans le plan AF perpendiculaire à l'axe, on ne trouve plus de rayon extraordinaire; tous deux sont soumis aux deux lois de Descartes, l'un avec l'indice 1,65 déjà trouvé et l'autre avec l'indice 1,48. Ce dernier indice, qui préside ainsi occasionnellement à la réfraction du deuxième rayon, s'appelle *indice extraordinaire*. Comme une connaissance exacte des indices importe, on a taillé un prisme dont l'arête était parallèle à l'axe et, usant des méthodes connues, on a trouvé

$$n = 1,6543, \qquad n' = 1,4833 \; (*).$$

Dans ce plan, les deux rayons se construisent donc par

(*) Ces determinations, etendues par Rudberg aux principales raies du spectre, ont donné pour le spath et pour le quartz :

RAIE.	SPATH.			QUARTZ.		
	Ordin.	Différence.	Extraord.	Ordin.	Différence.	Extraord.
B	1,65308	0,16917	1,48391	1,54090	0,00900	1,54990
C	1,65452	0,16997	1,48455	1,54181	0,00904	1,55085
D	1,65850	0,17215	1,48635	1,54418	0,00910	1,55328
E	1,66360	0,17492	1,48868	1,54711	0,00920	1,55631
F	1,66802	0,17727	1,49075	1,54965	0,00929	1,55894
G	1,67617	0,18164	1,49453	1,55425	0,00940	1,56365
H	1,68330	0,19550	1,49780	1,55817	0,00955	1,56772

deux tangentes menées d'un même point à deux cercles, l'un

moindre, de rayon $b = \dfrac{1}{1,65} = 0,6045$, l'autre plus grand,

de rayon $a = \dfrac{1}{1,48} = 0,6742$, et ces deux cercles sont chacun, section diamétrale (§ 141) des surfaces d'onde ordinaire et extraordinaire.

Si le rayon est situé dans le plan AA'H qui contient l'axe et qui le contient comme ligne de *démarcation*, on trouve entre les deux angles de réfraction r' et r (désignées encore sur les *figures* par r_e et r_o) une relation très-simple, analogue à celle qui unit les sinus des angles i et r, à savoir

$$\frac{\tang r'}{\tang r} = \frac{n'}{n} = \frac{b}{a}.$$

Pour interpréter géométriquement cette loi, traçons dans le plan, et le cercle de rayon b, et l'ellipse PEQ dont les axes soient

$$AP = b, \qquad AQ = a,$$

si la distance $\overline{Ad}$ vaut $\dfrac{1}{\sin i}$ en menant la tangente dO, AO sera le rayon ordinaire. Menons l'ordonnée RO et prolongeons-la jusqu'à la rencontre de l'ellipse en E. Par une propriété bien connue de l'ellipse, on sait que la tangente menée par le point d aura E pour point de contact. Mais la théorie de l'ellipse donne encore

$$\frac{RO}{RE}, \qquad \text{c'est à-dire} \qquad \frac{\tang r'}{\tang r} = \frac{b}{a}.$$

Donc le rayon vecteur AE n'est autre que le rayon réfracté extraordinaire : ainsi ce rayon se construit, dans ce plan, par une ellipse ; ainsi la surface de l'onde extraordinaire accepte encore, pour section diamétrale, l'ellipse APQ qui va se raccorder en Q avec la première section diamétrale circulaire.

§ **145.** — *Onde extraordinaire.* **C'est un ellipsoïde de révolution.**

Quand le plan d'incidence sera intermédiaire aux deux précédents, nous savons que le rayon ordinaire se construira toujours par un cercle égal aux deux qui ont déjà servi, qu'en d'autres termes ce rayon se construit par une série de cercles empruntés à la sphère de rayon b. Eh bien, on est conduit à supposer que l'ellipsoïde obtenu, en faisant tourner l'ellipse APQ autour de son petit axe AP, pourrait bien rendre au rayon extraordinaire le même service que la sphère au rayon ordinaire, à la condition toutefois de ne pas prendre les intersections opérées dans cet ellipsoïde par le plan d'incidence, mais de mener à l'ellipsoïde lui-même, par la droite qui se projette en d, un plan tangent. Toutes les vérifications entreprises pour vérifier cette loi l'ont parfaitement justifiée. Nous allons faire connaître la méthode expérimentale à l'aide de laquelle Malus prenait possession de la direction des rayons réfractés et dire comment il la comparait à leur direction théorique.

§ **146.** — **On détermine expérimentalement la direction des rayons.**

Les cristaux de spath sont trop rares pour qu'en vue de ces vérifications, on les taille en prismes nombreux diversement orientés. D'ailleurs si l'emploi des prismes est avantageux dans l'étude de la réfraction des monoréfringents, cela tient à ce qu'on peut donner aux rayons une situation telle (celle de la déviation minimum), que la seconde surface ne fasse que répéter et doubler l'effet de la première. Ici, la forme prismatique mettrait en jeu deux doubles réfractions successives et disparates et donnerait une grande complication. Le problème consiste donc à obtenir, avec des cristaux à faces parallèles, les angles i et r et la situation des plans d'incidence et de réfraction. Voici le procédé de Malus, appliqué d'abord à une substance monoréfringente.

On pose le corps sur une lame de métal où se trouve un repère (*fig.* 72); ce sera par exemple l'intersection P de deux droites très-fines; et à l'aide d'une lunette on vise à ce point. Si la lunette est confiée à un limbe vertical et si, avec un niveau, on a rendu horizontale la face supérieure du corps, on aura l'angle i par simple lecture. Comme on a

$$\tan g\, r = \frac{PN}{AN},$$

et que l'épaisseur $AN = e$ sera donnée par le sphéromètre, il reste donc à connaître sur la plaque, le point N, projection du point A où s'opère la réfraction. Pour y arriver nous admettrons que le cristal a été déposé à l'intérieur d'un carré dont les côtés sont divisés en demi-millimètres, et que la plaque qui porte ces divisions, le repère et le cristal, est confiée à une alidade mobile. Nous admettrons encore que l'un des côtés du carré est dirigé parallèlement au plan d'incidence et que de plus le point A soit amené sur l'axe de rotation de l'alidade : nous supposerons enfin qu'on ait signalé le point A en y amenant par tâtonnement le point de croisement de deux fils mobiles très-fins. Quand on aura mesuré l'angle i, en abaissant la lunette, on *relèvera* sur le côté, un point L de la trace du plan d'incidence. Si on fait tourner l'alidade de 90 degrés (et si on vise encore au point de croisement des fils, pour vérifier l'installation), en abaissant de nouveau la lunette, on déterminera un point M de la trace d'un second plan vertical passant par A. Ainsi en menant par les deux points L, M des parallèles aux deux cotés du carré, leur intersection donnera la projection N du point A. LN sera donc la trace du plan d'incidence, PN est celle du plan de réfraction : on pourra voir s'ils coïncident.

Malus trouvait ses points de repère sur un triangle rectangle (*fig.* 73) dont les deux côtés étaient dans le rapport de 10 à 1 et dont l'hypoténuse et le grand côté étaient divisés en 100 parties égales. Ce triangle est d'une utilité toute par-

ticulière quand on use d'un corps biréfringent. On voit
alors en effet deux images du triangle et l'image extraordinaire du côté *tu* coupe au point P l'image ordinaire de
l'hypoténuse. On en conclut que les deux rayons PA ordinaire et *p* A extraordinaire se résument dans un seul rayon
extérieur AO, ou en d'autres termes que AP, A*p* seraient
les deux rayons engendrés par l'incident OA. Donc quand
on aura pris matériellement possession du point A, quand
on l'aura amené (*) dans l'axe de rotation de l'alidade,
quand enfin on aura relevé les deux plans verticaux ANL,
ANM, et obtenu le point N projection de A, alors en joignant PN et *p* N on aura, et les deux plans de réfraction, et
les deux angles *r* et *r′* dont les tangentes vaudront $\dfrac{PN}{e}$ et $\dfrac{p\,N}{e}$,
et encore la distance P*p* qui sépare les deux rayons sur la face
inférieure du cristal ou plutôt leur écart angulaire PA*p* :
telle est la méthode à l'aide de laquelle Malus déterminait
la marche des rayons réfractés. On voit qu'elle aura d'autant plus d'exactitude que les cristaux seront plus épais. On
trouvera (§ 182) une méthode qui, tout en n'exigeant que
des cristaux de quelques millimètres d'épaisseur, est plus
expéditive et cependant d'une exactitude au moins égale à
celle de Malus.

§ 147. — Confrontation de l'expérience avec la théorie.

La route théorique du rayon extraordinaire, telle que la
donne l'ellipsoïde d'Huyghens, peut s'obtenir ou par la géométrie descriptive ou par l'analyse. Dans le premier cas il
faut construire successivement, l'ellipsoïde, la face de démarcation, le plan d'incidence, le rayon incident, le point *d*
distant de $\dfrac{1}{\sin i}$, la normale au plan d'incidence, le plan
tangent à l'ellipsoïde et enfin la ligne qui joint le point d'in

---

(*) On peut installer la plaque sur une plate-forme à deux mouvements,
pareille à celle dont sont munis certains microscopes.

cidence au point de contact. Malus préférait calculer toutes
ces choses. L'une et l'autre méthode donnent finalement
deux angles dépositaires de la direction du réfracté extraordinaire, à savoir l'angle dièdre φ compris entre le plan d'incidence et le plan de sa réfraction, et l'angle plan r'. Nous
renvoyons à une autre Section l'établissement des formules
générales, et nous nous contenterons de donner ici le détail
des deux méthodes dans quelques cas particuliers, à savoir
ceux où, la première loi de Descartes étant satisfaite, les constructions sont planes et les calculs deviennent ceux de l'ellipse. Pour mieux nous préparer à cette discussion, nous
allons nous occuper d'abord, et des reproches qu'on peut
adresser à la construction précédente des rayons réfractés (§ 141), et des améliorations nouvelles qu'on peut y introduire.

§ 148. — On rend symétrique et réciproque la construction des rayons réfractés.

Un premier reproche porte sur la variabilité des dimensions de la surface d'onde à laquelle est mené le plan tangent, un deuxième est de n'être pas symétrique et réciproque
par rapport aux deux rayons, l'incident et le réfracté, de ne
pas les traiter l'un comme l'autre, de telle sorte que l'é-
pure faite pour la transmission dans un sens, ne convienne
plus quand le passage aura lieu, sous les mêmes angles, du
deuxième milieu dans le premier.

Ainsi, quand la transmission se fait d'un milieu d'indice n dans un milieu d'indice n', on devra décrire dans le
deuxième milieu une sphère dont le rayon ne sera plus $\frac{1}{n'}$,
mais vaudra $\dfrac{\frac{1}{n'}}{\frac{n'}{n}}$. Si la lumière rebroussait chemin, le rayon
de la sphère serait $\dfrac{\frac{1}{n}}{\frac{n}{n'}}$; on reporte donc, sur le deuxième mi-

I

lieu tout le travail des changements de vitesse. Un tel mode amènera de grandes complications quand le rayon passera d'un milieu biréfringent dans un autre milieu biréfringent, car il faudra combiner en quelque sorte la surface d'onde du deuxième milieu avec celle du premier, de manière à en modifier l'échelle conformément au temps variable que le dernier rayon Dd mettra à franchir la distance δd (*fig.* 69 et 70). Or les surfaces d'onde sont assez compliquées pour qu'on n'en modifie pas sans cesse les dimensions : la perfection serait d'**user** exclusivement, avec chaque milieu, d'une seule surface d'onde construite sur une échelle invariable : une construction symétrique pourra seule mettre en évidence ces deux surfaces types propres à chacun des deux milieux.

Renonçons à prendre pour rayon extrême Dd, associé comme auxiliaire au rayon Aa, un rayon dont le retard δd soit égal à l'unité (§ 139), et choisissons un rayon dont le retard, variable avec le milieu, corresponde à un temps constant, l'unité par exemple. Nous régulariserons dans le second milieu les dimensions de l'onde élémentaire, puisqu'elle aura toujours $\frac{1}{n'}$ pour rayon. Mais la distance qui détermine la droite par laquelle on lui mène un plan tangent, au lieu de ne dépendre que de l'incidence, dépendra alors et de l'incidence et de l'indice du premier milieu, car on a visiblement

$$\overline{ad} = \frac{\frac{1}{n'}}{\sin r} = \frac{\frac{1}{n'}}{\frac{n}{n}\sin i} = \frac{1}{n\sin i}.$$

On retrouverait donc un inconvénient comparable à celui que nous venons d'éviter, s'il ne devait disparaître dans la construction qui donnera la symétrie.

En effet, la symétrie et la réciprocité s'obtiennent en adoptant la règle suivante dont nous justifierons la légitimité : *Décrivez, autour du point a, pied du rayon incident dont on veut construire les réfractés, et dans le deuxième milieu, deux demi-surfaces d'onde ayant ce point pour centre, caractéristiques l'une du premier milieu, l'autre du dernier, et correspondantes toutes deux à l'unité de temps; prolongez le rayon incident jusqu'à la première surface, par le point de rencontre menez un plan tangent qui coupera la surface de démarcation suivant une droite : il reste à mener par cette droite à la deuxième demi-surface d'onde tous les plans tangents possibles; ces plans seront les ondes réfractées : en joignant le point a à leurs points de contact, on aura les rayons réfractés.*

Si les rayons rebroussaient chemin, ce seraient les deux autres moitiés des deux surfaces d'onde, à savoir celles contenues dans le premier milieu, devenu le dernier, qui seraient utilisées de la même manière. Si la surface de démarcation était courbe, il faudrait considérer l'intersection du premier plan tangent avec le plan tangent mené par le point d'incidence à la surface de séparation des deux milieux, et alors la direction trouvée pour les rayons réfractés, n'appartiendrait guère qu'à l'incident Aa et à ses voisins les plus rapprochés, et nullement à ce rayon auxiliaire Dd dont nous n'usons plus même tacitement. Or c'est un avantage réel, acquis, avec ceux déjà signalés, à cette dernière construction, que de mettre en place les rayons réfractés par la seule considération du rayon incident qui les engendre, car dans les autres diagrammes, en prenant $\frac{1}{\sin i}$, ou même $\frac{1}{n\sin i}$, on associait de fait au rayon Aa un rayon auxiliaire Dd. Ici le point d n'est plus pris d'autorité, mais il est donné par une des deux opérations similaires qui résolvent le problème. Il y avait d'ailleurs quelque chose d'étroit et d'insuffisant, soit dans le mode d'évaluation de la distance qu'il fallait franchir pour trouver la droite déterminatrice des plans tangents, soit dans l'orientation de cette droite que nous supposions normale au plan d'incidence. En effet, dans la justification de la règle actuelle qui pourra seule s'adapter aux cas difficiles, nous allons voir que cette droite est, en général, oblique sur le plan d'incidence.

§ 149. — Justification de la règle. — 1°. Cas des ondes sphériques.

On peut se borner à une figure plane ($fig.$ 74); on aura deux cercles concentriques de rayons $\frac{1}{n}$, $\frac{1}{n'}$. Le rayon $\mathrm{A}a$ prolongé donne le point B et la tangente $\mathrm{B}d$; or on a

$$\overline{ad} = \frac{\overline{a\mathrm{B}}}{\sin i} = \frac{1}{n \sin i} = \frac{1}{\sin i} \quad \text{quand} \quad n = 1;$$

donc le point d, amené par notre nouvelle construction, ne diffère pas du point d ancien ($fig.$ 69). Si le rayon sort du deuxième milieu, la première tangente sera $\mathrm{B}'d'$ et la deuxième $b'd'$. Si la face de sortie est parallèle à celle d'entrée, l'identité des deux constructions montre que le rayon sortant $a'\mathrm{A}'$ reprend sa direction première $\mathrm{A}a$.

§ 150. — 2°. Cas idéal d'ondes non sphériques conduisant également à une construction plane ($fig.$ 75).

B étant le point de rencontre de la première surface d'onde avec le rayon incident $\mathrm{A}a$ prolongé, nous menons la tangente $\mathrm{B}d$; cette tangente marque la position qu'aurait l'onde incidente si le premier milieu s'était continué et si, à partir du point a, la propagation avait encore duré chez lui l'unité de temps. Nous en concluons que l'onde en a n'est autre que la droite $a\gamma$ parallèle à $\mathrm{B}d$. La deuxième tangente db est l'enveloppe (on en trouverait sans peine une démonstration générale) des ondes décroissantes excitées dans le deuxième milieu par un faisceau de rayons parallèles, et chaque point de contact h se rattache au centre g de l'onde élémentaire correspondante, par une droite

gh parallèle à ab. Si nous menons Gg parallèle à Aa, il faut montrer que le chemin mixte $\gamma g + gh$ est équivalent au chemin ab ou aB : en prolongeant γg jusqu'en K, l'équivalence précédente revient à celle du chemin mixte $\gamma g + gh$ avec le chemin γK, ou bien, en retranchant la partie commune γg, à l'équivalence des deux chemins hétérogènes gh et gk. Les triangles ghd et abd donnent

$$gh = ab\,\frac{\overline{gd}}{ad};$$

on a de même

$$gK = \overline{aB}\,\frac{gd}{ad};$$

donc

$$\frac{gh}{gK} = \frac{ab}{aB}.$$

Les deux chemins hétérogènes gh, gk sont donc équivalents comme les deux ab, AB : donc tous les rayons du faisceau parallèle incident parviennent, dans le même temps, à la ligne bd, par les routes parallèles $ab...$, $gh...$; mais on démontrerait, en recourant aux moyens mis en jeu (§ 28), que, dans toute autre direction que ab, cette équivalence n'aurait plus lieu, et que les rayons du faisceau oculaire s'entre-détruiraient. Nous devons en conclure que la tangente enveloppe est bien l'onde réfractée et la direction ab celle des rayons réfractés.

§ 151. — 3°. Cas des ondes quelconques.

Passons à l'espace, et considérons ($fig.$ 76, $Pl.$ V) trois rayons quelconques très-voisins Aa, Cc, Ee qui délimitent une portion triangulaire ace d'une onde plane incidente. Soient décrites, autour de a comme centre, les deux demi-surfaces d'onde des deux milieux contigus, et soit α le point où celle du premier milieu est rencontrée par le premier rayon Aa prolongé, le plan tangent mené à cette surface au point α n'est autre qu'une position ultérieure de l'onde ace

et lui est parallèle ; de sorte que, si l'on prolonge les deux autres rayons jusqu'à ce plan, on aura trois distances $a\alpha$, $c\gamma$, $e\varepsilon$ égales. Le plan tangent coupera $ac_1 e_1$, plan de démarcation des deux milieux, le long d'une droite ST. Menons par cette ligne à la deuxième surface d'onde un plan tangent $ST b$. Si nous admettons encore que ce deuxième plan soit l'enveloppe des ondes décroissantes excitées successivement par tous les points du triangle $ac_1 e_1$, et que les lignes qui vont de ces divers points aux points de contact des ondes élémentaires corrélatives, sont parallèles entre elles, il est facile de prouver que chacun de nos trois rayons ou l'un quelconque de ceux qui les accompagnent arrivera à son point de contact dans le même temps, ou qu'en d'autres termes les trois durées $\dfrac{\overline{ab}}{V}$, $\dfrac{cc_1}{V}+\dfrac{c_1 f}{V'}$ et $\dfrac{ce_1}{V}+\dfrac{e_1 g}{V'}$ sont égales, V, V' exprimant les vitesses propres aux deux milieux dans les deux directions $A\,a$ et ab.

On voit sans peine que les droites ae_1, $\alpha\varepsilon$, bg se coupent en un même point S de l'intersection ST. Il en résulte deux systèmes évidents de triangles semblables qui donnent

$$\overline{e_1 g} = \overline{ab}\,\frac{\overline{e_1 S}}{\overline{aS}}, \qquad \overline{c_1 \varepsilon} = \overline{a\alpha}\,\frac{\overline{e_1 S}}{\overline{aS}},$$

c'est-à-dire, en n'oubliant pas l'égalité $c\varepsilon = a\alpha$,

$$\overline{e_1 g} = \overline{ab}\,\frac{\overline{c_1 \varepsilon}}{\overline{a\alpha}} = \overline{ab}\,\frac{\overline{c\varepsilon} - \overline{cc_1}}{\overline{a\alpha}} = \overline{ab} - \overline{ab}\,\frac{\overline{cc_1}}{\overline{a\alpha}} ;$$

mais

$$ab = \overline{c\varepsilon}\,\frac{V'}{V},$$

donc

$$e_1 g = \overline{ab} - \overline{cc_1}\,\frac{V'}{V},$$

ou bien, divisant par V',

$$\frac{\overline{e_1 g}}{V'} + \frac{\overline{cc_1}}{V} = \frac{\overline{ab}}{V'}. \qquad\qquad \text{C. Q. F. D.}$$

En ayant recours au point T où se rencontrent les trois lignes qui joignent sur les deux ondes et sur la surface de séparation les deux rayons Cc_1 et Ee_1, on trouverait de même que les routes mixtes $cc_1 + c_1 f$ et $ee_1 + e_1 g$ sont parcourues dans le même temps, et comme ce résultat appartient exclusivement à cette direction ab, il faut en conclure que, sous sa forme nouvelle, la construction qui met en place les rayons réfractés se trouve démontrée.

§ 152. — Deux conséquences curieuses.

Quand l'onde ace est perpendiculaire au rayon incident Aa, comme l'intersection de deux plans est perpendiculaire au plan de leurs deux normales, il s'ensuit que l'intersection as de l'onde ace avec la surface $ac_1 e_1$, et aussi sa parallèle ST, sont perpendiculaires au plan d'incidence AaN; mais quand l'onde est oblique sur le rayon Aa, ce résultat n'a plus lieu et la droite ST cesse d'être normale au plan d'incidence. Ainsi la construction du (§ 141) serait en défaut, même pour les cristaux uniaxes, sitôt que le premier milieu cesserait d'être monoréfringent.

Nous avons vu (§ 27) que l'œil infiniment presbyte n'introduisait pas de différences de route à partir d'un plan perpendiculaire à son axe, que ce fût l'axe principal ou l'un de ses innombrables axes secondaires. Quand il n'y a qu'un point lumineux, nous dirigeons l'axe principal parallèlement au faisceau incident, et l'accord des rayons, c'est-à-dire l'image, se fait au point central de la rétine. Si l'œil pouvait se mettre au sein d'un milieu biréfringent et recevoir des ondes obliques sur leurs rayons, on n'obtiendrait les images aux points accoutumés qu'en donnant à l'axe de l'œil une certaine orientation, que nous ne nous proposons pas de calculer. L'éducation de l'œil serait à reprendre; mais la vision ne peut, de fait, s'exercer que quand l'œil est placé dans certains milieux tels que l'air et l'eau, tous monoréfringents. Or une fois que les rayons sont rendus par

les cristaux à de pareils milieux, les ondes planes détermi-
nées par une enveloppe de sphères redeviennent perpendiculaires aux rayons.

§ 153. — Esquisse des cas réservés.

Les développements précédents sont indépendants de la
forme des ondes élémentaires et s'adapteront aux cristaux
biaxes dès qu'on aura déterminé la forme de leurs ondes.
Cette détermination délicate est l'objet principal du chapitre que nous devons consacrer encore à la double réfraction. Nous croyons utile de dire par anticipation que dans
ces milieux, l'onde est une surface du quatrième degré à deux
nappes; que ces deux nappes, enchevêtrées dans le cas général, s'isolent presque dans le cas particulier des cristaux
uniaxes, et deviennent l'une une sphère et l'autre un ellipsoïde de révolution; que dans les milieux monoréfringents les
deux nappes n'en forment plus qu'une, attendu que l'ellipsoïde se confond avec la sphère; nous dirons aussi que la
surface générale de l'onde n'admet (chez les cristaux) pour
sections diamétrales, que le cercle et l'ellipse, et qu'ainsi la
supposition faite par nous (§ 150), dans un intérêt de généralisation, d'une seule onde non sphérique ou d'ondes planes
d'une forme compliquée, sont en dehors des biréfringents
cristallisés, et s'appliqueraient tout au plus aux corps que
l'on rend biréfringents par des actions mécaniques; nous
dirons enfin que l'on obtient, toujours à la fois, une section
diamétrale circulaire et une elliptique, mais que ces deux
sections, au lieu de se toucher au sommet d'un des axes de
l'ellipse, comme dans les uniaxes, n'ont entre elles, dans
les cristaux biaxes, d'autre relation particulière que celle
d'avoir un centre commun. A ceux qui remarqueraient
qu'une onde à deux nappes suppose que la perturbation réside, au bout d'un certain temps, avec discontinuité, dans
deux séries de particules, nous répondons que ce curieux
partage se justifiera comme conséquence, et des lois de l'élas-

 licité des milieux cristallisés, et de certaines conditions de
la vision humaine.

§ 154. — Double réfraction quand les faces sont perpendiculaires à l'axe (*fig. 77*).

Autour du point d'incidence pris comme centre, décrivons trois ondes : deux circulaires dont les rayons vail-
lent 1 et $\dfrac{1}{n} = b$, et la troisième elliptique avec les deux
axes $\dfrac{1}{n} = b$ et $\dfrac{1}{n'} = a$, le premier b étant dirigé suivant l'axe
cristallographique $N\,aa'$. Le rayon $A\,a$ prolongé coupe en b
l'onde circulaire caractéristique du premier milieu, menons en ce point la tangente bd, puis par le point d, où
elle coupe la ligne séparatrice des deux milieux, les deux
tangentes dO, dE aux deux ondes caractéristiques du milieu biréfringent, aO et aE seront les deux réfractés.

Quand les deux rayons séparés arriveront à la deuxième
surface, chacun d'eux ne donnera qu'un rayon réfracté, on
n'appliquera dès lors à chacun des deux points de sortie que
moitié de la construction complète, à savoir, au rayon ordinaire $a\alpha$ la construction du rayon ordinaire, et au rayon
$a\alpha'$ celle du rayon extraordinaire. On verra sur la figure
tracés autour du point α', l'ellipse et le cercle de rayon 1 ;
le prolongement de $a\alpha'$ donne le point ε, la tangente $\varepsilon\delta$, le
point δ, la tangente $\delta A'$, et enfin le rayon $\alpha'A'$, qui est parallèle au rayon $A\,a$, quand les faces d'entrée et de sortie
sont parallèles.

Pour trouver l'expression analytique de ce cas particulier, décrivons le cercle auxiliaire $a\mathrm{R}$ ayant pour rayon a,
et nommons ρ l'angle de réfraction $R\,aa'$ du rayon qu'il
déterminerait, ou, ce qui revient au même, posons

$$\sin i = \frac{1}{a}\sin \rho.$$

Les deux points R et E sont sur une parallèle à l'axe aa' ;

donc

$$\frac{\tang r'}{\tang \rho} = \frac{a}{b},$$

et par élimination de ρ,

$$\tang r' = \frac{a^2 \sin i}{b \sqrt{1 - a^2 \sin^2 i}}.$$

La quantité $\alpha\alpha'$ que déterminent les expériences de Malus vaut $c\,(\tang r' - \tang r)$, c étant l'épaisseur du cristal. En mettant avec Malus le plan d'incidence normal au grand côté du triangle, ses deux images ont alors la configuration de la *fig.* 78, et la distance Pp est le dixième de pu. Malus, opérant sur une plaque de 30 millimètres d'épaisseur, a trouvé un accord satisfaisant.

Si le rayon incident est normal, la première tangente est parallèle à la ligne de démarcation aS (*fig.* 79), il en est de même des deux autres, qui dès lors se confondent. Les deux rayons réfractés coïncident donc avec l'axe optique qui est un axe d'indivisibilité. La réfraction reste simple à la sortie, puisque les deux courbes, au lieu d'avoir deux centres distincts α et α', ont un centre commun α, et que le rayon incident prolongé les coupe précisément au point où elles se touchent. Cette indivisibilité à la sortie, d'un rayon double qui chemine suivant l'axe, se conserve évidemment pour toute autre orientation $\sigma\alpha$ de la face de sortie. De même l'indivision du rayon entrant peut avoir lieu avec des faces d'entrée obliques sur l'axe; ainsi soit aa' l'axe (*fig.* 80), on trouve aisément, par une construction ou par le calcul, le rayon extérieur Aa qui ne donne que le réfracté aa'.

§ 155. — Quand elles contiennent l'axe.

Section AA′HN′ *de la fig.* 71, *Pl. IV.*—Nous avons peu à dire sur ce cas déjà étudié. Si l'on veut échanger la relation

$$\tang r' = \frac{b}{a}\,\tang r$$

contre une relation entre r' et i, on a visiblement

$$\tan r' = \frac{b^2 \sin i}{a \sqrt{1 - b^2 \sin^2 i}}.$$

Quelques-unes des vérifications de Malus ont aussi porté sur ce cas particulier. Le calcul de la distance $\alpha\alpha'$ se faisait toujours par la formule

$$\alpha\alpha' = e \left(\tan r' - \tan r\right),$$

qu'on peut encore écrire ainsi

$$\alpha\alpha' = e \frac{\sin\left(r' - r\right)}{\cos r' \cos r}.$$

Remarquons encore que dans cette section c'est le rayon extraordinaire qui est le plus réfracté.

Quand l'incidence est normale, il y a indivision du rayon; mais cette indivision a un tout autre caractère que précédemment. Elle est en effet accompagnée d'une inégalité dans les vitesses de propagation des deux rayons superposés (*fig.* 81, *Pl. V*). Les deux ondes planes restent indépendantes et n'ont aucun point commun, aussi suffit-il que la face de sortie soit oblique pour que les deux tangentes donnent deux points distincts ∂, ∂', et, par suite, deux tangentes ∂O, $\partial' E$ à l'onde du milieu extérieur. Dans la figure, on a mis en évidence les deux courbes circulaires données par la section AF de la *fig.* 71, ce qui suppose que la face de sortie oblique est perpendiculaire à cette section AF.

§ 156. — Dans une section principale quelconque.

Section principale d'une face quelconque. — Nous savons qu'on peut encore remplacer la construction dans l'espace, par une construction plane, opérée sur l'ellipse déjà considérée; la seule attention est d'en orienter convenablement les axes. Ce cas sera traité analytiquement dans la Section suivante.

S'il s'agit du spath d'Islande et d'une face naturelle du

rhomboïde (*fig.* 82), le goniomètre donne pour les angles dièdres égaux, qui forment les deux angles solides principaux, $105^\circ 5' = A$. Le calcul d'une face $cAc = \alpha$ dépend donc d'un triangle sphérique dont les trois faces inconnues sont égales et dont les trois angles dièdres sont égaux et connus. On trouve alors sans peine que la formule générale qui donne α se ramène à la forme très-simple

$$\cos \frac{1}{2}\alpha = \frac{1}{2\sin\frac{1}{2}A},$$

c'est-à-dire ici

$$\cos \frac{1}{2}\alpha = \frac{1}{2\sin 52^\circ 32' 30''},$$

en faisant ce calcul numérique, on obtient pour les angles plans égaux rassemblés aux sommets de l'axe $101^\circ 55'$.

Pour arriver aux angles déterminateurs du parallélogramme $DAFA'$ qui forme la section principale d'une face naturelle, considérons le triangle sphérique $DAA'c$ rectangle en DA. Ses deux autres angles solides sont connus, car $DA\,cA' = B$ vaut $\frac{1}{2}\,105^\circ 5'$ et $cAA'D$, égal à chacun des cinq autres angles analogues qu'on peut former autour de l'axe, vaut $\frac{1}{6}\,4^{d} = 60^\circ = C$. Les formules connues $\cos\delta = \dfrac{\cos B}{\sin C}$, $\cos\alpha = \cot B \cot C$ donneront donc, la première l'angle DAA', qui est l'angle de l'axe avec les faces du rhomboïde, et la deuxième la face hypoténuse cAA' qui est visiblement égale à FAA'; de sorte que la somme $\delta + \alpha$ de ces deux angles donne DAF, l'un des deux angles de la section principale. On trouve

$$\delta = 45^\circ 23' 20'', \qquad \alpha = 63^\circ 44' 50'';$$

et, par conséquent,

$$DAF = 109^\circ 8' 10'.$$

La section principale se trouve donc être un parallélo-

gramme dont les angles sont 109° 8' 10" et 70° 51' 50"
(*fig.* 83).

Quand l'incidence est normale, on trouve, comme il
suit, l'angle V qui sépare les rayons ordinaire et extraordinaire; ce dernier allant en effet du point *a* au point de
contact E d'une tangente parallèle à la ligne de démarcation
AD n'est autre que le diamètre conjugué de AD, et partant
on pourra appliquer à ces diamètres la relation connue

$$\operatorname{tang} \alpha \operatorname{tang} \alpha' = -\frac{b^2}{a^2}.$$

Pour cela (le lecteur est prié de faire la figure), rappor-
tons l'ellipse d'Huyghens à deux axes coordonnés OX, OY
courant, le premier suivant l'axe *a* et le second suivant
l'axe *b*. Appelons ε l'angle qui sépare l'axe cristallographique ou des Y, de la ligne de démarcation, et, par conséquent, $90 + \varepsilon$ l'angle de cette dernière ligne avec l'axe
des X. Soit enfin α l'angle inconnu du rayon extraordinaire
avec ce même axe, on aura

$$\operatorname{tang} \alpha \times \operatorname{tang} (90 + \varepsilon) = -\frac{b^2}{a^2};$$

d'où

$$\operatorname{tang} \alpha = \frac{b^2}{a^2} \operatorname{tang} \varepsilon.$$

L'incidence étant normale, le rayon ordinaire est normal
à AD et fait avec l'axe des X l'angle ε. Trouver V revient
donc à calculer l'angle de deux droites faisant avec les X,
l'une l'angle α et l'autre l'angle ε; donc on a

$$\cos V = \frac{\operatorname{tang} \alpha \operatorname{tang} \varepsilon + 1}{\sqrt{1 + \operatorname{tang}^2 \varepsilon} \ \sqrt{1 + \operatorname{tang}^2 \alpha}}$$

$$= \frac{\dfrac{b^2}{a^2} \operatorname{tang}^2 \varepsilon + 1}{\sqrt{1 + \operatorname{tang}^2 \varepsilon} \ \sqrt{1 + \dfrac{b^4}{a^4} \operatorname{tang}^2 \alpha}}.$$

En effectuant ce calcul numérique, on trouve

$$V = 6^{\circ} 12';$$

quant à l'écart linéaire, il vient

$$e \tang 6^{\circ} 12' = 0,1086\, e.$$

Quel serait l'écart, soit angulaire, soit linéaire, pour les incidences obliques? Quelles valeurs de ces incidences donneraient à l'une et à l'autre leur valeur maximum? Les calculs par lesquels on résout ces questions sont trop longs pour que nous nous en occupions ici : il n'en est pas de même de la question suivante : *Quel est l'angle ε_1 caractéristique de la face artificielle qui donnerait, sous l'incidence normale, l'écart V maximum?* En égalant à zéro la différentielle de $\cos V$ prise par rapport à ε, on trouve, pour déterminer l'angle ε_1 de la face la plus avantageuse,

$$\tang \varepsilon_1 = \frac{a}{b};$$

d'où

$$\varepsilon_1 = 48^{\circ} 7' 10'',$$

de sorte que les faces naturelles du spath réalisent à très-peu près les meilleures conditions. En reportant, dans l'expression précédente de $\cos V$, cette valeur, on obtient, à l'aide de transformations évidentes, pour déterminer l'écart maximum,

$$\cos V_1 = 2\, \frac{\dfrac{b}{a}}{1 + \dfrac{b^2}{a^2}}\ (^*),$$

(*) Nous laissons au lecteur le soin de justifier la relation suivante qui nous a été indiquée par M. d'Aumont. Les angles ε_1, V_1 sont liés par la relation très-simple

$$V_1 = 90 - 2\,\varepsilon_1,$$

laquelle, une fois ε_1 connu, donne V_1 plus rapidement que la formule spéciale

$$\cos V_1 = \ldots$$

et, en passant aux chiffres,

$$V_1 = 6^° 14' 20''.$$

L'angle limite du rayon ordinaire vaut dans le spath $37^° 11' 31''$, celui du rayon extraordinaire, considéré dans cette section où il suit exceptionnellement la loi des sinus, est $42^° 23' 24''$. Dans toute autre section (nous les supposons principales), il y a deux angles limites différents, l'un à droite et l'autre à gauche. On se rendra compte aisément, par une figure, de cette dissimilitude ainsi que des épures ou des calculs (§ 175) qui donneraient ces deux angles limites.

Avec une face naturelle, l'axe fait avec la normale un angle de $44^° 36'$ supérieur aux angles limites; il suit de là que le phénomène de non-division (§ 154) du rayon réfracté n'y est pas réalisable. Comme il est souvent utile de lancer un rayon suivant l'axe, il est bon de savoir qu'on peut y arriver sans abattre les sommets pour y implanter des faces artificielles; il suffit en effet de coller avec la térébenthine (*fig.* 83), sur les deux faces parallèles, deux petits prismes égaux. Un assortiment de ces systèmes de prismes d'angles variés est très-utile dans l'étude optique des cristaux.

§ 157. — Double réfraction par réflexion intérieure.

La méthode suivie par M. Biot pour traiter ce cas intéressant est extrêmement détournée; ainsi il échange le phénomène de réflexion contre une double réfraction équivalente. Il s'astreint en outre à considérer deux cas : celui où le rayon incident est ordinaire et celui où il est extraordinaire, et au lieu de les traiter tous deux par les mêmes ressources, il réduit le dernier au premier sans songer qu'une pareille distinction devient illusoire dans les cristaux biaxes. La théorie des ondes se joue avec ce phénomène comme avec tant d'autres, et met en place les rayons réfléchis par les mêmes moyens et pour les mêmes motifs qui lui ont si bien réussi dans la réflexion ordinaire. Nous profiterons de cette étude pour introduire dans la construction des rayons réfléchis les dernières améliorations faites (§ 151) à celle des rayons réfractés. Nous allons raisonner sur une figure plane, mais il sera visible que nos constructions réussiraient également dans l'espace.

Soit (*Pl. V, fig.* 84) un faisceau parallèle A *a* D *d* formant l'onde incidente *a δ*, dont nous continuerons d'obtenir la direction en décrivant, extérieurement au milieu, l'onde type du rayon incident réduite à une seule des deux nappes, et en menant au point *b* la tangente *bd*. Les points *a*, N , N′,..., deviennent successivement centres d'ébranlement et excitent en retour, dans le même milieu, des ondes secondaires; la plus grande sera celle du point *a*. Traçons ses deux nappes en n'oubliant pas que l'une sera la continuation de celle déjà tracée extérieurement; en leur menant par le point *d* les tangentes *d α*, *d α′*, on aura les ondes réfléchies. Chaque rayon décrira entre l'onde incidente *a δ* et l'une des deux ondes réfléchies, *d α* par exemple, un chemin brisé tel que MN + NP. Quoique le milieu soit le même, cependant, à cause de l'orientation diverse, ces chemins seront décrits avec deux vitesses distinctes V et U ; le temps employé sera la somme des deux quotients $\frac{MN}{V} + \frac{NP}{U}$. En recourant à des considérations connues, le lecteur prouvera aisément que ce temps est constant dans chacune des deux directions *a α*, *a α′*, et n'est constant que dans ces directions. Quand le rayon incident au lieu d'être ordinaire est extraordinaire, ou, pour parler plus généralement, quand il aura la seconde des deux vitesses qui appartiennent à chaque direction d'un milieu biréfringent, on devra tracer extérieurement la deuxième nappe et prolonger jusqu'à sa rencontre le rayon incident. On voit sur la *fig.* 85, *Pl. V* (elle est construite pour un uniaxe et pour un rayon incident contenu dans la section principale), les lignes diverses qui ont été menées dans l'ordre suivant : prolongement de

A a jusqu'en b, tangente bd, tangentes dO, dE, rayons aO
et aE. Quand le rayon est extraordinaire, on le prolonge
jusqu'en b_1, viennent ensuite les tangentes $b_1 d'$, d'O',
d'E'. On a marqué par des points les lignes qui construisent ce second cas.

§ 158. — Cas où la réflexion intérieure n'engendre qu'un rayon.

La construction des rayons réfléchis intérieurement est
plus simple que celle des rayons réfractés, parce qu'un
double rôle étant dévolu à l'une des courbes employées, au
lieu de trois on n'en a plus que deux. Cette circonstance
montre que dans certains cas la réflexion peut être simple
et ne donner que le rayon de l'espèce du rayon incident.
Ainsi, quand le rayon Aa est ordinaire, le point d peut
tomber entre les deux courbes, et la réflexion ne donner
que le rayon ordinaire : mais quand l'incident est extraordinaire, le point d', nécessairement extérieur à l'ellipse,
l'est à plus forte raison au cercle, et il y a toujours deux
rayons réfléchis. Nous verrons bientôt qu'avec le quartz le
contraire a lieu, et que le cas d'une réflexion simple n'y
est possible qu'avec un rayon incident extraordinaire.

Dans tout ceci, il n'a pas été question du deuxième milieu, et on le conçoit, puisqu'il n'influe pas sur les époques
où les divers points a, N, N',... (*fig.* 84), deviennent successivement centres d'ébranlement, et que la direction des
rayons réfléchis est exclusivement déterminée par le mode
de cette succession. Nous verrons en polarisation qu'il
cesse d'être passif, dès qu'il s'agit des autres modifications
introduites dans la lumière par la réflexion.

§ 159. — Moyen simple pour reconnaître un rayon ordinaire.

Les cas particuliers qui précèdent constituent le terrain
sur lequel s'est surtout placé Malus quand il a voulu vérifier la loi d'Huyghens ; c'est ainsi que les géomètres vérifient
leurs formules en y retrouvant les cas particuliers plus

I.   18

simples. Ces vérifications et celles entreprises plus tard par Fresnel, à l'aide d'une méthode remarquable qui sera développée (§ 690), ont montré que dans les uniaxes un des rayons était ordinaire et l'autre conforme à l'ellipsoïde d'Huyghens. On peut toutefois établir l'existence d'un rayon ordinaire par une expérience catégorique qui n'exige pas de mesures; on réunit par du mastic des morceaux d'un même cristal diversement orientés, puis on donne à leur ensemble la forme d'un prisme. En regardant à travers ce prisme, une ligne droite, l'une des images doit revêtir et revêt en effet la forme d'une courbe continue, convexe vers la ligne dont elle est l'image; mais quand le prisme est formé des fragments d'un biaxe, les deux images sont brisées, et c'est ainsi que Fresnel a écarté l'erreur grave qui consistait à admettre chez ces cristaux un rayon ordinaire. Chez eux il existe, comme dans les uniaxes, des sections privilégiées qui, donnant la première loi de Descartes, permettent de substituer aux constructions dans l'espace des constructions planes, et offrent des vérifications faciles; mais là ce terrain favorable sera insuffisant pour la vérification des formules, parce qu'au lieu d'avoir une foule de ces sections principales, à savoir une pour chaque face naturelle ou artificielle, il n'y en a plus que trois en tout. Quoi qu'il en soit, comme les courbes situées dans ces trois sections sont, pour chacune encore, un cercle et une ellipse, nous considérerons l'étude de ces sections comme comprise dans le chapitre actuel. Cependant il y a cette particularité que le cercle et l'ellipse, tout en restant concentriques, ne se touchent plus; et certains résultats (par exemple la loi des tangentes du § 144) ne se retrouvent plus dans les biaxes. Nous engageons donc le lecteur à reprendre avec soin, pour ces cas de biaxie, toutes les questions traitées ici pour les uniaxes, afin d'y saisir les modifications que peut y introduire une relation plus générale des deux courbes caractéristiques de ces nouveaux milieux.

§ 160. — Cristaux répulsifs ou négatifs ; — Attractifs ou positifs.

L'énergie de la double réfraction, la limpidité et l'épaisseur des cristaux, font du spath le corps biréfringent par excellence, non-seulement dans l'ordre historique, mais au double point de vue des travaux dont il a été l'objet et des applications auxquelles il se prête. D'autres corps, tels que le nitrate de soude, semblent, il est vrai, rivaliser avec lui par l'énergie intrinsèque de leur double réfraction, mais la solubilité de ces corps et l'exiguïté des cristaux réalisés par l'art les a fait presque entièrement délaisser ; le quartz fait toutefois exception et vient, malgré sa faible biréfringence, se placer auprès du spath comme un second type. Ce privilége peut s'expliquer en partie par la grande épaisseur qu'ont souvent les cristaux de quartz, par leur dureté et leur inaltérabilité, mais il vient surtout de ce que le quartz réalise le second des deux cas possibles en double réfraction uniaxe.

En effet, tandis que le spath nous offre un indice extraordinaire moindre que l'indice ordinaire, et, par suite, un ellipsoïde aplati pour son onde extraordinaire, dans le quartz l'indice extraordinaire est le plus grand, et l'onde extraordinaire a pour forme un ellipsoïde allongé. M. Biot, auquel on doit cette importante distinction, s'est inspiré, pour désigner les deux groupes de cristaux uniaxes, d'une particularité géométrique qui est manifeste dans les *fig.* 77, 83. On y voit le rayon extraordinaire constamment plus éloigné de l'axe et comme repoussé par lui. Si l'ellipsoïde était enveloppé par la sphère, le contraire aurait lieu : le spath est donc *répulsif* et le quartz *attractif*. Cette nomenclature a des inconvénients ; elle repose sur la relation angulaire de deux droites, qui ne pourrait être admise comme constante que si l'on en avait établi par le calcul l'universalité (*voir* page 303). De plus, quand la double réfraction s'opère dans le plan AF de la *fig.* 71, l'axe étant normal aux deux rayons, semblerait devoir les traiter l'un comme

18.

l'autre. Enfin elle est empruntée à des notions théoriques qui ne doivent pas trouver place dans la théorie de la double réfraction telle que l'a créée le génie de Fresnel. Nous préférons donc, avec divers auteurs, faire allusion aux deux inégalités $n' < n$, $n' > n$, ou bien $b < a$, $b > a$, et appeler *négatifs* les cristaux analogues au spath, et *positifs* ceux qui ressemblent au quartz.

Les indices du quartz, déterminés sur un prisme dont l'arête était parallèle à l'axe, sont

$$r = 1,5484, \qquad r' = 1,5582,$$

ce qui donne pour l'axe de révolution de l'ellipsoïde

$$b = \frac{1}{n} = 0,64583,$$

et pour l'axe équatorial

$$a = \frac{1}{n'} = 0,64177.$$

Si l'on met ces nombres dans les deux dernières formules du § 156, on trouve que pour avoir, entre les deux réfractés issus d'un rayon normal, le plus grand écart, la face doit être inclinée sur l'axe de $\varepsilon_1 = 44° 49' 10''$, et que cet écart maximum V_1 est de $22' 10''$. On a trouvé pour le spath $6° 14' 20''$, c'est-à-dire $16,89$ fois plus. Nous verrons plus tard que l'énergie biréfringente est mesurée par la valeur absolue de la différence $n_o - n_e$, et qu'ainsi le spath et le quartz offrent le rapport $\dfrac{0,071}{0,0098} = 17,1$ à peine différent du précédent.

Les figures qui correspondent aux divers cas particuliers étudiés dans ce chapitre sont faites pour un cristal négatif ; le lecteur en déduira celles qui conviendraient, dans les mêmes circonstances, à un cristal positif. Au lieu d'insister sur ces transformations, nous préférons passer rapidement en revue quelques autres cas que nous recommandons comme exercices sur l'ellipse.

§ 161. — **Écart maximum des rayons dans certaines sections.**

Ainsi, nous avons trouvé l'orientation de la face qui donne.

sous l'incidence normale, le plus grand écart entre les deux
réfractés, et nous n'avons pas voulu nous engager dans la
question analogue soulevée par les incidences obliques,
même dans le cas restreint des sections principales. Mais
intermédiairement à ce cas particulier traité et à ces cas
plus généraux récusés, il y a quelques sections qui donnent
lieu à des calculs simples; telles sont par exemple les deux
sections du parallélipipède rectangle étudié § 144, et le
cas où l'incidence a lieu sur une face perpendiculaire à
l'axe. Le premier de ces trois cas est très-simple : on le résout en égalant à zéro la différentielle de la différence

$$r_e - r_o = \arcsin(a \sin i) - \arcsin(b \sin i),$$

équation qui donne

$$\cos i = 0, \quad \text{ou bien} \quad i = 90°.$$

Le plus grand écart vaut donc alors la différence des deux
angles limites, à savoir $5° 11' 54''$ pour le spath, et $18' 15''$
pour le quartz, nombres dont le rapport $17,09$ s'éloigne
également peu de celui des pouvoirs biréfringents.

Dans le deuxième, il ne faut pas faire porter le calcul
sur l'angle i, car la valeur cherchée de cet angle, dans chacun de ces deux corps, surpasse l'angle limite, mais sur
l'angle r. On trouve alors la condition très-simple

$$\tan g\, r = \sqrt{\frac{a}{b}},$$

c'est-à-dire $r = 46° 33' 45''$ pour le spath, et $r = 44° 54' 40''$
pour le quartz. Comme d'ailleurs on a

$$\tan g\, r' = \frac{b}{a} \tan g\, r \quad (§ 144),$$

on trouve sans peine la formule

$$\tan g\, V_1 = \frac{\sqrt{\dfrac{a}{b}} - \sqrt{\dfrac{b}{a}}}{2},$$

qui donne pour V_1, $3^o\,7'\,20''$ et $0^o\,10'\,50''$ (rapport $17{,}29$), il va sans dire que pour réaliser un tel écart il faut user des prismes introducteurs décrits page 271.

Enfin dans le troisième cas, l'expression dont il faut annuler la différentielle est

$$\text{arc tang}\left(\frac{a^2\sin i}{b\,\sqrt{1-a^2\sin^2 i}}\right) - \text{arc sin}\,(b\,\sin i).$$

En effectuant les calculs, on arrive à une équation qui se décompose en deux facteurs dont l'un est $\cos i$ et donne $i = 90^o$, c'est la bonne valeur; l'autre forme une équation bicarrée ayant $\sin^2 i$ pour inconnue. En passant aux chiffres, on trouve, soit pour le spath, soit pour le quartz, qu'elle donne pour $\sin^2 i$ des valeurs soit négatives, soit plus grandes que l'unité. Comme un pareil résultat se maintiendrait sans doute (le lecteur cherchera à l'établir d'une manière générale) pour tous les cristaux, nous en conclurons que ce dernier facteur ne donnera pas de solution, dans le cas où le milieu contigu au cristal est l'air, de sorte qu'ici, comme dans le premier cas, c'est l'incidence rasante qui écarte le plus les deux rayons.

§ 162. — Problèmes divers.

Ier Problème. — Puisque le rayon normal N a donne (*fig.* 83) l'extraordinaire aE, on conçoit qu'il y ait un certain rayon oblique B a qui donne un rayon extraordinaire normal à la face d'entrée; trouver l'angle i de cette incidence.

La construction graphique est très-simple (*), car il suffit de mener une tangente à l'ellipse au point f où elle est rencontrée par la normale, et de chercher par une tangente au cercle de rayon i le rayon incident correspondant. Dans

---

(*) On résout ici graphiquement un problème qu'on aurait pu poser à part : Étant donné soit un extraordinaire, soit un ordinaire, trouver : 1° le rayon extérieur correspondant ; 2° le rayon ordinaire ou extraordinaire conjugué. (Renvoi à la deuxième section de ce chapitre.)

la section suivante, le calcul nous donnera, dans le cas du spath, pour cette incidence, $9^° 49' 25''$, et pour l'écart des deux rayons, $5° 55' 10''$ (§ **170**).

IIe PROBLÈME. — De l'autre côté de la normale (il s'agit toujours d'un cristal négatif, le spath par exemple), il est une incidence remarquable à un autre titre, c'est celle qui coïncide avec la direction du réfracté extraordinaire : on propose de la trouver.

Si l'on prend l'onde circulaire du milieu extérieur et l'onde elliptique du rayon extraordinaire, on voit que la question revient à cette autre : Trouver sur un diamètre commun à une ellipse et à un cercle concentriques un point tel, qu'en menant par ce point une tangente à chaque courbe, les deux points de contact soient sur le même rayon vecteur. Nous renvoyons encore au § **170**.

IIIe PROBLÈME. — Qu'on prenne les deux ondes (cercle et ellipse) d'une section principale d'un milieu biréfringent. Qu'on mène un rayon vecteur quelconque et les deux tangentes aux points où il coupe les deux ondes. Leur point de rencontre et le centre commun des deux courbes déterminent une face qui pourra donner deux réfractés confondus dans ce rayon vecteur. De sorte que chaque face admet ce genre de superposition dont nous n'avions considéré qu'un cas très-particulier (§ **154**). L'incident qui engendre cette sorte de réfraction simple s'obtient aisément ; mais, quand on prend la question comme elle doit être prise, quand on se donne la face, la solution graphique est moins simple (*voyez* § **176**). Le précédent problème offrait déjà ce contraste. En général, un rayon intérieur répond à deux extérieurs ; un problème dont la solution graphique est simple consiste à trouver les deux extérieurs d'un intérieur. En plaçant sur les faces parallèles ou obliques qui terminent un spath, deux lames métalliques percées chacune d'un petit trou, et offrant au trou d'entrée un cône incident, on obtient, au trou de sortie, deux rayons dont les intérieurs superposés se confondent avec la ligne qui joint les trous, peut-être que l'on pourrait ainsi se livrer à de nouvelles vérifications de la loi d'Huyghens.

§ 163. — Expérience de Monge.

Nous terminerons ce chapitre par la curieuse expérience de Monge.

Jusqu'à présent nous avons surtout considéré les deux rayons issus par double réfraction d'un seul rayon incident. Quand il s'agit de la vision d'un point lumineux à travers un spath, le point de vue change, car les deux faisceaux ordinaire et extraordinaire qui atteignent l'œil et donnent sur la rétine les deux images du point, proviennent de deux faisceaux incidents distincts. Si nous supposons (*fig.* 86) la ligne Po, qui joint l'œil et le point, normale aux deux faces parallèles du spath, on voit en effet que Po sera le rayon ordinaire reçu par l'œil et que son extraordinaire afg, jeté à droite, manquera l'œil. Le rayon extraordinaire qui l'atteint aura suivi une route telle que PAEo, et sera le conjugué d'un ordinaire ABC qui passera de l'autre côté de l'œil. Quant aux lieux apparents des deux images, si oP et oE sont les axes des deux pinceaux admis par la pupille, nous savons qu'elles sont sur les directions dernières des rayons lumineux, c'est-à-dire sur oP et oE, et que la réfraction les rapproche inégalement,

à savoir l'ordinaire de $\dfrac{n-1}{n}\,e = 0,39\,e$, et l'extraordinaire

d'une quantité que nous ne nous proposons pas de calculer, mais qui est, en général, bien moindre. Cela posé, l'expérience de Monge consiste à passer lentement un écran contre le spath, du côté du point; on voit avec surprise disparaître d'abord l'image qui semblerait ne devoir être masquée que la dernière.

Le rayon extraordinaire, séparé par l'action d'une lame parallèle, reprend au delà de cette lame la direction du rayon qui l'a engendré, et cette condition de parallélisme est un guide utile dans la construction de la figure précédente. Quand le point dont on voit les deux images, au lieu d'être en dehors du cristal, se trouve en a sur sa surface même, on peut remplacer l'idée de parallélisme par l'idée de la répulsion de l'axe, et l'on voit que le pinceau extraordinaire aura suivi une route, telle que $ae\,o$ (*fig.* 87). Cette figure va nous montrer encore comment on devinerait la direction de l'axe dans un spath qui ne garderait aucune trace de la forme primitive. On le mettrait sur une tache et, regardant normalement, on aurait, par la ligne des deux images, la section principale. L'image ordinaire se reconnaît à son élévation ; on saura donc placer les prismes auxiliaires (§ 156) qui permettront de sonder le cristal dans la direction de l'axe et de rencontrer les phénomènes (§ 278) propres à cette direction.

On peut grouper sous quatre titres les divers cas de la double réfraction. Nous appellerons le premier celui de l'onde excitatrice intérieure ; il est réalisable par les excitations extérieures dues à des rayons normaux, et est caractérisé par le parallélisme des deux ondes excitées ; le deuxième, signalé déjà (§ 162), est celui des rayons superposés intérieurement. Après ces deux cas simples, vient le cas général, auquel nous avons fait constamment allusion, des deux rayons issus d'un extérieur unique. Enfin l'expérience de Monge nous montre un cas plus général encore et plus compliqué, dont la surface de l'onde ne donne plus une solution immédiate, à savoir celui de deux rayons qui, l'un ordinaire et l'autre extraordinaire, sont assujettis à passer par deux points donnés. Nous retrouverons ces distinctions dans le chapitre de la double réfraction théorique.

§ 164. — Projection des expériences de double réfraction.

L'expérience de Monge nous fournit l'occasion de décrire la disposition expérimentale à laquelle on doit recourir, quand on veut projeter et amplifier sur un tableau, les deux images issues d'une double réfraction faible, telles que celles d'un bloc de quartz à faces parallèles, des prismes comprimés de Fresnel, ou encore celles que nous donnera la double réfraction circulaire.

Soit (*fig.* 88) un point lumineux P, puis le bloc, puis une lentille, et enfin aux alentours du foyer conjugué de P un écran. Le pinceau conique émané de P donne, au sortir du cristal, deux pinceaux qui émanent de deux points inégalement rapprochés, tels que P', P_1. Rendus convergents par l'action de la lentille, ils vont concourir en deux points p'. p_1 placés sur les lignes $P'O$, P_1O. Or on a pu placer la lentille, de telle sorte que les distances $p'o$, p_1o soient beaucoup plus grandes que $P'O$, P_1O, et obtenir ainsi un grand écartement des images.

Ordinairement on prend pour objet, non pas un point lumineux P, mais un objet délié, tel qu'un fil, une épingle. Il est visible qu'une fois la distance PO choisie, on peut placer le bloc biréfringent en quelque point que l'on voudra de la ligne PO, ou même au delà de la lentille. Les prismes comprimés de Fresnel portent actuellement dans ce but, sur la face antérieure, un verre convergent (un verre de besicles) d'un foyer d'environ $0^m,60$. Avec le spath surtout, on reconnaît que le rapprochement des points P', P_1, dû à l'épaisseur, n'a pas été le même, car chacune des images exige, pour se former nettement, une position différente de l'écran.

L'état de polarisation de la lumière envoyée par le porte-lumière rend souvent dans ces expériences, l'intensité des deux images très-inégale. On y obvie, en juxtaposant à l'obturateur de ce porte-lumière une lame de quartz (non perpendiculaire à l'axe), dont on met la section principale à 45 degrés du plan de polarisation. On reconnaît qu'on a réussi quand un prisme de Nicol cesse de donner, dans les divers azimuts, des variations d'intensité. Nous expliquerons plus loin et l'origine de cette polarisation et (§ 254) cette action dépolarisante d'une lame biréfringente convenablement orientée.

Si le point de vue synthétique auquel nous nous sommes presque exclusivement placé dans la dernière partie de ce chapitre, pour tirer de la construction d'Huyghens ses principales conséquences, a pour lui une incontestable simplicité, cependant on ne peut se dissimuler que dans la pratique, quand il s'agira de voir jusqu'à quel point la théorie accepte un résultat numérique issu de l'expérience, il ne jette dans des constructions pénibles et d'une précision contestable. Il convient donc de n'y voir qu'une première étude dont on pourra se contenter à la rigueur, et de reprendre par le calcul, et dans une sorte de chapitre supplémentaire, cette importante discussion. Tel est l'objet de la deuxième section du sixième chapitre.

ARTICLE II.

ANALYSE.

Calcul, de l'ellipsoïde d'Huyghens; — des paramètres caractéristiques du rayon extraordinaire. — Cas particulier de la section principale. — On revient sur le calcul numérique de quelques cas étudiés synthétiquement. Extraordinaire d'un rayon incident normal. — Rayon incident de l'extraordinaire normal. — L'extraordinaire indévié. — Double réfraction dans les sections principales des biaxes. — Réflexion intérieure. — Les angles limites. — Comment, pour certaines faces, il est deux directions obliques où la double réfraction manque, quoique les deux rayons n'aient pas la même vitesse. — Lois des vitesses des rayons et des ondes conjugués, déduites de la construction d'Huyghens. — Vérifications de la loi des vitesses à l'aide des déviations prismatiques mesurées par l'appareil de Biot. — Vérification des formules du rayon extraordinaire obtenue par la méthode du transport.

§ 165. — Équation de l'ellipsoïde d'Huyghens.

Plaçons la face du cristal (*fig.* 89) dans le plan des XY, et la section principale du cristal dans le plan des XZ ; nommons L l'angle que l'axe du cristal fait avec l'axe des Z normal à la face. L'ellipsoïde d'Huyghens étant de révolution, et ayant son axe dans le plan **XZ**, sera symétrique par rapport à ce plan, et n'aura pas de termes affectés des premières puissances de y. Comme d'ailleurs il a pour centre l'origine des coordonnées, son équation est de la forme

$$(1) \qquad A x^2 + A' y^2 + A'' z^2 + 2 B xz + 1 = 0 ;$$

en faisant $y = 0$, on trouve l'ellipse

$$A x^2 + A'' z^2 + 2 B xz + 1 = 0,$$

dont un axe doit être égal à b et dirigé suivant l'axe du cristal, et dont le second axe vaut a. Pour exprimer ces deux choses, passons du premier système d'axes coordonnés OX, OZ au second OX_1, OZ_1 par les formules connues

$$x = x_1 \sin L - z_1 \cos L, \quad z = x_1 \cos L + z_1 \sin L,$$

il vient

$$\left. \begin{matrix} A \sin^2 L \\ + A'' \cos^2 L \\ + 2 B \sin L \cos L \end{matrix} \right| \begin{matrix} x_1^2 + A \cos^2 L \\ + A'' \sin^2 L \\ - 2 B \sin L \cos L \end{matrix} \left| \begin{matrix} z_1^2 + (A'' - A) \sin 2 L \\ - 2 B \cos 2 L \end{matrix} \right| x_1 z_1 + 1 = 0,$$

et l'on a les trois équations de condition

$$(2) \qquad (A'' - A) \sin 2 L = 2 B \cos 2 L,$$

$$(3) \qquad b^2 = \frac{-1}{A \sin^2 L + A'' \cos^2 L + 2 B \sin L \cos L},$$

$$(4) \qquad a^2 = \frac{-1}{A \cos^2 L + A'' \sin^2 L - 2 B \sin L \cos L}.$$

L'ellipsoïde achèvera de devenir celui d'Huyghens, si nous exprimons qu'il est coupé suivant un cercle de rayon a, par le plan $x = - \dfrac{1}{\tang L} z$, normal à l'axe OX_1. Or on peut se dispenser de chercher l'équation de cette intersection dans son propre plan, et se borner à écrire que l'axe des y est encore coupé par l'ellipsoïde, à une distance a du centre. Faisons donc $x = 0$, $z = 0$ dans son équation ; il en résulte

$a^2 = -\dfrac{1}{A'}$, et le coefficient A' se trouve explicitement déterminé. Les équations (2), (3), (4), faciles à résoudre, donneront pour les valeurs des trois autres coefficients

$$B = \left(\frac{1}{a^2} - \frac{1}{b^2}\right) \sin L \cos L, \qquad A = -\frac{1}{a^2} \cos^2 L - \frac{1}{b^2} \sin^2 L,$$

$$A'' = -\frac{1}{a^2} \sin^2 L - \frac{1}{b^2} \cos^2 L,$$

et il suffira de les reporter dans l'équation (1), pour être en possession de l'ellipsoïde d'Huyghens propre au point d'incidence o.

§ 166. — Calcul du rayon ordinaire.

Le rayon quelconque incident OI a pour équations

$$x = mz, \quad y = nz;$$

il fait un angle d'incidence i donné par

$$\operatorname{tang} i = \frac{\sqrt{x^2 + y^2}}{z} = \sqrt{m^2 + n^2}.$$

L'azimut φ du plan d'incidence, compté depuis le plan XOZ, est donné par

$$\operatorname{tang} \varphi = \frac{y}{x} = \frac{n}{m}.$$

Cela posé, il faut le prolonger jusqu'à la sphère

$$x^2 + y^2 + z^2 = 1 \quad (\S\,148)\,(^*),$$

et mener à cette sphère, au point de rencontre, un plan tan-

(*) Si le rayon venait d'un milieu dont l'indice eût pour réciproque v, le second membre de cette équation serait v^2, et dans les calculs qui vont suivre, au lieu de

$$\sqrt{m^2 + n^2 + 1},$$

on aurait

$$v \sqrt{m^2 + n^2 + 1}.$$

gent. Les coordonnées du point de rencontre sont

$$z' = \frac{1}{- \sqrt{m^2 + n^2 + 1}}, \qquad y' = \frac{n}{- \sqrt{m^2 + n^2 + 1}},$$

$$x' = \frac{m}{- \sqrt{m^2 + n^2 + 1}};$$

le signe — au radical étant dicté par la configuration adoptée. Le plan tangent est

$$X x' + Y y' + Z z' = 1,$$

ou bien

$$X m + Y n + Z = - \sqrt{m^2 + n^2 + 1};$$

son intersection avec la face du cristal est

$$Z = 0, \qquad X m + Y n = - \sqrt{m^2 + n^2 + 1}.$$

C'est par cette droite qu'il nous faut mener, soit à l'ellipsoïde, soit à la sphère $x^2 + y^2 + z^2 = b^2$, et intérieurement au milieu, des plans tangents.

Un plan qui passe par une droite

$$Z = 0, \qquad X m + Y n = - \sqrt{m^2 + n^2 + 1},$$

a visiblement pour équation

$$X m + Y n + C Z = - \sqrt{m^2 + n^2 + 1}.$$

Si ce plan doit être tangent à la sphère $x^2 + y^2 + z^2 = b^2$, en appelant x'', y'', z'' les coordonnées du point de contact, il faut que pour ce point les deux dérivées partielles $\dfrac{dz}{dx}$, $\dfrac{dz}{dy}$ soient égales sur le plan et sur la sphère. Si l'on exprime d'ailleurs que le point x'', y'', z'' est à la fois sur le plan et la sphère, on aura, pour déterminer les quatre inconnues C, x'', y'', z'', les quatre équations

$$(5) \qquad \frac{x''}{z''} = \frac{m}{C},$$

$$(6) \qquad \frac{y''}{z''} = \frac{n}{C},$$

$$(7) \qquad x''^2 + y''^2 + z''^2 = b^2,$$

$$(8) \qquad x'' m + y'' n + C z'' = - \sqrt{m^2 + n^2 + 1}.$$

Les équations (5), (6), (7) donnent

$$(9) \qquad C = z'' \sqrt{\frac{m^2 + n^2}{b^2 - z''^2}},$$

$$(10) \qquad x'' = m \sqrt{\frac{b^2 - z''^2}{m^2 + n^2}},$$

$$(11) \qquad y'' = n \sqrt{\frac{b^2 - z''^2}{m^2 + n^2}}.$$

Les équations (8), (10), (11) donnent

$$b^2 - z''^2 = b^2 \frac{m^2 + n^2}{m^2 + n^2 + 1};$$

d'où l'on tire pour les inconnues,

$$C = \frac{\sqrt{(m^2 + n^2)(1 - b^2) + 1}}{b},$$

$$z'' = - b \frac{\sqrt{(m^2 + n^2)(1 - b^2) + 1}}{\sqrt{m^2 + n^2 + 1}},$$

$$y'' = - \frac{n b^2}{\sqrt{m^2 + n^2 + 1}},$$

$$x'' = - \frac{m b^2}{\sqrt{m^2 + n^2 + 1}}.$$

L'azimut du plan de réfraction a pour tangente $\dfrac{y''}{x''} = \dfrac{n}{m}$; il est le même que φ, et la première loi de Descartes est satisfaite. L'angle de réfraction r a pour tangente

$$\tan r = \frac{\sqrt{x''^2 + y''^2}}{z''} = \frac{b \sqrt{m^2 + n^2}}{\sqrt{(m^2 + n^2)(1 - b^2) + 1}},$$

et, par conséquent, pour sinus

$$\sin r = \frac{b \sqrt{m^2 + n^2}}{\sqrt{m^2 + n^2 + 1}},$$

lequel est visiblement égal à $b \sin i$; de sorte que la loi des sinus se retrouve sur le rayon ordinaire. Passons à l'extraordinaire.

§ 167. — Calcul du rayon extraordinaire.

Ici les équations (5), (6), (7) sont remplacées par ces trois autres

$$(12) \qquad \frac{m}{C} = \frac{A\,x''' + B\,z'''}{A''\,z''' + B\,x'''},$$

$$(13) \qquad \frac{n}{C} = \frac{A'\,y'''}{A''\,z''' + B\,x'''}$$

$$(14) \qquad A\,x'''^2 + A'\,y'''^2 + A''\,z'''^2 + 2\,B\,x'''\,z''' + 1 = 0,$$

lesquelles, associées à l'équation (8) qui aura reçu x''', y''', z''', en place de x'', y'', z'', donneront l'inconnue auxiliaire C et les inconnues principales x''', y''', z''', et surtout les quantités r', φ' qui caractérisent de la manière la plus commode la route du rayon extraordinaire, et dépendent des équations

$$\tang\varphi' = \frac{y'''}{x'''}, \qquad \tang r' = \frac{\sqrt{x'''^2 + y'''^2}}{z'''}.$$

Les équations (12) et (13) donnent

$$(15) \qquad A\,x''' + B\,z''' = \frac{m}{n}\,A'\,y''',$$

et cette équation indépendante de i et C nous apprend déjà que tant que φ est constant, les points de contact x''', y''', z''' caractérisques des rayons extraordinaires, sont compris dans un même plan dont l'équation est (15); qu'ainsi, à la famille des rayons incidents contenus dans le plan normal d'azimut φ, répondent des rayons extraordinaires contenus également dans un même plan, mais qui est oblique sur la face d'incidence.

Quand x''', y''', z''' seront déterminés, l'une des équations (12) ou (13) donnera C. Si donc on reporte cette valeur provisoire tirée de (13) dans l'équation (8), auquel cas cette dernière devient

$$(16) \qquad \left\{ \begin{aligned} & m\,A'\,y'''\,x''' + n\,A'\,y'''^2 + n\,A''\,z'''^2 + n\,B\,x'''\,z''' \\ & \qquad = -\,A'\,\sqrt{m^2 + n^2 + 1}\,\,y''', \end{aligned} \right.$$

les équations (14), (15), (16) ne contiendront plus que
x''', y''', z''', et il s'agira de les en tirer.

Pour y arriver simplement, remplaçons dans le seul premier terme de l'équation (16), $m\,A'y'''$ par sa valeur tirée de l'équation (15), il viendra

$$n\,A\,x'''^2 + n\,B\,z'''\,x''' + n\,A'\,y'''^2 + n\,A''\,z'''^2 + n\,B\,x'''\,z'''$$
$$= -\,A'\,y'''\,\sqrt{m^2 + n^2 + 1},$$

équation dont le premier membre se réduit d'après l'équation (14) à $-n$, de sorte qu'on a déjà

$$y''' = \frac{n}{A'\,\sqrt{m^2 + n^2 + 1}}.$$

En substituant cette valeur dans les équations (15) et (14), on obtient deux équations, dont l'une est

$$(17) \qquad x''' = -\frac{B}{A}\,z''' + \frac{m}{A\,\sqrt{m^2 + n^2 + 1}};$$

éliminant x''' entre ces deux nouvelles équations, on a une équation en z''' du second degré dans laquelle le coefficient du deuxième terme est nul. Cette équation facile à former est

$$\frac{AA'' - B^2}{A}\,z'''^2 + \frac{1}{m^2 + n^2 + 1}\left(\frac{m^2}{A} + \frac{n^2}{A'}\right) + 1 = 0;$$

les valeurs de A, A'', B donnent

$$AA'' - B^2 = \frac{1}{a^2\,b^2};$$

il en résulte, en prenant le radical avec le signe $-$, puisque dans la configuration adoptée z''' est négatif,

$$z''' = -\,ab\,\sqrt{-\,A + \frac{1}{m^2 + n^2 + 1}\,(n^2\,a^2\,A - m^2)}$$
$$= -\,ab\,\sqrt{-\,A + \sin^2 i\,(a^2\,A\,\sin^2\varphi - \cos^2\varphi)};$$

car

$$\frac{n^2}{m^2 + n^2 + 1} = \frac{m^2 + n^2}{m^2 + n^2 + 1}\,\frac{n^2}{m^2 + n^2} = \sin^2 i\,\sin^2\varphi.$$

I.

Enfin on aura x''' en reportant z''' dans l'équation (17), ce qui donne, en remplaçant de suite les paramètres m, n par i, φ,

$$x''' = \frac{\sin i \cos \varphi}{A} + \frac{B\,ab}{A} \sqrt{-A + \sin^2 i\,(a^2 A \sin^2 \varphi - \cos^2 \varphi)}.$$

Si l'on introduit les mêmes paramètres dans y''', on a

$$y''' = \frac{1}{A'} \sin i \sin \varphi = -a^2 \sin i \sin \varphi.$$

Quant à φ' et r', on a

$$\cot \varphi' = \frac{x'''}{y'''} = -\frac{\cot \varphi}{a^2 A} - \frac{B\,b}{a\,A \sin i \sin \varphi} \sqrt{}$$

La valeur explicite de $\tang r'$ étant très-compliquée, nous déduirons r' de l'équation implicite

$$\tang r' \sin \varphi' = \frac{y'''}{z'''} = \frac{a \sin i \sin \varphi}{b \sqrt{}} \quad (*).$$

qui donnera r', quand φ' aura été obtenu à l'aide de la précédente.

§ 168. — Ce que serait le calcul de l'angle d'écart.

L'angle d'écart V des deux rayons est facile à mesurer (§ 146) : il faut donc le demander aux formules pour se ménager des vérifications. On ne peut pas songer à former explicitement l'expression générale d'une des lignes trigonométriques de cet angle; mais quand on aura calculé r par la formule $\sin r = b \sin i$, φ' et r' par l'emploi successif des deux formules précédentes, on connaîtra $\varphi' - \varphi$ et l'on aura trois éléments du triangle sphérique formé par la normale et les deux réfractés, à savoir, deux faces r, r' et le dièdre compris $\varphi' - \varphi$. Il n'y aurait plus qu'à déterminer la troisième face par la formule connue

$$\cos V = \cos r \cos r' + \sin r \sin r' \cos(\varphi' - \varphi).$$

(*) Pour accommoder toutes ces expressions au cas du milieu quelconque d'indice $\frac{1}{\nu}$, il suffit d'y changer $\sin i$ en $\dfrac{\sin i}{\nu}$.

Dans les déterminations d'écart dues à M. Biot on usait de prismes (§ 180); il aurait donc fallu faire successivement deux calculs de ce genre. Hâtons-nous de dire que, grâce à un principe de proportionnalité (§ 181) entre l'écart et une certaine fonction des vitesses, les vérifications auxquelles nous faisons allusion ont été bien moins pénibles.

§ 169. — Cas où l'axe est dans le plan de la face.

Quand $L = 90°$, on a

$$B = 0, \qquad A = -\frac{1}{b^2}, \qquad A'' = -\frac{1}{a^2}, \qquad \tang \gamma' = \frac{a^2}{b^2} \tang \varphi,$$

$$\sin \varphi' = \frac{a^2 \sin \varphi}{\sqrt{b^4 \cos^2 \varphi + a^4 \sin^2 \varphi}},$$

et

$$\tang r' = \frac{\sin i \sqrt{a^2 \sin^2 \varphi + b^2 \cos^2 \varphi}}{a \sqrt{1 - \sin^2 i \left(a^2 \sin^2 \varphi + b^2 \cos^2 \varphi \right)}} :$$

l'écart $\varphi' - \varphi$ du plan de la réfraction extraordinaire dépend de l'équation

$$\tang(\varphi' - \varphi) = \frac{(a^2 - b^2) \tang \varphi}{b^2 + a^2 \tang^2 \varphi};$$

il sera maximum pour la valeur de φ donnée par

$$\tang \varphi = \sqrt{\frac{b}{a}},$$

et ce plus grand écart sera

$$\tang(\Phi' - \Phi) = \frac{a - b}{a} \sqrt{\frac{b}{a}} :$$

en passant aux chiffres on trouve chez le spath d'Islande

$$\Phi = 36° 57', \qquad \Phi' - \Phi = 6° 13' 40'',$$

et chez le quartz

$$\Phi = 45° 5' 30'', \qquad \Phi' - \Phi = 0° 21' 49''$$

(rapport 17,13). Nous laissons au lecteur à compléter cette discussion par la considération des autres cas simples, distincts de celui sur lequel nous allons nous appesantir, à savoir, le cas où le plan d'incidence est la section principale.

§ 170. — Cas d'une section principale.

Il faut poser $\varphi = 0$ dans les formules générales, ce qui donne

$$x'' = -b^2 \sin i, \qquad z'' = -b\sqrt{1 - b^2 \sin^2 i},$$

$$\varphi' = \varphi = 0, \qquad y''' = 0,$$

$$z''' = -ab\sqrt{-A - \sin^2 i},$$

$$x''' = \frac{\sin i}{A} + \frac{Bab}{A}\sqrt{-A - \sin^2 i},$$

$$(1) \qquad \tang r' = \frac{x'''}{z'''} = -\frac{\sin i}{Aab\sqrt{-A - \sin^2 i}} - \frac{B}{A}.$$

Le rayon extraordinaire reste donc dans le plan d'incidence; on ne peut pas davantage prétendre obtenir une expression générale de $r' - r$ d'où l'on tirerait, par exemple, le système de valeurs de L, i, qui offriraient pour ce cas, où les deux rayons suivent la première loi de Descartes, l'écart le plus grand.

Quand, au lieu de pénétrer dans le milieu biréfringent, le rayon le quitte pour rentrer dans le milieu monoréfringent (ici c'est le vide), r' et i échangent leurs rôles, et il suffit de résoudre l'équation précédente par rapport à i. On trouve ainsi

$$\sin^2 i = \frac{-Aa^2b^2(A\tang r' + B)^2}{1 + a^2b^2(A\tang r' + B)^2}.$$

D'un autre côté, si l'on reprend directement la question, on trouve

$$x'' = \frac{A\tang r' + B}{\sqrt{-A\tang^2 r' - 2B\tang r' - A''}},$$

$$z'' = \frac{\sqrt{-A\tang^2 r' - A'' - 2B\tang r' - (A\tang r' + B)^2}}{\sqrt{-A\tang^2 r' - A'' - 2B\tang r'}};$$

d'où

$$(2) \quad \sin i = \frac{x''}{\sqrt{x''^2 + z'''^2}} = \frac{(A\tang r' + B)}{-\sqrt{-A\tang^2 r' - A'' - 2B\tang r'}}.$$

En multipliant les deux termes du carré de cette expression par $- \mathrm{A}\,a^2\,b^2$, on voit qu'elle ne différera pas de la précédente si l'on a

$$1 + a^2\,b^2\,\mathrm{B}^2 = \mathrm{A}''\,\mathrm{A}\,a^2\,b^2;$$

or c'est ce qu'il est facile de vérifier. Cette formule donne le rayon extérieur générateur d'un rayon extraordinaire et, par suite, le coengendré ordinaire par la relation

$$\sin r = b \sin i.$$

Pour approprier ces formules à un cas donné, par exemple à celui de la section principale d'une face naturelle du rhomboïde, il faut prendre

$$\mathrm{L} = 44° 36' 3o''.$$

Les quantités A, A'', $\dfrac{\mathrm{B}}{\mathrm{A}}$, $\mathrm{A}\,ab$ prennent alors les valeurs numériques suivantes :

$$\mathrm{A} = -\,2,4648, \qquad \mathrm{A}'' = -\,2,4721,$$
$$\frac{\mathrm{B}}{\mathrm{A}} = 0,10884, \qquad \mathrm{A}\,ab = -\,1,00436,$$

et l'équation qui donne r' est

$$\tan g\, r' = \frac{\sin i}{1,00436 \sqrt{2,4648 - \sin^2 i}} - 0,10884.$$

Quand i est nul, on a

$$\tan g\, r' = -\,0,10884,$$

valeur déjà trouvée (§ 156), le signe — indique que la réfraction a lieu de l'autre côté de la normale.

Veut-on, cas indiqué (§ 162), que le rayon extraordinaire coïncide avec la normale, on aura

$$r' = 0, \qquad \sin^2 i = -\,\frac{\mathrm{B}^2}{\mathrm{A}''} = \frac{0,071953}{2,4721}, \qquad i = 9° 49' 25''.$$

Or r vaut alors $5° 55' 1o''$, l'écart des deux rayons est donc $5° 55' 1o''$.

Veut-on que ce même rayon pénètre dans le milieu biréfringent sans déviation, on aura

$$r' = i;$$

d'où l'on tire une équation de condition en tang i qui s'élève
au quatrième degré. Nous l'avons résolu par tâtonnements
en y mettant pour i successivement diverses valeurs. En
essayant ainsi tour à tour

$$i = 16° = 15° 50' = 15° 56' = 15° 56' 20'',$$

je trouve que cette dernière valeur satisfait sensiblement.
L'angle r vaut alors $9° 33' 10''$ et l'écart des deux rayons est
$6° 23' 10''$.

§ 171.   Un théorème dû à Huyghens.

Huyghens a trouvé que si, dans la section principale, deux
rayons incidents font, l'un à droite et l'autre à gauche, des angles
égaux avec la normale, leurs extraordinaires coupent la seconde
face, supposée parallèle à celle d'entrée, en deux points équidistants de celui où elle est coupée par l'extraordinaire du rayon
normal. En effet, ce dernier rayon la rencontre à une distance du
pied de la normale qui vaut

$$e \, \mathrm{tang}\, r' = - \frac{e\,\mathrm{B}}{\mathrm{A}},$$

ou bien en valeur absolue

$$(1) \qquad\qquad \frac{e\,\mathrm{B}}{\mathrm{A}},$$

et chacun des deux autres à des distances marquées par

$$(2) \qquad\qquad - \frac{e \sin i}{\mathrm{A}\,ab\,\sqrt{}} - \frac{e\,\mathrm{B}}{\mathrm{A}}$$

pour celui qui incide à droite, et par

$$(3) \qquad\qquad - \frac{e \sin i}{\mathrm{A}\,ab\,\sqrt{}} + \frac{e\,\mathrm{B}}{\mathrm{A}}$$

pour celui qui incide à gauche (nous prenons dans ce dernier cas la valeur absolue). Cela posé, $(2) + (1)$ et $(3) - (1)$ donnent la même quantité

$$\frac{e \sin i}{A\, ab\, \sqrt{}} ;$$

ce qui est bien le théorème d'Huyghens.

§ 172. — Ce que sera le calcul pour les trois sections principales des biaxes.

Nous avons dit (§ 155), et nous le prouverons, que chez les biaxes il était des sections telles, que les deux rayons, non-seulement y suivaient la première loi de la réfraction ordinaire, mais qu'ils s'y construisaient encore, l'un par un cercle et l'autre par une ellipse, avec toutefois cette particularité que le rayon du cercle n'était plus égal à l'un des axes de l'ellipse. Les formules précédentes s'adaptent immédiatement à ce cas si l'on a le soin de remplacer, dans les calculs relatifs au rayon ordinaire, la constante b par le troisième paramètre c du biaxe. Les deux rayons se trouvent ainsi définis par les quatre équations

$$x'' = -c^2 \sin i, \qquad\qquad z'' = -c\sqrt{1 - c^2 \sin^2 i},$$
$$x''' = \frac{\sin i}{A} + \frac{B\,ab}{A}\sqrt{-A - \sin^2 i}, \qquad z''' = -ab\sqrt{-A - \sin^2 i}.$$

Nous engageons le lecteur à prendre pour l'arragonite les valeurs (IVᵉ tableau du § 695) de a, b, c et à se livrer, pour une valeur de I., à quelques-uns des calculs précédents.

§ 173. — Réflexion intérieure. — Règles de M. Biot.

Les calculs qui donnent les formules de la réflexion intérieure chez les cristaux biréfringents diffèrent à peine des précédents. Comme cette réflexion peut apporter à la construction d'Huyghens de précieuses vérifications, nous allons les donner, en opérant toutefois dans une section principale; on verra sans peine ce qu'ils seraient dans le cas général.

Le cercle et l'ellipse d'Huyghens tracés pour le point d'incidence O, ayant toujours les mêmes équations, il faut, avons-nous vu (§ 157), diviser la question et considérer séparément le cas où le rayon incident $x = z \tang i$ est ordinaire et celui où il est extraordinaire.

PREMIER CAS. — Le rayon incident coupe le cercle $x^2 + z^2 = b^2$, extérieurement au milieu, en un point

$$x' = - b \sin i, \quad z' = - b \cos i,$$

la tangente $xx' + zz' = b^2$ menée en ce point, à ce cercle, coupe l'axe des x en un point

$$z_1 = 0, \quad c_1 = - \frac{b}{\sin i}.$$

Une droite quelconque issue de ce dernier point est

$$x + C z = - \frac{b}{\sin i};$$

si elle doit être tangente à l'hémicercle intérieur $x^2 + z^2 = b^2$, elle donne lieu aux trois équations

$$(1) \qquad x''^2 + z''^2 = b^2,$$

$$(2) \qquad \frac{1}{C} = \frac{x''}{z''}.$$

$$(3) \qquad x'' + C z'' = - \frac{b}{\sin i},$$

capables de déterminer x'', z'', et, par conséquent, le réfléchi ordinaire. On trouve ainsi

$$z'' = b \cos i, \quad x'' = - b \sin i.$$

Pour déterminer le réfléchi extraordinaire, c'est à la demi-ellipse intérieure que la tangente doit être menée. Cela donne entre C et x''', z''', coordonnées du point de contact, les équations

$$(4) \qquad A x'''^2 + A'' z'''^2 + 2 B x''' z''' + 1 = 0,$$

$$(5) \qquad \frac{1}{C} = \frac{A x''' + B z'''}{A'' z''' + B x'''};$$

$$(3) \qquad x''' + C z''' = - \frac{b}{\sin i},$$

en combinant (5), (3) et simplifiant l'aide de (4), on obtient

$$(6) \qquad \frac{\sin i}{b} = A x''' + B z'''.$$

Les équations (4) et (6) donnent enfin

$$z''' = ab \sqrt{ - A - \frac{\sin^2 i}{b^2} },$$

$$x''' = \frac{\sin i}{A b} - \frac{B ab}{A} \sqrt{ - A - \frac{\sin^2 i}{b^2} };$$

toute la différence avec les formules de la réfraction de la page 292 consistant, outre celle des signes, en ce que $\sin i$ est remplacé par $\dfrac{\sin i}{b}$.

DEUXIÈME CAS. — Le rayon incident étant extraordinaire, il faut le prolonger jusqu'à la demi-ellipse extérieure, ce qui donne un point

$$z' = - \frac{1}{\sqrt{ - A \operatorname{tang}^2 i - A'' - 2 B \operatorname{tang} i }},$$

$$x' = - \frac{\operatorname{tang} i}{\sqrt{\phantom{ - A \operatorname{tang}^2 i - A'' - 2 B \operatorname{tang} i }}}.$$

La tangente en ce point est déterminée par le concours des équations

$$(x - x') + k(z - z') = 0,$$

$$\frac{1}{k} = \frac{A x' + B z'}{A'' z' + B x'} = \frac{A \operatorname{tang} i + B}{A'' + B \operatorname{tang} i}.$$

Elle coupe l'axe des x en un point $z_1 x_1$, tel que

$$z_1 = 0, \qquad x_1 = + \frac{\sqrt{ - A \operatorname{tang}^2 i - 2 B \operatorname{tang} i - A'' }}{A \operatorname{tang} i + B} = M,$$

une tangente au cercle menée par ce point $x_1 z_1$ touche le cercle en un point dont les deux coordonnées x'', z'' dépendent des équations

$$(1) \qquad x''^2 + z''^2 = b^2,$$

$$(2) \qquad \frac{1}{C} = \frac{x''}{z''},$$

$$(3) \qquad x'' + C z'' = M.$$

Une tangente à l'ellipse, menée par le même point, donne un

point de contact $x'' z''$ dépendant des équations

$$(4) \qquad A x''^2 + A'' z''^2 + 2 B x'' z'' + 1 = 0,$$

$$(5) \qquad \frac{1}{C} = \frac{A x'' + B z''}{A'' z'' + B x''},$$

$$(3) \qquad x'' + C z'' = M;$$

en résolvant les trois premières, on obtient pour le rayon ordinaire

$$x'' = - \frac{b^2}{M}, \qquad z'' = \frac{b}{M} \sqrt{M^2 - b^2},$$

les trois autres donnent pour le rayon extraordinaire, en tenant toujours compte de $A A'' - B^2 = \dfrac{1}{n^2 b^2}$.

$$x'' = - \frac{1}{MA} - \frac{B a b}{A} \sqrt{- A - \frac{1}{M^2}}, \qquad z'' = a b \sqrt{- A - \frac{1}{M^2}},$$

formules qui se déduisent des formules du § **170** par le seul changement de $\sin i$ en

$$- \frac{1}{M} = \frac{A \tang i + B}{- \sqrt{- A \tang^2 i - 2 B \tang i - A''}}.$$

Puisque les formules du premier cas de réflexion intérieure ne diffèrent de celles de la double réfraction que par le signe de z'', et la substitution de $\dfrac{\sin i}{b}$ à $\sin i$, on voit que ce phénomène doit donner les mêmes rayons qu'un certain incident extérieur, et que ce rayon extérieur se trouve arriver du même côté de la normale, sous l'angle I donné par

$$\sin I = b \sin i.$$

À l'égard du second cas, on voit également que si un rayon incident arrivait extérieurement et du même côté de la normale, sous un angle I défini par l'équation

$$\sin I = \frac{A \tang i + B}{- \sqrt{- A \tang^2 i - 2 B \tang i - A''}},$$

il donnerait, d'après les formules du § **170**, précisément les quatre valeurs du paragraphe précédent : de sorte que les règles adoptées par M. Biot se trouvent justifiées.

§ 174. — Quelques exemples numériques.

Voyons de plus près quelques cas de réflexion intérieure.

1°. Soit pris, comme rayon incident intérieur sur la deuxième face du cristal (*fig.* 90), ce rayon extraordinaire oblique de 6° 12′ (§ **156**) qu'engendre un rayon normal à la première face. On aura

$$\operatorname{tang} i = -\frac{B}{A} \ (\text{page 293}), \quad M = \infty, \quad x'' = 0, \quad \frac{x''}{z''} = 0;$$

ainsi déjà le réfléchi ordinaire se dirige, suivant la normale commune aux deux faces du cristal. On a ensuite

$$x''' = -\frac{B\,ab}{\sqrt{-A}}, \quad z''' = ab\sqrt{-A}, \quad \frac{x'''}{z'''} = \frac{-B}{A},$$

de sorte que le rayon extraordinaire rebrousse chemin le long du rayon arrivant; ce dont on se rend compte sans peine par la construction géométrique, ou encore par l'idée de répulsion de l'axe.

2°. Supposons maintenant que le rayon incident extérieur fasse du côté positif de la normale cet angle $i = 9°49′25″$ (§ **170**) qui donne un rayon extraordinaire normal, de sorte qu'on ait

$$\sin i = -\frac{B}{\sqrt{-A''}} :$$

alors le rayon extraordinaire intérieur tombe normalement sur la deuxième face, et donne dans les formules actuelles $i = 0$. Il en résulte

$$M = \frac{\sqrt{-A''}}{B}, \quad x'' = \frac{B\,b^2}{\sqrt{-A''}}, \quad z'' = \frac{b}{\sqrt{-A''}}\sqrt{-A''-b^2 B^2},$$

$$z''' = ab\sqrt{\frac{AA''-B^2}{A''}} = \frac{1}{\sqrt{-A''}}, \quad x''' = -\frac{2B}{A\sqrt{-A''}},$$

$$\frac{x''}{z''} = \operatorname{tang} O = \frac{-B\,b}{\sqrt{-A''-b^2 B^2}}, \quad \frac{x'''}{z'''} = \operatorname{tang} E = \frac{-2B}{A};$$

on trouve, pour les angles de réflexion O, E,

$$O = 5° 55′ 10″, \quad E = 12° 16′ 50″.$$

La réflexion intérieure, telle que nous venons de la considérer
dans une section principale, n'offre qu'une épreuve expérimentale incomplète des lois qui régissent le rayon extraordinaire, car
nous verrons que ce rayon se trouve dans les conditions où la réflexion est impuissante pour le dédoubler et en extraire un rayon
ordinaire. Le phénomène ne deviendrait complet que si le plan
de réflexion propre à la face de sortie était incliné sur le plan
de polarisation du rayon incident d'un angle autre que o ou 90 degrés. Alors, si l'on voulait traiter la question d'une manière complète, et trouver, outre les directions, les intensités, elle ne man-
querait pas d'une certaine complication, puisqu'il faudrait tenir
compte de la rotation que subissent les plans de polarisation dans
l'acte de la réflexion

§ 175. — Calcul des angles limites de droite et de gauche.

Revenons sur l'inégalité signalée (page 271) qu'ont, pour le
rayon extraordinaire, les angles de réflexion totale pris à droite et à
gauche de la normale. Ces angles sont visiblement les valeurs R,
R′ de r′ qui répondent aux deux incidences $i = + 90^n$, $i = - 90^n$.
Laissons encore ici de côté le cas général et ne considérons le phénomène que dans une section principale, nous aurons

$$\operatorname{tang} R = \frac{-\iota}{A\,ab\,\sqrt{-A-\iota}} - \frac{B}{A},$$

$$\operatorname{tang} R' = \frac{\iota}{A\,ab\,\sqrt{-A-\iota}} - \frac{B}{A};$$

s'il s'agit de la section principale d'une face naturelle, on a

$$\frac{B}{A} = 0,10884. \quad A\,ab = -1,00436, \quad \sqrt{-A-\iota} = \sqrt{1,4648},$$

et enfin

$$R = 35^\circ 31', \quad R' = 42^\circ 57' 50''.$$

§ 176. — Singuliers cas d'indivision.

Revenons sur le dernier des problèmes posés (§ 162) et bornons-nous toujours à la section principale, hors de laquelle
d'ailleurs le phénomène dont il s'agit ne saurait avoir lieu. Soit
$x = z \operatorname{tang} r$ un rayon vecteur mené à l'intérieur du milieu; il

coupe le cercle au point

$$x' = - b \sin r, \quad z' = - b \cos r,$$

et l'ellipse au point

$$x_i = \frac{- \operatorname{tang} r}{\sqrt{- A \operatorname{tang}^2 r - 2 B \operatorname{tang} r - A''}},$$

$$z_i = \frac{- 1}{\sqrt{}}.$$

en opérant, comme au § 175, on trouve pour la tangente au cercle menée au point $x'\,z'$

$$x \sin r + z \cos r + b = 0,$$

et pour la tangente à l'ellipse en $x_i\,z_i$

$$x + \frac{\operatorname{tang} r}{\sqrt{}} = - \frac{A'' + B \operatorname{tang} r}{A \operatorname{tang} r + B} \left(z + \frac{1}{\sqrt{}} \right).$$

Le point d'intersection de ces deux tangentes se trouve aisément ; son z a pour numérateur

$$b\,(A \operatorname{tang} r + B) + \sin r \sqrt{- A \operatorname{tang}^2 r - 2 B \operatorname{tang} r - A''} \, ;$$

pour que les deux rayons se confondent, il faut que les deux tangentes se rencontrent sur la surface du milieu, ou, autrement, que ce z soit nul. La valeur de r qui amène ce résultat s'obtient en égalant à zéro le polynôme numérateur précédent.

Pour ne pas s'égarer dans les applications numériques de ce problème, on saura que cette superposition de rayons n'a lieu que pour des faces dont l'inclinaison sur l'axe ne dépasse pas un certain angle. Imaginons en effet la courbe formée par les intersections des tangentes dont les points de contact sont sur un même rayon vecteur (*fig.* 91); cette courbe dont l'équation est très-compliquée se compose de deux branches, telles que ARS, $A_i R_i S_i$, comprises entre deux parallèles à l'axe, vers lesquelles elles convergent asymptotiquement. Les faces, telles que OX, qui couperont cette courbe, pourront seules amener cette singulière indivision. Les faces naturelles sont beaucoup trop inclinées sur l'axe, pour produire cette rencontre. Mais si l'on prend L = 80°, ou, ce qui revient au même, si la face est à 10 degrés de l'axe, supposition qui donne

$$A = -2,72087, \quad A'' = -2,21637, \quad B = -0,09175,$$

on trouve par tâtonnement, d'une part que les valeurs voisines

$$r = -79°32', \quad r = -79°33',$$

rendent le polynôme, la première positif et la dernière négatif, et que, d'une autre part, le même changement de signe est encore produit par les deux valeurs

$$r = -19°31', \quad r = -19°32',$$

de sorte que

$$r = -79°32'30'', \quad r = -19°31'30''$$

expriment, à moins d'une demi-minute, les directions intérieures de deux rayons superposés qui, quoique ne cheminant pas suivant l'axe et quoique sortant obliquement, cependant ne se diviseraient pas à la sortie. Ce curieux phénomène, réalisé par les deux rayons incidents qui répondent aux deux points d'intersection S, S', étend à d'autres faces le phénomène signalé (§ 155), avec ces particularités, que là la non-division réclamait l'incidence normale et était unique, tandis qu'ici elle réclame certaines incidences obliques, faciles à déduire de l'angle r et variables avec la face, et de plus se trouve double. Bref, pour ces faces privilégiées il y a trois incidences qui ne bifurquent pas : 1° dans le quadrant $Z0\overline{X}$, celles dont nous venons d'établir l'existence; 2° dans le quadrant ZOX, celle qui répond au point de contact A, et qui donnerait intérieurement $r = +80°$. Ce dernier angle, ainsi que le plus grand des deux précédents, surpassant beaucoup l'angle limite, on ne pourrait réaliser pour eux le phénomène qu'à la condition de juxtaposer au milieu, des prismes d'un angle convenable. Quant à la valeur $r = -19°31'30''$, on trouve sans peine qu'elle répond dans l'air, à une incidence extérieure égale à 33°32'50''.

De part et d'autre de chacun des trois *rayons vecteurs singuliers*, les deux rayons coréfractés ont une position relative inverse. Ainsi, dans l'exemple précédent, depuis $r = +80°$ jusqu'à $r = -19°31'$, c'est le rayon ordinaire qui est le plus réfracté; entre les deux rayons vecteurs singuliers, c'est le rayon extraordinaire. Au delà, le rayon ordinaire redevient plus rapproché de la normale. En effet, ce passage amène un changement de signe du polynôme, et fait,

par suite, tomber le point de rencontre des deux tangentes conjuguées tantôt en dessus, tantôt en dessous de l'axe des X. On en
déduit sans peine, pour les points de contact des deux tangentes
issues d'un même point de l'axe des X, les inversions précitées;
or ces inversions sont manifestement incompatibles avec les idées
de répulsion et d'attraction constante, et le point de vue des
rayons vecteurs singuliers se trouve justifier le doute émis au § 160.

§ 177. — Calcul des deux extérieurs d'un même intérieur.

Ordinairement les rayons qui s'accompagnent intérieurement
sont séparés hors du cristal. Quoique général vis-à-vis les trois
cas qui précèdent, ce cas est simple vis-à-vis les conditions les plus
générales de la double réfraction; il convient donc d'en donner le
calcul. Il suffit pour cela (nous nous bornons à la section principale)
de résoudre par rapport à i les équations du § 175; or nous avons
obtenu

$$\sin i_e = \frac{-(A\,\tan r + B)}{\sqrt{-A\,\tan^2 r - 2B\,\tan r - A''}};$$

le rayon ordinaire donnera, de son côté,

$$\sin i_0 = \frac{\sin r}{b}.$$

Veut-on que ces deux rayons extérieurs se confondent, on a
$i_0 = i_e$, ce qui rend bien l'équation du précédent paragraphe. Si
l'on dispose sur les deux faces parallèles d'un spath deux plaques
percées chacune d'un trou fin, et si l'on fait arriver sur l'un de
ces trous, à l'aide d'une lentille, le sommet d'un cône convergent
de rayons incidents, et que le cône soit assez ouvert, deux de ses
rayons réussiront à sortir par le second trou. En opérant dans la
chambre obscure, on mesurera sans peine leur angle; il ne sera
pas difficile de connaître l'angle intérieur commun, et on aura
ainsi les éléments de ce genre de vérifications que nous avons proposé pour la loi d'Huyghens (page 280). Vérification curieuse, puisque, nonobstant le parallélisme des deux faces, elle portera sur un
écart angulaire.

Comme preuve que les rayons, ainsi superposés intérieurement,
constituent un cas réellement plus simple que celui si usuel des

rayons superposés extérieurement (*), nous dirons par anticipation qu'il existe *en biaxie*, sur les vitesses de ces rayons, un théorème d'après lequel la différence entre les carrés de leurs réciproques serait proportionnelle au produit des sinus des angles qui séparent cette direction commune de celle de deux droites fondamentales, dites *axes optiques*. Comme, chez les uniaxes, cette relation peut se déduire immédiatement d'une propriété géométrique commune à l'ellipse et à l'ellipsoïde de révolution, nous allons l'établir à ce point de vue.

§ 178. — Loi des vitesses des rayons.

Soit $\dfrac{x^2}{b^2} + \dfrac{y^2 + z^2}{a^2} = 1$ un ellipsoïde de révolution autour de l'axe des X, dont l'axe soit b et le rayon équatorial a. Un rayon vecteur quelconque $x = mz$, $y = nz$ le rencontre en deux points dont les coordonnées sont

$$z' = \cfrac{1}{\sqrt{\dfrac{m^2}{b^2} + \dfrac{n^2 + 1}{a^2}}},$$

$$y' = \cfrac{n}{\sqrt{\phantom{\dfrac{m^2}{b^2}}}},$$

$$x' = \cfrac{m}{\sqrt{\phantom{\dfrac{m^2}{b^2}}}}.$$

Le rayon vecteur est

$$\rho = \sqrt{x'^2 + y'^2 + z'^2} = \frac{\sqrt{m^2 + n^2 + 1}}{\sqrt{}} :$$

pour y introduire et l'angle azimutal φ compris entre le plan ZX et le méridien du rayon vecteur, et la distance angulaire T de ce rayon à l'axe, on a

$$\cos T = \frac{x'}{\rho} = \frac{m}{\sqrt{m^2 + n^2 + 1}}, \qquad \tang \varphi = \frac{y'}{z'} = n,$$

(*) Il faut dire, à demi superposés, car ils ne le sont que d'un côté de la lame.

d'où

$$m^2 = \frac{1 + \tang^2\varphi}{\tang^2 T}, \qquad \rho^2 = \frac{(1 + \tang^2\varphi)\,(1 + \tang^2 T)}{\frac{1}{b^2}(1 + \tang^2\varphi) + \frac{1}{a^2}\tang^2 T\,(1 + \tang^2\varphi)},$$

et enfin

$$\rho^2 = \frac{1}{\frac{1}{b^2}\cos^2 T + \frac{1}{a^2}\sin^2 T},$$

ou bien

$$\frac{1}{\rho^2} - \frac{1}{b^2} = \left(\frac{1}{a^2} - \frac{1}{b^2}\right)\sin^2 T = (n'^2 - n^2)\sin^2 T\,;$$

mais ρ est le chemin décrit par le rayon extraordinaire pendant que l'ordinaire parcourt b. Nous retrouvons donc le théorème précité; mais il est juste de remarquer que, sur le terrain des uniaxes, il n'apporte plus aucun témoignage en faveur de la simplicité plus grande du cas des rayons superposés intérieurement, car b étant constant pour tous les ordinaires, la stipulation de la superposition intérieure y devient inutile, et le théorème ne s'applique pas moins bien aux deux rayons co-engendrés par un rayon extérieur quelconque, pourvu que T soit l'angle compris entre l'axe et le rayon extraordinaire.

§ 179. — Loi des vitesses des ondes.

L'ellipsoïde d'Huyghens donne avec la même facilité un autre théorème analogue, relatif aux vitesses des ondes qui cheminent parallèlement dans le milieu biréfrigent et qui, par suite, sont issues des rayons normaux à la surface. Soit, en effet, t, ψ les deux angles, analogues à T, φ, qui caractérisent la normale p au plan tangent quelconque

$$\frac{xx'}{b^2} + \frac{yy' + zz'}{a^2} = 1\,;$$

en posant

$$y = 0, \qquad z = 0,$$

I.   20

on a, pour l'abscisse x'' du point où il coupe l'axe OX,

$$x'' = \frac{b^2}{x'}.$$

On voit sur la figure que

$$\cos t = \frac{p}{x''} = \frac{px'}{b^2} = \frac{p\rho \cos T}{b^2}.$$

Les deux lignes ρ et p étant dans un même méridien, on a encore

$$p = \rho \cos(t - T).$$

Or p est le chemin décrit par l'onde extraordinaire pendant que l'ordinaire décrit b. Si donc on veut avoir entre ces deux vitesses p, b et t une relation analogue à celle qui unit ρ, b, T, il suffit d'éliminer ρ, T entre les trois équations

$$(1) \qquad \cos t = \frac{p\rho \cos T}{b^2},$$

$$(2) \qquad p = \rho \cos(t - T),$$

$$(3) \qquad \frac{1}{p^2} - \frac{1}{b^2} = \left(\frac{1}{a^2} - \frac{1}{b^2} \right) \sin^2 T.$$

Les équations (1) et (2) donnent

$$\tan^2 T = \frac{(p^2 - b^2 \cos^2 t)^2}{b^4 \cos^2 t \sin^2 t};$$

les équations (1) et (3) donnent

$$\tan^2 T = a^2 \frac{p^2 - b^2 \cos^2 t}{b^4 \cos^2 t},$$

ce qui exige qu'on ait l'équation de condition

$$\frac{p^2 - b^2 \cos^2 t}{\sin^2 t} = a^2,$$

ou bien

$$p^2 = b^2 + (a^2 - b^2) \sin^2 t,$$

et il est encore permis de voir dans p, b les vitesses de deux ondes engendrées par une même onde extérieure quelconque

Ces lois des vitesses ont été l'objet de vérifications expérimentales qui ont toutes réussi et qu'il s'agit de faire connaître. Jusqu'ici nos vérifications ont été fondées sur l'emploi de lames à faces parallèles, et ces lames conviennent parfaitement quand il s'agit de cristaux fortement biréfringents et épais ; mais elles deviennent inapplicables, au moins pour celui qui s'en tient au procédé de Malus, dès qu'elles sont minces et que leur substance est peu biréfringente, et *à fortiori* quand il y a concours de ces deux circonstances défavorables.

En pareil cas, on peut ou recourir avec M. Biot à la forme prismatique, et affronter, ce semble, les complications signalées (§ 168), ou bien avec Fresnel, faire produire aux lames parallèles, en place d'insaisissables déviations intérieures, des déplacements de franges. Comme cette dernière méthode ne sera développée que plus tard, quand les biaxes ramèneront les mêmes questions, il nous reste à parler de la première.

§ 180. — Appareil de Biot.

Cet appareil comprend deux règles divisées rectangulaires, l'une horizontale et l'autre verticale, et un support vertical mobile le long de la première : c'est sur lui que se place le prisme biréfringent. Quand son angle est faible, on dispose sa face antérieure verticalement (*fig.* 92), ce qu'on vérifie en lui laissant un peu de saillie et l'amenant au contact de la règle verticale. Quand au contraire, pour mieux développer la double réfraction, on lui donne un grand angle (par exemple l'angle droit commode pour le calcul) et qu'il faut l'achromatiser par un prisme de verre (également de 90 degrés), la face antérieure est horizontale, et son horizontalité est vérifiée par celle de la plate-forme sur laquelle il repose (*fig.* 93).

En visant à travers les faces sensiblement parallèles EF, GH, soit à la règle verticale, soit à l'horizontale, on voit une image double des divisions, et il arrive que la variation des incidences propres aux diverses divisions établit, entre leurs deux images, des différences variables en vertu desquelles les traits de l'une se rapprochent des traits de l'autre, comme le font les divisions d'un vernier par rapport à celles de la règle; bref on obtient, sans faire courir la colonne, et à plus forte raison en la déplaçant, une ou plusieurs coïncidences. Si nous nous attachons à l'une d'elles, nous saurons que les rayons issus de deux certains traits R, S, après avoir suivi, avant le prisme biréfringent, puis dans son trajet, des chemins différents, en émergent en un même point O à partir duquel ils restent confondus jusqu'à l'œil. Si donc on prend la marche des rayons en sens inverse, on saura qu'un certain rayon IO a engendré d'abord dans le cristal les deux rayons OP, OQ, puis au dehors les deux autres rayons PR, QS. Or il s'agit d'avoir cette direction commune initiale.

On y arrive, dans le cas d'un uniaxe, en la calculant comme direction finale du rayon ordinaire PR; ainsi en prenant d'abord (*fig.* 92) la hauteur $TV = PU$ et en en retranchant RV, puis la distance UV, on aura

$$\tan TPR = \frac{TR}{UV} = \tan i;$$

on en déduit $r = b \sin i$ par la loi des sinus; l'angle de deuxième incidence est $\alpha - r$, et enfin si N est l'indice du verre, on a

$$\sin x = \frac{N}{n} \sin(\alpha - r) = N b \sin(\alpha - r).$$

Comme d'ailleurs on connaît, d'après la taille du prisme, la direction de son axe optique par rapport à chaque face, on connaîtra les valeurs L', L″ de l'angle L du § 165, et l'on pourrait, en recourant à deux reprises aux formules générales, avoir r', φ', $r'_{,}$, $\varphi'_{,}$, et, par suite, la direction à laquelle aboutit le rayon extraordinaire, on verrait si elle est telle que l'expérience la donne. Mais, hâtons-nous de le dire, M. Biot a éludé ces calculs compliqués en ne demandant à son appareil que le relatif et nullement l'absolu, et en en tirant seulement l'angle d'écart $V = RPS$ des deux rayons. Montrons comment il a pu se contenter de cette donnée.

§ 181. — La différence des vitesses proportionnelle à l'écart.

Il pourrait sembler illusoire de chercher un reflet de l'inégalité des deux vitesses dans une séparation angulaire des rayons correspondants, puisque l'on sait (§ 155) que les deux rayons peuvent rester superposés quoiqu'ils aient traversé le cristal avec les vitesses les plus contrastantes ; mais si l'on réfléchit sur ces absences curieuses de double réfraction, on reconnaît sans peine qu'elles ne sont possibles qu'avec des lames à faces parallèles. Dès qu'il s'agit d'un prisme, il faut que, du coté par lequel il regarde la règle-mire, il y ait séparation angulaire de ces rayons (*) ; or si le cristal est peu biréfringent, on peut admettre que ces deux effets simultanés, à savoir la séparation des rayons et leur inégalité de vitesse, c'est-à-dire ce petit effet et sa petite cause, ont entre eux la relation de proportionna-

---

(*) Voici une autre singularité qui peut disparaître également quand, au lieu de se borner à une seule réfraction, on a recours aux deux réfractions successives d'un prisme. On sait (§ 155) que si l'axe d'un spath est situé dans le plan d'incidence et s'y trouve comme ligne de démarcation, le rayon extraordinaire subit, *quelle que soit l'incidence*, la plus grande réfraction. Eh bien, terminons le milieu par une face de sortie oblique sur la face d'entrée, de telle sorte que le prisme obtenu contienne l'axe optique dans sa section principale. On pourra, en usant des formules directes et inverses du § **170**, calculer, sinon d'une manière générale, au moins pour des valeurs numériques de l'angle α du prisme, et de l'incidence i, on pourra, dis-je, obtenir la déviation totale due aux deux réfractions d'entrée et de sortie. Or dans plusieurs calculs de ce genre je trouve que le rayon extraordinaire perd à la sortie l'excès de déviation qu'il avait reçu à l'entrée, et que, somme toute, le prisme agit plus énergiquement sur le rayon ordinaire. En serait-il toujours ainsi ? Les formules de la déviation d'un prisme, si peu maniables, même pour les substances monoréfringentes, rendent cette étude compliquée. Cependant, quoique nous nous bornions ici à une ébauche, nous avons cru devoir signaler cette deuxieme divergence entre l'effet d'un prisme et celui d'une surface, parce qu'on y fera appel au § **207**.

lité (*). Or l'angle V s'obtient très-exactement, surtout quand, ayant soin que le prisme soit traversé près de son arête, on arrive à avoir son sommet, sur la face antérieure, à un niveau que l'on détermine avec un écran opaque ; on a, en effet,

$$\tan RPT = \frac{TR}{UV}, \quad \tan SPT = \frac{ST}{UV}, \quad \tan V = -\frac{RS}{UV + \dfrac{RT.ST}{UV}}.$$

Il reste donc à voir si cette quantité V, qui est pour nous proportionnelle à $\nu' - \nu$ ou encore à $\nu'^2 - \nu^2$, ou enfin à $\frac{\nu'^2 - \nu^2}{\nu'^2 \nu^2} = n^2 - n'^2$, le sera à $\sin^2 T$ (§ 178). Pour avoir T, il faudrait évidemment calculer les deux angles r', φ' dépositaires de la direction intérieure du rayon extraordinaire, puis calculer la troisième face d'un triangle sphérique ; mais, la plupart du temps, on peut se contenter de déterminer l'angle T sur le rayon ordinaire. Pour introduire plus de précision dans la mesure de cet angle, Fresnel renonçait à faire avec un même prisme plus d'une expérience, et il le plaçait entre deux prismes de même angle (*fig.* 94), et formés d'un verre sensiblement doué de la même réfringence que le cristal, et enfin il n'opérait que sous l'incidence capable de la moindre déviation.

Comme en général la déviation ne se fait pas dans le plan de la section principale du prisme, il faut, avec M. Biot, compliquer la règle verticale, même pour les uniaxes, d'un cercle et d'une alidade divisés. En orientant convenablement l'alidade, on mesurera dans tous les cas la déviation.

(*) La quasi-constance que nous avons trouvée (§§ 160, 161, 169) pour le rapport des effets divers de double réfraction chez le spath et le quartz, tient à ce que ces effets étaient, *homologues*, faibles, et dans une dépendance immédiate ou médiate de la différence des vitesses (car l'excentricité de l'ellipsoïde d'Huyghens, cause du dernier effet, est sensiblement proportionnelle à cette différence des vitesses). On pourrait donc voir dans cette constance une sorte de vérification du principe invoqué ici, d'après lequel cette dépendance serait celle de la proportionnalité.

En relevant cette orientation, on aurait la déviation résultante des deux déviations successives du plan de réfraction, mais ces confrontations très-compliquées, l'inventeur de l'appareil que nous décrivons ne se les était pas proposées ; aussi les seuls renseignements de ce genre qu'on pourrait y rechercher devront s'arrêter à établir que, dans certains cristaux, aucune des deux réfractions n'a lieu dans le plan d'incidence.

§ 182. — Autre manière de vérifier les lois de la double réfraction uniaxe.

M. Bernard vient d'appliquer avec succès, à la détermination des indices de réfraction, la translation que produit sur un rayon de lumière une lame à faces parallèles. Nous allons voir jusqu'à quel point cette méthode, dite *méthode du transport*, se prêterait à la vérification des lois intimes de la double réfraction ; elle aurait, comme celle de Malus, l'avantage d'opérer sur des lames parallèles, et lui serait sans doute supérieure par la précision.

Imaginons un faisceau de rayons parallèles transmis par une fente étroite et alignés dans un même plan. Reçus sur un micromètre, celui de Fresnel, par exemple, ils y traceront une ligne lumineuse qu'on pourra amener en coïncidence avec le fil mobile. Si l'on interpose sur leur trajet une lame parallèle, la coïncidence du fil et de la ligne ne persistera que pour l'incidence normale. La lame devient-elle oblique, la ligne lumineuse éprouve une translation d, qu'on peut mesurer avec une grande précision. S'agit-il d'une substance monoréfringente ou du rayon ordinaire d'un uniaxe, la translation de la ligne n'est autre que celle subie par chacun des rayons qui la constitue, et vaut dès lors (*fig.* 141, *Pl. VII*)

$$\mathrm{BT} = \overline{\mathrm{AB}} \sin (i - r) = \frac{e}{\cos r} \sin (i - r) = e \left(\sin i - \cos i \, \mathrm{tang}\, r \right).$$

Introduisant la constante $b = \dfrac{1}{n}$, on a l'équation

$$d = e \sin i \left(1 - \frac{b \cos i}{\sqrt{1 - b^2 \sin^2 i}} \right),$$

qu'on peut employer à déterminer b, puisque l'expérience donne aisément d, e, i.

La translation de l'image extraordinaire n'est égale à la translation du rayon que quand la ligne autour de laquelle on fait basculer la lame, et conséquemment la fente, est perpendiculaire à la section principale. Dans ce cas simple, on a encore

$$\delta = e\,\frac{\sin(i - r')}{\cos r'} = e\sin i - c\cos i\,\tang r';$$

mais il faut prendre pour $\tang r'$ la valeur du (§ **170**), ce qui donne

$$\delta = c\sin i + e\cos i\left(\frac{\sin i}{A\,ab\sqrt{-A - \sin^2 i}} + \frac{B}{A}\right).$$

Avec une lame monoréfringente, on peut, en inclinant la lame en sens contraire, doubler le transport, et obtenir ainsi une moyenne qui est à l'abri d'un léger défaut de parallélisme. Ici, en changeant le signe de i, on n'obtient plus pour δ ni la même valeur, ni même nécessairement une valeur de sens contraire. Cependant la combinaison des deux déplacements fournis par deux inclinaisons égales et contraires conduit à des vérifications plus simples, et permet encore d'échapper à l'obligation de connaître le zéro de l'appareil. Il y a même ici deux manières distinctes d'obtenir ces avantages. Entrons dans quelques détails.

La *fig.* 141 nous montre le spath dans une première situation ACD, alors qu'il est perpendiculaire au rayon incident Aa, puis dans une deuxième situation AC'D', alors qu'ayant tourné de l'angle $+ i$, il a transporté le rayon ordinaire en BO d'une quantité TB $= d$, et l'extraordinaire en B'E d'une quantité TB' $= \delta$. L'inclinaison $- i$ s'obtiendrait en faisant passer la normale AN à droite du rayon incident, et elle donnerait un rayon ordinaire, jeté à gauche de Aa, d'une quantité $d' = - d = -$ TB et un extraordinaire qui, pour les faibles valeurs de i, continuerait, à cause du terme $e\cos i\,\dfrac{B}{A}$, à être jeté à droite de Aa d'une quantité $\delta_{,}$, pour ne passer à gauche qu'à partir d'une certaine valeur de i, après laquelle on aurait δ_1 négatif. On voit donc que la distance des deux lignes transportées aura pour expression générale

$$\delta - \delta_1 = 2\,c \sin i \left(1 + \frac{\cos i}{A\,ab \sqrt{-A - \sin^2 i}} \right),$$

et ne contiendra que deux termes. On déterminera sans erreur cette distance si l'on éteint l'image ordinaire par une tourmaline. Si d'ailleurs il s'agit d'une lame terminée par les faces du rhomboïde, on aura

$$A = -2,4648,$$

et l'on pourra obtenir la valeur théorique de cette même distance ; mais on peut obtenir une formule vérifiable composée d'un seul terme.

En effet, si l'on mesurait individuellement les deux déplacements pour en faire la somme (cette somme devient une différence quand δ_1 est négatif), on aurait

$$\delta + \delta_1 = 2\,e\frac{B}{A}\cos i;$$

mais on pourrait se croire obligé de bien s'assurer auquel des deux cas, δ_1 positif ou δ_1 négatif, on a affaire. Or il n'en est rien, et l'on sera affranchi aussi bien de ce souci que du zéro si, cessant d'éteindre l'image ordinaire, on détermine les deux déplacements différentiels $\delta - d$, $\delta_1 - d'$, car leur somme $\delta - d + \delta_1 - d'$ se réduira à $\delta + \delta_1$, à cause de $d' = -d$.

Cas général. —Allons à la *fig.* 137 et au § **277**, qui en donne la signification. La ligne lumineuse et ses deux images sont toutes trois perpendiculaires au plan d'incidence AMN, et les rayons sortants forment deux plans parallèles passant respectivement par les droites BO, CE et coupant la face inférieure suivant deux droites B$\mathfrak{e}$, CF perpendiculaires à MN. Il s'agit d'avoir la distance de ces plans, qui est moindre que l'oblique BD ; prenons cette distance par une perpendiculaire BL abaissée du point B sur le plan ECF, elle formera avec BF un triangle BFL, rectangle en L, qui donnera

$$BL = BF \cos i = c\left[\tang r' \cos(\varphi' - \psi) - \tang r \right] \cos i,$$

en remplaçant $\tang r' \sin \varphi' = \dfrac{y'''}{z'''}$ et $\tang r' \cos \varphi' = \dfrac{x'''}{z'''}$ par leurs valeurs, on trouve

$$\delta = \sin i$$
$$+ \cos i \left[\frac{\sin i \,(\cos^2\varphi - a^2 A \sin^2\varphi)}{A\,ab\,\sqrt{-A + \sin^2 i \,(A\,a^2\sin^2\varphi - \cos^2\varphi)}} + \frac{B}{A}\cos\varphi \right];$$

d'où l'on tire encore, pour la course de la vis micrométrique,

$$\delta - \delta_1 = 2\sin i + 2\sin i \cos i \,\frac{\cos^2\varphi - a^2 A \sin^2\varphi}{A\,ab\,\sqrt{}},$$

et pour la somme des deux transports différentiels

$$\delta + \delta_1 = 2\,\frac{B}{A}\cos i \,\cos\varphi.$$

On passera au cas où la lame basculerait autour d'une ligne placée dans la section principale en posant, dans ces formules générales,

$$\varphi = 90^\circ.$$

Si le support de la lame est muni d'un limbe qui permette de passer d'une des deux orientations, si faciles à déterminer

$$\varphi = 0, \qquad \varphi = 90,$$

à une orientation quelconque, on pourra se livrer sur une lame, à des vérifications incomparablement plus variées que cela n'a eu lieu jusqu'à présent. Depuis que ces lignes ont été écrites, M. Bernard a bien voulu effectuer quelques mesures dans les trois azimuts 0°, 90° et 45°. Leur concordance avec la théorie a été des plus remarquables.

CHAPITRE VII.

POLARISATION RECTILIGNE.

ARTICLE IER.

DES DIVERSES ACTIONS POLARISATRICES ET POLARISCOPIQUES.

Énumération des principales différences qui séparent la lumière polarisée de la lumière naturelle. — Les actions polarisatrices, réciproques des actions polariscopiques. — Polarisation par réflexion. — Miroir polariscopique. — Loi de Brewster. — Polarisation par réfraction. — Plan de polarisation. — Loi d'Arago. — Effets d'une pile de glace, au double point de vue de la transmission et de la réflexion. — Sur la lumière naturelle et sur la lumière polarisée dans le premier ou dans le second azimut. — Usages variés des piles de glace. — Polarisation par double réfraction. — Loi de Malus. — Expérience d'Huyghens. — Découverte de la polarisation. — La tourmaline. — Pince aux tourmalines. — Prisme de Nicol.

§ 183. — Production et caractères de la lumière polarisée.

Quand on fait tourner coniquement un miroir autour d'un rayon incident et que, sans changer l'incidence, on donne au plan d'incidence ou (pour employer une dénomination usitée) à la *section principale du miroir* toutes les orientations possibles, si le rayon émane directement du soleil, cette variation d'azimut n'exerce aucune influence sur le partage du faisceau incident entre les trois faisceaux réfléchi, réfracté et disséminé. En soumettant à la double réfraction ce rayon primitif, on le voit de même donner constamment deux faisceaux transmis d'égale intensité, quelle que soit la direction de la section principale du cristal. Mais cette indifférence n'existe pas toujours et il n'est pas bien difficile, quoiqu'une telle rencontre ait été bien tardive, de tomber sur une lumière qui offre, suivant l'azimut, une réflexion, une réfraction, une dissémination vive ou faible, et qui donne, à travers un spath, deux faisceaux très-inégaux. L'inégalité peut même, dans deux de ces phénomènes, être poussée à l'extrème : ainsi, pour certaines incidences, la réflexion, très-vive dans un certain azimut, peut devenir nulle dans un second azimut; ainsi, le plus faible des deux rayons inégaux donnés par un spath peut s'évanouir complétement. Si nous assimilons le rayon à un cylindre, on voit donc que l'action exercée sur lui peut dépendre du système des deux génératrices opposées par lesquelles passent, et la section principale du miroir. et celle du spath, et qu'ainsi, un rayon de lumière peut n'être pas symétriquement constitué autour de son axe. Eh bien, on appelle *polarisée* la lumière qui présente ainsi, dans différents sens, des propriétés différentes, réservant l'épithète de *naturelle* à celle qui reste indifférente aux changements d'azimut qui viennent d'être signalés. Quand ces inégalités n'ont pas reçu tout leur développement, la *polarisation* est dite *partielle;* mais nous verrons que de fait (§ 250) la polarisation n'admet pas le plus et le moins, et qu'un faisceau partiellement polarisé doit être considéré comme un mélange de lumière polarisée et de lumière naturelle.

On saura que les singularités offertes dans les quatre phénomènes précités ont toujours lieu à la fois et sont inséparables ; qu'elles forment, par conséquent, des manifestations *polariscopiques* parfaitement équivalentes. On saura encore que les moyens par lesquels nous communiquons à la lumière naturelle l'état de polarisation, sont précisément ceux qui, appliqués à la lumière polarisée, la font distinguer de la lumière naturelle; qu'ainsi il y a identité complète, ou autrement *réciprocité* exacte, entre les appareils

polarisateurs et les appareils *polariscopiques* (*). Cette
dernière remarque va nous permettre de fondre en un seul
chapitre les développements dans lesquels nous allons entrer sur les diverses actions polarisantes et sur les divers
polariscopes.

§ 184. — Polarisation par réflexion. — Réflexion polariscopique.

Soit (*fig.* 95, *Pl. VI*) un tube armé à chacun de ses bouts
d'un miroir (**), à savoir, au bout antérieur, d'un miroir MN
mobile autour d'un axe horizontal, et à son bout supérieur,
d'un miroir M′N′ qui puisse, comme le premier, s'incliner
plus ou moins sur le rayon incident et qui, en outre,
confié au tambour ST, puisse tourner coniquement et
amener sa section principale dans tous les azimuts. Trois
limbes gradués permettent de mesurer, et les angles d'incidence ou de réflexion sur les deux miroirs, et l'angle dièdre
de leurs deux sections principales.

Cela posé, dirigeons le tube de manière que les rayons
solaires, ou simplement la lumière d'un nuage blanc reçue
par le premier miroir et renvoyée suivant l'axe du tube à
travers les deux diaphragmes dont il est muni, vienne s'offrir
sur le miroir M′N′ à une deuxième réflexion. En faisant
tourner coniquement ce miroir et en suivant de l'œil ce
faisceau deux fois réfléchi, on assiste à des variations d'intensité. Notons les positions azimutales qui donnent l'in-

---

(*) La dissémination n'a jamais été employée polariscopiquement; la dissémination polarisatrice est surtout énergique quand elle s'opère au sein de
l'atmosphère, et alors on l'observe volontiers avec les polariscopes composés;
on comprendra donc que nous renvoyions cette étude au chapitre qui nous
donnera ces précieux appareils. Si nous avons passé sous silence et renvoyé
également à un autre chapitre, une cinquième action polarisatrice (l'émission
oblique), c'est parce qu'elle paraît rentrer dans la polarisation par réfraction, et qu'il convient dès lors d'attendre que l'étude théorique de la réfraction polarisatrice nous permette d'établir cette curieuse identification.

(**) Pour n'avoir qu'une réflexion, on a noirci la surface postérieure de
ces miroirs.

tensité la plus grande et la plus faible, on reconnait (*)
qu'elles sont rectangulaires, et que, dans le premier cas,
les sections principales coïncident, tandis que dans le cas
du minimum elles sont à angle droit.

Ce résultat a lieu quels que soient les angles d'incidence
sur les miroirs; mais le contraste des deux phénomènes extrêmes est mieux marqué avec certains angles. Si les miroirs sont formés de verre ordinaire, on reconnait par tâtonnements que l'inégalité est la plus tranchée quand, sur
le miroir polarisateur MN, l'angle d'incidence est de 56 degrés environ.

Amenons le miroir polariscopique à offrir aussi cet angle
d'incidence, nous reconnaitrons que pour certains miroirs,
ceux d'opale ménilite par exemple ($n = 1,482$), le rayon
réfléchi disparait complétement, quand l'azimut de sa section
principale est de 90 degrés à droite ou à gauche.

§ 185. — Loi de Brewster.

Brewster a trouvé par expérience que cet angle i dit
angle de polarisation, qui convient le mieux, soit pour polariser, soit pour reconnaitre l'état de polarisation, était
lié à l'indice du corps par la relation tang $i = n$, ou encore
était celui pour lequel (*fig.* 96) les deux rayons réfléchis
et réfractés étaient à angle droit (**). Cette loi indique et
l'expérience a confirmé que dans une réflexion intérieure
l'angle de polarisation était celui qui correspond, par voie

(*) Il faudrait se placer dans l'obscurité, s'exercer beaucoup et procéder
par des moyennes pour arriver à ce résultat quand la lumière est faiblement
polarisée. Aussi nous inspirons-nous ici plutôt de la théorie que d'expériences faites.

(**) En rapprochant l'équation

$$\frac{\sin i}{\cos i} = n$$

de la relation connue

$$\frac{\sin i}{\sin r} = n,$$

on en déduit

$$i + r = 90 \text{ degrés.}$$

de réfraction, à l'angle de polarisation extérieure, et valait ainsi 34 degrés pour la ménilite. De telle sorte que si l'on fait tomber, sur une lame parallèle, un rayon sous l'angle de polarisation, la partie transmise se trouve encore reçue sur la deuxième surface sous l'angle de polarisation, et qu'il en est de même de tous ces rayons issus de ce faisceau, qui, transmis et ballottés entre les deux surfaces, éprouvent incessamment et à l'infini de nouvelles réflexions intérieures (§ 67).

Les méthodes suivies pour vérifier la loi de Brewster sont nombreuses. Seebeck a grandement abrégé les tâtonnements en rendant l'alidade du miroir polarisateur installé au centre d'un limbe et celle du tube viseur tellement solidaires, que l'une entraînât l'autre et qu'il y eût, dans ce mouvement commun, conservation d'égalité entre les angles d'incidence et de réflexion. Le mécanisme qu'il a imaginé repose sur ce que le rayon réfléchi se rapproche constamment de la position nouvelle du miroir, d'un angle égal à celui dont a tourné ce miroir, et il réalise cette égalité de variation, entre une rotation absolue et une rotation relative, à l'aide d'un pignon engrenant avec deux roues dentées dont une n'est autre que le limbe, concentriques et de rayons peu différents. Quoique cette solution ait l'avantage de laisser immobile le tube directeur du rayon incident, et, par conséquent, la bougie qui fournit ces rayons, nous avons atteint le même but en laissant fixe le miroir et en reliant les alidades des rayons incidents et réfléchis par deux tiges articulées égales, qui réalisent avec les alidades un losange à angles déformables. La bougie reposerait sur un prolongement de l'alidade du rayon incident dont elle partagerait ainsi les mouvements. En opérant dans ces conditions favorables, Seebeck a trouvé que la loi de Brewster se vérifiait avec une grande rigueur, pourvu cependant que l'indice et l'angle de polarisation fussent pris tous deux dans le même état des surfaces, par exemple immédiatement après un polissage.

La loi de Brewster accorde aux divers rayons simples réunis dans la lumière blanche des angles de polarisation légèrement différents; il est en effet impossible d'obtenir avec les miroirs et avec cette lumière une extinction rigoureuse. En choisissant pour miroir une substance très-dispersive, l'huile de cassia par exemple, on reconnaîtrait que le faible faisceau conservé, lors de l'extinction la moins imparfaite, se trouve coloré. On écarte ces imperfections dans les expériences précises, en recourant à une lumière monochromatique.

En attendant le chapitre où l'on donnera les diverses lois qui régissent l'action que les miroirs exercent comme polarisateurs, ou comme polariscopes, nous résumerons comme il suit les principaux résultats des recherches précédentes.

La polarisation, nulle quand la réflexion est normale, grandit avec l'angle d'incidence, devient totale avec certains miroirs sous l'incidence Brewstérienne, et redevient partielle sous de plus grandes incidences.

§ 186. — Polarisation par réfraction. — Réfraction polariscopique.

Remplaçons le miroir antérieur par un prisme dont une face soit appliquée contre le diaphragme antérieur du tube (*fig.* 97). Comme la transmission normale ne polarise pas et n'altère pas la polarisation acquise (*), le rayon reçu dans le tube sera comme s'il n'avait subi qu'une seule réfraction. Eh bien, en faisant tourner le miroir polariscopique, on reconnait des inégalités qui ne sont, il est vrai, jamais bien grandes, même quand l'angle du prisme est le plus favorable. On en conclut qu'une seule réfraction polarise, mais ne peut imprimer à la lumière qu'une polarisa-

---

(*) C'est en recourant (*fig.* 98) à ces transmissions normales pour introduire et emmener le rayon, qu'on a étudié les réflexions intérieures et obtenu le résultat cité à la page précédente.

tion partielle. La position du polariscope, qui donne la transmission la plus vive, est celle qui donnerait le minimum s'il s'agissait du rayon réfléchi ; de sorte que les faisceaux réfléchis et transmis, entre lesquels se partage le faisceau incident, sont polarisés *à angle droit*, ou, comme on dit encore, *inversement*.

§ 187. — Plan de polarisation.

Lançons successivement, dans une même direction, des rayons polarisés, ceux par exemple qui correspondent aux diverses positions azimutales du miroir polarisateur; tous s'éteindront sur le miroir polariscopique, mais l'orientation qui éteindra l'un ne sera pas celle qui éteindra les autres. Cette différence constitue la notion du *plan de polarisation*.

Pour définir le plan de polarisation de chacun, on peut en appeler, soit aux particularités du polarisateur, soit à celles du polariscope. Le premier point de vue a été celui de Malus qui a défini, plan de polarisation, la position actuelle de la section principale du miroir polarisateur. Mais ce point de vue, qui pourrait à peine se défendre, si tous les rayons polarisés l'étaient par réflexion, est visiblement mauvais, puisque nous connaissons au moins quatre manières distinctes de polariser la lumière : on doit donc abandonner cette définition. Au second point de vue, on peut choisir indifféremment l'une des deux positions remarquables de la section principale du polariscope, soit celle qui donne la meilleure réflexion, soit celle qui donne la moins abondante; comme le minimum est plus saisissable que le maximum, surtout quand il est nul, on devrait prendre la dernière. Mais pour faire concorder cette définition avec celle de Malus, nous nommerons plan de polarisation, totale ou partielle, d'un rayon, l'azimut de la section principale du miroir polariscopique quand la réflexion est la plus vive. Pour l'obtenir dans la pratique, on

I.

cherche l'azimut d'extinction, et l'on ajoute 90 degrés. Comme on n'usera pas toujours du polariscope miroir, il faudra transformer cette définition chaque fois que nous entrerons en possession d'un nouveau polariscope.

Si nous appelons *premier* et *second azimut* la section principale et le plan normal à cette section principale (*), nous pouvons dire que la réflexion polarise dans le premier azimut et la réfraction dans le second; qu'un rayon polarisé dans le second azimut, refuse réflexion et se transmet totalement, quand l'incidence est brewstérienne. Un rayon polarisé dans le premier azimut donne, au contraire, comme d'habitude, même alors, un faisceau réfléchi et un faisceau transmis, qui tous deux restent polarisés dans le premier azimut; de sorte que si la polarisation offre un refus de réflexion, elle n'offre jamais de refus de réfraction.

§ 188. — Conséquences d'une loi d'Arago.

Si la réfraction polarise, nous avons vu qu'elle polarisait très-incomplétement le faisceau transmis; une loi due à Arago en donne la raison. Suivant cette loi, sur laquelle nous reviendrons, les quantités de lumière polarisées *inversement* dans les deux faisceaux congénères réfléchis et transmis, sont égales. Pour avoir un faisceau transmis entièrement polarisé, il faudrait donc que, sous l'incidence brewstérienne par exemple, le faisceau réfléchi fût moitié du rayon incident, ou, plus généralement, qu'il y eût une incidence capable de donner dans le faisceau réfléchi une lumière polarisée égale à la totalité du faisceau transmis. Or c'est ce qui est loin d'arriver avec les substances peu nombreuses auxquelles s'appliquent les résultats précédents.

(*) Nous appellerons encore *premier* et *deuxième rayon* les rayons polarisés dans les deux azimuts principaux. La normale au premier azimut sera la *première direction*, nous verrons qu'elle exprime la direction de la vibration du premier rayon. La normale au deuxième azimut sera la *deuxième direction*.

§ 189. — Pile de glaces.

Mais si l'on combine plusieurs réfractions successives, on peut accroître la proportion de lumière polarisée dans le faisceau transmis et le voir converger asymptotiquement vers une polarisation totale. On use pour cela d'une série de lames à faces parallèles, juxtaposées parallèlement sans se toucher, et formant ce qu'on nomme une *pile de glaces*. Supposons que la pile reçoive les rayons sous l'incidence brewstérienne (c'est la plus favorable), et considérons la partie transmise par la première surface, partie formée, nous le savons, de lumière naturelle et de lumière polarisée dans le second azimut. Cette dernière portion refusera (§ 187) toutes les réflexions qui lui seront offertes par les surfaces successives des lames et se transmettra en totalité; quant à l'autre, elle se divisera à la deuxième surface de la première lame en lumière réfléchie et en lumière transmise. Cette lumière transmise se composera encore, de lumière polarisée dans le second azimut que la pile épargnera, et de lumière naturelle. Ainsi l'on voit qu'à chaque nouvelle surface, un nouveau faisceau s'ajoute au faisceau polarisé transmis, et que cette addition est sérieuse, puisque le faisceau déjà polarisé est à l'abri de toute diminution ultérieure. Si la lumière incidente était polarisée dans le second azimut, il est visible que la pile la transmettrait intégralement, en exceptant cependant ce qui serait détruit par l'absorption.

Une pile de glaces est encore employée pour obtenir un faisceau polarisé par réflexion, très-énergique. En effet, les réflexions qui ont lieu, extérieurement aux surfaces 3, 5, 7,..., et intérieurement aux surfaces 2, 4, 6,..., donnent une lumière polarisée dans le premier azimut qui traverse partiellement les surfaces qu'elle rencontre, et vient renforcer le faisceau fourni par la première réflexion. Ces mêmes surfaces, attaquées, les premières intérieurement et les dernières extérieurement, renvoient vers le bas de la

21.

pile, des fractions de cette lumière polarisée dans le premier azimut, qui se mêlent aux faisceaux transmis déjà considérés et troublent leur état de polarisation. Mais ces nouveaux faisceaux n'étant plus, comme les premiers, insensibles à l'action des nombreuses surfaces qu'ils traversent sont singulièrement amoindris : nous renvoyons sur ce point à un calcul ultérieur.

La transparence d'une pile de glaces, pour la lumière naturelle, grandit quand on passe de la transmission normale à des transmissions obliques, et paraît devenir la plus grande possible pour l'incidence brewstérienne. Cet accroissement singulier s'explique aisément. Sous des incidences croissantes, les réflexions qui dérobent la lumière au faisceau transmis tendent, il est vrai, à devenir plus abondantes, mais comme la polarisation va croissant, il se fait une quantité plus grande de cette lumière qui se transmet entièrement. En d'autres termes, ce ne sont guère que les premières réflexions qui profitent de l'accroissement étudié par Bouguer, la polarisation introduisant dans les suivantes, une circonstance antagoniste défavorable à la réflexion; de sorte que tout compté, accrues par l'incidence et amoindries par la polarisation, les réflexions ont une valeur moyenne qui décroît quand l'incidence grandit. D'après cette interprétation, on voit comment, en inclinant plus ou moins dans l'appareil de Melloni, sur la route des rayons arrivants, une pile de lames diathermanes, on peut, d'après le simple accroissement de la déviation de l'aiguille, s'assurer que la chaleur est polarisable.

Envisagée comme polariscope, une pile de glaces transmet plus ou moins. Quand sa section principale coïncide avec le plan de polarisation du rayon interrogé, comme il ne se fait plus (ainsi qu'il arrivait avec un faisceau naturel) de lumière totalement transmissible, il n'arrive, au delà de la pile, que ce que les réflexions abondantes dirigées vers la face d'entrée, ont épargné; aussi est-ce là leur position d'ex-

tinction : il va sans dire que l'incidence est supposée brewstérienne. Avec cette incidence, deux piles croisées donnent
une obscurité satisfaisante.

Les lames d'une pile de glaces doivent être, à faces parallèles, minces et d'une belle matière ; aussi une bonne pile
coûte cher. Les conditions de minceur et de parallélisme se
réalisent aisément avec certains cristaux clivables tels que
le mica ; mais comme ces cristaux sont biréfringents, on
doit, quand on en forme des piles, soumettre les lames à
certaines conditions d'orientation.

§ 190. — La double réfraction polarisatrice et polariscopique.

Un faisceau reçu dans la chambre obscure, sur un spath
suffisamment épais, donne deux faisceaux séparés. Offrons
tour à tour à chacun le miroir polariscopique, et nous les
verrons refuser réflexion ; à savoir l'ordinaire quand l'azimut de réflexion sera à 90 degrés de la section principale
du spath, l'extraordinaire quand ces deux plans coïncide-
ront. Nous en concluons que le rayon ordinaire est polarisé
dans la section principale (*) du cristal, et le rayon extraordinaire dans le plan normal à la section principale.

Remplaçons le miroir polariscopique par un spath, et
recevons sur ce cristal un rayon polarisé ; au lieu de deux
rayons constamment égaux, ce spath polariscopique donnera deux rayons inégaux. Le rayon ordinaire est maximum
et le rayon extraordinaire nul quand la section principale

(*) Quand la normale à la face est en même temps l'axe du cristal, auquel cas la section principale est indéterminée (note du § 142), nous savons (§ 143) qu'alors les deux rayons réfractés restent dans le plan d'incidence : eh bien, c'est dans ce plan commun aux trois rayons que le rayon
ordinaire est polarisé. Dans ce cas, que nous retrouverons en polarisation
chromatique (§ 278), le plan de polarisation du rayon ordinaire ou, si nous
aimons mieux, la section principale, au lieu de garder pour tous les rayons
qui incident sur la face, une même orientation, change avec l'azimut du
rayon incident et reçoit avec lui toutes les valeurs comprises entre o degré
et 180 degrés.

du spath coïncide avec le plan de polarisation ; la lumière passe au contraire en totalité dans le faisceau extraordinaire si ces deux plans sont à angle droit. En passant graduellement de la première à la deuxième position, on voit grandir le rayon extraordinaire et diminuer l'ordinaire. A 45 degrés, les deux rayons sont égaux ; au delà le rayon extraordinaire prend le dessus. Suivant une loi due à Malus, loi que nous énonçons sans retard, quoiqu'elle ne soit démontrée que plus loin (§ 240), si α est l'angle de ces deux plans, les intensités des deux rayons O et E sont proportionnelles à $\cos^2 \alpha$ et $\sin^2 \alpha$. Quand donc on use d'un cristal biréfringent comme polariscope, le plan de polarisation est donné par l'orientation que possède sa section principale quand le rayon E s'évanouit.

§ 191. — Les deux spaths croisés d'Huyghens.

Quand un rayon de lumière tombe normalement sur deux spaths d'égale épaisseur superposés, on a généralement quatre images dont la disposition en losange s'explique aisément. Soit O_o (*fig.* 99) la projection du rayon incident sur le plan de la dernière surface, O_o et E_o les intersections avec ce plan des deux rayons fournis par le premier cristal. Ces deux rayons arrivent normalement sur le deuxième cristal, et les deux nouveaux rayons que chacun d'eux donnera, seront respectivement compris dans les deux sections principales du second cristal particulières aux deux points O_o et E_o. Soient $O_o P$, $E_o P'$ les traces parallèles de ces sections principales, les deux rayons issus de O_o se projetteront, au sortir du second cristal, l'un en O_o, l'autre en O_e quelque part sur la circonférence concentrique à O_o et décrite (puisque les deux spaths ont la même épaisseur) avec un rayon égal à $O_o E_o$. De même l'image ordinaire de E_o se projette en E_o, et son extraordinaire E_e est à l'intersection de la parallèle $E_o P'$ et d'un second cercle égal au premier, mais ayant pour centre E_o. La figure $O_o E_o E_e O_e$ est donc un losange dont l'angle en O_v est l'angle ε des deux sections principales.

Si l'on tient compte maintenant des inégalités d'intensité que le second spath introduit comme polariscope, en agissant sur les images que le premier spath a fournies comme polarisateur, on voit que si ε est **nul**, le losange est réduit à la ligne $O_o\,E'_{e'}$, et comme les deux images $O_e = \sin^2\varepsilon$, $F_o = \cos^2(90 - \varepsilon)$, superposées en E_o, sont nulles, on n'a plus que deux images doublement écartées. $\varepsilon = 180$ donne encore deux images superposées, à savoir O_o et E_e, mais ce sont les deux autres qui sont nulles, et l'on n'a plus qu'une image. Pour $\varepsilon = 45° = 135°,\ldots$, le losange est formé par quatre images égales. Pour $\varepsilon = 90$, elles forment un carré, mais il n'y en a que deux, à savoir O_e et E_o qui soient conservées. Ce dernier cas se résume en disant que l'ordinaire devient, en entier, extraordinaire et *vice versâ*. Les relations d'intensité, propres, soit à ces diverses configurations, soit aux configurations intermédiaires, peuvent se confier à des symboles algébriques qui dérivent de la loi de Malus. Si l'intensité du rayon primitif est 1, les deux obtenus à la sortie du premier spath vaudront chacun $\frac{1}{2}$ (on néglige les pertes par réflexion), et les quatre définitifs seront

$$O_o = \frac{1}{2}\cos^2\varepsilon, \quad O_e = \frac{1}{2}\sin^2\varepsilon, \quad E_o = \frac{1}{2}\sin^2\varepsilon, \quad E_e = \frac{1}{2}\cos^2\varepsilon.$$

Si le rayon incident, au lieu d'être naturel, était déjà polarisé, nommons α l'angle de son plan de polarisation avec la section principale du premier spath, les expressions des quatre rayons définitifs seront

$$\cos^2\alpha\cos^2\varepsilon, \quad \cos^2\alpha\sin^2\varepsilon, \quad \sin^2\alpha\sin^2\varepsilon \quad \text{et} \quad \sin^2\alpha\cos^2\varepsilon,$$

et ces quatre taches formeront, dans le même ordre de succession, les mêmes losanges.

§ 192. — Découverte de la polarisation.

L'expérience d'Huyghens n'est au fond que l'ensemble de

deux expériences pareilles à celle du § 190 ; aussi est-ce le
point de vue historique qui lui donne de l'intérêt. Huyghens
rencontrait, dans cette inégalité des images fournies par le
deuxième spath, une des manifestations caractéristiques de
la polarisation ; mais dans cette expérience, et le polarisateur et le polariscope étant tous deux formés par un spath,
cette circonstance égare Huyghens. Au lieu de soupçonner
une aptitude générale de la lumière, il croit avoir *affaire* à
une modification particulière, et la polarisation n'est vraiment découverte que le jour où Malus, regardant à travers
un spath, les rayons du soleil couchant, réfléchis sur une
vitre, retrouve dans les deux images de l'astre, cette même
inégalité restée longtemps stérile. Tant il est vrai que la
science ne peut prendre son essor que quand les faits se
prêtent à des rapprochements et acceptent des aspects
divers.

La polarisation communiquée par la réfraction est très-
imparfaite ; celle qu'on obtient par des miroirs cesse d'être
irréprochable dès qu'ils ne sont plus formés de certaines
substances exceptionnelles. La double réfraction au contraire communique à chacun des deux faisceaux une polarisation complète ; aussi fournit-elle et les meilleurs polarisateurs et les meilleurs polariscopes. Mais un cristal
biréfringent ne peut agir comme polarisateur que si l'on
se débarrasse d'un de ses deux faisceaux ; quand il doit
agir comme polariscope, on peut se contenter d'amener
entre eux, par quelque artifice, une séparation qu'il serait
trop coûteux de demander à un accroissement convenable
d'épaisseur. Nous allons voir par quels moyens on réalise
ou cette élimination ou cette séparation.

§ 193. — Propriétés de la tourmaline.

La tourmaline cristallisée revêt le plus ordinairement,
comme le quartz, la forme de prismes hexagonaux réguliers, et possède la propriété bien singulière, découverte

par M. Biot, d'être moins transparente pour le faisceau ordinaire que pour l'extraordinaire. Dans certains échantillons, le contraste est si marqué, qu'avec une épaisseur de moins de 1 millimètre on obtient une extinction totale du premier faisceau. On assiste au développement du phénomène en donnant à la tourmaline la forme d'un prisme très-aigu et transmettant la lumière à des distances croissantes du sommet. Grâce à la forme prismatique, les deux images sont séparées, et l'on voit l'une d'elles s'affaiblir au fur et à mesure que l'épaisseur traversée est plus grande : on taille la tourmaline en lames parallèles aux faces du prisme. Les bonnes tourmalines sont colorées et ont l'inconvénient d'altérer les couleurs par lesquelles se manifestent souvent les phénomènes de polarisation.

Pince aux tourmalines. — Les appareils de polarisation comprennent essentiellement un polarisateur et un polariscope. Le plus simple est la pince aux tourmalines ; elle est formée de deux lames de ce cristal juxtaposées, dont l'une peut tourner dans son plan. Ces lames, que la lumière traverse abondamment quand leurs sections principales sont parallèles, forment un système opaque quand ces sections, ou, ce qui revient au même, leurs axes (car les axes sont dans le plan des lames) sont croisés. On voit en effet qu'avec cette disposition rectangulaire, le rayon transmis exclusivement par la première, ne pourrait traverser la deuxième (§ 191) que comme ordinaire. Les branches de la pince peuvent s'écarter un peu pour admettre, entre les lames, les corps sur lesquels on veut faire agir la lumière polarisée.

M. Hérapath vient de trouver un sel de quinine qui, en lames extrêmement minces, éteint aussi bien que les meilleures tourmalines. La recherche de pareils sels et des circonstances qui les donneront en lames cristallisées d'une grande étendue, forme un sujet d'études très-intéressant.

§ 194. — Prisme de Nicol.

L'indice ordinaire étant beaucoup plus grand dans le

spath que l'indice extraordinaire, on conçoit la possibilité de se débarrasser du rayon ordinaire par réflexion totale. On y arriverait en donnant au spath la forme d'un prisme dont l'angle, facile à trouver, dépendrait de la direction des rayons incidents. Si cette direction était, par exemple, normale à la face d'entrée, l'angle du prisme devrait valoir au moins 37° 12′, angle limite des rayons ordinaires; mais le rayon extraordinaire serait ainsi fortement coloré et fortement dévié.

Pour échapper à ce double inconvénient, Nicol prend un spath dont quatre faces suffisamment allongées ont échangé leur forme de losange contre celle de parallélogramme (*fig.* 100). En menant avec la scie un plan, par la ligne AA′ qui joint les deux sommets principaux, et normalement à la section principale, on obtient deux prismes tronqués que l'on recolle avec un mastic dont l'indice soit intermédiaire aux deux indices du spath. C'est alors en passant obliquement du premier spath à la lame de mastic que l'élimination du rayon ordinaire s'opère par réflexion totale. On choisit le baume du Canada qui a pour indice 1,549, et dont l'angle limite, pour le rayon ordinaire, vaut 69° 27′.

Pour déterminer l'inclinaison que doit avoir la face oblique et, par suite, les dimensions du parallélipipède, il faut convenir de la direction des rayons incidents. Or on conçoit que cette direction soit multiple, et que ce soit pour tout un certain cône de rayons incidents, que le rayon extraordinaire soit ainsi débarrassé, par réflexion totale, de son ordinaire. Approfondissons ce point important.

Un indice intermédiaire à ceux du spath est utile, car, avec un pareil indice, l'extraordinaire échappe constamment à la réflexion totale, et se trouve débarrassé de son ordinaire, pour toutes les directions qui suivent celle où ce dernier commence à la subir; car avec un indice aussi voisin de l'indice extraordinaire, le rayon conservé passe, sans rien perdre d'appréciable par les deux réflexions. Mais un tel choix n'est nullement indispensable. Un indice quelconque, inférieur aux deux du spath, peut être employé; seulement alors, les directions dans lesquelles l'extraordinaire seul passe, forment un cône limité. Considéré intérieurement, ce cône est visiblement compris entre une certaine droite IO, qui commence à fournir sur la surface AA′, l'incidence limite de 69 degrés, et une autre droite IE qui, plus inclinée, amène à son tour la réflexion totale du rayon extraordinaire. Eh bien, quel qu'en soit le motif, on saura que tel est le cas offert par les prismes de Nicol ; chez tous, le cône est limité. Rien de plus aisé que d'obtenir l'angle du cône extérieur incident, car, appliquant le prisme contre l'œil, il suffit de voir, sur une règle verticale mise à distance, à quelles divisons correspondent les deux courbes colorées délimitatrices du champ. De cet écart et de la distance de la règle à l'œil, on déduit l'angle cherché; je trouve ainsi 30 degrés, et comme il conviendra que le rayon moyen, axe du cône, soit parallèle aux longues arêtes CA′, A e, j'en conclus que le rayon IO répond à une direction extérieure inclinée de 15 degrés sur le rayon moyen, ou bien de $15^0 + 19^0\,8'$ sur la normale, puisque $19^0\,8'$ est l'angle des longues arêtes avec la normale.

$i = 34^0\,8'$ donne $r_0 = 19^0\,50'$ qui a pour complément 70^0 10′; le complément de l'angle limite $69^0\,27'$ étant $20^0\,33'$, le triangle IAO donne, pour l'inclinaison IAO de la face artificielle, $89^0\,17'$. Quant à l'angle CA′ A $=$ A′Ae, il vaut

$$109^0\,8' - 89^0\,17' = 19^0\,51'.$$

Cela posé la proportionnalité des côtés aux sinus, appliquée au triangle CAA′ donne 2,9 pour le rapport des côtés CA′, AC. On en déduit 3,7 pour celui de CA′ au côté CD (*fig.* 100) ; aussi le prisme de Nicol devient-il très-dispendieux, quand on le veut d'un certain volume.

§ 195. — Prisme de M. Foucault. — Phénomènes accessoires de ces deux prismes.

Comme des dimensions un peu grandes sont très-désirables dans les expériences de lumière parallèle, il était intéressant de réduire la grandeur des longs côtés. M. Foucault y est parvenu en supprimant le baume de Canada, et laissant entre les deux faces artificielles une mince couche d'air. Le rapport des longs aux petits côtés est ainsi réduit à moins de $\frac{5}{4}$ (*). Quant au champ, s'il est réduit à 8 degrés, il est encore surabondant pour ce genre d'expériences.

Quand le rayon extraordinaire IE arrive à la réflexion totale, on passe du champ éclairé à l'obscurité; mais la réflexion totale n'atteignant que tour à tour les diverses couleurs, ce passage doit être ménagé par une bande colorée due aux rayons qui la subissent les derniers. Dans le prisme de M. Foucault, cette bande est rouge, ainsi qu'on devait s'y attendre, mais elle est bleue dans celui de Nicol. M. Foucault, auquel on doit cette observation, en conclut que le pouvoir dispersif du baume surpasse celui que possède, dans ces conditions de réflexion totale, le rayon extraordinaire, de manière à fournir des *indices relatifs*, croissant exceptionnellement du violet au rouge. A son

---

(*) Le champ étant de 8 degrés, l'incidence du rayon extérieur qui engendre IO sera

$$i = 4 + 19^\circ 8 = 23^\circ 8', \quad \text{d'où} \quad r = 13^\circ 44',$$

le complément de r vaut donc $76^\circ 16'$. Mais l'angle limite obtenu comme angle d'incidence au point O ne vaut plus que $37^\circ 12'$ qui a pour complément $52^\circ 48'$. On en déduit : 1° pour l'inclinaison CAA', 51 degrés ; 2° pour le rapport $\frac{CA'}{CA}$, 0,915, et enfin 3° pour le rapport $\frac{CA'}{CD}$, 1,16.

autre limite, le champ de ces instruments confine à une
plage qui laisse passer les deux rayons et est dès lors deux
fois plus éclairée. Là encore se trouve un arc coloré, mais
il est rouge dans l'un comme dans l'autre appareil. Ce n'est
pas tout : à une petite distance des deux courbes colorées
du prisme de Foucault et de la courbe rouge de celui de
Nicol, et dans leur concavité, se trouvent des franges très-
nettes, engendrées par le même mécanisme que les anneaux
transmis des lames minces (*) ; l'action d'un prisme, mis
contre l'œil et convenablement orienté (§ 75), augmente
leur nombre, mais ne réussit pas à montrer le système
qui devrait accompagner la courbe bleue du prisme de
Nicol. Je n'ai réussi à le voir qu'avec la flamme de l'alcool
salé.

M. Foucault trouve au prisme de Nicol un nouvel emploi. Inclinons-le sur le trait solaire, dans le sens où se produit l'extinction complète et jusqu'à ce que le faisceau transmis, après avoir passé au bleu, puis au violet, ne contienne
plus de lumière appréciable ; il contiendra alors, à l'état
isolé, les rayons ultraviolets si intéressants pour répéter les
expériences de M. Stokes.

Notons enfin entre les deux prismes une autre différence
facile à constater ; tandis que dans celui de M. Foucault la
plage deux fois plus éclairée est à peine polarisée et l'est
comme la région semi-éclairée, dans celui de Nicol, elle
l'est en sens contraire, par suite d'une prédominance du
rayon ordinaire.

Deux prismes de Nicol croisés reproduisent l'extinction
donnée par les tourmalines. Seulement leur épaisseur et la

(*) On trouve que, malgré la complication apparente de ce cas, l'expression du retard reste égale à $2e \cos i'$, comme à la page 131, i' étant l'angle
intérieur à la lame mince. Comme, à chacune des deux limites du champ,
on a $i' = 90$, il s'ensuit qu'on a, *quelle que soit l'épaisseur*, un retard nul qui
sera l'origine d'un système de franges.

limitation de leur activité polarisante à un certain cône, les
rend moins aptes qu'elles, aux expériences faites avec la lumière convergente. Quand un prisme de Nicol sert de polariscope, le plan de polarisation du rayon étudié est donné
par la section principale, quand l'extinction a lieu, tout
comme avec une tourmaline.

La tourmaline et le prisme de Nicol nous débarrassent
donc d'un des deux rayons fournis par la double réfraction; mais on peut se borner à les séparer nettement. On
demande ordinairement cette utile séparation aux prismes
biréfringents. Nous leur consacrerons la deuxième Section
de ce chapitre.

Il importe que les lecteurs se familiarisent dès à présent
avec certaines expériences de *polarisation colorée* qui, par
suite de leur utilité pratique, doivent être sommairement
connues bien avant le moment où il est possible de les
approfondir et de les interpréter théoriquement. Ainsi, il
suffit des tourmalines croisées pour trouver réponse à ces
questions : Un corps est-il ou non biréfringent? L'étant,
est-il uniaxe ou biaxe?

Il est biréfringent si, mis entre les tourmalines, il restitue la lumière; mais pour conclure sûrement, il faut
faire tourner le corps dans son plan, attendu que la restitution ferait défaut si le hasard avait aligné sur l'axe de
l'une ou l'autre tourmaline, deux certaines directions rectangulaires dites *sections neutres;* quand le corps est suffisamment mince, la restitution de la lumière est accompagnée de coloration.

Ainsi mis entre les tourmalines, un uniaxe donne des
cercles colorés coupés par une croix noire, si ses faces se
prêtent à ce qu'il soit traversé dans les régions voisines de
l'axe, et si ces rayons font partie du cône reçu par l'œil.
En pareil cas, les biaxes donnent également autour de
leurs axes des courbes isochromatiques; mais ces courbes
ne sont plus circulaires, et dans le seul cas où on pourrait

les croire de cette forme, elles se distinguent de celles des
uniaxes, par l'absence de la croix qui est remplacée par un
arc d'hyperbole dont la courbure est souvent inappréciable.
Enfin le lecteur saura que chez certains uniaxes, tels que
le quartz, la croix peut manquer.

ARTICLE II.

DES PRISMES BIRÉFRINGENTS ET DE LEUR USAGE.

Prismes biréfringents achromatisés par un prisme monoréfringent. — Biprismes biréfringents. — De Rochon, — de Wollaston. — Troisième biprisme. — Celui de Wollaston envisagé comme compensateur. — Duplication parallèle et croisée. — Pourquoi les biprismes sont-ils délaissés
dans les appareils de grande précision? — D'où vient le nom d'analyseurs
donné aux polariscopes — Application au *dichroïsme*. — Loupe *dichroscopique*. — Détermination du signe d'un cristal qui donne deux images.
— Cas où le cristal est sous la forme d'un prisme dont l'arête a une orientation connue. — Première solution où l'on s'aide de la polarisation. —
Deuxième solution. — Application au verre comprimé. — Cas où la direction de l'axe est inconnue. — Comment on reconnaît que le cristal est
uniaxe. — Applications astronomiques des biprismes. — Lunette de Rochon, — modifiée par Arago. — Mesure du grossissement par les biprismes.

§ 196. — Organisation et calcul des prismes biréfringents.

On élimine très-bien l'un des rayons en donnant au
spath la forme prismatique et lui associant un prisme de
verre qui détruise et la déviation et la coloration du faisceau
conservé. Si ce biprisme doit agir comme polarisateur, on
profite de l'écartement des deux rayons pour en arrêter un
par les diaphragmes des appareils. S'il doit agir comme polariscope, ce qui est le cas le plus ordinaire, et qu'on accepte la condition de le mettre contre l'œil, alors les diaphragmes ne peuvent plus rien sur les images, et on les
voit toutes deux. Si l'on voulait éviter cette simultanéité,

on éloignerait l'œil, et l'on pourrait même, ainsi que cela
est réalisé dans l'horloge polaire (§ 313), aider cet organe
par une petite lunette de Galilée qui facilite l'élimination
et assure la vision. Le prisme de verre d'un tel polariscope
doit être du côté de l'œil, autrement, un défaut d'installation, une obliquité dans l'incidence, ferait tourner le plan
de polarisation (§ 243) et rendrait impossible l'extinction
rigoureuse du rayon polarisé. Ces prismes sont petits et
d'angles d'autant plus aigus que les appareils sont plus longs
et les ouvertures plus étroites. S'il est, en général, indifférent de conserver l'une ou l'autre des images, il peut cesser
d'en être ainsi quand on adopte certaines dispositions, et
celles prises par M. Biot, dans son appareil de polarisation colorée (§ 222), lui font préférer la conservation du
rayon extraordinaire. Dans ces prismes, quand l'arête du
spath a été prise du côté de l'angle rhomboédrique, on reconnaît l'image ordinaire à ce que, pour l'œil qui regarde,
elle est jetée vers la base du prisme de verre (*). Quand
l'image extraordinaire disparaît, ou que l'image ordinaire
plus ou moins déviée et plus ou moins colorée a son maximum de vivacité, le plan de polarisation du rayon incident
est donné par la section principale du spath.

Le calcul de la marche du rayon extraordinaire dans un prisme
taillé, comme ils le sont, normalement à la section principale du
spath, repose sur l'emploi des formules directe et inverse du
(§ 170), et n'a rien de bien compliqué. Ainsi, en supposant la

---

(*) Quand le prisme de spath est tourné vers l'œil et que le prisme de
verre est très-près de l'objet regardé, la position des deux images est inter-
vertie; mais pour peu que l'objet s'éloigne du biprisme, les deux images se
rapprochent, se recouvrent, se dépassent, et l'image ordinaire revient vers
la base du prisme de verre. Comme le prisme de verre est toujours tourné
vers l'œil, comme d'ailleurs ce n'est pas sur un point rapproché, mais sur des
rayons venant de loin que s'exerce dans les appareils l'action des biprismes,
on peut prendre pour guide la règle énoncée, et nous nous bornons à con-
seiller au lecteur de chercher l'explication des intervertissements signalés
dans cette note.

première incidence nulle (*fig.* 101 *bis*), l'angle intérieur vaut $-r'$, r' étant donné par tang $r' = \dfrac{B}{A}$. Soit α l'angle du prisme; pour appliquer à la sortie du rayon la formule (2) du § **170**, on posera

$$L_1 = L - \alpha, \quad r'_1 = -(r' + \alpha),$$

et l'on devra introduire dans l'expression de sin i le facteur v, réciproque de l'indice du milieu vitreux, comme on l'a dit dans la note de la page 290. En prenant $\alpha = 4°$, $v = 1,5$, $L = 44° 36' 30''$, mettant en chiffres les valeurs de A, A'', B particulières à la valeur $L_1 = 40° 36' 30''$, je trouve qu'à l'intérieur du milieu vitreux, le rayon extraordinaire ne sera incliné que de $20''$ sur la direction première, et j'ai à résoudre dans le prisme de verre ce problème simple. Ayant les positions intérieure et extérieure d'un rayon, trouver la face de sortie qui s'accommode de ces deux positions correspondantes; je trouve que cette face de sortie devra faire, avec la face d'entrée, et du côté de l'angle rhomboédrique, un angle de $40''$. Il reste enfin à calculer les deux déviations inverses subies dans le prisme de verre par le rayon ordinaire. Leur différence s'élève à $36' 20''$, et a lieu pour l'œil, conformément à l'observation, vers la base du prisme de verre; $36' 20''$ sont bien suffisants pour séparer les deux images, si la section du faisceau est étroite et l'appareil un peu long.

Si le prisme de spath était taillé dans l'autre sens, s'il avait son sommet du côté de l'angle rhomboédrique, alors on aurait

$$L_1 = L + \alpha, \quad r'_1 = -(r' - \alpha);$$

les calculs amèneraient non-seulement des résultats numériquement différents, mais ce serait l'image extraordinaire qui, pour l'œil, serait rejetée vers la base du prisme de verre.

Au lieu de prendre pour l'un des deux prismes conjugués une substance monoréfringente, on peut associer deux prismes biréfringents. Quand ces prismes sont formés de la même substance, toute difficulté relative, soit à la conservation de la ligne droite, soit à l'achromatisme de l'image conservée, disparaît, puisqu'il suffit de donner aux deux prismes rigoureusement le même angle. On court, il est vrai, le danger d'avoir quatre images, quand les

I.

coupes ne sont pas strictement exécutées, et cet inconvénient fait
exclure ces polariscopes des appareils de précision. Mais cependant, comme ces biprismes, dont deux portent les noms de
Rochon et de *Wollaston*, sont assez répandus, comme il peut être
utile de les improviser pour résoudre certaines questions, comme
enfin l'un d'eux s'est prêté à une application astronomique remarquable, nous allons en parler avec quelques détails.

§ 197. — Biprisme de Rochon (*fig.* 102).

Les deux prismes associés se raccordent le long d'une
face rectangulaire AB*cd* et forment un parallélipipède
rectangle, dans lequel les deux arêtes AB, *cd* des deux
prismes jouent le rôle de côtés opposés. L'axe cristallographique C*c* du premier prisme (*) est normal à la face d'entrée et celui du second parallèle à l'arête. Ces deux prismes
sont ordinairement en quartz et la lumière y est reçue
normalement.

Il résulte de cette direction que le rayon incident iK
(*fig.* 103) reste indévié jusqu'à sa rencontre en K avec le
second prisme. Là seulement il se dédouble ; l'un des rayons
KL continuant la route commune et l'autre KM (c'est l'extraordinaire) s'écartant à droite, puisqu'il entre dans un
milieu plus réfringent. Au point M, ce rayon est encore
dévié dans le même sens et les deux rayons forment en
dehors du biprisme un angle δ, dit *angle de duplication*,
dont le calcul est facile, puisque le rayon extraordinaire se
trouve soumis dans le second prisme aux lois de Descartes.

Soit α l'angle commun aux deux prismes, on aura en K

$$\sin \alpha = \frac{n_e}{n_o} \sin r = \frac{b}{a} \sin x,$$

(*) Nous donnons ordinairement aux prismes la disposition qui rend la
marche de la lumière la plus facile à suivre, et voilà comment il y a un
premier et un second prisme. Il est clair qu'on peut les retourner et se proposer comme exercice, souvent difficile, sur la loi d'Huyghens, soit la mise
en place des rayons par une construction graphique, soit le calcul du nouvel
angle de duplication.

et en M

$$\sin(\varkappa - x) = \frac{1}{n_e}\sin\vartheta = a\sin\vartheta.$$

L'élimination de x donne

$$\sin\vartheta = \frac{\sin\alpha}{a}\left[\sqrt{1 - \frac{a^2}{b^2}\sin^2\alpha} - \frac{a}{b}\cos\alpha\right],$$

ϑ grandit avec α, mais sa valeur est très-faible tant que α reste éloigné de 90 degrés. On peut d'ailleurs pousser l'angle α, aussi près qu'on voudra de 90 degrés, si l'on a eu la précaution de mettre un mastic entre les prismes et de se soustraire ainsi à la réflexion totale.

Quand les prismes sont en spath, le rayon KM est jeté à gauche, x est $> \alpha$ et la deuxième équation est

$$\sin(x - \alpha) = a\sin\vartheta.$$

Une autre différence consiste en ce que le rayon extraordinaire engendré, lors du passage du premier milieu plus réfringent, dans le deuxième moins réfringent, est enlevé, malgré la présence d'un mastic, par la réflexion totale, bien avant que l'angle du prisme atteigne 90 degrés. La limite de α donnée par l'équation $\sin L = \frac{n_e}{n_o}$, est $63°\,43'\,20''$. On suppose au mastic l'indice extraordinaire.

§ 198. — Biprisme de Wollaston.

Si nous recevons notre rayon (*fig.* 102) normalement sur la face CDcd, il est clair qu'à travers les deux faces parallèles CDcd, ABba le rayon subira un dédoublement analogue au précédent. Seulement, au lieu de suivre l'axe dans le premier prisme, le rayon cheminera dans le plan de l'équateur et se composera de deux rayons superposés (§ 155), mais doués de vitesses différentes. Comme les sections principales sont croisées, au lieu de donner quatre rayons, le second prisme opérera simplement un échange des deux rayons (§ 191), l'ordinaire devenant extraordinaire, et réciproquement. Soit $\mathcal{E}$ l'angle de ces deux prismes (c'est le complément de l'angle précédent α), la marche du rayon primitivement extraordinaire E_o est réglée par les deux équations

$$\sin \theta = \frac{n_o}{n_e} \sin x,$$

$$\sin (x - \theta) = \frac{1}{n_o} \sin \delta_1,$$

et celle du rayon ordinaire O_e par les deux équations

$$\sin \theta = \frac{n_e}{n_o} \sin y,$$

$$\sin (\theta - y) = \frac{1}{n_e} \sin \delta_2;$$

en éliminant x et y on aura les déviations inégales δ_1 et δ_2. Elles ont lieu en sens contraire, la première en dessus, la deuxième en dessous (il s'agit du quartz), et l'angle δ, qui sépare les deux rayons, est égal à leur somme et est plus grand que dans un prisme de Rochon. Si l'on cherche à appliquer à ce cas particulier la construction générale, qui donne les rayons réfractés quand les milieux contigus sont tous deux biréfringents, on voit (*fig.* 104) que l'ellipse, qui représente l'onde extraordinaire dans le premier milieu, est inutile, puisqu'elle a la même tangente que le plus grand cercle. Les deux ondes circulaires reproduites sur la figure jouent un double rôle et suffisent. On voit même comment les deux rayons déficients O_o, E_e ont pour direction commune la direction du rayon incident prolongé. Les deux images étant colorées et déviées, ce biprisme est sous ces deux rapports inférieur au précédent, mais il est à l'abri de la polarisation circulaire, et cette circonstance pourrait, dans certains cas, lui donner l'avantage.

§ 199. — Il fournit une échelle de retards.

La combinaison adoptée par Wollaston est remarquable en ce que, quoique avantageuse pour séparer les deux rayons, elle peut donner entre eux de très-faibles différences de route. En effet, puisque les deux rayons échangent leurs vitesses dans le deuxième prisme, il est visible qu'en A, où l'épaisseur des prismes est la même, les chemins sont équivalents. En s'approchant de C, le premier prisme a plus d'épaisseur, et le rayon ordinaire garde une partie de l'avance prise dans ce prisme. Vers c, au contraire, le rayon extraordinaire rattrape et au delà, dans le second prisme, le retard qu'il avait subi. Si les prismes sont très-aigus, on conçoit que de grands déplacements du rayon, le long de Cc, n'amènent que de faibles retards. Cet appareil, propre à établir ainsi, entre deux rayons polarisés rectangulairement, des retards faibles et connus, nous sera plus tard très-utile et réapparaîtra sous le nom de *compensateur*. En vue de cette utilité, entrons dans quelques détails.

Les longueurs d'onde ordinaire et extraordinaire sont dans le quartz, pour la lumière de l'alcool salé (raie D),

$$\frac{0^{mm},000\,588}{1,5442} = 0,000\,380\,78 \quad \text{et} \quad \frac{0,000\,588}{1,5533} = 0,000\,378\,55.$$

Dans 1 millimètre, il y a donc 2626,2 des premières et 2641,6 des dernières, différence 15,4 (*); il en résulte que l'épaisseur du quartz capable d'introduire entre les deux rayons la différence de $\frac{\lambda}{2}$, est $\frac{1^{mm}}{31}$. Supposons que les deux prismes aient, pour leur angle commun, $8'\,44''$, et qu'au lieu d'obtenir les retards en déplaçant l'œil le long des prismes immobiles on les provoque dans une direction constante Aa, par le glissement du seul prisme antérieur Cc, ce qui double les déplacements capables d'un retard donné, l'épaisseur $\frac{1^{mm}}{31}$ correspondra à un glissement de $\dfrac{1^{mm}}{31\,\text{tang }8'\,44''} = 12^{mm},7$, et si le prisme mobile est confié à une vis micrométrique

---

(*) Pour un millimètre de spath la différence serait de 290 λ et l'épaisseur de verre ($n = 1,5$) capable d'annuler cette différence, vaudrait $0^{mm},344$.

dont le pas vaille $\dfrac{1^{mm}}{2}$ et dont la tête porte 100 divisions, on pourra apprécier des différences de route égales à $\dfrac{1}{12,7 \cdot 200} \cdot \dfrac{\lambda}{2} = \dfrac{1}{2540} \dfrac{\lambda}{2}$ ou enfin $\dfrac{1}{5080}$ de λ. Un pareil système de prismes imaginé par M. Babinet, a été approprié par M. Jamin à la mesure des différences de phase.

§ 200. — Duplications parallèle et croisée.

Nous rencontrerons plus tard de nombreux et brillants phénomènes issus de la double réfraction, mais qui, à l'inverse de ceux que nous avons vus jusqu'ici, ne sont possibles qu'autant que les différences de route sont très-faibles. On conçoit donc que nous recourions alors à la disposition wollastonienne. On lui donne, à ce point de vue, le nom de *duplication croisée;* seulement, comme la forme prismatique est inutile, comme elle pourrait même nuire en séparant des rayons qui doivent rester superposés, nous opérerons souvent la duplication croisée, avec des lames parallèles.

Il est visible que, pour détruire ainsi les retards causés par une lame épaisse, on pourrait lui associer une lame biréfringente de nature différente. Si son signe est le même, on procédera encore par voie de duplication croisée, en ayant soin que les épaisseurs des deux lames, dont la différence agit seule, ne s'écartent guère du rapport inverse de leurs puissances biréfringentes. Mais si les lames conjuguées étaient de signe contraire, si l'on associait par exemple quartz et spath, alors, pour avoir l'échange des vitesses et la compensation des retards les sections principales devraient coïncider; on aurait recours à la *duplication parallèle.*

La plupart du temps, ces duplications s'opèrent avec des lames parallèles à l'axe, mais on comprend que si cette circonstance est précieuse, et parce qu'elle est réalisée souvent par le clivage, et parce qu'elle constitue un cas simple

facile à calculer, elle n'est nullement essentielle, et l'on
conçoit que les deux duplications réussissent avec des lames
quelconques.

Le physicien doit s'attacher à grandir ce qui est faible
et, suivant le caprice des phénomènes, à atténuer ce qui
est fort. Des succès du premier genre nous sont offerts en
électricité par nos piles, nos multiplicateurs, et en optique
par nos piles de glaces et certaines combinaisons de prismes.
Des succès du second genre ont été obtenus par les duplications. Si les prismes amènent la séparation des images
chez les substances peu biréfringentes, les duplications réussiront à manifester chez les substances fortement biréfringentes et dans les directions les plus ingrates, les phénomènes de la polarisation chromatique.

§ 201. — Autre biprisme, — Sensiblement réalisé par M. de Senarmont.

Gardons le premier prisme de Rochon, et associons-lui
comme deuxième prisme, le prisme $AB\,cd\,ab$ (*fig.* 105)
dont l'axe ac, situé dans le plan de la face de sortie, est
de plus perpendiculaire à l'arête. Ce biprisme ne donnera,
comme les précédents, que deux images et la coïncidence
des deux sections principales fait que les deux images conservées sont, O_o indévié, et E_e. Ce dernier passe de sa plus
grande vitesse dirigée suivant l'axe (il s'agit d'un cristal
positif) à une vitesse qui différera peu de la vitesse équato-
riale qui est la moindre. Nous ne nous arrêterons pas au
calcul de l'angle de duplication, parce qu'il n'est plus aussi
simple que dans les deux cas qui précèdent. Si l'on prend
les deux autres faces $A\,b$, $C\,d$, on retrouve le même biprisme.

Cette variété vient d'être réalisée, comme il suit, par
M. de Senarmont. L'axe d'un spath étant incliné sur les
faces du rhomboïde de clivage d'à très-peu près 45 degrés
(45° 23' 30''), si l'on accolle deux rhomboïdes par leurs faces
naturelles (*fig.* 90, *Pl. V*) dans la situation renversée qui

résulterait d'une hémitropie, il y a coïncidence de leurs
sections principales et quasi-rectangularité de leurs axes.
Qu'on taille alors dans l'un d'eux une face PQ normale à
l'axe AM et dans l'autre une face $A_1 P_1$ parallèle à PQ, cette
dernière sera à très-peu près parallèle à l'axe $A_1 M_1$. Un
rayon incident normal à PQ traverse le premier spath sans
bifurcation; à partir de QP_1 il fournit un rayon ordinaire
non dévié et parfaitement achromatique et un extraordinaire
fortement dispersé et dévié d'environ 10 degrés. La face normale PQ doit être dirigée vers le rayon incident quand
l'appareil sert de polarisateur, et vers l'œil quand on l'emploie comme polariscope.

On a pour l'axe trois dispositions simples :

1°. Perpendicularité à la face;

2°. Parallélisme à la face et à l'arête;

3°. Parallélisme à la face et perpendicularité à l'arête.
On doit répudier les trois combinaisons 1.1, 2.2, 3.3 de
deux prismes pareils, car elles n'offriraient qu'un même
cristal et ne donneraient plus de déviation angulaire. Il
reste donc les six combinaisons suivantes :

1.2, c'est le prisme de Rochon;

3.2, c'est le prisme de Wollaston;

1.3, c'est le troisième biprisme.

2.1, 2.3 et 3.1 ne diffèrent de 1.2, 3.2 et 1.3 que par un
retournement qui met le premier prisme le dernier. Cela
rend moins facile le calcul des angles de duplication qui
peuvent d'ailleurs n'être plus rigoureusement les mêmes.
Nous sommes convenus de ne pas considérer ces cas ingrats
(§ 196).

Si les deux prismes conjugués n'étaient pas formés de la
même substance, les combinaisons 1.1, 2.2, 3.3 seraient
parfaitement admissibles. Il vient d'être question (§ 200)
de pareilles combinaisons, mais au lieu de prismes on
associe, avons-nous dit, simplement des lames à faces parallèles.

§ 202. — Sur le meilleur appareil de polarisation.

Des spaths suffisamment épais sont incontestablement ce qu'il y a de mieux : l'image extraordinaire du polarisateur est arrêtée par les diaphragmes. On a intérêt à éliminer également cette image dans un polariscope, car sa présence diminue la sensibilité de l'œil et l'empêche de bien saisir l'azimut de plus grande obscurité. On y arrive (microscope d'Amici) en plaçant à la surface supérieure du spath oculaire, une plaque percée d'un petit trou; cette plaque possède dans son plan un petit mouvement de rotation qui lui permet de laisser passer tour à tour chaque faisceau. Mais on se contente ordinairement de prismes de Nicol bien installés. L'appareil de Faraday pour l'action du magnétisme sur la lumière polarisée (§ 551) et l'appareil de recherches de M. Jamin (§ 398) sont ainsi terminés par deux prismes de Nicol. On doit user d'une lumière vive, des rayons directs du soleil par exemple, car alors, pour peu qu'on s'écarte de l'azimut d'extinction, il renaît une lumière si vive, qu'on peut fixer cet azimut avec une extrême précision.

§ 203. — Dichroïsme. — Loupe dichroscopique.

Les polariscopes sont souvent appelés *analyseurs*. Pour comprendre, dès à présent, l'à-propos de cette dénomination, entrons dans quelques détails sur un curieux phénomène dont nous devons incessamment tirer parti.

Le dichroïsme observé à l'œil nu consiste dans une modification de la couleur transmise par certains cristaux avec la direction. Ainsi certains échantillons de zircon (cristal uniaxe) sont bruns dans le sens de l'axe et d'un gris bleuâtre dans le sens perpendiculaire à l'axe; ainsi les lames de tourmaline, quand elles n'éteignent pas l'un des rayons, présentent également deux teintes différentes suivant ces deux directions rectangulaires. On sait aujourd'hui que ce phénomène est complexe et qu'il rentre dans un autre dichroïsme, à savoir l'inégale coloration des faisceaux ordinaire et extraordinaire. On ne doit voir en effet, dans la destruction du rayon ordinaire opérée par certaines tourmalines, qu'un fait *limite*; habituellement chaque rayon a ses couleurs favorisées et partant une teinte résultante spéciale. Cela posé, quand les circonstances laissent à l'état de superposition les deux faisceaux ordinaire et extraordinaire, au lieu de percevoir leurs teintes propres, l'œil reçoit la couleur composée de ces deux teintes, c'est-à-dire avec le zircon en lames parallèles à l'axe, un gris bleuâtre. Dans l'axe il n'y a plus de rayon extraordinaire, et l'on voit la teinte propre au rayon ordinaire, c'est-à-dire du brun. Pour se convaincre de la réalité de cette interprétation, il est plusieurs moyens : on peut tailler la substance en prismes, de manière à séparer les deux faisceaux qui apparaissent alors chacun avec leur teinte propre, à savoir le rayon ordinaire avec la *teinte axiale* et l'extraordinaire avec une teinte nouvelle (vert asperge) distincte de la teinte *transversale* complexe, et telle enfin que, mélangée à la teinte axiale, elle donne cette teinte transversale. Mais on peut se contenter de recevoir ce pêle-mêle des deux rayons sur un spath dont la section principale soit parallèle à celle du cristal dichroïque, car alors chacun de ces rayons superposés passe en entier dans le spath, l'un comme ordinaire et l'autre comme extraordinaire, et il suffit, pour que leur séparation s'opère, que ce polariscope ait une épaisseur suffisante.

M. Haidinger ramène le spath à la forme d'un parallélipipède rectangle, à l'aide de deux prismes de verre d'environ 18 degrés (*fig.* 106, *Pl. VI*), et adapte du côté de l'œil une loupe d'un foyer convenable; le tout est placé dans un tube dont les deux bases sont percées, la base objective d'un trou carré et la base oculaire d'un trou rond. On voit nettement, au travers de ce petit appareil qu'il nomme *loupe dichroscopique*, deux carrés juxtaposés. Si le corps dichroïque est placé contre le trou carré, on aura deux teintes

distinctes quand ses faces seront obliques sur l'axe; les
deux carrés auront au contraire la même teinte quand les
faces seront normales à l'axe. On peut évidemment remplacer le spath d'Islande épais par un petit prisme biréfringent d'un pouvoir angulaire convenable, dans lequel la
faible coloration soit également répartie entre les deux
images.

§ 204. — Applications des prismes biréfringents uniaxes. — Détermination du signe d'un cristal. — Ire méthode.

Ce problème comporte des solutions nombreuses et variées. Nous le résoudrons ici en nous donnant deux images
distinctes et en recourant, soit à leur polarisation, soit à
leur position relative, ce qui suppose qu'on donnera au
cristal la forme d'un prisme, puisqu'à part quelques substances, ce n'est qu'ainsi qu'on obtient deux images séparées. Soit donc un prisme et ses deux images, l'arête du
prisme a reçu, par rapport à l'axe du cristal, une orientation
déterminée, celle du parallélisme par exemple. Il s'agit de
discerner l'image ordinaire.

Supposons qu'on ait reçu le rayon, normalement à une
face (*fig.* 107), le dédoublement n'aura lieu qu'à la sortie.
Si le cristal est positif, la vitesse ordinaire est plus grande,
donc le rayon de ce nom sera le moins réfracté; le contraire
aura lieu et le rayon ordinaire sera jeté vers la partie épaisse
si le cristal est négatif. Si au lieu de projeter ces images
dans la chambre obscure on fait intervenir l'œil, on sait
que les théorèmes sont renversés, ainsi l'œil étant en O, ce
n'est plus l'extraordinaire IE qui atteint la pupille. L'image
extraordinaire est donnée par des rayons que l'on trouve
aisément quand il s'agit d'un objet très-éloigné, puisqu'ils
ont la direction OL parallèle à EI et alors, avec un cristal
positif, c'est l'image extraordinaire qui est rejetée vers le
tranchant du prisme.

Cela posé, armons l'œil d'un prisme de Nicol dont la section principale soit parallèle à celle du cristal étudié; l'i-

mage ordinaire disparaîtra, et l'on verra si elle était ou non
du côté du tranchant. Comme les images de l'objet délié
qu'on regarde, dilatées par la dispersion, peuvent être peu
visibles, on y remédie, soit par un verre monochromatique,
soit en associant au prisme un prisme contradictoire monoréfringent.

§ 205. — Méthode de M. Soleil.

On peut obtenir comme il suit une conclusion sans mettre
en jeu la polarisation. Supposons que, CNMAcP étant le
prisme précédent, on en ait taillé un second DCABdc de
même angle (*fig.* 108), mais avec cette précaution qu'une
face DCAB soit perpendiculaire à l'axe. Juxtaposons ces
prismes de manière que leurs arêtes soient en ligne droite
et leurs faces coïncidentes [pour atteindre ce résultat, le
mieux est de les coller sur un prisme de verre PMrdgB (*)].
Prenons pour mire une ligne très-fine parallèle à l'arête BM
et placée vis-à-vis les faces DBAC, CAMN, et enfin disposons l'œil contre le prisme auxiliaire de verre à la hauteur
de la ligne cA, de manière à voir la mire, mi-partie par le
prisme supérieur et mi-partie par l'inférieur, nous n'aper-
cevrons dans la moitié supérieure de la ligne qu'une image
et deux dans la moitié inférieure; l'une de ces deux sera la
continuation de l'image unique, ce sera l'ordinaire. Sa
position, qui ne dépend pas de la valeur de l'indice du
verre, dira donc le signe du cristal. On improvise cette
expérience en démontant un prisme de Rochon et collant
bout à bout les deux prismes sur un troisième prisme assez
long pour les recevoir. On retrouve, sans peine dans le premier prisme DCAB qui agit ici comme *témoin*, la face normale à l'axe, en cherchant à travers quelles faces le prisme
ne dédouble pas; si cette épreuve laissait de l'indécision,

(*) On a supposé dans la figure que les deux prismes avaient latéralement
deux faces planes CNPc, DCcd, mais il est évident qu'elles sont inutiles et
qu'on ne prendra pas la peine de les former

on userait de la pince aux tourmalines qui donne les anneaux significatifs que nous avons déjà signalés.

La première épreuve est évidemment moins exigeante ; elle est aussi plus générale, car elle donne le signe des doubles réfractions développées dans le verre par pression ou extension.

§ 206. — Le verre comprimé est négatif.

Un prisme pressé sur ses deux bases devient biréfringent, mais, pour obtenir entre les deux images une divergence sensible, il faut, avec Fresnel, prendre plusieurs prismes (*fig.* 109), quatre par exemple A, A, A, A, de 90 degrés chacun, et supprimer les déviations inutiles en comblant les vides par cinq autres prismes, dont trois de 90 degrés interposés, et les deux autres de 45 terminaux. Les neuf prismes sont collés avec de la térébenthine, les cinq auxiliaires, un peu moins longs, échappent à la pression qui s'exerce dans le sens des arêtes des quatre prismes actifs. On obtient alors aisément, entre les deux images, un écartement de 1 millimètre à 1 mètre de distance, c'est-à-dire une divergence d'environ 200 secondes, soit 50 secondes pour chaque prisme (*).

Ces prismes sont visiblement assimilables à des cristaux uniaxes qui ont leur axe dans le sens même de la compression, et sont orientés de manière à donner entre les deux rayons la plus grande séparation. On connaît donc leur section principale et avec un polariscope on peut voir laquelle des deux images est polarisée dans ce plan et est conséquemment l'ordinaire : on trouve que c'est la plus réfractée.

(*) On trempe le verre, en le chauffant au rouge sombre et l'agitant dans l'air pendant qu'il se refroidit. Il est visible que dans ce verre trempé, le refroidissement brusque produit aussi des tiraillements et des compressions. Si donc avec M. Guérard on forme une pile de prismes soumis à des trempes semblables et séparés par des prismes non trempés, on obtiendra également deux images.

Si l'on allongeait les prismes, ce serait la moins réfractée
et l'on aurait un biréfringent positif. En courbant une lame
de verre, on a, de part et d'autre de la tranche intermédiaire, des parties allongées et raccourcies, et, par suite,
dans ces deux régions, les qualités positive et négative.
Nous reviendrons sur cette étude (§ 296) quand nous con-
naitrons certains moyens très-délicats pour apprécier la biréfringence.

§ 207. — Le signe d'un uniaxe reconnu dans un cas plus général.

Les méthodes qui précèdent reposent sur la connaissance
de l'axe optique et sur la possibilité d'établir, entre l'arête
du prisme et lui, une relation connue; elles deviennent donc
insuffisantes, quand on donne un prisme tout fait, sans que
l'on connaisse le cristal dont il est extrait. La question vraiment générale se présente ainsi : Un prisme étant donné,
dire s'il est biréfringent uniaxe, et s'il l'est, déterminer son
signe.

On commence par détruire la déviation du prisme en lui
adjoignant, à l'aide d'un peu de térébenthine, un prisme
antagoniste monoréfringent. On fait tourner le tout entre
deux tourmalines, entre deux Nicols croisés, ou, ce qui revient au même, sur la plate-forme de l'un quelconque des
appareils de polarisation que nous ne tarderons pas à connaître, et l'on marque à l'encre rouge sur le prisme, les deux
orientations rectangulaires qui laissent l'obscurité : ce sont
nos sections neutres de la page 334. Or l'une d'elles sera la
section principale. Pour discerner laquelle des deux, on
colle sur les deux faces opposées (*fig.* 110), tour à tour dans
chacune de ces deux directions, un de ces systèmes de petits
prismes décrits page 271 (on doit en avoir plusieurs d'angles
plus ou moins ouverts) qui permettent de sonder le cristal
dans des directions variées, sans qu'il faille y établir des
faces planes, et, reportant le tout sur l'appareil, celui d'A-
mici par exemple si héroïque dans ces recherches, on voit

apparaître, pour peu que l'axe s'écarte du plan des lames, des courbes colorées caractéristiques. Si ces courbes sont des cercles coupés par une croix noire, le cristal est uniaxe, et la ligne qui aboutit au centre est l'axe. On connaît donc la section principale et l'on peut, comme au § 204, reconnaître celle des deux images données par le prisme qui a cette section pour plan de polarisation. Suivant que ce sera la plus ou la moins réfractée, le cristal sera négatif ou positif (*).

Quand le corps est suffisamment biréfringent pour dédoubler sans exiger la forme prismatique, l'appel à la polarisation ne réussit pas moins. C'est le cas du nitrate de soude (§ 160), qui, soumis à cette épreuve, se montre négatif.

Si le corps a ses faces perpendiculaires à l'axe, il ne restitue pas la lumière dans la première épreuve, mais il montre de suite avec la lumière convergente page 334 les anneaux et la croix.

Le signe d'un corps biréfringent est donc déterminé, mais à la condition qu'il donnera les deux images. Cette condition est pénible, puisqu'elle peut jeter, comme au § 205, dans la fabrication de plusieurs prismes. Nous verrons plus tard, chapitre X, section III, qu'il est possible de déterminer le signe d'un cristal uniaxe qui ne dédouble pas. Sans vouloir insister ici sur ces méthodes, nous ne pouvons cependant nous dispenser d'en indiquer le caractère. Supposons donc qu'on soit parvenu à distinguer la section principale et que le cristal soit assez épais pour refuser des couleurs dans un appareil de polarisation, et qu'on ait à sa disposition un as-

---

(*) Dans le spath, nous avons vu qu'une seule réfraction pouvait imprimer au rayon extraordinaire la plus forte déviation. S'il pouvait en être de même des deux réfractions consécutives causées par un prisme, la règle précédente aurait des exceptions. Nous avons reconnu par plusieurs calculs de déviation des deux rayons, calculs faits pour des prismes déterminés et pour certaines incidences, que la seconde face rachetait toujours et au delà, ces excès de déviation paradoxaux obtenus à la première, de sorte que toujours, dans un prisme, la plus grande réfraction affecterait le rayon doué du plus grand indice.

sortiment de lames diversement épaisses d'un uniaxe dont le
signe soit connu. En conjuguant le cristal inconnu avec ces
lames et en rendant tour à tour leurs sections principales
parallèles et rectangulaires, on réobtiendra les couleurs. Si
c'est dans le cas du parallélisme, le cristal auxiliaire, pour
rendre possible l'interférence, a dû atténuer la différence
de route acquise jusqu'à lui par les rayons. Donc les deux
uniaxes sont de signes contraires. Si c'est lors du croisement,
l'établissement des retards a eu lieu par duplication croisée
et les deux cristaux sont de même signe.

§ 208. — Lunette de Rochon (*fig.* 103 et 111).

Les deux rayons issus d'un prisme de Rochon, pour
une incidence constante (l'incidence normale, par exemple) sont analogues aux deux branches d'un compas
dont l'ouverture est invariable. Si l'on place entre eux
un objet, de telle sorte qu'ils le touchent, on aura entre
l'angle de duplication δ, la largeur L de l'objet et sa distance D, la relation $\tang \delta = \dfrac{L}{D}$, ou simplement, car δ est

petit, $\delta = \dfrac{L}{D}$. Si l'œil intervient, il verra deux images de
l'objet; supposons-le circulaire, comme il n'y a pas de différence appréciable entre les deux images sous le rapport
de la forme et du diamètre, si par hasard elles se touchent,
on aura encore

$$\delta = \frac{L}{D}.$$

δ est le même que tout à l'heure, tant que la distance de
l'objet est grande.

Pour arriver à ce contact des deux images, qui nous donne
une équation propre à déterminer l'une des trois quantités δ, L ou D, il faut varier la distance du prisme à l'objet,
ce qui n'est pas possible pour les astres. Rochon a eu l'idée
d'opérer sur l'image de l'astre formée au foyer principal de
l'objectif d'une lunette.

Quand on interpose le prisme entre l'objectif et le foyer (*fig.* 111), chaque rayon se dédouble, et il est une position du prisme qui amène au contact les deux images et donne

$$\delta = \frac{l}{d},$$

l étant le diamètre de l'image et d la distance du foyer au prisme supposé infiniment mince. On pourra mesurer d à l'aide d'une échelle latérale adaptée au corps de la lunette; nous savons calculer δ (on préfère le déterminer expérimentalement en observant le contact des deux images d'un disque convenable pour lequel L et D sont connus); on pourra donc obtenir, par l'équation

$$\delta = \frac{l}{d},$$

les diamètres linéaires l et, par suite, les diamètres angulaires α. C'est ainsi qu'en observant aux diverses époques les images du soleil et de la lune, on constate les variations périodiques de leur diamètre apparent. On pourra donc obtenir la distance d'un corps d'armée ou d'un navire, puisqu'alors on peut viser à des objets de grandeur connue.

Soit en effet F la distance focale principale de l'objectif; remplaçant les tangentes par les angles, on a

$$\alpha = \frac{L}{D} = \frac{l}{F};$$

combinant cette équation avec celle du biprisme $\delta = \dfrac{l}{d}$, on trouve

$$\alpha = \delta \frac{d}{F}.$$

Or δ et F sont constants (*); α est donc proportionnel à d,

(*) *F* n'est sensiblement constant que si les distances L restent toujours très-grandes. Cependant on pourrait éliminer radicalement l'effet des variations des distances focales conjuguées si l'on recourait, avec M. Porro, au dispositif qui lui a donné sa *stadia* perfectionnée.

I.

23

et l'échelle latérale des angles est formée par des divisions
équidistantes. Veut-on déterminer des distances, on aura

$$\frac{L}{D} = \delta \frac{d}{F},$$

c'est-à-dire

$$D = L \frac{F}{\delta d},$$

et il suffira de calculer les expressions $\frac{F}{\delta d}$ pour savoir combien de fois la distance de l'objet contient sa grandeur. Pour
obtenir les chiffres, degrés ou rapports, qui figureront sur
l'échelle latérale double, on préfère procéder par des expériences sur des disques très-éloignés pour lesquels on connaît L et D, et conséquemment α.

§ 209. — Modification d'Arago.

L'oculaire, en grossissant les deux images, rend plus appréciable la position du prisme qui les amène au contact,
mais il a l'inconvénient d'amplifier la frange colorée qui
borde l'image extraordinaire dans les alentours du contact.
En mettant le biprisme en dehors et contre l'oculaire, son
action s'exercera sur l'image virtuelle finale, et ce dernier
inconvénient n'existera plus; seulement ce sera un hasard
si ce prisme immobile amène au contact les deux images.
Arago y a obvié à l'aide d'un de ces oculaires composés
qui donnent, par le mouvement d'un de leurs verres, un
grossissement variable; mais comme la course de ce verre
est bien plus limitée que celle du biprisme intérieur, on
doit répartir l'écartement du biprisme de Rochon entre une
série de biprismes assortis, pour chacun desquels l'angle
de duplication se trouve très-faible.

Mis ainsi en dehors, le biprisme sert encore à déterminer
le grossissement des lunettes. Visons un disque placé à une
distance connue et d'un diamètre tel, que l'œil armé du
biprisme voie les deux images en contact. L'angle visuel de

l'image se trouve valoir δ ; celui du disque vu sans lunette est $\dfrac{L}{D}$, et le quotient $\dfrac{\delta}{\dfrac{L}{D}}$ est le grossissement.

Il est clair que tout autre biprisme peut remplacer celui de Rochon. Il y a plus, on peut user d'un prisme monoréfringent de petit angle. Le prisme barrerait juste moitié du tube, et au lieu d'avoir, dans chaque image, la moitié de chaque rayon, on aurait moitié du cône convergent. Un tel prisme aurait même sur les biprismes l'avantage d'être bien plus mince et de ne pas changer sensiblement le foyer ; mais quand il aurait à prendre les rayons près du foyer, il ne pourrait plus aisément prendre moitié de chaque cône convergent. Si on le mettait en dehors à la manière d'Arago, on trouverait également de la difficulté pour disposer prisme et pupille de telle sorte, que les divers cônes divergents fussent partagés en deux. Les biprismes sont à l'abri de tels embarras.

23.

CHAPITRE VIII.

ÉTUDE DES APPAREILS DE L'OPTIQUE MODERNE FONDÉE SUR UN PRINCIPE NOUVEAU D'OPTIQUE GÉOMÉTRIQUE.

Divers modes de groupements des rayons de lumière. — Réalisation de ces groupements. — Une expérience due à M. Foucault interprétée à l'aide de deux groupements. — *Interférences de direction.* — *Interférences locales.*— Comment entre ces deux cas extrêmes, habituellement désignés des noms de *lumière convergente* et *lumière parallèle*, s'interposent avec continuité une foule d'autres conditions expérimentales. — Projection des deux sortes de phénomènes.— Appareils de polarisation de MM. Biot, — Norremberg, — Amici. — Appareil de M. Soleil pour mesurer l'angle extérieur des axes optiques. — Son universalité comme appareil de projection. — La chaleur subit comme la lumière la double réfraction, et se polarise comme elle.

---

§ 210. — Analogies et différences entre les appareils de l'optique ancienne et ceux de l'optique nouvelle.

Le nombre des rayons mis en jeu dans la plus simple de nos expériences d'optique est toujours (qu'on nous passe cette expression) l'infini élevé à la seconde puissance. Pour voir clair dans un tel chaos, nous associons ces rayons en groupes primitifs, et nous suivons à travers les diverses pièces des appareils les transformations qu'ils subissent. La formation de ces groupes n'est nullement arbitraire. Il faut, en effet, d'une part, qu'arrivés à leur dernière transformation, à savoir celle qui préside à la projection du phénomène, soit sur un tableau, soit sur la rétine, ils forment des cônes convergents dont les sommets tombent précisément sur le tableau ou sur la rétine; il faut, en outre, que les rayons de chacun de ces derniers cônes apportent une même impression, c'est-à-dire, s'il s'agit des instruments d'optique proprement dits, qu'ils émanent d'un même point de l'objet dont on veut obtenir l'image ; et s'il s'agit des intruments de l'optique nouvelle, qu'ils soient dans la même phase d'interférence. Avec l'œil et sa pupille étroite, et dans les conditions restrictives qui dominent les lunettes et les télescopes, ces groupes sont au début et continuent d'être des cônes et des cylindres. Il pourrait cesser d'en être ainsi dans les dispositions improvisées pour la projection des expériences ; mais nous écarterons ces cas, où la subordination conique ferait place à celle autrement compliquée qui s'interprète à l'aide des *caustiques*.

Dans les instruments de l'optique ancienne, les deux conditions que nous avons posées agissent isolément, l'une au début, pour former les premiers cônes ; l'autre à la fin, pour diriger convenablement les derniers cônes. Il peut en être autrement dans ceux de l'optique moderne (§ 217), les premiers groupements y étant souvent dictés par la considération simultanée de l'une et de l'autre conditions : de là une première complication : une deuxième provient de ce que si, dans les premiers instruments, les associations primitives sont respectées et persévèrent jusqu'à la fin, il faut, dans les derniers, y soumettre, chemin faisant, les rayons à un ou même à plusieurs déclassements, et les distribuer dans de nouveaux cônes. C'est l'existence même de ces innombrables groupements, auxquels les rayons se prêtent à une époque quelconque, et entre lesquels on doit, à plusieurs reprises, faire un choix, que nous érigeons en principe. Évident en lui-même, ce principe trouve sa raison d'être dans son utilité. Pour en montrer la fécondité, nous l'appliquons successivement dans ce chapitre à l'explication d'une curieuse expérience due à M. Foucault, à l'interprétation des conditions expérimentales qui portent les noms de *lumière parallèle* et de *lumière convergente*, et enfin aux divers appareils à l'aide desquels on réalise, en *polarisation chromatique*, ces deux conditions extrêmes.

§ 211. — Diversité infinie des groupements d'un système de rayons.

Quand une lame de verre exposée au grand jour reçoit des divers points de la voûte céleste d'innombrables rayons, on peut indifféremment grouper ces rayons (*fig.* 112), soit en faisceaux coniques, ayant pour sommets les divers points de la surface de la lame, soit en faisceaux parallèles, ayant pour directions respectives chacune des droites comprises dans un des cônes. Quand ces mêmes rayons, après avoir traversé la surface d'entrée, arrivent à celle de sortie, ou quand, ayant traversé la lame, ils atteignent d'autres lames échelonnées au delà de la première, ils peuvent être considérés comme formant de nouveaux cônes issus des points de chacune de ces nouvelles surfaces. On aurait tort de ne voir dans cette équivalence entre un système de faisceaux parallèles et des systèmes nombreux de faisceaux coniques, qu'une pure conception géométrique, car on peut, à l'aide de circonstances physiques bien simples, faire éclore tel ou tel de ces systèmes.

Plaçons, en effet, au delà de ces lames une lentille, et promenons derrière elle un écran, de manière à lui faire occuper successivement toutes les positions *focales conjuguées* des diverses surfaces ; nous verrons ces surfaces se peindre tour à tour sur l'écran avec leurs taches, et l'on aura ainsi donné une réalité physique à chacun des systèmes coniques propres à ces surfaces. Si l'écran est au foyer principal de la lentille, ce sera comme faisceaux parallèles que les rayons se manifesteront. L'usage de ces aspects multiples d'un même objet est familier en mécanique, où l'on considère une force comme équivalente à une infinité de systèmes de forces, un mouvement comme équivalent à une infinité de systèmes de mouvements, et où la résolution des problèmes (l'optique en offre de précieux exemples) consiste souvent à démêler parmi ces forces ou parmi ces mouvements le système particulier qui prévaut. Le principe d'optique géométrique que nous posons n'est ni moins utile, ni moins fécond ; nous le verrons, en effet, jeter la plus vive clarté sur l'étude du *microscope polarisant d'Amici*. Mais il convient auparavant de l'appliquer à quelques interprétations plus simples.

§ 212. — Une expérience de M. Foucault interprétée par deux groupements.

Pour étudier les couleurs composées qui résultent de la superposition de rayons simples, M. Foucault a proposé l'appareil suivant (*fig.* 113). Une première lentille L donne un point lumineux, ou mieux (car elle est cylindrique) une ligne lumineuse ; une deuxième lentille L', éloignée de la première de la somme de leurs distances focales principales (*), *parallélise* les rayons et les offre à un prisme qui les transforme en autant de faisceaux parallèles qu'il y a de couleurs élémentaires. Un écran E, percé d'une fente convenable et placé près du prisme, épargne la région commune à tous les faisceaux et n'arrête que les franges colorées qui borderaient en ce lieu une large tache blanche. Vient enfin, à une distance de l'écran qui ne doit pas être moindre que sa distance focale principale, une lentille *achromatique* assez large pour recevoir tous les rayons épargnés. Dans ces conditions, si l'on promène un écran derrière la lentille, on lui trouve deux positions remarquables. Mis en A, au foyer principal, il reçoit un spectre très-pur ; mis en B, au foyer conjugué de la fente, il reçoit une lumière parfaitement blanche. Laissons-le dans cette dernière position, et enlevons avec

---

(*) Cette dernière lentille doit avoir un foyer principal plus long que l'autre. Si le diamètre apparent du soleil était moindre, on pourrait supprimer ces deux lentilles, dont le but évident est de réduire ce diamètre, et recevoir directement sur le prisme les rayons solaires.

une fiche une ou plusieurs des couleurs simples du spectre, nous obtiendrons, et c'est là le but que se proposait M. Foucault, une série de teintes plates qui seront dues au concours des rayons diversicolores que la fiche n'aura pas arrêtés. Il est facile de justifier ces divers résultats. Associés en groupes parallèles, les rayons de même couleur viennent se résumer sur le plan focal principal en lignes lumineuses distinctes, dont la juxtaposition donne un spectre parfait. Mais ces mêmes rayons peuvent se grouper en cônes qui ont leurs sommets dans le plan de la fente et qui sont formés chacun par un assortiment complet de rayons hétérogènes. La lentille étant achromatique transforme ces cônes divergents en autant de cônes convergents dont les points de concours sont dans le plan focal conjugué. Chaque cône contenant un rayon rouge par exemple, et n'en contenant qu'un, si la fiche détruit le rouge, tous les points du tableau deviennent *blanc moins rouge,* ce qui donne bien une teinte uniforme.

§ **213. — Autre exemple. — La loupe de Fresnel** (*fig.* 113 *bis*).

Dans une expérience de franges, celle du biprisme par exemple (p. 40), les rayons se présentent associés par paires AO, CO; AP, CP; AQ, CQ,..., légèrement inclinés l'un sur l'autre, et issus chacun d'une des images A, G; la loupe rabat vers son axe ces systèmes et les fait tous passer dans une région que l'œil devra occuper. Pour voir ce qu'est cette région, il suffit de déclasser ces systèmes et de n'y voir que deux cônes divergents AOR, COR, respectivement émanés de chaque image. La loupe les change en effet en deux cônes convergents à sommets *a*, *g* très-rapprochés, et l'œil qui voudra embrasser tous les systèmes reçus par la loupe et voir les franges correspondantes ne devra pas s'éloigner de ces deux sommets. Or que l'œil vise actuellement au petit soleil *image*, qui engendre les deux points lumineux, comme sa distance ne diffère pas de celle des points

A, G, les sommets des cônes convergents issus de lui et dus
à l'action de la loupe tomberont dans le même plan que les
sommets précédents. Mais pour l'œil (nous le supposons
infiniment presbyte) ces cônes équivalent à d'innombrables
faisceaux parallèles ayant pour inclinaison maximum l'angle des cônes. Si l'œil les reçoit tous, le champ illuminé sera
maximum et aura pour limites les bords de la loupe ; plus
loin ou plus près l'œil manquera certains faisceaux, et le
cône qui a pour base la loupe cesse d'être complétement
illuminé. La pratique imaginée par Fresnel (§ 22) pour
trouver la position la plus convenable de l'œil se trouve
donc pleinement justifiée.

§ 214. — Une foule de cas compris entre deux cas limites.

Les nombreuses expériences d'interférence qu'offre la
polarisation chromatique n'exigent, dans la lumière qui les
produit, aucune élaboration, et s'accommodent, comme *les
anneaux des lames minces*, et pour les mêmes motifs (*),
des rayons qui arrivent pêle-mêle des divers points du ciel.
Pour concevoir l'action de ces rayons, et consécutivement
assigner, soit la position de l'œil qui voudra voir les phénomènes, soit le dispositif nécessaire à leur projection sur
un écran, nous allons encore recourir aux *équivalences* qui
constituent le principe géométrique précédent. Mais il convient tout d'abord de distinguer deux cas extrêmes : 1° celui
où l'interférence ne varie qu'avec la direction et reste la
même aux divers points du corps ; 2° celui où l'interférence, indépendante de la direction des rayons, change au
contraire aux divers points du corps. Une lame mince,

(*) Dans ces expériences, l'interference s'exerce entre deux portions
(souvent les deux moitiés) de chacun des rayons qui arrivent aux appareils.
Dans l'expérience des miroirs de Fresnel, et en *diffraction*, elle a lieu, au
contraire, entre des rayons différents ; et cela entraine diverses exigences,
dont la plus essentielle est que ces rayons derivent d'un luminaire angulairement très-petit.

d'épaisseur uniforme, et surtout une lame cristallisée, à faces parallèles, qui seront par exemple perpendiculaires à l'axe, réalisent le premier dans toute sa rigueur. Une lame mince d'air, comprise entre deux verres assez bombés pour que la variation du retard dû à l'inclinaison soit peu de chose vis-à-vis la variation due à la différence d'épaisseur, et mieux encore un verre trempé, approchent de réaliser le second.

§ 215. — Premier cas. — Projection spontanée. — Lentille auxiliaire.

Les phénomènes qui s'y rattachent peuvent se projeter spontanément sans lentille auxiliaire. Groupons en effet les rayons incidents en faisceaux parallèles, et suivons au delà du cristal, jusqu'à la rencontre d'un écran, les doubles faisceaux issus de chacun d'eux. Si, théoriquement, chaque faisceau incident se bifurque dans la lame, le parallélisme des deux demi-faisceaux et l'insignifiance de leur séparation font qu'on peut regarder leur ensemble comme n'en formant qu'un seul, qui est la continuation du faisceau générateur. Cela posé, il suffit que ces faisceaux, diversement orientés, n'aient pas trop d'épaisseur pour que chacun d'eux donne sur l'écran, par le même artifice que dans la *chambre obscure à trou,* la teinte propre au retard qui a été introduit entre ses deux parties. En réduisant le diaphragme, le dessin des lignes *isochromatiques* gagnera de la pureté, mais aux dépens de la clarté. Pour concilier clarté et pureté, il faut laisser libre toute la surface du cristal, et transformer (comme dans la chambre obscure), par l'emploi d'une lentille, ses larges faisceaux parallèles en faisceaux convergents. En plaçant l'écran au foyer principal de la lentille, la teinte propre à chaque direction, au lieu d'empiéter sur les teintes voisines, se réduira à un point. Pour embrasser à la fois un grand nombre de directions, ou, en d'autres termes, avoir un *vaste champ,* il faudra juxtaposer la lentille au cristal.

§ 216. — Comment la lentille laisse indéterminée la position de l'œil.

Dans la chambre obscure, où il s'agit de la reproduction d'un objet, l'emploi d'une lentille ne laisse à l'écran qu'une seule position. Ici, même en passant du *trou* à la *lentille*, l'écran continue de pouvoir prendre une foule de positions, soit postérieures, soit antérieures au foyer principal. Si nous le reculons par exemple, il recevra les sommets de cônes convergents, issus de certains cônes incidents qui auraient pour points de départ les foyers conjugués correspondants; c'est-à-dire qu'au lieu d'agir comme faisceaux parallèles, les rayons incidents se grouperont en une foule de cônes, soit divergents, soit convergents, dont les sommets seront dans certains plans.

§ 217. — L'impression variable dans un même cône.

Si, dans le groupement en faisceaux parallèles, les divers rayons engendrent le même retard et donnent une seule et même teinte renforcée par leur concours, avec le groupement en cônes on aura des retards variables, dans des limites d'autant plus étendues que les cônes seront plus ouverts, ou, ce qui revient au même, que leurs sommets seront plus rapprochés de la lame. La teinte fournie par cet ensemble discordant sera donc la résultante de teintes élémentaires distinctes, et devra différer de celle qu'on obtient au foyer principal. Quand la lame sera parallèle à l'axe, les retards contractés par les rayons d'un même cône différeront peu, et l'on aura encore des couleurs qui pourront même ne pas changer sensiblement avec la position de l'écran; et c'est alors que le choix des premiers cônes pourra paraître, ainsi que nous l'avons dit (§ 210), dicté par l'ensemble des deux conditions fondamentales. Mais, avec des lames perpendiculaires à l'axe, le retard éprouvera aisément des changements de plusieurs ondulations et occasionnera dans chaque cône, pour chaque sorte de lumière, tous les états possibles de l'interférence additive et soustractive; dans ce cas, les lignes isochromatiques feront place à un éclairement constant, mais on peut les faire renaître en réduisant par un diaphragme l'ouverture des cônes.

§ 218. — Cas où l'œil intervient.

Comme l'œil n'est au fond que l'ensemble d'une lentille et d'un écran, il pourra intervenir directement. Appliquons-le d'abord contre le cristal; suivant qu'il sera presbyte ou myope, il apercevra les lignes isochromatiques dues à des groupements divers des rayons incidents (*). S'il est très-myope, ou s'il se rend tel par l'emploi d'une loupe, les cônes utilisés pourront être assez ouverts pour que les franges soient confuses et qu'il faille diminuer, à l'aide d'un diaphragme auxiliaire, l'ouverture de la pupille. L'œil *infiniment presbyte* conserve seul, en s'éloignant du cristal, mais avec réduction du champ, le même phénomène; dans tout autre cas, cet éloignement entraîne dans les rayons d'autres groupements, et partant, au moins théoriquement, un changement dans les couleurs. D'ailleurs ce sera dans la région de la vision distincte, et par conséquent en dehors du cristal, qu'on verra ces couleurs.

§ 219. — Les disperseurs.

Quand on observe le cristal en plein air, les rayons ne manquent à aucune direction. Il n'en est pas de même quand on opère dans un appartement, et surtout quand on veut employer les rayons énergiques du soleil. Dans ce dernier cas par exemple on n'aurait que la parcelle des lignes isochromatiques, qui répond à l'ensemble des directions comprises dans un cône d'un demi-degré. Dans de pareils cas, il importe de soumettre la lumière incidente à un re-

---

(*) En armant chaque œil d'une lentille divergente qui ait pour longueur focale celle de la vision distincte, tous verront le même phénomène, à savoir celui de l'œil infiniment presbyte.

maniement qui la transforme en cônes très-ouverts, et partant en cylindres très-écartés. Tel est le rôle des *disperseurs :* le plus simple consiste dans une lentille qui se place en avant du cristal, à une distance égale à son foyer principal. Pour obtenir à la fois des cônes très-ouverts et une grande image du soleil, on la prend à long foyer et d'une grande dimension. La distance précitée, pour être la meilleure, n'est cependant pas obligatoire; on pourra donc éloigner un peu le cristal, quand l'image du soleil n'en couvrira pas toute la surface. Il est visible d'ailleurs qu'il ne faut rechercher dans une lentille *disperseur* aucune des qualités qui la rendent coûteuse, telles que l'achromatisme, la pureté des matières et l'aplanétisme.

Dans les expériences où la lumière doit subir l'action d'un polarisateur et d'un polariscope, il importe que ces auxiliaires ne réduisent pas trop le champ. Deux tourmalines suffisamment larges, appliquées contre les deux faces du cristal, satisfont parfaitement à cette condition; il n'en serait plus de même avec les prismes de Nicol longs et étroits si l'emploi d'un disperseur n'avait ce second avantage de produire dans les rayons un étranglement qui atténue les inconvénients de leur longueur et de leur étroitesse.

§ 220. — Deuxième cas-limite. — Position de la lentille. — Lieu du phénomène.

Groupons les rayons incidents en cônes convergents qui aient pour sommets les divers points de la lame qui engendre les retards. Chacun d'eux donnera naissance à deux cônes divergents dont la superposition sera en général presque mathématique. Le résultat de l'interférence propre à ces deux cônes ne sera appréciable qu'autant qu'ils s'isoleront des cônes pareils issus des autres points. Il faut donc que l'œil se place à une distance de leur sommet commun égale à celle de la vision distincte. D'où il résulte que ce sera au sein même de la lame, et non plus au dehors qu'on verra les couleurs, et que le phénomène aperçu par les divers observateurs sera le même. Si l'œil se déplace, aux cônes précédents succèdent d'autres cônes qui ont leurs sommets en dehors de la lame et sont formés des débris incohérents des premiers. Les rayons qui viennent alors agir en un même point de la rétine, ayant traversé des épaisseurs très-inégales, cessent d'avoir une relation fixe, et partant il n'y a à attendre qu'un éclairement moyen et uniforme du groupement ingrat assigné, par la mauvaise position de l'œil, aux rayons qui ont subi l'action de la lame mince.

La lentille qui projettera ces phénomènes ne peut plus se mettre au contact de la lame, mais doit s'en éloigner à une distance au moins égale à son foyer principal. L'écran se place au foyer conjugué (alors toujours réel) de la lame mince. Avec l'œil, même quand il s'aide d'une loupe (*), les cônes mis en jeu restent étroits, et l'emploi d'un disperseur est inutile. Quand on procède par projection, on peut, pour avoir plus d'éclat, recourir aux rayons solaires; on peut, de plus, vouloir donner aux cônes la largeur de la lentille; il faut alors recourir à un disperseur. Cette substitution de larges cônes aux cônes étroits, qui n'aurait que des avantages si le retard ne dépendait mathématiquement que du point attaqué par le cône, nuit ordinairement à la pureté des teintes, et leur apporte une altération d'autant plus grande que les retards varient davantage avec la direction.

§ 221. — Désignation de ces deux cas.

Ces deux manières fondamentales d'opérer constituent ce

(*) Il faut cependant réserver le cas où de légers changements de direction amèneraient de grandes variations dans le retard. Les anneaux obtenus sous des incidences voisines de la réflexion totale sont dans ce cas, ainsi que l'a remarqué M. Stokes. Pour voir nettement les curieuses particularités de forme propres aux fragments d'anneaux qui restent visibles, il faut, avec ce physicien éminent, réduire l'étendue de la pupille et regarder à travers un trou d'aiguille pratiqué dans un papier noirci.

qu'on nomme les conditions de la lumière *convergente* ou *divergente* et de la lumière *parallèle*; dans la première, les rayons agissent comme faisceaux parallèles très-divergents; dans la seconde, ils se groupent en faisceaux coniques peu ouverts, peu inclinés les uns sur les autres, et qui émanent du corps où s'acquièrent les retards. L'idée de convergence ou de parallélisme porte donc sur les axes des divers faisceaux, tandis que la relation inverse et simultanée de parallélisme et de conicité s'applique à la constitution des faisceaux, et en rigueur la précédente nomenclature, toute géométrique, ne peut être taxée d'obscurité. Cependant si l'on considère que, pour la génération pratique des faisceaux parallèles très-divergents, on aura recours à la formation préalable par un disperseur de faisceaux coniques très-ouverts, et qu'ainsi, à ce nouveau point de vue, il y aura un nouvel enchevêtrement du convergent et du parallèle, on pensera peut-être qu'il serait préférable d'emprunter la désignation de ces deux cas aux conditions physiques du phénomène, et de dire, dans le premier, *phénomène d'interférence de direction*, et dans le second *phénomène d'interférence locale*. Entre ces cas extrêmes se trouvent tous les groupements en faisceaux coniques émanés d'autres points que ceux du corps.

Le phénomène que nous avons pris comme type des interférences locales (anneaux des lames minces) s'évanouit dès qu'on s'écarte notablement des conditions que nous avons décrites (§ 220); et à plus forte raison, si l'on voulait lui imposer le mode d'expérimentation propre aux interférences de direction. Il n'en est pas de même de celui que nous avons pris pour type de l'autre cas extrême; car on saura qu'une lame cristallisée exposée, soit aux faisceaux parallèles divergents, soit aux faisceaux coniques qui convergent dans son sein, soit aux faisceaux coniques doués d'une tout autre convergence, peut donner dans chaque cas un phénomène de coloration; mais alors le cas d'interférence

locale reste caractérisé par la nature plate de la teinte, et
celui d'interférence de direction par les plus grandes variations de teinte. Quand on a ainsi affaire à une teinte parfaitement plate, que, par exemple, la teinte reste invariable, quoique l'on s'écarte grandement des conditions
d'interférence locale; si l'appareil se termine du côté de
l'œil par un oculaire, on observera que cet oculaire peut se
dispenser d'avoir cette position stricte qui fait converger
sur la rétine les derniers faisceaux : en effet, puisque tous
les cônes d'une part, et de l'autre tous les rayons de chaque
cône, donnent une seule et même teinte, ces cônes peuvent
rencontrer la rétine autre part qu'en leurs sommets, sans
cesser de lui donner la même impression. Les appareils de
l'optique ancienne ne présentent rien de pareil.

Parmi les appareils de polarisation colorée, il en est
(la pince à tourmalines) qui ne réalisent que le premier cas, et d'autres (l'appareil de Biot) qui ne réalisent que le second. L'appareil de Norremberg, complété
par une lentille, peut, dans certaines limites, remplir le
premier rôle; mais l'appareil d'Amici excelle seul également dans les deux. Nous verrons en effet qu'avec la lumière
parallèle il amplifie tellement les régions où apparaissent
les teintes plates, qu'il rend très-manifestes, dans de
très-petits cristaux (ce sont, on le sait, les meilleurs),
les diverses teintes juxtaposées dues aux diverses épaisseurs,
et qu'il grandit dès lors les ressources que ces teintes et leurs
dégradations offrent pour faire deviner la forme du cristal ;
nous allons voir aussi qu'avec la lumière *convergente* il
donne un champ d'environ 130 degrés, et par conséquent
de grandes chances pour rencontrer, au premier coup
d'œil, les axes trop souvent très-écartés l'un de l'autre et
très-obliques sur les faces. Décrivons-les tour à tour.

§ 222. — Appareil de M. Biot.

Allongez les deux tiges parallèles qui terminent à droite

l'appareil (*fig.* 95), de manière à pouvoir leur confier une ou deux plates-formes percées centralement d'un trou circulaire. Que ces plates-formes successives puissent se mouvoir : 1° dans leur plan, 2° autour d'un axe perpendiculaire aux tiges ; les deux limbes mesureurs de ces mouvements, résidant le premier dans le plan de la plate-forme, et le deuxième sur la face extérieure d'une des deux tiges. Enfin, que le polariscope, reporté à l'extrémité libre des tiges, soit un prisme biréfringent et non plus un miroir. Ainsi transformé, l'appareil se prêtera à l'étude des teintes plates que donnent, soit sous l'incidence normale, soit sous diverses incidences obliques, une ou plusieurs lames cristallisées successives. Ne supposons qu'une lame : si sa distance à l'œil était celle de la vision distincte, on verrait la teinte au sein de la lame elle-même. Si cet accord de distance a lieu pour le diaphragme placé à l'intérieur du tube, ce seront ses deux images circulaires qui se teindront des couleurs complémentaires. L'ouverture du diaphragme et le pouvoir séparateur du spath achromatisé seront tellement combinés, que les deux images colorées soient presque tangentes l'une à l'autre. Enfin l'image achromatisée est l'extraordinaire, parce que c'est surtout à ses teintes qu'on s'en réfère dans l'étude des phénomènes.

§ 223. — Appareil de Norremberg.

Dans cet appareil assez connu pour que nous nous dispensions d'en donner le dessin, le polarisateur est une simple lame de verre mobile autour d'un axe horizontal porté par deux piliers verticaux. On l'incline sur eux de 34 degrés, de manière à lui faire renvoyer vers le bas des rayons venus des nuages. Ces rayons polarisés rencontrent au bas des piliers une glace horizontale étamée qui les renvoie vers le haut. Ils traversent partiellement, sans perdre leur polarisation, d'abord la glace polarisatrice, puis une lame de verre horizontale qui sert de support aux cristaux, et arrivent

I.   24

enfin à un miroir dont la face postérieure est noircie. Ce polariscope peut s'enlever et faire place à tout autre polariscope. Réduit à ces organes, l'appareil de Norremberg convient parfaitement pour l'observation des phénomènes de lumière parallèle, et excelle quand les corps où ils se développent ont une grande étendue, les verres trempés et courbés par exemple. Mais nous verrons plus loin (§ 229) qu'en lui ajoutant une lentille, on peut en étendre l'emploi aux phénomènes de lumière convergente. La glace étamée peut servir également de support ; mais alors les cristaux, étant traversés deux fois par la lumière, donnent un retard double. Cette propriété peut être très-utile (§§ 292 et 623), et constitue pour cet appareil un avantage réel.

§ 224. — Microscope polarisant. — Lumière parallèle.

Une pile de verre P, grâce à un miroir étamé M, mobile autour d'un axe horizontal (*fig* 114), reçoit sous l'angle de polarisation la lumière du ciel, et le faisceau polarisé, dû aux réflexions multiples, et autrement énergique que celui d'un appareil de Norremberg, s'élève verticalement vers le microscope.

Porté, comme la pile, par une tige verticale carrée T, taillée en crémaillère, le long de laquelle il pourra glisser, le microscope comprend, ainsi que tous les microscopes, un objectif O, un verre intermédiaire et un oculaire. Seulement, les distances et les courbures sont choisies de manière que le cristal soit très-loin de l'objectif, et que le *cercle de Ramsden* se trouve rejeté à plusieurs centimètres au delà de l'oculaire. Le grossissement est modéré, il est habituellement de 12 diamètres ; mais on peut, en changeant d'objectif, le porter, quand il s'agit de petits cristaux. à 55. La distance OV de l'objet, qui était de 105 millimètres, est alors réduite à 16. Les rayons employés doivent se grouper en deux séries de cônes qui ont leurs sommets sur le cristal. Chaque point possède, comme chez les anneaux des lames minces, mais pour un motif de double réfraction,

deux de ces cônes, dont les rayons sont deux à deux en relation d'interférence. Les conditions d'interférence varient,
il est vrai (§ 217), dans les divers couples; mais comme le
cristal est loin de l'objectif, et l'objectif petit, cette variation est faible. Bref, la teinte obtenue est la moyenne des
teintes légèrement différentes apportées par ces couples de
rayons; et, comme les deux cônes de chaque point ont sensiblement la même constitution, il en résulte que cette
teinte est uniforme dans tout le cristal. L'éloignement du
cercle de Ramsden permet d'interposer entre l'oculaire et
l'œil un rhomboïde de spath d'Islande R, assez épais pour
séparer chaque pinceau en deux pinceaux distincts, l'un
ordinaire et l'autre extraordinaire. Chaque sorte de pinceaux formant sur la surface supérieure du spath son cercle
de Ramsden distinct, il suffit, pour n'admettre dans l'œil
que les uns ou les autres, de varier un peu la position d'un
petit trou (c'est un œilleton mobile) pratiqué dans une
plaque de métal qui recouvre cette face supérieure; de telle
sorte qu'on peut obtenir presque simultanément et sans déplacement sensible de l'œil les deux phénomènes complémentaires, couleurs, anneaux, lemniscates, spirales, etc.,
dont l'ensemble se retrouve toujours en polarisation chromatique. Quant aux états intermédiaires, on les obtient en
tournant le corps du microscope.

Le cristal étudié repose et est fixé au besoin par de la cire
molle sur une plaque de verre V, portée par un tambour
intermédiaire à la pile et au microscope. Ce tambour, muni
de deux mouvements et de deux limbes (omis dans la figure),
permet de tourner le cristal dans son propre plan et de
l'incliner plus ou moins autour d'un axe horizontal dont
l'orientation peut changer.

En terminant cette étude du premier des deux appareils
qui se trouvent réunis dans le microscope d'Amici, il ne sera
pas superflu de remarquer que, si cet appareil emploie,
comme celui de Norremberg (dans un autre ordre, il est

vrai), deux réflexions successives, l'une essentielle et l'autre
auxiliaire sur un miroir étamé, cette dernière a lieu sous
une incidence rasante plus généreuse que l'incidence normale.

. L'appareil d'Amici, dans le rôle précédent, ne diffère pas
essentiellement d'un microscope composé, il va devenir
propre au suivant par l'addition de deux pièces corrélatives
que nous appellerons le *collecteur* et le *disperseur*.

§ 225. — Lumière convergente. — Le collecteur.

Adaptons sur l'extrémité objective du microscope un
long tube terminé par une sorte d'oculaire double, formé
de deux lentilles inégales qui ont pour foyers 5 et 12 millimètres, et distantes seulement de 2 millimètres (*fig.* 115) ; ce
qui donne à leur ensemble un foyer principal extrêmement
court d'environ 1,5 : si nous supposons d'innombrables
rayons arrivant sur la lentille inférieure dans une foule de
directions, et si nous classons ces rayons en faisceaux parallèles, ces faisceaux formeront leurs foyers dans le plan
focal principal, distant de 1,5 de la dernière surface du
verre supérieur. Ce verre, ayant une ouverture de 13 millimètres, les colligera tant que leur inclinaison sur le pinceau central ne dépassera pas l'angle qui a pour tangente
$\frac{6,5}{2}$, c'est-à-dire 73 degrés. Il y a plus : après avoir subi
l'action du collecteur, ces rayons, qui n'étaient pas destinés
à l'objectif du microscope, se trouvent assez redressés pour
que les cônes engendrés, même par les faisceaux les plus
obliques, viennent rencontrer cet objectif et soient ainsi
ramenés dans le champ. Si, d'ailleurs, les rayons de chaque
système éprouvent un dédoublement, ce que nous avons
dit (§ 215) prouve que les deux faisceaux issus d'un même
faisceau ne formeront, après avoir subi l'action du collecteur, qu'un seul et même cône. De sorte que, si les sommets de ces cônes sont juste à la distance de 105 millimètres

[la longueur du tube donne ce résultat (*)], les cônes interférents ne seront pas déclassés dans l'acte de la vision à travers le microscope, et l'on obtiendra, aux divers points du
champ de la vision, dans un état d'isolement parfait, les
phénomènes dus aux faisceaux parallèles qui auront traversé le cristal dans chacune des directions comprises dans
un cône d'environ 130 degrés d'ouverture. Mais, pour uti-
liser cet énorme champ, il faut pouvoir offrir la lumière
polarisée dans toutes les directions qu'il embrasse. La pile,
étroite et éloignée, donne trop peu de directions primitives
pour qu'une seule lentille suffise à un tel remaniement ; il
faut, avec Amici, recourir à un *disperseur* plus savant,
formé de deux lentilles.

§ 226. — Le disperseur.

Organisé comme le collecteur, ce disperseur n'en diffère
que par la grandeur de ses verres et la possibilité d'en varier la distance à l'aide d'un tirage (*fig.* 116). Il se substitue à la lame de verre V, et c'est sur sa surface supérieure
plane qu'on pose les cristaux. On descend le microscope
jusqu'à ce qu'il ne reste entre le collecteur et le disperseur
que la place exigée par l'épaisseur du cristal et par les
mouvements d'inclinaison qu'on veut lui donner.

Par le disperseur, les systèmes de rayons parallèles très-
peu obliques offerts par la pile deviennent autant de faisceaux coniques à angles très-ouverts. Mais ces faisceaux
coniques peuvent être considérés comme formant une infinité de faisceaux parallèles, dont l'écart angulaire dépasse
de beaucoup celui des faisceaux primitifs, et ils doivent
être considérés comme tels, puisque, grâce au collecteur,
le microscope est accommodé pour faire concourir sur le
plan focal virtuel de la vision distincte des faisceaux parallèles.

(*) On ne conjugue le collecteur qu'avec le plus faible des deux grossis-
sements du microscope.

Ainsi, ce que l'œil voit, ce ne sont plus les points du ciel desquels sont partis originairement les rayons, mais bien les points lumineux constitués par ces derniers faisceaux parallèles, après l'action du collecteur et du microscope; lesquels faisceaux, on ne l'oubliera pas, se sont divisés dans le cristal en deux demi-faisceaux doués d'un retard variable avec la direction seulement.

Quand le cristal est très-mince, pour amener sur lui les sommets des cônes, il faut éloigner les deux verres du disperseur. Le champ définitif qui résulte du concours du disperseur et du collecteur (ce serait celui de l'une ou de l'autre de ces deux pièces, si elles étaient rigoureusement égales et rapprochées jusqu'au contact) varie un peu avec le tirage du disperseur, et surtout avec la distance de ces deux pièces. Quand il est le plus vaste, il surpasse notablement l'angle *extérieur* des axes du borax, ne diffère pas de celui de l'anhydrite, et n'est guère inférieur à celui des axes du sel de la Rochelle, ou de la topaze, c'est-à-dire à 123 degrés.

La détermination de ces angles extérieurs est facile à improviser par projection; mais elle s'obtient plus exactement par un appareil spécial dû à M. Soleil. Cet appareil offrant une nouvelle application des principes précédents, nous allons le décrire ici.

Nous rappelons que la direction des axes est signalée par certaines particularités des courbes d'interférence; l'axe d'un uniaxe aboutissant au centre d'un système de cercles concentriques, et les deux axes d'un biaxe aux deux foyers de courbes que nous reconnaîtrons plus tard être des lemniscates. Nous admettrons que les deux surfaces parallèles qui terminent le cristal sont perpendiculaires au plan des deux axes et, autant que possible, à leur bissectrice.

§ 227. — Appareil de M. Soleil pour mesurer l'angle des axes optiques chez les biaxes (*fig.* 117 et 118).

Dans cet appareil, le cristal C, confié à une pince P, se

trouve entre deux lentilles distantes de la somme de leurs foyers principaux, et au foyer principal de chacune. La première L, véritable *disperseur,* reçoit les rayons du ciel après qu'ils ont subi l'action d'un miroir polarisateur M *très-rapproché,* et les transforme en pinceaux coniques qui viennent *pointer* dans le cristal lui-même. La deuxième L', véritable *collecteur,* reçoit ces rayons et les fait concourir, soit à l'infini, soit à son foyer principal postérieur, suivant qu'on les considère avec l'association conique que vient de leur donner le disperseur, ou que l'on voit dans ces cônes une série de systèmes parallèles diversement dirigés. Comme les rayons parallèles sont ceux qui subissent le même retard et dont les effets s'ajoutent (§ 210), il est clair que le dernier point de vue doit prévaloir. On a donc, au foyer principal du *collecteur,* le dessin des lignes isochromatiques. Elles y rencontrent un micromètre N, sur lequel nous reviendrons. Pour les bien voir, l'œil est armé d'une loupe O, qui a les mêmes fonctions que le microscope composé de l'appareil d'Amici. Enfin, l'appareil se termine, du côté de l'œil, par une tourmaline placée précisément là où les pinceaux rabattus sur l'axe s'entrecoupent, ou, en d'autres termes, à l'œilleton de la lunette formée par l'ensemble des deux verres L' et O. Pour projeter les phénomènes sur un tableau, il suffit de reculer un peu l'oculaire O.

Détails sur la pince. — L'axe de la pince porte concentriquement un limbe normal qui tourne du même angle qu'elle. Cet angle est mesuré par le nombre de divisions du limbe qui passent devant un double vernier immobile. Pour pouvoir racheter un défaut de perpendicularité des faces du cristal sur le plan des axes, le genou qui porte la pince peut tourner autour d'un axe qui est parallèle au limbe, et dont le prolongement passe par le centre des mâchoires circulaires de la pince.

Détails sur le micromètre (*fig.* 119). — Des trois fils

que porte le micromètre,. deux sont perpendiculaires au troisième et parallèles entre eux. Ils sont commandés par deux vis d'espèce contraire établies sur une même tige. Il en résulte qu'on peut les écarter sans détruire leur parallélisme et sans changer la position de la ligne qui bissecte leur distance.

Pour opérer, on confie le cristal à la pince et on la tourne de manière à voir des courbes colorées. En se repérant sur la ligne que décrit un point de ces courbes, on rend aisément vertical le fil unique. On tourne alors, et le cristal dans la pince, et au besoin le genou, jusqu'à ce que le plan des axes passe par ce fil. Il suffit alors d'amener tour à tour chacun des deux foyers des lemniscates sur l'un des fils horizontaux et de lire le nombre de degrés parcourus par la pince. On a ainsi l'*angle extérieur* ou *apparent* des axes ; on en déduit l'*angle réel intérieur* en recourant à la loi des sinus, et l'appliquant avec celui des trois indices principaux du biaxe, qui est intermédiaire aux deux autres, ainsi qu'on le justifiera dans le chapitre consacré à la théorie de la double réfraction biaxe.

Les deux fils horizontaux se prêtent à diverses déterminations instructives. Ainsi l'on peut les rendre tangents à un anneau d'un certain ordre obtenu avec le rouge du spectre, et constater, quand on reçoit le violet, quel est le rang de l'anneau qui vient se terminer aux mêmes limites. On peut amener tour à tour les deux fils au milieu de l'épaisseur des anneaux successifs (on suppose ici que le cristal en expérience est un uniaxe) et saisir la loi qui régit leurs diamètres croissants, etc.

Dans cet appareil, les deux lentilles L, L' ont 36 millimètres de foyer et 44 millimètres d'ouverture. Le champ de l'instrument est donc le double de l'angle qui a pour tangente $\frac{22}{36}$, c'est-à-dire environ 63 degrés. Ce champ est inférieur à celui du *microscope polarisant*, mais cela importe peu, puisque, par la rotation de la pince, on peut étendre le champ jusqu'aux incidences rasantes.

§ 228. — Universalité de l'appareil Soleil.

Il est curieux que l'appareil de M. Soleil se prête, avec le même succès, à l'observation et à la projection des phénomènes d'*interférence locale;* mais alors c'est extérieurement aux lentilles L, L', et non plus au milieu de leur intervalle, que la pièce génératrice du phénomène (verre trempé, lame mince de gypse,...) doit être placée. Sa place peut être indifféremment, soit le foyer antérieur abc du disperseur L (*fig.* 118 *bis*), soit le foyer postérieur N du collecteur L'.

Pour le concevoir, groupons les rayons parallèles émanés des divers points du soleil en cônes d'un demi-degré d'ouverture qui aient leurs sommets aux divers points du plan abc, tous les rayons d'un de ces cônes a, b ou c, après avoir éprouvé sensiblement la même modification, à savoir celle caractéristique du point attaqué, iront, sans dislocation, se résumer de l'autre côté du collecteur en un point a', b' ou c' situé dans le plan focal postérieur de ce collecteur; de sorte qu'on aura dans ce plan focal une image réelle de l'objet ornée des modifications chromatiques particulières à chaque point; si toutefois on fait intervenir un polariscope, que l'on peut indifféremment mettre, soit au point de croisement P, soit à l'œilleton de l'oculaire. Le lecteur comprendra sans peine comment la position $a'b'c'$ ne convient pas moins bien à l'objet, mais alors le polariscope ne peut plus se mettre en P. Ayant deux places pour l'objet, on peut mettre simultanément en jeu deux lames cristallisées, et obtenir la teinte résultante de leurs deux teintes. Toutefois on remarquera que l'un des deux dessins subit un renversement. Comme la portion des plaques reproduite a une étendue égale à celle des lentilles, il convient que, dans un appareil Soleil destiné à cette deuxième étude, ces deux verres aient une grande amplitude.

§ 229. — Rôle de la lentille dans l'appareil Norremberg.

La lentille de l'appareil Norremberg peut à volonté agir comme collecteur ou comme disperseur, ou même jouer à la fois les deux rôles. Le premier cas se présente quand on la place au-dessus du support et le second quand on la met au-dessous. Si l'on place le cristal sur le miroir inférieur, il suffit de la disposer entre ce miroir et le polarisateur en continuant de rendre sa distance au cristal égale à son foyer principal, pour qu'elle agisse comme disperseur sur les rayons que la glace polarisante rabat sur le miroir, et comme collecteur sur ces mêmes rayons quand ils reviennent vers le haut, après avoir traversé deux fois le cristal. Mais il faudrait en outre, pour rendre, quand il y a lieu (§ 220), la vision nette, et quand ce soin est inutile (§ 215), pour profiter du grand champ créé par le disperseur, un système optique auxiliaire, lentille ou lunette ; car, faute de pouvoir rapprocher l'œil et faute de lui venir en aide, l'appareil de Norremberg ne donne, avec sa lentille, que les phénomènes de lumière convergente dont l'étendue angulaire est faible.

§ 230. — Double réfraction et polarisation de la chaleur.

Pour être fidèle au plan que nous nous sommes tracé (§ 137), nous terminerons cette leçon en jetant un coup d'œil rapide sur la double réfraction et la polarisation de la chaleur.

Quand on prend les rayons calorifiques du trait solaire, leur parallélisme permet d'éloigner de la pile les pièces qui pourraient introduire des causes d'erreur par voie de rayonnement, leur énergie permet de restreindre assez les faisceaux pour que les prismes biréfringents en donnent deux images séparées. Dans ces conditions favorables, on repro-

duit sans peine avec la chaleur tous les résultats obtenus
avec la lumière, et pour peu que l'appareil de Melloni soit
sensible, ils ont même une intensité remarquable. Ainsi,
en recevant tour à tour sur un miroir de verre et sous l'angle
de 56 degrés les deux pinceaux issus d'un spath achromatisé, l'arc d'impulsion, nul pour l'un, s'est élevé pour l'autre, dans des expériences dues à deux physiciens bien connus, à 75 degrés. Si l'on veut reproduire ces phénomènes
avec les faibles radiations calorifiques qu'envoient les corps
faiblement échauffés, la nécessité de diminuer les distances
et de recourir à des amplificateurs, le peu de perméabilité
des prismes de Nicol, des tourmalines et des lentilles con-
densantes, pour les flux calorifiques qui abondent dans ces
sources de chaleur, rendent, il est vrai, les expériences
très-délicates. Mais néanmoins on est parvenu à établir
qu'en chaleur comme en lumière les mêmes actions pos-
sédaient indistinctement et au même degré la double faculté
polarisatrice et polariscopique. Les avantages qui peuvent
résulter pour l'œil de son exquise sensibilité et surtout de
la séparation nette [*] que son organisation savante établit
entre les diverses parties d'un même phénomène, sont largement rachetés par les détours et les impuissances de la
photométrie; et tandis que l'optique est obligée d'ajourner
la démonstration de ses lois numériques jusqu'au moment
tardif où elle peut construire ses laborieux photomètres, la
chaleur ne laisse rien en retard, et trouve dans les sensations impartiales de ses thermoscopes une mesure homogène de l'intensité des divers rayons hétérogènes. Nous
admettrons donc, et on le vérifiera sans peine si l'on a soin
de dépolariser (§ 164) le faisceau réfléchi donné par le

(*) Les méthodes *thermographiques* feraient, il est vrai, disparaître cette
infériorité de la chaleur, mais ces méthodes, et notamment celle due à Hers-
chel, où l'on utilise l'inégale dessiccation d'un papier noirci et mouillé uniformément d'alcool, manquent de sensibilité.

porte-lumière, que les deux faisceaux issus d'un prisme biréfringent sont calorifiquement égaux, et que si le rayon transmis par un premier prisme est offert à un second, les deux faisceaux inégaux qui lui sont dus suivent la loi de Malus. Comme les expériences entreprises sur ce sujet par MM. de la Provostaye et Desains n'ont eu besoin d'aucun de ces ingénieux artifices qu'ils ont su découvrir quand il le fallait, nous n'y insisterons pas, et il suffira de dire qu'elles ont vérifié la loi de Malus avec une extrême précision.

CHAPITRE IX.

POLARISATION RECTILIGNE. — THÉORIE.

ARTICLE Ier.

RÉFLEXION ET RÉFRACTION DE LA LUMIÈRE POLARISÉE.

Distinction des *vibrations longitudinales* et des *vibrations transversales*; — des *ondes longitudinales* et des *ondes transversales*. — Coexistence des deux sortes d'ondes. — Leur inégale rapidité de transmission. — L'œil n'est sensible qu'aux dernières. — Lumière *naturelle*. — Lumière *polarisée*. — La vibration, normale au plan de polarisation. — Réflexion de la lumière. — Principe des couples *inséparables*. — Adaptation de ce principe aux deux cas simples où la lumière est polarisée dans le *premier* et dans le *second azimut*. — La loi de Brewster retrouvée. — Composition et décomposition des mouvements vibratoires qui, placés dans des azimuts différents, ont les mêmes nœuds. — *Rotation du plan de polarisation* par réflexion, — par réfraction. — Cas des réflexions multiples. — Vérification indirecte des formules de réflexion. — Comment les deux rayons, l'un réfléchi, l'autre réfracté, issus d'un même rayon polarisé, peuvent se trouver polarisés à angle droit.

§ 231. — Transversalité des vibrations lumineuses.

On connaît deux modes de propagation des mouvements vibratoires. Dans l'un les excursions des particules, autour de leurs positions d'équilibre, sont dirigées dans le sens des rayons et, par conséquent, transversalement à l'onde ; dans l'autre, les vibrations s'exécutent dans le plan de l'onde et sont dès lors inclinées (généralement à angle droit) sur la direction des rayons. Le premier cas est celui des vibrations *longitudinales* et des *ondes longitudinales* : la propagation du mouvement dans les billes, et surtout les phénomènes du son en offrent des exemples. Le deuxième cas est celui des *vibrations transversales* qui a pour types populaires les rides circulaires de l'eau et les serpentements de la corde tendue que l'on frappe transversalement.

Auquel de ces deux modes se rattache la lumière? Nous ne pouvons aller plus loin sans répondre à cette question capitale. Les travaux de Fresnel ne laissent aucun doute à cet égard. La lumière se propage par ondes transversales. Si la vibration a successivement, dans le plan de l'onde, toutes les orientations possibles, la lumière est naturelle ; elle est polarisée, quand les vibrations régularisées restent comprises avec le rayon dans un même plan.

Dans le chapitre consacré à la double réfraction théorique, nous aurons occasion de déduire de certains faits une démonstration en règle de la transversalité des ondes lumineuses. Bornons-nous pour le moment à appuyer cette vérité par l'expérience suivante.

§ 232. — L'expérience de Young avec la lumière polarisée.

L'expérience de Young (§ 20) peut se répéter avec de la lumière polarisée ; il suffit, pour cela, de placer sur les deux trous une tourmaline, ou encore d'incliner les miroirs de Fresnel sous l'angle Brewstérien. On obtient les franges, tout comme si la lumière était naturelle ; mais, si au lieu d'être polarisés dans le même plan, les deux faisceaux le sont inversement ; si, par exemple, on a coupé en deux une tourmaline d'une épaisseur bien constante, et recouvert chaque trou d'une de ces deux moitiés en croisant leurs axes, alors on n'a plus de franges. Si, tournant une des moitiés, on revient graduellement au parallélisme des axes, les franges renaissent et reprennent graduellement leur intensité. Cette expérience, dont on peut varier beau-

coup la forme, prouve (*) que les rayons polarisés à angle
droit n'interfèrent pas. Quand de tels rayons issus d'un
même point se superposent, au lieu des alternatives connues de lumière et d'ombre, ils donnent un éclairement
constant. Or une telle déchéance est inexplicable avec des
ondes longitudinales. Avec des vibrations transversales, au
contraire, on comprend que l'antagonisme disparaisse, dès
que les vibrations sont rectangulaires, et l'on verra, en effet, que l'intensité de leur résultante est alors dans une indépendance absolue des retards qui peuvent affecter l'une
d'elles. Donc, si l'on attribue la lumière à des vibrations,
il faut admettre qu'elles sont transversales.

§ 233. — Inanité des ondes longitudinales en optique.

Les vibrations longitudinales, portant toutes les particules
de l'onde en avant ou en arrière de leur position, occasionnent
dans le milieu des condensations et des dilatations ; dans une
onde transversale, au contraire, chaque particule se porte
vers les autres particules de l'onde, emportées comme elle
par un mouvement commun. Il en résulte qu'il n'y a dans
le milieu ni condensation, ni dilatation. On pourra, suivant la constitution du milieu et le mode d'excitation,
n'obtenir que l'une ou l'autre de ces deux ondes ; mais on
comprend qu'en général elles coexistent.

Cette coexistence a été signalée d'abord par les géomètres,
qui ont montré de plus que leur vitesse de propagation
était différente, l'onde *longitudinale allant deux fois plus
vite;* et tout récemment, M. Wertheim l'a rendue très-
probable, soit dans les tremblements de terre, soit dans
diverses expériences d'acoustique, par exemple celles qui
ont donné la vitesse du son dans l'eau. On conçoit donc

(*) Ainsi organisée l'expérience de Young est complexe ; nous verrons en
effet qu'elle manque pour deux motifs. Si on voulait n'y laisser que l'obstacle de la rectangularité et la rendre concluante, il faudrait employer de
la lumière préalablement polarisée.

que les physiciens se soient préoccupés de cette question :
Que devient en optique l'onde longitudinale? Quelques-
uns accordent à l'éther une sorte d'incompressibilité qui
l'empêche d'épouser les vibrations qui tendraient à rapprocher ses tranches, ou qui du moins amène une prompte
extinction de pareils mouvements. Pour d'autres, au contraire, l'onde longitudinale existe ; mais la rétine n'est sensible (*) qu'aux agitations transversales. Ce qu'il y a de
clair, c'est que les vibrations longitudinales sont comme
non avenues en optique, et qu'on peut les négliger sans
erreur. Ce droit nous sera très-utile, quand nous fonde-
rons la théorie de la double réfraction.

§ 234. — Le plan de polarisation normal à la vibration.

Si la définition du plan de polarisation avait été faite au
point de vue théorique, on aurait sans doute pris le plan
qui passe par le rayon et par la vibration ; mais la théorie
étant venue après coup, on a dû se contenter de rechercher
la relation qui, de fait, existe entre la vibration et le plan de
polarisation. La double réfraction va nous renseigner à cet
égard. La propagation du rayon ordinaire ayant lieu avec
une vitesse constante, il faut que sa vibration ait une relation constante avec l'axe du cristal. Comme elle doit déjà
avoir avec le rayon, dont la direction peut être quelconque,
la relation de perpendicularité, on en conclut qu'elle sera
perpendiculaire au plan de ces deux droites. Ainsi la vibration du rayon ordinaire est perpendiculaire à la section
principale ; donc *le plan de polarisation est normal à la
vibration*. Ainsi dans une lame de tourmaline, par exemple,
c'est la vibration parallèle à l'axe qui échappe à l'extinction.

(*) C'est ainsi qu'à la grande surprise des opérateurs on a reconnu que
la rétine, si délicate pour la lumière, jouissait d'une autre espèce d'insensibilité. Elle peut subir sans douleur des tiraillements et des déchirements.

On peut arriver à la même conclusion, en partant du dichroïsme (§ 203). Supposons le cristal taillé en parallélipipède rectangle (*fig.* 120), dont deux faces ABCD, EFGH soient perpendiculaires à l'axe. On admettra que la diversité des deux teintes obtenues avec la loupe dichroscopique à travers les faces latérales tient à la diversité de direction des deux vibrations propres aux deux rayons, et qu'une même teinte doit, quelles que soient les faces à travers lesquelles on l'observe, répondre à un même sens de vibration. Cela posé, la vibration qui donne, à travers deux faces latérales, le rayon ordinaire, ne peut être dans le plan de polarisation, car elle serait parallèle à l'axe et devrait rester telle dans le rayon indivisé qu'on obtient dans le sens de l'axe, puisque ce rayon ne donne, même après l'action dédoublante de la loupe dichroscopique, que la teinte ordinaire ; mais alors elle serait longitudinale, et nous venons d'établir la transversalité des vibrations lumineuses. Si, au contraire, la vibration est perpendiculaire au plan de polarisation, c'est la vibration extraordinaire qui devient longitudinale dans l'axe, et il n'en résulte aucun embarras, puisque le rayon extraordinaire n'existe plus dans cette direction.

On peut donner un troisième tour à cette argumentation en se fondant sur l'extinction du rayon ordinaire dans les tourmalines parallèles à l'axe, et sur l'opacité bien connue que présentent ces tourmalines absorbantes quand elles sont perpendiculaires à l'axe. Si l'on admet la transversalité, l'extinction complète du rayon naturel, transmis dans le sens de l'axe, indique que les vibrations normales à l'axe ne peuvent se propager dans ce cristal, et quand la lumière n'est plus qu'à demi éteinte à travers une lame parallèle, il faut que la vibration éteinte soit encore perpendiculaire à l'axe et, par conséquent, au plan de polarisation. Or ce rayon éteint est l'ordinaire ; donc la vibration de ce rayon, et par

I.   25

conséquent celle d'un rayon polarisé, est à angle droit sur le plan de polarisation.

§ 235. — Comment se propagent les vibrations transversales?

La propagation d'un mouvement vibratoire détermine dans les particules du milieu, une série de vitesses et d'élongations périodiques qui se représentent par des sinusoïdes. Quand il s'agit de vibrations longitudinales, en acoustique par exemple, les ordonnées caractéristiques se trouvent à angle droit sur la direction du mouvement. En optique, ces courbes ont bien plus d'à-propos, car elles représentent en grandeur et en direction les vitesses et les élongations. Si l'on connaissait l'écart latéral maximum des particules, la courbe des élongations donnerait les positions vraies qu'ont au même instant les particules dépositaires du mouvement. Ses nœuds coïncident avec celles qui sont en train de passer par leur position d'équilibre.

Comment des vibrations transversales passent-elles, sans perdre leur caractère, d'une tranche à la suivante? Imaginons avec Fresnel (*fig.* 121) des tranches de particules A, B, C, D, E,..., A_1, B_1, C_1, D_1, E_1,..., etc., et supposons les premières portées à gauche en a, b, c, d,... d'une quantité ε très-petite et égale pour toutes. Les particules $a, b, c...$ situées à gauche de D_1 s'étant éloignées d'elle l'attireront et les particules e, f, g,... la repousseront. Si le déplacement est très-peu de chose par rapport à la distance DD_1, ces forces attractives et répulsives seront égales deux à deux, et leur résultante entraînera D_1 vers la gauche. Il en sera de même des autres particules de la deuxième tranche, il suit de là que le mouvement y garde son caractère transversal, et nous pouvons ajouter que, si les tranches sont parallèles et les particules qui reçoivent aussi nombreuses que celles qui donnent, il conserve toute son énergie. Tout serait dit si le déplacement était permanent; mais avec des déplacements

périodiques qui se succèdent incessamment et dont l'influence exige du temps pour se propager, il est visible que
les sollicitations reçues au même instant par D_1 correspondront pour les divers points excitateurs à des phases distinctes de leur mouvement et seront alternativement contradictoires. Bref, il y a lieu ici de former encore les zones
d'Huyghens, et le mouvement transversal transmis à D_1
sera dû seulement aux particules qui avoisinent D. Nous
retrouverions les mêmes théorèmes qu'avec des vibrations
longitudinales ; chaque mouvement élémentaire anime exclusivement, tant que l'onde est illimitée, les particules qui
lui succèdent dans la direction du rayon.

§ 236. — Principe des couples inséparables.

L'explication des phénomènes de polarisation qui dérivent de la réflexion et de la réfraction repose sur le calcul
général des intensités de la lumière réfléchie et réfractée.
Au point de vue ondulatoire, ces deux phénomènes insépa·
rables consistent dans le partage d'un mouvement primitivement possédé par certaines particules, entre deux nouvelles séries de particules empruntées à deux milieux différents ; mais il s'agit de mouvements vibratoires, et au temps
de Fresnel la mécanique rationnelle n'offrait pas assez de
ressources pour résoudre ce problème difficile. Dans les cas
les plus simples, il contient deux inconnues, et le principe
des forces vives lui était seul applicable (*). Fresnel s'est
tiré de ce pas difficile en posant d'autorité, et par suite
d'une prescience intuitive, née d'une profonde méditation
du sujet, un deuxième principe, qu'on peut appeler *prin-*

(*) Toutefois il est des géomètres qui ont contesté la légitimité de ce
principe lui-même, attendu que, l'onde longitudinale n'étant pas nulle, il
n'est pas impossible que dans les réfractions, les réflexions, etc., une partie
du mouvement transversal ne devienne longitudinal et réciproquement : ce
qui modifierait la force vive propre à l'un de ces mouvements.

cipe des couples inséparables : il consiste à admettre que l'étreinte à l'aide de laquelle s'opère le partage du mouvement, semblable à celle qui produit la transmission du mouvement vibratoire au sein d'un milieu homogène, s'isole entre des groupes binaires de particules ; les mêmes motifs qui empêchaient alors l'expansion latérale s'opposant à ce que les particules de droite et de gauche prennent part à ce conflit. Ainsi, quoique la particule cesse de transmettre à la suivante tout son mouvement, cependant ce dont elle se dépouille est communiqué exclusivement à la suivante, tout comme si le milieu ne changeait pas ; mais alors ces deux particules, dont l'une possède initialement le mouvement incident et conserve le mouvement réfléchi, tandis que l'autre, immobile au début, reste animée après le choc du mouvement réfracté, doivent, par suite d'un entraînement que la première exerce sur la seconde, garder sensiblement la même position relative et rester unies (*) comme le font les particules contiguës d'un milieu homogène quand un mouvement vibratoire y circule.

§ 237. — Division du problème de la réflexion.

Pour aller du simple au composé, nous considérerons sept cas. La lumière pourra être polarisée : 1° dans le premier azimut, 2° dans le deuxième, 3° dans un azimut quelconque ; 4° elle pourra être naturelle ; 5° la réflexion sera totale, et enfin elle aura lieu 6° sur un métal, 7° sur un cristal. Quelques développements vont nous montrer en quoi consiste la simplicité plus ou moins grande de ces divers cas.

En thèse générale, on doit s'attendre à trouver dans cha-

(*) Cela tient au fond à ce que les excursions sont peu de chose vis-à-vis des longueurs d'ondes, de sorte que l'écart maximum étant réparti dans toute la demi-onde, les particules voisines ne doivent recevoir qu'un déplacement relatif insignifiant.

cun des rayons engendrés par le rayon incident un triple
changement : celui de l'amplitude, de la phase et du plan
de polarisation ; ce qui porte à six ou à neuf le nombre des
inconnues, six quand la réflexion s'opère sur un milieu homogène et neuf quand elle a lieu sur un cristal biréfringent.
Les cas simples sont ceux qui n'offrent pas toutes ces altérations ; celle d'amplitude ayant semblé d'abord inévitable,
les cas les plus simples furent ceux qui n'en offrent pas
d'autre, et où le problème n'a que deux inconnues, à savoir les amplitudes des rayons réfléchi et réfracté. En faisant appel aux considérations de symétrie, il est facile de
voir si le plan de polarisation doit ou ne doit pas changer ;
mais nous n'avons aucun moyen pour prévoir que la phase
ne sera pas altérée. Fresnel avait cru pouvoir conclure de
l'ensemble des faits qu'elle ne l'était pas quand le miroir
était formé par nos verres et, en général, par les substances
dont l'indice est moindre que 1,7. Les progrès de la science
ont montré qu'il n'en était pas ainsi. Le changement de
phase est le cas général et pour ainsi dire universel, et c'est
à grand'peine si l'on trouve deux substances (la ménilite
et l'alun) qui réalisent les conditions simples admises par
Fresnel. L'existence de ces deux substances *limites* est précieuse, car sans elles la division que nous venons d'établir et la
marche progressive que nous allons suivre seraient un pur
artifice de méthode, étranger à la réalité des faits. Deux
mots encore pour compléter cette appréciation générale.
Doit-on regretter que Fresnel, égaré par des méthodes expérimentales peu sensibles, ait attribué sans fondement une
certaine généralité à des faits exceptionnels, à des cas particuliers très-rares ? Non, sans doute. Il est souvent utile de
ne voir au début que le gros des phénomènes. Si l'on a considéré comme une circonstance heureuse que Képler n'ait
pas connu tous ces désordres que les perfectionnements de
l'astronomie ont fait découvrir dans la marche des astres,
on doit s'applaudir que Fresnel ait rencontré d'abord, même

là où nous ne l'y retrouvons plus, la réflexion sans perte
de phase; qu'il ait ensuite rattaché à ce cas simple, par un
éclair de génie, la réflexion avec perte de phase, due aux
réflexions totales, et se soit préparé par cette marche progressive aux complications de la polarisation métallique.

§ 238. — Réflexion. — Réfraction de la lumière polarisée dans le premier azimut.

Soit une onde plane incidente délimitée par deux plans
parallèles indéfinis normaux au plan d'incidence (*fig.* 122),
chaque ébranlement élémentaire quitte, à l'instant du choc,
le prisme d'éther qu'il anime, pour passer dans deux autres
prismes, pris, l'un dans la direction du rayon réfléchi et
formé du premier éther, l'autre dans la direction du rayon
réfracté et formé du deuxième éther. Ce partage est indépendant de l'énergie de l'ébranlement élémentaire; il est le
même pour les chocs énergiques qui répondent aux plus
grandes vitesses oscillatoires et pour les chocs insignifiants
qui ont lieu aux instants des plus grandes élongations de la
particule incidente. Ainsi, les trois vibrations seront proportionnelles à ces facteurs extérieurs, auxquels nous avons
donné le nom d'amplitudes. La figure représente l'onde
incidente à une époque antérieure et les deux ondes qu'elle
engendre à une époque postérieure au choc, alors que la
propagation de la lumière les a portées dans des tranches
d'éther éloignées; mais à l'instant du choc les deux premiers mouvements résident dans la première des deux
particules inséparables de Fresnel et le dernier dans la
deuxième. C'est pour cet instant que le calcul est établi.

Le tableau suivant caractérise (au besoin par des proportionnelles) les masses d'éther qui prennent part au choc.

	Les trois dimensions du volume.	Densité d'après $V = \sqrt{\dfrac{e}{d}}$, et l'hypothèse de e constant.	Masse en omettant les facteurs communs.	Amplitude.	Force vive.
Onde incidente.	$\dfrac{\sin i}{\overline{AB}\cos i}$ ∞	$\sin^2 r$	$\cos i \sin r$	1	$\cos i \sin r$.
Onde réfléchie.	$\dfrac{\sin i}{\overline{AB}\cos i}$ ∞	$\sin^2 r$	$\cos i \sin r$	ρ	$\rho^2 \cos i \sin r$.
Onde refractée.	$\dfrac{\sin r}{\overline{AB}\cos r}$ ∞	$\sin^2 i$	$\cos r \sin i$	τ	$\tau^2 \cos r \sin i$.

La conservation de la force vive donne la première équation

$$\cos i \sin r = \rho^2 \cos i \sin r + \tau^2 \cos r \sin i.$$

La première des particules du groupe inséparable subit les deux vitesses 1 et ρ, et la deuxième la seule vitesse τ. Le principe de Fresnel donne donc pour deuxième équation

$$1 + \rho = \tau,$$

et l'on obtient

$$(1) \qquad \rho = -\frac{\sin(i - r)}{\sin(i + r)},$$

$$(2) \qquad \tau = \frac{2\cos i \sin r}{\sin(i + r)}.$$

τ est toujours positif; quant à ρ, si l'on a $i > r$, il est négatif. Il y a donc perte de $\dfrac{\lambda}{2}$ et nous retrouvons ce résultat connu de la réflexion de $-$ sur $+$. Nous ne voulions pas prévoir de changements de phase, et cependant notre calcul se trouve compétent pour indiquer une altération de ce genre dans le cas très-particulier où elle vaut $\dfrac{\lambda}{2}$. Quand la première substance est la moins réfringente, ρ_1 est positif et égal à $-\rho$. Il n'y a pas de retard, du moins jusqu'à la réflexion totale ; car nous verrons qu'à partir de l'angle limite, il se développe, entre le rayon incident et le réfléchi, une anomalie graduelle. On a également, dans ce second cas,

$$1 + \rho_1 = \tau_1,$$

et par suite

$$\tau_1 = 1 - \rho, \quad \text{d'où} \quad \tau\tau_1 = 1 - \rho^2,$$

deuxième des relations citées dans la note du § **77**.

Les intensités des trois rayons sont 1, ρ^2 et $1 - \rho^2$, ou mieux $\cos i \sin r$, $\cos i \sin r \, \rho^2$, $\cos i \sin r (1 - \rho^2)$. On peut encore prendre l'intensité du rayon réfracté sous la forme $\tau^2 \cos r \sin i$; mais, comme dans les impressions visuelles les forces vives animent toujours un même éther, celui de l'humeur vitrée, il vaut mieux ne pas introduire dans l'évaluation des intensités la double diversité de vitesse et de masse et tout ramener aux vitesses. Alors on aura, pour déterminer l'intensité y_1^2 du rayon qui, pris dans le premier milieu, équivaudrait au rayon réfracté, l'équation

$$y_1^2 = \tau^2 \frac{\sin i \, \cos r}{\sin r \, \cos i}.$$

Remplaçant τ par sa valeur, on retrouve $1 - \rho^2$. Dorénavant nous nous en tiendrons au premier mode d'évaluation de l'intensité du rayon réfracté. C'est en l'adoptant et en prenant par conséquent y_1 pour le coefficient τ de transmission, que la troisième relation de la première note du § **77** se trouve vraie.

Discussion. $i = 0$ donne $x = \dfrac{0}{0}$; mais en différentiant, il vient

$$\rho = -\frac{n-1}{n+1};$$

l'intensité de la lumière réfléchie normalement est donc

$$1 = \left(\frac{n-1}{n+1}\right)^2.$$

Pour le verre $(n = 1,5)$, on a

$$I = 0,04;$$

pour $n = 2$, on aurait $0,11$; au contact du verre et de l'eau $\left(n = \dfrac{1,5}{1,366} \right)$, on a

$$I = 0,0033.$$

Ce chiffre est 12 fois moindre que $0,04$. On saura que ces résultats numériques restent vrais pour la lumière naturelle, et nous devons considérer comme expliquée la pâleur des anneaux formés, sous l'incidence normale, par une goutte d'eau mise entre deux verres bombés (§ 69).

$i = 90^\circ$ donne $\rho = -1$; à cette limite la réflexion est totale et rien ne se réfracte. Pour l'angle brewstérien

$$I = \cos^2 2\,i = \left(\frac{n^2 - 1}{1 + n^2} \right)^2.$$

On trouve $0,148$, quand $n = 1,5$.

La dérivée de l'expression $\dfrac{\sin^2(i - r)}{\sin^2(i + r)}$, réduite aux facteurs essentiels, prend d'ailleurs sans peine la forme

$$(\cos^2 r - \cos^2 i)\,\frac{1}{n \cos r};$$

ce qui montre que la lumière réfléchie croît continûment depuis $i = 0$ jusqu'à $i = 90$, le contraire ayant nécessairement lieu pour la lumière réfractée.

§ 239. — Réflexion. — Réfraction de la lumière polarisée dans le deuxième azimut.

Tout à l'heure, quelle que fût l'incidence, la vibration se présentait toujours de la même manière au plan de démarcation. Ici il n'en sera plus de même, et c'est ce qui rend ce cas plus compliqué. Toutefois le précédent tableau et la première équation restent applicables. La différence n'apparaît qu'à propos de la deuxième équation et de l'usage qu'il faut faire du principe de Fresnel. L'inséparabilité ne doit être exigée, suivant lui, que parallèlement (*) à la surface. Or les composantes horizontales des deux premières vitesses sont $\cos i$ et $\rho \cos i$, celle de la vitesse réfractée est $\tau \cos r$; on a donc pour deuxième équation

$$(\rho + 1)\cos i = \tau \cos r.$$

En résolvant on trouve

$$(3) \qquad \rho = -\frac{\sin i \cos i - \sin r \cos r}{\sin i \cos i + \sin r \cos r},$$

$$(4) \qquad \tau = \frac{2\cos i \sin r}{\sin i \cos i + \sin r \cos r}.$$

Introduisons les tangentes à la place des sinus et des cosinus, et chassons les doubles dénominateurs, il viendra

$$\rho = -\frac{\operatorname{tang} i + \operatorname{tang} i \operatorname{tang}^2 r - \operatorname{tang} r - \operatorname{tang} r \operatorname{tang}^2 i}{\operatorname{tang} i + \operatorname{tang}^2 i \operatorname{tang}^2 r + \operatorname{tang} r + \operatorname{tang} r \operatorname{tang}^2 i}$$

$$= -\frac{(\operatorname{tang} i - \operatorname{tang} r)(1 - \operatorname{tang} i \operatorname{tang} r)}{(\operatorname{tang} i + \operatorname{tang} r)(1 + \operatorname{tang} i \operatorname{tang} r)}$$

$$= -\frac{\dfrac{\operatorname{tang} i - \operatorname{tang} r}{1 + \operatorname{tang} i \operatorname{tang} r}}{\dfrac{\operatorname{tang} i + \operatorname{tang} r}{1 - \operatorname{tang} i \operatorname{tang} r}};$$

ce qui conduit à la formule élégante

$$\rho = -\frac{\operatorname{tang}(i - r)}{\operatorname{tang}(i + r)}.$$

On trouverait encore, comme précédemment, les trois relations

$$\rho_1 = -\rho, \quad \tau\tau_1 = 1 - \rho^2,$$

et en adoptant la réduction à un même milieu, sans laquelle cette troisième relation n'aurait pas lieu,

$$1 = \rho^2 + \tau^2.$$

(*) Il semble en effet qu'à la limite d'un corps, les mouvements obliques sur la surface amèneraient forcément des dilatations et des condensations et seraient entachés de longitudinalité.

Ainsi, vraies pour ces deux premiers cas, ces équations le seront encore (§ 250), ainsi qu'on l'a supposé (§ 77) pour la lumière naturelle.

Discussion. — Loi de Brewster.

Quand $i > r$, ρ est négatif et reste tel jusqu'à $i + r = 90$ qui le rend nul (c'est l'angle brewstérien) (§ 185) ; au delà, le dénominateur est négatif et ρ positif. On s'en rend compte aisément en figurant les trois vibrations et remarquant que quand i est petit, le rayon incident donne une grande composante horizontale qui doit être diminuée par la vibration réfléchie, pour devenir égale à la composante de la vibration réfractée. Quand i grandit, la première composante horizontale décroît et peut décroître jusqu'à zéro, tandis que celle du rayon réfracté reste toujours plus grande que zéro. Il y aura donc un angle intermédiaire pour lequel ces deux composantes seront égales sans le concours de celle du rayon réfléchi qui sera dès lors nul. Au delà, cette dernière, pour renforcer le rayon incident, change de sens et se trouve directe ; elle reste telle jusqu'à $i = 90°$ (*).

Quand le deuxième milieu est le moins réfringent, depuis $i = 0$ jusqu'à $i + r = 90$, la vibration réfléchie est directe et s'ajoute à celle de l'incident. On ne s'en étonnera pas, car dans ce cas (rappelons-nous les billes) τ surpasse ρ. Au delà, la vibration réfléchie devient inverse jusqu'à l'angle limite ; passé cet angle, on entre dans un cas que nous réservons.

Il faut, en général, discuter les amplitudes et quant au signe et quant à la grandeur absolue ; ou encore il faut dis-

---

(*) Pour juger si la vibration réfléchie est directe ou inverse, il faut ramener le rayon réfléchi sur l'incident (*fig.* 123). Ainsi quand $i = 90$, il faut le faire tourner de 180 degrés et une vibration directe a toutes les allures d'une vibration inverse, puisque si elle est dirigée de haut en bas dans l'incident, elle le sera de bas en haut dans le réfléchi.

cuter et leur première et leur seconde puissance : cette
dernière discussion est celle de l'intensité, la première est
celle de la phase. Grâce à elle nous voyons, par exemple,
qu'ici, entre des rayons réfléchis sous des incidences *anté-
brewstériennes* et *ultrabrewstériennes*, il s'introduit une
différence de route égale à $\frac{\lambda}{2}$. De telles pertes se manifestent
habituellement par des inversions de franges ; nous revien-
drons bientôt sur celle-ci (§ 263).

Les hypothèses $i = 0$, $i = 90°$ donnent encore

$$\rho = -\frac{n-1}{n+1}, \quad \rho = +1,$$

et si l'on forme la dérivée de l'expression $\dfrac{\tan g^2 (i-r)}{\tan g^2 (i+r)}$, on
reconnaît (*) qu'elle est négative jusqu'à $i + r = 90°$, et
positive au delà ; de sorte que l'intensité diminue jusqu'à
l'incidence brewstérienne où elle est nulle, et grandit ensuite avec continuité. On voit même qu'elle est toujours
moindre, à égale incidence, que dans le premier azimut.
La lumière réfractée étant complémentaire de la lumière
incidente, suit, mais inversement, la même variation.

§ 240. — Réflexion. — Réfraction de la lumière polarisée dans un azimut quelconque. — Principe fondamental.

Puisque la lumière est du mouvement, les procédés de la
mécanique sont légitimement acquis à l'optique. Nous pouvons donc décomposer la vibration située hors du plan
d'incidence, en deux autres comprises dans les azimuts principaux, et ramener ainsi ce cas aux précédents. Inversement, nous pourrons reconstruire, avec deux vibrations
situées dans des plans distincts, une vibration résultante

(*) Pour simplifier cette dérivée on usera des deux formules

$\sin (i+r) \cos (i+r) - \sin (i-r) \cos(i-r) = 2 \sin r \cos r (\cos^2 i - \sin^2 i),$

$\sin (i+r) \cos (i+r) + \sin (i-r) \cos (i-r) = 2 \sin i \cos i (\cos^2 r - \sin^2 r)$

polarisée, pourvu toutefois qu'elles aient les mêmes nœuds;
car avec des nœuds superposés, les vitesses ou les élongations apportées en un même point par les deux mouvements
vibratoires ont un rapport constant; et les parallélogrammes qui construisent, soit les vitesses totales, soit les positions résultantes, sont semblables et ont des diagonales
coïncidentes. Dans la *fig.* 124, on a, pour plus de clarté et
conformément à une remarque ancienne, remplacé les vitesses et les excursions qui atteignent successivement une
même particule par les vitesses et les excursions subies au
même instant par les particules qui, dans leur état de repos,
marquent la route commune aux deux rayons. Si nous considérons les trois courbes comme étant celles des élongations,
on sait qu'on aurait celles des vitesses en accroissant dans un
rapport constant les ordonnées des courbes, et en les recu-
lant d'un quart d'ondulation, ainsi que le représente pour
le mouvement résultant la courbe ponctuée MN.

Or cette coïncidence des nœuds se présentera toutes les
fois que les deux vibrations, issues d'une vibration primordiale unique, n'auront éprouvé, avant de se retrouver
(outre les altérations d'amplitude) que des retards égaux à
un multiple exact de $\frac{\lambda}{2}$; mais il convient de remarquer, dès
à présent, que l'azimut s de la vibration recomposée aura
deux positions distinctes, suivant que le multiple n sera
pair ou impair. En effet, si a et a' sont les amplitudes des
deux rayons, et si l'angle s est compté avec la vibration a
(*fig.* 125), on a dans un cas

$$\tan g\, s = \frac{a'}{a},$$

et dans l'autre

$$\tan g\, s = - \frac{a'}{a};$$

c'est-à-dire généralement

$$\tan g\, s = \frac{a'}{a} \cos n\pi.$$

Comme les mêmes angles séparent et les vibrations et leurs plans de polarisation (*fig.* 126), on peut voir encore dans *s* l'angle compris entre les plans de polarisation du rayon composant *a* et du rayon résultant. Quant à l'amplitude A de ce rayon résultant, si l'on continue de supposer rectangulaires les deux vibrations données, elle vaut visiblement $\sqrt{a^2 + a'^2}$. Ces deux formules

$$\tang s = \frac{a'}{a} \cos n\pi \quad \text{et} \quad A = \sqrt{a^2 + a'^2}$$

qui résolvent le problème de la composition de deux mouvements vibratoires situés dans des plans rectangulaires, dans le cas où il y a coïncidence de leurs nœuds, sont fécondes et nous y reviendrons fréquemment; mais nous ne pouvons nous empêcher de remarquer ici que l'équation

$$\tang s = \pm \frac{a'}{a}$$

ramènera à la mesure d'un élément très-accessible, à savoir l'angle qui sépare deux plans de polarisation, la mesure photométrique du rapport des intensités de deux rayons.

Remarquons encore que la démonstration théorique de la loi de Malus ressortira d'une décomposition du rayon polarisé incident, opérée, dans la section principale du cristal biréfringent et dans le plan rectangulaire, et provoquée par des motifs délicats qui seront étudiés plus loin (chapitre XXV).

§ 241. — Rotation du plan de polarisation par réflexion.

Soit α l'angle du plan de polarisation et du plan d'incidence, ou, ce qui revient au même, l'angle de la vibration donnée et de la première direction (*fig.* 127). Si 1 est l'amplitude de cette vibration, ses composantes principales seront $\cos\alpha$ et $\sin\alpha$; la première, après réflexion, vaudra

$$- \cos\alpha \, \frac{\sin(i - r)}{\sin(i + r)},$$

et la deuxième

$$- \sin\alpha \, \frac{\tang(i - r)}{\tang(i + r)}.$$

L'angle α' de la résultante avec la première direction, est donné par

$$\tan \alpha' = \frac{\sin \alpha \dfrac{\tan (i-r)}{\tan (i+r)}}{\cos \alpha \dfrac{\sin (i-r)}{\sin (i+r)}} = \tan \alpha \frac{\cos (i+r)}{\cos (i-r)}.$$

Les cercles de la figure sont normaux aux rayons incidents et réfléchis; on les a supposés rabattus sur un même plan avec coïncidence des deuxièmes directions. Dans le cercle annexé au rayon incident la partie ombrée est antérieure.

Discussion. — Quand $i = 0$, les deux vibrations sont réduites dans le même rapport. La vibration résultante Bb, quoique retournée et affectée de la perte $\frac{1}{2}\lambda$, n'a pas changé de direction. Pour tout autre angle, la deuxième vibration est plus altérée que la première.

Quand i grandit, $\cos (i+r)$ est positif et moindre que $\cos (i-r)$, d'où il suit que $\tan \alpha'$ est de même signe et plus petit que $\tan \alpha$. D'ailleurs, en formant la dérivée de $\frac{\cos (i+r)}{\cos (i-r)}$, on trouve que cette fraction décroît graduellement, il en résulte que le plan de polarisation du rayon réfléchi se rapproche du plan d'incidence. Il l'atteint pour $i + r = 90^\circ$; car alors $\alpha' = 0$, quel que soit α, et le rayon est entièrement polarisé dans le premier azimut. Quand $i + r = 90$, il passe de l'autre côté; car α' devient négatif et la vibration résultante quitte le quadrant Bb pour passer dans le quadrant Bb_1. Pour $i = 90$, $\tan \alpha' = -\tan \alpha$, et l'azimut redevient égal, mais seulement en valeur absolue, à celui du rayon incident.

Quand la substance sur laquelle la réflexion a lieu est la moins réfringente, jusqu'à $i + r = 90^\circ$, la vibration résultante du rayon réfléchi reste comprise dans le quadrant homologue de celui où était la vibration incidente, c'est-à-dire, pour notre figure rabattue, dans le quadrant supé-

rieur de droite : au delà de l'angle brewstérien, elle tombe
dans le quadrant supérieur de gauche ; c'est-à-dire que le
plan de polarisation passe encore de l'autre côté du plan
d'incidence.

Quant à l'intensité, elle vaut visiblement

$$I = \cos^2\alpha\,\frac{\sin^2(i-r)}{\sin^2(i+r)} + \sin^2\alpha\,\frac{\tan^2(i-r)}{\tan^2(i+r)}.$$

Si le rayon subit plusieurs réflexions, le plan de polarisation tourne chaque fois d'une quantité facile à trouver,
quand on connaît et la position des sections principales des
miroirs successifs et les angles d'incidence. Si, par exemple,
ces sections sont parallèles et les incidences égales, s'il s'a-
git d'un rayon ballotté entre deux miroirs parallèles, on a
la formule

$$\tan\alpha_n = \tan\alpha\left[\frac{\cos(i+r)}{\cos(i-r)}\right]^n.$$

Quand on sera dans cette période d'incidences ultrabrewstériennes qui donnent $\dfrac{\cos(i+r)}{\cos(i-r)}$ négatif, le plan de polarisation est porté à chaque nouvelle réflexion d'un côté différent de la section principale commune aux diverses
réflexions. Comme les puissances d'une fraction convergent
vers zéro, il suit que quel que soit i, après un grand nombre
de réflexions, le rayon sera sensiblement polarisé dans le
premier azimut.

§ 242. — Vérification des formules de réflexion.
— Détermination de n.

La formule

$$\tan\alpha' = \tan\alpha\,\frac{\cos(i+r)}{\cos(i-r)}$$

étant une conséquence des formules des (§§ 238 et 239),
ces dernières seront vérifiées indirectement par les expériences qui vérifieront celle-ci. Comme la détermination de
l'azimut d'un plan de polarisation est en optique chose plus
aisée qu'une mesure d'intensité, on conçoit que Fresnel se

soit placé sur ce terrain favorable pour confirmer sa théorie de la polarisation. Les mesures de ce genre, effectuées
par lui et par d'autres physiciens, s'accordent avec les résultats du calcul. Aujourd'hui le progrès des méthodes
expérimentales a montré que si l'on voulait avoir une confrontation irréprochable, sans s'asservir aux précautions
pénibles prises par Seebeck (§ 185), il fallait déterminer
l'indice n du milieu, non pas d'après la déviation d'un
prisme, mais par une des nombreuses observations qu'on
veut vérifier. Soit 45 degrés l'azimut du rayon incident,
α' celui que l'expérience accorde au rayon réfléchi ; on a

$$\tan \alpha' = \tan 45 \frac{\cos (i + r)}{\cos (i - r)} = \frac{1 - \tan i \tan r}{1 + \tan i \tan r},$$

$$\tan i \tan r = \frac{1 - \tan \alpha'}{1 + \tan \alpha'} = \tan (45 - \alpha'),$$

d'où

$$\tan r = \frac{\tan (45 - \alpha')}{\tan i};$$

connaissant r, on aura l'indice par la relation

$$n = \frac{\sin i}{\sin r}.$$

Cet indice, qui convient aux formules, s'est trouvé plus
petit que celui fourni par la déviation d'un prisme ; quant
à la manière d'obtenir i, nous renvoyons à l'appareil de
M. Jamin.

Les formules précédentes conviennent également à la chaleur, et elles peuvent s'y vérifier d'une manière indépendante. Polarisez à l'aide d'un spath un faisceau solaire, tour
à tour dans chacun des azimuts principaux d'un miroir de
verre installé sur la plate-forme de l'appareil de Melloni, et
recevez-le sur la pile thermo-électrique, tantôt après réflexion, tantôt directement. Les déviations galvanométriques converties en intensités donneront les intensités

I. 26

vraies, et il suffira de les comparer aux valeurs théoriques de ρ^2 des §§ 238, 239. MM. de la Provostaye et Desains, qui ont les premiers tenté ces confrontations, les ont trouvées extrêmement satisfaisantes.

§ 243. — Rotation du plan de polarisation par réfraction.

En suivant la marche précédente, on trouve aisément

$$\tang \alpha'' = \tang \alpha \frac{\sin i \cos r + \sin r \cos i}{\sin i \cos i + \sin r \cos r},$$

et par des transformations faciles

$$\tang \alpha'' = \tang \alpha \frac{1}{\cos(i - r)},$$

ou encore

$$\cot \alpha'' = \cot \alpha \cos(i - r).$$

Sans recourir à la dérivée, on sait que $i - r$ grandit avec i, et que dès lors $\cos(i - r)$ diminue. α'' est donc plus grand que α et le plan de polarisation s'éloigne progressivement du plan d'incidence, sans pouvoir aller au delà de

$$\tang \alpha'' = n \tang \alpha.$$

Il n'y a rien de particulier quand $n < 1$.

§ 244. — Les plans de polarisation des rayons réfléchis et réfractés, rendus rectangulaires.

Les plans de polarisation des rayons réfléchis et réfractés font entre eux l'angle $\alpha'' - \alpha'$. Cet angle n'est généralement pas droit, mais il le devient quand la relation

$$1 + \tang^2 \alpha \frac{\cos(i + r)}{\cos^2(i - r)} = 0$$

est satisfaite. Quand on se donne i et n, i étant ultrabrewstérien, on peut toujours trouver une valeur de α qui rende ces deux plans rectangulaires. Ainsi pour $i = 60°$ et $n = 1,52$, on trouve

$$\alpha = 65° 43'.$$

Des circonstances expérimentales que nous développerons plus loin rendent utile de faire ce calcul pour les deux rayons qui, dans une lame mince, engendrent les anneaux réfléchis. Soit n' l'indice du milieu qui touche la seconde surface de la lame et i' l'angle correspondant à r, angle donné, on le sait, par $\dfrac{\sin r}{\sin i'} = \dfrac{n'}{n}$. Soient enfin α'' et α^{iv} les azimuts du plan de polarisation du deuxième rayon, quand il a subi réflexion et transmission, on a visiblement

$$\tang \alpha''' = \tang \alpha'' \frac{\cos(i'+r)}{\cos(r-i')},$$

$$\tang \alpha^{\mathrm{iv}} = \tang \alpha''' \frac{1}{\cos(i-r)}$$

$$= \tang \alpha \frac{1}{\cos^2(i-r)} \frac{\cos(i'+r)}{\cos(r-i')},$$

et la rectangularité des deux plans dépend de l'équation

$$1 + \tang^2 \alpha \frac{\cos(i-r)\cos(i'+r)}{\cos^3(i-r)\cos(r-i')}.$$

En prenant $n = 1,336$, $n' = 1,52$, et $i = 60°$, on trouve pour l'azimut du rayon incident, qui met à angle droit les plans de polarisation des deux rayons interférents,

$$\alpha = 76° 43' 25''.$$

En effet le premier plan, porté de l'autre côté du plan d'incidence, a tourné de

$$76° 43' 25'' + 39° 6' = 115° 49' 25'',$$

et le deuxième, à trois reprises, de

$$- 0° 44' 35'' + 28° 15' - 1° 40' 55'' = 25° 49' 30'';$$

la différence de ces deux rotations vaut bien 90 degrés.

ARTICLE II.

RÉFLEXION ET RÉFRACTION DE LA LUMIÈRE NATURELLE.

Transformation d'un rayon naturel en deux polarisés. — Modifications périodiques des trochoïdes qui représentent ces deux derniers rayons. —
Nœuds intercalés. — *Incohérence.* — Autre manière de constituer les deux
rayons polarisés équivalents à un naturel. — Persistance des vibrations
dans les mêmes conditions. — Ce que sont au fond nos dépolarisations. —
Réflexion de la lumière naturelle. — Loi d'Arago. — Action des piles de
glace sur la lumière naturelle et polarisée. — Ce qu'on appelle *polarimètres.* — Leur graduation par l'emploi d'une lame de quartz. — Méthode
de l'inclinaison. — Méthode des azimuts principaux. — L'œil polariscope.
— Houppes d'Haidinger. — Applications diverses. — Polarisation dans les
arcs-en-ciel, les halos. — Polarisation par émission oblique. — Comment
elle est réductible à la polarisation par réfraction. — Loi de MM. de la
Provostaye et Desains qui permet de calculer la proportion de lumière polarisée par émission à l'aide d'expériences de pure réflexion.

---

§ 245. — La réflexion de la lumière naturelle, ramenée à celle de deux certains polarisés. — Incohérence.

Nous ramènerons ce cas, comme le précédent, aux deux
premiers, si nous prouvons qu'un rayon naturel (§ 231)
est encore réductible à deux certains rayons, polarisés respectivement dans les deux azimuts principaux. Mais, au
lieu d'établir de suite la possibilité de cette substitution capitale par l'interprétation de certains faits, nous préférons
y arriver d'abord à l'aide des considérations suivantes.

Soient deux plans rectangulaires quelconques passant par
le rayon ; au lieu de considérer un rayon naturel comme
formé par la coexistence d'une foule de vibrations diversicolores qui chacune changent d'azimut, continuons à ne
voir qu'une de ces vibrations, et projetons-la sur les deux
plans. Il est visible qu'on obtiendra deux mouvements périodiques qui auront les mêmes nœuds que le rayon naturel ;
mais le changement d'orientation de la vibration du rayon
naturel amènera, entre cette décomposition et celle ana-

logue d'un rayon polarisé (§ 240), plusieurs différences sur lesquelles nous allons insister.

On cessera d'avoir entre les deux composantes de la vibration un rapport constant. Egales quand la vibration sera à 45 degrés de chacun des plans, ces composantes diffèrent de plus en plus à mesure que la vibration s'approche de l'un d'eux; de sorte que la série des *trochoïdes* qui exprime chacun de nos rayons, au lieu d'être la reproduction d'une seule et même courbe, éprouvera (*fig.* 128), dans la grandeur de ses ordonnées, des altérations périodiques entièrement subordonnées au mode de giration de la vibration. Il est peu probable que cette giration soit uniforme; mais, quelle qu'en soit la loi, il faut que, pendant un temps moindre que celui qu'exige la production de la sensation, elle ait régné avec impartialité dans tous les azimuts, comme s'il y avait uniformité dans son déplacement. Il s'ensuit que dans ces rayons polarisés issus d'un naturel (*), outre la période oscillatoire si brève, il y a une *grande période* qui comprend un ensemble considérable des trochoïdes dissemblables qui se succèdent.

Outre les nœuds concordants qu'ils empruntent au rayon naturel, les deux rayons en contractent tour à tour de spéciaux chaque fois que la vibration passe par le plan perpendiculaire; ce qui fait deux pour chaque rayon pendant la durée de la grande période. Ces nœuds s'interposent dans l'une des courbes et la dénaturent de manière à lui donner en général l'aspect de la *fig.* 128 en N. Si le passage a lieu à l'instant même où une courbe se termine, il n'y a pas de nœud intercalé, mais il y a suppression d'une demi-trochoïde, et l'on a bout à bout (*fig.* 129) deux demi-trochoïdes pareilles. On voit donc que l'intercalation d'un de ces nœuds

---

(*) Cette constitution est celle de tous les rayons polarisés puisque jusqu'à présent on n'a pas su les produire d'emblée et qu'ils proviennent toujours d'un rayon naturel soumis au mode de décomposition précédent.

a pour effet de faire terminer de l'autre côté la demi-vibration qui commence, ou qui est commencée, ou, ce qui revient au même, de faire gagner $\frac{\lambda}{2}$ au rayon.

Ces changements dans la direction des mouvements, n'ayant pas lieu à la fois dans les deux rayons, sont cause que quand on les ramène dans un même plan, ils ne donneront pas d'interférence, ou plutôt qu'ils passeront quatre fois, pendant la durée de la grande période, de l'accord au désaccord, du blanc au noir, et donneront, vu le peu de durée de chacun de ces deux phénomènes complémentaires, un éclairement moyen et constant. Nous appellerons *incohérence* cette espèce de relation mutuelle incessamment troublée.

L'intensité de chacun des deux rayons s'obtient en prenant l'intégrale des forces vives élémentaires pour la durée de la grande période. Le calcul en est simple quand la vibration tourne avec uniformité, et, sous la condition que cette grande période soit un multiple de la petite assez grand pour qu'il puisse être considéré comme entier, on trouve que les deux rayons sont égaux et valent moitié du rayon naturel. Nous ne donnons pas ce calcul, car cette égalité ressort visiblement de ce qu'avec un rayon naturel il ne doit pas y avoir d'azimut favorisé.

Concluons qu'*un rayon naturel équivaut à deux rayons égaux et incohérents polarisés dans deux plans rectangulaires quelconques*.

Une réalisation de cette organisation simple du rayon naturel s'obtient, jusqu'à un certain point, dans l'expérience suivante due à M. Dove. Offrons un rayon naturel à un prisme de Nicol animé d'une rotation rapide : comme, si rapide qu'elle soit, sa rotation sera cependant très-lente. soit par rapport à la petite période, soit même par rapport à la grande, il en résulte que les nombreuses vibrations qui, à diverses reprises, ont battu dans un même azimut pendant un certain temps, un tour complet du Nicol par exemple, se trouveront comme réunies par cette quasi-immobilité du prisme, et qu'il nous les offrira se succédant régulièrement dans les divers azimuts. Ainsi, après avoir franchi le Nicol, le rayon naturel sera comme formé par un rayon polarisé qui tournerait d'une rotation uniforme, et serait constitué par une vibration énergique, puisqu'elle est la somme de toutes celles qui, dans le rayon naturel à des époques régulières ou irrégulières, auront visité un même azimut, pendant la durée considérée. Eh bien, ce rayon remanié, et rendu par ce remaniement conforme à notre type, continue de se comporter dans les expériences ordinaires comme un naturel, car si l'on a placé, derrière ce Nicol tournant, un cristal convenable, puis un polariscope fixe, de manière à provoquer la manifestation d'une expérience de polarisation chromatique, les anneaux du spath par exemple, on n'obtient rien. Cependant, si l'on éclaire le système par une étincelle électrique, les anneaux apparaissent et la polarisation individuelle d'un de ces rayons polarisés dans tous les azimuts, rayons dont l'ensemble donne l'équivalent d'un rayon naturel, se trouve mise en évidence.

§ 246. — Égalité des deux rayons fournis par un spath.

Les deux rayons égaux qu'un cristal biréfringent extrait d'un rayon naturel, sont une réalisation de ce qui précède. Les deux plans rectangulaires deviennent, dans ce cas, le plan de la section principale et le plan perpendiculaire. On retrouve également ce phénomène de l'égalité des deux rayons fournis par un naturel, si fondamental en double réfraction, en prenant pour point de départ un quelconque des systèmes binaires de polarisés égaux que nous venons d'étudier. Car soit α l'azimut d'un de ces rayons et, par conséquent, $90° - \alpha$ l'azimut du second. D'après la loi de Malus, le premier donne

$$\frac{1}{2}\cos^2\alpha \quad \text{et} \quad \frac{1}{2}\sin^2\alpha,$$

et le second

$$\frac{1}{2}\cos^2(90^\circ - \alpha) \quad \text{et} \quad \frac{1}{2}\sin^2(90^\circ - \alpha);$$

ce qui fait $\frac{1}{2}$ pour la somme des deux ordinaires, ainsi que pour celle des deux extraordinaires.

§ 247. — Déduire de cette égalité les caractères des deux polarisés d'un naturel.

C'est à ce point de vue de l'égalité constante des deux images données par un spath qu'on s'est jusqu'ici placé pour deviner les caractères des deux rayons polarisés égaux et rectangulaires qui équivalent à un naturel. Soit a, φ ; a, φ' les caractéristiques de ces deux rayons, ω et $\omega + \frac{\pi}{2}$ les angles qui séparent leurs plans de polarisation de la section principale du spath. Ces deux rayons, décomposés par deux parallélogrammes indiqués sur la figure (*fig.* 130), donnent (§ 240), 1° pour la vibration du rayon ordinaire la somme

$$a\cos\omega\sin\left(2\pi\frac{t}{T} - \varphi\right) - a\sin\omega\sin\left(2\pi\frac{t}{T} - \varphi'\right)$$

(le signe — vient de ce que les deux vibrations sont couchées dans le prolongement l'une de l'autre), 2° pour la vibration extraordinaire la somme

$$a\sin\omega\sin\left(2\pi\frac{t}{T} - \varphi\right) + a\cos\omega\sin\left(2\pi\frac{t}{T} - \varphi'\right)$$

et enfin pour les intensités correspondantes, d'après la règle de Fresnel (§ 52),

$$O = a^2\cos^2\omega + a^2\sin^2\omega - a^2\sin 2\omega\cos(\varphi - \varphi')$$
$$= a^2[1 - \sin 2\omega\cos(\varphi - \varphi')],$$
$$E = a^2[1 + \sin 2\omega\cos(\varphi - \varphi')].$$

Ces deux quantités doivent être égales, sans que ω soit déterminé. Comme $\sin 2\omega\cos(\varphi - \varphi')$ ne peut être constamment nul, le seul moyen de rendre égales les deux intensités consiste à faire que, pendant les billions de vibrations nécessaires à l'impression visuelle, le terme sin $2\omega \cos(\varphi - \varphi')$ reçoive avec impartialité toutes les valeurs comprises entre deux certaines limites égales et de signe contraire. On peut y arriver, dit M. Pouillet, soit par les valeurs changeantes de ω seul, soit par celles de $\varphi - \varphi'$; mais évidemment, ajoute-t-il, au lieu de ces deux cas particuliers, il est préférable de supposer qu'elles ont lieu par le concours des valeurs changeantes de ω et $\varphi - \varphi'$, ce qui rend les limites égales à $+1$ et -1 : de sorte que les polarisés égaux d'un naturel, tout en restant rectangulaires, changeraient nécessairement de phase et d'azimut. Ainsi, tandis que pour nous l'*incohérence* laisse aux deux rayons les mêmes nœuds, et consiste dans une variation incessante d'intensité et des pertes intermittentes de $\frac{1}{2}\lambda$, elle consiste pour M. Pouillet dans le changement incessant de l'anomalie et dans la variation des azimuts. Si l'on ne supposait pas aux deux rayons la même intensité a^2, elle revêtirait un troisième aspect plus général, mais plus compliqué. L'important ici est surtout de constituer l'idée d'incohérence, et de substituer à l'incohérence vraie une incohérence idéale relativement simple et facile à suivre dans ses conséquences. A ce point de vue, qui n'est autre que celui de la *méthode*, il suffit que l'idéal employé soit, à l'égard des faits réalisables, parfaitement équivalent à la réalité, et alors le plus simple est le meilleur.

L'incohérence admet tous les degrés et n'est complète que si les deux rayons substitués au naturel sont rectangulaires. Si, en effet, l'on recourait à deux polarisés obliques, ou bien si, à notre point de vue, on décomposait la vibration tournante du naturel suivant deux plans dont l'angle ne fût plus 90 degrés sans se préoccuper du résidu que laisserait une telle décomposition, les rayons continueraient, il est vrai, de passer pendant la durée d'une grande période par quatre états deux à deux contradictoires ; mais, deux de ces états durant moins que leurs antagonistes, les phénomènes complémentaires qui leur sont dus auraient une inégale intensité, et l'un d'eux apparaîtrait. Ainsi, dans ce cas, l'incohérence est partielle. (Voir à ce sujet le § 268.)

§ 248. — Stabilité relative des vibrations.

On saura, et nous ne tarderons pas à revenir sur ce point, que l'interférence des rayons polarisés peut échouer pour deux motifs, par incohérence et par rectangularité ; que de ces deux obstacles, le dernier peut être éliminé après coup par l'emploi d'un polariscope, tandis que le premier doit être exclu dès le début. Si la giration de la vibration était uniforme, et si la durée de la grande période n'était pas trop petite, on pourrait sans doute échapper après coup à l'incohérence, en éliminant moitié des rayons à l'aide d'un disque armé de fentes équidistantes et animé d'une vitesse convenable. Mais ce qui la rend irremédiable, c'est que le mouvement azimutal de la vibration se fait, sans aucun doute, suivant une loi compliquée, de manière à présenter des accélérations, des retards, ou même des inversions. Le seul moyen d'assurer aux deux rayons une relation constante, malgré ces retards brusques de $\frac{\lambda}{2}$, est de s'arranger pour qu'ils arrivent à la fois dans les deux rayons, et de les extraire, par une décomposition rectangulaire, non plus d'un naturel, mais d'un rayon primitivement polarisé.

Cependant, même avec cette précaution, on conçoit que dès qu'un des deux rayons éprouve un retard, la suppression de chaque demi-trochoïde cesse d'avoir lieu au même instant dans les deux rayons, et qu'avant qu'elle arrive dans le rayon retardé, ces deux rayons, rappelés par le polariscope dans un même plan de polarisation, présenteront une relation inverse, donneront, par exemple, une frange blanche au lieu d'une noire, et, par suite, un affaiblissement du phénomène. Il suffirait que le retard s'élevât au huitième de la grande période, pour que les franges négatives intercalées fussent aussi nombreuses et aussi éner-

giques que les positives, et leur ensemble complétement
inappréciable. Or MM. Fizeau et Foucault, n'ayant signalé
aucune altération de ce genre dans leurs belles expériences
(§ 37), nous en concluons que huit mille vibrations sont
très-peu de chose vis-à-vis de la grande période; ou bien
encore que les vibrations lumineuses persistent dans les
mêmes conditions beaucoup plus longtemps qu'on était en
droit de le supposer avant ces remarquables expériences. Il
est visible que dans l'interférence de deux rayons naturels
les mêmes causes auraient pour effet de mettre aux prises
des mouvements d'orientation différente, et amèneraient
également un affaiblissement de leurs franges.

§ 249. — Ce que sont nos dépolarisations.

Les détails précédents sur l'organisation comparative des
lumières naturelle et polarisée nous montrent le sens qu'il
faut attacher à la dépolarisation, telle qu'elle a été pratiquée (§ 164).

Pour ramener un rayon polarisé à l'état naturel, il faudrait, après l'avoir divisé en deux rayons égaux et superposés, par l'action d'un cristal biréfringent peu énergique
placé à 45 degrés, pouvoir établir entre ces deux faisceaux
rectangulaires l'incohérence. Si les grandes périodes se suc-
cédaient identiques, et si l'on connaissait leur durée, il suffirait sans doute de retarder l'un de ces rayons du quart de la
grande période; mais, comme aucune de ces deux conditions
n'est réalisée, il s'ensuit que le retour à l'état naturel est
impossible. Cependant, si la lame est suffisamment épaisse
et la lumière suffisamment complexe, ce système de deux
rayons superposés aura toutes les apparences d'un rayon
naturel, et pourra lui être substitué dans diverses expériences, notamment dans celles sur lesquelles nous ne tarderons pas à asseoir la graduation des polarimètres. Deux
lignes de calcul analogues à celles du § 247 vont nous montrer comment ces deux rayons, dont l'ensemble constitue

le rayon dépolarisé, peuvent donner au polariscope biréfringent deux images constamment égales.

Au sortir du cristal dépolarisateur, on a les deux rayons
$\frac{1}{2}$ et entre eux le retard $O - E$. Au sortir du prisme biréfringent, on en a quatre. Soit ω l'angle de sa section principale avec le plan de polarisation primitive (*fig.* 131). Ils
auront pour amplitude

$$(1)\ O_o \qquad\qquad \frac{1}{\sqrt{2}}\cos(\omega - 45),$$

$$(2)\ O_e \qquad\qquad \frac{1}{\sqrt{2}}\sin(\omega - 45),$$

$$(3)\ E_o \qquad\qquad \frac{1}{\sqrt{2}}\sin(\omega - 45),$$

$$(4)\ E_e \qquad\qquad \frac{1}{\sqrt{2}}\cos(\omega - 45).$$

(1) et (3) séparés, par le polariscope, de (2) et (4) forment
le faisceau ordinaire et ont pour anomalie (à cause que ces
deux vibrations sont comme au (§ **247**) dans le prolonge-
ment l'une de l'autre) $\frac{2\pi}{\lambda}\left(O - E + \frac{\lambda}{2}\right)$. (2) et (4) forment
le faisceau extraordinaire avec l'anomalie $\frac{2\pi}{\lambda}(O - E)$. Les
intensités des deux faisceaux résultants seront donc

$$I_o = \frac{1}{2}\cos^2(\omega - 45) + \frac{1}{2}\sin^2(\omega - 45)$$

$$+ 2\,\frac{1}{2}\sin(\omega - 45)\cos(\omega - 45)\cos\frac{2\pi}{\lambda}\left(O - E + \frac{\lambda}{2}\right),$$

$$= \frac{1}{2}\left[1 - \sin(2\omega - 90)\cos\frac{2\pi}{\lambda}(O - E)\right]$$

$$= \frac{1}{2}\left[1 + \cos 2\omega \cos\frac{2\pi}{\lambda}(O - E)\right];$$

$$I_e = \frac{1}{2}\left[1 - \frac{1}{2}\cos 2\omega \cos\frac{2\pi}{\lambda}(O - E)\right].$$

Si la lumière est homogène, il est visible que ces deux rayons ne peuvent être égaux ; mais si elle est composée, et si $O - E$ est grand, on aura comme au § 70 une somme de termes pareils à

$$1 + \cos 2\,\omega \cos 2\,\pi\,\frac{O - E}{\lambda}$$

et à

$$1 - \cos 2\,\omega \cos 2\,\pi\,\frac{O - E}{\lambda}.$$

Quoique $O - E$ puisse ici n'être pas constant pour les diverses couleurs simples, cependant $\cos 2\,\pi\,\dfrac{O - E}{\lambda}$ prendra encore indifféremment, dans la sommation, toutes les valeurs comprises entre $+1$ et -1 et l'intensité de chaque image vaudra $\dfrac{1}{2}$, quel que soit ω. La *fig.* 131 ne diffère de 130 que parce que les choses y sont prises d'un peu plus haut ; les deux vibrations rectangulaires qui subissent l'action du polariscope au lieu d'être prises d'emblée, sont extraites d'une vibration primordiale. Plus loin nous reprendrons la même question (§ 269 et *fig.* 133) en la généralisant et en supposant que cette vibration première se dédouble en composantes inégales.

Quand le rayon qu'on veut dépolariser est partiellement polarisé, la portion naturelle donne également deux faisceaux dans la lame dépolarisante ; ces deux faisceaux, malgré le retard $O - E$ introduit entre eux, gardent leur incohérence et reconstituent par leur ensemble une lumière sincèrement naturelle.

§ 250. — Réflexion de la lumière naturelle. — Loi d'Arago.

Prenons maintenant les deux azimuts principaux du miroir pour les deux plans de décomposition du rayon naturel, et nous aurons pour l'intensité des rayons réfléchis et transmis

$$\text{(A)} \qquad \frac{1}{2}\left[\frac{\sin^2(i-r)}{\sin^2(i+r)} + \frac{\tan^2(i-r)}{\tan^2(i+r)}\right] = \frac{1}{2}(\alpha^2 + \theta^2);$$

$$\text{(B)} \quad \frac{1}{2}\left[1 - \frac{\sin^2(i-r)}{\sin^2(i+r)} + 1 - \frac{\tan^2(i-r)}{\tan^2(i+r)}\right] = 1 - \frac{1}{2}(\alpha^2 + \theta^2).$$

Les deux rayons incohérents réunis étant inégaux (α^2 est constamment supérieur à θ^2), nous retrouvons des résultats connus, à savoir que (A) et (B) sont en général partiellement polarisés et inversement, et que la lumière partiellement polarisée est, comme on l'avait indiqué (§ 183), un mélange de lumière naturelle et de lumière polarisée. La portion polarisée est l'excès du plus grand rayon partiel sur le plus petit, c'est-à-dire $\frac{1}{2}(\alpha^2 - \theta^2)$ pour le rayon réfléchi et $\frac{1}{2}(1 - \theta^2 - 1 + \alpha^2)$ pour le réfracté : elles sont donc égales et la loi d'Arago (§ 188) est démontrée théoriquement.

La proportion de lumière polarisée sera, dans le rayon réfléchi,

$$\frac{\frac{1}{2}(\alpha^2 - \theta^2)}{\frac{1}{2}(\alpha^2 + \theta^2)} = \frac{\cos^2(i-r) - \cos^2(i+r)}{\cos^2(i-r) + \cos^2(i+r)},$$

elle égale 1 quand $i + r = 90$ degrés.

On obtient l'incidence qui donne la plus grande quantité de lumière polarisée en cherchant l'angle i qui rend maximum l'expression

$$\frac{1}{2}(\alpha^2 - \theta^2).$$

Le calcul n'est que long, il conduit à l'équation transcendante

$$\cos(i+r) = \cos^3(i-r),$$

cette incidence est ultrabrewstérienne; par tâtonnements

quand $n = 1,5$ nous trouvons

$$i = 78° 40' \; (*),$$

le maximum est $0,152$, la lumière naturelle qui lui est associée vaut $0,193$, ce qui donne $0,345$ pour la lumière totale réfléchie et $0,44$ pour la proportion de lumière polarisée. Sous l'incidence brewstérienne la lumière est toute polarisée, mais elle ne vaut que $\frac{1}{2} \, 0,148 = 0,074$ (§ 238). Sous l'incidence normale la lumière réfléchie totale vaut $0,04$, sous l'incidence brewstérienne $0,074$; quand $i = 78° 40'$, nous venons de voir quelle dépasse le tiers de la lumière incidente, et nous savons (§ **238** et **239**) que tout se réfléchit quand $i = 90°$. L'accroissement rapide qui a lieu, près des incidences rasantes, dans l'intensité des rayons réfléchis par les substances peu réfringentes, accroissement étudié par Bouguer, est donc expliqué par ces formules.

§ 251. — Piles de glaces. — Lumière polarisée.

Rendons compte actuellement des principales propriétés des piles de glaces.

Les lames qui vont nous occuper n'ont plus cette minceur qui rend possible l'interférence. Il s'ensuit qu'au lieu d'une accumulation de lumière dans certaines directions favorisées, on a (§ **70**) une intensité uniforme : mais si les divers rayons associés n'exercent plus de fait l'un sur l'autre aucune réaction appréciable, nous sommes dispensés de

---

(*) Sous cette incidence la lumière transmise est $0,655$ et la proportion polarisée dans le faisceau transmis s'élève à $\dfrac{0,152}{0,655} = 0,232$. Comme la lumière transmise décroît au delà, nous engageons le lecteur à chercher l'angle pour lequel la proportion de lumière polarisée, dans le rayon réfracté, atteint son maximum. S'il se reporte au § **186** (*fig.* 98), il cherchera l'angle qu'il faut donner au prisme réfringent pour réaliser ces proportions de lumière polarisée.

suivre, pour trouver leur résultante, la marche du (§ 53)
et nous pouvons ajouter simplement les intensités partielles
des divers rayons associés. Quand le rayon incident est polarisé dans les azimuts principaux, il reste semblable à lui-
même après les diverses réflexions; occupons-nous d'abord
de ces cas simples.

Soient 1 le rayon incident, α le coefficient de réflexibilité
et $\gamma = (1-\alpha)$ celui de transmissibilité; 1 donne α et γ.
γ donne γ^2 et $\gamma\alpha$. $\gamma\alpha$ donne $\gamma^2\alpha$ et $\gamma\alpha^2$;... Poursuivant et
choisissant les divers faisceaux partiels transmis par la
première et par la deuxième surface, on trouve pour le faisceau réfléchi l'ensemble des rayons

$$\alpha + \alpha\gamma^2 + \alpha^3\gamma^2 + \ldots = \alpha + \alpha\gamma^2\left(1 + \alpha^2 + \alpha^4 + \ldots\right)$$
$$= \alpha + \frac{\alpha\gamma^2}{1-\alpha^2} = \frac{2\alpha}{1+\alpha};$$

le faisceau transmis sera

$$\gamma^2 + \alpha^2\gamma^2 + \alpha^4\gamma^2 + \ldots = \frac{\gamma^2}{1-\alpha^2} = \frac{1-\alpha}{1+\alpha};$$

si le rayon incident valait $\dfrac{1}{2}$ on aurait

$$\frac{\alpha}{1+\alpha} \quad \text{et} \quad \frac{1}{2}\,\frac{1-\alpha}{1+\alpha}.$$

Le coefficient de réflexibilité α vaut

$$\frac{\sin^2(i-r)}{\sin^2(i+r)} \quad \text{ou bien} \quad \frac{\tan^2(i-r)}{\tan^2(i+r)},$$

suivant le cas. Si l'incidence est nulle, il vaut $\left(\dfrac{n-1}{n+1}\right)^2$ (*) quel
que soit le plan de polarisation du rayon livré à la lame. Si,
le rayon étant polarisé dans le premier azimut, l'incidence
était brewstérienne, il vaudrait $\cos^2 2i$.

(*) C'est en égalant cette expression à $\dfrac{1}{2}$ qu'on trouve les deux valeurs
signalées (note de la page 142).

Quelques chiffres feront apprécier les avantages que peut
amener l'emploi d'une lame sous l'incidence normale. Une
seule surface donne l'intensité réfléchie α, les deux donnent

$$\alpha \frac{2}{1 + \left(\dfrac{n-1}{n+1}\right)^2} = \alpha.1,92,$$

c'est-à-dire près du double. Sous l'angle brewstérien avec
une lumière polarisée dans le premier azimut, une seule
surface donne

$$\cos^2 2\,i = \cos^2 112°\,37'\,10'' = \cos^2 67°\,22'\,40'' = 0,148,$$

les deux donneront

$$1,74 \cos^2 2\,i.$$

Cas de deux lames. — Si l'on a une seconde lame à la
suite de la première, soit

$$\frac{2\alpha}{1+\alpha} = R \quad \text{et} \quad \frac{1-\alpha}{1+\alpha} = T = 1 - R;$$

le faisceau transmis donne, à la réflexion, TR et ne laisse à
la transmission immédiate que T^2. Les TR rencontrant la
première lame donnent $T^2 R$ transmis en haut et renvoient
vers la deuxième lame TR^2 qui donnera TR^3 et $T^2 R^2$. Bref,
on voit que le faisceau réfléchi gagne, par la présence de la
deuxième lame, la série

$$T^2 R + T^2 R^3 + \ldots = T^2 R \frac{1}{1 - R^2},$$

et vaut

$$R + T^2 R \frac{1}{1 - R^2} = \frac{2R}{1+R} = \frac{4\alpha}{1+3\alpha} = R_1.$$

Quant au faisceau transmis par les deux lames, il est réduit à la série

$$T^2 + T^2 R^2 + \ldots = T^2 \frac{1}{1-R^2} = \frac{1-R}{1+R} = \frac{1-\alpha}{1+3\alpha} = 1 - R_1 = T_1.$$

Cas de trois lames. — Une troisième lame agissant sur T_1
donnera $T_1 T$ et $T_1 R$. $T_1 R$ travaillé par les deux lames su-

périeures donnera $T_1^2 R$ et $T_1 RR_1$, puis $T_1 R R_1$ engendrera $T_1 R R_1 T$ et $T_1 R R_1 R$. Rien de plus aisé que de continuer ces calculs, puisque chaque réflexion introduit l'un des deux facteurs R ou R_1 et chaque transmission T ou T_1 suivant qu'il s'agit de la lame inférieure ou du système des deux premières lames. Ainsi le faisceau réfléchi se sera accru de la série

$$T_1^2 R + T_1^2 R^2 R_1 + \ldots = T_1^2 R (1 + R R_1 + \ldots)$$

$$= T_1^2 R \frac{1}{1 - R R_1}$$

et sera devenu

$$R_1 + T_1^2 R \frac{1}{1 - R R_1}.$$

Après les substitutions ou trouve

$$\frac{3 R}{1 + 2 R} = \frac{6 \alpha}{1 + 5 \alpha}$$

le faisceau transmis est

$$T T_1 \frac{1}{1 - R R_1} = \frac{1 - R}{1 + 2 R} = \frac{1 - \alpha}{1 + 5 \alpha}.$$

La loi est manifeste : pour l lames le faisceau réfléchi sera

$$\frac{l R}{1 + (l - 1) R} = \frac{2 l \alpha}{1 + (2 l - 1) \alpha}$$

et le transmis

$$\frac{1 - R}{1 + (l - 1) R} = \frac{1 - \alpha}{1 + (2 l - 1) \alpha}.$$

Avec dix lames de verre et sous l'angle de Brewster (il s'agit du premier azimut), on trouve pour le rayon réfléchi

$$1,74 \cdot 3, \text{ ou } \cos^2 2 i = 0,775,$$

de sorte que la lumière dépasse les $\frac{3}{4}$ de la lumière incidente et que l'intensité est plus de cinq fois celle qu'on aurait avec une seule surface.

§ 252. — Piles de glaces. — Lumière naturelle.

Ce cas se ramène aux deux précédents ; en effet, le rayon $\frac{1}{2}$, polarisé dans le premier azimut donnera à la réflexion

$$\frac{l\alpha}{1 + (2l - 1)\alpha},$$

et à la transmission

$$\frac{\frac{1}{2}(1 - \alpha)}{1 + (2l - 1)\alpha}.$$

L'autre rayon donnera

$$\frac{l\delta}{1 + (2l - 1)\delta} \quad \text{et} \quad \frac{\frac{1}{2}(1 - \delta)}{1 + (2l - 1)\delta};$$

la lumière réfléchie totale sera donc

$$\frac{1}{2}\frac{2l\alpha}{1 + (2l - 1)\alpha} + \frac{1}{2}\frac{2l\delta}{1 + (2l - 1)\delta} = \frac{1}{2}G + \frac{1}{2}H\,[^*],$$

et la lumière transmise

$$\frac{1}{2}\frac{1 - \alpha}{1 + (2l - 1)\alpha} + \frac{1}{2}\frac{1 - \delta}{1 + (2l - 1)\delta} = \frac{1}{2}K + \frac{1}{2}L.$$

Le faisceau réfléchi contiendra

lumière naturelle. . .   H,

lumière polarisée. . . $\frac{1}{2}(G - H) = \dfrac{l(\alpha - \delta)}{D}$;

le transmis aura

lumière naturelle. . .   K,

lumière polarisée. . . $\frac{1}{2}(L - K) = \dfrac{l(\alpha - \delta)}{D}$.

(*) G surpasse H ; en effet, la dérivée de $\dfrac{l\alpha}{1 + (2l - 1)\alpha}$ par rapport à α est du même signe que $d\alpha$; donc puisque δ est $< \alpha$, la lumière réfléchie dans le premier azimut est la plus grande, du moins tant que les incidents ont la même intensité. Par contre, il est visible que L surpasse K.

27.

Ce qui nous montre que la loi d'Arago sur l'égalité des quantités polarisées inversement dans les faisceaux réfléchis et réfractés se maintient dans les piles de glaces.

La proportion de lumière polarisée sera $\dfrac{G - H}{G + H}$ dans le faisceau réfléchi, et $\dfrac{L - K}{L + K}$ dans le faisceau transmis. Si, au lieu de lumière naturelle, la pile reçoit un faisceau partiellement polarisé, qui offre une partie naturelle ν, et une partie polarisée p, et conséquemment une proportion polarisée $\dfrac{p}{p + \nu} = \rho$, et si le plan de polarisation du faisceau coïncide avec la section principale de la pile, au lieu de deux rayons incidents égaux à $\dfrac{1}{2}$, on aura $p + \dfrac{\nu}{2}$ dans le premier azimut et $\dfrac{\nu}{2}$ dans le second. Les deux faisceaux transmis seront

$$\left(p + \frac{\nu}{2}\right) K \quad \text{et} \quad \frac{\nu}{2} L,$$

et la proportion polarisée vaut dans ce cas

$$\frac{\left(p + \dfrac{\nu}{2}\right) K - \dfrac{1}{2} \nu L}{\dfrac{1}{2} \nu L + \left(p + \dfrac{\nu}{2}\right) K}$$

Cette proportion devient nulle quand l'incidence i rend

$$\frac{1}{2} \nu L = \left(p + \frac{\nu}{2}\right) K.$$

Au delà, le numérateur devient négatif et la lumière transmise, au lieu d'être partiellement polarisée dans le premier azimut, l'est dans le deuxième.

§ 253. — Polarisation par réflexion normale.

Considérons la réflexion sur un corps biréfringent, et supposons pour plus de clarté que le plan d'incidence coïncide avec la section principale. Il est visible que les deux rayons principaux se réfléchiront comme s'ils avaient affaire à des milieux différents, et que dans les deux expressions α, β, la quantité n ne sera pas le même. Si la lame est parallèle à l'axe optique, les deux valeurs de n seront précisément les deux indices ordinaire et extraordinaire. Sans nous attacher ici aux diverses conséquences que peut avoir (*voir* chapitre **XV**), sous les diverses incidences, cette différence de l'indice, considérons seulement l'incidence normale. Chez le spath, les deux intensités $\left(\dfrac{n-1}{n+1}\right)^2$, $\left(\dfrac{n'-1}{n'+1}\right)^2$ différeront assez pour que, surtout si l'on recourt à une pile de pareilles lames, le faisceau transmis soit polarisé par transmission normale. En mettant en chiffres les expressions des pages précédentes, j'obtiens les proportions polarisées qui suivent :

	PROPORTION POLARISÉE DANS LE RAYON	
	réfléchi.	transmis.
Une seule surface..........	0,23	0,012
Une lame (action totale). ..	0,22	0,023
Deux lames..............	0,20	0,042

L'action d'une lame dépasse donc $\dfrac{1}{50}$, et est parfaitement accessible à certains polariscopes. Une lame de verre d'indice 1,5, sous l'incidence $i = 25$, polarise à peine davantage.

§ 254. — Polarimètres. — Égalité de leur double puissance polarisatrice et dépolarisatrice.

Les piles de glaces sont précieuses en chaleur, à cause de l'ampleur des faisceaux calorifiques qu'elles laissent passer. En optique même, où on les dédaigne comme *polariscopes* [*], elles s'emploient comme *polarimètres*. Il y au-

---

(*) Quand on veut projeter sur un tableau dans la chambre noire les expériences d'optique, la pile de glaces devient souvent recherchée soit comme polarisateur, soit comme polariscope.

rait donc lieu de discuter les expressions précédentes, soit pour y trouver une démonstration des propriétés données (§ 189), soit pour en découvrir de nouvelles. Mais comme les calculs de discussion sont laborieux et n'aboutissent pas toujours, nous nous bornerons à ceux qui établissent leur aptitude *polarimétrique*, si fondamentale pour la *photométrie*.

On appelle *polarimètres* des appareils qui mesurent, non pas la quantité, mais la proportion de lumière ou de chaleur polarisée. Ces appareils procèdent par voie de *dépolarisation*. Ils sont organisés de manière à pouvoir s'offrir au rayon incident dans des conditions variées, et à posséder dans chaque condition une puissance dépolarisante particulière. La mesure est faite, quand l'œil, armé d'un polariscope très-sensible, ne reconnaît plus dans la lumière transmise traces de polarisation. La proportion polarisée est donnée par une table à deux entrées, qu'on a dû former au préalable par le calcul ou par l'expérience. On prévoit qu'un polarimètre agissant sur la lumière naturelle doit lui imprimer une polarisation partielle. Il y a plus : la proportion de lumière polarisée introduite est strictement égale à celle du rayon que l'appareil dépolariserait dans les mêmes circonstances. Soit en effet $\dfrac{p}{p+\nu}$ la proportion détruite, la dépolarisation est due à ce que les deux faisceaux $\dfrac{\nu}{2}$ et $p+\dfrac{\nu}{2}$ sont fractionnés par deux facteurs L, K inégaux, et tellement inégaux que l'on ait

$$\frac{\nu}{2} L = K \left(p + \frac{\nu}{2} \right),$$

ce qui donne

$$p = \frac{\nu}{2} \frac{L-K}{K}, \quad p + \nu = \frac{\nu}{2} \frac{L+K}{K},$$

et

$$\frac{p}{p+\nu} = \frac{L-K}{L+K}.$$

Or, que l'appareil agisse actuellement sur un faisceau naturel, les deux faisceaux après l'action seront $\frac{1}{2}$ L . $\frac{1}{2}$ K, et la proportion polarisée sera la même. Ainsi, dépolariser une lumière partiellement polarisée et polariser une lumière naturelle sont deux points de vue qui dans certains cas peuvent être équivalents.

§ 255. — Graduation des polarimètres.

Un appareil qui donne $K = L$ cesse d'être un polarimètre, en ce sens que la position dépolarisante ne varie plus avec la proportion polarisée. C'est ce qui arrive avec des lames d'un cristal uniaxe non perpendiculaires à l'axe. Elles ne dépolarisent un rayon que si leur section principale est à 45 degrés du plan de polarisation. De telles lames ont cependant une double utilité dans la pratique de l'optique ; nous avons déjà vu (§ 164) qu'en les interposant normalement sur la route des rayons introduits dans la chambre obscure, elles détruisent, si leur épaisseur est suffisamment grande, la polarisation que l'emploi d'un réflecteur y introduit inévitablement, et fournissent des rayons rigoureusement neutres. De plus, en les faisant agir avec une autre orientation sur un rayon polarisé, elles donnent deux faisceaux superposés qui valent $\frac{1}{2}$ R $\cos^2 \alpha$ et $\frac{1}{2}$ R $\sin^2 \alpha$ (*), et dont l'ensemble contient la proportion polarisée

$$\frac{\cos^2 \alpha - \sin^2 \alpha}{\cos^2 \alpha + \sin^2 \alpha} ;$$

elles peuvent donc (car l'expérience confirmera la loi de Malus, sur laquelle repose cette évaluation) fournir une série de polarisations partielles connues, comprises entre les limites o et 1, et servir à la graduation des polarimètres.

(*) R facteur qui exprime l'atténuation due aux deux réflexions.

Ces lames si utiles sont ordinairement des lames de quartz parallèles à l'axe.

§ 256. — Les piles de glaces polarimètres. — Méthode de l'inclinaison.

Les piles de glaces fournissent d'excellents polarimètres; si elles reçoivent de la lumière naturelle, elles communiquent au faisceau transmis la polarisation $\dfrac{L-K}{L+K}$ (§ 252). MM. de la Provostaye et Desains ont fait voir que cette quantité croissait avec l'incidence et atteignait son maximum pour un certain angle supérieur à celui de Brewster, variable d'ailleurs et avec l'indice et avec le nombre des lames, et que cet angle convergeait vers celui de Brewster à mesure que le nombre des lames augmentait; qu'ainsi, par exemple, pour $n = 1,52$ et dix lames cet angle était $64° 52'$, et la valeur correspondante de $\dfrac{L-K}{L+K}$, $0,703$. Ceci nous montre que le pouvoir dépolarisant des piles est restreint. Mais une limite supérieure telle que $0,703$ suffit aux applications. On ne doit pas songer, ne fût-ce qu'à cause de l'absorption négligée dans nos calculs, à graduer une pile d'après la formule. Cette graduation se fait empiriquement en se servant d'une lame de quartz, comme cela vient d'être dit. Voici donc une première manière de faire varier la puissance dépolarisatrice d'une pile de glaces : on laisse sa section principale en coïncidence avec le plan de polarisation partielle, et on l'incline plus ou moins sur les rayons jusqu'à ce qu'ils soient dépolarisés. La table préétablie donne, en regard de l'incidence, la proportion polarisée.

§ 257. — Méthode polarimétrique des azimuts principaux.

En chaleur rayonnante, la possession d'un mesureur indépendant (le *thermo-multiplicateur*) rend faciles des déterminations que l'optique n'obtient que péniblement et par des voies détournées. Voulons-nous, par exemple, connaître p et ν (§ 252) dans un faisceau partiellement polarisé, nous le recevrons sur un prisme biréfringent, une pile, un prisme de Nicol,..., dont la section principale soit successivement parallèle et perpendiculaire au plan de polarisation.

Prend-on un prisme biréfringent (*), on aura, dans le premier cas

$$\left(p + \tfrac{1}{2}\nu\right) = CD,$$

et dans le second

$$\tfrac{1}{2}\nu = CD',$$

D et D' étant les mesures galvanométriques et C un coefficient de proportionnalité; on en déduit

$$\frac{p}{\nu} = \frac{1}{2}\,\frac{D - D'}{D'} \quad \text{et} \quad \frac{p}{p + \nu} = \frac{D - D'}{D + D'}.$$

On se passe donc d'une table, mais on fait deux expériences.

Quand on choisit la pile de glaces, il n'est pas nécessaire qu'elle soit sous l'angle brewstérien, l'inclinaison fixe qu'on lui donne peut être quelconque; seulement comme il n'arrive plus que la portion polarisée passe intégralement dans une des deux situations et soit refusée entièrement dans l'autre, le calcul précédent cesse d'être applicable, et il n'est plus alors possible de déterminer individuellement p et ν, pour obtenir $\dfrac{p}{p + \nu}$, il faut s'appuyer de nouveau sur une table que l'on forme encore à l'aide d'une lame de quartz comme au § 255. Ainsi, ayant polarisé complétement le flux calorifique que la source envoie au rhéoscope, on lui communique, à l'aide de ce quartz, divers états de polarisations partielles dont la proportion soit connue, et on détermine chaque fois le rapport $\dfrac{D}{D'}$ des deux effets galvanométriques que fournit la pile dans ses deux orientations prin-

---

(*) Préférez ceux de quartz, si vous voulez rendre insensible l'inégalité mise en relief (§ 255).

cipale. De là une table, qui, étendue au besoin par l'interpolation, donnera, en échange des deux mesures galvanométriques ou photométriques, la proportion de lumière
polarisée contenue dans le faisceau. Si la méthode du § 255
doit être préférée en optique, on prévoit qu'en chaleur, où
l'on n'a aucun intérêt à éluder les mesures, on s'attache à
celle du paragraphe actuel.

Les deux habiles observateurs précités ont obtenu, par
cette dernière voie, de satisfaisantes vérifications des formules qui caractérisent le faisceau réfléchi par une pile de
glaces; ils avaient soin de rendre l'absorption négligeable
par l'artifice connu qui consiste dans l'interposition de
morceaux suffisamment épais, formés soit des milieux que
doit traverser la chaleur, soit de milieux qui leur fussent
thermochroïques.

Autre exemple. Ayons deux piles de glaces pareilles et
mettons-les sur la route des rayons émis par la source de
chaleur, d'abord parallèles, puis rectangulaires, nous aurons les deux équations

$$\frac{1}{2}(K^2 + L^2) = CD \quad \text{et} \quad KL = CD',$$

d'où

$$\frac{(K - L)^2}{(K + L)^2} = \rho^2 = \frac{D - D'}{D + D'},$$

et nous aurons un terme de leur table de graduation.

§ 258.   Autre vérification des formules de Fresnel.

Ce n'est pas ici le lieu de faire voir comment les polarimètres deviennent des *photomètres*. Cependant nous pouvons dès à présent montrer comment M. E. Desains a obtenu
une vérification des formules de Fresnel, distincte de celle
signalée (§ 242). Il recevait sur une pile graduée dont la
section principale était dans le plan d'incidence, le rayon
réfléchi issu d'un rayon naturel, et, conformément à la
méthode du § 256, il cherchait, l'œil armé d'un polariscope
très-sensible, l'angle sous lequel cette pile donnait une

dépolarisation complète. Sa table, obtenue par le procédé
décrit (§ 255), lui donnait la proportion polarisée, et il a
reconnu que les proportions observées coïncidaient avec
celles données par la formule (page 414)

$$\frac{\cos^2(i-r) - \cos^2(i+r)}{\cos^2(i-r) + \cos^2(i+r)}.$$

Parmi les diverses précautions qui assurent le succès de
telles expériences, nous nous bornons à signaler les deux
suivantes. Il faut déduire n d'un phénomène lié étroitement
aux formules qu'on veut vérifier, par exemple de l'observation de l'angle de polarisation, à l'aide de la relation

$$\operatorname{tang} i = n,$$

ainsi qu'on l'a déjà dit § 242. Il faut encore viser au faisceau direct et éviter la *trainée lumineuse* qui l'accompagne
et qui est douée d'une polarisation contraire, sans doute
parce qu'elle répond à une incidence un peu supérieure à
l'incidence dépolarisante.

§ 259. — L'œil polariscope. — Houppes d'Haidinger.

Nous ne quitterons pas les piles de glaces sans donner
quelques détails sur la curieuse aptitude de l'œil à reconnaître spontanément et l'état de polarisation d'un rayon
et son plan de polarisation, et sur l'heureuse interprétation que M. Jamin en a donnée en faisant appel aux propriétés de ces piles.

Quand on regarde un papier blanc à travers un prisme
de Nicol et qu'on tourne ce polariscope brusquement à
droite et à gauche, on aperçoit une sorte de fantôme jaunâtre qui s'évanouit bientôt quand on laisse le prisme immobile et qu'on cherche à le fixer d'un regard plus ferme. La
forme de cette apparition, représentée (*fig.* 132), est celle
qu'aurait un faisceau d'étoupe étranglé par le milieu : aussi
donne-t-on au phénomène le nom de *houppes d'Haidinger*. On les voit bien encore quand on jette les regards sur
une région du ciel azuré fortement polarisée. On les retrouve

toutes les fois que la lumière est polarisée et d'autant plus vives que la polarisation est moins incomplète. On reconnaît sans peine que la direction des houppes est celle du plan de polarisation. Le caractère fugace de cette apparition, qu'on ne peut voir pour ainsi dire qu'en passant, la rend difficile à saisir la première fois; mais une fois qu'on y a réussi, on la ressaisit sans effort, et pour peu que, par exemple, on soit familier avec l'usage de la loupe dichroscopique, chacune de ses images carrées est accompagnée de sa houppe. L'œil est donc doué d'un pouvoir polariscopique complet; à quoi l'attribuer ?

Soit une pile formée par des verres sphériques, des verres de montre très-bombés, par exemple, et soit, dans la direction de l'axe commun à tous ces verres, un faisceau polarisé qui couvre la première surface. A partir du centre où l'incidence est normale, l'obliquité est croissante et l'on a l'ensemble des phénomènes que donnerait successivement une pile qui serait de plus en plus oblique sur les rayons, et dont on ferait tourner en outre azimutalement la section principale. Nous savons qu'alors il y a un minimum de transmission quand le plan de polarisation et la section principale sont en coïncidence, et un maximum quand ces deux plans sont à angle droit. Nos verres sphériques donneront donc, dans le premier méridien, de chaque côté du centre, des aigrettes obscures, et dans le deuxième méridien deux aigrettes brillantes. Ces aigrettes s'épanouiront et deviendront plus vives à mesure qu'on gagnera la circonférence des verres.

M. Jamin, auquel on doit ces remarques, a fait pour la cornée seule et pour une incidence de 25 degrés, le calcul des deux intensités maximum et minimum, et il a trouvé entre elles une différence bien suffisante. Dans l'œil, à cause de la petitésse de la pupille et malgré le vaste champ de cet organe, il est douteux que les incidences aillent jusqu'à 25 degrés, mais l'effet du cristallin s'ajoute à celui de la

cornée et d'ailleurs on peut recourir à l'artifice du mouvement pour rendre appréciable la différence, si elle tom-
bait au-dessous de la sensibilité de l'œil immobile.

Comme les formules (ce sont celles des piles de glaces)
contiennent n, les diverses couleurs sont inégalement affai-
blies. M. Jamin a calculé la teinte résultante pour les aigrettes sombres et l'a trouvée jaune. Le même calcul appliqué
aux aigrettes vives montre qu'elles sont sensiblement blanches. La teinte violacée qu'elles présentent serait donc un
effet de contraste. La synthèse confirme pleinement cette
explication, puisque les verres sphériques juxtaposés, éclai-
rés par de la lumière polarisée, ont donné les houppes.

§ 260. — Lumière polarisée dans les arcs-en-ciel et les halos.

Les formules de Fresnel admettent encore d'autres applications parmi lesquelles nous distinguerons seulement le
calcul de la constitution de la lumière qui forme, soit les
deux arcs-en-ciel, soit les deux halos.

Pour le premier arc-en-ciel, il suffit de calculer les deux
expressions

$$\frac{1}{2}(1 - \alpha)^2 \alpha \quad \text{et} \quad \frac{1}{2}(1 - 6)^2 6,$$

α et 6 ayant la signification convenue (§ 250) ; pour le second
il y a une réflexion de plus et les deux expressions sont

$$\frac{1}{2}(1 - \alpha)^2 \alpha' \quad \text{et} \quad \frac{1}{2}(1 - 6)^2 6^2.$$

En prenant pour i et r les valeurs *efficaces* connues, on
trouve que la lumière totale est dans le premier arc $0,051$
et dans le second $0,025$, et que la proportion de lumière
polarisée y est représentée par les deux fractions $0,933$ et
$0,843$. Dans ces calculs, l'intensité de la lumière incidente
est représentée par l'unité.

Dans les halos, la lumière totale est exprimée par

$$\frac{1}{2}(1 - \alpha)^2 + \frac{1}{2}(1 - 6)^2,$$

et la proportion polarisée par

$$\frac{(1-\theta)^2 - (1-\alpha)^2}{(1-\theta)^2 + (1-\alpha)^2}.$$

Dans le halo de 22 degrés r vaut 30 degrés et dans celui de 46 degrés il vaut 45 degrés. En prenant 1,31 pour l'indice moyen de la glace, nous trouvons que la lumière totale est 0,956 pour le petit halo et 0,8068 pour le grand, et que la proportion polarisée, égale à 0,0365 dans le premier, s'élève dans le dernier à 0,162.

§ 261.   Polarisation par émission oblique.

Nous terminerons ce chapitre en revenant sur le phénomène de la polarisation par émission oblique que nous n'avons fait qu'indiquer au § 183.

La lumière qui émane obliquement de la surface d'un liquide ou d'un solide incandescent est polarisée. On le reconnaît en regardant, par exemple, à travers un prisme de Nicol, une lame d'argent chauffée avec une lampe éolypile; on constate sans peine que le plan de polarisation est perpendiculaire au plan d'émission (*).

Si l'on interpose une pile de mica polariscopique entre un galvanomètre et une lame de platine chauffée par une lampe, tant que la lame est normale aux rayons émis, la déviation galvanométrique est indépendante de l'orientation de la pile. Mais si l'on rend la lame échauffée oblique sur les rayons que les diaphragmes lui permettent d'envoyer à la pile thermo-électrique, on obtient une transmission plus abondante quand la section principale de la pile coïncide avec le plan d'émission que quand elle lui est perpen-

---

(*) Les flammes ne donnent aucune trace de polarisation; Arago, auquel on doit la découverte de la polarisation par émission oblique, n'ayant pu saisir aucune trace de polarisation dans la lumière qui émane très-obliquement des bords du soleil, a dû légitimement en conclure que son incandescence est celle d'une matière gazeuse.

diculaire. Sous l'angle de 70 degrés, les effets varient du
simple au triple, et ces variations d'action conservent leur
netteté, même alors que la lame, chauffée avec une flamme
moins vive, perd son incandescence et n'envoie plus que de
la chaleur sans lumière. La chaleur offre donc, comme la
lumière, la polarisation par émission oblique; comme elle,
elle se montre alors polarisée dans le second azimut.

Il semble y avoir entre ce mode de polarisation et ceux
déjà étudiés une différence profonde. En effet, tandis que
ces derniers opèrent sur la lumière naturelle de manière
à en régulariser après coup les vibrations, ici la polarisation naît de toutes pièces, comme si l'action régulatrice
résidait dans le mécanisme même de l'émission. Mais
quand on songe que l'émission, au lieu d'être purement
superficielle, est due (à l'égard de la chaleur rayonnante,
on possède sur ce point important des expériences catégoriques) au concours de particules comprises dans une couche d'une certaine épaisseur, l'émission doit cesser d'offrir,
avec les transmissions qui accompagnent toute réfraction,
une différence aussi tranchée. On voit en effet que les
rayons émis sont de vrais rayons transmis, dans lesquels il
est naturel de retrouver les phénomènes de polarisation
propres aux transmissions. Il y a plus : comme depuis longtemps on a été conduit à admettre en chaleur que l'émission
était accompagnée d'une réflexion intérieure qui répétait
en dedans, sur les rayons qui tendent à sortir, le dédoublement que la réflexion extérieure et la réfraction produisent
sur les rayons qui tendent à pénétrer dans le corps; si nous
accordons à ces conceptions la même réalité en optique,
nous prévoyons que la condition d'une polarisation par
émission doit être une polarisation opérée dans le premier
azimut sur le rayon qui subit la réflexion intérieure, de sorte
que si la réflexion extérieure, et par conséquent la réflexion
intérieure, venait à s'évanouir, les rayons émis devraient
cesser d'offrir une polarisation partielle. L'expérience

répond parfaitement à ces prévisions, puisque les gaz dénués de pouvoir réflecteur n'émettent que de la lumière naturelle, et qu'il en est de même du noir de fumée dont les radiations lumineuses et calorifiques restent naturelles sous quelque obliquité qu'ait eu lieu leur émission.

§ 262. — Loi de MM. de la Provostaye et Desains.

MM. de la Provostaye et Desains ont été plus loin , ils ont compris que la loi d'Arago (§§ 188, 250 et 252) devait encore présider à cette action intérieure, et comme il est probable que ce sont les mêmes couches qui produisent et la réflexion intérieure et la réflexion extérieure, ils ont prévu qu'elle y présiderait avec les mêmes coefficients, de sorte que la quantité de lumière polarisée dans le faisceau émis obliquement serait la même que dans le faisceau réfléchi extérieurement dans la même direction. Ainsi voilà quatre faisceaux correspondants, deux réfléchis et deux réfractés, qui doivent contenir la même quantité de lumière polarisée; parmi eux le réfléchi intérieur est toujours insaisissable, il en est de même du réfracté dès qu'on opère sur un corps opaque, une lame de platine par exemple : il ne reste donc d'accessible que le rayon émis et le réfléchi extérieur. Voyons comment les deux physiciens précités ont obtenu sur eux cette précieuse vérification (*), en supposant d'abord qu'il s'agisse des rayons calorifiques.

En recevant sur un prisme biréfringent la chaleur d'une bonne lampe, ils obtiennent un faisceau polarisé. Une lame de quartz parallèle à l'axe le dépolarise dans une proportion connue (§ 255). Vient alors la pile de mica dont ils mettent la section principale tour à tour en coïncidence et à angle droit avec la section principale du quartz : de là deux effets

---

(*) Elle a porté sur les proportions et non sur les quantités polarisées ; or la proportion est la même dans le rayon émis et dans le réfracté qui sont des rayons analogues. L'étude du rayon réfléchi servait donc à obtenir la proportion polarisée dans le réfracté.

galvanométriques dont on prend le rapport. Ce rapport et la proportion de lumière polarisée donnée par l'orientation du quartz sont, ainsi que nous l'avons développé (§ 257), deux termes correspondants de la table qui conviendra à la pile de mica qu'on va employer. Des déterminations de ce genre, étendues, sans changer l'inclinaison de la pile, à d'autres positions de la lame de quartz, donnent la table de graduation de la pile. On y verra par exemple que si la proportion s'élève à o,719, les deux mesures opérées dans l'ordre qui a été supposé, ont pour rapport o,324. En soumettant aux deux actions successives de cette pile la chaleur rayonnée par une lame de platine poli portée au rouge, ils ont trouvé que la proportion de lumière polarisée s'élevait, dans le faisceau émis obliquement sous l'angle de 70 degrés, à o,70.

Mais des expériences directes, dues aux mêmes physiciens, ont montré que quand 100 rayons de chaleur, émis par une lame de platine incandescente, tombent sur une autre lame de platine sous l'angle de 70 degrés (*), ils se réfléchissent dans la proportion de 94 s'ils sont polarisés dans le plan d'incidence, et de 66 s'ils sont polarisés perpendiculairement à ce plan, de sorte que 200 rayons de chaleur naturelle donneraient à la réflexion 94 + 66 et à la réfraction 6 + 34. Or ce faisceau réfracté étant l'analogue du faisceau émis, doit contenir comme lui o,70 de lumière polarisée dans le deuxième azimut. Les chiffres précédents donnent pour cette proportion $\dfrac{34-6}{34+6}$, c'est-à-dire exactement o,70.

La loi de MM. la Provostaye et Desains ne se vérifie pas moins bien sur la lumière. Graduez par la méthode

---

(*) Il faudrait, pour que cette réflexion extérieure fût correspondante à la réflexion intérieure qui accompagne l'émission oblique, que la lame de platine qui réfléchit fût portée au rouge comme la lame de platine qui émet. Mais il paraît, d'après des expériences délicates entreprises par ces physiciens, que le pouvoir réfléchissant du platine chaud est le même que celui du platine froid.

I.

28

du § 255 une pile de mica ou de verre; disposez-la sur le trajet des rayons conformément à la méthode du § 256, de manière que son plan de transmission coïncide avec celui de polarisation des rayons émis obliquement par le corps incandescent, et variez l'inclinaison jusqu'à ce que la portion de la lumière émise qu'elle transmet soit ramenée à la neutralité. La table de graduation donnera la proportion polarisée. On trouve ainsi, avec le platine chauffé au rouge, sous l'angle de 70 degrés, 0,45. Or 100 rayons *rouges* du spectre reçus sur un miroir de platine sous l'angle de 70 degrés, donnent à la réflexion 78 et 43, suivant qu'ils sont polarisés dans le premier ou dans le deuxième azimut. Le rayon réfracté correspondant à 200 rayons naturels contient donc (et montrerait si le platine n'était pas opaque) une proportion polarisée égale à

$$\frac{57 - 22}{57 + 22} = 0,44.$$

Les vérifications tentées pour d'autres angles par ces physiciens ont également réussi.

Comme, au fond, c'est aux travaux de M. Jamin que sont empruntées les mesures d'intensité qui donnent cette seconde évaluation de la proportion de lumière polarisée, et que cependant ses mesures (chapitre XVI) n'ont pas porté sur le platine, quelques explications sur ce point ne paraîtront pas déplacées.

MM. de la Provostaye et Desains s'attaquant à des rayons de chaleur solaire empruntés à un spectre très-pur, et polarisés tour à tour dans les deux azimuts principaux du miroir, ont d'abord reconnu, en conformité avec ce qui a été dit (§ 137), que pour le métal des miroirs et l'acier, métaux étudiés par M. Jamin, il y avait parallélisme exact entre leurs résultats et ceux de ce dernier physicien. Étendant alors cette identité au platine, ils ont pu légitimement tirer les deux coefficients 78 et 43 propres à la lumière rouge, d'expériences faites avec des rayons de chaleur fournis par le rouge d'un spectre très-pur.

Si l'on s'étonnait de voir un même corps offrir, pour les mêmes incidences, une inégale réflexibilité, suivant que les rayons, polarisés dans un même azimut, sont rayons de chaleur ou rayons de lumière, nous dirions par anticipation que l'étude de la polarisation métallique doit nous montrer que cette inégalité se présente même pour les divers rayons du spectre lumineux, qu'en général, surtout avec des rayons polarisés dans le deuxième azimut, le coefficient de réflexion croît avec la longueur d'onde. Or on sait que la longueur d'onde moyenne des rayons calorifiques hétérogènes qui émanent du platine rouge, est bien supérieure à celle des rayons rouges lumineux. Enfin, comme les rayons lumineux du platine incandescent, quoique incomparablement moins hétérogènes que les rayons calorifiques, sont loin d'avoir l'homogénéité des rayons rouges du spectre, avec lesquels on vient d'opérer, si l'on voulait, à cause de cela, répudier comme peu comparables à l'expérience polarimétrique, les chiffres 78 et 43 sur lesquels repose la confrontation numérique dont le succès prouve la réalité de la loi, nous prévenons que sur le platine (et aussi sur l'acier) la réflexion des rayons polarisés dans un même azimut n'éprouve dans l'étendue du spectre que de très-faibles variations.

Deux mots encore. En admettant avec Fourier auquel on doit cette ingénieuse conception, le parallélisme des phénomènes de l'absorption et de ceux de l'émission, il semble que le faisceau émis doive, comme le faisceau admis, changer de direction lors de l'émission et subir une vraie réfraction. Nous nous contenterons de remarquer, à propos de cette question, qu'il y aura peut-être lieu, quand on cherchera à la résoudre, de distinguer le cas des diaphanes et des opaques, car, chez ces derniers, l'introduction des rayons doit se faire au point de vue de la direction, dans des conditions bien différentes de celles que la loi des sinus établit pour les corps diaphanes.

28

CHAPITRE X.

INTERFÉRENCES DE LA LUMIÈRE POLARISÉE
OU POLARISATION COLORÉE.

ARTICLE IER.

LUMIÈRE PARALLÈLE.

Comment, quand la lumière incidente est polarisée dans le deuxième azimut, les anneaux des lames minces s'éteignent spontanément sous deux certains angles et s'intervertissent dans leur intervalle. — Quand la lumière est polarisée dans le premier azimut ils ne s'éteignent spontanément sous aucun angle. — Mais comme ils sont entièrement polarisés sous les deux angles précités, un Nicol placé à 90 degrés les éteint alors. — Entre ces deux angles, les deux images données par un polariscope biréfringent sont complémentaires. — Comment, quand la lumière est polarisée dans un azimut quelconque, la rectangularité peut s'opposer à la formation des anneaux. — Les retards causés par la double réfraction ne deviennent capables d'interférence que si la lumière est : 1° polarisée avant d'atteindre le cristal ; 2° soumise, après sa sortie, à l'action d'un polariscope. — On peut avoir, soit simultanément, soit successivement en tournant le polariscope quand il est simple, deux couleurs distinctes qui sont complémentaires. — L'une des couleurs répond au retard subi et l'autre à ce retard accru de $\frac{\lambda}{2}$. — Règle qui régit cette perte de $\frac{\lambda}{2}$. — Diverses manières de disposer les expériences. — Production de six systèmes simultanés de franges. — Calcul et discussion des teintes plates que donne, par voie d'interférence, un faisceau parallèle lancé à travers une lame cristallisée.

---

§ **263.** — 1°. **Les anneaux colorés avec la lumière polarisée dans le deuxième azimut.**

Les anneaux colorés offrent des ressources précieuses pour traduire par des faits sensibles les particularités les plus délicates des formules établies dans le précédent chapitre. Nous allons leur emprunter des expériences qui, intéressantes par elles-mêmes, ont en outre l'avantage de compléter la discussion de ces formules.

Soit une lame comprise entre deux milieux d'indices différents, éclairons-la par de la lumière polarisée dans le deuxième azimut. Il y a eu général, ainsi que nous l'avons annoncé (§ 76), deux incidences sous lesquelles les anneaux disparaissent : ce sont celles qui rendent l'angle d'incidence égal à celui de Brewster, soit sur la première, soit sur la deuxième surface de la lame mince, et annulent ainsi l'un des deux faisceaux interférents. Ce n'est pas tout : entre ces deux angles les anneaux changent de caractère, devenant à centre blanc, par exemple, s'ils étaient à centre noir. La cause en est dans ce renversement de la vibration, que nous avons signalé (page 396). Au delà de la plus grande de ces deux incidences les deux vibrations sont renversées, chacun des deux rayons interférents perd $\frac{\lambda}{2}$, et les anneaux reprennent le caractère qu'ils avaient d'abord. Cette expérience exige pour réussir un certain choix de substances. La plupart du temps les deux angles sont tellement rapprochés, que le rayon renaissant n'a pu reprendre une intensité suffisante. Ainsi avec une lame mince d'air comprise entre crown ($n = 1,48$) et flint ($n'' = 1,7$) les deux angles pris dans la lame mince ou, ce qui revient au même, en dehors des verres sont $59° 32'$ et $55° 57'$.

D'autres fois, quand la lame est intermédiaire en réfringence aux deux milieux qui la coercent, il peut arriver que la seconde limite soit irréalisable. Le seul moyen de se diriger au milieu de ces écueils est de recourir à une discussion générale.

Soient donc n, n', n'' les trois indices successifs ; la première limite est donnée (loi de Brewster) par

$$\tan B = \frac{n}{n'},$$

la deuxième par

$$\tan B' = \frac{n''}{n'},$$

B et B′ étant comptés dans la lame mince, ce qui donne
pour l'étendue angulaire des anneaux complémentaires

$$\tan (B - B') = \frac{n'(n - n'')}{n'^2 + nn''};$$

et l'on voit déjà que cette étendue croit avec la différence des
indices extrêmes. Mais pour que B′ soit réalisable, il ne doit
pas dépasser l'angle limite L donné par l'équation

$$\sin L = \frac{n}{n'};$$

on doit donc avoir

$$B' < L \quad \text{c'est-à-dire} \quad \frac{n''}{n'} < \frac{n}{\sqrt{n'^2 - n^2}}.$$

Ainsi la combinaison

$$n = 1,17, \quad n' = 1,65, \quad n'' = 1,7,$$

ne donnerait que la première limite, et la donnerait pour

$$B = 35° 20' 20'';$$

de là jusqu'aux plus grandes incidences, on trouverait les
anneaux à centre noir sans pouvoir les retrouver à centre
blanc. Il n'en serait plus de même si on retournait le système, mettant n'' en première ligne : car alors on aurait les
deux limites. Mais comme il n'existe pas de substance qui ait
1,17 pour indice, et comme nous ne devons pas songer à élever n'' en faisant intervenir des milieux qui aient un indice
plus grand que 1,7 (§ 237), passons à d'autres exemples.

Un bon moyen de rendre $n'' - n$ grand, consiste à prendre
l'air pour un des milieux extrêmes. Frottons un verre
($n = 1,57$) avec du savon, essuyons avec une peau sèche
et insufflons avec la bouche, armée d'un tube, sur ce verre
à peine savonné, de la vapeur d'eau : nous obtiendrons de
très-beaux anneaux. Seulement, comme la lame a une
épaisseur décroissante à partir du centre, ils auront une
disposition de couleurs inverse et seront bordés de noir. Si
nous conservons pour la couche d'eau l'indice 1,336, négligeant ainsi l'influence du savon qu'elle a pu dissoudre,

nous trouvons

$$B = 36° 48' 50'' \quad \text{et} \quad B' = 49° 36' 20'',$$

et comme 49° 36′ surpasse l'angle limite de l'eau, le phénomène est encore incomplet. Pour lui donner tout son développement, il faut étaler le savon et la vapeur d'eau sur un plan de spath fluor $(n = 1,435)$. Alors on a

$$B = 36° 48' 50'', \quad B' = 46° 58' 50'',$$

ou bien extérieurement dans l'air

$$B_1 = 53° 11' 10'', \quad B'_1 = 77° 37' 30''.$$

Quand on arrive aux limites, à la première par exemple, le diamètre parallèle à la ligne des yeux partage les anneaux en deux portions telles, que pour la moitié la plus rapprochée, l'incidence est antébrewstérienne, tandis que pour l'autre moitié elle est déjà ultrabrewstérienne; alors, en deçà et au delà de ce diamètre sur lequel les anneaux s'évanouissent, on a des moitiés d'anneaux complémentaires. On se rend aisément compte des changements analogues qui surviennent dans les anneaux transmis, car ils restent constamment complémentaires des anneaux réfléchis.

§ 264. — 2°. Les anneaux colorés avec la lumière polarisée dans le premier azimut et avec la lumière naturelle.

La lumière polarisée dans le premier azimut ne donne rien de pareil. Quelle que soit l'incidence, les anneaux gardent leur caractère. Il en résulte que si l'on use d'une lumière naturelle et si l'on dédouble les anneaux avec un spath dont la section principale coïncide avec le plan d'incidence, on aura à la fois les deux sortes d'anneaux. Ainsi, entre les incidences B et B′, les anneaux se résoudront en deux systèmes d'anneaux complémentaires (*). Si l'analy-

(*) Une lentille posée sur une lame de métal donne aussi une résolution des anneaux en deux systèmes complémentaires, mais l'interprétation de ce phénomène sur lequel nous reviendrons différera de celle que nous donnons ici.

seur, devenant un Nicol, tourne de 90 degrés, de manière à mettre sa section principale dans le plan d'incidence, les anneaux disparaîtront quand l'incidence correspondra aux limites B et B′, et si l'incidence est autre, ils passeront simplement du maximum au minimum d'intensité. Ces changements montrent donc que les anneaux réfléchis engendrés par une lumière naturelle sont toujours polarisés (en général partiellement) dans le plan d'incidence. Il en est de même des anneaux transmis : pour le constater sans déplacer l'œil, on met le système des deux verres à angle droit sur le milieu d'un papier blanc, et on en masque tour à tour chaque moitié. L'habitude que nous avons de voir la lumière naturelle se diviser en portions polarisées à angle droit, nous oblige de dire pourquoi ici, en se partageant entre les deux sortes d'anneaux, la lumière reste polarisée dans le même plan.

Sous l'angle de polarisation, l'un des deux rayons auxquels sont dus les anneaux transmis, a été réfléchi deux fois et est complétement polarisé; il est donc entièrement détruit quand l'analyseur est à 90 degrés; or sa destruction suffit pour que les anneaux, à la formation desquels il est indispensable, s'évanouissent. Pour bien voir ce qui a lieu sous d'autres incidences, la vraie méthode consisterait à considérer les anneaux comme formés par la superposition de deux systèmes d'anneaux dus respectivement aux deux rayons polarisés dans les azimuts principaux. En calculant leurs intensités, on verrait que les premiers l'emportent toujours sur les derniers, et que leur ensemble doit être partiellement polarisé dans le plan d'incidence.

§ 265. — 3°. Les anneaux colorés avec la lumière polarisée dans un azimut quelconque.

Nous venons de considérer la formation des anneaux colorés, soit avec de la lumière polarisée dans chacun des azimuts principaux, soit avec de la lumière naturelle. Voyons actuellement le cas de la lumière polarisée dans un azimut

quelconque. Nous allons y rencontrer un nouveau motif
d'empêchement des anneaux. En effet, si nous décomposons
la vibration incidente en deux autres, de manière à avoir
deux systèmes d'anneaux, les rayons du premier système
n'étant pas incohérents avec ceux du second, au lieu de
deux systèmes d'anneaux indépendants, on n'en aura plus
qu'un, qui s'obtiendra en combinant ensemble les deux
vibrations rectangulaires qui ont décrit les mêmes chemins.
De là deux résultantes qui peuvent tomber dans le cas
signalé (§ 244), et comme les rayons polarisés contrairement n'interfèrent pas, les anneaux s'évanouiront pour les
valeurs de i et de a qui amèneront un tel résultat. Le paragraphe 244 contient un système de valeurs propres à donner
cette nouvelle disparition d'anneaux qui n'est plus due à
l'évanouissement d'un des deux faisceaux interférents.
M. Brewster, qui a découvert ce phénomène, donne, pour
plusieurs associations de substances, des tables de ces systèmes de valeurs de i et a. Mais quand, pour avoir des phénomènes mieux tranchés, il choisit l'une des substances d'un
indice élevé, le diamant par exemple, il tombe sur des
phénomènes analogues sans doute aux précédents, mais
auxquels nos formules et leurs conséquences ne peuvent
plus s'appliquer.

Quand, en choisissant des valeurs convenables de i et
de a, on a ainsi obtenu disparition des anneaux, on peut les
réobtenir en forçant les valeurs et en rendant obtus l'angle
des deux plans de polarisation. Mais les anneaux ainsi
restaurés, au lieu du centre blanc qu'ils avaient quand
l'angle des plans était aigu, ont acquis un centre noir. Comment les vibrations en dépassant 90 degrés, de concordantes qu'elles étaient, deviennent-elles discordantes? Comment cette particularité géométrique introduit-elle une perte
de $\frac{\lambda}{2}$ pour l'un des rayons? Nous renvoyons sur ce point au
§ 244.

§ 266. — **Anneaux complémentaires des lames minces coercées par un spath.**

Parmi les expériences d'anneaux colorés qui se rattachent à la polarisation de la lumière, nous citerons encore la suivante. Soit une lame mince d'huile de gérofle ($n = 1,54$) placée entre un spath et un verre ($n = 1,5$) légèrement courbe, si le principe d'indépendance des deux milieux qui coexistent dans un corps biréfringent, principe invoqué déjà (§ 253), a de la réalité à l'égard des phénomènes de réflexion extérieure ; des deux combinaisons offertes, la première par le verre, l'huile et le spath ordinaire, l'autre par le verre, l'huile et le spath extraordinaire, l'une donnera à la lame mince un indice intermédiaire à ceux des deux milieux qui la coercent, et partant, des anneaux à centre blanc (§ 73). Le verre est-il un flint énergique d'indice $1,7$, ce centre blanc arrive pour la deuxième combinaison. On donne au flint, pour des motifs connus (§ 74), la forme d'un prisme. Les anneaux engendrés sous une forte incidence sont vifs et projetables, et suivant que la section principale du Nicol qui polarise le faisceau incident est parallèle ou perpendiculaire à celle du spath, les anneaux ont en effet *centre blanc* ou *centre noir*. Si la lumière étant naturelle, on résout, par l'emploi d'un polariscope biréfringent convenablement orienté, les anneaux en deux systèmes respectivement polarisés dans les deux sections neutres du spath, ces systèmes seront également complémentaires. Les indices qui sont en jeu dans cette expérience la soustraient à cette autre génération d'anneaux à centre blanc qui dérive de la loi de Brewster et que nous venons d'étudier (§ 263).

Les paragraphes précédents nous ont montré l'interférence des rayons polarisés. Or parmi les phénomènes de coloration dus à l'interférence de tels rayons, les plus remarquables sous le triple rapport de la vivacité, de la facile reproduction et de la variété, sont, sans contredit, ceux dans lesquels les différences de route proviennent de la double réfraction et qui constituent le chapitre désigné par l'expression assurément insuffisante de polarisation chromatique. Mais la réussite de ces phénomènes brillants dont l'étude va nous occuper, est subordonnée à la réalisation de certaines conditions auxquelles il a été déjà fait allusion (note du § 232). Nous nous proposons de consacrer le reste de cette Section, aux lois qui sont dues sur cette importante matière à l'association féconde de Fresnel et Arago, aux expériences variées sur lesquelles ces deux physiciens les ont fondées, et enfin au calcul du phénomène le plus simple de la polarisation colorée. On verra qu'à partir de ce moment nous cessons de suivre la marche tracée au commencement du § 237 : mais les trois cas qu'il nous reste à considérer n'en seront pas moins traités avec le plus grand soin. Seulement les progrès de la science ont montré qu'ils se rattachaient d'une manière plus naturelle à certaines modifications de la lumière, dont l'étude sera l'objet de chapitres ultérieurs.

§ 267. — Comment un quartz mince donne ou ne donne pas de franges.

Pour s'attaquer de suite au nœud de la question, soit, *première expérience*, un cristal biréfringent mince, un quartz par exemple (*); en le mettant en face d'un point lumineux, il donne, comme les miroirs et le biprisme (§ 21), mais pour des motifs différents, deux points très-rapprochés. Cependant en examinant le champ commun aux deux faisceaux, on n'y découvre aucune frange; mais, *deuxième expérience*, on en obtient si l'une des surfaces du cristal est recouverte de la plaque aux deux trous, ou, ce qui vaut

---

(*) Ces expériences ont été faites d'abord par les inventeurs, avec des lames minces de gypse, mais ce cristal est biaxe, et c'est pour donner plus de précision au langage que nous lui substituons un quartz qui, en lames parallèles à l'axe, offre d'ailleurs sensiblement la même énergie biréfringente que le sulfate de chaux.

mieux, de la plaque aux deux fentes parallèles étroites. D'où vient cette différence ?

Dans le premier cas, le cristal refuse les franges parce que les deux faisceaux polarisés, extraits par lui du rayon naturel incident, ont à la fois *incohérence* et *rectangularité*. L'emploi d'un polariscope ne les restaurera point, parce qu'un polariscope est impuissant pour faire disparaître l'incohérence. Dans le second cas, les deux fentes donnent quatre faisceaux issus des deux rayons naturels semblables auxquels elles donnent passage. Les faisceaux de même nom sont *cohérents* et polarisés dans le même plan, et la diversité des chemins suivis crée seule, à la manière ordinaire, et non la double réfraction, des différences de route. De là deux systèmes de franges donnés l'un par les deux ordinaires, l'autre par les deux extraordinaires et superposés dans l'espace central. Les systèmes latéraux que pourraient donner, à droite, par exemple, l'ordinaire de gauche et l'extraordinaire de droite, n'aboutissent pas, comme frappés à la fois d'incohérence et de rectangularité, et ne sont pas restaurables par un polariscope.

§ 268. Comment il peut donner deux et même trois systèmes de franges.

Jusqu'ici les résultats sont les mêmes que si le quartz ne recouvrait pas les trous ; car, en son absence, on pourrait appliquer les mêmes raisonnements aux polarisés rectangulaires qui constituent chaque rayon naturel. Mais il va cesser d'en être ainsi si nous coupons le cristal en deux et si nous plaçons ses deux moitiés sur les fentes, leurs axes croisés. C'est alors entre les deux ordinaires et entre les deux extraordinaires que s'introduisent l'incohérence et la rectangularité, et en place du système central des franges superposées, on aura latéralement, séparés par une distance qui dépend exclusivement de la double réfraction et peut servir à la mesurer, deux systèmes de franges similairement organisés et

ayant chacun une frange centrale blanche. Même résultat si
l'on juxtaposait, en rendant leurs axes parallèles, deux cristaux de signes contraires, d'épaisseur égale et de biréfringence peu différente, comme le sont par exemple les deux
moitiés d'un verre courbé (§ 206).

On peut même obtenir à la fois les trois systèmes de
franges. Il suffit pour cela que les deux moitiés du cristal
aient, entre leurs axes, un angle intermédiaire à o et 90, 45
degrés par exemple; dans cette position, qui est la meilleure,
on a, au milieu, les franges centrales plus vives, et à droite
ou à gauche les deux autres systèmes. Ce qui tient visiblement
à ce que, soit les deux ordinaires, soit les deux extraordinaires, soit les deux combinaisons d'un ordinaire et d'un
extraordinaire, n'ont (dans cette hypothèse de 45 degrés)
qu'une *demi-incohérence* et une *demi-rectangularité*.

Ces expériences réussissent très-bien et avec ces fentes
écartées que permettent d'employer les dispositions du
§ 32, et surtout avec les demi-lentilles du § 33. On n'a
pas besoin de s'inquiéter de la direction des lignes neutres
du gypse, on le coupe en deux dans une direction quelconque et on place tour à tour les deux bords adjacents,
parallèles, puis rectangulairement et à 45 degrés. Les expériences analogues que nous allons bientôt rencontrer (§ 271)
sont plus délicates, puisqu'il faudra et reconnaître ces lignes
neutres et leur donner une orientation déterminée.

§ 269. — Deux systèmes complémentaires obtenus avec le concours d'un polarisateur et d'un polariscope.

Pour obtenir les franges dans la première expérience, il
faut détruire *ab ovo* l'incohérence des faisceaux, puisqu'une
fois produite elle est indestructible. C'est ce qu'on fait en
prenant un polarisé primitif. Cette précaution suffirait si les
deux plans où la décomposition a lieu n'étaient pas rectangulaires; mais comme ils le sont avec tous les cristaux biréfringents, il faut pour détruire cette rectangularité recourir à

un polariscope. Si ce polariscope est un prisme biréfringent, il donnera deux systèmes de rayons ainsi ramenés à un plan commun et, partant, s'il est assez énergique pour les séparer, deux systèmes de franges. Mais ces franges présentent la singularité d'être complémentaires, et voilà pourquoi si le polariscope, par défaut d'énergie, les laissait superposées, au lieu de se renforcer comme précédemment, elles s'annihileraient. Nous retrouvons ici une particularité déjà rencontrée (§§ **247**, **249**) et à laquelle il a été satisfait, la première fois par un signe —, et la seconde par une addition de $\frac{\lambda}{2}$. Le moment est venu d'insister sur ces deux manières de faire et de formuler la règle qui, sans que l'on pousse à bout les décompositions, permet de discerner si l'on doit ou non tenir compte de cette nouvelle perte de $\frac{\lambda}{2}$.

Considérons la *fig.* 133 plus générale que celle des paragraphes précités ; on y voit la vibration incidente OV se décomposer en deux vibrations OA, OB dans les deux azimuts principaux du cristal, puis chacune de ces dernières se décomposer à son tour, dans les deux azimuts principaux du polariscope en deux autres oc, od et oe, of. L'un des systèmes interférents est formé par od, of et l'autre par oc, oe. Comme les rayons de chaque système traversent le polariscope avec la même qualité, la différence des chemins est exclusivement engendrée dans le cristal, représentons-la par O — E. Or si dans le premier système les deux vibrations simultanées od, of sont couchées l'une sur l'autre et tirent dans le même sens ; dans l'autre elles sont couchées dans le prolongement l'une de l'autre et tirent en sens contraire. Une telle opposition de direction substitue visiblement le désaccord à l'accord et vaut une perte de $\frac{\lambda}{2}$. Si donc le retard est O — E dans un système, il sera $O — E + \frac{\lambda}{2}$ dans l'autre, et voilà pourquoi les deux systèmes de franges sont complémentaires. Quant à savoir auquel des systèmes attribuer cet excédant $\frac{\lambda}{2}$, voici, pour y arriver, une règle géométrique. *La différence de phase ne dépend que de* $O - E$ *ou s'accroît de* π, *suivant que le plan des deux vibrations interférentes est compris, avec la vibration primitive, dans le même angle droit* AOB *comme* OP, *ou n'y est pas compris comme* OQ. Ainsi, la destruction de la rectangularité par un polariscope nous offre une nouvelle perte de $\frac{\lambda}{2}$ qu'il faut ajouter à celles déjà rencontrées (§§ 68, 239).

Dans la *fig.* 134, les deux décompositions successives sont appliquées, pour une même situation du cristal et du polariscope, à une vibration OV′ supposée à 90 degrés de la précédente; on y voit que c'est alors au système *od*, *of* qu'appartient la perte spéciale de $\frac{\lambda}{2}$. Ceci nous révèle un second motif du refus de franges qui a lieu, quand on emploie un rayon naturel. En effet, tandis que l'incohérence produit, dans chaque système de franges, à chaque quart de la grande période, un passage à l'état complémentaire, la coexistence des deux vibrations rectangulaires donne quatre systèmes et met, *au même moment*, dans une même image deux systèmes complémentaires.

§ 270. — Particularités de ces nouvelles franges.

Un spath peut donc, sous les deux conditions précédentes, produire des franges *sans fentes* et en agissant comme un biprisme. Mais pour peu qu'il produise entre les deux points un notable écartement, comparable à celui qu'on demande aux biprismes (§ 21), ces points cessent d'être au même niveau, *fig.* 88, *Pl. V*, et la normale élevée sur le milieu de leur distance s'éloigne considérablement du champ commun aux deux faisceaux; il en résulte que les franges réalisables dans ce champ commun sont d'un ordre très-élevé et ne sont observables que quand on les soumet avec MM. Fizeau et Foucault à l'élaboration savante du § 37. Cependant, comme cette expérience est capitale, il importerait de la réussir sans artifices et surtout de s'y donner les premières franges, si précieuses quand on veut constater les deux états complémentaires du phénomène. On y arrive en rachetant le retard énorme du rayon ordinaire par l'un des deux moyens suivants.

Le retard qu'un millimètre de spath imprime au rayon ordinaire dans les conditions les plus favorables, n'est rachetable (note du § 199) que par un verre d'environ $\frac{1^{mm}}{3}$ d'épaisseur. Si le spath n'est plus parallèle à l'axe, ce retard est moindre, mais on peut le calculer par la formule du § 179 et en déduire l'épaisseur du verre qui rachètera tout ce retard, remettra les deux images au même niveau et donnera, dans la région commune aux deux faisceaux, les premières franges : pour s'épargner le soin délicat de donner strictement au verre l'épaisseur calculée, il conviendra de le former avec deux prismes égaux dont l'un pourra glisser sur l'autre comme dans le compensateur. Cela posé, si le faisceau incident est un mince faisceau parallèle issu d'une fente étroite, les deux faisceaux engendrés par le spath épais seront séparés; on pourra donc glisser la lame de verre sur le trajet du rayon extraordinaire. Il suffit alors, avec une lentille, d'amener en superposition ces rayons, pour que de vives franges y apparaissent avec leur frange centrale noire ou blanche, suivant la position du polariscope.

Fresnel opérait et le rachat du retard et la superposition finale des faisceaux, en sciant en deux un rhomboïde épais et superposant ses deux moitiés avec croisement de leurs sections principales. Séparés entre les deux spaths, les faisceaux sont ramenés par le dernier en coïncidence, ainsi qu'on l'a expliqué (§ 191) et de plus ils y échangent leurs vitesses. Fresnel rachetait, s'il y avait lieu, une petite inégalité d'épaisseur en inclinant légèrement l'un des rhomboïdes dans un sens ou dans l'autre.

Habituellement, quand la double réfraction dédouble, il y a mélange des retards géométriques et des retards de double réfraction, les cas simples sont ceux où ces deux influences sont isolées. Les deux expériences précédentes font disparaître les derniers retards, et laissent, comme dans le biprisme, le champ libre aux retards géométriques. On peut, au contraire, ne garder que les retards de double réfraction, et il suffit pour cela de recourir à des rayons parallèles. Suivant que la lame a ses faces parallèles ou est légèrement prismatique, on obtient une teinte plate ou des franges rectilignes. Il faut, avec la lumière blanche, que ces lames et ces prismes donnent de faibles retards et soient minces. La rencontre dans l'œil des deux moitiés de chaque rayon se trouve ainsi assurée sans que les divers rayons émanent d'un même point lumineux.

Entre ces dernières franges et celles des expériences du § 268, les différences sont nombreuses. Ainsi, le concours et d'un polarisateur antérieur à la lame et d'un polariscope ultérieur, inutile aux unes, est indispensable aux autres. D'un côté, les retards de double réfraction, tout en influant sur la position des franges dont ils amènent la séparation, restent étrangers à leur production; de l'autre, au contraire, les routes géométriques ne diffèrent sensiblement pas, et ces retards influent seuls, à tel point que les deux systèmes resteraient superposés sans l'action séparatrice ou éliminatrice du polariscope. Ici, la diffraction n'a aucun rôle, chaque rayon primitif est dédoublé par la double réfraction, et ce sont ses deux portions laissées en coïncidence par la faiblesse de cette double réfraction et douées ainsi d'une origine commune, qui interfèrent; là-bas, c'est la dérivation, la réflexion ou la réfraction qui extraient de rayons différents et amènent en chaque point de

I.   29

l'espace les rayons interférents, ce qui oblige de recourir à un centre d'émanation d'un très-faible diamètre apparent. Enfin, si l'expérience du § 268 donne des systèmes de franges pareils et peut en donner trois, l'actuelle n'en donne que deux et les donne complémentaires.

§ 271. — On obtient six systèmes de franges.

Mais si l'on combine les deux modes d'opérer, on peut avoir six systèmes de franges. Soit donc un point lumineux et vis-à-vis de lui les deux fentes recouvertes par une lame de sulfate de chaux d'environ $0^{mm},5$ d'épaisseur. Un Nicol polarise les rayons incidents avant qu'ils arrivent à la lentille de court foyer; au delà des fentes, l'œil armé d'un prisme biréfringent regarde les franges aériennes. Pour avoir des rayons égaux, nous avons placé les sections principales du polariscope et du Nicol à 45 degrés de celle de la lame cristallisée.

Les fentes de droite et de gauche dédoublant chacune le faisceau qui les atteint, donnent les quatre faisceaux égaux

$$D_o, \quad D_e, \quad G_o, \quad G_e,$$

chacun d'eux est bifurqué par le polariscope, et on a finalement les huit faisceaux (*fig.* 135)

$$(1)\ D_{oo}, \quad (3)\ D_{eo}, \quad (5)\ G_{oo}, \quad (7)\ G_{eo},$$
$$(2)\ D_{oe}, \quad (4)\ D_{ee}, \quad (6)\ G_{oe}, \quad (8)\ G_{ee},$$

dans l'écriture desquels les dernières lettres o, e se rapportent au polariscope. Ce polariscope, s'il est assez énergique, les a séparés en deux groupes (1) (3) (5) (7) et (2) (4) (6) (8), et c'est entre les faisceaux d'un même groupe que l'interférence a lieu. Considérons les premiers : au sortir de la lame, (1) et (5) ont décrit un certain chemin que nous appellerons O, (3) et (7) un chemin équivalent à E, c'est donc au même point de l'espace que ces systèmes (1) (5) et (3) (7) donneront, soit une différence nulle, soit des différences égales à $\frac{\lambda}{2}$, $2\frac{\lambda}{2}$, $3\frac{\lambda}{2}$, ..., de là deux premiers systèmes de franges superposées. Deux autres seront donnés, l'un par (1) (7), l'autre par (3) (5). Si la lame est de quartz, (1) aura été moins retardé que (7), le lieu des chemins égaux sera donc déjeté pour ces deux rayons à gauche, là où la différence géométrique équivaudra à la différence physique $O - E = \delta$, de là un premier système latéral ; (3) et (5) donneront le leur à droite, et il n'y a pas d'autre combinaison à considérer puisque les faisceaux interférents doivent venir des deux fentes. Pour chacun de ces systèmes, la direction des vibrations interférentes coïncide avec la vibration initiale et se trouve dès lors comprise dans le même quadrant qu'elle (§ 269), et voilà pourquoi nous avons pris le retard $O - E$.

Les rayons du second groupe auront, sur ceux du premier, un retard énorme acquis dans le polariscope. L'effet de ce retard est de jeter leurs franges dans une région distincte de l'espace, et comme il est commun à tous, il faut le négliger. Ces rayons donneront, centralement, deux systèmes de franges superposées, dues l'un au conflit de D_{oe} G_{oe}, l'autre au conflit de D_{ee} G_{ee} et, latéralement, les deux systèmes (2) (8) et (4) (6). Si, pour les deux premiers, les deux vibrations interférentes sont encore en superposition (superposition représentée dans la *fig.* 135 par le parallélisme), dans les deux derniers elles sont dans le prolongement l'une de l'autre, et l'on doit porter leur retard à $O - E + \frac{\lambda}{2}$, de sorte que ces deux systèmes latéraux sont complémentaires et des systèmes centraux et des systèmes latéraux précédents. Quand donc le polariscope trop mince ou trop peu prismatique ne séparera pas les deux groupes, la superposition ne laissera survivre que les centrales, et

29.

l'on n'aura qu'un système de franges. En répudiant le polariscope, on ne conserve également que le système central,
mais alors c'est la rectangularité qui s'oppose à la formation
des autres; la *fig.* 135 ne diffère de 133 et 134 que par la
valeur des angles s, ω, qui, au lieu d'avoir des valeurs
quelconques, y sont égaux à 45 degrés.

Il existe entre les deux systèmes superposés (1), (5),
(3) (7) et les deux systèmes (2) (6), (4) (8) également
superposés du deuxième groupe, une différence géométrique dont il s'agit d'apprécier les effets. Tandis que dans le
premier groupe les quatre vibrations ont une même direction, dans le deuxième le système (2) (6) se trouve en antagonisme avec (4) (8). Tant que la lame est épaisse et les
retards considérables, cet antagonisme n'aboutit pas, et les
systèmes superposés ajoutent leurs effets (§ 70), comme
s'ils étaient indépendants : que par exemple la lame de
quartz ait seulement 1 millimètre, ce qui engendre un retard de quinze ondes; ce retard suffira pour que les systèmes
superposés, entre lesquels il n'est pas dissimulé par une différence géométrique égale, n'aient pas de réaction mutuelle :
mais si la lame est mince, si elle n'avait, par exemple,
que $\dfrac{1^{mm}}{30}$, il est visible que les rayons du système (4) (8)
détruiraient partout ceux du système (2) (6) et que les
franges centrales du deuxième groupe cesseraient d'être
visibles.

Le lecteur qui étudiera le cas où la lame, étant coupée
en deux, chaque moitié recouvrirait une fente, avec croisement des axes, verra sans peine que les seules modifications du phénomène consistent en ce que : 1° dans le groupe
extraordinaire ce sont les franges superposées qui ont la différence $\delta + \dfrac{\lambda}{2}$ et deviennent complémentaires des cinq autres
systèmes; 2° si le polariscope ne sépare pas les deux grou-
pes, ce sont les franges centrales formées de quatre systè-

mes superposés qui s'évanouissent ; 3° sans polariscope, ce sont les franges latérales qui sont encore conservées.

§ 272. — Énoncé des cinq généralités qui président à l'interférence des rayons polarisés.

Fresnel et Arago ont donné à ces curieuses expériences le tour le plus varié. Ainsi, pour se rendre indépendants de la double réfraction dans l'établissement de l'interférence des rayons polarisés dans le même plan, Arago polarisait la lumière avec deux petites piles de mica, et Fresnel disposait ses miroirs sous l'angle de polarisation : ainsi ce dernier physicien substituait aux fentes ces mêmes miroirs dans les expériences destinées à prouver la nécessité de la polarisation préalable, et plaçait contre les miroirs la lame biréfringente ; enfin nous venons de voir qu'il prenait quelquefois, dans ces expériences, en guise de lame mince, les deux moitiés d'un spath épais associées par duplication croisée, ce qui lui permettait d'arrêter l'un des deux faisceaux, et d'assister à l'évanouissement et des franges centrales et des franges latérales, de manière qu'il devenait incontestable que ces franges étaient dues au concours d'une portion du faisceau ordinaire et d'une portion du faisceau extraordinaire. Au lieu d'insister sur ces variantes, résumons cette étude par l'énoncé des cinq lois qui président à l'interférence des rayons polarisés :

1°. *Les rayons polarisés dans le même sens interfèrent comme deux rayons naturels.*

2°. *Deux rayons polarisés en sens contraire refusent l'interférence.*

3°. *Deux rayons polarisés inversement et ramenés au même plan par un polariscope, continuent de refuser l'interférence s'ils sont issus d'un rayon primordial naturel.*

4°. *Ils sont au contraire rendus à l'interférence si le rayon primitif duquel ils dérivent était polarisé.*

5°. *Il est des cas, facilement reconnaissables par divers moyens et notamment à l'aide d'une épure, où le polariscope introduit, entre ces deux rayons rendus à l'interférence, une anomalie égale à π.*

§ 273. — Calcul de la teinte plate d'une lame cristallisée.

Les développements qui viennent d'être donnés sur l'origine des couleurs de la lumière polarisée ont trop bien préparé le calcul de ces phénomènes pour que nous ne nous hâtions pas de le donner, et cela d'autant mieux qu'il n'est que le calcul du § 249 généralisé. Reportons-nous donc à la *fig.* 133 et au § 269, et désignons par s et ω les angles que fait le plan de polarisation du rayon primitif avec les sections principales de la lame et du polariscope. Le rayon incident, d'amplitude 1, donnera dans la lame deux vibrations, une ordinaire, $\cos s$, et l'autre extraordinaire, $\sin s$. La première, en passant dans le polariscope, donne

$$O_o = \cos s \cos (\omega - s) = oc, \qquad O_e = \cos s \sin (\omega - s) = od,$$

et la deuxième

$$E_o = \sin s \sin (\omega - s) = oe, \qquad E_e = \sin s \cos (\omega - s) = of.$$

Le premier système interférent est donc formé des deux rayons O_o, E_o, et le deuxième des rayons O_e, E_e. Dans la configuration de la *fig.* 133, c'est pour le premier système que la différence de route vaut

$$O - E + \frac{\lambda}{2}.$$

Si l'on applique à chacun de ces systèmes la règle de la composition des mouvements vibratoires situés dans un même plan, en ne comptant les chemins décrits qu'à partir de la lame et en négligeant la route commune dans le polariscope, on obtient pour leurs intensités les expressions suivantes qui conviennent à toutes les configurations :

$$A^2 = \cos^2 s \cos^2 (\omega - s) + \sin^2 s \sin^2 (\omega - s)$$
$$+ \, 2 \cos s \cos (\omega - s) \sin s \sin (\omega - s) \cos \frac{2\pi}{\lambda} \left(O - E + \frac{\lambda}{2} \right),$$
$$B^2 = \cos^2 s \sin^2 (\omega - s) + \sin^2 s \cos^2 (\omega - s)$$
$$+ \, 2 \cos s \sin (\omega - s) \sin s \cos (\omega - s) \cos \frac{2\pi}{\lambda} (O - E) (^*).$$

Dans l'expression de A^2 on a

$$\cos \frac{2\pi}{\lambda} \left(O - E + \frac{\lambda}{2} \right) = - \cos \frac{2\pi}{\lambda} (O - E),$$

et le dernier terme de A^2 devient égal, au signe près, au dernier terme de B^2. Or, on a

$$\cos \frac{2\pi}{\lambda} (O - E) = 1 - 2 \sin^2 \frac{\pi}{\lambda} (O - E),$$

et ce dernier terme commun s'échangeant contre deux autres, il est visible qu'il vient

$$A^2 = [\cos s \cos (\omega - s) - \sin s \sin (\omega - s)]^2$$
$$+ \, \sin 2s \sin 2 (\omega - s) \sin^2 \frac{\pi}{\lambda} (O - E),$$
$$B^2 = [\cos s \cos (\omega - s) + \sin s \sin (\omega - s)]^2$$
$$- \, \sin 2s \sin 2 (\omega - s) \sin^2 \frac{\pi}{\lambda} (O - E),$$

(*) Quand on veut avec quelques auteurs ne garder que les angles doubles $2s$ et $2 (\omega - s)$ on les introduit dans les deux premiers termes de A^2 et de B^2 à l'aide des formules

$$\cos 2s = 2 \cos^2 s - 1, \quad \cos 2s = 1 - 2 \sin^2 s,$$

alors on trouve

$$A^2 = \frac{1}{2} [1 + \cos 2s \cos 2 (\omega - s)] - \frac{1}{2} \sin 2s \sin 2 (\omega - s) \cos 2\pi \frac{O - E}{\lambda},$$
$$B^2 = \frac{1}{2} [1 - \cos 2s \cos 2 (\omega - s)] + \frac{1}{2} \sin 2s \sin 2 (\omega - s) \cos 2\pi \frac{O - E}{\lambda}.$$

ou enfin

$$A^2 = \cos^2 \omega + \sin 2s \, \sin 2 \left(\omega - s \right) \sin^2 \frac{\pi}{\lambda} (O - E),$$

$$B^2 = \sin^2 \omega - \sin 2s \, \sin 2 \left(\omega - s \right) \sin^2 \frac{\pi}{\lambda} (O - E),$$

expressions dont la somme reproduit bien l'intensité 1 du
rayon incident. Cela devait être, puisque, dans notre
calcul, nous n'avons pas tenu compte des altérations éprou-
vées par les rayons aux surfaces d'entrée et de sortie de la
lame et du polariscope.

§ 274. — Discussion.

Les deux faisceaux résultants, d'amplitude A.B, étant
issus d'un même faisceau polarisé, ne sont pas incohérents et ont une relation constante. Il y aurait donc lieu de
reconstituer avec eux une vibration résultante unique.
C'est en effet ce que nous ferons dans le chapitre de la
polarisation elliptique. Pour le moment nous restrein-
drons notre discussion aux points suivants. Quelles sont
les conditions d'épaisseur de la lame et d'inclinaison mutuelle des trois plans, c'est-à-dire quelles sont les valeurs
de O — E, s et ω qui laissent exceptionnellement, au rayon
transmis par la lame mince, la polarisation rectiligne? Et,
si l'on use de lumière blanche, quelles sont les valeurs de
ces trois éléments qui laissent blanche chacune des deux
images fournies par le polariscope, ou bien encore leur
donnent les teintes les plus vives?

Cas où le rayon reste polarisé.

Comme A^2 et B^2 sont des binômes, la valeur de ω qui
annule un de leurs termes, laisse l'autre différent de zéro :
on n'a donc, pendant la rotation complète du polariscope,
disparition d'aucune image, ce qui prouve que la lumière
n'est pas polarisée. Il n'en serait plus de même si une
hypothèse portant sur les deux paramètres disponibles

O — E, s faisait disparaître leur second terme

$$\sin 2s \sin 2 (\omega - s) \sin^2 \frac{\pi}{\lambda} (O - E),$$

puisque les deux images réduites aux expressions monômes $\cos^2 \omega$ et $\sin^2 \omega$ deviendraient deux fois nulles, et dans deux azimuts rectangulaires, pendant un tour du polariscope.

$$s = 0 = 90° = 180 = 270,$$

d'une part, et de l'autre les valeurs périodiques

$$O - E = \lambda = 2\lambda = 3\lambda, \ldots,$$

amènent cette annulation, et l'amènent sans enlever à ω sa variabilité. Ce sont donc là autant de conditions de la conservation de la polarisation du rayon transmis par la lame; mais sont-ce les seules?

La marche analytique qui suit conduit aux mêmes résultats, avec l'avantage de montrer que ces solutions ne sont pas les seules. Le rayon sera resté polarisé si le polariscope peut-être orienté de manière à n'en tirer qu'une image : ou, en d'autres termes, s'il est une valeur de ω capable d'annuler soit A^2, soit B^2, B^2 par exemple.

On a donc, en posant

$$2\pi \frac{O - E}{\lambda} = \rho,$$

l'équation de condition

$$\sin^2 \omega = \sin 2s \sin 2 (\omega - s) \sin^2 \frac{\rho}{2} \cdot$$

Développons, divisons par $\cos^2 \omega$ et ordonnons; elle deviendra

$$(M) \qquad \begin{aligned} &\left(1 - \sin^2 2s \sin^2 \frac{\rho}{2} \right) \tan^2 \omega - \sin 4s \sin^2 \frac{\rho}{2} \tan \omega \\ &+ \sin^2 2s \sin^2 \frac{\rho}{2} = 0, \end{aligned}$$

et il suffira que les racines de cette équation ne soient pas imaginaires. La condition connue

$$B^2 - 4\,AC \geqq 0$$

devient ici, après réductions évidentes,

$$- 4 \sin^2 \frac{\rho}{2} \sin^2 2s \cos^2 \frac{\rho}{2} \geqq 0,$$

et la présence du signe — est cause que la seule manière d'assurer la réalité aux valeurs de ω consiste à rendre nul $B^2 - 4\,AC$. On le peut de trois manières, en posant, soit

$$2s = 0 = 180 = \ldots,$$

soit

$$\frac{\rho}{2} = 2\,n\,\frac{\pi}{2},$$

soit enfin, et ces solutions ne se devinaient pas comme les autres,

$$\frac{\rho}{2} = (2\,n + 1)\frac{\pi}{2}\cdot$$

Dans le premier cas le rayon passant, tout entier comme ordinaire quand $s = 0 = 180$, et comme extraordinaire quand $s = 90 = 270$, ne se bifurque pas dans la lame et garde son plan de polarisation. Dans le second, les deux rayons issus de la bifurcation ont contracté dans la lame l'anomalie $\rho = 4\,n\,\frac{\pi}{2}$, égale à un nombre exact de circonférences et reconstituent, encore dans le plan primitif, un rayon polarisé. Dans le dernier, l'anomalie acquise est un nombre impair de demi-circonférences, et l'équation (M), simplifiée par la supposition

$$\rho = (2\,n + 1)\pi$$

qui la rend un carré parfait, donne $\omega = 2s$. Ainsi les solutions

$$\frac{\rho}{2} = \frac{\lambda}{2} = 2\,\frac{\lambda}{2} = 3\,\frac{\lambda}{2}\ldots,$$

donnent bien, suivant que le multiple de $\frac{\lambda}{2}$ est pair ou impair, en conformité avec le § **240**, un rayon polarisé alternativement dans l'un des azimuts o et $2s$. Si au lieu de retarder la vibration extraordinaire comme le quartz, le cristal retardait l'ordinaire, la vibration reconstituée, qui était par exemple selon OA' (*fig.* 125), serait selon OA″, mais le plan de polarisation n'en aurait pas moins tourné, dans le même sens, de la quantité $2s$. Enfin, s'il s'agissait d'un de ces cristaux qui éteignent davantage un des rayons, l'ordinaire par exemple (§ **193**), la vibration, tout en continuant de tomber alternativement dans les quadrants contigus, y occuperait, au lieu des azimuts o et $2s$, d'autres azimuts qui dépendraient du rapport des intensités inégales des deux rayons.

Quand la lumière est blanche, l'expression des intensités A^2 et B^2 comprend une foule de termes analogues donnés par les divers rayons simples. Comme la vraie question va consister à voir, si dans chacune des images, les proportions des divers rayons simples sont conservées, on peut, sans rien préjuger sur l'intensité relative des couleurs simples, représenter, comme au § **249**, par 1, l'intensité de chaque rayon hétérogène, alors il vient

$$A^2 = \Sigma \left[\cos^2\omega + \sin 2s \sin 2(\omega - s) \sin^2 \frac{\pi}{\lambda}(O - E) \right],$$

$$B^2 = \Sigma \left[\sin^2\omega - \sin 2s \sin 2(\omega - s) \sin^2 \frac{\pi}{\lambda}(O - E) \right].$$

La présence du terme en $\dfrac{O - E}{\lambda}$ montre qu'en général chaque couleur n'apportera pas dans la formation des images la même partie aliquote. Ainsi les images sont colorées, et elles seront complémentaires puisque $A^2 + B^2$ valant 1 pour chaque couleur, ce qui manque dans une image se retrouve intégralement dans l'autre. Il suffit, pour le vérifier, de prendre, soit un polariscope biréfringent assez peu ouvert, soit des teintes plates assez étendues, pour que les deux images restent partiellement superposées. On verra leur concours donner du blanc.

Images incolores. — Les deux images seront incolores quand les valeurs des paramètres feront disparaître le terme en $\dfrac{O - E}{\lambda}$, c'est-à-dire quand on aura, soit

$$s = 0 = 90 = \ldots,$$

soit

$$\omega - s = 0 = 90 = \ldots,$$

c'est-à-dire quand

$$s = 0 = 90 = \ldots,$$

ou quand

$$\omega = s = s + 90 = s + 180 = \ldots,$$

quel que soit s, c'est-à-dire enfin quand la section principale de la lame sera parallèle ou perpendiculaire, soit au plan de polarisation, soit à la section principale du polariscope. Le lecteur interprétera sans peine directement ces résultats du calcul.

Invariabilité des couleurs. — La couleur ne change pas tant que $O - E$ reste le même. Les facteurs $\sin 2s$, $\sin 2(\omega - s)$ étant communs à toutes les couleurs, on conçoit en effet que les changements qui surviendront chez eux laissent le même assortiment de rayons simples et conséquemment la même teinte. Cependant comme il peut arriver que, par ces changements de s et de ω, la décomposition fasse passer la perte de $\dfrac{\lambda}{2}$, due à l'emploi du polariscope, au système auquel elle n'appartenait pas ; pour être exact, on doit dire qu'avec une même lame on n'obtient, dans les diverses configurations, que deux teintes, et que ces teintes complémentaires apparaissent tour à tour et en passant par le *blanc*, dans chacune des deux images. On reconnaît d'ailleurs que c'est aux instants où il y a changement de signe, soit dans $\sin 2s$, soit dans $\sin 2(\omega - s)$, que l'échange des teintes a lieu entre les images. Mais il convient de remarquer que quand la section principale du polariscope est parallèle ou rectangulaire au plan de polarisation, la rotation de la lame ne peut plus produire l'échange de chaque teinte en sa complémentaire, car alors le coefficient du terme en $\dfrac{O - E}{\lambda}$ devient $- \sin^2 2s$ dans le premier cas, et $\sin^2 2s$ dans le deuxième; il ne peut donc plus éprouver de changements de signes quand s varie. Dans le cas où $\omega = o$, l'image ordinaire est rendue deux fois blanche par la variation de s, et l'autre deux fois noire, parce que c'est alors pour l'image extraordinaire que le retard vaut $O - E + \dfrac{\lambda}{2}$.

Quand donc on prend pour point de départ des positions du spath achromatisé, la coïncidence de sa section principale avec le plan de polarisation, c'est l'image extraordinaire qui, pour des valeurs de $O - E$, croissantes à partir de zéro, revêtira la série des teintes observées par Newton dans ses anneaux colorés, ou, en d'autres termes, la série des teintes extraordinaires (§ 292), série la plus précieuse des deux, parce qu'elle contient les teintes sensibles. Voilà pourquoi nous avons conseillé, d'après M. Biot, de conserver dans ces polariscopes le rayon extraordinaire (§ 196); mais si le point de départ convenu du spath était l'azimut 90 degrés, il est visible qu'on devrait garder le rayon ordinaire.

Teintes les plus vives. — Puisque la nature des teintes dépend du facteur

$$\Sigma \sin^2 \pi \frac{O - E}{\lambda},$$

le maximum de coloration se produira quand le coefficient $\sin 2s \sin 2(\omega - s)$ de ce facteur aura sa plus grande valeur, c'est-à-dire quand on aura à la fois

$$2s = 90 = 270, \qquad 2(\omega - s) = 90 = 270,$$

ou bien

$$s = 45° = 135, \quad \omega = s + 45 = s + 135,$$

c'est-à-dire enfin quand les deux plans principaux de la lame sont équidistants du plan de polarisation, et qu'en outre l'un de ceux du polariscope coïncide avec ce même plan de polarisation. On voit, en effet, que ces hypothèses rendent égaux non-seulement les deux rayons donnés par la lame, mais encore chacun des deux rayons qui formeront chaque système binaire et y interféreront. Pour toute autre hypothèse, les deux rayons d'un système sont inégaux, l'interférence et par suite la destruction de certaines teintes y est moins complète. La teinte est surtout pure quand il n'y a pas de blanc et qu'on a ou

$$\sin^2 \omega = 0 \quad \text{ou} \quad \cos^2 \omega = 0.$$

Nature de la teinte. — La teinte dépend de la série des valeurs que reçoit $\dfrac{O - E}{\lambda}$ et peut se calculer par la règle de Newton (chapitre XVIII), quand on connaît ces valeurs pour les sept groupes de rayons établis par ce physicien dans le spectre. Dans le cas le plus simple, quand la lame est parallèle à l'axe et l'incidence normale, on a

$$\frac{O - E}{\lambda} = c \, \frac{n - n'}{\lambda}.$$

Or le tableau du § 144 nous montre que les dispersions propres aux rayons ordinaires et extraordinaires font croître la différence $(n - n')$ avec la réfrangibilité, aussi bien chez le quartz que chez le spath, de sorte que le quotient $\dfrac{O - E}{\lambda}$, au lieu de ne varier, ainsi que cela a lieu chez les lames minces, que par son dénominateur, varie par ses deux termes. Cette double variation semblerait devoir changer le mode de succession des teintes dues à un accroissement graduel d'épaisseur. Cependant par suite, sans doute, d'une grande tolérance dans leur génération successive, on a reconnu que, de fait, la même échelle de teintes convenait aux deux phénomènes, et l'on a été autorisé à considérer O — E comme constant, et dans ces cristaux et surtout dans un cristal biaxe (le gypse) que son clivage a fait employer de préférence dans ces études. En effet, l'hypothèse

$$O - E = K\,e$$

rend l'expression

$$\Sigma \sin^2 \pi \frac{O - E}{\lambda}$$

complétement analogue à celle

$$\int 4\,\rho^2 \sin^2 \frac{2\,\pi\,e}{\lambda}$$

trouvée (§ 77), la différence consistant en ce que O — E y joue le rôle de $2\,e$. Mais si les teintes sont les mêmes, n'oublions pas que les épaisseurs des lames de quartz ou de gypse qui engendrent une teinte donnée, sont bien plus grandes, même dans les cas les plus défavorables, que les épaisseurs d'air équivalentes.

§ 275. — Autre manière de présenter la discussion.

On peut, dans l'intérêt d'une étude future, donner à la discussion des formules précédentes une autre direction, chercher par exemple les modifications qui surviennent dans les teintes d'une même lame, quand, laissant immobiles dans un azimut quelconque, soit le polariscope, soit la lame, on fait faire un tour complet, soit 1° à la lame, soit 2° au polariscope.

1°. Faisons donc varier s avec continuité, et nous rappelant que, pour la configuration sur laquelle nous avons établi les formules ($fig.$ 133), la valeur positive du second terme

$$\sin 2\,s \sin 2\,(\omega - s) \sin^2 \frac{\pi}{\lambda} \left(O - E \right)$$

accorde à l'image extraordinaire la teinte due à la différence des chemins et à l'image ordinaire la teinte complémentaire, cherchons tous les changements de signes survenus dans ce terme. Nous trouverons sans peine que, nul dans les huit azimuts

$$0, \quad \omega, \quad 90, \quad 90 + \omega, \quad 180, \quad 180 + \omega, \quad 270, \quad 270 + \omega,$$

il est positif de o à ω, de 90 à $90 + \omega$, de 180 à $180 + \omega$, de 270 à $270 + \omega$, et négatif de ω à 90, $90 + \omega$ à 180, $180 + \omega$ à 270 et $270 + \omega$ à 360, de sorte que les deux teintes propres à la lame s'échangent l'une contre l'autre, huit fois dans chaque image. Quand ce dernier terme est nul, le premier ne l'est pas, on en conclut que le passage d'une teinte à la complémentaire a lieu par le blanc. Les quatre arcs successifs où chaque teinte se développe progressivement, égaux entre eux, ne sont égaux à ceux de l'autre teinte que pour la valeur particulière $\omega = 45$. La *fig.* 136 dans laquelle le trait simple indique la teinte directe, le trait double la teinte complémentaire, et l'absence de trait le blanc de passage, résume à l'œil les résultats de cette discussion qui a porté sur l'image ordinaire. Elle montre comment, dans les cas particuliers déjà signalés (page 461) pour $\omega = 0$ et $\omega = 90$, une seule teinte règne dans chaque image, à savoir dans l'image ordinaire la directe si $\omega = 0$, et la complémentaire si $\omega = 90$. Il est en effet visible que ces hypothèses annihilent, tantôt les quatre secteurs complémentaires et tantôt les directs. D'ailleurs, dans les quatre secteurs conservés, la teinte continue de se développer graduellement; mais si le passage d'un quadrant à l'autre continue d'avoir lieu par le blanc pour $\omega = 0$, il se fait par le noir quand $\omega = 90$, puisque le premier terme $\cos^2 \omega$ est nul. La présence d'une certaine quantité de blanc renforce la teinte propre au premier cas, l'absence du blanc dans le second fait que, moins vive, la teinte propre à $\omega = 90$ a plus de pureté.

2°. Quand, s restant fixe, ω varie entre o et 360, il n'en résulte pour le dernier terme d'autres changements de signes que ceux qui répondent aux valeurs

$$\omega = s = 90 + s = 180 + s = 270 + s,$$

c'est-à-dire que la circonférence se divise seulement en quatre secteurs égaux, dans lesquels règne alternativement chaque couleur. Comme le premier terme n'est nul dans aucune des images, la transition a lieu par le blanc.

Les développements précédents s'appliquent à un faisceau parallèle quelconque, normal ou oblique à la lame cristalline. Mais on comprend que la teinte plate doit varier avec l'inclinaison, et qu'elle doit cesser d'être plate s'il s'agit d'un faisceau conique. L'étude de ces changements, soit successifs, soit simultanés, est, il est vrai, implicitement comprise dans le chapitre de la double réfraction ; mais elle comporte tant de détails et correspond à des expériences si variées ou à des applications si utiles, que le reste de ce volume devra leur être consacré.

ARTICLE II.

LUMIÈRE CONVERGENTE. — CALCUL DES COURBES ISOCHROMATIQUES.

Le retard dû à la double réflexion dépend de la nature du cristal, — de son épaisseur, — et de la direction du rayon. — Expression générale du retard. — Équation des lignes d'égal retard pour les lames perpendiculaires à l'axe. — Anneaux qui entourent l'axe optique. — La croix noire et la croix blanche. — En général il y a deux croix. — L'inclinaison diminue le retard dans la section principale et l'augmente dans la deuxième section neutre. — Cas des lames parallèles à l'axe. — Deux séries d'hyperboles, — visibles surtout à la lumière simple. — Série des retards décroissants. — Série des retards croissants. — Disposition inverse de leurs couleurs quand on parvient à les réaliser avec la lumière blanche. — La première est coupée par l'axe du cristal quel qu'en soit le signe. — Quel qu'en soit le signe, l'accroissement d'épaisseur les transporte dans l'angle de la première série. — Mais cette similitude cesse si le transport est dû à une lame auxiliaire. — Hyperboles équilatères des lames parallèles à l'axe croisées. — Elles réussissent avec la lumière blanche. — Les deux séries procèdent par accroissement du retard et présentent les mêmes couleurs. — Quand les lames ont la même épaisseur, les asymptotes sont les lignes du retard nul et sont conséquemment noires. — La variation d'épaisseur d'une lame produit les mêmes effets chez les deux classes de cristaux, — mais non l'interposition d'une lame auxiliaire. — Courbes des lames quelconques isolées ou associées par voie de duplication.

---

§ 276. — De quoi dépend le retard? — Directions extrêmes.

Trois circonstances influent sur le retard O — E, et par conséquent sur le système des deux teintes complémentaires que donne un cristal. Ce sont l'épaisseur e du corps biré-

I

fringent, sa nature ou, ce qui revient au même, sa *puissance biréfringente intrinsèque*, et enfin la direction dans laquelle est traversé le cristal, direction caractérisée soit par l'ensemble des angles r', φ', soit plutôt par l'angle T (§ 178) qui sépare le rayon extraordinaire de l'axe optique. A égale épaisseur, le retard est maximum pour des rayons qui cheminent dans le plan de l'équateur; cependant, même dans cette condition, et même pour le spath si biréfringent, le retard étant dû à une différence des vitesses principales du cristal, se trouve bien moins grand que cela n'a lieu dans l'expérience d'Arago sur le déplacement des franges (§ 34). Les expériences de polarisation chromatique réussissent donc avec des épaisseurs bien plus grandes que celles des lames minces. Fixons les idées sur ce point par quelques chiffres.

En limitant à 8 le nombre des franges visibles données par la lumière blanche, l'épaisseur d'air qui refuse les anneaux, par excès d'épaisseur (*), est quelque chose comme

$$8 . 0^{mm},000\,588 = 0^{mm},004\,704.$$

Celle du quartz déduite du calcul donné (§ 199) sera

$$1^{mm}\,\frac{8}{15,4} = 0^{mm},5195,$$

c'est-à-dire 110 fois plus grande. Pour le gypse en lames parallèles aux axes optiques, telles que les donne le clivage, M. Biot trouve par l'expérience le rapport 115, enfin avec le spath l'épaisseur serait

$$\frac{8^{mm}}{291} = 0,027\,59,$$

c'est-à-dire encore près de six fois plus grande que celle des lames d'air équivalentes.

(*) En réalité, à cause de l'aller et du retour, l'épaisseur d'air qui dans un phénomène de lames minces engendre le huitième anneau, n'est que moitié de ce chiffre, et même moins, si l'on remarque que la longueur d'onde accordée par ces phénomènes à la lumière blanche vaut $0^{mm},00035$ et non $0^{mm},000588$.

La direction qui donne les moindres retards est au contraire l'axe et s'obtient, par exemple, à l'aide de lames qui
lui sont perpendiculaires. Suivant l'axe, si grande que soit
l'épaisseur, le retard est nul. A partir de là il croît continûment et produit ces beaux anneaux que nous connaissons déjà.

S'il s'agit d'une lame à faces parallèles, les deux rayons
sortants issus d'un même rayon incident, seraient parallèles, et comme ils sont très-peu séparés, ils ne peuvent
manquer de pénétrer tous deux dans l'œil. Si donc cet organe est infiniment presbyte, ils entreront en interférence
sur la rétine, et dans le calcul de leur retard, au lieu d'avoir
à se placer sur le terrain difficile de l'expérience de Monge
(§ 163), on aura affaire au cas simple du dédoublement
d'un rayon extérieur en deux rayons extérieurs parallèles.
Nous allons voir que ce calcul est alors très-simple.

§ 277. — Expression générale du retard.

Soit (*fig.* 137) un rayon incident IA compris dans le
plan d'incidence AMN; il engendre l'ordinaire AB et en
dehors du plan d'incidence, dans un plan qui en est séparé
par l'angle $\varphi' - \varphi$, l'extraordinaire AC. Ces deux rayons
sortent du cristal suivant les directions BO, CE parallèles
à IA. Si nous abaissons du point C sur BO la perpendiculaire CD, les chemins décrits depuis le point A jusqu'à cette
droite CD qui figure l'onde reconstituée, seront, pour le
premier rayon, AB + BD et pour l'autre, AC. Or AB, réduit
en chemin d'indice 1, vaut $n\,\overline{AB} = \frac{1}{b}AB$. Si l'on désigne
comme au § 178 par ρ le rayon vecteur de l'ellipsoïde d'Huyghens qui coïncide avec la direction AC, on aura $\frac{1}{\rho}$ pour
l'équivalent optique du rayon extraordinaire, et le chemin
AC vaudra, en vide, $\frac{AC}{\rho}$. Alors, en profitant des relations

évidentes

$$AB = \frac{AN}{\cos r} = \frac{e}{\cos r}, \qquad AC = \frac{e'}{\cos r'},$$

on a, pour la différence des chemins ou le retard R, cette première expression

$$R = \frac{e}{b \cos r} + \overline{BD} - \frac{e'}{\rho \cos r'}.$$

Pour déterminer $\overline{BD}$, on a

$$BD = BC \cos DBC.$$

Les trois lignes MB, BD, BC déterminent un triangle sphérique, rectangle en MB, qui donne pour la face hypoténuse DBC,

$$\cos DBC = \cos MBD \cos FBC;$$

mais on a

$$MBD = 90 - i,$$

et en abaissant CF perpendiculaire sur MN,

$$\cos FBC = \frac{FB}{BC};$$

donc

$$BD = BC \sin i \frac{FB}{BC} = FB \sin i.$$

Mais

$$FB = FN - BN = NC \cos (\varphi' - \varphi) - BN$$
$$= e' \tang r' \cos (\varphi' - \varphi) - e \tang r,$$

donc enfin on aura

$$BD = e \sin i \left[\tang r' \cos (\varphi' - \varphi) - \tang r \right],$$

puis

$$R = \frac{e}{b \cos r} - \frac{e'}{\rho \cos r'} + e \sin i \left[\tang r' \cos (\varphi' - \varphi) - \tang r \right].$$

Si l'expression de

$$\rho = \sqrt{x''^2 + y''^2 + z''^2}$$

doit être très-compliquée à cause de x'''^2, il n'en est pas de même du produit $\rho \cos r'$, seul utile dans la question actuelle. On a en effet

$$\cos r' = - \frac{z'''}{\rho},$$

d'où

$$\rho \cos r' = - z''' = ab\sqrt{ - A + \sin^2 i \left(a^2 A \sin^2 \varphi - \cos^2 \varphi \right)}.$$

De même l'association des deux facteurs $\operatorname{tang} r'$ et $\cos \left(\varphi - \varphi' \right)$ a de grands avantages, car on a déjà (page 290) la valeur de $\operatorname{tang} r' \sin \varphi'$; et celle de $\operatorname{tang} r' \cos \varphi'$, égal à $\dfrac{x'''}{z'''}$, s'écrit avec la même facilité. Cependant, pour ne pas nous jeter dans des discussions pénibles, et pour nous restreindre aux exigences expérimentales, nous nous bornerons à considérer les quatre cas particuliers donnés par les hypothèses

$$(1)\, L = 0^o, \quad (2)\, \varphi = 0^o, \quad (3)\, \varphi = 90^o, \quad (4)\, L = 90^o.$$

Dans le premier et le dernier, φ étant quelconque, on est sur le terrain des lignes isochromatiques; dans les deux autres il s'agira des variations si différentes que l'obliquité provoque dans le retard, suivant que le rayon incident est compris dans la section principale ou dans le second azimut.

§ 278. — **Premier cas.** — **La lame est perpendiculaire à l'axe.**

On a

$$B = 0, \quad A = - \frac{1}{a^2} \cdot \varphi' = \varphi,$$

$$\operatorname{tang} r' = \frac{a^2 \sin i}{b \sqrt{1 - a^2 \sin^2 i}} \ (\text{page } 266),$$

$$\cos r' = \frac{b \sqrt{1 - a^2 \sin^2 i}}{\sqrt{b^2 + a^2 (a^2 - b^2) \sin^2 i}},$$

et, d'après ce que deviennent x''', y''', z''',

$$\rho = \sqrt{b^2 + a^2 (a^2 - b^2) \sin^2 i},$$

$$\rho \cos r' = b \sqrt{1 - a^2 \sin^2 i},$$

alors l'équation du retard devient, en remplaçant $\cos r$ et $\operatorname{tang} r$ par leur valeur en i,

$$R = \frac{e}{b \sqrt{1 - b^2 \sin^2 i}}$$

$$+ e \sin i \left(\frac{a^2 \sin i}{b \sqrt{1 - a^2 \sin^2 i}} - \frac{b \sin i}{\sqrt{1 - b^2 \sin^2 i}} \right) - \frac{e}{b \sqrt{1 - a^2 \sin^2 i}},$$

et après réductions

$$R = \frac{e}{b} \left(\sqrt{1 - b^2 \sin^2 i} - \sqrt{1 - a^2 \sin^2 i} \right).$$

Tant que la lame n'est pas très-mince, les obliquités efficaces restent faibles et la petitesse de $\sin^2 i$ permet de se borner à l'expression approximative

$$R = \frac{e}{2b} (a^2 - b^2) \sin^2 i.$$

Discussion. — *Les anneaux.* — R ne dépendant que de i, les lignes d'égal retard, ainsi que la symétrie l'indiquait, sont circulaires. En posant $R = k \frac{\lambda}{2}$, on obtient

$$\sin^2 i = \frac{b k \lambda}{e (a^2 - b^2)}.$$

k pair donne une des deux séries d'anneaux, les noirs ou les rouges, et k impair l'autre. Voulons-nous introduire en place de l'angle des cônes isochromatiques, les diamètres linéaires $2l$ des anneaux, tels qu'ils paraissent virtuellement en avant de l'œil, ou tels qu'ils s'obtiennent par projection sur un écran distant de D, on a

$$l = D \operatorname{tang} i$$

ou bien, puisque i est petit, $l = D \sin i$, on a donc

$$l^2 = \frac{D^2 k \lambda}{e} \frac{b}{a^2 - b^2},$$

c'est-à-dire que les carrés des rayons des anneaux d'une même couleur simple : 1° croissent comme les nombres de la série paire ou impaire; 2° sont en raison inverse de l'épaisseur, et qu'enfin 3° ils varient, quand le milieu change, en raison inverse des quotients $\frac{a^2 - b^2}{b}$.

Les croix. — Mais si nous retrouvons ici les principales lois des lames minces (§ 69), l'intensité de la teinte au lieu d'être constante dans l'anneau brillant, y change au point de pouvoir disparaître sur deux diamètres rectangulaires qui sont les mêmes pour les divers anneaux et donnent une *croix* noire. Supposons en effet le cristal placé entre deux tourmalines croisées, et rappelons-nous (§ 190) que pour un cristal perpendiculaire à l'axe, chaque azimut est section principale, il est visible que la vibration transmise par la première tourmaline continuera d'être arrêtée par la seconde pour les deux azimuts (ce sont o et 90) qui la transmettent sans la dédoubler et sans en changer l'orientation. Pour un autre azimut s, l'intensité est donnée (car c'est l'image extraordinaire que garde la tourmaline polariscope) par la valeur de B^2 de la page 456, à la condition toutefois d'y faire $\omega = 90^\circ$. Il vient

$$B^2 = \sin^2 2s \sin^2 \pi \frac{O - E}{\lambda}.$$

Si les tourmalines avaient leurs axes parallèles, les azimuts o et 90 donneraient encore une lumière transmise sans dédoublement et conséquemment sans interférence, et il y aurait une *croix* blanche.

Quand l'angle ω qui sépare les axes des deux tourmalines, au lieu de valoir 90 degrés ou zéro, est quelconque, l'intensité est donnée par la formule complète

$$B^2 = \sin^2 \omega + \sin 2s \sin 2(\omega - s) \sin^2 \pi \frac{O - E}{\lambda}.$$

Quand

$$s = \omega = \omega + 90 = \omega + 180 = \omega + 270,$$

on n'a pas de couleur et une portion de la lumière totale est transmise par le polariscope; de là une croix grise à branches d'inégal éclat. Il en est de même quand

$$s = o = 90 = 180 = 270;$$

de là une seconde croix grise. Le signe du coefficient

$$\sin 2s \sin 2(\omega - s)$$

n'étant plus d'ailleurs protégé contre les changements, comme il vient d'arriver avec $\omega = 90 = o$, ou aura, dans un même anneau, des passages à la teinte complémentaire. Les changements ont lieu pour les valeurs

$$s = \omega = 90 = \omega + 90 = \ldots,$$

c'est-à-dire chaque fois que l'on passe par une des 8 branches des deux croix. On peut se rendre directement compte de tout cela, et nous engageons le lecteur à le faire.

§ 279. — Deuxième cas, $\varphi = 0$. Variation du retard dans la section principale.

Il s'agit ici du retard dans la section principale : $\varphi = 0$ donne

$$\cos(\varphi' - \varphi) = 1$$

et amène en outre dans les expressions de $\tang r'$ et $\rho \cos r' = - z'''$ les réductions connues (§ **170**). Si l'on en tient compte et si l'on remarque que les deux termes $\dfrac{1}{b \cos r}$ et $- \sin i \, \tang r$ donnent par réduction le terme unique

$$\frac{1}{b} \sqrt{1 - b^2 \sin^2 i},$$

l'équation du retard devient

$$(1) \qquad R = e \left(\frac{1}{b} \sqrt{1 - b^2 \sin^2 i} - \frac{\sin^2 i + A}{A \, a \, b \sqrt{- A - \sin^2 i}} - \frac{B}{A} \sin i \right).$$

Quand $L = 90^0$, on a

$$B = 0, \quad A = - \frac{1}{b^2}$$

et il vient

$$R = e \left(\frac{1}{b} - \frac{1}{a} \right) \sqrt{1 - b^2 \sin^2 i}.$$

Si nous faisons dans le retard deux parts, celle

$$\frac{1}{b \cos r} - \frac{1}{\rho \cos r'} = \frac{1}{b \sqrt{1 - b^2 \sin^2 i}} \frac{a - b}{a}$$

engendrée dans le cristal, et celle

$$\sin i\,(\tan g\,r' - \tan g\,r) = \frac{b\,\sin^2 i}{\sqrt{1 - b^2 \sin^2 i}}\;\frac{b - a}{a}$$

engendrée extérieurement, nous voyons que la première est positive et croissante avec i; la seconde est négative, comme le justifie l'intervertissement des positions des deux rayons signalé (§ 155 et *fig.* 71); elle croît aussi, mais cet accroissement ayant lieu aussi bien par son numérateur que par son dénominateur, elle croît plus rapidement que la première, et leur ensemble $\left(\frac{1}{b} - \frac{1}{a}\right)\sqrt{1 - b^2 \sin^2 i}$ décroît quand i grandit. Si nous extrayons le radical approximativement, nous pouvons dire que le retard maximum $\frac{1}{b} - \frac{1}{a}$, donné par l'incidence normale, perd des portions croissantes représentées par

$$\frac{b^2}{2}\left(\frac{1}{b} - \frac{1}{a}\right)\sin^2 i,$$

ou des parties aliquotes de ce retard le plus grand, marquées par $\frac{b^2}{2}\sin i$. Quand il s'agit d'un cristal positif tel que le quartz, les signes des retards partiels, aussi bien que celui du retard total, sont changés. Pour ce corps, que nous retrouverons, quand $i = 5° = 10°$, le facteur $\frac{b^2}{2}\sin^2 i$ ou mieux les parties aliquotes rigoureuses valent 0,0016 et 0,0063. Une étude analogue de l'expression générale (1) serait intéressante. On prévoit que, tant que l'on ne sera pas très-incliné sur les faces, le même antagonisme entre les deux parties du retard se produisant, au moins d'un côté de la normale, il y ait une série d'inclinaisons croissantes qui atténuent le retard total et fassent remonter la teinte dans l'échelle de Newton. Cependant cette étude doit être délicate, car la propriété si nettement manifestée par les lames parallèles à l'axe n'est pas absolue. En effet, avec une lame perpendiculaire à l'axe, il n'y a plus que des sections principales, et dans toutes le retard (à vrai dire il part de zéro) croît avec l'inclinaison.

§ 280.— Troisième cas, $\varphi = 90$. Retards dans le deuxième azimut.

$\varphi = 90$ donne

$$\operatorname{tang} r' \cos(\varphi' - \varphi) = \operatorname{tang} r' \sin \varphi' = \frac{a \sin i}{b \sqrt{-A + a^2 A \sin^2 i}},$$

$$\rho \cos r' = ab \sqrt{-A + a^2 A \sin^2 i},$$

d'où

$$R = e \left(\frac{1}{b} \sqrt{1 - b^2 \sin^2 i} + \frac{a^2 \sin^2 i - 1}{ab \sqrt{-A + a^2 A \sin^2 i}} \right).$$

Bornons-nous encore au cas où $L = 90$ et où par suite

$$A = - \frac{1}{b^2}$$

et nous trouverons

$$R = e \left(\frac{1}{b} \sqrt{1 - b^2 \sin^2 i} - \frac{1}{a} \sqrt{1 - a^2 \sin^2 i} \right).$$

Formons-nous les deux retards partiels, ils seront

$$\frac{1}{b \sqrt{1 - b^2 \sin^2 i}} - \frac{1}{a \sqrt{1 - a^2 \sin^2 i}}$$

et

$$\sin^2 i \left(\frac{a}{\sqrt{1 - a^2 \sin^2 i}} - \frac{b}{\sqrt{1 - b^2 \sin^2 i}} \right).$$

Sans recourir à leurs dérivées et en nous bornant à prendre leurs expressions approximatives, nous reconnaîtrons que le premier est positif et décroissant avec i, tandis que le second est également positif et croît plus rapidement que l'autre ne décroît. Somme toute, leur ensemble est positif et croissant avec i. De plus, en calculant pour les mêmes angles $i = 5°$, $i = 10°$, la fraction du retard maximum $\frac{1}{b} - \frac{1}{a}$ qui forme l'accroissement, on trouve des fractions, peu différentes, il est vrai, des précédentes, mais cependant plus grandes.

Ainsi, dans cette deuxième section, le retard total grandit avec l'inclinaison, et si ce retard est employé à produire un phénomène de polarisation chromatique, la teinte descendra dans l'échelle de Newton. Pour le quartz le retard total est négatif dans cette section comme dans la précédente, ce qui indique qu'il appartient au rayon extraordinaire.

§ 281. — **Quatrième cas, $L = 90$. Cas de la lame parallèle à l'axe. — Les hyperboles.**

La lame est parallèle à l'axe, on a (§ 169)

$$A = -\frac{1}{b^2},$$

$$\cos \varphi' = \frac{b^2 \cos \varphi}{\sqrt{b^4 \cos^2 \varphi + a^4 \sin^2 \varphi}},$$

$$\sin \varphi' = \frac{a^2 \sin \varphi}{\sqrt{\quad}},$$

$$\cos (\varphi' - \varphi) = \frac{b^2 \cos^2 \varphi + a^2 \sin^2 \varphi}{\sqrt{b^4 \cos^2 \varphi + a^4 \sin^2 \varphi}},$$

$$\tang r' \cos (\varphi' - \varphi) = \frac{\sin i \left(b^2 \cos^2 \varphi + a^2 \sin^2 \varphi \right)}{a \sqrt{1 - \sin^2 i \left(b^2 \cos^2 \varphi + a^2 \sin^2 \varphi \right)}},$$

$$\rho = \sqrt{a^2 - b^2 (a^2 - b^2) \sin^2 i \cos^2 \varphi},$$

$$\cos r' = \frac{a \sqrt{1 - \sin^2 i \left(b^2 \cos^2 \varphi + a^2 \sin^2 \varphi \right)}}{\sqrt{a^2 - b^2 (a^2 - b^2) \sin^2 i \cos^2 \varphi}},$$

$$\varphi \cos r' = a \sqrt{1 - \sin^2 i \left(b^2 \cos^2 \varphi + a^2 \sin^2 \varphi \right)},$$

ce qui donne pour équation du retard, après réduction,

$$R = \frac{e}{b} \sqrt{1 - b^2 \sin^2 i} - \frac{e}{a} \sqrt{1 - \sin^2 i \left(b^2 \cos^2 \varphi + a^2 \sin^2 \varphi \right)}.$$

Les incidences utilisées dans les phénomènes qui correspondent à ce calcul sont en général beaucoup moins limitées que dans le cas précédent. Cependant, comme la partie centrale du phénomène est surtout intéressante, supposons encore que i soit petit, il viendra approximativement

$$R = c\left[\frac{1}{b} - \frac{1}{2}\,b\sin^2 i - \frac{1}{a} + \frac{\sin^2 i}{2\,a}(b^2\cos^2\varphi + a^2\sin^2\varphi)\right]$$
$$= c\left(\frac{1}{b} - \frac{1}{a}\right) + \frac{c}{2}\sin^2 i\left(-b + \frac{b^2\cos^2\varphi + a^2\sin^2\varphi}{a}\right).$$

En égalant successivement R aux multiples croissants de $\frac{\lambda}{2}$, on aura les équations des lignes isochromatiques. Si l'on veut passer des coordonnées angulaires i, φ, aux coordonnées x, y, z, l'axe des x étant parallèle à l'axe optique, et z, distance du tableau, ayant la valeur constante D, on remplacera $\tang i$ ou $\sin i$ par $\frac{\sqrt{x^2 + y^2}}{D}$, $\sin\varphi$ par $\frac{y}{\sqrt{\ }}$, $\cos\varphi$ par $\frac{x}{\sqrt{\ }}$, ce qui donne

$$K\frac{\lambda}{2\,c} = \frac{1}{b} - \frac{1}{a} + \frac{1}{2\,a\,D^2}(b^2 x^2 + a^2 y^2) - \frac{b}{2\,D^2}(x^2 + y^2)$$

ou

$$-b x^2 + a y^2 = D^2\left(-\frac{2}{b} + K\frac{\lambda}{c}\frac{a}{a - b}\right),$$

c'est-à-dire une série d'hyperboles dont l'un des axes est l'axe optique du cristal.

§ 282. — Elles sont d'un ordre très-élevé. — Comment on les rend visibles.

Pour faciliter la discussion délicate des hyperboles de Muller, consultons l'expérience. Plaçons une lame parallèle à l'axe d'un cristal quelconque, d'une tourmaline non absorbante négative, ou d'un quartz positif, sur le support de l'appareil d'Amici, en ayant soin d'en mettre la section principale dans l'azimut 45 degrés, et nous verrons, si toutefois nous éclairons la pile de glaces avec une large flamme d'alcool salé, deux séries d'hyperboles alternativement noires et jaunes qui ont mêmes asymptotes et sont placées respectivement dans chacun des deux systèmes

d'angles opposés fournis par ces asymptotes (*fig.* 138). A
la lumière blanche on ne voit ces franges hyperboliques
que si les lames sont très-minces ; mais alors elles sont tellement écartées de la normale, ou en d'autres termes leur axe
réel est si grand, qu'on a peine à les voir. Dès que l'épaisseur
est notable, on ne les voit plus que d'une manière dou-
teuse, et l'on ne devine l'existence que d'un seul des deux
groupes. Au contraire, si la lumière est monochromatique,
on ne cesse pas de les voir même avec des épaisseurs inusitées, et ces lames épaisses leur conservent une largeur très-
satisfaisante, de sorte qu'elles échappent à ce resserrement
rapide qui, à défaut d'autres causes, rend souvent invisibles
les franges d'un ordre élevé. Je les obtiens par exemple
avec un quartz de 20 millimètres d'épaisseur, mais à la
condition de mettre le cristal dans la pince à tourmalines
et non plus sur le support de l'appareil d'Amici dont le
champ est trop réduit par un écartement de 20 millimètres
entre le collecteur et le disperseur. Cette impérieuse obligation d'employer une lumière simple nous indique que
nous avons affaire à des franges d'un ordre élevé, amenées
dans le champ de la vision et maintenues larges (*) par les
conditions géométriques du phénomène. Avant de revenir
à notre équation, plaçons une remarque importante.

Supposons que dans l'expérience de Young (§ **20**) l'un
des rayons, celui de gauche par exemple, soit retardé de
1 millimètre. Comme 1 millimètre contient près de 2000
franges (1701 s'il s'agit des rayons simples de l'alcool salé),

---

(*) Si le lecteur calcule à l'aide de la formule rigoureuse du § **20**, note
de la page 38, et non plus à l'aide de la formule approximative

$$f = \lambda \, \frac{d}{b},$$

le numéro de la frange qui est écartée de 100 fois, 1000 fois, 2000 fois, etc.,
l'épaisseur de la première frange, il reconnaîtra que les franges de Young,
après s'être resserrées d'abord, reprendraient et dépasseraient la largeur des
premières franges.

les rayons qui aboutiront au point central O y donneront
la frange qui se serait faite à gauche quelque part en T
(*fig.* 9). Mais cette frange, qui avait contre elle pour sa production en T une dérivation extrêmement affaiblissante, qui
dans d'autres cas rencontrerait soit l'inconvénient de sortir
du champ, soit celui de devenir très-étroite, et qui dans
tous les cas serait invisible par suite d'une superposition
des franges diversicolores de différents ordres, trouve,
quand elle se fait au point O, les conditions avantageuses de
largeur et de champ qui sont inhérentes à la position centrale de ce point O, et n'a plus contre elle que l'hétérogénéité de la lumière. Si donc on prend une lumière simple,
ces franges si reculées s'obtiendront aussi nettes que les
premières franges.

§ 283. — Discussion. — Deux séries d'hyperboles.

Revenons à nos hyperboles : avec le spath, $a - b$ est positif
et comme, pour ce cristal, $\frac{2}{b}$ vaut 3,3086, tandis qu'en supposant

$$\lambda = 0^{mm},000588 \quad \text{et} \quad c = 0^{mm},5,$$

$\frac{a}{a - b}\frac{\lambda}{c}$ ne s'élève qu'à 0,01138, il s'ensuit que le terme constant, pour les premières valeurs de K, est négatif et que
les hyperboles ont l'axe des x pour axe réel. Mais les premières hyperboles, c'est-à-dire celles qui occuperont la région centrale du champ et seront visibles, correspondront
aux valeurs de K qui rendent très-petit le terme constant.
Soit la valeur K $= 290$ qui, tirée de l'équation

$$K\frac{a}{a - b}\frac{\lambda}{c} = \frac{2}{b},$$

annule le terme constant, ce seront les valeurs de K un
peu inférieures, à savoir K $= 289 = 288\ldots$ qui donneront des hyperboles visibles dans les deux quadrants traversés par l'axe optique, les valeurs de K immédiatement supé-

rieures à 290, telles que 291, 292, … rendront le terme
constant positif et engendreront un nouveau système d'hyperboles, qui auront pour axe réel celui des y et viendront
se placer dans les deux autres quadrants. Ces deux séries
s'interprètent aisément. Sous l'incidence normale, la lame
cause un retard de 290 $\frac{\lambda}{2}$. Si l'on incline le rayon dans l'a-
zimut ZOX, nous savons (§ 279) que le retard prend des
valeurs décroissantes; nous avons donc sur l'axe des x des
points appartenant aux franges constituées par les retards
décroissants 289, 288,…; dans l'azimut ZOY au contraire,
le retard grandit, atteint les valeurs 291, 292,…, de là
des franges des ordres plus élevés. Les calculs des §§ 279, 280
nous apprenaient seulement ce qui se passe dans ces deux
azimuts, le calcul actuel nous montre, qu'autour de chacun
d'eux, se groupent, à droite ou à gauche, un certain nombre
d'azimuts chez lesquels les premières franges ou les secondes
trouvent leurs autres points. Le partage des azimuts est fait
par les deux azimuts asymptotiques qui ont pour tangentes
$\pm\sqrt{\dfrac{b}{a}}$. Quant aux asymptotes, elles ne seront optiquement
signalées par deux lignes droites noires que si l'équation

$$K\,\frac{a\,\lambda}{(a-b)\,e} = \frac{2}{b}$$

donne pour K une valeur entière qui de plus devra être
paire.

§ 284. — Leur disposition est la même chez les deux classes de cristaux.

L'obliquité du rayon dans la section principale diminuant le retard aussi bien chez les cristaux positifs que chez
les négatifs, chez eux encore les premières hyperboles,
c'est-à-dire celles à retards décroissants, seront dans les
deux quadrants traversés par l'axe. Le calcul conduit au
même résultat. En effet alors R. tel que nous l'avons

compté, devient négatif; si donc nous en changeons le signe ou, ce qui revient au même, celui de K, l'équation des courbes isochromatiques deviendra, en remarquant que $a-b$ serait négatif,

$$- bx^2 + ay^2 = D^2 \left(-\frac{2}{b} + K \frac{\lambda}{e} \frac{a}{b-a} \right),$$

et il continuera d'y avoir, entre les deux parties du terme constant, cette opposition de signe qui produit les deux séries d'hyperboles.

Chez le quartz $\frac{2}{b} = 3,081$. Soit $e = 25^{mm}$, $\frac{a}{b-a} \frac{\lambda}{e}$ vaudra $0,004$ et la valeur de K qui annule le second membre sera 772. C'est là le retard sous l'incidence normale en demi-longueur d'ondes. Si K reste inférieur à ce chiffre, le second membre est négatif et l'axe optique est l'axe réel des hyperboles correspondantes. Dans les autres quadrants q', q'_1 se placent les hyperboles engendrées par les retards $773\frac{\lambda}{2}$, $774\frac{\lambda}{2}$,....

§ 285. — Effets pareils d'un accroissement d'épaisseur.

Supposons notre cristal légèrement prismatique dans le sens de l'axe. En le faisant glisser de manière à en augmenter graduellement l'épaisseur, nous verrons les deuxièmes hyperboles venir vers le centre, s'y convertir en asymptotes et tomber dans les quadrants q, q_1 à l'état de premières hyperboles. Nous obtenons des résultats identiques avec un long quartz épais et allongé que nous allons retrouver, et avec une tourmaline non absorbante. L'état prismatique s'y reconnait en les plaçant sur l'un des supports de l'appareil Norremberg et y constatant (toujours avec la lumière d'alcool salé) de larges bandes transversales à l'axe. Quant aux hyperboles, c'est avec l'appareil Soleil ou mieux avec celui d'Amici qu'on les observe aisément. Celles de la tourmaline ne sont visiblement plus équilatères.

§ 286. — Effets inverses d'une lame auxiliaire.

Prenons pour lame auxiliaire celui des prismes allongés
du compensateur (§ 199), dont l'arête est normale à l'axe, et
disposons-le sur le cristal générateur d'hyperboles, en rendant leurs axes parallèles. Quand il s'agira du quartz, il produira en glissant sur lui les mêmes effets que s'il s'agissait
d'un quartz prismatique unique. Mais sur la tourmaline
il n'en sera plus de même. Quand il deviendra plus épais
ce seront les premières hyperboles qui iront vers le centre ;
en effet, chez ce cristal négatif c'est au rayon ordinaire
qu'appartient l'excès de route ; le quartz mince, avec l'orientation qui lui est donnée, accélère ce rayon, rend le retard
au centre moindre et fait que la courbe qui lui convient est
une de celles qui naguère résidaient dans les quadrants q, q_1.

§ 287. — Lois qui régissent indistinctement toutes ces hyperboles.

Tandis que chez le spath, le demi-angle des asymptotes
$\left(\text{sa tangente est } \sqrt{\dfrac{b}{a}} \right)$ vaut $36° 57'$, chez le quartz il atteint
$45° 5'$ et les hyperboles sont sensiblement équilatères. Si le
micromètre de l'appareil Soleil avait un fil angulairement
mobile, on pourrait mesurer l'angle de ces deux droites et
en déduire le rapport des indices principaux.

Les valeurs des demi-axes réels sont, pour le premier système

$$ D \sqrt{\frac{2}{b^2} - K \frac{\lambda a}{eb\,(b - a)}} $$

et pour le second

$$ D \sqrt{K \frac{\lambda}{e\,(b - a)} - \frac{2}{ab}}. $$

Egalez à zéro le binôme qui est sous ces radicaux, et vous
aurez la valeur de K à partir de laquelle doivent se compter
les valeurs utiles de cette quantité. Cela revient à dire qu'il
ne faut garder que le terme en K et y faire successivement
$K = 1, 2, 3, \ldots$, ce qui suppose toutefois qu'on peut con-

I.   31

sidérer K comme entier ou bien que l'épaisseur est telle,
qu'une des courbes se confonde avec les asymptotes. Mais
s'il en est ainsi, on peut énoncer les lois suivantes. *Dans
les hyperboles successives les carrés des axes croissent
comme les nombres* 0, 1, 2, 3, 4, ..., *ils sont proportionnels à la longueur d'onde, en raison inverse de l'épaisseur
et de la différence des deux indices.*

Après le relatif, l'absolu, pour $D = 300^{mm}$, chez un
quartz de 1^{mm} d'épaisseur, je trouve pour la valeur sensiblement égale (*) des demi-axes de chaque première hyperbole
noire

$$A = 300^{mm} \sqrt{\frac{2\lambda}{(a-b)}} = 167^{mm},$$

valeur énorme qui explique comment elles sortent du
champ sous cette épaisseur. Pour $e = 25$ millimètres,
cet axe est cinq fois moindre, et si on se place à 100 millimètres seulement de la flamme de l'alcool salé, l'axe n'aura
plus que 11 millimètres. Autant qu'on peut en juger sans
mesures, l'expérience accepte ces chiffres.

§ 288. — Distribution inverse des couleurs dans les deux séries.

Une dernière remarque : puisque dans la première série
d'hyperboles les retards croissent en s'approchant du
centre, et que dans l'autre ils diminuent, si on les réalisait
dans des lames suffisamment minces avec la lumière
blanche, les couleurs auraient dans les deux séries une
disposition inverse. La lumière blanche exigeant une faible
épaisseur, tandis que la condition d'être dans le champ en
exige une grande, l'expérience n'est pas facile; cependant,
en examinant au microscope d'Amici le mince quartz parallèle à l'axe qui figure dans les cabinets de physique sous
le nom de *lame sensible* (§ 209), on voit, en effet, mais
vaguement, deux larges hyperboles de teintes différentes.

(*) Nous faisons $K = 2$ et nous supposons $\frac{a}{b} = 1$.

§ 289. — Hyperboles équilatères des lames parallèles à l'axe croisées.

Quand les deux moitiés d'une même lame que nous supposerons, dans ce qui va suivre, parallèle à l'axe, sont superposées avec croisement des axes, si on se reporte au § 277 et à la *fig.* 137, on verra sans peine : 1° qu'entre les deux lames il cessera d'y avoir un retard BD; 2° que les chemins des deux rayons dans la deuxième moitié seront

$$\frac{e}{\rho_1 \cos r'_1}, \quad \frac{e}{b \cos r},$$

ρ_1, r'_1 différant de ρ, r, parce que, pour la seconde moitié, φ est devenu $\varphi + 90$; 3° que le second cristal, au lieu de ramener les deux rayons l'un sur l'autre, comme cela a lieu sous l'incidence normale (§ 191), augmentera leur séparation ; 4° qu'il y aura, à l'issue des deux lames, un retard d'air $c\,D'$ analogue à BD, de sorte que le retard total R vaudra pour $e = 1$

$$\frac{1}{b \cos r} + \frac{1}{\rho_1 \cos r'_1} + c\,D' - \frac{1}{\rho \cos r'} - \frac{1}{b \cos r}$$
$$= \frac{1}{\rho_1 \cos r'_1} - \frac{1}{\rho \cos r'} + c\,D'.$$

Pour avoir $c\,D'$ je trace sur le plan de la face de sortie (*fig.* 139) trois parallèles qui représentent les traces de trois plans d'incidence, à savoir $N'M'$ le plan d'incidence primitif, $c'b$ celui de sortie du rayon ACb qui a été d'abord extraordinaire, puis ordinaire, et la troisième cF' le dernier plan d'incidence du rayon ABc, j'y trace également en projection les deux trajets $N'c'b$, $N'B'c$ des deux rayons.

Cela posé, si j'abaisse la perpendiculaire bF', j'aurai, comme au (§ 277),

$$c\,D' = c\,F' \sin i.$$

Or, si nous projetons N' en N_1, nous aurons

$$F'c = F'N_1 - cN_1 = N'c' \cos(\varphi' - \varphi) + bc' - N'B' - cB' \cos(\varphi'' - \varphi)$$
$$= e\,[\,\tan r' \cos(\varphi' - \varphi) - \tan r'_1 \cos(\varphi'' - \varphi)\,],$$

puisqu'on a

$$bc' = N'B' = \tan r;$$

l'expression du retard est donc

$$\frac{R}{e} = \frac{1}{\rho_1 \cos r'_1} - \frac{1}{\rho \cos r'}$$
$$+ [\tan r' \cos(\varphi' - \varphi) - \tan r'_1 \cos(\varphi'' - \varphi)]\sin i.$$

Le premier et le dernier terme du second membre ne diffèrent du deuxième et du troisième qu'en ce que φ est devenu $\varphi + 90$. On verra sans peine qu'ici il y a somme algébrique des retards propres aux deux lames.

Si nous recourons de suite aux réductions du § 281, le premier terme de la page 475, ne contenant pas φ, disparaîtra dans la soustraction et l'on aura

$$R = \frac{e}{a}\left[\begin{array}{c}\sqrt{1 - \sin^2 i\,(b^2\sin^2\varphi + a^2\cos^2\varphi)} \\ -\sqrt{1 - \sin^2 i\,(b^2\cos^2\varphi + a^2\sin^2\varphi)}\end{array}\right],$$

ou, en extrayant approximativement les deux radicaux et réduisant,

$$R = \frac{e}{2a}\,(b^2 - a^2)\cos 2\varphi \sin^2 i,$$

ou bien, en posant

$$R = K\frac{\lambda}{2}, \qquad \cos^2\varphi = \frac{x^2}{x^2 + y^2},$$
$$\sin^2\varphi = \frac{y^2}{x + y^2}, \qquad \sin^2 i = \frac{x^2 + y^2}{D^2},$$
$$K\lambda = \frac{e}{a}\,(b^2 - a^2)\frac{x^2 - y^2}{D^2},$$

c'est-à-dire encore une série d'hyperboles, mais d'hyperboles équilatères, qui ont pour axes les axes croisés] des deux cristaux et dont les asymptotes sont dans le plan de polarisation et dans l'azimut 90.

§ 290. — Transport de ces courbes. — Leurs dimensions absolues.

Ces hyperboles s'improvisent quand on coupe en deux un mica ou un gypse d'une assez grande épaisseur (10 millimètres par exemple) et qu'on en superpose les deux morceaux avec croisement des axes : ils donnent avec la lumière blanche les deux séries d'hyperboles ; mais un appareil plus instructif, soit parce qu'il emploie un uniaxe et répond franchement au calcul précédent, soit surtout parce qu'il permet d'ajouter ou d'enlever, avec continuité de l'épaisseur à l'un des morceaux, consiste dans l'ensemble d'un quartz rond et d'un quartz allongé légèrement prismatique, ajustés de manière que ce dernier, conduit par une crémaillère, puisse présenter devant l'autre ses diverses tranches (*fig.* 140). L'épaisseur du premier est d'environ 11^{mm},5 ; celle du second a la même valeur au milieu, avec une variation qui d'un bout à l'autre vaut à peu près 0^{mm},6 ; son axe est dans le sens de sa plus grande dimension.

Pour confirmer le calcul précédent par un aperçu synthétique, raisonnons sur ces quartz et sur les deux plans qui contiennent leurs sections principales. Le système des deux rayons E_v, O_e prend, sous l'incidence normale, un retard nul : dans les premiers quadrants q, q_1 le rayon extraordinaire perd d'abord, à cause de l'obliquité (§ 279), une partie ρ de son retard, mais comme il devient ordinaire dans le second cristal, il y contracte une avance marquée par $R + \rho'$, et l'accroissement ρ' dû à l'obliquité surpasse un peu ρ (§ 280). Somme toute, ce rayon E_o possède, à la sortie des deux plaques, une avance marquée par $\rho + \rho'$. Dans les quadrants q', q'_1 l'extraordinaire prendra d'abord un retard $R + \rho'$, puis une avance $R - \rho$, c'est-à-dire un retard total $\rho' + \rho$. Puis si l'on s'éloigne à droite ou à gauche des azimuts principaux, ce retard et cette avance s'amoindrissent jusqu'aux asymptotes, où ils deviennent nuls comme au centre. De ce que leur point de départ, au lieu d'être un chiffre élevé comme précédemment, est zéro, il en résulte : 1° que ces franges réussiront avec la lumière blanche puisque leurs numéros seront les premiers; 2° qu'il n'y aura plus de premières ni de secondes hyperboles, car chez les unes comme chez les autres la différence de route ira en croissant; 3° qu'il n'y aura plus dans la distribution des couleurs la différence signalée (§ 288).

L'organisation de ces quartz croisés est des plus curieuses et mérite qu'on y insiste. Les quadrants q, q_1 et les quadrants q', q'_1 sont comme des cristaux de signe contraire chez lesquels la puissance biréfringente décroîtrait depuis les azimuts moyens $0°,90$ jusqu'aux azimuts asymptotiques où elle serait nulle. Dans les premiers, c'est la vibration E_u qui est en avance, dans les derniers l'avance est pour la vibration O_e. Ainsi, chacun des quartz donne, par son axe, la direction de la vibration qui, dans les quadrants qu'il traverse, a pris l'avance.

Cela posé, si j'augmente l'épaisseur d'un des quartz, soit parce qu'il sera prismatique, soit par un prisme auxiliaire, je retarderai la vibration parallèle à son axe, et une certaine hyperbole des quadrants que traverse son axe, hyperbole désignée par le quantum du retard, deviendra noire (*), ou encore, les hyperboles des quadrants non traversés viendront vers le centre.

Avec les cristaux positifs, l'axe de chaque moitié désigne la vibration qui, dans les quadrants où il passe, est en retard; l'augmentation d'épaisseur avancera cette vibration, et fera encore se mouvoir les hyperboles vers les mêmes quadrants; mais si l'on glisse, avec une même orientation, sur les cristaux croisés un même cristal auxiliaire, positif par exemple, alors, comme au § 286, les cristaux positifs et négatifs cesseront d'offrir les mêmes résultats. Ce quartz auxiliaire ajoutera au retard dans les quadrants où il se trouve, et

---

(*) On opère ici avec la lumière blanche, et, quand il y a égalité d'épaisseur, ce sont les asymptotes qui sont noires.

l'hyperbole noire fuira dans les quadrants où son axe ne passe pas. Ces expériences si nettes permettent visiblement, ainsi que l'a conseillé M. Delezenne, de dire soit le signe des cristaux croisés quand on connaît celui de la lame, soit celui de la lame quand le signe connu est celui du système générateur des hyperboles.

En posant dans l'équation des hyperboles, $K = 2, \gamma = 0$; on obtient la valeur de l'axe réel de la première frange obscure. Pour

$$\lambda = 0^{mm},000550, \quad e = 11,5, \quad D = 700,$$

le calcul donne

$$x = A = 76^{mm}.$$

Comme elles réussissent avec la lumière blanche, on peut les projeter sur un écran divisé. En le faisant et amenant sur le tableau les hyperboles, je trouve pour diamètre réel de la première hyperbole, 160 millimètres. Cette réussite avec la lumière blanche permet de constater le transport opéré par une lame auxiliaire, tandis que les hyperboles d'une lame unique ne réussissant qu'avec une lumière simple et étant toutes noires, il n'y a que les déplacements opérés avec continuité qui soient saisissables.

§ 291. — Quartz obliques. — Courbes mixtes.

Si la lame dont on a croisé les morceaux est oblique à l'axe, si, par exemple, elle est parallèle aux faces de la pyramide qui surmonte si fréquemment le prisme hexagonal, on a encore des courbes hyperboliques, mais on n'en voit que des portions éloignées du centre, et formant des bandes presque parallèles. Leur calcul exigerait le développement des formules générales dont nous n'avons envisagé qu'un cas particulier. Quand ces lames ont de 4 à 5 millimètres d'épaisseur, les bandes colorées sont très-nettes, et nous y reviendrons bientôt.

On peut d'ailleurs associer des lames d'épaisseur et de nature différentes, ayant seulement la précaution de re-

courir à la duplication parallèle quand elles sont de signe
contraire. Si leurs épaisseurs ne s'éloignent pas trop d'être
équivalentes, on obtient, dans la lumière parallèle, des
teintes, et surtout, dans la lumière convergente, des courbes
qui ont des allures variées, rappelant tantôt les cercles et
tantôt les hyperboles. L'appareil d'Amici, par son vaste
champ, est héroïque pour discerner ces phénomènes. Si on
l'éclaire avec la flamme de l'alcool salé (une soucoupe
pleine de sel humecté d'alcool convient très-bien), le
nombre des courbes que donne un spath oblique à l'axe,
un des deux quartz de Savart,…, soit enfin les combinaisons
que permettent d'improviser les cristaux dont on dispose,
est souvent prodigieux.

ARTICLE III.

APPLICATIONS DE LA POLARISATION COLORÉE.

Échelle chromatique de Newton. — Application de la polarisation colorée
à la détermination, — de la section principale, — du pouvoir biréfringent, — de l'indice extraordinaire, — de l'épaisseur, — du signe. — Emploi du compensateur et de la presse à comprimer dans ces questions. —
Teintes et lames sensibles. — Leur introduction dans la solution pratique
des précédents problèmes. — Application à la polarisation lamellaire, —
à l'étude de la biréfringence due aux actions mécaniques. — Bilame de
M. Bravais. — Détermination du signe dans les cristaux normaux à l'axe. —
Comment on peut ramener toutes les appréciations à celle de la teinte
sensible. — Expériences de précision. — Résultats de M. Wertheim. —
Polariscopes composés. — Polarisation atmosphérique. — Les trois points
neutres. — Polarisation par dissémination chez les solides. — Le résultat
d'Arago n'est pas général. — Cas où la polarisation est toujours directe. —
Cas où elle est nulle. — Inégale diffusion de la lumière polarisée. — Dépolarisation par dissémination. — Dissémination par transmission. —
Horloge polaire. — Couleurs *per se*.

§ 292. — Échelle chromatique de Newton.

L'échelle chromatique de Newton, que nous avons signalée (§ 70), comprend les teintes que forment les rayons de

la lumière blanche quand ils subissent, tous, le même retard et que ce retard passe avec continuité par tous les états de grandeur compris entre zéro et une limite supérieure qui est habituellement $0^{mm},002007$. Ces teintes se retrouvent chaque fois que le retard est indépendant de la couleur, que cette indépendance soit rigoureuse, comme dans le phénomène-type des anneaux des lames minces, ou simplement approximative, comme dans les phénomènes de la polarisation chromatique page 462. Fresnel a remarqué que les épaisseurs assignées par Newton aux diverses teintes étaient un peu trop faibles, et ce dire a été confirmé par les physiciens qui, dans ces derniers temps, ont réétudié leur développement progressif. Nous empruntons à l'un de ces observateurs, M. Brücke, le tableau suivant dans lequel la teinte E répond au retard accru de $\frac{\lambda}{2}$ et se trouve être, en polarisation colorée, par exemple, celle invariable qu'on obtient page 461 quand le polarisateur et le polariscope sont rectangulaires. C'est d'elle qu'il sera surtout question dans ce qui va suivre (*).

(*) A la rigueur il y a deux échelles de Newton, mais elles sont complémentaires. Pour l'une, le retard commun part de zéro ; les anneaux transmis la réalisent. Pour l'autre, réalisée par les anneaux réfléchis, le retard linéaire n'est plus commun, puisqu'il comprend une partie commune et une partie variable qui vaut précisément le $\frac{\lambda}{2}$ du rayon considéré. Quoique plus compliquée, c'est la plus utile, et c'est elle qui est, à vrai dire, l'échelle de Newton.

N⁰ D'ORDRE.	d en millionièmes de millimètre.	Différences.	Couleur de l'image O, ou teintes qui répondent au retard exact.	Couleurs de l'image E, ou teintes extraordinaires qui répondent au retard accru de $\frac{\lambda}{2}$.
1	0	40	Blanc.	Noir.
2	40	37	Blanc.	Gris de fer.
3	97	61	Blanc jaunâtre.	Gris de lavande.
4	158	60	Blanc brunâtre.	Gris bleu.
5	218	16	Jaune brun.	Gris plus clair.
6	234	25	Brun.	Blanc avec une légère teinte verte.
7	259	8	Rouge clair.	Blanc presque pur.
8	267	8	Rouge carmin.	Blanc jaunâtre.
9	275		Rouge brun presque noir	Jaune paille.
10	281	6	Violet foncé.	Jaune paille.
11	306	25	Indigo.	Jaune clair.
12	332	26	Bleu.	Jaune brillant.
13	430	98	Bleu verdâtre.	Jaune orangé.
14	505	75	Vert bleuâtre.	Orangé rougeâtre.
15	536	31	Vert pâle.	Rouge chaud.
16	551	15	Vert jaunâtre.	Rouge plus foncé.
17	565	14	Vert plus clair.	Pourpre.
18	575	10	Jaune verdâtre.	Violet.
19	589	14	Jaune vif.	Indigo.
20	664	75	Orangé.	Bleu.
21	728	64	Orangé brunâtre.	Bleu verdâtre.
22	747	19	Rouge carmin clair.	Vert.
23	826	79	Pourpre.	Vert plus clair.
24	843	17	Pourpre violacé.	Vert jaunâtre.
25	866	23	Violet.	Jaune verdâtre.
26	910	44	Indigo.	Jaune pur.
27	948	38	Bleu foncé.	Orange.
28	998	50	Bleu verdâtre.	Orange rougeâtre vif.
29	1101	103	Vert.	Rouge violacé foncé.
30	1128	27	Vert jaunâtre.	Violet bleuâtre clair, teinte de passage.
31	1151	23	Jaune impur.	Indigo.
32	1258	107	Couleur de chair.	Bleu, teinte verdâtre.
33	1334	76	Rouge mordoré.	Vert bleuâtre, vert d'eau.
34	1376	42	Violet.	Vert brillant.
35	1426	50	Bleu violacé grisâtre.	Jaune verdâtre.
36	1495	69	Bleu verdâtre.	Rouge rose.
37	1534	39	Vert beau.	Rouge carmin.
38	1621	87	Vert clair.	Carmin pourpré.
39	1652	31	Vert jaunâtre.	Gris violacé.
40	1682	30	Jaune verdâtre.	Gris bleu.
41	1711	29	Gris jaune.	Bleu verdâtre clair.
42	1744	33	Mauve.	Vert bleuâtre.
43	1811	67	Carmin.	Vert beau clair.
44	1927	116	Gris rouge.	Gris vert clair.
45	2007	80	Gris bleu.	Gris presque blanc.

Les services que rend l'échelle de Newton reposent sur la facilité avec laquelle on reconnaît l'une quelconque des teintes qui y figurent. Elle comprend, il est vrai, plusieurs fois chaque couleur, le violet y correspondant, par exemple, à deux épaisseurs, le jaune à trois, etc.; mais ces retours, qui ont permis de diviser l'ensemble de ces couleurs en plusieurs ordres (*), ne sauraient induire en erreur : car ces teintes, d'apparence identique, doivent à leur différence de composition, une nuance spéciale que saisit le plus souvent un œil exercé : car les teintes correspondantes y sont rarement pareilles; le premier violet, par exemple, répondant à un jaune verdâtre et le second à un vert jaunâtre : car surtout les teintes qui les précèdent et qui les suivent, considérées soit dans l'image E, soit dans l'image O (on peut les évoquer par divers moyens et notamment par la méthode des deux inclinaisons, §§ 279, 280), présentent infailliblement dans une ou plusieurs de ces quatre épreuves des contrastes significatifs : car enfin, si l'on use d'un appareil de Norremberg (§ 223), on peut descendre la lame sur le support inférieur, obtenir ainsi la teinte de l'épaisseur double et, par cette teinte, une divergence à peu près infaillible; témoin le premier vert 747 qui a pour teinte double le rouge rose 1495, tandis que le second vert 1376 répond à une teinte vague et non classée 2752. Passons à quelques expériences.

§ 293. — Détermination de la teinte.

Une lame de gypse placée sur le support supérieur, donne pour teinte E, du violet, et pour teinte O un jaune verdâtre, ce qui me porte à croire déjà que sa couleur est le pre-

---

(*) Dans le tableau les séparations correspondent aux demi-ordres de M. Biot, ou autrement à des retards multiples de $\frac{1}{2}$ 550 = 275. La table contient donc trois ordres et demi ou trois anneaux et demi.

mier et non le second violet. Je la descends sur le miroir inférieur et j'obtiens pour E un bleu violâtre, et pour O un jaune orangé. C'est donc bien le premier violet et la lame équivaut à une lame d'air épaisse d'environ 0,000575.

Détermination de la section principale. — Disposons dans l'azimut 45 l'axe horizontal de la plate-forme, et, après avoir donné tour à tour à la lame précédente les deux orientations rectangulaires qui rendent sa teinte la plus vive, inclinons graduellement le support. Dans l'une des expériences, la teinte remontant l'échelle de Newton, passera au pourpre; dans l'autre, au contraire, l'obliquité accroîtra le retard et elle deviendra bleue. Dans la première position, traçons sur la lame, ou mieux sur l'un des deux verres entre lesquels elle est noyée dans la térébenthine, un trait normal à l'axe de rotation, nous aurons celle des deux directions neutres qui serait, avec un uniaxe, et qui, par extension, sera encore pour le gypse biaxe, la section principale.

§ 294. — Mesure du pouvoir biréfringent.

Passée au sphéromètre, cette lame de gypse se trouve avoir pour épaisseur $0^{mm},074$. Le gypse est donc un générateur de retard $\dfrac{74000}{575} = 128$ fois moins énergique que l'air. M. Biot, en prenant la moyenne d'un grand nombre de déterminations de ce genre, s'est arrêté au rapport 115. Le même physicien, en opérant sur des lames de mica, obtenues également par clivage, lui a trouvé pour équivalent $\dfrac{1}{220}$. Enfin si l'on taille le quartz en lames parallèles à l'axe et si on les amincit, par l'usure, assez pour qu'elles donnent des teintes, on trouve que, par exemple, sous l'épaisseur $0^{mm},1235$, ce cristal donne le deuxième violet bleuâtre 1128, ce qui lui assigne le rapport $\dfrac{1128}{123500} = \dfrac{1}{109}$, c'est-à-dire que le gypse et le quartz ont sensiblement, dans les conditions précitées, le même pouvoir biréfringent, et que celui du mica en est environ la moitié. A l'égard du quartz, la théorie peut confirmer le chiffre précédent, car elle donne (§ 199)

$$\text{pour lame d'air équivalente } \frac{\frac{1}{31}}{0,000294} = 110.$$

§ 295. — Détermination d'un des deux indices d'un cristal uniaxe.

Bornons-nous au cas d'une lame parallèle à l'axe, et déterminons-en la teinte. Si c'est, par exemple, le deuxième jaune répondant à l'épaisseur 910, on égalera cette valeur effective du retard à son expression théorique $(n - n')e$. De là une équation capable de donner n' si l'autre indice n a été demandé à un prisme d'orientation quelconque.

Détermination de l'épaisseur d'une lame cristalline. — Quand cette lame, que nous supposons toujours parallèle à l'axe, est tirée d'un cristal dont les deux constantes n, n' sont connues, l'équation précédente peut visiblement donner c. Si la lame trop épaisse refusait les couleurs, il suffirait de posséder un jeu de lames minces cristallines dont les équivalents biréfringents fussent connus, et de lui associer tour à tour, avec le mode de duplication convenable, ces lames auxiliaires, en partant des plus minces, jusqu'à ce qu'une teinte apparût. La teinte dira l'excès de la plus forte sur la plus faible. Pour savoir laquelle l'emporte, il faudrait pouvoir reconnaître si l'ensemble des deux lames agit par le signe de la lame connue, ou par celui de la lame inconnue. Or nous allons voir que l'étude des teintes se prête à donner une solution de ce problème distincte de celle des (§§ 204, 205).

§ 296. — Dire le signe d'un biréfringent uniaxe.

Plaçons un parallélipipède de verre dans cette petite presse à comprimer que possèdent tous les cabinets. Si la mâchoire poussée par la vis, ainsi que le talon fixe opposé, étreignent le solide par des faces bien planes, et si des cartons et des caoutchoucs interposés ont amené une répartition

uniforme de la pression, les teintes obtenues seront plates,
et l'on verra, en graduant la pression, défiler toute la série
des teintes dans des conditions éminemment favorables pour
les étudier et en reproduire le tableau colorié. Cela posé,
arrêtons-nous à l'une d'elles, le premier bleu 664, par exemple, et rappelons-nous, sauf à le vérifier par la précédente
méthode de l'inclinaison, que l'axe est la ligne de compression. Si je prends le précédent quartz et que je mette les
axes parallèles, la teinte remonte au jaune orangé. Croise-
t-on l'axe de pression avec l'axe du quartz, la teinte descend
au vert 1811. Dans le premier cas, il y a eu contradiction
entre les deux actions biréfringentes, or il y avait duplication
parallèle; les deux biréfringents sont donc de signe contraire,
et le verre comprimé est négatif (§ 206).

Remplaçons le verre comprimé par le verre courbé, et
bornons-nous, pour éviter la rupture, à obtenir, de part et
d'autre de la ligne noire centrale, le blanc presque pur 259.
Si je place la lame de quartz de telle sorte que son axe soit
tangent à la ligne noire légèrement arquée, le blanc passera
au jaune dans la concavité, et au vert dans la convexité. Le
retard du verre se sera donc ajouté à celui du quartz dans
la moitié tiraillée qui dès lors est positive.

Outre la méthode de l'inclinaison, on a donc, pour évoquer les teintes voisines d'une teinte donnée, la ressource
de la superposition de lames connues. Or un jeu de lames
de gypse a contre lui de procéder avec discontinuité. Pour
introduire, dans cette méthode des lames combinées, la
même continuité que dans celle de l'inclinaison, on peut
recourir à un compensateur très-effilé (renvoi au § 341).

§ 297. — Emploi du compensateur.

Mettons le compensateur décrit (§ 199) sur la plate-forme
supérieure, et nous observerons, de part et d'autre d'une
frange noire centrale, des franges parallèles à l'arête du

prisme CDG (*). Soit ce dernier prisme en haut, du côté de l'œil de l'observateur, et n'oublions pas qu'en allant vers G (*fig.* 104, *Pl. VI*) c'est l'ordinaire de ce prisme, ou mieux, le rayon polarisé dans un plan parallèle aux arêtes des deux prismes, qui prend l'avance. Cela posé, si le compensateur est superposé à une lame cristalline, et si ses arêtes sont parallèles à l'axe du cristal, le cristal sera positif ou négatif selon que la frange noire centrale sera portée vers D ou G, car dans le premier cas, par exemple, l'ordinaire du cristal a reçu une avance qui ne peut se neutraliser qu'en un certain point de la moitié aD. Il y a plus : si le cristal est moins grand que le compensateur, on verra la frange noire, et dans sa première position, et dans la nouvelle qui lui est donnée par l'addition du cristal, on pourra donc compter le nombre de franges auquel s'élève le transport. Par exemple, avec notre précédent gypse, d'épaisseur $0^{mm},074$, il est d'un peu plus d'une frange, et ce résultat concorde parfaitement avec l'épaisseur trouvée, puisqu'on a reconnu que la lumière blanche se comporte, quand elle donne des franges, sensiblement comme un rayon simple (jaune moyen), dont la longueur serait $0^{mm},0005506$ et répondrait, comme on devait s'y attendre, à la région la plus vive du spectre.

§ 298. — La presse à comprimer est préférable.

Mais si le compensateur offre des ressources incontestables pour résoudre ces mille et un problèmes que l'on rencontre dans la pratique de l'optique, on doit lui préférer comme producteur continu de retard, dans ces déterminations improvisées, un verre comprimé à teintes plates ; il donne, en effet, des teintes autrement étendues que celles du compensateur, et telles que leur désignation ne comporte pas d'incertitude ; enfin, on peut choisir dans chaque

---

(*) A cause de la forme prismatique, le calcul de ces franges serait autre chose qu'une application du deuxième cas, traité § 289. Mais il est visible que les retards sont les mêmes le long de lignes droites parallèles à cette arête.

expérience une teinte qui donne un résultat bien net. Citons quelques expériences.

Nous userons, par la suite, de certains micas dits *quarts d'onde*, qui introduisent, entre leurs deux rayons, un retard égal au quart de cette longueur d'onde moyenne 55o, que les phénomènes attribuent à la lumière blanche, et ont dès lors pour épaisseur $220 \cdot \frac{1}{4} 550 = 0,0304$; mis seuls en haut d'un Norremberg, ils donnent un gris bleuâtre; mis en bas, un jaune peu tranché (*). Poussons la presse à comprimer jusqu'au jaune orangé 43o, et mettons tour à tour les sections neutres du mica en coïncidence avec la ligne de pres-

---

(*) Les travaux de M. de Senarmont ont montré qu'au point de vue de l'inclinaison des axes, la constitution optique des divers micas était très-variable; et rien n'a prouvé jusqu'ici que cette variabilité ne s'étendrait pas au pouvoir biréfringent. Il en résulte que ce n'est pas en passant au sphéromètre, de nombreuses lames de mica et choisissant ensuite celles qui ont l'épaisseur 0,03 qu'on se procure des micas quart d'onde. Il vaut mieux, jusqu'à nouvel ordre, les passer sur les deux plates-formes d'un appareil de Norremberg et les choisir d'après la production des deux teintes précitées. Il en résulte également que le gypse, ayant sur le mica l'avantage d'une constitution optique constante, doit être considéré comme le type des cristaux biréfringents clivables et avoir la préférence tant qu'il n'y a pas d'obstacles. Quelques détails sur ce corps auront donc de l'à-propos.

Le gypse appartient au cinquième système cristallin; outre son clivage facile il en possède deux autres perpendiculaires aux plans des lames fournies par le premier, et désignées expressivement sous les noms de *clivage fibreux ou gras* et de *clivage vitreux ou sec*. Ces trois clivages déterminent un parallélipipède qui peut être, à volonté, considéré ou comme droit et à base parallélogrammique, ou comme oblique mais à base rectangulaire. Les axes sont dans le plan des lames et inclinés entre eux de 57° 30'; la bissectrice de leur angle aigu, si importante puisqu'elle est la ligne neutre principale, peut s'obtenir géométriquement comme il suit. L'un des angles du parallélogramme vaut 65° 51' et résulte du concours du clivage sec et du clivage fibreux; prenez ce dernier côté proportionnel à 36 et le côté sec proportionnel à 11,1 (*fig* 142, *Pl. VII*), la section principale coïncidera avec la grande diagonale du parallélogramme. Dans la pratique, on construit un patron en carton de ce parallélogramme, avec l'indication de la diagonale, et il suffit, après avoir reconnu les clivages, de placer la lame dessus; cette superposition l'oriente et on reporte sur elle, avec un burin, la diagonale. On doit choisir les variétés de gypse qui se clivent sans arrachement.

sion, la teinte montera jusqu'au pourpre 565, ou descendra jusqu'au jaune 430 — 138 = 292 : ce qui lui accorde pour équivalent 138. Comme d'ailleurs j'ai pu reconnaître celle des sections neutres pour qui l'inclinaison amoindrit les retards, je vois que le pourpre s'obtient quand le mica et le verre pressé ont leurs axes croisés; j'en conclus qu'ils sont de signe contraire et qu'ainsi le mica est positif. Même résultat pour le gypse, de sorte que, dans ces deux biaxes, c'est le rayon polarisé dans la section neutre où les retards sont décroissants par voie d'inclinaison, qui est le plus rapide.

§ 299. — Teintes sensibles.

Quand on incline, dans les conditions d'orientation signalées (§§ 279, 280), des lames cristallines d'épaisseur et de teintes diverses, on s'aperçoit que la rapidité avec laquelle ces teintes font place à leurs voisines est très-inégale. Tandis qu'en général il faut une forte inclinaison pour amener une appréciable altération de la nuance, il est deux teintes privilégiées chez qui un basculement de 10 degrés et même de 5 degrés amène, pour un œil exercé, un changement non équivoque. Le même contraste se manifeste quand on passe en revue les teintes d'un verre comprimé par une modification graduelle de la pression. Si l'on rend les pressions mesurables en échangeant avec M. Wertheim la presse à vis contre une presse à poids, on reconnaît ces deux teintes à la faible addition de poids (2 sur 600) qui les modifie : la première est le violet 575; la deuxième, plus sensible encore, est le violet bleuâtre 1128. On les désigne sous les noms expressifs de *teintes sensibles* ou de *teintes de passage* (*), et l'on appelle *lames sensibles* les lames qui la présentent sous l'incidence normale. Un quartz de $0^{mm},123$, un gypse de $0^{mm},130$, un mica de $0^{mm},248$ d'épaisseur, réa-

---

(*) A la limite du troisième anneau on trouve une troisième teinte sensible pâle et violacée comme les précédentes.

lisent la dernière. Pour découvrir le secret de leur sensibilité, formons la différence des épaisseurs consécutives d du tableau précédent, nous reconnaîtrons que pour les deux teintes sensibles les différences sont moindres que pour les teintes immédiatement voisines. Cependant ce ne sont là que des minima relatifs, car la série présente d'autres différences encore plus faibles. Il faut donc admettre que l'avantage des teintes sensibles tient encore à ce que ces teintes se décomposent, avant d'arriver aux deux teintes qui les précèdent ou qui les suivent dans le tableau, en une foule de nuances que la pauvreté de la langue n'a pas permis d'y inscrire. Quoi qu'il en soit, comme leur emploi procure aux expériences une grande précision, indiquons par quels artifices on les y introduit quand elles n'y apparaissent pas spontanément.

§ 300. Mesure des très-faibles pouvoirs biréfringents. — Polarisation lamellaire.

L'existence d'un pouvoir biréfringent peut se reconnaître par la production d'une teinte ou par la modification de la teinte d'un autre corps. Admettons que pour porter un jugement sûr il faille aller jusqu'au gris de fer 40; cette exigence, qui correspond à un retard de $\frac{40}{550} = \frac{1}{14}$ d'onde, se trouvera considérable pour certains phénomènes qui dès lors nous échapperont. La même limitation se retrouverait si l'on employait le pouvoir soupçonné à modifier une teinte paresseuse, telle que, par exemple, le jaune orangé 430. Mais si nous avons recours à une lame sensible, il suffira que le pouvoir surajouté donne le même résultat qu'une inclinaison de 10 degrés (§ **279**), et qu'il s'élève aux 0,0063 de l'épaisseur 1128, c'est-à-dire à environ 4 des unités de la colonne d, ce qui fait $\frac{4}{550}\lambda = \frac{1}{138}\lambda$. Pour un œil exercé, l'inclinaison de 10 degrés est assurément surabondante, et le retard constaté plus faible encore. C'est en opérant ainsi que M. Biot a mis en évidence et a étudié des biréfringences inattendues, chez des cristaux du système cubique, tels que certains aluns ammoniacaux, le sel gemme, etc. Soit, par exemple, un octaèdre d'alun actif placé dans un tube rempli d'une dissolution concentrée de ce sel, et ayant un de ses axes octaédriques parallèle à l'axe du tube. Si l'on fait tourner ce tube entre un polarisateur et un polariscope croisés, quand les plans normaux aux faces octaédriques seront à 45 degrés du plan de polarisation, la lumière sera restituée dans le carré sur lequel se projettent les quatre faces visibles; la teinte obtenue est, en général, un bleu blanchâtre qui paraît indépendant de l'épaisseur des cristaux. Si nous interposons en même temps une lame sensible, le carré illuminé se divise en deux fuseaux (*fig.* 143) formés l'un de deux triangles verts opposés par le sommet, et l'autre de deux triangles rouges; d'où nous concluons que les premiers fuseaux ont ajouté leur retard à celui de la lame sensible, et qu'à l'égard des seconds il y a eu soustraction. Or les deux teintes obtenues diffèrent de $1334 - 998 = 336$. L'action du cristal serait donc $\dfrac{336}{2} = 168$ environ (*). Ainsi les deux fuseaux reproduisant, mais sans dégradation de biréfringence, les conditions des lames croisées (§ **290**), agissent comme deux cristaux juxtaposés de signe contraire et de force égale; et on le conçoit, puisque les seconds fuseaux peuvent être considérés comme n'étant que les premiers déplacés, par une rotation de 90 degrés. Cette biréfringence dont les résultats constituent pour M. Biot la polarisation lamellaire a une cause mal connue; si, comme il est probable, elle est due à des effets de trempe ou à d'autres tensions

---

(*) Cette expérience accorde à notre lame sensible l'épaisseur

$$998 + 168 = 1166,$$

elle serait donc trop épaisse d'environ 38,125, soit $0^{mm},005$, si toutefois on pouvait considérer comme rigoureuse cette méthode des teintes (§ **504**).

32

mises en jeu pendant la cristallisation, il faut que ces états
forcés soient moléculaires, puisque les morceaux d'un octaèdre brisé conservent leur teinte sans altération, ce qui
n'arrive pas quand il y a, comme dans les verres trempés,
une solidarité d'ensemble. Quoi qu'il en soit, on doit rap-
porter aux mêmes causes, connues ou inconnues, les altérations qu'éprouvent dans certains cristaux des autres systèmes les cercles et les lemniscates.

§ 301. — Bilame de M. Bravais.

En transportant, comme il suit, aux deux moitiés d'une
lame sensible, cet antagonisme réalisé par les faces contiguës des octaèdres d'alun, on peut doubler la sensibilité de
ce précieux auxiliaire. Coupons la lame de la *fig.* 144 suivant une ligne *ef* équidistante de ses deux lignes neutres,
retournons l'une des moitiés *efc* afin de mettre en haut la
face qui était en bas, et rapprochons-les de manière à si-
muler un seul cristal, les deux moitiés auront visiblement
leurs lignes neutres rectangulaires. Quand donc on les
combinera avec un biréfringent générateur d'un retard p,
dans une des deux moitiés (nous supposons, pour préciser
les idées, les deux biréfringents de même signe), il y aura
duplication parallèle et addition des retards; dans l'autre,
au contraire, la duplication sera croisée et donnera la différence des retards. Bref on aura les deux teintes $1128 + p$,
$1128 - p$, et leur contraste rendra leur apparition sensible
pour une moindre valeur de p. Dans ces conditions d'exquise sensibilité, la simple pression des doigts sur un cube
un peu gros donne une biréfringence appréciable, et il n'est
presque pas de verre qui ne soit vicié, à cause d'un léger
effet de trempe, par un pouvoir biréfringent permanent.

§ 302. — Signe des cristaux uniaxes perpendiculaires à l'axe.

Je place un spath normal à l'axe dans l'appareil de
M. Soleil (§ 227), je dispose les deux fils parallèles du
micromètre à 45 degrés du plan de polarisation, et je les

rapproche jusqu'à ce qu'ils portent sur les deux bords extrêmes du deuxième anneau ; alors je superpose au spath le quartz sensible, en orientant son axe à 45 degrés, et choisissant celui des deux azimuts 45 qui est normal à la direction des fils parallèles. La croix se colore dans les régions centrales, et devient vague, mais cependant on continue de distinguer les quatre secteurs que cette croix noire formait dans les anneaux. Eh bien, dans les deux secteurs traversés par l'axe du quartz, le deuxième anneau, à peine réduit comme le témoignent les fils, est devenu noir. Ce résultat s'interprète aisément, car, dans la direction de l'axe, la lame sensible et le spath sont en duplication parallèle, et cette lame doit diminuer le retard de 1128, c'est-à-dire de $\frac{1128}{551}\lambda = 2\lambda$. Le retard qui était nul au centre le sera maintenant sur le deuxième anneau. Comme la section principale d'un spath normal prend toutes les directions, il y a chez les autres secteurs duplication croisée, et partant addition des retards, c'est-à-dire que les demi-anneaux du deuxième ordre deviennent du quatrième. Si le cristal normal était positif, ce serait dans les deux quadrants non traversés par l'axe du quartz qu'à une certaine distance du centre, dépendant du retard de la lame auxiliaire, apparaîtraient des fragments d'anneaux noirs ; ce quartz dira donc le signe inconnu du cristal : en partant au contraire d'un cristal connu, c'est le signe de la lame qui serait déterminée (*). Nous avons déjà remarqué

(*) Quand les anneaux sont très-larges, il peut arriver que la manifestation des demi-cercles noirs cesse d'être appréciable. Alors on place le cristal normal à l'axe dans la lumière parallèle et on le traite comme un cristal d'un très-faible pouvoir biréfringent. L'appareil de **M.** Biot (§ **222**) avec ses deux supports convient très-bien. L'un d'eux reçoit un quartz sensible dont l'axe est à + 45 et l'autre le cristal. Si l'axe de rotation de son support est à — 45, en l'inclinant avec une gradation lente, la teinte sensible sera remplacée par les précédentes ou par les suivantes. Comme les deux sections principales sont parallèles, le premier cas indique un négatif et le second un positif.

que les hyperboles étudiées dans la Section précédente, soit celles produites au sein d'une lame unique par la lumière de l'alcool salé, soit celles développées par la lumière blanche dans un système de deux lames parallèles à l'axe et croisées, se prêtaient à résoudre les mêmes questions.

§ 303. — Emploi exclusif de la teinte sensible. — Méthode différentielle.

Donnons encore un exemple de l'introduction de la teinte sensible dans les expériences, et empruntons-le aux belles recherches de M. Wertheim sur la double réfraction temporairement excitée chez les milieux diaphanes par la compression et la traction. Pour obtenir par tiraillement une teinte plate, il faut souder, avec le mastic rouge, sur deux faces opposées du verre, deux crochets : fixer l'un d'eux et soumettre l'autre à des charges croissantes; mais l'adhésion du mastic impose aux tractions une limite bien inférieure (50 kilogrammes par centimètres carrés) à celle des pressions. Ainsi restreint, dans le nombre de déterminations qu'il pouvait obtenir par traction, M. Wertheim a cherché à leur communiquer une grande précision. Dans ce but il procédait différentiellement. Sur le trajet des rayons lumineux, il plaçait, outre le verre tiraillé, un verre comprimé amené à donner la teinte sensible, et quand cette teinte avait disparu par l'action contradictoire du premier verre, il la rétablissait en ajoutant dans le bassin du verre comprimé un poids convenable.

§ 304. — Avantages d'une lumière simple. — Loi de la double réfraction due à la compression.

Si les méthodes précédentes, fondées sur l'emploi de la lumière blanche, sont commodes, la reconnaissance des teintes, même quand on ramène tout à la teinte sensible, y laisse place à de l'incertitude. Aussi, dans les travaux de haute précision faut-il abandonner le terrain de la polarisation chromatique et revenir à l'emploi d'une lumière simple. Cet emploi devient d'ailleurs inévitable quand le phénomène biréfringent donne des valeurs trop variables avec λ pour les diverses valeurs de O — E ; nous verrons, dans ces conditions, le compensateur prendre une grande supériorité. Sans anticiper sur les chapitres suivants, nous dirons que M. Wertheim a eu également recours dans ses recherches à l'emploi de la flamme de l'alcool salé, et qu'il obtenait ainsi, d'après l'extinction alternative des deux images, les charges croissantes qui produisaient les retards $\frac{\lambda}{2}$, $2\frac{\lambda}{2}$, $3\frac{\lambda}{2}$, ... Après avoir reconnu sur trois rayons simples, à savoir le jaune, le rouge d'un verre monochromatique, et le violet du sulfate de cuivre ammoniacal, que les poids générateurs d'une teinte noire de même ordre étaient comme les longueurs d'onde, et s'être assuré par là de la constance de O — E, ou encore de l'équivalence des deux modes d'opérer, il a tiré de l'ensemble de ses recherches les conclusions suivantes sur lesquelles nous reviendrons dans le chapitre de la double réfraction théorique.

1°. *Les poids générateurs d'un certain retard sont indépendants de la hauteur du parallélipipède.*

2°. *Ils le sont également de sa longueur,* l'étendue du trajet compensant strictement la diminution de compression.

3°. *Ils sont proportionnels aux largeurs des pièces,* les parties surajoutées diminuant sans compensation la compression des parties traversées par le rayon.

4°. *Cette différence de marche est proportionnelle à l'allongement ou au raccourcissement mécanique.* Dans les expériences entreprises sur l'élasticité des corps on avait remarqué que si les allongements et les contractions sont en général proportionnels aux poids sollicitants, la proportionnalité se trouve en défaut au début; les allongements ou les raccourcissements dus aux premiers poids étant, les premiers trop faibles et les derniers trop forts. Quoiqu'en opérant sur des barres d'une longueur insigni-

fiante, M. Wertheim retrouve, grâce à la sensibilité de sa
méthode, entre le retard engendré et les poids, et la même
proportionnalité générale et la même dérogation initiale.
Cet accord lui a permis d'admettre que si les premiers
retards étaient trop faibles dans un cas et trop forts dans
l'autre, cela tenait à une infériorité et à une exagération
initiales des déformations correspondantes : de là la forme
donnée à l'énoncé de sa quatrième loi.

§ 305. — La polarisation colorée appliquée à l'étude de l'élasticité.

La petitesse des pièces a, dans les expériences sur l'élasticité, des avantages, sous divers rapports, celui de l'homogénéité par exemple : comme d'ailleurs ici elle se concilie avec
une exquise sensibilité, on conçoit que M. Wertheim ait
pu ériger l'étude des retards consécutifs aux pressions et aux
tractions, en méthode rivale de celle exclusivement suivie
jusqu'à lui. Quelques mots sur cette intéressante application
ne paraîtront pas déplacés dans une Section consacrée principalement aux applications de la polarisation chromatique.

A l'égard de la sensibilité, on saura que le résultat
signalé (§ 299), 2 kilogrammes sur 6oo, a été obtenu avec
un verre dont la surface était 5oo millimètres carrés, et le
coefficient d'élasticité 5 ooo kilogrammes. Il aurait donc
fallu $5\,\text{ooo}^{\text{kil}}\,5\text{oo} = 2\,5\text{oo ooo}$ kilogrammes pour doubler
la hauteur, et les 2 kilogrammes répondent à un allon-
gement $\dfrac{2}{2\,5\text{oo ooo}}$, qui est, on le voit, inférieur à un millionième de la hauteur de la pièce. On peut d'ailleurs, en
doublant, triplant,..., la longueur de la pièce, garder la
même teinte, quoique l'allongement soit réduit à la moitié
et au tiers (2me loi), et doubler, tripler la sensibilité du
procédé.

§ 306. — Projection des expériences de la polarisation colorée.

Entrons sur la projection des expériences de polarisation

chromatique dans quelques détails qui nous permettront de signaler certains cristaux répandus dans les collections et dont nous n'avons point parlé encore.

S'agit-il de lumière parallèle, en conformité avec les principes développés dans le chapitre VIII, placez le cristal en avant d'une lentille et recevez-en l'image sur un écran placé à la distance focale conjuguée. La lentille resserre tellement les rayons à son foyer principal, qu'un prisme de Nicol peut leur donner passage. Quant au polarisateur, ce sera, si l'heure est convenable, la glace noire dont sont munis les porte-lumière actuels. On pourra mettre le cristal dans une rainure pratiquée à l'origine du tube qui dirige la lumière dans la chambre obscure, et user de la lentille qui s'adapte à l'extrémité libre de ce tube. Cela posé, si le corps biréfringent est le quartz mince parallèle à l'axe et rendu concave par l'usure (*), au lieu des teintes plates habituelles on a de beaux anneaux sans croix, identiques avec ceux des lames minces, et s'en distinguant uniquement, outre l'obligation d'user d'un polariscope et d'un polarisateur, parce qu'ils disparaissent, après affaiblissement, pour deux orientations rectangulaires du cristal. Si c'est un de ces gypses dont l'épaisseur a été modifiée avec art, de manière à reproduire une fleur, un nom, etc., on aura, sur l'écran, une reproduction agrandie du dessin : les verres trempés enfin illuminent l'écran de leur brillant réseau de courbes noires et colorées.

S'agit-il de lumière convergente, on imitera la disposition de l'appareil de M. Soleil ($ 227$), si toutefois on ne préfère l'approprier lui-même à ces expériences en le débarrassant de son miroir et de sa loupe. On échangera la très-

---

(*) Pour ne point avoir à changer la distance du tableau, on ajoute une lentille convergente qui compense l'effet divergent du quartz, ou mieux on remplit sa concavité de térébenthine et l'on recouvre d'un second verre ce quartz fragile, nécessairement collé déjà sur un premier verre.

petite image qui se forme au foyer principal de la lentille collectrice contre une plus grande, à l'aide d'une lentille pour laquelle cette image jouera le rôle d'objet. Le polariscope, si c'est un Nicol, se placera contre le cristal, mais si l'on prenait une grande glace réfléchissante, on pourrait la mettre entre le tableau et la lentille projetante. Si le tableau possède un réseau de lignes rectangulaires, on pourra vérifier les lois qui régissent les diamètres des anneaux (§ 278), les axes des hyperboles (§ 287). Mais quand on veut obtenir un résultat absolu tel que celui relaté (§ 290), ou encore l'angle extérieur des axes optiques déduit de la distance des pôles projetés sur le tableau, il faut laisser les lignes isochromatiques se projeter elles-mêmes (§ 215) sans le secours d'aucune lentille.

§ 307. — Polariscopes composés.

Puisque les couleurs de la polarisation colorée ne s'obtiennent qu'autant que la lumière est polarisée, si l'on ne prenait que la lame biréfringente et le polariscope, cet ensemble permettrait de distinguer la lumière polarisée de la lumière naturelle. Ces nouveaux polariscopes cessent d'être soumis à la loi de réciprocité (§ 183) qui domine les polariscopes simples. Cependant, malgré leur organisation plus compliquée, ils peuvent leur être préférables. Un spath perpendiculaire à l'axe juxtaposé à une tourmaline, un tube qui porte à une extrémité un verre trempé et à l'autre un Nicol..., etc., sont des polariscopes composés. Au point de vue de la sensibilité qui est tout en pareille matière, l'avantage n'est pas aux teintes plates, mais à certaines combinaisons de teintes. Une bilame de M. Bravais, combinée avec un verre comprimé qu'on porterait au degré de compression le plus favorable, mériterait d'être essayée. On emploie surtout l'ensemble des deux quartz croisés signalés § 291 et d'une tourmaline dont l'axe est à

45 degrés des sections principales de chaque quartz. Cet assemblage si portatif est connu sous le nom de *polariscope de Savart*. Les sections principales de ces deux quartz forment quatre quadrants. Quand le plan de polarisation et l'axe de la tourmaline sont dans un même quadrant, les deux vibrations du système conservé ont la perte de $\frac{\lambda}{2}$. La ligne isochromatique centrale qui répond au retard nul est donc alors noire. Elle est blanche au contraire quand ce plan et cette ligne sont dans deux quadrants contigus.

La frange noire centrale et les autres franges ont leur maximum d'intensité quand le plan de polarisation est, comme l'axe de la tourmaline, à 45 degrés, la frange centrale ne cesse pas d'ailleurs d'être parallèle à l'axe de la tourmaline; de là cette règle pratique : *Tournez jusqu'à ce que la frange centrale soit noire et ait le plus de vivacité, alors elle donnera le plan de polarisation.* Avec le polariscope composé formé d'un spath et d'une tourmaline, il faudrait tourner jusqu'à ce que la croix noire fût le mieux prononcée ; alors le plan de polarisation passerait par celle des deux branches qui coïncide avec l'axe de la tourmaline. Dans les déterminations délicates, comme quand il s'agit de constater la position du plan de polarisation de la lumière lunaire disséminée par l'air, en dirigeant les franges vers l'astre, on ne peut pas distinguer si la centrale est noire ou blanche; on éprouve même beaucoup de peine à compter, ce qui reviendrait au même, le nombre des bandes obscures, pour voir s'il est pair ou impair. M. Delezenne a trouvé de l'avantage à substituer aux deux quartz obliques de Savart, deux plaques parallèles à l'axe, un peu grandes, dont l'épaisseur peut être de 3 à 8 millimètres. Le centre commun aux deux séries d'hyperboles est entouré d'une plage blanche qui est remplacée par une plage noire, quand on se donne l'image complémentaire en mettant l'axe de la tourmaline à angle droit sur le plan de polarisa-

tion. Le caractère blanc ou noir de la plage reste saisissable alors qu'on ne peut plus apprécier celui de la frange
centrale dans l'appareil Savart.

§ 308. — Polarisation par dissémination atmosphérique.

Le polariscope de Savart est surtout utile pour l'étude
de la polarisation atmosphérique. Visez à un point du ciel
bleu, l'œil armé de cet auxiliaire, vous apercevrez des franges, et en le faisant tourner sur lui-même, vous arriverez à
une frange centrale noire. Quand cette frange sera la plus
vive possible, son prolongement passera par le soleil. La
lumière diffuse envoyée par l'air est donc polarisée dans un
plan qui passe par le soleil, le point visé et l'œil. La polarisation, nulle dans la direction du soleil, croît jusqu'à environ 90 degrés et redevient nulle en un point qui, s'il n'y
avait aucune influence perturbatrice, serait à l'opposite du
soleil, et ne se verrait qu'aux instants du lever et du coucher
de cet astre. Ce point en réalité se rapproche du soleil, dans
le vertical de l'astre, d'un angle qui, suivant les circonstances, peut varier de 20 à 30 degrés, et il peut même être jeté
hors du vertical de l'astre si le ciel présente des nuages
éclatants répartis dissymétriquement. Quelle qu'en soit la
position, il est appelé le *point neutre d'Arago*. Ce physicien, qui n'avait, quand il s'occupa de ce phénomène, que
des polariscopes bien inférieurs, pour une telle étude, à celui
de Savart, ne vit point deux autres points neutres : celui de
Babinet situé à 15 ou 20 degrés au-dessus du soleil dans le
vertical de l'astre, et celui de Brewster difficile à voir et
qui est au-dessous de l'astre.

Dans une direction donnée, outre la portion des rayons
solaires directs, disséminée par toutes les particules de l'air
qui se trouvent sur cette direction, dans une épaisseur comprise, on le sait, entre 13 et 80 lieues suivant la hauteur.
arrive à l'œil une autre lumière disséminée, qui correspond
à celle que les autres points du ciel envoient à ceux-là par

dissémination. Cette lumière deux fois disséminée est surtout abondante dans la direction de l'horizon, et l'on comprend sans peine que le plan moyen de polarisation de ces rayons deux fois disséminés soit perpendiculaire à celui des rayons qui ne le sont qu'une fois. Il y a donc dans chaque direction deux radiations inversement polarisées. Aux points neutres, elles sont égales, entre les points neutres d'Arago et de Babinet, la lumière disséminée directement l'emporte, au delà du point d'Arago ou en deçà de celui de Babinet, ou encore entre le soleil et le point de Brewster, l'avantage est à celle qui est disséminée de seconde main, et le polariscope donne, dans le prolongement de la noire centrale, la bande centrale blanche.

§ 309. — Dissémination chez les solides.

En étudiant, il y a déjà longtemps, la lumière disséminée par des corps qui n'étaient pas dépourvus de la faculté de réfléchir, M. Arago la trouva polarisée perpendiculairement au plan de dissémination ; un travail entrepris sur cette matière délicate par MM. de la Provostaye et Desains a montré que ce n'était là qu'un cas très-particulier et que ce phénomène offrait une grande complication.

Dans ce travail, qui a porté également sur la chaleur et qui a fourni pour cet agent, comme d'habitude, les mêmes résultats que pour la lumière, ces physiciens, en s'aidant de piles polarimétriques formées de lames minces de mica (*), trouvent :

Que, dans certains corps polis, si on s'éloigne suffisamment de la réflexion régulière, on trouve avec Arago, soit en deçà, soit au delà, une polarisation inverse, mais que dans les alentours du rayon réfléchi régulièrement, le plan de

____

(*) Nous comprenons actuellement que , pour obtenir avec les piles de mica les mêmes effets qu'avec celles de verre, il faut empêcher la double réfraction d'intervenir : il suffit pour cela que le plan de réflexion et de transmission de ces piles contienne l'une des deux lignes neutres.

polarisation coïncide avec le plan de diffusion, deux points neutres séparant ces deux espaces angulaires doués de polarisations contraires.

Si les corps passent au mat, les points neutres s'écartent et embrassent une étendue angulaire croissante autour de la réflexion régulière. Ils sont bientôt assez écartés pour qu'on ne puisse plus obtenir la polarisation inverse.

L'incidence étant normale, il est des corps, tels que le noir de fumée, qui donnent aux rayons disséminés une polarisation directe croissante avec l'obliquité de leur direction, et atteignant par exemple o,6o sous l'angle de 7o degrés, tandis que d'autres, tels que la céruse et le cinabre, les laissent sensiblement naturels.

Quand les rayons incidents s'inclinent sur la surface, tant qu'ils ne le sont pas d'une dizaine de degrés, ces derniers corps restent inactifs, même dans la direction de la réflexion régulière. Mais si l'incidence croît, ils donnent une lumière polarisée directement, qui croît rapidement et atteint sous l'angle 7o degrés, dans la direction de la réflexion régulière, o,45 pour la céruse, o,5a pour le cinabre,.... L'obliquité de l'incidence et le choix de la direction de réflexion régulière pour direction de dissémination sont au contraire choses désavantageuses pour le noir de fumée, puisque sous l'angle de 7o, il n'a polarisé par diffusion que o,a5.

Mais, pour l'incidence rasante, chez les uns comme chez les autres, la dissémination cesse de polariser.

§ 310. — Diffusion de la lumière polarisée.

On conçoit qu'un deuxième aspect de ces phénomènes soit une inégale diffusion de la lumière, suivant qu'elle est polarisée dans le plan de diffusion ou perpendiculairement à ce plan, de telle sorte qu'en faisant tomber, l'une près de l'autre, sur une plaque noircie à la flamme de la térébenthine, les deux images égales et polarisées inversement que donne un prisme biréfringent, on puisse, en les regardant à l'œil nu, voir suivant la position de l'œil, les deux taches lumineuses, égales ou inégales.

§ 311. — Dépolarisation par dissémination.

On conçoit également que ces phénomènes soient encore en correspondance intime avec la dépolarisation partielle (et ce serait là une vraie dépolarisation) des rayons incidents, même quand ils sont polarisés dans un des deux azimuts principaux. Or les physiciens précités ont vu que l'incidence étant normale et la dissémination très-oblique, la dépolarisation pouvait s'élever (elle est surtout forte quand le plan de diffusion passe par la vibration du rayon polarisé incident) à plus des $\frac{4}{5}$.

§ 312. — Polarisation dans la dissémination par transmission.

Enfin, le noir de fumée, s'il est en couche mince, se prête à l'observation de la lumière *diffusée par transmission*. Eh bien, pour une incidence normale et une dissémination rasante, les rayons diffusés soit par réflexion, soit par transmission, sont polarisés dans un seul et même plan qui est celui de diffusion, tandis que pour l'or la lumière verte transmise est polarisée dans le deuxième azimut et conséquemment en sens inverse du faisceau diffusé réfléchi.

§ 313. — Horloge polaire. — Ses divers usages.

Si le point visé du ciel est le pôle, on en recevra dans nos climats, en tout temps et à toute heure du jour, une lumière fortement polarisée. Vers les équinoxes, le pôle appartiendra à la courbe de polarisation maximum, et aux solstices le pôle ne s'écarte de cette courbe que d'environ 23 degrés en plus ou en moins, et reste ainsi suffisamment éloigné des points neutres. Comme d'ailleurs le pôle est assez élevé pour échapper aux influences perturbatrices si fortes à l'horizon, il s'ensuit que le plan de polarisation se trouve, pour le pôle, en coïncidence constante avec le plan horaire, et se déplace comme lui de 15 degrés par heure. Si donc on interpose entre le pôle et l'œil une lame de chaux sulfatée, dont les lignes neutres soient à 45 degrés de la section principale d'un prisme de Nicol, en s'attachant à l'une de ces lignes neutres et la dirigeant de manière que la lame perde ses couleurs, elle se trouvera dans le plan horaire. Il suffira donc qu'elle soit collée sur un premier disque de verre, qui ferme un tube que le polariscope termine du côté de l'œil, et qui soit contigu à un second disque de verre immobile, sur la moitié supérieure duquel seront marquées les heures. Une flèche tracée sur le premier disque, dans le sens de la ligne neutre, ira se placer sur l'heure, quand en tournant le tube on aura obtenu l'absence de celle des deux couleurs sur laquelle doit porter l'observation. On peut encore disposer sur le disque mobile autant de lames de gypse convenablement orientées, qu'il y a d'heures et de demi-heures à observer et trouver l'heure sans manipulation, par la seule inspection de la lamelle la plus colorée. On mesurerait ainsi le temps à un quart d'heure près; mais si l'on consent à faire tourner le tube, la précision peut aller à quelques minutes, surtout quand on emploie celui des polariscopes composés qui semble primer les autres en sensibilité pour la détermination du plan de polarisation, il s'agit de la plaque biquartz de M. Soleil, qui ne sera étudiée que plus tard.

M. Soleil s'est arrêté à la construction suivante de l'horloge polaire (*fig.* 145). Le tube mobile T comprend en Q la plaque biquartz analogue à la bilame du § 301, et porte en C un cercle normal divisé, sur la moitié supérieure en heures, et sur la moitié inférieure en degrés. A partir de là il pénètre à l'intérieur d'un tube fixe T' qui porte le vernier du précédent limbe, et plus loin deux tourillons qui ne sont pas sur la figure : il se termine par un prisme biréfringent P

contre lequel est vissé un objectif O. Cet objectif forme avec
un oculaire concave ω une petite lunette de Galilée qui,
douée d'un tirage, montre nettement le biquartz. Si le tube
restait droit, on aurait pu confier cet oculaire comme l'objectif au tube mobile, mais l'œil aurait dû prendre une
position incommode. M. Soleil y obvie en coudant le tube
fixe et recourant à une réflexion totale sur le prisme rectangulaire isocèle R. L'observation consiste à tourner à
l'aide du bouton B le tube mobile, jusqu'à ce que les deux
moitiés du disque aient une des deux teintes qui peuvent
leur être communes. L'épaisseur et les dispositions sont
prises pour que l'une de ces deux teintes soit la teinte sensible et pour que ce soit elle qui règne sur tout le disque
quand l'heure s'inscrit sur le cadran.

Par ses deux tourillons, le tube repose, comme une
lunette méridienne, sur deux coussinets établis aux extré-
mités d'une fourchette portée par un axe qu'un niveau rend
vertical. L'un des coussinets est muni d'un limbe qui permet (quand on connaît la latitude du lieu) de donner au
tube la direction de l'axe terrestre. Si on a la méridienne,
il suffit d'amener le tube dans ce plan pour que l'horloge
polaire soit disposée. Si on ne l'a pas et si on a l'heure, on
place le vernier à l'heure et on tourne tout l'appareil jusqu'à ce que le disque prenne la teinte sensible.

La division en degrés qui se partage, avec celle en heures,
le limbe C, et la division d'un autre limbe horizontal qui
sert de base au pied de l'appareil, rendent l'horloge polaire
très-commode, soit pour vérifier les lois de la polarisation
atmosphérique, soit pour déterminer dans des recherches
la position des plans de polarisation. Citons un exemple de
cette dernière application.

Dirigeons vers un nuage blanc un tube armé d'un prisme
de Nicol, et vers ce tube celui de l'horloge polaire. Tour-
nons le bouton jusqu'à ce que les deux moitiés du disque
aient la teinte sensible. Si nous interposons entre le Nicol

I.   33

et le biquartz une lame de verre oblique, l'identité des
teintes aura été détruite, et pour la retrouver on devra
tourner le tube mobile d'un certain nombre de degrés. Si
la lame est confiée à un support convenable, celui de l'appareil de Biot par exemple, on en connaîtra l'azimut et
l'obliquité, et on pourra voir si la rotation du plan de polarisation est conforme à ce que sont les formules du IXe
chapitre.

§ 314. — Couleurs spontanées des lames cristallisées.

En plaçant sur un fond noir une lame cristallisée mince,
il s'y développe, quand on la regarde sous une incidence
oblique, et qu'on la fait tourner dans son plan, des couleurs qui comme celles de la polarisation chromatique varient d'intensité avec l'azimut. Il y a plus : ces teintes ne
diffèrent pas de celles que, sous la même incidence, la lame
donne dans l'appareil de Norremberg. Et cependant on
serait tenté de séparer radicalement les deux phénomènes,
puisque l'un d'eux semble émancipé de l'obligation du polarisateur et du polariscope si impérieuse pour l'autre. Mais
on aurait tort, car pour n'y avoir pas été mis d'autorité,
ces deux auxiliaires n'en sont pas moins présents. C'est la
dissémination atmosphérique qui fait fonction de polarisateur ; aussi, toutes choses égales d'ailleurs, voit-on les couleurs s'éteindre quand la lumière incidente vient du soleil,
et prendre au contraire le plus de vivacité quand on l'emprunte aux régions du ciel douées du pouvoir polarisant
maximum. C'est la lame elle-même qui, renvoyant, par
réflexion sur sa surface inférieure, les deux groupes de
rayons, préparés à l'interférence par les retards du premier
trajet et les renvoyant très-inégalement à cause de l'obliquité, élimine au moins partiellement le système polarisé
dans le deuxième azimut et joue ainsi le rôle de polariscope.
En effet, les couleurs gagnent en vivacité à mesure qu'on
s'approche de l'angle brewstérien et qu'on rend par là cette

élimination plus complète. L'obliquité joue un second rôle
non moins essentiel : par elle sont changés les plans de
polarisation des systèmes, et l'on échappe ainsi au cas particulier (§ 274) où la polarisation chromatique donne des
faisceaux incolores. Enfin le second trajet traitant les deux
rayons, du système conservé ou prépondérant, l'un comme
l'autre, ne modifie pas le retard acquis, et voilà comment
ce sont les couleurs de la lame simple et non celles de l'é-
paisseur double qui apparaissent. Des couleurs moins spontanées, mais analogues, s'obtiennent en recevant sur la lame
une lumière rigoureusement neutre et armant l'œil d'un
polariscope : c'est alors la lame qui fait fonction de polarisateur et, après avoir joué ce rôle dans le premier trajet,
elle produit pendant le second, toujours par l'épaisseur
simple, le retard nécessaire pour l'interférence.

§ 315. — Objet des chapitres suivants.

Au § 237 nous avions distingué sept cas dans la réflexion
de la lumière, et quatre d'entre eux ont été en effet traités
dans le IXe chapitre. Nous avons pu réduire les deux derniers aux premiers par la méthode des azimuts principaux
qui consiste, avons-nous vu, à remplacer le rayon quelconque donné, par le système de ses deux composantes principales, à chercher les altérations subies individuellement
par chacune d'elles et à réunir finalement en un seul les
deux rayons partiels ainsi obtenus.

Or tant qu'il n'y a pas de différence de phase ou tant
que cette différence vaut un nombre exact de $\frac{\lambda}{2}$, la recon-
stitution du rayon final est facile et est donnée par le parallélogramme des vitesses. Mais quand la perte de phase est
quelconque, le parallélogramme des vitesses, quoique
dominant toujours la question, est impuissant pour donner
le résultat collectif. Aussi, pour mener à bonne fin les trois
cas qui restent, faut-il étudier d'une manière indépendante

33.

et dans un chapitre spécial, la composition de rayons situés dans des plans différents et doués d'une différence de phase quelconque. C'est quitter l'étude de la *polarisation rectiligne* pour aborder celle de la *polarisation elliptique*.

En polarisation colorée, un rayon polarisé est dédoublé par une lame cristalline en deux rayons qui contractent en la traversant une différence de route, et en sortent sensiblement superposés. Ces deux rayons étant issus d'un polarisé primitif ne sont pas *incohérents;* ils impriment donc un certain mouvement doué de propriétés permanentes à la particule d'éther qui les propage simultanément, ou, si on l'aime mieux, au point de la rétine où ils viennent concourir. Au lieu d'étudier ce mouvement résultant avec les caractères qui lui sont propres, il nous a plu de ramener à l'aide d'un polariscope dans un même plan ses deux mouvements constituants. Mais tout utile et tout intéressante qu'ait été cette étude, elle ne saurait nous dispenser de rechercher quel mouvement imprime aux particules d'éther le concours de deux pareils rayons. Or s'il arrive que ce mouvement soit giratoire et se fasse périodiquement le long d'une ellipse; que la particule emportée par lui cesse de passer deux fois à chaque oscillation par sa position d'équilibre; que dans des cas très-particuliers l'ellipse en s'arrondissant ou en s'aplatissant dégénère en cercle et en ligne droite, offrant dans ce dernier cas l'état de polarisation rectiligne qui, jusqu'à présent, nous a exclusivement occupé; n'en résultera-t-il pas, de ce point de vue comme du précédent, l'instante utilité d'abandonner un cas particulier pour aborder le cas général, et de nous jeter sans retard dans l'étude de la polarisation elliptique? Les chapitres suivants seront consacrés à son étude expérimentale et théorique.

NOTES.

NOTE A (page 109).

Recherche des intégrales définies

$$\int_{-\infty}^{+\infty} dv \cos \frac{\pi}{2} v^2 \quad \text{et} \quad \int_{-\infty}^{+\infty} dv \sin \frac{\pi}{2} v^2.$$

Soit

$$\int_0^\infty e^{-x^2} dx = A,$$

on a aussi

$$\int_0^\infty e^{-y^2} dy = A,$$

et, par conséquent,

$$A^2 = \int_0^\infty e^{-x^2} dx \int_0^\infty e^{-y^2} dy = \int_0^\infty \int_0^\infty e^{-(x^2+y^2)} dx\,dy.$$

Posons

$$y = zx,$$

z étant tout à fait indépendant de x, les variations de y pourront se faire par z seul, et l'on aura

$$dy = x\,dz.$$

L'intégrale où x et y étaient variables indépendantes sera changée en une autre ayant x et z pour variables indépendantes, et l'on aura

$$A^2 = \int_0^\infty \int_0^\infty e^{-x^2} e^{-x^2 z^2} x\,dx\,dz = \int_0^\infty dz \int_0^\infty e^{-x^2(1+z^2)} x\,dx$$

$$= -\frac{1}{2} \int_0^\infty \frac{dz}{1+z^2} \left[e^{-x^2(1+z^2)} \right]_0^\infty.$$

Or, de o à ∞, $e^{-x^2(1+z^2)}$ vaut 1. Donc

$$A^2 = \frac{1}{2} \int_0^\infty \frac{dz}{1+z^2} = \frac{1}{2} \text{ arc tang } z + C = \frac{1}{4} \pi.$$

donc enfin

$$A = \int_0^\infty e^{-x^2} dx = \frac{1}{2} \sqrt{\pi}.$$

Si l'on avait

$$\int_0^\infty e^{-x^2 \sqrt{-1}} dx,$$

on poserait

$$x \sqrt[4]{-1} = y,$$

d'où

$$dx = \frac{dy}{\sqrt[4]{-1}},$$

et

$$\int_0^\infty e^{-x^2 \sqrt{-1}} dx = \frac{1}{\sqrt[4]{-1}} \int_0^\infty e^{-y^2} dy = \frac{1}{2} \frac{1}{\sqrt[4]{-1}} \sqrt{\pi}.$$

Si l'on avait

$$\int_0^\infty e^{x^2 \sqrt{-1}} dx,$$

on poserait

$$x^2 \sqrt{-1} = - y^2,$$

d'où

$$dx = dy \frac{\sqrt{-1}}{\sqrt[4]{-1}},$$

et

$$\int_0^\infty e^{x^2 \sqrt{-1}} dx = \frac{\sqrt{-1}}{\sqrt[4]{-1}} \int_0^\infty e^{-y^2} dy = \frac{1}{2} \frac{\sqrt{-1}}{\sqrt[4]{-1}} \sqrt{\pi}$$

Maintenant la formule connue

$$\cos x^2 = \frac{1}{2} \left(e^{-x^2 \sqrt{-1}} + e^{x^2 \sqrt{-1}} \right)$$

donne

$$\int_0^\infty dv \cos v^2 = \frac{1}{2} \int_0^\infty e^{v^2 \sqrt{-1}} dv + \frac{1}{2} \int_0^\infty e^{-v^2 \sqrt{-1}} dv$$
$$\frac{1}{4} \sqrt{\pi} \left(\frac{\sqrt{-1}+1}{\sqrt[4]{-1}} \right).$$

Or, l'une des racines de $\sqrt{-1}$ vaut $\dfrac{1+\sqrt{-1}}{\sqrt{2}}$, donc

$$\int_0^\infty dv \cos v^2 = \frac{\sqrt{\pi}\sqrt{2}}{4} = \frac{1}{2}\sqrt{\frac{\pi}{2}}.$$

Mais les éléments de l'intégrale $\displaystyle\int_{-\infty}^0 dv \cos v^2$ ne diffèrent pas de ceux de la précédente, on a donc

$$\int_0^\infty dv \cos v^2 = \int_{-\infty}^0 dv \cos v^2,$$

et

$$\int_{-\infty}^{+\infty} dv \cos v^2 = 2\int_0^\infty dv \cos v^2 = \sqrt{\frac{\pi}{2}}.$$

On trouverait, en suivant la même marche,

$$\int_0^\infty dv \sin v^2 = \int_0^\infty dv \cos v^2,$$

et, par suite,

$$\int_{-\infty}^{+\infty} dv \sin v^2 = \sqrt{\frac{\pi}{2}}.$$

Enfin, pour arriver à nos intégrales,

$$\int dv \cos\frac{\pi}{2}v^2, \quad \int dv \sin\frac{\pi}{2}v^2,$$

il suffit de poser

$$v\sqrt{\frac{\pi}{2}} = u,$$

d'où

$$dv = \frac{1}{\sqrt{\dfrac{\pi}{2}}}du,$$

et

$$\int_0^\infty dv \cos\frac{\pi}{2}v^2 = \frac{1}{\sqrt{\dfrac{\pi}{2}}}\int_0^\infty dv \cos v^2 = \frac{1}{\sqrt{\dfrac{\pi}{2}}}\frac{1}{2}\sqrt{\frac{\pi}{2}} = \frac{1}{2}$$

donc, entre les limites $-\infty$ et $+\infty$, les intégrales proposées valent l'unité.

NOTE B (page 172).

Sur les séries de Cauchy.

Nous avons vu que Cauchy avait donné pour calculer, non plus
les accroissements incessants des intégrales définies dus à un faible
accroissement de la limite supérieure, mais bien les valeurs des intégrales comptées depuis zéro, les formules

$$\int_0^m dv \cos \frac{\pi}{2} v^2 = \frac{1}{2} + M \sin \frac{\pi}{2} m^2 - N \cos \frac{\pi}{2} m^2,$$

$$\int_0^m dv \sin \frac{\pi}{2} v^2 = \frac{1}{2} - M \cos \frac{\pi}{2} m^2 - N \sin \frac{\pi}{2} m^2,$$

qui permettent ainsi de calculer d'une manière indépendante telle intégrale définie qu'il plaît. Nous nous proposons dans cette Note de donner quelques exemples de ces calculs et de montrer par là à quel point,
quand m est grand, ils sont plus expéditifs que ceux de Fresnel auxquels sera consacrée la Note suivante.

On a

$$M = \frac{1}{\pi\, m} - \frac{1.3}{\pi^3\, m^5} + \frac{1.3.5.7}{\pi^5\, m^9} - \frac{1.3.5.7.9.11}{\pi^7\, m^{13}} + \dots,$$

$$N = \frac{1}{\pi^2\, m^3} - \frac{1.3.5}{\pi^4\, m^7} + \frac{1.3.5.7.9}{\pi^6\, m^{11}} - \frac{1.3.5.7.9.11.13}{\pi^8\, m^{15}},$$

en laissant de côté m qui variera d'un calcul à l'autre, il reste des
coefficients purement numériques, j'ai calculé les 14 premiers, et j'ai
trouvé

$$M = 0,31831 \frac{1}{m} - 0,09676 \frac{1}{m^5} + 0,34311 \frac{1}{m^9} - 3,44 \frac{1}{m^{13}}$$

$$+ 68 \frac{1}{m^{17}} - 2205 \frac{1}{m^{21}} + 108908 \frac{1}{m^{25}} - \dots,$$

$$N = 0,10132 \frac{1}{m^3} - 0,15399 \frac{1}{m^7} + 0,98295 \frac{1}{m^{11}} - 14,2 \frac{1}{m^{15}}$$

$$+ 367,9 \frac{1}{m^{19}} - 14879 \frac{1}{m^{23}} + 866660 \frac{1}{m^{27}} - \dots.$$

Ces séries ne conviennent pas quand m est petit : ainsi pour $m = 1$
on devra s'arrêter au terme $- 0,09676$, et l'on serait simplement sûr
d'avoir, dans le calcul des intégrales définies, une erreur moindre que
0,097, ce qui est insuffisant ; mais dès que m atteint 2 et surtout le
dépasse, elles sont d'une étonnante rapidité.

Ainsi, soit $m = 5$, on aura

$$M = \frac{1}{5}\, 0,31831 - \frac{1}{5^3}\, 0,09676 - 0,06366 - 0,00003,$$

$$N = \frac{1}{125}\, 0,10132 + \frac{1}{5^7}\, 0,15399 = 0,00081 - 0,000002.$$

On pourra donc ne prendre que deux termes dans M et un seul dans N. On a d'ailleurs

$$\frac{\pi}{2}\, m^2 = 25\,\frac{\pi}{2},$$

d'où

$$\cos\frac{\pi}{2}\, m^2 = 0 \qquad \sin\frac{\pi}{2}\, m^2 = 1,$$

donc enfin l'on aura

$$\int_0^5 \cos\frac{\pi}{2}\, m^2 = 0,5 + 0,06363 = 0,56363,$$

$$\int_0^5 \sin\frac{\pi}{2}\, m^2 = 0,5 - 0,00081 = 0,49919.$$

Pour $m = 4 - 3$ le calcul n'est ni moins expéditif ni moins exact. Pour $m = 2$ les termes atteignent encore, avant de croître, un degré de faiblesse suffisant, ainsi qu'on va en juger. On a en effet

$$M = 0,1592 - 0,003024 + 0,00067 - 0,00042 + 0,000519,$$
$$N = 0,01277 - 0,001203 + 0,00048 - 0,000435 + 0,000702.$$

Puisque les termes cessent de décroître à partir des cinquièmes, il faut s'arrêter aux quatrièmes et de préférence au quatrième de M qui est le plus petit des deux. M vaudra donc

$$0,1599 - 0,00344 = 0,1565$$

et

$$N = 0,01315 - 0,00120 = 0,01195.$$

Comme d'ailleurs $m = 2$ donne

$$\frac{\pi}{2}\, v^2 = 4\,\frac{\pi}{2} \quad \text{et} \quad \cos\frac{\pi}{2}\, v^2 = 1, \quad \sin\frac{\pi}{2}\, v^2 = 0,$$

il vient

$$\int_0^2 dv \cos\frac{\pi}{2}\, v^2 = 0,5 - 0,01195 = 0,48805,$$

$$\int_0^2 dv \sin\frac{\pi}{2}\, v^2 = 0,5 - 0,1565 = 0,3435,$$

et ces valeurs, qui diffèrent à peine de celles de Fresnel, sont sans
doute plus exactes, puisque l'erreur possible y est moindre que

$$\pm 0,000\,42.$$

NOTE C (page 174).

Sur les calculs numériques réclamés en diffraction par les vérifications expérimentales.

On doit distinguer six sortes de calculs : 1° celui des valeurs que
prennent entre certaines limites 0 et c_1, 0 et $c_2\ldots\ldots$ les intégrales

$$\int_0^v dv \cos\frac{\pi}{2}v^2, \qquad \int_0^v dv \sin\frac{\pi}{2}v^2.$$

2°. La recherche des valeurs que reçoit pour ces limites, prises par
Fresnel en progression arithmétique et au nombre de 55, l'expression

$$\left(\frac{1}{2}+\int_0^{v_n} dv \cos\frac{\pi}{2}v^2\right)^2+\left(\frac{1}{2}+\int_0^{v_n} dv \sin\frac{\pi}{2}v^2\right)$$
$$=\left(\int_{-\infty}^{v_n} dv \cos\frac{\pi}{2}v^2\right)^2+\left(\int_{-\infty}^{v} dv \sin\frac{\pi}{2}v^2\right)^2,$$

qui est une proportionnelle à l'intensité pour certains phénomènes.

3°. Ce second tableau faisant connaître les valeurs c_n de c voisines de
celles qui donneraient une intensité maximum ou minimum, il faut, par
la méthode des maxima, trouver ce qu'il faut ajouter à c_n ou en retrancher pour obtenir une intensité extrême.

4°. Une fois ces valeurs connues, on calcule pour elles, en leur
étendant ainsi le deuxième calcul, l'expression

$$\left(\frac{1}{2}+\int_0^{v_n} dv \cos\frac{\pi}{2}v\right)^2+\left(\frac{1}{2}+\int_0^{v_n} dv \sin\frac{\pi}{2}v\right)^2,$$

et l'on a le tableau des maxima et des minima. Ce tableau comprend
sept maxima et sept minima.

5°. Il faut déduire de ces 14 valeurs de c la position que, dans
une expérience de franges extérieures, la théorie assigne aux franges.

6°. Enfin, quand il ne s'agit plus de franges extérieures, et qu'une
des limites de l'intégrale cesse d'être zéro, il faut organiser le calcul

analogue de la position théorique des franges, si le phénomène en comporte.

§ 1. **Premier calcul.** — Les 55 valeurs de v croissent par dixième et atteignent ainsi $v = 5,5$. Supposons que connaissant les intégrales pour $v_0 = 1,8$ on veuille les avoir pour la deuxième limite $v_n = 1,9$.

1°. On pourra, d'après la méthode générale de sommation, décomposer l'intervalle compris entre $1,8$ et $1,9$ en dix parties égales et multiplier l'intervalle commun $\Delta v = \dfrac{1}{100}$ par la somme des dix valeurs de l'ordonnée de manière à avoir

$$\int_{1,8}^{1,9} dv \cos \frac{\pi}{2} v^2 = \frac{1}{100}\left(\begin{array}{l} \cos\left(90°.\overline{1,8}^2\right) + \cos 90°.\overline{1,81}^2 \\ + \cos 90°.\overline{1,82}^2 + \ldots + \cos 90°.\overline{1,88}^2 \\ + \cos 90°.\overline{1,89}^2 \end{array}\right).$$

On aura donc à chercher le nombre de degrés sur lequel porte chaque cosinus, puis les cosinus naturels correspondants (il existe des tables qui les donnent de minute en minute). Ces angles allant de $291°,6$ à $321°,49$ tombent tous dans le quatrième quadrant et ont des cosinus positifs; on en fera dès lors la somme et on en prendra le centième. Je trouve ainsi, pour l'intégrale définie, $0,05895$. Un calcul analogue, également abrégé par l'emploi d'une table de sinus naturels, m'a donné pour la seconde intégrale $- 0,07913$. En ajoutant ou retranchant ces valeurs aux valeurs déjà calculées $0,3342$, $0,4509$ des intégrales

$$\int_0^{1,8} dv \cos \frac{\pi}{2} v^2, \qquad \int_0^{1,8} dv \sin \frac{\pi}{2} v^2,$$

j'obtiens les dix-neuvièmes termes du premier tableau, à savoir

$$\int_0^{1,9} dv \cos \frac{\pi}{2} v^2 = 0,3932, \qquad \int_0^{1,9} dv \sin \frac{\pi}{2} v^2 = 0,3718.$$

Autre manière de faire le premier calcul. — Simpson a donné pour les quadratures une méthode qui procure ordinairement plus d'exactitude que si l'on prenait des ordonnées plus rapprochées d'un tiers. Sa règle, qui suppose uniquement l'intervalle divisé en un nombre pair de parties égales, consiste à prendre *le tiers du produit qu'on obtient en multipliant, par l'intervalle constant Δv compris entre les ordonnées de la courbe, la somme des ordonnées extrêmes augmentée de deux fois celle des autres ordonnées de rang impair, et de quatre fois* *celles des ordonnées de rang pair*. Ici cette règle donne

$$\int_{1,8}^{1,9} dv \cos \frac{\pi}{2} v^2 = \frac{1}{3} \cdot \frac{1}{100} \times$$

$$\times \left[\begin{array}{l} \cos 90^{\circ}.\overline{1,8}^2 + \cos 90^{\circ}.\overline{1,9}^2 \\ + 2\left(\cos 90.\overline{1,82}^2 + \cos 90^{\circ}.\overline{1,84}^2 + \ldots + \cos 90.\overline{1,88}^2\right) \\ + 4\left(\cos 90.\overline{1,81}^2 + \cos 90.\overline{1,83}^2 + \ldots + \cos 90.\overline{1,89}^2\right) \end{array} \right];$$

en effectuant les calculs je trouve

$$\int_{1,8}^{1,9} dv \cos \frac{\pi}{2} v^2 = 0.05796, \qquad \int_{1,8}^{1,9} dv \sin \frac{\pi}{2} v^2 = -0,07716.$$

Troisième manière de faire le premier calcul. — Au lieu de procéder par quadratures, Fresnel avait recours à une formule approximative. Il a donné deux de ces formules. L'une, moins exacte, mais qui cependant nous sera utile dans une autre circonstance, néglige dans les lignes trigonométriques le carré de la différence t entre les deux limites, c'est-à-dire ici $\left(\frac{1}{10}\right)^2 = \frac{1}{100}$. L'autre ne néglige que le carré de $\frac{t}{2}$, c'est-à-dire $\frac{1}{400}$. C'est par elle qu'il a, en réalité, obtenu les 110 valeurs numériques de son premier tableau. Démontrons-les tour à tour.

Première formule de Fresnel. — En posant

$$v = i + u, \qquad dv = du,$$

on a

$$\int_{i}^{i+t} dv \cos \frac{\pi}{2} v^2 = \int_{0}^{t} du \cos \frac{\pi}{2} (i+u)^2 = \int_{0}^{t} du \cos \frac{\pi}{2}(i^2 + 2iu + u^2).$$

Si u est petit, on pourra négliger u^2, ce qui revient à faire une sommation un peu moins étendue et à se borner à l'intégrale intégrable

$$\int_{0}^{t} du \cos \frac{\pi}{2}(i^2 + 2iu)$$

$$= \int_{0}^{t} du \cos \frac{\pi}{2} i^2 \cos \pi iu - \int_{0}^{t} du \sin \frac{\pi}{2} i^2 \sin \pi iu$$

$$= \frac{1}{\pi i} \cos \frac{\pi}{2} i^2 \sin \pi iu + \frac{1}{\pi i} \sin \frac{\pi}{2} i^2 \cos \pi iu + C$$

$$= \frac{1}{\pi i} \sin \frac{\pi}{2}(i^2 + 2iu) + C;$$

en passant aux limites $u = 0$, $u = t$, on trouve

$$\frac{1}{\pi i}\left[\sin \frac{\pi}{2}(i^2 + 2it) - \sin \frac{\pi}{2} i^2 \right].$$

Dans le calcul numérique nous aurons

$$i = 1,8, \quad t = 0,1, \quad \pi = 3,1416, \quad \text{ou bien} \ = 180 \text{ degrés};$$

les angles $\dfrac{\pi}{2} i (i + 2t)$ et $\dfrac{\pi}{2} i^2$ tombent dans le quatrième quadrant et ont des sinus négatifs; en en tenant compte, on trouve, tout calcul fait,

$$\int_{1,8}^{1,9} dv \cos \frac{\pi}{2} v^2 = + 0,0517.$$

On aurait de même

$$\int_i^{i+t} dv \sin \frac{\pi}{2} v^2 = \int_0^t dv \sin \frac{\pi}{2} (i + v)^2 = \int_0^t dv \sin \frac{\pi}{2} (i^2 + 2 i v)$$

$$= \frac{1}{\pi i} \left[- \cos \frac{\pi}{2} i (i + 2t) + \cos \frac{\pi}{2} i^2 \right],$$

et en passant aux chiffres

$$= - 0,0712.$$

Quatrième manière de faire le calcul. — Deuxième formule de Fresnel. — Désignons par $2t$ (*) l'intervalle choisi, à savoir ici $\dfrac{1}{100}$, et nous aurons, en posant

$$v = i + t + \nu, \quad dv = d\nu,$$

$$\int_i^{i+2t} dv \cos \frac{\pi}{2} v^2 = \int_{-t}^{+t} d\nu \cos \frac{\pi}{2} (i + t + \nu)^2,$$

dans laquelle ν reste compris entre $-t$ et $+t$. Négligeons encore ν^2 et il viendra

$$\int_{-t}^{+t} d\nu \cos \frac{\pi}{2} \left[(i + t)^2 + 2 (i + t) \nu \right]$$

$$= \int_{-t}^{+t} d\nu \cos \frac{\pi}{2} (i + t)^2 \cos \pi (i + t) \nu$$

$$- \int_{-t}^{+t} d\nu \sin \frac{\pi}{2} (i + t)^2 \sin \pi (i + t) \nu$$

$$= \frac{1}{\pi (i + t)} \left[\begin{array}{l} \cos \dfrac{\pi}{2} (i + t)^2 \sin \pi (i + t) \nu \\ + \sin \dfrac{\pi}{2} (i + t)^2 \cos \pi (i + t) \nu \end{array} \right] + C$$

$$= \frac{1}{\pi (i + t)} \sin \frac{\pi}{2} \left[(i + t)^2 + 2 (i + t) \nu \right] + C;$$

(*) Dans le Mémoire de Fresnel on a, par erreur, continué d'appeler t la limite.

pour $\nu = +t$, il vient

$$\frac{1}{\pi(i+t)}\sin\frac{\pi}{2}(i^2+4\,it+3\,t^2)+C,$$

et pour $\nu = -t$

$$\frac{1}{\pi(i+t)}\sin\frac{\pi}{2}(i^2-t^2)+C,$$

la différence donne

$$\int_i^{i+2t} dv\cos\frac{\pi}{2}v^2 = \frac{1}{\pi(i+t)}\left[\begin{array}{l} \sin\frac{\pi}{2}(i+t)\,(i+3t) \\[2mm] -\sin\frac{\pi}{2}(i+t)\,(i-t).\end{array}\right]$$

En dirigeant les calculs de la même manière, on trouverait

$$\int_i^{i+t} dv\sin\frac{\pi}{2}v^2 = \frac{1}{\pi(i+t)}\left[\begin{array}{l} -\cos\frac{\pi}{2}(i+t)\,(i+3t) \\[2mm] +\cos\frac{\pi}{2}(i+t)\,(i-t).\end{array}\right]$$

Si nous passons aux chiffres, en restant toujours dans le cas $i = 1,8$ $2t = \dfrac{1}{10}$ ou $t = \dfrac{1}{20}$, nous trouverons, par un calcul qui n'a rien de bien long,

$$\int_{1,8}^{1,9} dv\cos\frac{\pi}{2}v^2 = 0,06071, \qquad \int_{1,8}^{1,9} dv\sin\frac{\pi}{2}v^2 = 0,07763.$$

Cinquième manière de faire le premier calcul. — Comme nouvelle application des formules de Cauchy, ajoutée à celles contenues dans la note B, voyons si la limite $v = 1,8$ est encore au nombre de celles pour lesquelles elles donnent une approximation suffisante.

On a

$$M = 0,31831\,\frac{1}{1,8} - \frac{0,09676}{\overline{1,8}^5} + \frac{0,34311}{\overline{1,8}^9} - \ldots,$$

$$N = 0,10132\,\frac{1}{\overline{1,8}^3} - \frac{0,15399}{\overline{1,8}^7} + \ldots;$$

en effectuant ces calculs numériques, il vient

$$M = 0,17684 - 0,00512 + 0,001730 - 0,001653 + 0,003111 - \ldots,$$

$$N = 0,01737 - 0,00251 + 0,001530 - 0,002112 + 0,005197 + \ldots,$$

et l'on voit qu'il faut s'arrêter au terme $+0,001530$ et prendre dans M trois termes et trois aussi dans N, ce qui donne

$$M = 0,17345, \quad N = 0,01639.$$

D'ailleurs

$$\frac{\pi}{2}m^2 - 90^\circ \overline{1,8}^2 = 291,6,$$

ce qui donne

$$\sin\frac{\pi}{2}m^2 = -\sin 68^\circ 24' = -0,92978 \quad \text{et} \quad \cos\frac{\pi}{2}m^2 = +0,36812;$$

donc, enfin, on aura

$$\int_0^{1,8} dv\cos\frac{\pi}{2}v^2 = \frac{1}{2} - 0,017345.0,9298$$

$$- 0,01639.0,36812 = 0,3327.$$

$$\int_0^{1,8} dv\sin\frac{\pi}{2}v^2 = \frac{1}{2} - 0,06385 + 0,01524 = 0,45138$$

avec une erreur moindre que 0,0015.

§ 2. Deuxième calcul. — En prenant dans le premier tableau pour les valeurs successives $v = 1,7 - 1,8 = 1,9 - 2,0$, les valeurs des intégrales définies

$$\int_0^v dv\cos\frac{\pi}{2}v^2, \qquad \int_0^v dv\sin\frac{\pi}{2}v^2$$

et les mettant dans l'expression

$$I = \left(\frac{1}{2} + \int_0^v dv\cos\frac{\pi}{2}v^2\right)^2 + \left(\frac{1}{2} + \int_0^v dv\sin\frac{\pi}{2}v^2\right)^2,$$

j'obtiens quatre des 55 termes du deuxième tableau, à savoir :

$$v = 1,7, \qquad I = 1,7831,$$
$$= 1,8, \qquad = 1,6001,$$
$$= 1,9, \qquad = 1,5633,$$
$$= 2,0. \qquad = 1,68832.$$

Si les valeurs de v pouvaient se suivre avec continuité, on verrait de suite celles qui donnent un maximum ou un minimum ; mais comme on a dû se borner à n'en considérer qu'un certain nombre (55 sont déjà beaucoup), on obtient seulement celles de ces valeurs qui avoisinent un maximum. Ainsi je vois qu'entre $v = 1,8$ et $v = 2,0$, c'est-à-dire auprès de $v = 1,9$ en deçà ou au delà, il y a un minimum : il s'agit d'en trouver la position d'une manière plus approchée.

§ 3. Troisième calcul. — *Recherche de la formule qui donne ce qu'il faut ajouter à $v = i$ ou en retrancher pour atteindre un maxi-*

mum. — Soit t ce qu'il faut ajouter ou retrancher, t étant $< \frac{1}{10}$, et même $< \frac{1}{20}$ si on opère sur la valeur de v la plus voisine du maximum.

On aura, comme précédemment, en négligeant $\frac{\pi}{2} \cdot \frac{t^2}{4}$ dans l'arc,

$$\int_i^{i+t} dv \cos \frac{\pi}{2} v^2 = \frac{1}{\pi i} \left[\sin \frac{\pi}{2} t (i + 2 t) - \sin \frac{\pi}{2} i^2 \right],$$

de sorte que si l'on appelle J la valeur de $\int_{-\infty}^i dv \cos \frac{\pi}{2} v^2$ formée en ajoutant $\frac{1}{2}$ à la valeur $\int_0^i dv \cos \frac{\pi}{2} v^2$ prise dans le premier tableau, on aura

$$\int_{-\infty}^{i+t} dv \cos \frac{\pi}{2} v^2 = \mathrm{J} + \frac{1}{\pi i} \left[\sin \frac{\pi}{2} i (i + 2 t) - \sin \frac{\pi}{2} i^2 \right].$$

En appelant de même γ la valeur $\int_{-\infty}^i dv \sin \frac{\pi}{2} v^2$, on trouve

$$\int_{-\infty}^{i+t} dv \sin \frac{\pi}{2} v^2 = \gamma + \frac{1}{\pi i} \left[- \cos \frac{\pi}{2} i (i + 2 t) + \cos \frac{\pi}{2} i^2 \right].$$

L'intensité de la lumière est donc proportionnelle à

$$\left\{ \mathrm{J} + \frac{1}{\pi i} \left[\sin \frac{\pi}{2} i (i + 2 t) - \sin \frac{\pi}{2} i^2 \right] \right\}^2$$
$$\left\{ \gamma + \frac{1}{\pi i} \left[- \cos \frac{\pi}{2} i (i + 2 t) + \cos \frac{\pi}{2} i^2 \right] \right\}^2;$$

la valeur de t qui donnera un maximum ou un minimum dépend de l'équation

$$0 = \cos \frac{\pi}{2} i (i + 2 t) \left\{ \mathrm{J} + \frac{1}{\pi i} \left[\sin \frac{\pi}{2} i (i + 2 t) - \sin \frac{\pi}{2} i^2 \right] \right\}$$
$$+ \sin \frac{\pi}{2} i (i + 2 t) \left\{ \gamma + \frac{1}{\pi i} \left[- \cos \frac{\pi}{2} i (i + 2 t) + \cos \frac{\pi}{2} i^2 \right] \right\};$$

effectuant les calculs et réduisant, il vient

$$\pi i \, \mathrm{J} \cos \frac{\pi}{2} i (i + 2 t) - \sin \frac{\pi}{2} i^2 \cos \frac{\pi}{2} i (i + 2 t)$$
$$+ \pi i \gamma \sin \frac{\pi}{2} i (i + 2 t) + \cos \frac{\pi}{2} i^2 \sin \frac{\pi}{2} i (i + 2 t) = 0;$$

posons

$$\sin \frac{\pi}{2} i (i + 2t) = x,$$

d'où

$$\cos \frac{\pi}{2} i (i + 2t) = \sqrt{1 - x^2},$$

et nous trouverons sans peine

$$x = \sin \frac{\pi}{2} i (i + 2t) = \frac{\pi i J - \sin \frac{\pi}{2} i^2}{\sqrt{\left(\pi i J - \sin \frac{\pi}{2} i^2\right)^2 + \left(\pi i \gamma + \cos \frac{\pi}{2} i^2\right)^2}}.$$

Exemple de calcul. — Comme application numérique, cherchons le minimum qui avoisine $i = 1,9$. Nous aurons :

$$J = 0,5 + 0,3949 = 8,8949,$$
$$\gamma = 0,5 + 0,3732 = 0,8732,$$
$$\pi i = \pi . 1,9 = 342 \text{ degrés},$$
$$\frac{\pi}{2} i^2 = 324° 54',$$
$$\pi i J = 5,3417 ;$$

$\sin \frac{\pi}{2} i^2$ sera négatif et vaudra $- 0,57501$, le cosinus vaudra $+ 0,81815$, il en résulte pour le numérateur la valeur $5,9167$, et pour le dénominateur la valeur $\sqrt{71,373}$, et enfin

$$\frac{\pi}{2} i (i + 2t) = 44°27'20'' = 180° \pm 44°27'20'' = 360 - 44°27'20'' = A.$$

On a donc

$$\pi i t = - \frac{\pi i^2}{2} + A = - 324°54' + A,$$

d'où

$$t = \frac{- 324°54' + A}{342°}.$$

On choisira A de telle sorte que t soit moindre que $\frac{1}{10}$. La seule valeur qui convienne est alors la dernière, qui donne

$$t = \frac{- 324°54' + 360 - 44°27'}{342} = \frac{- 9°,21}{342} = - \frac{9°,35}{342} = - 0,02734.$$

Ainsi le minimum serait fourni par

$$v = 1,9 - 0,02734 = 1,87276,$$

I. 34

c'est le premier; Fresnel a donné

$$v = 1,8726.$$

Pour que ce calcul, fondé sur l'emploi de la première des deux formules de Fresnel, donne la même exactitude que celle obtenue dans le premier calcul par l'emploi de la deuxième formule de Fresnel, il faut, visiblement, que la valeur de t soit $< \frac{1}{20}\cdot$ Si, par exemple, j'étais parti de $v = 1,8$, auquel cas la bonne valeur de t eût été $0,07279$, la première formule n'eût plus été, en exactitude, l'équivalente de la seconde à laquelle il aurait fallu recourir, au risque d'avoir, pour déterminer t, une équation bien plus compliquée. On évite cette obligation, en refaisant le calcul avec l'autre valeur voisine du minimum, toutes les fois que la valeur, d'abord adoptée, s'en sera trouvée la moins rapprochée.

§ 4. QUATRIÈME CALCUL. — Il faut calculer

$$I = \left[\frac{1}{2} + \int_0^{(1,9 - 0,02734)} dv \cos \frac{\pi}{2} v^2 \right]^2 + \left[\frac{1}{2} + \int_0^{(1,9 - 0,02734)} dv \sin \frac{\pi}{2} v^2 \right]^2.$$

Si, comme nous venons de le faire, nous arrivons au minimum par celle des 55 valeurs qui en est la plus rapprochée, t sera moindre que $\frac{1}{20}$, et on pourra encore user de la première formule de Fresnel (celle qui néglige t^2) pour passer des deux intégrales tabulaires relatives à $v = 1,9$, à celles actuelles qui correspondent à

$$v = 1,9 - 0,02734.$$

On trouve ainsi sans peine

$$\int_0^{1,9 - 0,02734} dv \cos \frac{\pi}{2} v^2 = 0,3949 - 0,2047 = 0,3744.$$

$$\int_0^{1,9 - 0,02734} dv \sin \frac{\pi}{2} v^2 = 0,3732 + 0,0174 = 0,3906,$$

et enfin

$$I = 1,55775;$$

Fresnel a donné

$$1,5570.$$

La table de ces dernières valeurs est surtout utile pour établir des rapprochements entre la théorie et le phénomène des franges extérieures; aussi croyons-nous devoir la donner telle qu'elle a été trouvée par Fresnel.

Table des maxima et minima pour les franges extérieures et des intensités de lumière correspondantes

	Valeurs de V.	Intensités de lumière.
Maximum du 1er ordre.	1,2172	2,7413
Minimum du 1er ordre.	1,8726	1,5570
Maximum du 2e ordre..	2,3449	2,3990
Minimum du 2e ordre..	2,7392	1,6867
3e maximum..........	3,0820	2,3022
3e minimum..	3,3913	1,7440
4e maximum..........	3,6742	2,2523
4e minimum..........	3,9372	1,7783
5e maximum..........	4,1832	2,2206
5e minimum..........	4,4160	1,8014
6e maximum..........	4,6369	2,1985
6e minimum..........	4,8479	1,8185
7e maximum..........	5,0500	2,1818
7e minimum..........	5,2442	1,8317

La dernière colonne, d'accord en cela avec la *fig.* 35, montre que les maxima et les minima contrastent de moins en moins; aussi les franges, même avec une lumière homogène, sont-elles de moins en moins visibles au fur et à mesure que leur numéro s'élève. De plus, aucun des minima n'étant nul, elles n'ont pas la netteté des franges d'interférence.

§ 3. Cette méthode de Fresnel est indirecte, car elle exige que l'on connaisse d'abord une valeur de v voisine de celle qui donnera un maximum. M. Quet a eu l'heureuse idée de demander aux formules de Cauchy la connaissance immédiate des maxima et des minima, et il les obtient d'emblée comme il suit :

Remplaçons, dans l'expression qui donne l'intensité, les intégrales définies par leurs valeurs explicites, et nous aurons

$$I = \left[\frac{1}{2} + \frac{1}{2} + M \sin \frac{\pi}{2} m^2 - N \cos \frac{\pi}{2} m^2 \right]^2$$
$$+ \left[\frac{1}{2} + \frac{1}{2} - M \cos \frac{\pi}{2} m^2 - N \sin \frac{\pi}{2} m^2 \right]^2.$$

34.

Prenant l'équation différentielle et l'égalant à zéro, il vient pour l'équation qui donnera les maxima,

$$0 = M\frac{dM}{dm} + N\frac{dN}{dm} + \left(\frac{dM}{dm} + N\pi m\right)\left(\sin\frac{\pi}{2}m^2 - \cos\frac{\pi}{2}m^2\right)$$
$$+ \left(M\pi m - \frac{dN}{dm}\right)\left(\sin\frac{\pi}{2}m^2 + \cos\frac{\pi}{2}m^2\right);$$

mais on a

$$\frac{dM}{dm} = -\frac{1}{\pi m^2} + \frac{1.3.5}{\pi^3 m^6} = \frac{1.3.5.7.9}{\pi^5 m^{10}} + \ldots = -N\pi m,$$

$$\frac{dN}{dm} = -\frac{1.3}{\pi^2 m^4} + \frac{1.3.5.7}{\pi^4 m^8} - \ldots = \left(M - \frac{1}{m\pi}\right)m\pi = M m\pi - 1,$$

l'équation devient donc

$$\sin\frac{\pi}{2}m^2 + \cos\frac{\pi}{2}m^2 = N = \frac{1}{m^3\pi^2}\left\{1 - \frac{1.3.5}{\pi^2 m^4} + \frac{1.3.5.7.9}{\pi^4 m^8}\ldots\right\}.$$

Quand m est un peu grand, N est sensiblement nul et l'équation déterminatrice des maximas et des minimas prend la forme très-simple

$$\sin\frac{\pi}{2}m^2 + \cos\frac{\pi}{2}m^2 = 0,$$

ou bien

$$\tan\frac{\pi}{2}m^2 = -1.$$

Pour $m = 3$, nous trouvons 0,0037 pour la valeur des termes auxquels on peut borner la série. $m = 2$ donnerait également une valeur négligeable. Cette nouvelle formule reproduit donc, ainsi qu'on devait s'y attendre, le contraste qu'avaient présenté les formules dont elle est déduite. Prodigieusement simple au-dessus de $m = 2$, elle reste impuissante au-dessous; mais comme le premier maximum et le premier minimum répondent seuls à des valeurs de m inférieures à 2, cette limitation n'a rien de bien regrettable, et les lois que nous allons formuler avec **M. Quet**, exactes pour la presque totalité du phénomène des franges d'un bord indéfini, ne pourraient en délaisser que le début.

§ 6. *Loi de M. Quet*. — Profondément convaincu que la complication des phénomènes de diffraction, tels que les avait laissés le travail de Fresnel, pouvait être amoindrie, M. Quet s'est mis à élaborer à la manière de Képler les quatorze valeurs de e comprises dans son tableau des maxima et des minima, et il est arrivé à ce curieux résultat. Élevez ces valeurs au carré et doublez les carrés obtenus, et vous aurez la

série 3, 7, 11, 15, 19, 23, 27, 31, 35, 39, 43, 47, 51, 55. Le plus
grand écart a lieu pour la première valeur de v qui donne 2.963 au
lieu de 3; pour le chiffre suivant, l'écart ne vaut plus que 0,013;
pour les autres, il n'atteint que quelques millièmes.

Démonstration de la loi de M. Quet. — La formule approximative
du précédent paragraphe

$$\tang \frac{\pi}{2} m^2 = -1$$

est satisfaite par les valeurs suivantes

$$\frac{\pi}{2} m^2 = \frac{3}{4}\pi = 2\pi - \frac{\pi}{4} = 2\pi + \frac{3}{4}\pi = \dots,$$

c'est-à-dire par

$$2 m^2 = 3 = 7 = 11 = 15\dots,$$

ce qui est précisément la loi précédente.

§ 7. CINQUIÈME CALCUL. — Il s'agit ici de calculer l'expression

$$X_m = V_m \sqrt{\frac{(\alpha + \delta)\delta\lambda}{2\alpha}}$$

donnée § 101. Elle est si simple, que nous nous dispenserons d'en donner une application numérique, préférant revenir sur les différences
qui séparent ces franges de celles de Young. Sa théorie, remplaçant
les valeurs successives de V_m par la suite des nombres 1, 2, 3, 4, 5, ...
promet aux franges une équidistance qui leur est refusée aussi bien
par la théorie de Fresnel que par l'expérience. Mais M. Quet a pu,
grâce à sa loi, présenter le mode de succession des franges à la manière
de Young, c'est-à-dire caractériser leurs positions par la différence de
route de deux rayons qui atteignent la frange, l'un directement et l'autre
en touchant le bord, et il a mis ainsi en relief, de la manière la plus
saisissante, la divergence des deux théories. On a en effet, pour les franges, la relation

$$\frac{\alpha + \delta}{\alpha\delta\lambda} s^2 = \frac{v^2}{2},$$

ou bien

$$2 v^2 = 4 \frac{\alpha + \delta}{\alpha\delta\lambda} s^2,$$

ou enfin, en mettant pour $2 v^2$ les valeurs constitutives des maxima et
des minima,

$$4 \frac{\alpha + \delta}{\alpha\delta\lambda} s^2 = 3 = 7 = 11 = 15 = \dots$$

Or $\frac{\alpha + \delta}{2\alpha\delta} v^2$ est le retard du rayon direct sur le réfléchi; donc aux maxima et aux minima le retard atteint les valeurs

$$\frac{3}{8}\lambda, \quad \frac{7}{8}\lambda, \quad \frac{11}{8}\lambda, \quad \frac{15}{8}\lambda, \ldots;$$

pour Young, les valeurs du retard sont au contraire

$$\frac{4}{8}\lambda, \quad \frac{8}{8}\lambda, \quad \frac{12}{8}\lambda, \ldots.$$

§ 8. SIXIÈME CALCUL. — Les corps opaques et les fentes considérées par Fresnel étaient assez allongés pour qu'on pût les considérer comme illimités dans un sens. Il en résulte que la considération des fuseaux du § 101 est applicable à ces cas, et qu'au lieu des intégrales doubles du § 58, ils acceptent les intégrales simples en s du § 101. Cela posé, pour un point tel que P, *fig.* 56, *Pl. III*, on devra intégrer ces intégrales depuis $s = MA = s_1$ jusqu'à $s = MG = s_2$, ou, ce qui revient au même, intégrer les intégrales tabulaires, depuis

$$v_1 = s_1 \sqrt{\frac{2(\alpha + \beta)}{\alpha\beta\lambda}}$$

jusqu'à

$$v_2 = s_2 \sqrt{\frac{2(\alpha + \beta)}{\alpha\beta\lambda}}.$$

Comme la différence (*) des deux limites est égale à c, largeur de l'ouverture, celle des deux limites v_1, v_2 sera

$$c \sqrt{\frac{2(\alpha + \beta)}{\alpha\beta\lambda}} = \gamma,$$

on appelle cette quantité *la valeur tabulaire de l'ouverture*. En négligeant le facteur constant $\dfrac{\alpha\beta\lambda}{2(\alpha + \beta)}$ qui ne change pas la position des maxima, on voit donc qu'il s'agit de calculer les maxima et minima de l'expression

$$I = \left[\int_{v_1}^{v_2 = v_1 + \gamma} dv \cos\frac{\pi}{2}v^2\right]^2 + \left[\int_{v_1}^{v_1 + \gamma} dv \sin\frac{\pi}{2}v^2\right]^2$$
$$= \left[\int_0^{v_2} - \int_0^{v_1}\right]^2 + \left[\int_0^{v_2} - \int_0^{v_1}\right]^2.$$

Fresnel pour y arriver cherchait d'abord les intensités pour un certain nombre de points voisins, puis quand la marche des intensités lui montrait qu'un minimum était voisin d'une valeur de v_1, il cherchait

____

(*) On raisonne ici pour un point P qui est en dehors de la projection de l'ouverture.

par interpolation ce qu'il fallait, soit ajouter à cette valeur de v_1, soit en retrancher pour atteindre le minimum.

On pourrait établir ces calculs pour des points P′, P″, P‴,..., choisis et caractérisés par des coordonnées x', x'', x''' soumises à une loi de succession simple, telle que l'équidistance. Il faudrait alors, puisqu'on a

$$s'_1 = x' \frac{\alpha}{\alpha + \beta}, \quad s''_1 = x'' \frac{\alpha}{\alpha + \beta}, \cdots,$$

une fois les points choisis, déterminer pour chacun d'eux la limite v_1 par les relations

$$v'_1 = x' \frac{\alpha}{\alpha + \beta} \sqrt{\frac{2(\alpha + \beta)}{\alpha\beta\lambda}} = x' \sqrt{\frac{2\alpha}{(\alpha + \beta)\beta\lambda}}, \quad v''_1 = x'' \sqrt{\frac{2\alpha}{(\alpha + \beta)\beta\lambda}} \cdots,$$

ce qui donnerait en général pour v_1 une valeur distincte des 55 valeurs tabulaires. Fresnel aimait mieux faire porter le choix sur les quantités v'_1, v''_1,..., car il les prenait égales à un nombre exact de dixièmes et trouvait dans la table deux des quatre intégrales qui entrent dans I ; il n'avait ainsi à calculer par sa première formule que les deux autres intégrales, puisqu'en général $v_1 + \gamma = v_2$ se trouvait distinct d'un nombre exact de dixièmes, et ce n'était que quand il avait trouvé les valeurs de v_1 caractéristiques des maxima qu'il cherchait par la relation

$$x = v_1 \sqrt{\frac{(\alpha + \beta)\beta\lambda}{2\alpha}},$$

les x correspondants, afin de les comparer à l'expérience (*).

Soit avec Fresnel

$$\alpha = 2010^{mm}, \quad \beta = 1503^{mm}, \quad c = 1^{mm}, \quad \lambda = 0,000\,638,$$

on en déduit

$$\gamma = 1^{mm},9096, \quad \sqrt{\frac{2\alpha}{(\alpha + \beta)\beta\lambda}} = 0,9154,$$

de sorte que les x sont presque numériquement égaux aux v_1.

Cherchons les intensités pour les valeurs

$$v_1 = 0, \quad v'_1 = 0,1, \quad v''_1 = 0,2.$$

Calcul pour $v_1 = 0,2$, et $v_2 = 0,2 + 1,9096 = 2,1096$.

Les tables donnent

$$\int_0^{0,2} dv \cos \frac{\pi}{2} v^2 = 0,1999, \quad \int^{0,2} dv \sin \frac{\pi}{2} v^2 = 0,0042,$$

(*) On abrégerait singulièrement les calculs si on choisissait β de telle sorte que γ fût un nombre exact de dixièmes.

pour avoir

$$\int_0^{2,1096} dv \cos\frac{\pi}{2} v^2, \qquad \int_0^{2,1096} dv \sin\frac{\pi}{2} v^2,$$

on peut : 1° partir des valeurs tabulaires

$$\int_0^{2,1} dv \cos\frac{\pi}{2} v^2 = 0,5819, \qquad \int_0^{2,1} dv \sin\frac{\pi}{2} v^2 = 0,3739.$$

et chercher par les premières formules de Fresnel (page 524) ce qu'il faut y ajouter ; on trouve ainsi les deux quantités toutes deux positives, 0,007096, 0,005668, de sorte que ces deux intégrales valent 0,589 et 0,3796, alors les quantités comprises entre les deux parenthèses de l'expression I sont 0.3891, 0,3754 ; la somme de leurs carrés donne

$$I = 0,1514 + 0,1409 = 0,2923.$$

On pourrait, 2° calculer d'emblée $\int_0^{2,1096}$ par les formules de Cauchy, si rapides au-dessus de $m = 2$. Nous nous bornons à le remarquer.

En faisant le calcul des deux autres intensités, on trouve le tableau suivant :

$$v = 0, \qquad \text{ou bien} \quad x = 0,00, \qquad I = 0,2981.$$
$$= 0,1, \qquad\qquad\qquad = 0,0915, \qquad = 0,2765,$$
$$= 0,2. \qquad\qquad\qquad = 0,1831, \qquad = 0,2923,$$

de sorte qu'il y a un minimum aux alentours de $v = 0,1$.

Pour le trouver, soient trois points

$$\begin{cases} x = 0, \\ y = 0, \end{cases} \quad \begin{cases} x', \\ y', \end{cases} \quad \begin{cases} x'' = 2x', \\ y'', \end{cases}$$

et une courbe du second degré de la forme

$$x^2 + dx + d'y = 0.$$

Pour que cette courbe qui passe par le premier point passe par les deux autres, on a les deux équations de condition

$$x'^2 + dx' + d'y' = 0, \quad x''^2 + dx'' + d'y'' = 0.$$

Une tangente horizontale est donnée par

$$\frac{dy}{dx} = 0 = \frac{2x_1 + d}{d'} \qquad \text{d'où} \qquad x_1 = -\frac{d}{2};$$

mais

$$d = -\frac{x''^2 y' - x'^2 y''}{x' y'' - x'' y'};$$

on en déduit pour l'abscisse du minimum,

$$x_{\text{i}} = \frac{1}{2} \frac{(x''^2 y' - x'^2 y'')}{x'y'' - x''y'} = \frac{x'}{2} \frac{(4y' - y'')}{y'' - 2y'}.$$

C'est précisément à l'aide d'une telle courbe auxiliaire que Fresnel détermine la valeur de v qui donnerait l'intensité minima ; en d'autres termes, il suppose que les trois valeurs de v et les trois correspondantes de I sont les unes abscisses, les autres ordonnées d'une courbe du second degré, et il obtient le v_{i} du minimum par la précédente formule dans laquelle on doit faire

$$x' = 0,1, \quad y = -(0,2981 - 0,2765) = -0,0216,$$
$$y'' = 0,2981 - 0,2923 = 0,0058,$$

ce qui donne

$$v = 0,1078.$$

On en conclut

$$x = 0,09865.$$

Dans ses vérifications, Fresnel comptait la distance qui séparait ces franges du milieu de la projection de l'écran. Or la demi-projection est

$$r \frac{\alpha - 6}{2\alpha} = 0,8739;$$

donc la quantité qui sera comparée à l'expérience vaut

$$0,8739 + 0,09865 = 0^{\text{mm}},9726.$$

Cette expérience est une des rares expériences où l'accord du calcul et de l'observation n'a pas été satisfaisant. Les deux positions vraies et calculées ont différé de l'énorme quantité $0^{\text{mm}},11$.

Tandis que l'illustre auteur de la *Mécanique céleste* avait le secours d'auxiliaires habiles et dévoués pour établir des confrontations entre les formules de la mécanique céleste et le cours des astres, son non moins illustre contemporain Fresnel assumait, sans doute seul, l'immense fardeau des calculs numériques dont la Note actuelle donnera, nous l'espérons, une idée exacte. Ainsi l'expérimentateur habile, l'étonnant théoricien a su encore au besoin devenir un calculateur infatigable. Peu de savants assurément l'ont été aussi complétement que cet homme incomparable.

§ 9. *Expériences de lord Brougham.* — Jetons, pour terminer cette Note, un coup d'œil rapide sur l'une des expériences (*ab una disce omnes*) faites dans ces derniers temps par lord Brougham et présentées par lui comme inconciliables avec la théorie des ondes.

L'œil étant placé derrière un écran, près de la limite de son ombre, de manière à voir les trois franges des écrans indéfinis, passez un second écran entre le premier et l'œil, en le faisant arriver tantôt du côté de l'ombre et tantôt du côté de la partie éclairée. Dans le premier cas, ni l'ombre ni les franges n'éprouvent de changements; dans le second, au contraire, les trois franges sont remplacées par d'autres plus nombreuses (dans quelques expériences on peut en compter dix) et plus brillantes, qui s'installent finalement toutes dans l'ombre. Les rayons sont donc autrement traités par le second écran quand ces derniers les attaque par un côté, que quand il les attaque par le côté diamétralement opposé, preuve évidente, conclut le noble lord, que ces rayons, quoique naturels, n'ont pas la même organisation sur leurs différentes faces! La théorie des ondes assigne, sans effort, à ce contraste la cause suivante :

Quand l'écran va de gauche à droite (*fig.* 53, *Pl. III*), les rayons élémentaires émanés de la moitié de l'onde épargnée par le premier écran, continuent d'arriver aux points $p, p', p'',...$, comme si ce deuxième écran n'intervenait pas; dès lors l'éclairement dû à leur résultante y garde la valeur continuellement décroissante, établie § 103. S'avance-t-il, au contraire, de droite à gauche, il ne tarde pas à empêcher certains rayons d'atteindre les points $p, p', p'',....$ Prenons-le, par exemple, dans la position EE', assez voisine de l'ombre pour que cette élimination porte sur des rayons influents. Le premier point ne sera plus éclairé que par l'arc AN, le second que par l'arc AN',.... On conçoit donc que, suivant que ces arcs épargnés formeront à l'égard de $p, p',...$, un nombre impair ou un nombre pair de zones d'Huyghens, il y ait lumière, ou obscurité, et que ces alternatives, analogues à celles qui produisent le phénomène de la fente étroite, donnent, comme dans ce cas, des franges vives et nombreuses; mais, s'il y a analogie générale des deux phénomènes, celui qui nous occupe est bien plus compliqué, parce qu'au lieu d'être la même pour tous, la portion de l'onde qui réussit à envoyer des rayons aux divers points, varie pour chacun. Cependant M. Quet, enhardi par les simplifications qu'il lui avait été donné d'introduire dans le reste de la diffraction, en a abordé résolûment le calcul, et il a trouvé que la théorie rendait minutieusement compte de toute les particularités du phénomèno des écrans multiples. Ajoutons qu'il a rencontré le même succès dans l'étude des autres phénomènes étudiés et décrits par lord Brougham.

FIN DU TOME PREMIER.

ERRATA.

Page	ligne	au lieu de	lisez
10	5	$0,8088$	$9,8088$
29	16	$22^m 35^s$	$28^m 35^s.$
29	19	10ème	$104^{ème}.$
51	32	§ 30	§ 31.
92	12	§ 34	§ 36.
139	19	en H.	en M.
143	13	franges	tranches.
194	25	AD	a D.
198	16	§ 60	§ 39.
211	23	$\sin \alpha \dfrac{F}{G}$	$\dfrac{F}{G} \sin \alpha.$
220	20	$\left[\sin \dfrac{\pi}{\lambda} \right.$	$\sin \left[\dfrac{\pi}{\lambda}. \right.$
222	5	φ	$\Phi.$
232	6	§ 102	§ 115.
261	7 et 13	gk	g K.
262	14	$\dfrac{ab}{V}$	$\dfrac{ab}{V'}.$
262	22	$e_1 g = ab \dfrac{c_1 \varepsilon}{a \alpha}$	$e_1 g = ab \dfrac{c_1 \varepsilon}{a \alpha}.$
269	dernière	$\dfrac{b^2}{a^2} \tang^2 \alpha$	$\dfrac{b^2}{a^2} \tang^2 \varepsilon.$
299	18	$- \dfrac{B}{\sqrt{\;}}$	$\dfrac{B}{\sqrt{\;}}.$
303	14	§ 175	§ 170.
308	22	$r = b \sin i$	$r = \arcsin (b \sin i).$
313	28	BD	BF.
334	32	rayons	directions.
344	29	§ 196	§ 197.
412	18	I_a	$I_o.$

Page 103. En réalité, au lieu de décroître, comme nous l'avons
dit à tort, les zones d'Huyghens sont légèrement croissantes et

forment une progression arithmétique dont le premier terme est

$$\pi\lambda\,\frac{a}{a+b}\left(b+\frac{\lambda}{4}\right)$$

et la raison

$$\frac{\pi}{2}\,\lambda^2\,\frac{a}{a+b}\cdot$$

Quand $a=b$, ce faible accroissement qui n'invalide pas l'argumentation du § 84, devient indépendant de a et prend la valeur $\pi\,\frac{\lambda^2}{4}$ qui exprime le quart du cercle de rayon λ. $a=\infty$ lui donne également une valeur invariable, mais double de la précédente.

Les arcs d'Huyghens qui jouent un si grand rôle dans le chapitre V sont au contraire décroissants ; pour $a=\infty$, ils sont sensiblement proportionnels aux différences

$$\sqrt{2}-1,\ \sqrt{3}-\sqrt{2},\ \sqrt{4}-\sqrt{3},\ldots$$

JAMIN (J.), ancien Élève de l'École Normale, Professeur de Physique à l'École Polytechnique. — **Cours de Physique de l'École Polytechnique.** Le Cours complet formera 3 vol. in-8° avec figures intercalées dans le texte, et planches sur acier.

Le 1er *volume*, contenant 568 pages avec 270 figures dans le texte, et une planche sur acier, *se vend séparément*.............. 12 fr.

Ce premier volume renferme la matière de l'enseignement des Lycées : les développements y sont étendus, mais élémentaires, et l'on n'y a fait usage que des connaissances mathématiques possédées par les Candidats ; il contient l'étude des Propriétés générales des Solides, des Liquides et des Gaz, l'Électricité statique et le Magnétisme.

JONQUIÈRES (E. de), lieutenant de vaisseau. — **Mélanges de Géométrie pure**, comprenant diverses applications des théories exposées dans le **Traité de Géométrie supérieure** de M. *Chasles*, au mouvement infiniment petit d'un corps solide libre dans l'espace, aux sections coniques, aux courbes du troisième ordre, etc., et la traduction du **Traité** de *Maclaurin* sur les **Courbes du troisième ordre.** In-8°, pl.; 1856. 5 fr.

JULLIEN (le P.), de la Compagnie de Jésus. — **Problèmes de Mécanique rationnelle** disposés pour servir d'application aux principes enseignés dans les Cours. — Cet ouvrage renferme les questions nouvellement introduites dans le Programme de la licence et de nombreuses applications pratiques. 2 vol. in-8°, avec 96 figures dans le texte; 1855...... 12 fr.

MAHISTRE, Professeur à la Faculté des Sciences de Lille. — **Cours de Mécanique appliquée.** Fort vol. in-8° avec 211 figures dans le texte; 1858.. 8 fr.

OSSIAN BONNET, ancien Élève de l'École Polytechnique, Répétiteur d'Analyse à cette École, Docteur ès Sciences, etc. — **Leçons de Mécanique élémentaire à l'usage des Candidats à l'École Polytechnique et à l'École Normale supérieure.** *Première partie.* In-8°, avec 135 figures dans le texte; 1858............................ 4 fr. 50 c.

POINSOT. — **Éléments de Statique.** 9e édition; 1848.......... 6 fr. 50 c.

ROUCHÉ (Eugène), ancien Élève de l'École Polytechnique, Professeur au Lycée Charlemagne. — **Éléments d'Algèbre** à l'usage des Candidats au Baccalauréat ès Sciences et aux Écoles spéciales. (*Rédigés conformément aux Programmes de l'Enseignement scientifique dans les Lycées.*) In-8°, avec 28 figures dans le texte; 1857........................ 4 fr.

SALVÉTAT (A.), Chef des Travaux chimiques à la Manufacture impériale de Sèvres. — **Leçons de Céramique** professées à l'École Centrale des Arts et Manufactures, ou **Technologie céramique**, comprenant les **Notions de Chimie, de Technologie et de Pyrotechnie** applicables à la fabrication, à la synthèse, à l'analyse, à la décoration des poteries. 2 vol. in-18 avec 479 figures dans le texte; 1857.................. 12 fr.

STURM, Membre de l'Institut. — **Cours d'Analyse de l'École Polytechnique**, publié d'après le vœu de l'auteur par M. *E. Prouhet*, Professeur de Mathématiques. 2 vol. in-8° avec figures dans le texte; 1857... 12 fr.

Le tome Ier est en vente. — Le tome II est *sous presse.*

Paris. — Imprimerie de MALLET-BACHELIER, rue du Jardinet, 12.

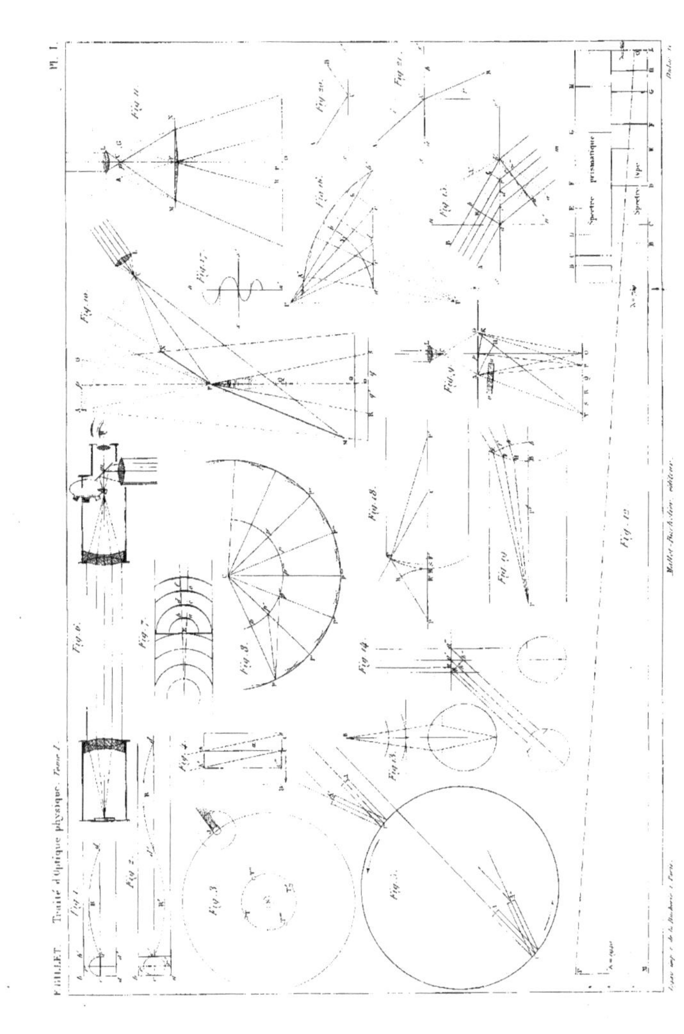

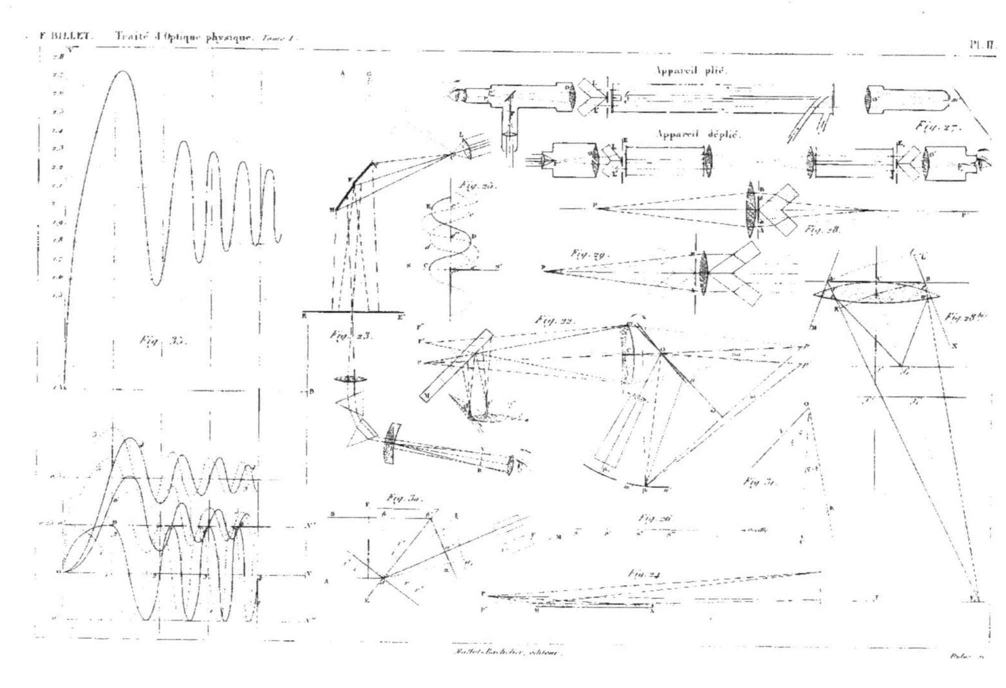

F. BILLET. Traité d'Optique physique. Tome I.
Pl. II.
Appareil plié.
Appareil déplié.
Fig. 27.
Fig. 28.
Fig. 28 bis.
Fig. 29.
Fig. 22.
Fig. 23.
Fig. 24.
Fig. 25.
Fig. 26.
Fig. 30.
Fig. 31.
Mallet-Bachelier, éditeur.

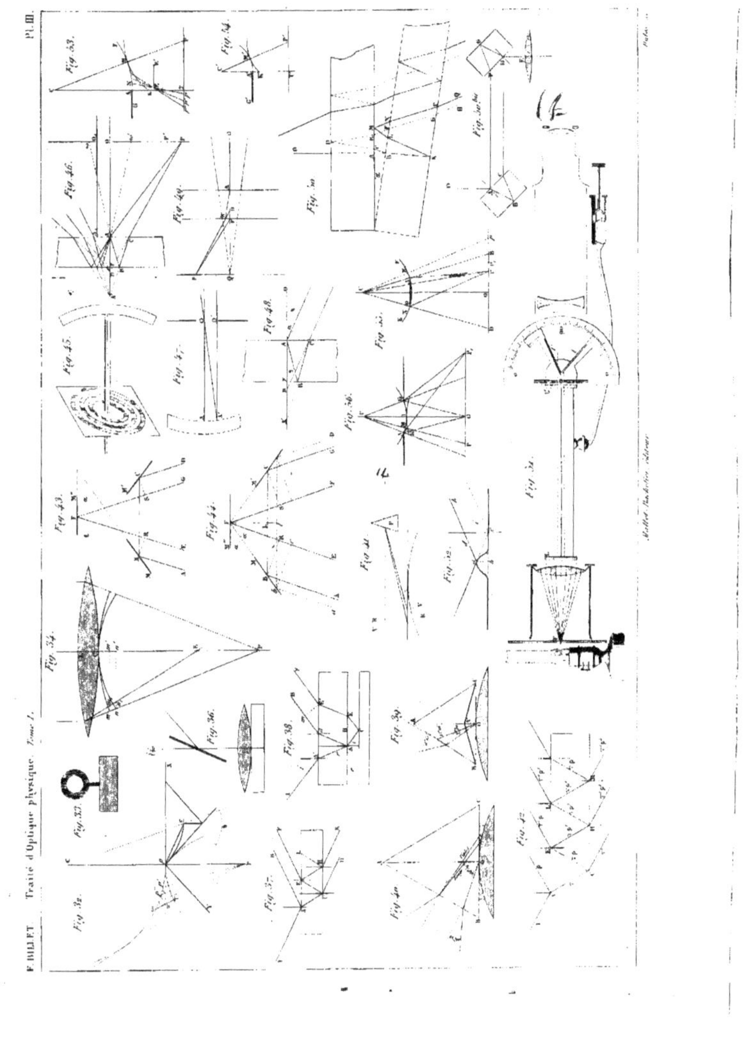

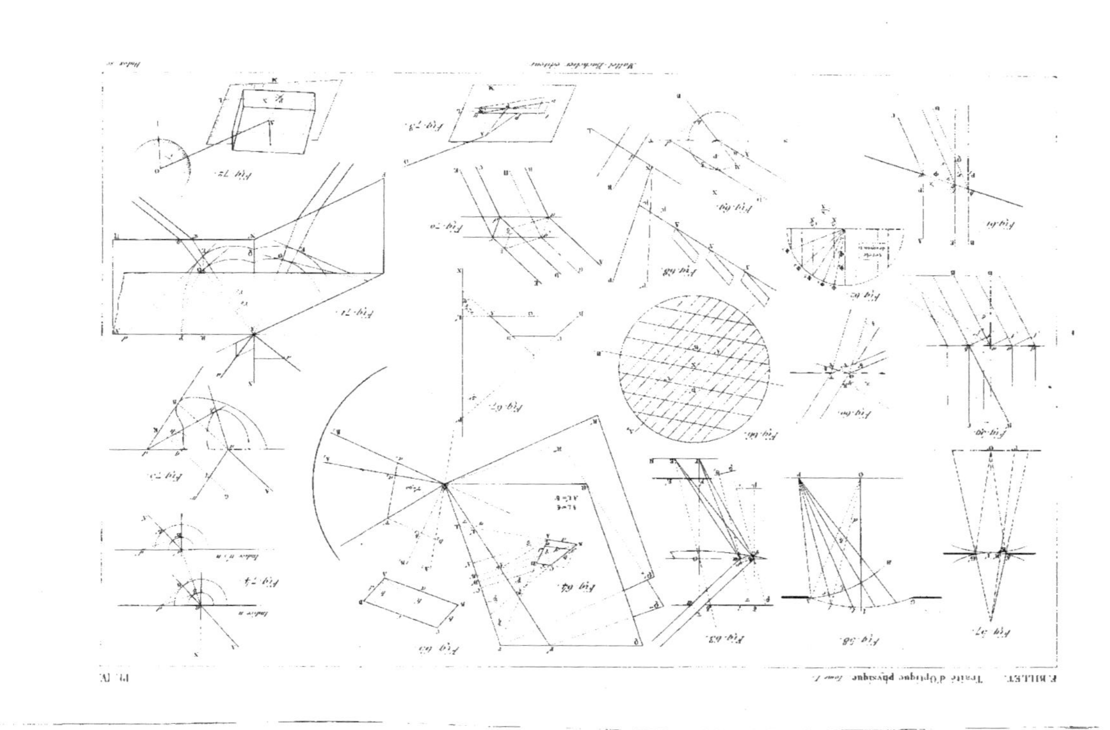

F. BILLET. Traité d'Optique physique. Tome I.
Pl. IV.
Fig. 57.
Fig. 58.
Fig. 59.
Fig. 60.
Fig. 61.
Fig. 62.
Fig. 63.
Fig. 64.
Fig. 65.
Fig. 66.
Fig. 67.
Fig. 68.
Fig. 69.
Fig. 70.
Fig. 71.
Fig. 72.
Fig. 73.
Fig. 74.

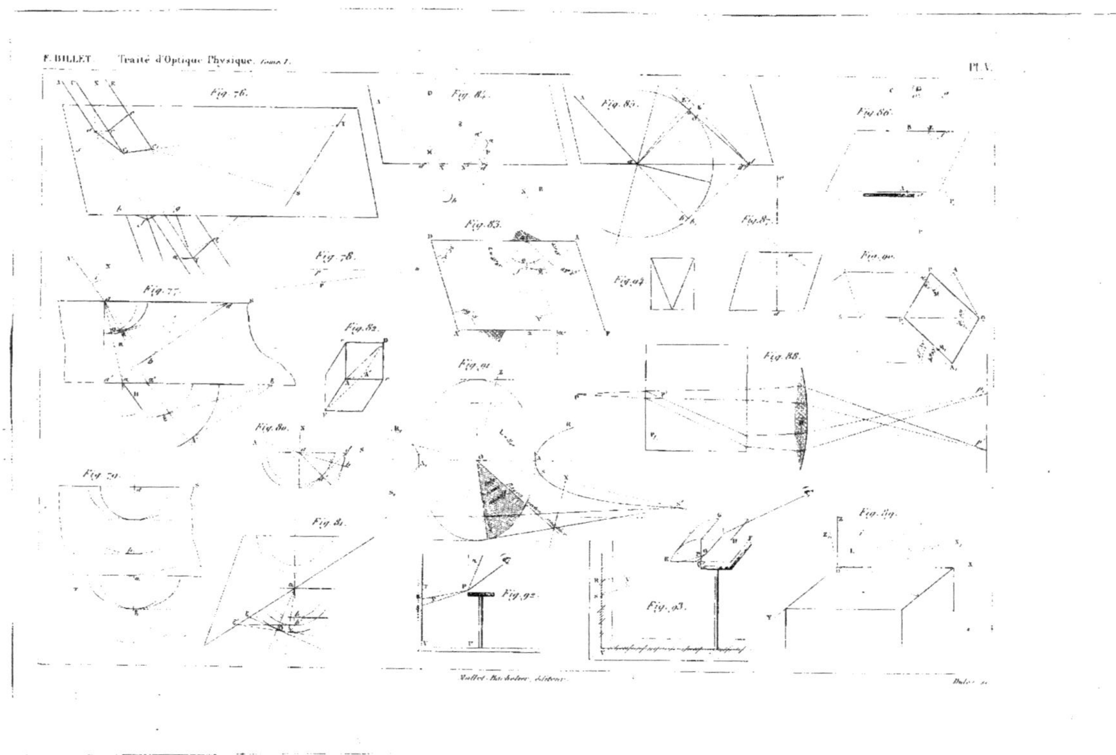

Fig. 76.
Fig. 77.
Fig. 78.
Fig. 79.
Fig. 80.
Fig. 81.
Fig. 82.
Fig. 83.
Fig. 84.
Fig. 85.
Fig. 86.
Fig. 87.
Fig. 88.
Fig. 89.
Fig. 90.
Fig. 91.
Fig. 92.
Fig. 93.

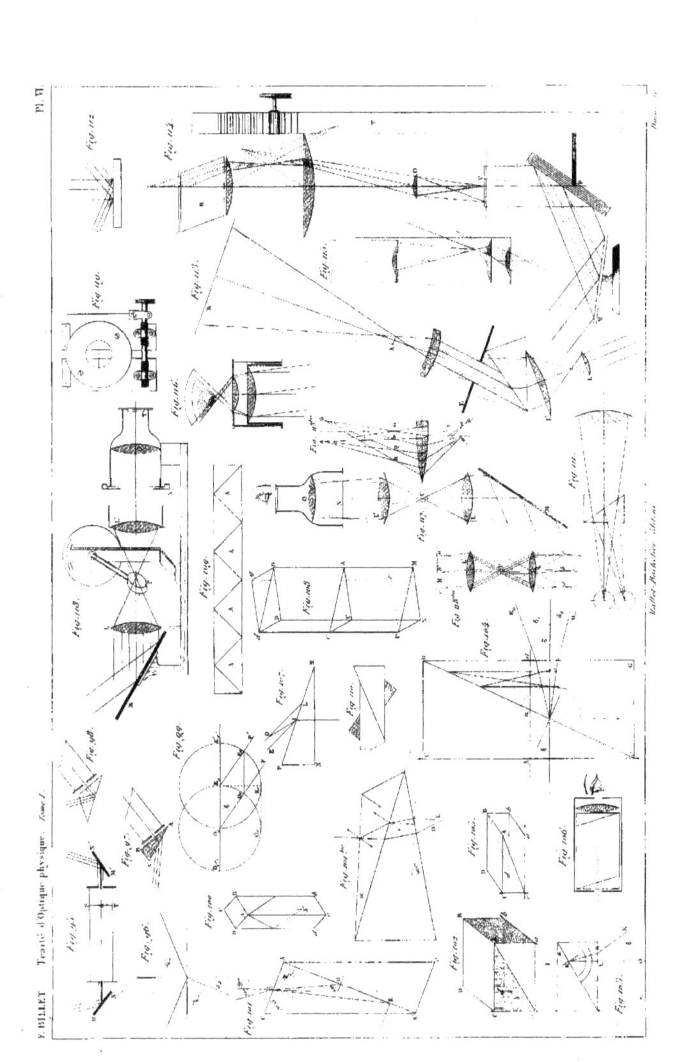

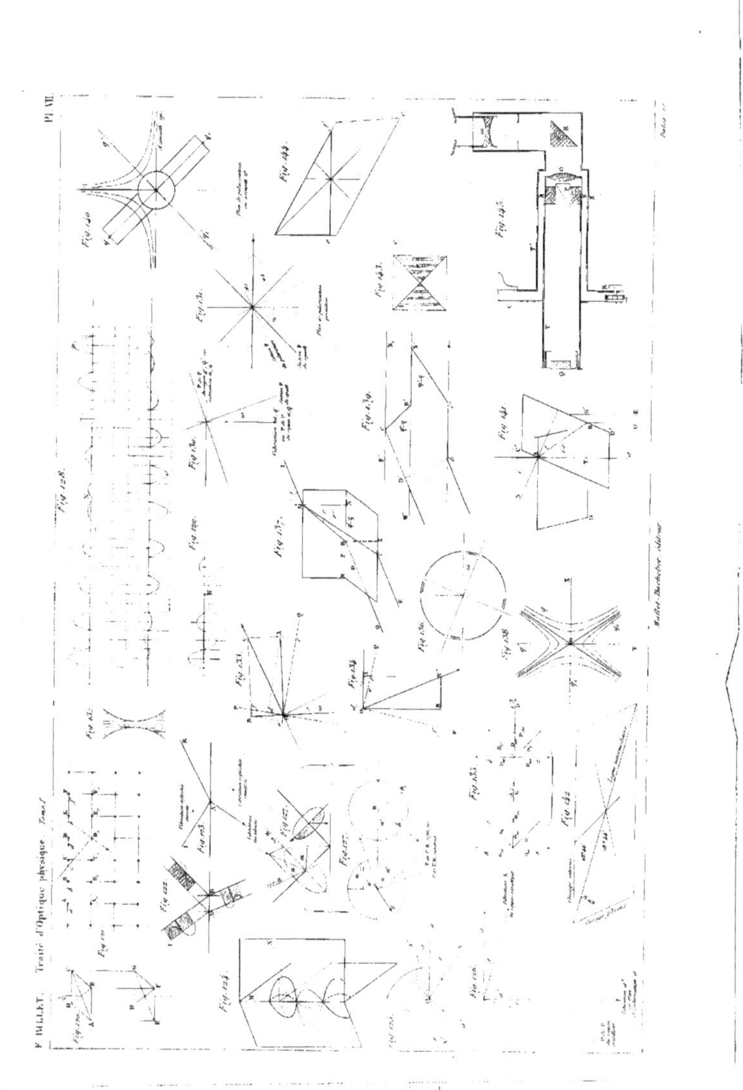

LIBRAIRIE DE GAUTHIER-VILLARS,

QUAI DES AUGUSTINS, 55, A PARIS.

PETIT TRAITÉ
DE PHYSIQUE,

A L'USAGE DES ÉTABLISSEMENTS D'INSTRUCTION,
DES ASPIRANTS AUX BACCALAURÉATS ET DES CANDIDATS AUX ÉCOLES
DU GOUVERNEMENT,

Par M. J. JAMIN,

MEMBRE DE L'INSTITUT,

Professeur à l'École Polytechnique et à la Faculté des Sciences de Paris

VOLUME IN-8, 686 FIGURES DANS LE TEXTE ET UN SPECTRE EN COULEUR; 1870. — 8 FRANCS

Envoi franco dans toute la France.

PRÉFACE.

Depuis le commencement de ce siècle, la Physique a été renouvelée dans son ensemble. Fresnel a établi la théorie de la Lumière, Ampère celle du Magnétisme; l'étude des vibrations sonores a été considérablement accrue; on a reconnu que l'ensemble des radiations émises par les corps échauffés se distingue par des réfrangibilités croissantes, non par des changements de nature et d'essence, et que, par conséquent, les diverses chaleurs rayonnantes, les lumières de couleurs différentes et les rayons chimiques ne sont que les notes distinctes d'une série de gammes, et ne diffèrent que par leur durée de vibration. Dans les dernières années enfin, on a démontré qu'un nombre donné de calories peut se transformer en une quantité équivalente de travail mécanique et réciproquement, et que la Chaleur, autrefois appelée *statique* et considérée comme un fluide, n'est autre chose que la somme des forces vives qui animent les molécules des corps chauffés. L'ensemble de ces remarquables progrès a fait justice d'anciennes hypothèses, et la Physique n'est plus ou ne sera bientôt plus qu'une Mécanique rationnelle où les forces naturelles exercent leur action sur les substances pesantes et sur un milieu spécial et unique, qui se nomme l'*éther*.

Cependant les Traités élémentaires semblent prendre à tâche de dissimuler ces idées générales, et de se contenter de détails sans liaison : le Magnétisme est toujours représenté comme dépendant d'un fluide; la Chaleur est réduite à des notions empiriques, on professe qu'elle se dissimule et devient *latente*; la Chaleur rayonnante est prise comme distincte de la Lumière, et l'on ne dit rien de la Théorie optique.

Le Livre élémentaire que j'offre aujourd'hui au public est conçu dans un esprit différent. Dès les premiers mots je démontre que la Chaleur est un mouvement moléculaire, et cette idée guide ensuite le lecteur dans toutes les expériences et les explique. La Terre et les aimants n'étant que des solénoïdes, je fais dépendre le Magnétisme de l'Électricité. L'Acoustique montre dans leurs détails les vibrations longitudinales, transversales, circulaires et elliptiques; elle prépare à l'Optique. Cette dernière Partie enfin est l'étude des vibrations de toute sorte qui se produisent dans l'ether; les interférences et la polarisation sont expliquées de la manière la plus élémentaire, et la théorie vibratoire est rendue accessible à tous.

J'ose espérer que les modifications que je propose dans l'enseignement de la Physique seront approuvées par mes Collègues, et qu'elles seront profitables aux Élèves en les délivrant de ce que les savants ont abandonné, en élevant leur esprit jusqu'à de plus hautes conceptions, en leur montrant l'ensemble philosophique d'une science déjà très-avancée et qui semble toucher à son terme. (J. J.)

Paris. — Imprimerie de GAUTHIER-VILLARS, quai des Augustins, 55.